U0615866

本课程教师交流 QQ 群：473438745
本书配教学课件和习题答案

"十二五"普通高等教育本科国家级规划教材

光电检测技术及应用

第 3 版

徐熙平　张　宁　编著

机 械 工 业 出 版 社

本书为高等工科院校测控技术与仪器、光电信息科学与工程专业的“光电检测技术”课程的通用教材，是在第 2 版的基础上修订的。

本书分为上下两篇：上篇主要讲述了光电检测系统的组成、基本概念、基础知识，对光电检测技术中的光源以及光电检测器件的结构、原理、特性参数和使用方法进行了详细说明，并对光信号的变换和检测进行了系统论述；下篇结合作者及我国科研人员在相关领域获得的光电检测技术方面的科研成果，具体且系统地描述了光电检测技术的应用，如微弱光信号检测、外形尺寸检测、位移量检测、光电外观检测、光纤传感测量以及光电检测技术综合应用的具体实例。

本书具有理论和实际密切结合、论述系统深入而又通俗易懂的特点，既可以作为相关专业的大学本科教材，也可以作为研究生教材和相关工程技术人员设计光电检测系统的参考资料。

为方便教学，本书配有教学课件，各章节后的思考题与习题配有参考答案，欢迎选用本书作为教材使用的教师免费索取。

索取邮箱：jinacmp@163.com。

图书在版编目（CIP）数据

光电检测技术及应用 / 徐熙平，张宁编著. -- 3版. 北京 ：机械工业出版社，2025. 5. -- (“十二五”普通高等教育本科国家级规划教材). -- ISBN 978-7-111-78241-4

Ⅰ. TP274

中国国家版本馆CIP数据核字第202518A26Z号

机械工业出版社（北京市百万庄大街22号　邮政编码100037）

策划编辑：吉　玲　　责任编辑：吉　玲　张振霞

责任校对：张　薇　王　延　　封面设计：张　静

责任印制：单爱军

北京盛通印刷股份有限公司印刷

2025年7月第3版第1次印刷

184mm × 260mm · 23印张 · 568千字

标准书号：ISBN 978-7-111-78241-4

定价：73.00 元

电话服务　　网络服务

客服电话：010-88361066　　机　工　官　网：www.cmpbook.com

010-88379833　　机　工　官　博：weibo.com/cmp1952

010-68326294　　金　书　网：www.golden-book.com

机工教育服务网：www.cmpedu.com

前 言

PREFACE

光电检测技术是现代检测技术最重要的手段和方法之一，是计量检测技术的一个重要的发展方向，是测控技术与仪器、光电信息科学与工程专业的重要课程。为适应当前光电技术和光电检测技术的发展，满足当前信息化社会对高等学校人才培养的需要，结合多年来教学实践和科研成果并汲取相关书刊资料的精华，于 2012 年编写了《光电检测技术及应用》教材。教材自出版以来，深受广大师生的好评，被包括 985、211 在内的 60 多所兄弟院校选作教材，2015 年被评为“十二五”普通高等教育本科国家级规划教材，2016 年再版，现修订第 3 版。

本书力求做到思想性、实用性、先进性和创新性四者有机结合，在理论方面力求简明易懂，选材方面力求紧跟技术发展动向，思政方面突出从古至今我国劳动人民和科技工作者充分发挥聪明才智在检测仪器方面做出的突出贡献。为了帮助学生及教师了解光电检测系统的组成，理解光电检测器件的性能及应用，掌握运用各种光电器件进行检测的方法，书中引入了大量工程实例，并且各章都给出了思考题与习题。

本书分为上下两篇，共 12 章。上篇（第 1~6 章）主要是光电检测技术的基础理论部分：第 1 章介绍了光电检测系统的组成及特点；第 2 章介绍了辐射度量和光度量的基本概念、各类光电效应以及光电器件的基本特性参数；第 3 章介绍了光电导器件、光生伏特器件、光电发射器件、热辐射探测器件、热释电器件、光电耦合器件和图像传感器等各种光电传感器的结构、工作原理、特性参数和使用方法；第 4 章介绍了发光二极管、激光器等常用光源的工作原理、特性及其应用；第 5 章介绍了几种典型光学系统和光信号检测常用的方法，如直接探测、光外差探测、基于几何光学方法的光电信息变换检测以及空间分布光信号检测，并结合实际举例说明如何使用调制盘检测、投影放大法、光三角法、光焦点法等进行长、宽尺寸测量的原理；第 6 章介绍了常用的光电传感器如光敏电阻、光电二极管、CCD 电荷耦合器件等对应的典型电路，并举例说明使用可编程逻辑器件进行 CCD 驱动的方法、视频信号的二值化处理方法、光电信号常用的辨向处理和细分电路。下篇（第 7~12 章）结合长春理工大学光电工程学院光电检测技术方面的科研成果，具体且系统地描述了光电检测技术的应用：第 7 章讲述了光学相关检测的基本概念和应用、微弱光信号检测的原理和典型电路；第 8~10 章讲述了光电检测技术在外形尺寸检测、位移量检测、外观检测方面的应用；第 11 章讲述了光导纤维的基本知识以及光纤传感器原理及应用；第 12 章讲述了光电检测技术的综合应用，如光电多功能二维自动检测系统、曲臂光电综合测量系统、激光扫描圆度误差测量系统、飞轮齿圈总成圆跳动非接触检测系统、座圈尺寸光电非接触测量系统、管道直线度光电检测系统。

本书在第 2 版的基础上更注重思想性、实用性、先进性和创新性，增加了介绍我国检测仪器的发展历程的内容，引入了我国科研人员在相关领域获得的光电检测技术方面的科研成果。为达到更好的学习效果，本书增加了 46 个视频资源，扫描对应位置的二维码就可以观看相应知识点的讲解视频；课件中增加了选择题和填空题，并附有答案；第 5 章内容增加了对几种典型光学系统的介绍，并对第 10 章内容进行了适当调整。

本书内容全面，理论与实践紧密结合，既可以方便本科生学习光电检测技术的理论知识，为今后科研、生产解决光电检测技术问题打下基础，又可以给相关专业研究生和科研工作者开拓思维，提供参考。

本书由长春理工大学徐熙平教授（下篇）和张宁教授（上篇）编著，主要注重光电检测技术及系统原理与应用，特别是对光电检测系统总体技术进行了详细介绍。本书视频由长春理工大学光电检测技术课程组郑茹老师、李英老师、王凌云老师、齐立群老师、滕云杰老师共同录制。本书的编写同时参考了王庆有老师编著的《光电技术》、雷玉堂老师编著的《光电检测技术》、曾庆永老师编著的《微弱信号检测》、郝群老师编著的《现代光电测试技术》以及钱政老师编著的《仪器科学与科技文明》等教材。另外，在本书编写过程中，长春理工大学光电工程学院光电检测实验室的研究生们付出了辛苦的劳动，进行了文字、公式和图表的编辑工作，在此一并表示感谢。

受作者知识面所限，书中难免有错误之处，敬请各位读者提出宝贵意见。

作　者

目　录

CONTENTS

下篇　技术应用篇

上篇

基础理论篇

第1章　绪　　论

1. 我国检测仪器的发展历程

科学技术的进步在人类文明发展进程中起到了至关重要的作用，而检测技术作为科学技术重要的组成部分，从人类有规模生活开始，检测仪器或设备的先进程度代表了人类的文明水平。我国是世界四大文明古国之一，早在春秋时期的《考工记》中，就介绍了车舆、宫室、兵器以及礼乐之器等的制作工艺和检验方法，涉及数学、力学、声学、冶金学、建筑学等知识。战国时期的《墨经》包含了丰富的关于力学、光学、数学等科学知识。秦始皇统一中国后形成的“车同轨、书同文、行同伦”也被认为是中华文明能够绵延不绝的重要原因之一，其在测量或检测技术方面标志性的贡献是统一了度量衡，对应的三个物理量分别为长度、容积和质量，代表器具为商鞅方升、诏书铁权等。三国时期魏国马钧运用差动齿轮结构制造出的指南车，代表了方向检测技术的较高水平。在天文学方面，宋元时期的郭守敬、沈括、苏颂在总结前人成果的基础上研制了简仪、浑仪、灯漏、水运仪象台等，特别是郭守敬采用当时最先进的12件天文仪器，于1281年完成的《授时历》中以365.2425日为一年，与当今的365.2422日的观测结果仅差25.92s。同时，两宋时期方位检测技术的代表指南针成功运用于航海，为人类征服海洋做出了卓越贡献。纵观我国检测技术的发展，虽然社会经济发展水平受限，我们的先人们仍不畏艰难、开拓创新、勇于突破、成就斐然，这就是我国科技文明发展能够屹立于世界东方的精神所在，传承至今天，我们有责任继承先人的衣钵，并发扬光大，为中华民族的伟大复兴添砖加瓦。

2. 学习光电检测技术的目的和意义

采用不同的手段和方法获取信息，运用光电技术的方法来检验和处理信息，从而实现各种几何量和物理量的测量，称为光电检测技术。光电检测技术具有系统性和综合性，涉及光学、电子学、计算机科学等多个领域。其中，光学理论包括几何光学理论、量子光学理论、干涉衍射理论、光栅理论、光电发射理论等；电子学理论包括电磁波理论、放大器理论、晶体管电路基础理论、集成电路理论、模拟电路和数字电路理论、噪声理论、电子元器件失效的浴盆效应理论等；计算机科学包含计算机硬件技术、软件（程序设计）技术、网络技术等。

光电检测技术

随着科学技术的发展，光电检测技术已深入到各行各业，在信息与信号提取和分析中起到重要作用。光电信息的检测和处理已成为十分重要的研究内容，国内对光电检测技术的发展日益重视，已形成现代高新技术的光电子产业。作为高等院校，从培养创新人才的角度出发，对光电检测技术尤为重视，几乎所有工科院校均设有光电检测技术方面的课程。光电检测相关的教材与各种论著也大量出现，但为了配合本科生教学，内容多侧重于元器件原理与特性介绍，对于光电检测技术总体设计与应用讲解较少。而近年来国内应用光电检测技术，针对不同的检测需求，开发了大量的典型光电检测仪器与系统，形成了许多光电检测新技术与新方法。鉴于上述情况，本书将对光电检测技术应用进行介绍，以供广大学生对现代光电检测的基本原理和有关新技术有所了解，达到抛砖引玉的目的。

3. 光电检测技术的特点和发展状况

光电检测技术有强大的生命力，并已得到广泛应用。它具有以下主要优点：

（1）便于数字化和智能化　因为被测非电量经光电变换后成为电信号，可用电子技术进行处理，易于实现数字化和微型计算机处理；它与计算机结合，可形成各种智能检测仪器。

（2）检测精度高、速度快　光电信息量的变换是以光为媒介，并以光子数、光的波长和速度为测量依据。因此，其用于检测非电量时精度高、速度快。例如，以光的波长为基准的激光干涉测长仪，其分辨率为波长的 1/8，采用细分后甚至更小；光栅测长装置，其分辨率可小于 1μm；光电轴角编码器，其分辨率可达到 0.05″量级。

（3）非接触式检测　被测对象和传感器之间是以光为媒介进行光信息变换和传输的，克服了接触式传感器由于磨损而影响检测精度和寿命以及损坏被检测对象的缺点。另外，如果采用光导光纤传输光信息，被测量将不受方向和位置的限制，使用起来更为方便。因此，光电检测技术适于生产、计量过程中的自动检测和控制，特别是在线无损检测。

（4）遥测遥控　利用光信息远距离传输的特点，便于实现遥测遥控。例如，激光测距、激光通信、光电制导和光电跟踪等。

总之，由于光电检测技术有上述优点，所以其在工农业生产、科研和国防等方面得到广泛的重视和应用，尤其是在精密计量、生产过程中的自动检测、遥感及图像处理、光通信和军事等方面都卓有成效地应用了光电检测技术。此外，在医疗卫生、环境保护、防火防盗等方面也得到了较好的应用。

4. 光电检测系统的组成

光电检测系统组成框图如图 1-1 所示，包括辐射源、光学系统、光电系统、电子学系统和计算机系统 5 大部分。不管是何种光电检测系统，不管它多么简单或复杂，总离不开这 5 个关键核心部分，只是结构有些差异。

光电检测系统

图 1-1　光电检测系统组成框图

辐射源一般由光源及其电源组成，是将电能转换成光能的系统，通过该系统可得到符合后面光学系统所要求的波段范围和发光强度（光通量）。辐射源类型各有差异，但它是一切光电检测系统不可缺少的部分，有些光电检测系统将待测物体本身作为检测对象，此时是将待测物体本身作为辐射源。如使用热释电检测器件做成的自动感应灯（见图 1-2），热释电晶片表面必须罩上一块由一组平行的棱柱形透镜所组成的菲涅尔透镜以提高其视场范围，当人体在透镜的监视视野范围中运动时，晶片上的两个反向串联的热释电单元将输出一列交变脉冲信号，再经过信号处理电路对获得的信息进行放大、鉴别处理后即可用于自动亮灯。也可以将该系统应用于其他领域，如在房间无人时会自动停机的空调机、饮水机，判断无人观看或观众已经睡觉后能够自动关机的电视机，能在有人进入时开启的监视器或门铃的可视自动对讲系统，自动记录动物或人的活动的摄影机或数码照相机等。

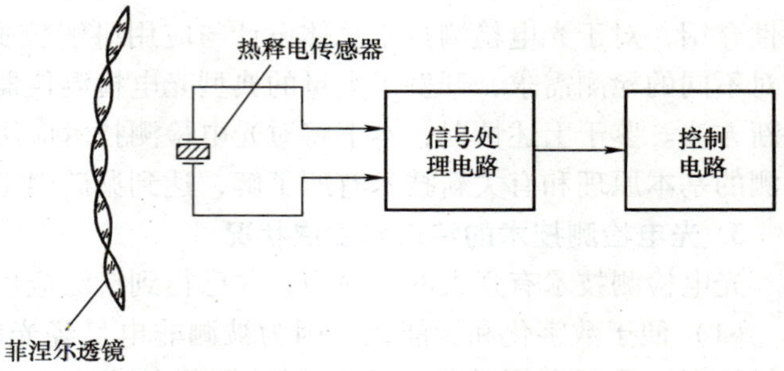

图 1-2　使用热释电检测器件做成的自动感应灯

光学系统用于将辐射源发出的光进行光学色散、几何成像、分束和改变辐射流的传送方向等，目的是让光信号携带有待测物体信息的同时还便于进行后续的光电转换。光学系统一般都是由物镜、目镜、滤光镜（有些系统还有调制盘、光机扫描器、探测器辅助光学系统）等组成。如分光光度计、光度计以及色谱仪器里的单色器系统，简单的单色器可以直接用滤光片从复合光中得到单色光，复杂的单色器则由入射狭缝、出射狭缝、准直镜、光栅、物镜等元器件组成的光学系统得到单色光。

光电系统是将光信号转换成电信号的系统，是任何光电检测系统中不可替代的部分，只是光电系统的类型不同、结构不同而已。例如，有的用光电倍增管，有的用硅光电池，有的用光电二极管阵列或 CCD 器件。光学信息必须转换为电信号才能进行电学处理、计算、输出显示等。光电器件的质量必须稳定可靠，必须有很高的转换效率并有相应的光谱响应范围，有的器件还要求有相应的电源供电电路，如光电倍增管必须加一个非常稳定的 300~1000V 的直流电源才能保证器件的正常工作。

电子学系统用于对光电系统传输过来的电信号进行放大，使之满足后续 A/D 转换系统和计算机系统的要求，从而保证计算机系统能够进行数据的处理、计算和控制，它同样也是必备的部分。电子学系统的噪声和漂移是非常重要的参数，是影响整个光电检测系统可靠性的主要性能指标。电子学系统主要由模拟电路和数字电路组成。进行电子学系统的设计除了需要掌握电子学理论之外，还需要对各种光电器件的光电特性有所了解，例如，设计光电倍增管电路时，一般将负载电阻取为 10~100kΩ，最佳的选择是 10kΩ 左右，如果设计成几十兆欧，就会使得器件噪声很大，很不稳定。放大器的设计不能简化，一般采用两级或两级以上的放大器组成一个完整的放大器。在弱信号检测时，需要尽量降低光电器件和前置放大器的噪声，但即使这样仍不能解决来自背景和外部干扰的噪声，还必须采取有效的办法来抑制或降低一切来自系统内部和外部的噪声，如采用取样积分器、锁相放大器、光子计数器等。电子学系统的任务就是从噪声中准确而不失真地将信号检取出来。

计算机系统包括自动控制、数据处理、显示输出等，可以采用单片机或微型计算机。计算机系统是现代智能仪器的重要组成部分，它直接决定了所设计的光电检测系统的自动化程度，同时可以避免人为操作误差，保证系统工作时安全运转并工作在最佳状态。计算机系统采用的计算方法的正确性、准确性将最终决定分析数据的可靠性。

上述组成部分是相互关联的，设计时需要了解各部件间的相互关系，性能技术指标对其前后部件的影响以及影响大小，对前后部件的要求等，在设计前都要用具体数据明确规定。如辐射源发出的光通量太小时，后续的光学系统接收的光信号也较小，从而影响光电系统的输出信号，使后续的电子学系统放大倍数增大，增加了放大器的噪声，从而使光电检测系统的噪声增大而稳定性或精度下降。

为满足检测指标要求，有时采用一般的直接检测办法难以完成，必须采用新的检测技术，如激光位移检测技术、激光扫描检测技术、CCD 信号处理技术、光学相关检测技术、光外差探测技术、光纤检测技术、数字传感技术及由此技术组成的测量系统。本书在编写过程中尽量做到理论和实际相结合，为便于学习和理解，还编写了辐射信号检测、激光测距、公差尺寸检测和外观检测等，并介绍了计算机在相应检测中的应用。

总之，光电检测技术是一门交叉科学，涉及的知识面比较广泛。通过本课程的学习，学生可以开拓视野、增长知识，并具有初步研究、分析和设计光电检测系统的能力，为今后从事电子技术、检测技术、精密仪器等方面的工作打下基础。

5. 光电检测技术的主要应用范围

光电检测技术已应用到各个科技领域中，它是近代科技发展中最重要的方面之一。下面介绍光电检测技术在某些方面的应用。

（1）辐射度量和光度量的检测　光度量是以平均人眼视觉为基础的量，利用人眼的观测，通过对比的方法可以确定光度量的大小。但由于人与人之间视觉上的差异，即使是同一个人，由于自身条件的变化，也会引起视觉上的主观误差，这都将影响光度量检测的结果。至于辐射度量的检测，特别是对不可见光辐射的测量，更是人眼所无能为力的。在光电检测方法没有发展起来之前，常利用照相底片感光法，根据感光底片的灰度来估计辐射量的大小。这些方法过程复杂，且局限于一定的光谱范围内，效率低、精度差。

目前大量采用光电检测的方法来测定光度量和辐射度量。这种方法十分方便，且能消除主观因素带来的误差。此外，光电检测仪器经计量标定，可以达到很高的精度。目前常用的仪器有发光强度计、光亮度计、辐射计以及光测高温计和辐射测温计等。

（2）光电器件及光电成像系统特性的检测　光电器件包括各种类型的光电、热电探测器和各种光电成像器件。它们本身就是一个光电转换器件，其使用性能是由表征它们特性的参量决定的，如光谱特性、灵敏度、亮度增益等，而这些参量的具体值必须通过检测来获得。实际上，每个特性参量的检测系统都是一个光电检测系统，只是被检测的对象就是光电器件本身罢了。

光电成像系统包括各种方式的光电成像装置，如近红外成像仪、微光成像仪、微光电视、热释电电视、CCD 成像系统以及热成像系统等。在这些系统中，各自都有一个实现光电图像转换的核心器件。这些系统的性能也是由表征系统的若干特性参量来确定的，如系统的亮度增益、最小可分辨温差等。这些特性参量的检测也是由一个光电检测系统来完成的。

（3）光学材料、元器件及特性的检测　光学仪器及测量技术中所涉及的材料、元件和系统的测量，过去大多采用目视检测仪器来完成，它们是以手工操作和目视为基础的。这些方法有的仍有很大的作用，但大多存在效率低和精度差的问题。而且随着光学系统的发展，有一些特性检测已很难用手工和目视方法来完成了。例如，材料、元器件的光谱特性，光学系统的调制传递函数，大倍率的减光计等。这些也都需要通过光电检测的方法来实现测量。

此外，随着光学系统光谱工作范围的拓宽，紫外、红外系统的广泛应用，对这些系统的性能及其元器件、材料等的特性也不可能再用目视的方法来检测，而只能借助于光电检测系统来实现。

光电检测技术引入光学测量领域后，许多古典光学的测量仪器的性能得到提升，如光电自准直仪、光电瞄准器、激光导向仪等，使这一领域产生了深刻的变化。

（4）非光学物理量的光电检测　这是光电检测技术当前应用最广、发展最快且最活跃的应用领域。

这类检测技术的核心是如何把非光学物理量转换为光信号，主要方法有两种：

1）通过一定手段将非光学量转换为光学量，通过对光学量的检测，实现对非光学物理量的检测。

2）使光束通过被检测对象，让其携带待测物理量的信息，通过对含有待测信息的光信号进行光电检测，实现对待测非光学物理量的检测。

这类光电检测所能完成的检测对象十分广泛。例如，各种射线及电子束强度的检测；各种几何量的检测，其中包括长、宽、高、面积等参量；各种物理量的检测，包括质量、应力、压强、位移、速度、加速度、转速、振动、流量，以及材料的硬度和强度等参量；各种电量与磁量的检测；对温度、湿度、材料浓度及成分等参量的检测。在上述的讨论中，涉及的应用范围只是光电检测的对象，而检测的目的并未涉及，因为这又是一个更为广泛的领域。有时对同一物理量的检测，由于目的不同，就有可能成为不同的光电检测系统。例如，对红外辐射的检测，在红外报警系统中，检测的作用是发现可疑目标并及时报警；在红外导引系统中，检测的作用是通过对红外目标（如飞机喷口）的光电检测以控制导弹击中目标。可见结合光电检测的应用目的，其内容将更加丰富。

以上讨论并未包括全部的光电检测技术的应用范围，有些技术还在迅速发展中。

思考题与习题

1-1　光电检测技术的定义及发展趋势。

1-2　光电检测系统的组成和各部分的作用。

1-3　举例光电检测技术的具体应用，画出原理框图并简述其工作过程。

第 2 章　光电检测技术基础

现在许多光电检测器件（简称光电器件）都是由半导体材料制作的。本章首先介绍辐射度量和光度量的知识，然后着重介绍与半导体光电器件有关的基本概念和理论，如能带理论、PN 结理论、光电效应等。此外，本章还将介绍各种光电器件中普遍存在的噪声和主要特性参数。这些内容都是后续章节所述具体光电器件的理论基础，对于正确理解和掌握各种光电器件的原理、性能和使用都是十分重要的。

2.1　辐射度量和光度量

辐射度量和光度量

2.1.1　光的基本概念

1. 电磁波谱

按波长顺序把全部电磁波排列起来称为电磁波谱，整个电磁波谱约覆盖 24 个数量级的波长范围，如图 2-1 所示。在电磁波谱中，人眼所能直接感受到的仅是可见光，它只占电磁波谱中的很小一部分，其余的波谱都不能直接被人眼看见。

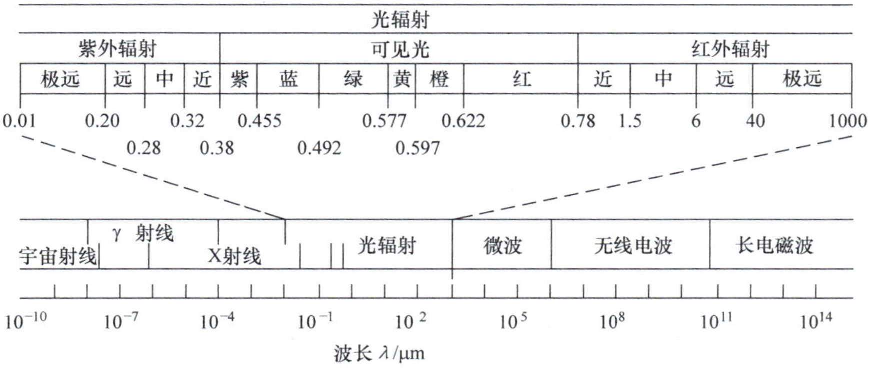

图 2-1　电磁波谱

2. 光学谱区

为了研究方便，电磁波谱分为长波区、光学区和射线区三个大的谱区。光电检测技术（简称光电技术）所涉及的只是光学谱区，其波长范围为 0.01~1000μm。它又可再分为红外辐射、可见光和紫外辐射三个波段，其中可见光的波长范围为 0.38~0.78μm，紫外辐射约从 0.38μm 向短波方向延伸至 0.01μm，红外辐射约从 0.78μm 向长波方向延伸至 1000μm。在红外辐射波段，又可进一步细分为近、中、远和极远 4 个区域；而在紫外辐射波段，也可细分为近、中、远和极远 4 个区域，如图 2-1 所示。

在光电技术中，远紫外、中紫外、近紫外、可见光、近红外、中红外和远红外等波段已有成熟的应用技术；极远红外波段处于开发研究阶段，例如，太赫兹波（频率 0.01～10THz，即波长 0.03～3mm）技术可使能够探测的辐射延伸到极远红外波段。

3. 光子能量公式

物理学指出，光既是电磁波（波动性），又是光子流（粒子性）。在研究光的传播问题时，常常把光作为电磁波处理；而在研究光的辐射与吸收问题时，则把光作为光子流处理。光电技术中也要用到光的这两种属性和概念。

爱因斯坦指出，每个光子的能量 ε 与频率 ν 成正比例，即

$$\varepsilon = h\nu \tag{2-1}$$

式中，h 为普朗克常量，$h = 6.626 \times 10^{-34}\mathrm{J \cdot s}$；$\nu$ 为光的频率，它可表示为光速 c 与波长 λ 之比，即 $\nu = c/\lambda$，$c = 2.998 \times 10^{8}\mathrm{m/s}$。因此，式（2-1）又可表示为

$$\varepsilon = \frac{hc}{\lambda} = \frac{1.24\mathrm{J \cdot m}}{\lambda} \tag{2-2}$$

式中，λ 为波长（μm）。

按式（2-2），由可见光的波长范围即可得，可见光光子的能量范围为 3.2～1.6eV。

2.1.2　辐射度量

辐射度学是一门研究电磁辐射能测量的科学。在光辐射能的测量中，为了既符合物理学对电磁辐射量度的规定，又符合人的视觉特性，建立了两套参量和单位。一套参量是与物理学中对电磁辐射量度的规定完全一致的，称为辐射度量，适用于整个电磁波谱（当然也包括可见光）。另一套参量是以人的视觉特性为基础而建立起来的，称为光度量，只适用于可见光波段。在进行光辐射能量的测量和计算时，可根据实际情况选用其中的一套参量。

两套参量的名称、符号、定义式彼此对应，基本意义都相同，只是单位不同。为了区别这两套参量，规定用下标 e（emission 的首字母）和 v（visibility 的首字母）表示。例如，某参量符号为 X，则 X_{e} 表示该参量为辐射度量；X_{v} 表示该参量为光度量。

辐射度量是用物理学中对电磁辐射测量的方法来描述光辐射的一套参量，其主要参量介绍如下：

1. 辐射能 Q_{e}

辐射能 Q_{e} 定义为以辐射的形式发射、传播或接收的能量，单位为 J。

2. 辐射通量 Φ_{e}

辐射通量 Φ_{e} 定义为单位时间内通过某截面的所有波长的总电磁辐射能，又称为辐射功率，单位为 W（或 J/s）。

3. 辐射强度 $I_{\mathrm{e}}(\theta,\varphi)$

辐射强度 $I_{\mathrm{e}}(\theta,\varphi)$ 描述了点辐射源（或辐射源面元）的辐射功率在不同方向上的分布，定义为：在给定方向上的立体角元内，点辐射源发出的辐射通量与立体角元之比，如图 2-2

和式（2-3）所示。

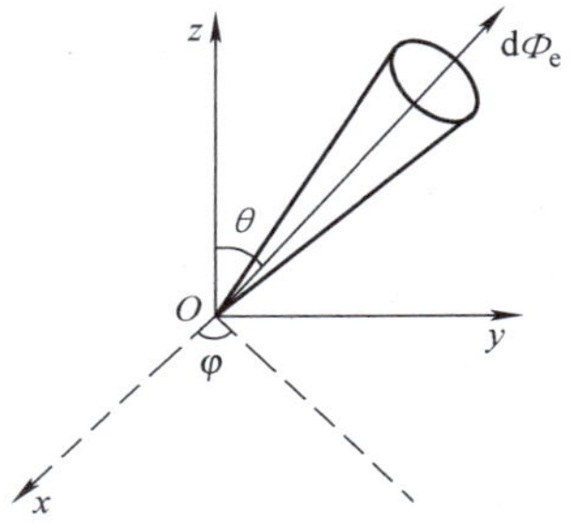

图 2-2　点辐射源的辐射强度

$$I_e(\theta,\varphi)=\frac{d\Phi_e}{d\Omega} \tag{2-3}$$

式中，I_e 的单位为 W/sr；$d\Omega=\sin\theta d\theta d\varphi$。

如图 2-2 所示。一般的点辐射源多为各向异性的，即 I_e 随方向(θ，φ)而改变。

4. 辐射出射度 M_e 和辐射亮度 L_e

这是描述面辐射源上各面元辐射能力的物理量。M_e、L_e 的定义如图 2-3 所示。

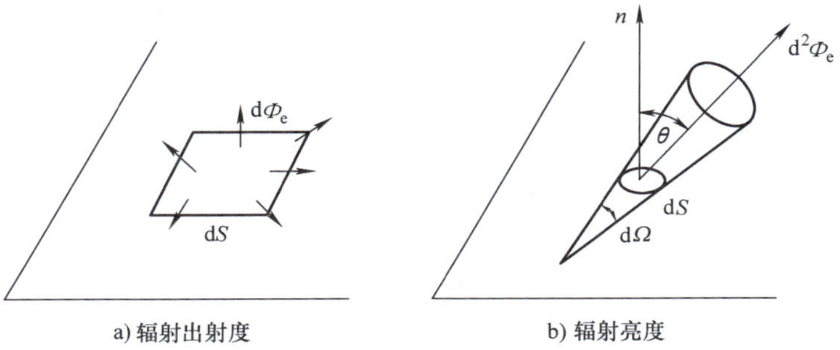

图 2-3　辐射出射度 M_e 和辐射亮度 L_e 的定义

辐射出射度 M_e 定义为通过单位面元发出的辐射通量，即

$$M_e=\frac{d\Phi_e}{dS} \tag{2-4}$$

式中，M_e 是面元位置的函数，即面辐射源上不同点可以有不同的 M_e 值，M_e 的单位为 W/m^2；S 为表面积。

辐射亮度 L_e 定义为在垂直其辐射方向上单位表面积、单位立体角发出的辐射通量，即

$$L_e(\theta,\varphi)=\frac{d^2\Phi_e}{d\Omega dS\cos\theta}=\frac{dI_e}{dS\cos\theta} \tag{2-5}$$

式中，L_e 的单位为 $W/(sr\cdot m^2)$，它是面元位置和辐射方向（θ，φ）的函数。

辐射亮度用来描述面辐射源沿不同方向的辐射能力的差异，例如，描述显示屏的每个局部在各个方向的辐射特性。

5. 辐射照度 E_e

辐射照度 E_e 定义为辐射接收面上单位面积接收的辐射通量，即

$$E_e=\frac{d\Phi'_e}{dS'} \tag{2-6}$$

式中，E_e 也是面元的位置函数，E_e 的单位为 W/m^2；dS'为接收面上的面元；$d\Phi'_e$ 是照射到该面元上的所有辐射通量。

6. 光谱辐射通量 $\Phi_e(\lambda)$

辐射源所发射的能量一般由很多波长的单色辐射所组成。为了研究光源在各种波长上的

辐射能力差别，提出光谱辐射通量的概念。

光谱辐射通量是该辐射通量在波长 λ 处、单位波长间隔内的大小，又称为辐射通量的光谱密度，是辐射通量随波长的变化率，如图 2-4 所示。例如，设光谱辐射通量为

$$\Phi_e(\lambda)=\frac{d\Phi_e}{d\lambda} \tag{2-7}$$

则辐射源的总辐射通量 Φ_e 为各光谱辐射通量之和，即

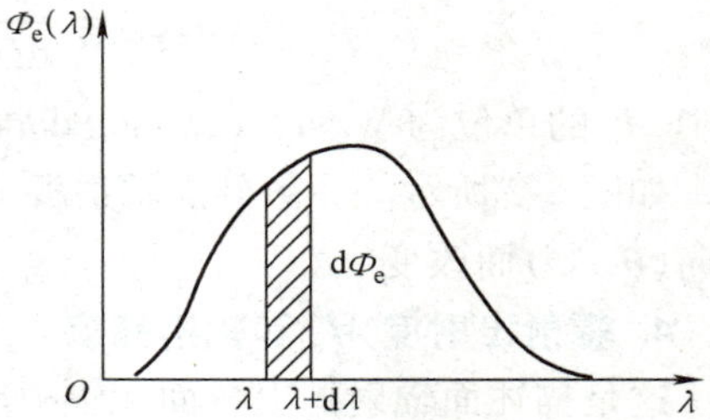

图 2-4 光谱辐射通量与波长的关系之和

$$\Phi_e=\int_0^\infty \Phi_e(\lambda)d\lambda \tag{2-8}$$

其他辐射度量也有类似的关系。用 X_e 代表其他辐射度量（M_e、L_e、E_e），则有

$$X_e(\lambda)=\frac{dX_e}{d\lambda} \tag{2-9}$$

$$X_e=\int_0^\infty X_e(\lambda)d\lambda \tag{2-10}$$

2.1.3 光度量

除了特殊用途的光源，如红外光源和紫外光源，其他大量的光源是作为照明用的。照明光源的光学特性必须用基于人眼视觉的光学参量来描述，人眼只能感知波长在 0.38~0.78μm 的光辐射。光度量是人眼对相应辐射度量的视觉强度值。人的视神经对各种不同波长光的感光灵敏度不一样，能量相同而波长不同的光，在人眼中引起的视觉强度不相同，对绿光最灵敏，对红光、蓝光的灵敏度较低，此外受视觉生理和心理作用的影响，不同的人对各种波长的感光灵敏度也是不同的。光度量和单位见表 2-1。

表 2-1 光度量和单位

光度量的名称	符号	定义式	单位	单位符号
光通量	Φ	$K_m\int_\lambda \Phi_{e,\lambda}V(\lambda)d\lambda$	流明	lm
光照射度	M	$d\Phi/dA$	流明/米^2	lm/m^2
光照度	E	$d\Phi/dA$	勒克斯(流明/米^2)	lx(lm/m^2)
发光强度	I	$d\Phi/d\omega$	坎德拉(流明/球面度)	cd(lm/sr)
光亮度	L	$dI/(dA\cdot\cos\theta)$	坎德拉/米^2	cd/m^2
光量	Q	$\int\Phi dt$	流明·秒	lm·s

国际照明委员会（CIE）用平均值的方法，确定了人眼对各种波长的光的平均相对灵敏度，称为光谱光视效率或视见函数 $V(\lambda)$，如图 2-5 所示，图中实线为亮度大于 3cd/m^2 时的明视觉光谱光视效率 $V(\lambda)$。当 $\lambda=555$nm 时，$V(\lambda)=1$，其他波长都小于 1。表 2-2 为各波长对应的明视觉光谱光视效率。图 2-5 中虚线是亮度小于 0.001cd/m^2 时的暗视觉光谱光

视效率 $V'(\lambda)$。应当指出，所有光度量均以明视觉光谱光视效率为准。

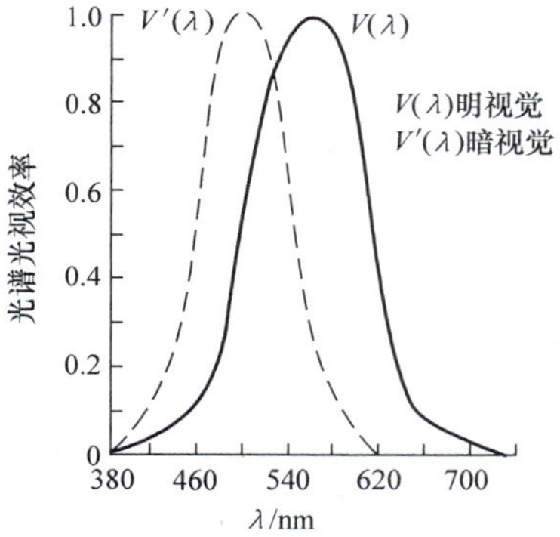

图 2-5　光谱光视效率曲线

表 2-2　明视觉光谱光视效率

λ/nm	V(λ)	λ/nm	V(λ)	λ/nm	V(λ)	λ/nm	V(λ)
385	0.00006	485	0.16930	585	0.81630	685	0.01192
395	0.00022	495	0.25860	595	0.69490	695	0.00572
405	0.00064	505	0.40730	605	0.56680	705	0.00293
415	0.00218	515	0.60820	615	0.44120	715	0.00148
425	0.00730	525	0.79320	625	0.32100	725	0.00074
435	0.01684	535	0.91485	635	0.21700	735	0.00036
445	0.02980	545	0.98030	645	0.13820	745	0.00017
455	0.04800	555	1.00000	655	0.08160	755	0.00009
465	0.07390	565	0.97860	665	0.04458	765	0.00004
475	0.11260	575	0.91540	675	0.02320	775	0.00002

1. 光通量 Φ

光通量是光辐射通量对人眼所引起的视觉强度值。若在波长 λ 到 $\lambda+\Delta\lambda$ 间隔内光源的辐射通量为 $\Phi_{e,\lambda}\mathrm{d}\lambda$，则光通量的表示式为

$$\Phi = K_m\int_{\lambda}\Phi_{e,\lambda}V(\lambda)\mathrm{d}\lambda = K_m\int_{380}^{780}\Phi_{e,\lambda}V(\lambda)\mathrm{d}\lambda \tag{2-11}$$

式中，K_m 为辐射度量与光度量之间的比例系数，其值为 683lm/W，称为最大光谱光视效能。它表示在波长为 555nm 处，即 $V(\lambda)=1$ 处，与 1W 的辐射通量相当的光通量为 683lm；换句话说，此时 1lm 相当于 $\frac{1}{683}$W。

2. 发光强度 I

光源在给定方向上单位立体角内所发出的光通量，称为光源在该方向上的发光强度，即

$$I = \mathrm{d}\Phi/\mathrm{d}\omega \tag{2-12}$$

式中，$\mathrm{d}\Phi$ 为光源在给定方向上的立体角元 $\mathrm{d}\omega$ 内发出的光通量。发光强度 I 的单位为坎德拉（cd），它是国际单位制中 7 个基本单位之一。其定义为：坎德拉（cd）是一光源在给定方向上的发光强度。频率为 5.4×10^{14}Hz 的单色辐射光在给定方向上的辐射强度为 $\frac{1}{683}$W/sr

时，在该方向上的发光强度为1cd，即 $1\text{cd} = 1\text{lm/sr} = \frac{1}{683}\text{W/sr}$。

从cd这个光度量的基本单位出发，就可以确定光度量中其他物理量的单位。例如，光通量的单位是流明（lm），它是发光强度为1cd的均匀点光源在单位立体角（1sr）内发出的光通量；光照度的单位是勒克斯（lx），它是1lm的光通量均匀地照射在 1m^2 面积上所产生的光照度。

3. 光出射度 M

光源表面给定点处单位面积向半空间内发出的光通量，称为光源在该点的光出射度：

$$M = \mathrm{d}\Phi/\mathrm{d}A \tag{2-13}$$

式中，$\mathrm{d}\Phi$ 为给定点处的面元 $\mathrm{d}A$ 发出的光通量（见图2-6）。光出射度的单位为流明每平方米（lm/m^2）。

需要指出的是，所研究的光源表面不仅是自身发光的光源（如白炽灯的灯丝）的表面，也可以是这些光源的像或自身并不发光，而在受到光照后成为光源的表面，对于后一种情况，其光出射度与该表面被照明的程度有关。

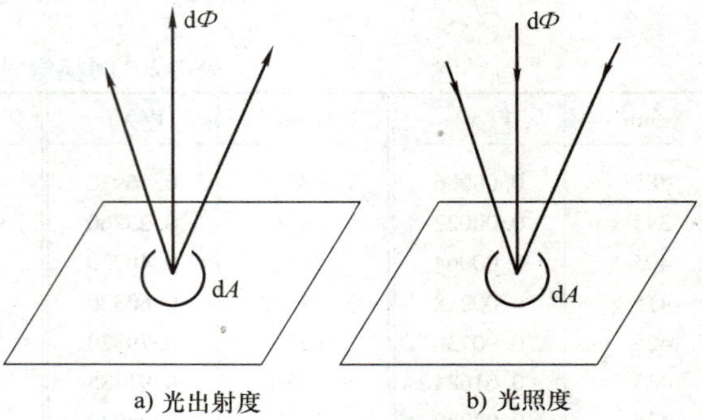

图2-6　光出射度与光照度

4. 光照度 E

被照明物体给定点处单位面积上的入射光通量称为该点的照度：

$$E = \mathrm{d}\Phi/\mathrm{d}A \tag{2-14}$$

式中，$\mathrm{d}\Phi$ 为给定点处的面元 $\mathrm{d}A$ 上的光通量。光照度的法定计量单位为勒克斯（lx）。

对于点光源所产生的照度，有下述的距离的二次方反比定律：用点光源照明时，被照面的照度与光源的发光强度 I 成正比，而与被照面到光源的距离 l 的二次方成反比：

$$E = \frac{I}{l^2} \tag{2-15}$$

如果被照面不垂直于光线方向，而其法线与光线的夹角为 θ，则式（2-15）应改写成：

$$E = \frac{I}{l^2}\cos\theta \tag{2-16}$$

对于受到光照后成为面光源的表面来说，其光出射度与光照度成正比，即

$$M = \rho E \tag{2-17}$$

式中，ρ 为小于1的系数，称为漫反射率，它与表面的性质有关。

光源表面一点处的面元 $\mathrm{d}A$ 在给定方向上的发光强度 $\mathrm{d}I$ 与该面元在垂直于给定方向的平面上的正投影面积之比，称为光源在该方向上的亮度：

$$L = \frac{\mathrm{d}I}{\mathrm{d}A\cos\theta} \tag{2-18}$$

式中，θ 为给定方向与面元法线间的夹角。亮度的法定计量单位为坎德拉每平方米（cd/m^2）。

对于余弦辐射体，光亮度不随方向而变，它和光出射度 M 之间存在如下关系：

$$M = \pi L \tag{2-19}$$

必须注意，不要把照度跟亮度的概念混淆起来。它们是两个完全不同的物理量。照度表征受照面的明暗程度，照度与光源至被照面的距离的二次方成反比。而亮度是表征任何形式的光源或被照射物体表面是面光源时的发光特性。如果光源与观察者眼睛之间没有光吸收现象存在，那么亮度值与二者间距离无关。表 2-3 和表 2-4 分别给出了不同环境的照度值和常见发光体的亮度值，供参考。

表 2-3　不同环境的照度值

环境	照度/lx	环境	照度/lx
阳光直射	$(1 \sim 1.3) \times 10^5$	晨昏蒙影	10
晴天室外（无阳光直射）	$(1 \sim 2) \times 10^4$	晴晨昏蒙影	1
阴天室外	500 ~ 1500	整圆明月	0. 2
漆黑天	10^2	上下弦月	10^{-2}
工作台	50 ~ 250	无月晴空	10^{-3}
可阅读条件	20	无月阴空	10^{-4}

表 2-4　常见发光体的亮度值

发光体及条件		亮度/(10^{-4}cd/m^2)
太阳	大气外层	1.9×10^5
	海平面	1.6×10^5
天空	夏日平均	0. 5
	离太阳远的纯蓝天	<0. 1
	稍有云	1
月亮		0. 25
2856K 时的钨灯		10^3

2. 2　半导体物理基础

半导体物理基础

2. 2. 1　半导体的特性

自然界中存在着各式各样的物质，它们可以分成气体、液体和固体三种状态。按其原子排列来说，可以分成晶体与非晶体两类；按导电能力，则可分成导体、绝缘体和介于二者之间的半导体三种。由于半导体具有许多特殊的性质，因而在电子工业与光电工业等方面占有极其重要的地位。

1）半导体的电阻温度系数一般是负的，它对温度的变化非常敏感。根据这一特性，制作了许多半导体热探测元件。

2）半导体的导电性能可受极微量杂质的影响而发生十分显著的变化。如纯硅在室温下的电导率是 $5\times10^{-6}\Omega^{-1}\cdot cm^{-1}$，当掺入硅原子数的百万分之一的杂质时，其纯度虽仍高达 99. 9999%，但电导率却上升至 $2\Omega^{-1}\cdot cm^{-1}$，几乎增加了一百万倍！此外，随着所掺入的杂质的种类不同，可以得到相反导电类型的半导体。如在硅中掺入硼，可得到 P 型半导体，掺入锑可得到 N 型半导体。

3）半导体的导电能力及性质会受热、光、电、磁等外界作用的影响而发生非常重要的变化。如沉积在绝缘基板上的硫化镉层不受光照时的阻抗可高达几十甚至几百兆欧，而一旦受到光照，电阻就会下降到几十千欧，甚至更小。

常见的半导体材料有硅、锗、硒等元素半导体，砷化镓（GaAs）、铝砷化镓（$Ga_{1-x}Al_xAs$）、锑化铟（InSb）、硫化镉（CdS）和硫化铅（PbS）等化合物半导体，还有如氧化亚铜的氧化物半导体，砷化镓-磷化镓固熔体半导体，以及有机半导体、玻璃半导体、稀土半导体等。利用半导体的特殊性质制成了热敏器件、光敏器件、场效应器件、体效应器件、霍尔器件、红外接收器件、电荷耦合器件、集成电路等半导体器件。

2.2.2 能带理论

为了解释固体材料的不同导电特性，人们从电子能级的概念出发引入了能带理论。它是半导体物理的理论基础，应用能带理论可以解释发生在半导体中的各种物理现象和各种半导体器件的工作原理。

原子是由一个带正电的原子核与一些带负电的电子组成。这些电子环绕着原子核在各自的轨道上不停地运动着。根据量子论，电子运动有下面三个重要特点：

1）电子绕核运动，具有完全确定的能量，这种稳定的运动状态称为量子态。每一个量子态所对应的确定能量称为能级。最里层的量子态，电子距原子核最近，受原子核束缚最强，能量最低。最外层的量子态，电子受原子核束缚最弱，能量最强。电子可以吸收能量从低能级跃迁到高能级上去，也可以在一定条件下放出能量重新落回到低能级上来，但不可能有介于各能级之间的量子态存在。

2）由于微观粒子具有粒子与波动的两重性，因此，严格来说原子中的电子没有完全确定的轨道。但为方便起见，仍用“轨道”这个词，这里的“轨道”所代表的是电子出现几率最大的一部分区域。

3）在一个原子或由原子组成的系统中，不能有两个电子同属于一个量子态，即在每一个能级中，最多只能容纳两个自旋方向相反的电子，这就是泡利不相容原理。此外，电子首先填满最低能级，而后依次向上填，直到所有电子填完为止。

物质是由原子组成的。原子以一定的周期重复排列所构成的物体称为晶体。当原子结合成晶体时，因为原子之间的距离很近，不同原子之间的电子轨道（量子态）将发生不同程度的交叠。当然，晶体中两个相邻原子的最外层电子的轨道重叠最多。这些轨道的交叠，使电子可以从一个原子转移到另一个原子上去。结果，原来隶属于某一原子的电子，不再是此原子私有的了，而是可以在整个晶体中运动，成为整个晶体所共有，这种现象称作电子的共有化。晶体中原子内层和外层电子的轨道交叠程度很不相同，越外层电子的交叠程度越大，且原子核对它的束缚越小。因此，只有最外层电子的共有化特征才是显著的。

晶体中的电子虽然可以从一个原子转移到另一个原子，但它只能在能量相同的量子态之间发生转移，所以，共有化的量子态与原子的能级之间存在着直接的对应关系。由于电子的这种共有化，整个晶体成了统一的整体。通常将能量区域中密集的能级形象地称为能带。由于能带中能级之间的能量差很小，所以通常可以把能带内的能级看成是连续的。在一般的原子中，内层原子的能级都是被电子填满的。当原子组成晶体后，与这些内层的能级相对应的能带也是被电子所填满的。在热力学温度零度下，硅、锗、金刚石等共价键结合的晶体中，从其最内层的电子直到最外边的价电子都正好填满相应的能带。能量最高的是价电子填满的能带，称为价带。价带以上的能带基本上是空的，其中能量最低的带称为导带。价带与导带之间的区域则称为禁带。

图 2-7 所示为绝缘体、半导体、导体的能带情况。一般，绝缘体的禁带比较宽，价带被电子填满，而导带一般是空的。半导体的能带与绝缘体相似，在理想的热力学温度零度下，也有被电子填满的价带和全空的导带，但其禁带比较窄。正因为如此，在一定的条件下，价带的电子容易被激发到导带中去。半导体的许多重要特性就是由此引起的。而导体的能带情况有两种：一种是它的价带没有被电子填满，即最高能量的电子只能填充价带的下半部分，而上半部分空着；另一种是它的价带与导带相重叠。

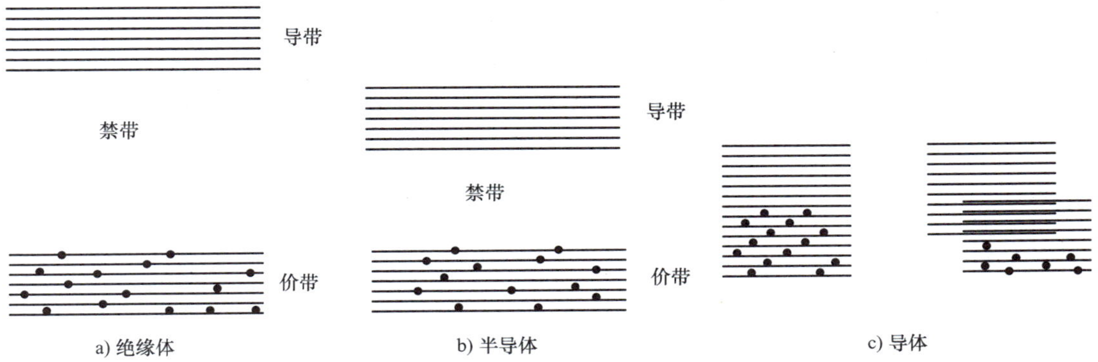

图 2-7　绝缘体、半导体、导体的能带情况

必须指出，上面关于能带形成的通俗论证是十分粗糙而不严格的。能带和原子能级之间的对应关系并不简单，也并不永远都是一个原子能级对应于一个能带。并且，能带图并不实际存在，而只是用来着重说明电子的能量分布情况。

2.2.3　半导体的导电结构

当在一块半导体的两端加上电压后，其价电子在无规则的热运动基础上叠加了由电场引起的定向运动，就会形成电流。并且它的运动状态也发生了变化，因而其运动能量必然与原来热运动时有所不同。在晶体中，根据泡利不相容原理，每个能级上最多能容纳两个电子。因此，要改变晶体中电子的运动状态，以便改变电子的运动能量，使它跃迁到新的能级中去，一般需要满足两个条件：一是具有能向电子提供能量的外界作用；二是电子要跃入的那个能级是空的。

由于导带中存在大量的空能级，当有电场作用时，导带电子能够得到能量而跃迁到空的能级中去，即导带电子能够改变运动状态。也就是说，在电场的作用下，导带电子能够产生定向运动而形成电流，所以导带电子是可以导电的。

如果价带中填满了电子而没有空能级，在外加电场的作用下，电子又没有足够能量激发到导带，那么，电子运动状态也无法改变，因而不能形成定向运动，也就没有电流。因此，填满电子的价带中的电子是不能导电的。如果价带中的一些电子在外界作用下跃迁到导带，那么在价带中就留下了缺乏电子的空位。可以设想，在外加电场作用下，邻近能级的电子可以跃入这些空位，而在这些电子原来的能级上又出现了新的空位。以后，其他电子又可以再跃入这些新的空位，这就好像空位在价带中移动一样，只不过其移动方向与电子相反罢了。因此，对于有电子空位的价带，其电子运动状态就不再是不可改变的了。在外加电场的作用下，有些电子在原来热运动上叠加了定向运动，从而形成了电流。

导带和价带电子的导电情况是有区别的，即：导带的电子越多，其导电能力越强；而价带的电子的空位越多，即电子越少，其导电能力就越强。为了处理方便，把价带的电子空位想象为带正电的粒子，显然，它所带的电荷量与电子相等，符号相反。在电场作用下，它可以自由地在晶体中运动，像导带中的电子一样能够起导电作用，这种价带中的电子空位，通常称之为空穴。由于电子和空穴都能导电，一般把它们统称为载流子。

完全纯净和结构完整的半导体称为本征半导体。它的能带如图 2-8 所示。其中图 2-8a 是假设在热力学温度为零度时，不受光、电、磁等外界作用的本征半导体能带图。此时，导带没有电子，价带也没有空穴。因此，这时的本征半导体和绝缘体一样，不能导电。但是，由于半导体的禁带宽度 E_g 较小，因而在热运动或其他外界因素的作用下，价带的电子可激发跃迁到导带，如图 2-8b 所示。这时，导带有了电子，价带也有了空穴，本征半导体就有了导电能力。电子由价带直接激发跃迁到导带，称为本征激发。对于本征半导体来说，其载流子只能依靠本征激发产生。因此，导带的电子和价带的空穴是相等的。这就是本征半导体导电结构的特性。

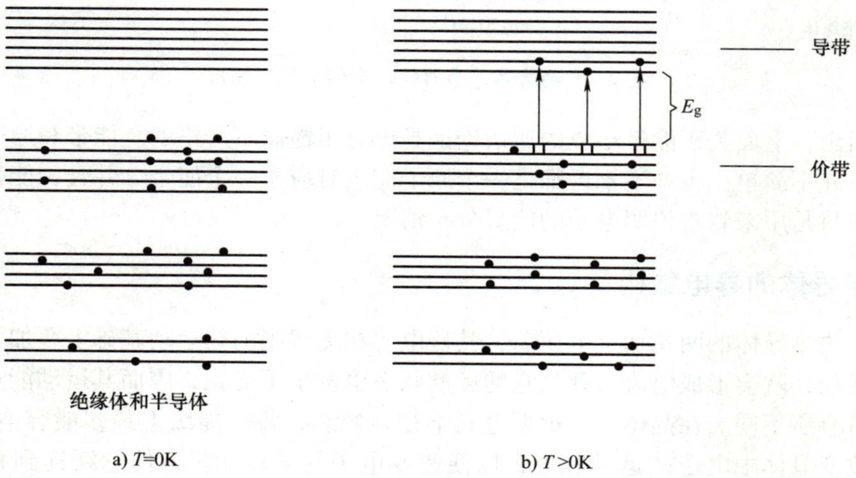

图 2-8 本征半导体能带图

实际上，晶体总是含有缺陷和杂质的，半导体的许多特性是由所含的杂质和缺陷决定的。杂质和缺陷在半导体中之所以有决定性的影响，主要是由于在杂质和缺陷附近可形成束缚电子态，这就如同在孤立原子中电子被束缚在原子核附近一样。我们知道，能带的能量是和晶体基本原子的各能级相对应的（至少在能带不很宽的情况下是如此），而杂质原子上的能级和晶体中其他原子不同，所以它的位置完全可能不在晶体能带的范围之中。换句话说，杂质的能级可以在晶体能级的禁带中，即束缚态的能量一般处在禁带中。

在硅晶体中，硅有 4 个价电子，V族元素（如磷、砷、锑等）的原子取代了硅原子的位置，V族原子中的 5 个价电子中有 4 个价电子与硅原子形成共价键，多余的一个价电子不在共价键中，因而成为自由电子参与导电。能够导电的电子一般就是导带中的电子。所以，硅中掺入一个V族杂质能够释放一个电子给硅晶体的导带，而杂质本身成为正电中心。具有这种特点的杂质称为施主杂质，因为它能施予电子。离子晶体中，间隙中的正离子或负离子缺位，实际上也是正电中心，所以也是施主。被束缚于施主的电子的能量状态称为施主能级。

在硅晶体中，当用具有 3 个价电子的Ⅲ族元素（如硼、铝、镓、铟等）的原子取代硅原子组成 4 个共价键时，会缺少一个电子，即存在一个空的电子能量状态，它能够从晶体的价带接收一个电子，这就等于向价带提供一个空位。Ⅲ族原子本来呈电中性，当它接收了一个电子时，成了一个负电中心。具有这种特点的杂质称为受主杂质，因为它能接收电子。受主的空能量状态称为受主能级。离子晶体中，正离子缺位或间隙中的负离子都同样起着负电中心的作用，也是受主。

施主（或受主）能级上的电子（或空穴）跃迁到导带（或价带）中的过程称为电离，该过程所需的能量就是电离能。必须注意，所谓空穴从受主能级激发到价带的过程，实际上就是电子从价带激发到受主能级中去的过程。图 2-9 是半导体的杂质能级示意图。图中 E_-表示导带底，E_+表示价带顶。一般施主能级离导带底较近，即杂质的束缚态能级略低于导带底，这样就可在常温下使束缚态中的电子激发到导带而使导带中的电子远多于价带中的空穴。这种主要由电子导电的半导体，称为 N 型半导体。一般受主能级离价带顶较近，即当在半导体中掺入某一杂质而使其束缚态略高于价带顶时，就可在常温下使价带中的电子激发到束缚态，因而使价带中的空穴远多于导带中的电子。这种主要由空穴导电的半导体，称为 P 型半导体。由于杂质的电离能比禁带宽度小得多，所以杂质的种类和数量对半导体的导电性能影响很大。

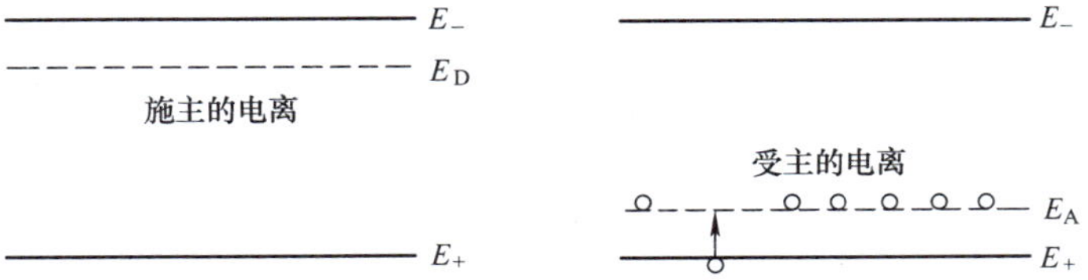

a) 施主杂质能级 E_D　　b) 受主杂质能级 E_A

图 2-9　半导体的杂质能级示意图

在 N 型半导体中，由于 $n \gg p$（n 为电子浓度，p 为空穴浓度），一般把电子称为多数载流子，而空穴称为少数载流子；在 P 型半导体中，则与上相反，空穴称为多数载流子，电子为少数载流子。

2.2.4　载流子的运动

半导体中存在能够自由导电的电子和空穴，在外界因素作用下，半导体又会产生非平衡电子和空穴。这些载流子的运动形式有两种，即扩散运动和漂移运动。扩散运动是在载流子浓度不均匀的情况下，载流子无规则热运动的自然结果，它不是由电场力的推动而产生的。因此把载流子由热运动造成的从高浓度向低浓度的迁移运动称为扩散运动。对于杂质均匀分布的半导体，其平衡载流子的浓度分布也是均匀的。因此，不会有平衡载流子的扩散，这时只考虑非平衡载流子的扩散。当然，对于杂质分布不均匀的半导体，需要同时考虑平衡载流子和非平衡载流子的扩散。

载流子在电场的加速作用下，除热运动之外获得的附加运动称为漂移运动。

下面分别讨论这两种运动的机理。

1. 扩散运动

我们研究一维稳定扩散的情形。例如，光均匀地照射一块均匀的半导体，如图 2-10 所示。假设光在表面很薄的一层内几乎全部被吸收，而非平衡载流子的产生也局限于这个薄层内。

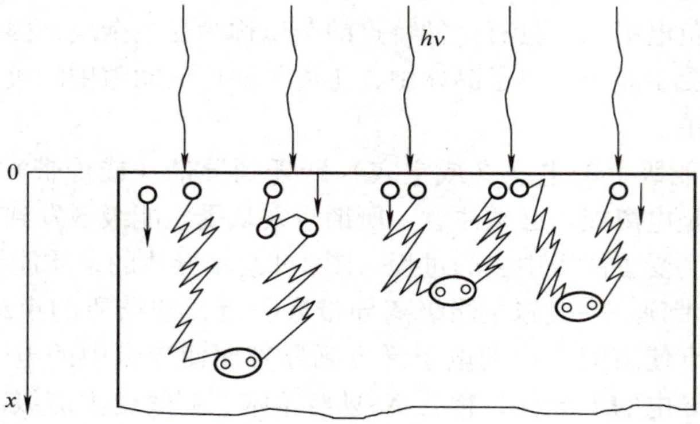

图 2-10　均匀的半导体中载流子的扩散

由图 2-10 可见，在 $x=0$ 处，因光照而产生的非平衡载流子浓度为 $\Delta p(0)$ 或 $\Delta n(0)$，由于在 x 方向存在浓度梯度，光生载流子将沿 x 方向扩散，最后在体内复合而消失。只要入射光保持不变，在 $x=0$ 处 $\Delta p(0)$ 与 $\Delta n(0)$ 也将不变，扩散与复合就不断进行。显然，扩散电流与浓度梯度成正比，即

$$j_n = -D_n \frac{d(\Delta n)}{dx}, \quad j_p = -D_p \frac{d(\Delta p)}{dx} \tag{2-20}$$

式中，j_n 和 j_p 分别为电子和空穴的扩散电流密度；D_n 和 D_p 分别为电子和空穴的扩散系数；“−”号表示扩散电流的方向与浓度梯度方向相反。

2. 漂移运动

半导体中晶格原子和杂质离子在晶格点阵位置附近做热运动，而载流子则在晶格间做不规则的热运动，并在运动过程中不断与原子和杂质离子发生碰撞，从而改变其运动速度的大小和方向，这种现象称为散射。

由于外加电场的存在，使载流子做定向的漂移运动。又由于有散射作用，因而载流子的漂移运动在恒定的电场下具有一个稳定的平均漂移速度。在 N 型半导体中，漂移所引起的电流密度为

$$j = nqv \tag{2-21}$$

式中，j 为电流密度；n 为载流子密度；q 为电子电荷量；v 为载流子的平均漂移速度。

欧姆定律的微分形式为

$$j = \sigma\varepsilon \tag{2-22}$$

式中，σ 为电导率；ε 为电场强度。

由此可知，一定的电场强度，就有一定值的电流密度，因而也就有一定值的平均漂移速度。即：一定值的 ε 对应于一定值的 v。实际上，载流子密度一般不因电场的存在而改变，只有在特殊情况下，当电场强到可以改变能级或使载流子加速到产生碰撞电离，才会引起载流子密度的变化。因此，电场强度与平均漂移速度的关系为

$$v=\mu\varepsilon \tag{2-23}$$

式中，μ 称作迁移率，它代表载流子在单位电场下所取得的漂移速度，其单位为 $cm^2/(s\cdot V)$。

显然，电导率 σ 与迁移率有如下关系：

$$\sigma=nq\mu \tag{2-24}$$

在电场强度 ε 的作用下，载流子所得的加速度 a 为

$$a=\frac{q\varepsilon}{m^*} \tag{2-25}$$

式中，m^* 为载流子的有效质量；q 为载流子所带的电荷量。

载流子在漂移运动中，因为散射作用，在每次碰撞之后漂移速度就下降为零。如果两次碰撞之间的平均自由时间为 τ_f，则 τ_f 以后载流子的平均漂移速度v为

$$v=a\tau_f=\frac{q\varepsilon}{m^*}\tau_f \tag{2-26}$$

将式（2-23）代入式（2-26），可得

$$\mu=\frac{q\tau_f}{m^*} \tag{2-27}$$

由此看出，迁移率与载流子的有效质量及平均自由时间 τ_f 有关。而电子的有效质量 m_n^* 比空穴的有效质量 m_p^* 小，所以电子的迁移率 μ_n 比空穴的迁移率 μ_p 大。

3. 扩散运动和漂移运动同时存在

在扩散运动和漂移运动同时存在的情况下，载流子的扩散系数和迁移率之间有爱因斯坦关系：

$$\frac{D_n}{\mu_n}=\frac{kT}{q}\text{和}\frac{D_p}{\mu_p}=\frac{kT}{q} \tag{2-28}$$

式中，k 为玻耳兹曼常数；T 为导体的热力学温度；q 为载流子所带的电荷量。尽管爱因斯坦关系是在平衡情况下得到的，但也适用于非平衡的情况。由式（2-28）可以看出，同一种载流子的扩散系数与迁移率之间存在正比例的关系，其比例系数是 kT/q。它与温度有关，室温下此系数为 0.026V。因此，很容易从载流子的迁移率来推算扩散系数。

从以上的分析还可以知道，在电场的作用下，任何载流子（多数载流子与少数载流子）均要做漂移运动。一般情况下，少数载流子远少于多数载流子，因此漂移电流主要是由多数载流子贡献的。相反，在扩散情况下，只有光照所产生的少数载流子存在很大的浓度梯度，所以对扩散电流的贡献主要是少数载流子。

2.2.5　半导体的 PN 结

半导体的电学性质在很大程度上取决于所含杂质的种类和数量。把 P 型、N 型、本征（I 型）半导体结合起来，组成不均匀的半导体，能制造出各种半导体器件。这里所说的

结合，通常指的是一个单晶体内部根据杂质的种类和含量的不同而形成的接触区域。如 PI 结、NI 结、PN 结等。所谓“结”，严格地说是指其中的过渡区。

PN 结是将 P 型杂质和 N 型杂质分别对半导体掺杂而成的。一般把 P 型区和 N 型区之间的过渡区域称为 PN 结。在 PN 结的形成过程中，由于空穴浓度在 P 区比 N 区高，而电子浓度在 N 区比 P 区高，这样，在 PN 结界面附近就形成了电子和空穴的浓度差，使 P 区的空穴向 N 区扩散，N 区的电子向 P 区扩散。这种扩散运动的结果，如图 2-11a 所示，在结与 P 区界面处出现了电子的积聚，结与 N 区界面处出现了空穴的积聚。也就是说，在结区中形成了由 N 区指向 P 区的内建电场 ε。这个电场的出现将产生载流子的漂移运动。

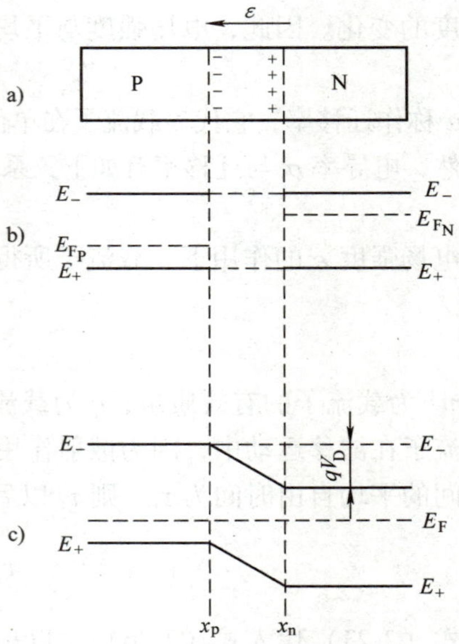

图 2-11　热平衡下的 PN 结

1. 热平衡下的 PN 结

当 PN 结处于热平衡时，通过扩散流等于漂移流可以推导出

$$qV_D = E_{F_N} - E_{F_P} \tag{2-29}$$

式中，V_D 通常称为接触电动势差或内建电动势，它是结区出现的电动势差；qV_D 则称为势垒高度；E_{F_N} 和 E_{F_P} 分别表示 N 型和 P 型半导体中的费米能级。

所以，式（2-29）表示 PN 结在热平衡下，它的势垒高度 qV_D 为 N 型和 P 型半导体的费米能级之差。由图 2-11c 可以看出，由于热平衡时 N 型半导体与 P 型半导体有相同的电动势，因此有统一的费米能级，即平衡过程中实际上将两个费米能级拉平了，即 $E_{F_N}=E_{F_P}$，用 E_F 表示。

2. 非平衡态下的 PN 结

在非平衡状态下（如受光照射）PN 结的能带如图 2-12 所示。用 n、p 表示非平衡状态下的电子和空穴浓度。从电子的能级密度和统计分布函数，可推导出半导体导带的电子浓度 n 和价带的空穴浓度 p 分别为

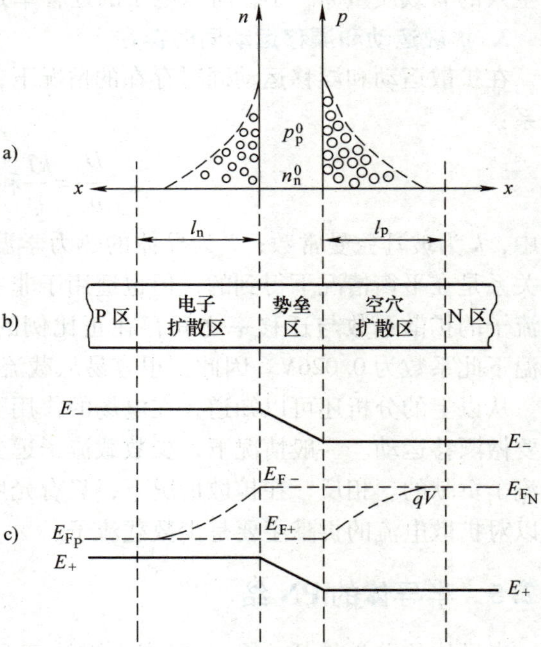

图 2-12　正向 PN 结能带图

$$n = N_- e^{\frac{-(E_- - E_F)}{kT}} \tag{2-30}$$

$$p = N_+ e^{\frac{-(E_F - E_-)}{kT}} \tag{2-31}$$

式中，N_- 是导带的有效能级密度；N_+ 为价

带的有效能级密度。

式（2-30）、式（2-31）两个公式表明，对于给定的费米能级，导带中的电子浓度就如同是有 N_-个能级位于导带底 E_-；价带中的空穴浓度正如同有 N_+个能级位于价带顶 E_+。因此上面两式的指数因子恰好可以解释为能级 E_-和 E_+在统计分布中的占据几率。将式（2-30）和式（2-31）相乘，可得

$$np=N_-N_+\mathrm{e}^{-(E_--E_+)/(kT)}=N_-N_+\mathrm{e}^{-E_g/(kT)} \tag{2-32}$$

用 n_0 与 p_0 表示平衡状态下的电子和空穴浓度，Δn、Δp 表示因光照而增加的载流子数，则 $n=n_0+\Delta n$，$p=p_0+\Delta p$。由于电中性的要求，$\Delta n=\Delta p$。在小信号的情况下，$\Delta n=\Delta p\leqslant n_0$（或 p_0）。利用式（2-30）~式（2-32）三个公式可得

$$np=n_i^2\mathrm{e}^{qV/(kT)} \tag{2-33}$$

式中，$qV=E_{\mathrm{F}_-}-E_{\mathrm{F}_+}$，$E_{\mathrm{F}_-}$和 E_{F_+}分别表示在非平衡状态下的电子与空穴的费米能级，称为准费米能级；n_i 为本征半导体中电子或空穴浓度。

由式（2-33）看出，在非平衡状态下，两种载流子浓度的乘积等于平衡状态下两种载流子浓度的乘积再乘上一个指数因子 $\mathrm{e}^{qV/(kT)}$。此因子可以是 1，也可以大于或小于 1。

1）当 $V=0$ 时，即平衡态，$np=n_i^2=n_0p_0$。

2）当 $V>0$ 时，即在 PN 结上加正向电压（或光照），此时 $np=n_i^2\mathrm{e}^{qV/(kT)}>n_i^2$，说明载流子浓度增加了，增加的载流子形成结的正向电流。

3）当 $V<0$ 时，即 PN 结加反向电压，此时 $np=n_i^2\mathrm{e}^{qV/(kT)}<n_i^2$，说明载流子比平衡时减少了，减少的载流子形成结的一部分反向电流。

PN 结的电流大小可以通过对 PN 结任一截面的电流来求得。下面看看通过图 2-12 中 x_{p} 处的电流。当施加小于 V_{D} 的正向电压时，即外加电压抵消一部分 V_{D} 而使势垒降低，于是就出现了两部分电流：一是从 N 区向 P 区注入的电子电流 $I_{\mathrm{n}}(x_{\mathrm{n}})$；一是由 P 区向 N 区注入的空穴电流 $I_{\mathrm{p}}(x_{\mathrm{p}})$，若势垒中无复合，则 $I_{\mathrm{n}}(x_{\mathrm{n}})=I_{\mathrm{n}}(x_{\mathrm{p}})$ 和 $I_{\mathrm{p}}(x_{\mathrm{n}})=I_{\mathrm{p}}(x_{\mathrm{p}})$。这样，问题可以简化为纯扩散电流。由此可推证出通过 x_{p} 处的电流，即通过 PN 结的电流为

$$I=I_{\mathrm{p}}(x_{\mathrm{p}})+I_{\mathrm{n}}(x_{\mathrm{p}})=I_0(\mathrm{e}^{qV/(kT)}-1) \tag{2-34}$$

式中，I_0 为反向饱和电流，它是温度的函数。

式（2-34）就是 PN 结的伏-安特性公式，它是分析所有 PN 结器件的最基本公式。由于是在理想情况下得到的，因此是理想 PN 结的电流-电压特性。

2.2.6　半导体对光的吸收

半导体受光照射时，一部分光被反射，一部分光被吸收。半导体对光的吸收可分为本征吸收、杂质吸收、激子吸收、自由载流子吸收和晶格吸收。

半导体对光的吸收

（1）本征吸收　在不考虑激发和杂质的作用时，半导体中的电子基本上处于价带中，导带中的电子数很少。当光入射到半导体表面时，导带中的电子数很少，原子外层价电子吸收足够的光子能量，越过禁带，进入导带，成为可以自由运动的自由电子。同时，在价带中留下一个自由空穴，产生电子-空穴对。这种由半导体价带电子吸收光子能量跃迁入导带，产生电子-空穴的现象称为本征吸收。

显然，发生本征吸收的条件是光子能量必须大于半导体的禁带宽度 E_g，这样才能使价带 E_+ 上的电子吸收足够的能量跃入到导带低能级 E_- 之上，即

$$h\nu \geqslant E_g \tag{2-35}$$

由此，可以得到本征吸收的长波限为

$$\lambda_L \leqslant \frac{hc}{E_g} = \frac{1.24}{E_g} \tag{2-36}$$

只有波长短于 λ_L（单位为 μm）的入射辐射才能使器件产生本征吸收，改变本征半导体的导电特性。

（2）杂质吸收　N 型半导体中未电离的杂质原子（施主原子）吸收光子能量 $h\nu$。若 $h\nu \geqslant \Delta E_D$（施主电离能），杂质原子的外层电子将从杂质能级（施主能级）跃入导带，成为自由电子。

同样，P 型半导体中，价带上的电子吸收能量 $h\nu > \Delta E_A$（受主电离能）的光子后，价电子跃入受主能级，价带上留下空穴，相当于受主能级上的空穴吸收光子能量跃入价带。

这两种杂质半导体吸收足够能量的光子，产生电离的过程称为杂质吸收。

显然，杂质吸收的长波限

$$\lambda_L \leqslant \frac{1.24}{\Delta E_D} \text{或} \ \lambda_L \leqslant \frac{1.24}{\Delta E_A} \tag{2-37}$$

由于 $E_g > \Delta E_D$ 或 ΔE_A，因此，杂质吸收的长波限总要长于本征吸收的长波限。杂质吸收会改变半导体的导电特征，也会引起光电效应。

（3）激子吸收　当入射到本征半导体上的光子能量 $h\nu$ 小于 E_g，或入射到杂质半导体上的光子能量 $h\nu$ 小于杂质电离能（ΔE_D 或 ΔE_A）时，电子不产生能带间的跃迁成为自由载流子，仍受原来束缚电荷的约束而处于受激状态。这种处于受激状态的电子称为激子。吸收光子能量产生激子的现象称为激子吸收。显然，激子吸收不会改变半导体的导电特性。

（4）自由载流子吸收　对于一般的半导体材料，当入射光子的频率不够高，不足以引起电子产生能带间的跃迁或形成激子时，仍然存在着吸收，而且其强度随波长的减小而增强。这是由自由载流子在同一能带内的能级间的跃迁所引起的，称为自由载流子吸收。自由载流子吸收不会改变半导体的导电特性。

（5）晶格吸收　晶格原子对远红外谱区的光子能量的吸收，直接转变为晶格振动动能的增加，在宏观上表现为物理温度升高，引起物质的热敏效应。

以上 5 种吸收中，只有本征吸收和杂质吸收能够直接产生非平衡载流子，引起光电效应。其他吸收都不同程度地把辐射能转换为热能，使器件温度升高，使热激发载流子运动的速度加快，而不会改变半导体的导电特性。

2.3　光电效应

光电效应

光与物质作用产生的光电效应分为内光电效应与外光电效应两类。被光激发所产生的载流子（自由电子或空穴）仍在物质内部运动，使物质的电导率发生变化或产生光生电动势的现象，称为内光电效应。而被光激发产生的电子逸出物质表面，形成真空中的电子的现象，称为外光电效应。内光电

效应又可以分为光电导效应和光生伏特效应，光电导效应是光敏电阻的核心技术，光生伏特效应是光电二极管、光电池、光电晶体管等的核心技术，外光电效应是真空光电倍增管、摄像管、变像管和像增强管的核心技术。本节主要讨论光电导效应、光生伏特效应与外光电效应的基本原理，它是光电检测技术的重要基础。

2.3.1 光电导效应

光电导效应可分为本征光电导效应与杂质光电导效应两种。本征半导体或杂质半导体价带中的电子吸收光子能量跃入导带，产生本征吸收，导带中产生光生自由电子，价带中产生光生自由空穴，光生电子与空穴使半导体的电导率发生变化。这种在光的作用下由本征吸收引起的半导体电导率发生变化的现象，称为本征光电导效应。

如果光通量为 $\Phi_{e,\lambda}$ 的单色辐射入射到光电导体上时，波长为 λ 的单色辐射全部被吸收，则光敏层单位时间（每秒）所吸收的量子数密度为

$$N_{e,\lambda}=\frac{\Phi_{e,\lambda}}{h\nu bdl} \tag{2-38}$$

式中，l、b、d 分别为光敏层的长、宽、高。

光敏层每秒产生的电子数密度为

$$G_e=\eta N_{e,\lambda} \tag{2-39}$$

式中，η 为半导体材料的量子效率。

在热平衡状态下，半导体的热电子产生率 G_t 与热电子复合率 r_t 相平衡。因此，光敏层内电子总产生率为

$$G_e+G_t=\eta N_{e,l}+r_t \tag{2-40}$$

在光敏层内除产生电子与空穴外，还有电子与空穴的复合。导带中电子与价带中的空穴的总复合率为

$$R=K_f(\Delta n+n_i)(\Delta p+p_i) \tag{2-41}$$

式中，K_f 为载流子的复合几率；Δn 为导带中的光生电子浓度；Δp 为导带中的光生空穴浓度；n_i 与 p_i 分别为热激发电子与空穴的浓度。

同样，热电子复合率 r_t 与导带内热电子浓度 n_i 及价带内空穴浓度 p_i 的乘积成正比，即

$$r_t=K_f n_i p_i \tag{2-42}$$

在热平衡状态下，载流子的产生率应与复合率相等，即

$$\eta N_{e,\lambda}+K_f n_i p_i=K_f(\Delta n+n_i)(\Delta p+p_i) \tag{2-43}$$

在非平衡状态下，载流子的时间变化率应等于载流子总产生率与总复合率的差，即

$$\frac{\mathrm{d}\Delta n}{\mathrm{d}t}=\eta N_{e,\lambda}+K_f n_i p_i-K_f(\Delta n+n_i)(\Delta p+p_i)=\eta N_{e,\lambda}-K_f(\Delta n\Delta p+\Delta p n_i+\Delta n p_i) \tag{2-44}$$

下面分两种情况进行讨论：

1）在弱辐射作用下，光生载流子浓度 Δn 远小于热激发电子浓度 n_i，光生空穴浓度 Δp 远小于热激发空穴的浓度 p_i，并考虑到本征吸收的特点：$\Delta n=\Delta p$，因此式（2-44）可简化为

$$\frac{\mathrm{d}\Delta n}{\mathrm{d}t}=\eta N_{e,\lambda}-K_f\Delta n(n_i+p_i)$$

利用初始条件：$t=0$ 时，$\Delta n=0$，解微分方程得

$$\Delta n=\eta\tau N_{e,\lambda}(1-e^{-t/\tau}) \tag{2-45}$$

式中，τ 为载流子的平均寿命，$\tau=1/[K_f(n_i+p_i)]$。

由式（2-45）可见，光激发载流子浓度随时间按指数规律上升，当 $t>>\tau$ 时，载流子浓度 Δn 达到稳态值 Δn_0，即达到动态平衡状态，有

$$\Delta n_0=\eta\tau N_{e,\lambda} \tag{2-46}$$

光激发载流子引起半导体电导率的变化为

$$\Delta\sigma=\Delta nq\mu=\eta\tau q\mu N_{e,\lambda} \tag{2-47}$$

式中，μ 为电子迁移率 μ_n 与空穴迁移率 μ_p 之和。

半导体材料的光电导为

$$g=\Delta\sigma\frac{bd}{l}=\frac{\eta\tau q\mu bd}{l}N_{e,\lambda} \tag{2-48}$$

l 相当于光电器件的电极间距，将式（2-38）代入式（2-48）得

$$g=\frac{\eta q\tau\mu}{h\nu l^2}\Phi_{e,\lambda} \tag{2-49}$$

由式（2-49）可以看出，在弱辐射作用下的半导体材料的光电导与入射辐射通量 $\Phi_{e,\lambda}$ 呈线性关系。对式（2-49）求导可得

$$dg=\frac{\eta q\tau\mu}{h\nu l^2}d\Phi_{e,\lambda}$$

由此可得半导体材料在弱辐射作用下的光电导灵敏度为

$$S_g=\frac{dg}{d\Phi_{e,\lambda}}=\frac{\eta q\tau\mu}{hl^2}\frac{1}{\nu}=\frac{\eta q\tau\mu\lambda}{hcl^2} \tag{2-50}$$

可见，S_g 为与材料性质有关的常数，与光电导材料两电极间长度 l 的二次方成反比。为提高光电导器件的光电导灵敏度 S_g，需要将光敏电阻的形状制造成蛇形。

2）在强辐射作用下，$\Delta n\gg n_i$，$\Delta p\gg p_i$，式（2-44）可以简化为

$$\frac{d\Delta n}{dt}=\eta N_{e,\lambda}-K_f\Delta n^2$$

利用初始条件：$t=0$ 时，$\Delta n=0$，解微分方程得

$$\Delta n=\left(\frac{\eta N_{e,\lambda}}{K_f}\right)^{1/2}\tanh\frac{t}{\tau} \tag{2-51}$$

式中，τ 为强辐射作用下载流子的平均寿命，$\tau=1/\sqrt{\eta K_f N_{e,\lambda}}$。

显然，可以得到强辐射情况下，半导体材料的光电导与入射辐射通量间的关系为

$$g=q\mu\left(\frac{\eta bd}{h\nu K_f l^3}\right)^{1/2}\Phi_{e,\lambda}^{1/2} \tag{2-52}$$

为抛物线关系。对式（2-52）进行微分得

$$dg=\frac{1}{2}q\mu\left(\frac{\eta bd}{h\nu K_f l^3}\right)^{1/2}\Phi_{e,\lambda}^{1/2}d\Phi_{e,\lambda} \tag{2-53}$$

式（2-53）表明，在强辐射作用的情况下，半导体材料的光电导灵敏度不仅与材料的性

质有关，而且与入射辐射通量有关，是非线性的。

综上所述，半导体的光电导效应与入射辐射通量的关系为：在弱辐射作用的情况下是线性的，随着辐射的增强，线性关系变差，当辐射很强时，变为抛物线关系。

2.3.2　光生伏特效应

光生伏特效应是基于半导体 PN 结基础上的一种将光能转换成电能的效应。当入射辐射作用在半导体 PN 结上产生本征吸收时，价带中的光生空穴与导带中的光生电子在 PN 结内建电场的作用下分开，并分别向如图 2-13 所示的方向运动，形成光生伏特电压或光生电流。

PN 结的能带结构如图 2-14 所示。当 P 型与 N 型半导体形成 PN 结时，P 区和 N 区的多数载流子要进行相对的扩散运动，以便平衡它们的费米能级差，扩散运动平衡时，它们具有如图 2-14 所示的同一费米能级 E_F，并在结区形成由正、负离子形成的空间电荷区或耗尽区。空间电荷形成如图 2-13 所示的内建电场，内建电场的方向由 N 指向 P。当入射辐射作用于 PN 结区时，本征吸收产生的光生电子与空穴将在内建电场力的作用下做漂移运动，电子被内建电场拉到 N 区，而空穴被拉到 P 区。结果 P 区带正电，N 区带负电，形成伏特电压。

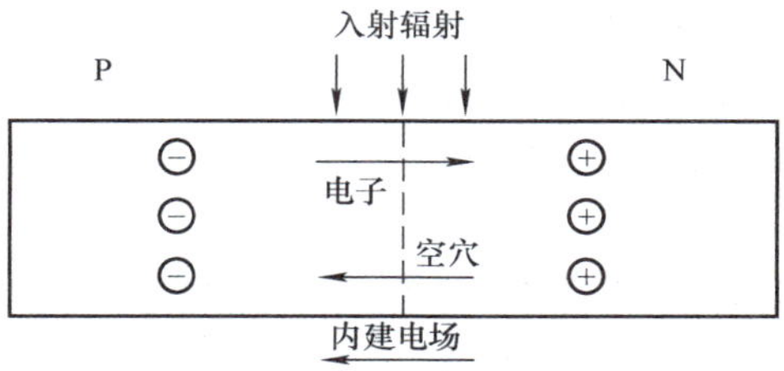

图 2-13　半导体 PN 结示意图

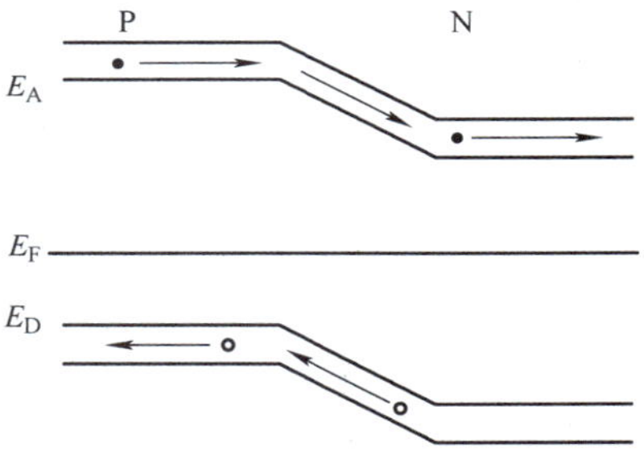

图 2-14　PN 结的能带结构

当设定内建电场的方向为电压与电流的正方向时，在 PN 结两端接入适当的负载电阻 R_L，若入射辐射通量为 $\Phi_{e,\lambda}$ 的辐射作用于 PN 结上，则有电流 I 流过负载电阻，并在负载电阻 R_L 的两端产生压降 U，流过负载电阻的电流应为

$$I=I_\Phi-I_D(e^{\frac{qU}{kT}}-1) \tag{2-54}$$

式中，I_Φ 为光生电流，$I_\Phi=\frac{\eta q}{h\nu}(1-e^{-\alpha d})\Phi_{e,\lambda}$；$I_D$ 为暗电流；α 为吸收系数。

由式（2-54）也可以获得 I_Φ 的另一种定义：当 $U=0$（PN 结被短路）时的输出电流 I_{sc} 即为短路电流，并有

$$I_{sc}=I=\frac{\eta q}{h\nu}(1-e^{\alpha d})\Phi_{e,\lambda} \tag{2-55}$$

同样，当 $I=0$（PN 结开路）时，PN 结两端的开路电压为

$$U_{oc}=\frac{kT}{q}\ln\left(\frac{I}{I_D}+1\right) \tag{2-56}$$

在图像传感器中常用具有光生伏特效应的光电二极管作为像敏单元，此时的光电二极管常采用反向偏置，即式（2-54）中的电压 U 为负值，且满足 $|U|\gg q/(kT)$。在反向偏置的情

况下，一般 $I_D \ll I$，因此，常将其忽略。光电二极管的电流与入射辐射为线性关系：

$$I=\frac{\eta q}{h\nu}(1-e^{-\alpha d})\Phi_{e,\lambda} \tag{2-57}$$

1. 丹倍效应

光生载流子扩散运动如图 2-15 所示。当半导体材料的一部分被遮蔽，另一部分被光均匀照射时，在曝光区产生本征吸收出现高密度的电子与空穴载流子，而遮蔽区的载流子浓度很低，形成浓度差。这样，由于两部分载流子浓度差很大，必然要引起载流子由受照面向遮蔽区的扩散运动。由于电子的迁移率大于空穴的迁移率，因此，在向遮蔽区扩散运动的过程中，电子很快进入遮蔽区，而空穴落在后面。这样，受照面积累了空穴，遮蔽区积累了电子，从而产生光生伏特现象。这种由于载流子迁移率的差别而产生受照面与遮蔽面之间的伏特现象称为丹倍（Dember）效应。丹倍效应产生的光生电压可由下式计算：

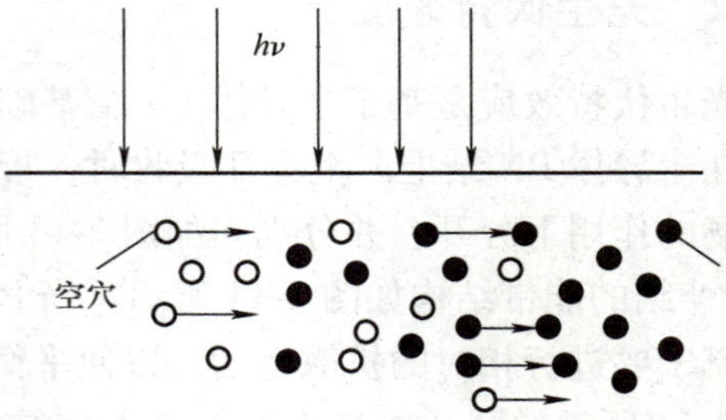

图 2-15　光生载流子扩散运动

$$U_D=\frac{kT}{q}\left(\frac{\mu_n-\mu_p}{\mu_n+\mu_p}\right)\ln\left[1+\frac{(\mu_n+\mu_p)\Delta n_0}{n_0\mu_n+p_0\mu_p}\right] \tag{2-58}$$

式中，n_0 与 p_0 为热平衡载流子的浓度；Δn_0 为半导体表面处的光生载流子浓度；μ_n 与 μ_p 分别为电子与空穴的迁移率。

以适当频率的单色辐射照射到厚度为 d 的半导体材料上时，迎光面产生的电子与空穴浓度远比背光面高，形成双极性扩散运动。结果，半导体的迎光面带正电，背光面带负电，产生光生伏特电压。这种由于双极性载流子扩散运动速率不同而产生的光生伏特现象也称为丹倍效应。

2. 光磁电效应

在如图 2-16 所示的半导体外加磁场，磁场的方向与光照方向垂直（图中 B 所示的方向），当半导体受光照射产生丹倍效应时，由于电子和空穴在磁场中运动会受到洛伦兹力的作用，使它们的运动轨迹发生偏转，空穴向半导体的上方偏转，电子偏向下方，结果在垂直于光照方向与磁场方向的半导体上、下表面上产生伏特电压，称为光磁电场。这种现象被称为半导体的光磁电效应。

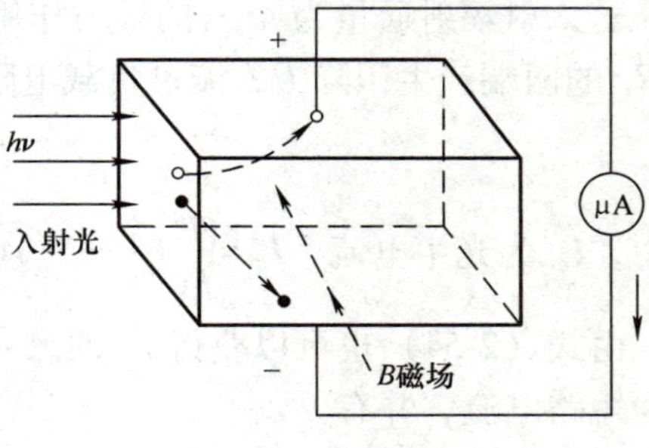

图 2-16　光磁电效应

光磁电场可由下式确定：

$$E_Z=\frac{-qBD(\mu_n+\mu_p)(\Delta p_0-\Delta p_d)}{n_0\mu_n+p_0\mu_p} \tag{2-59}$$

式中，Δp_0、Δp_d 分别为 $x=0$、$x=d$ 处 N 型半导体在光辐射作用下激发出的少数载流子（空穴）的浓度；D 为双极性载流子的扩散系数。

$$D=\frac{D_n D_p(n+p)}{nD_n+pD_p} \tag{2-60}$$

式中，D_n 与 D_p 分别为电子与空穴的扩散系数。

图 2-16 所示的电路中，用低阻微安表测得短路电路为 I_s。在测量半导体材料电导效应时，设外加电压为 U，流过样品的电流为 I，则少数载流子的平均寿命为

$$\tau=\frac{B^2D(I/I_s)^2}{U^2} \tag{2-61}$$

3. 光子牵引效应

当光子与半导体中的自由载流子作用时，光子把动量传递给自由载流子，自由载流子将顺着光线的传播方向作相对于晶格的运动。结果，在开路的情况下，半导体材料将产生电场，它阻止载流子的运动。这个现象被称为光子牵引效应。

利用光子牵引效应已成功地检测了低频大功率 CO_2 激光器的输出功率。CO_2 激光器输出光的波长（10.6μm）远远超过激光器锗窗材料的本征吸收长波限，不可能产生光电子发射，但是，激光器锗窗的两端会产生伏特电压，迎光面带正电，出光面带负电。

在室温下，P 型锗光子牵引探测器的光电灵敏度为

$$S_v=\frac{\rho\mu_p(1-r)}{Ac}\left[\frac{1-e^{-\alpha l}}{1+re^{-\alpha l}}\left(\frac{p/p_0}{1+p/p_0}\right)\right] \tag{2-62}$$

式中，ρ 为锗窗的电阻率；μ_p 为空穴牵移率；A 为探测器面积；c 为光速；α 为材料的吸收系数；r 为探测器表面的反射系数；l 为探测器沿光方向的长度；p 为空穴的密度。

2.3.3　外光电效应

当物质中的电子吸收足够高的光子能量，电子将逸出物质表面成为真空中的自由电子，这种现象称为外光电效应，或称为光电发射效应。

光电发射效应中光电能量转换的基本关系为

$$h\nu=\frac{1}{2}mv_0^2+E_{th} \tag{2-63}$$

式（2-63）表明，具有 $h\nu$ 能量的光子被电子吸收后，只要光子的能量大于光电发射材料的光电发射阈值 E_{th}，则质量为 m 的电子的初始动能 $\frac{1}{2}mv_0^2$ 便大于 0，即有电子飞出光电发射材料进入真空（或逸出物质表面）。

光电发射阈值 E_{th} 的概念是建立在材料的能带结构基础上的。对于金属材料，由于它的能级结构导带与价带连在一起（见图 2-17），因此有

$$E_{th}=E_{vac}-E_F \tag{2-64}$$

式中，E_{vac} 为真空能级，一般设为参考能级（为 0）。因此费米能级 E_F 为负值，光电发射阈值 $E_{th}>0$。

对于半导体，情况较为复杂。半导体分为本征半导体与杂质半导体，杂质半导体又分为 P 型与 N 型杂质半导体，其能级结构不同，光电发射阈值的定义也不同。图 2-18 所示为三种半导体的综合能级结构图，由能级结构可以得到处于导带中的电子的光电发射阈值为

$$E_{th}=E_A \tag{2-65}$$

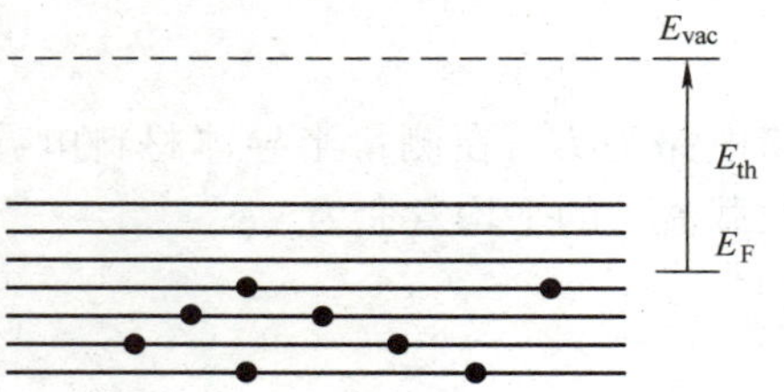

图 2-17　金属材料能级结构

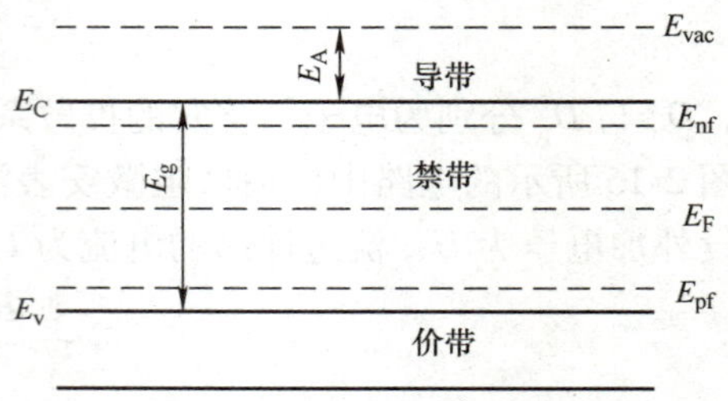

图 2-18　三种半导体的综合能级结构图

导带中的电子接收能量大于电子亲和势为 E_A 的光子后，就可以飞出半导体表面。而对于价带中的电子，其光电发射阈值为

$$E_{th}=E_g+E_A \tag{2-66}$$

电子由价带顶逸出物质表面所需要的最低能量为光电发射阈值。因此可以获得光电发射长波限（单位为 μm）为

$$\lambda_L=hc/E_{th}=1.24/E_{th} \tag{2-67}$$

利用具有光电发射效应的材料也可以制成各种光电探测器件，这些器件统称为光电发射器件。

光电发射器件具有许多不同于内光电效应器件的特点：

1）光电发射器件中的导电电子可以在真空中运动，因此，可以通过电场加速电子运动的动能，或通过电子的内倍增系统提高光电探测灵敏度，使它能够快速地探测极其微弱的光信号，成为像增强管与变像器的基本器件。

2）很容易制造出均匀的大面积光电发射器件，这在光电成像器件方面非常有利。真空光电成像器件的空间分辨率一般高于半导体光电图像传感器。

3）光电发射器件需要高稳定的高压直流电源设备，使得整个探测器体积庞大，功率损耗大，不适于野外操作，造价也昂贵。

4）光电发射器件的光谱响应范围一般不如半导体光电器件宽。

2.4　光电器件的基本参数

各种光电检测器件，由于它们的工作原理及结构各不相同，因此需要用多个参数来说明其特性。本节讨论这些器件共有的常用参数，以便于后面具体介绍器件。

光电器件的基本参数

2.4.1　有关响应方面的特性参数

1. 响应度（或灵敏度）

响应度是光电检测器件输出信号与输入辐射功率之间关系的度量，描述的是光电检测器件的光-电转换功能，定义为光电检测器件输出电压 U_o 或输出电流 I_o 与入射光功率 P_i（或通量 Φ）之比。即

$$S_V = \frac{U_o}{P_i};\quad S_I = \frac{I_o}{P_i} \tag{2-68}$$

式中，S_V 和 S_I 分别称为电压响应度和电流响应度。

由于光电检测器件的响应度随入射光的波长而变化，因此又有光谱响应度和积分响应度两种。

2. 光谱响应度

光谱响应度 $S(\lambda)$ 是光电检测器件的输出电压或输出电流与入射到检测器件上的单色辐射通量（或光通量）之比。即

$$S(\lambda) = \frac{U_o}{\Phi(\lambda)} \text{ 或 } S(\lambda) = \frac{I_o}{\Phi(\lambda)} \tag{2-69}$$

式中，$S(\lambda)$ 为光谱响应度；$\Phi(\lambda)$ 为入射光的单色辐射通量或光通量。如果 $\Phi(\lambda)$ 为光通量，则 $S(\lambda)$ 的单位为 V/lm 或 A/lm。

光谱响应度表示入射的单色辐射通量或光通量所产生的探测器的输出电压（或电流）。它的值越大，则意味着探测器越灵敏，故响应度也称灵敏度。

3. 积分响应度

积分响应度表示探测器对连续辐射通量的反应程度。对于包含有各种波长的辐射光源，总光通量为

$$\Phi = \int_0^{\infty} \Phi(\lambda)\,d\lambda \tag{2-70}$$

光电探测器输出的电流或电压与入射总光通量之比称为积分响应度。由于光电探测器输出的光电流是由于不同的波长的光辐射引起的，所以输出的光电流应为

$$I_o = \int_{\lambda_1}^{\lambda_0} S(\lambda)\Phi(\lambda)\,d\lambda \tag{2-71}$$

由式（2-70）和式（2-71）可得积分响应度为

$$S = \frac{\int_{\lambda_1}^{\lambda_0} S(\lambda)\Phi(\lambda)\,d\lambda}{\int_0^{\infty} \Phi(\lambda)\,d\lambda} \tag{2-72}$$

式中，λ_0、λ_1 分别为光电探测器的长波限和短波限。

由于采用不同的辐射源，甚至具有不同色温的统一辐射源，所发生的光谱通量分布也不相同，因此提供数据时，应指明采用的辐射源及其色温。

4. 响应时间

响应时间是描述光电探测器对入射辐射响应快慢的一个参数。即入射辐射到光电探测器后（或入射辐射遮断后），光电探测器的输出上升到稳定值，或下降到照射前的值所需时间称为响应时间。为衡量其长短，常用时间常数 τ 的大小来表示。当用一个辐射脉冲照射光电探测器时，如果这个脉冲的上升和下降时间很短（如方波，见图 2-19a），则光电探测器的输出由于器件的惰性而有延迟，把从 10%上升到 90%峰值处所需的时间称为探测器的上升时间 t_r，而把从 90%下降到 10%处所需的时间称为下降时间 t_f，如图 2-19b 所示。

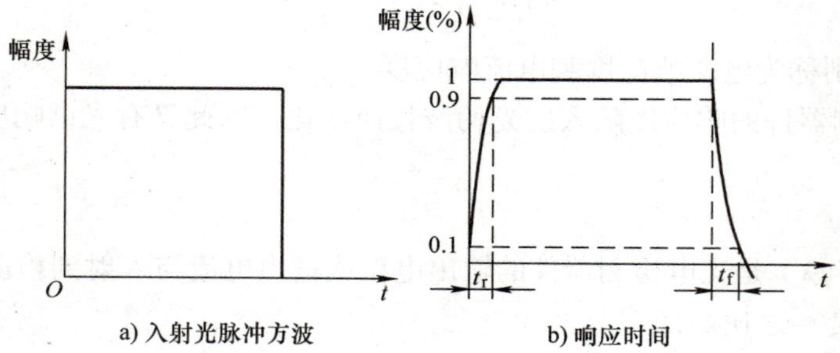

图 2-19　脉冲方波以及上升时间和下降时间

5. 频率响应

由于光电探测器信号的产生和消失存在一个滞后的过程，所以入射光辐射的频率对光电探测器的响应将会有较大的影响。光电探测器的响应随入射辐射的调制频率而变化的特性称为频率响应，利用时间常数可得到光电探测器响应度与入射调制频率的关系，其表达式为

$$S(f)=\frac{S_0}{[1+(2\pi f\tau)^2]^{1/2}} \tag{2-73}$$

式中，$S(f)$ 为频率为 f 时的响应度；S_0 为频率为零时的响应度；τ 为时间常数（等于 RC）。

当 $\dfrac{S(f)}{S_0}=\dfrac{1}{\sqrt{2}}=0.707$ 时，可得到放大器的上限截止频率（见图2-20）：

$$f_{上}=\frac{1}{2\pi\tau}=\frac{1}{2\pi RC} \tag{2-74}$$

显然，时间常数 RC 决定了光电检测器件频率响应的带宽。

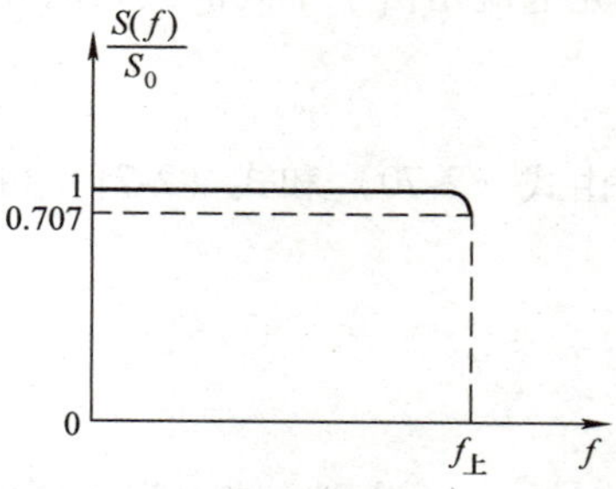

图 2-20　光电探测器的频率响应曲线

2.4.2　有关噪声方面的特性参数

从响应度的定义来看，好像只要有光辐射存在，不管它的功率如何小，都可以探测出来，但事实并非如此。当入射辐射功率很低时，输出只是杂乱无章的变化信号，而无法肯定是否有光辐射照射在探测器上。这并不是因探测器不好引起的，而是它所固有的“噪声”引起的。如果对这些随时间而起伏的电压（流）按时间取平均值，则平均值等于零。但这些值的均方值不等于零，这个均方电压（流）称为探测器的噪声电压（流）。

1. 光电器件的噪声

下面介绍器件的内部噪声，即基本物理过程所决定的噪声。它们主要有以下几种：

（1）热噪声　热噪声也称约翰逊噪声，即载流子无规则地热运动造成的噪声。当温度高于绝对零度时，导体或半导体中每一个电子都携带着 1.59×10^{-19}C 的电量作随机运动（相当于微电脉冲），尽管其平均值为零，但瞬间电流扰动在导体两端会产生一个均方值电压，称为热噪声电压。其均方值为

$$\overline{U}_{NT}^2 = 4kTR\Delta f \tag{2-75}$$

用噪声电流表示为

$$\overline{I}_{NT}^2 = 4kT\Delta f/R \tag{2-76}$$

式中，R 为导体阻抗的实部；k 为玻耳兹曼常数；T 为导体的热力学温度；Δf 为测量系统的噪声带宽。

式（2-76）说明，热噪声存在于任何电阻中；热噪声与温度成正比；热噪声与频率无关，说明噪声由各种频率分量组成，就像白光由各种波长的光组成一样，所以热噪声可称为白噪声。

（2）散粒噪声　散粒噪声也称散弹噪声，即穿越势垒的载流子的随机涨落（统计起伏）所造成的噪声。在每个时间间隔内，穿过势垒区的载流子数或从阴极到阳极的电子数都围绕一平均值上下起伏。理论证明，这种起伏引起的均方噪声电流为

$$\overline{I}_{Nsh}^2 = 2qI_{DC}\Delta f \tag{2-77}$$

式中，I_{DC} 是流过器件的电流直流分量（平均值）；q 为电子电荷。

（3）产生-复合噪声　载流子的产生率与复合率在某个时间间隔也会在平均值上下起伏。这种起伏导致载流子浓度的起伏，从而也产生均方噪声电流。其表达式为

$$\overline{I}_{Ngr}^2 = \frac{4qI(t/t_{漂})\Delta f}{1 + 4\pi^2 f^2 \tau^2} \tag{2-78}$$

式中，I 为流过器件的平均电流；t 为载流子在器件两电极间的漂移时间；τ 为载流子平均寿命；$t_{漂}$ 为载流子在器件两电极间的平均漂移时间；f 为频率。

但是，如果频率很低，且满足 $2\pi f\tau \ll 1$，则此时 $\overline{I}_{Ngr}^2 = 4qI(t/t_{漂})\Delta f$，这时的产生-复合噪声，也为白噪声。

（4）$1/f$ 噪声　$1/f$ 噪声也称为闪烁噪声或低频噪声。这种噪声是由于光敏层的微粒不均匀或不必要的微量杂质的存在而引起的。当电流流过时，在微粒间因发生微火花放电会引起微电爆脉冲。其经验式为

$$\overline{U}_{Nf}^2 = \frac{K_F I^\alpha R^\gamma \Delta f}{f^\beta} \tag{2-79}$$

或

$$\overline{I}_{Nf}^2 = \frac{K_F I^\alpha \Delta f}{f^\beta}$$

式中，K_F 为与器件制作工艺、材料尺寸、表面状态等有关的比例系数；α 为与流过器件的电流有关的系数，通常 $\alpha=2$；β 为与器件材料性质有关的系数，其值在 0.8~1.3 之间，大部分材料 $\beta = 1$；γ 为与器件阻值有关的系数，一般在 1.4~1.7 之间。

当其他参数不变时，$\overline{I}_{Nf}$ 与 $1/f$ 成比例，所以称为 $1/f$ 噪声。显然，频率越低，噪声越大，故也称为低频噪声。这种噪声不是白噪声，而属于“红噪声”，相当于白光的红光部分。

2. 衡量噪声的参数

（1）信噪比（S/N）　信噪比通常是判定噪声大小的参数。它是在负载电阻 R_L 上产生的信号功率与噪声功率之比，即

$$\frac{S}{N}=\frac{P_S}{P_N}=\frac{I_S^2R_L}{I_N^2R_L}=\frac{I_S^2}{I_N^2} \tag{2-80}$$

若用分贝（dB）表示，则为

$$\left(\frac{S}{N}\right)_{dB}=10\lg\frac{I_S^2}{I_N^2}=20\lg\frac{I_S}{I_N} \tag{2-81}$$

利用S/N评价两种光电器件的性能时，必须在信号辐射功率相同的情况下才能比较，但对单个光电器件，其S/N的大小与入射信号辐射功率及接收面积有关。如果入射辐射强，接收面积大，S/N就大，但性能不一定好。因此，用S/N评价器件有一定的局限性。

（2）等效噪声输入（ENI） 等效噪声输入（ENI）定义为，器件在特定带宽内（1Hz）产生的方均根信号电流恰好等于方均根噪声电流值时的输入通量。此时，其他参数，如频率、温度等都应加以规定。这个参数在确定光电器件的探测极限（以输入通量为瓦或流明表示）时使用。

（3）噪声等效功率（NEP） 噪声等效功率（NEP）实际上就是最小可探测功率P_{min}。它定义为信号功率与噪声功率值比为1（即S/N）时，入射到光电器件上的辐射通量（单位为W），即

$$NEP=\frac{\Phi_e}{S/N} \tag{2-82}$$

值得指出的是，NEP只有在ENI的单位为W时，才与之等效。一般情况下，一个良好的光电器件的NEP约为10^{-11} W。显然，NEP越小，噪声越小，器件的性能越好。

（4）探测率D与归一化探测率D^* 探测率D定义为噪声等效功率的倒数，即

$$D=\frac{1}{NEP} \tag{2-83}$$

显然，D越高，器件的性能越好。为了在不同带宽内，对测得的不同的光敏面积的光电器件进行比较，使用了归一化探测率（也称比探测率）D^*这一参数。其表达式为

$$D^*=\frac{\sqrt{A\Delta f}}{NEP}=D\sqrt{A\Delta f} \tag{2-84}$$

式中，A为光敏面积；Δf为测量带宽。

（5）暗电流 所谓暗电流，即光电器件仅在加有电源，而没有输入信号和背景辐射时所流过的电流。一般是测量其直流值或平均值。显然，不加电源的光电器件，在没有输入信号和背景辐射时，其暗电流为零。

2.4.3 其他参数

1. 量子效率

量子效率是评价光电器件性能的一个重要参数，它是在某一特定波长上每秒钟内产生的光电子数与入射光量子数之比。因此，为了求出量子效率，必须先求出每秒钟入射的光量子数，以及每秒钟内产生的光电子数。

单位波长的辐射通量为$\Phi_{e,\lambda}$，波长增量$d\lambda$内的辐射通量为$\Phi_{e,\lambda}d\lambda$，而单个光量子的能量为$h\nu=hc/\lambda$，所以在此窄带内的辐射通量除以单个光量子的能量$h\nu$，即为每秒入射的光量子数，也就是量子流速率N，即

$$N=\frac{\Phi_{e,\lambda}d\lambda}{h\nu}=\frac{\lambda\Phi_{e,\lambda}d\lambda}{hc} \tag{2-85}$$

每秒钟产生的光电子数，也就是产生的信号电荷 I_s 除以电子电荷 q，即

$$\frac{I_s}{q}=\frac{S(\lambda)\Phi_{e,\lambda}d\lambda}{q} \tag{2-86}$$

由此可知，在某一特征波长上每秒钟内产生的光电子数与入射光量子数之比，即为量子效率 $\eta(\lambda)$。其表达式为

$$\eta(\lambda)=\frac{I_s/q}{N}=\frac{S(\lambda)hc}{q\lambda} \tag{2-87}$$

在理论上，若 $\eta(\lambda)=1$，则表明入射一个光量子就能发射一个电子或产生一对电子空穴对，但实际上，$\eta(\lambda)<1$。一般，$\eta(\lambda)$ 反映的是入射辐射与最初的光敏元的相互作用。对于有增益的光电器件（如光电倍增管），$\eta(\lambda)$ 会远大于 1，此时一般会使用增益或放大倍数这个参数。

2. 线性度

线性度是描述光电器件的光电特性或光照特性曲线中输出信号与输入信号保持线性关系的程度。即在规定的范围内，光电器件的输出电量精确地正比于输入光量的程度。在这个规定的范围内，光电器件的线性度是常数，这一规定的范围称为线性区。

光电器件线性区的大小，与器件后的电子线路有很大关系。因此，要获得所要的线性区，必须设计有相应的电子线路。线性区的下限一般由器件的暗电流和噪声因素决定，上限由饱和效应或过载决定。光电器件的线性区还随偏置、调制频率等条件的变化而变化。

线性度是辐射功率的复杂函数，它是指器件中的实际响应曲线接近拟合直线的程度，通常用非线性误差 δ 来度量：

$$\delta=\frac{\Delta_{max}}{I_2-I_1} \tag{2-88}$$

式中，Δ_{max} 为实际响应曲线与拟合直线之间的最大偏差；I_1、I_2 分别为线性区中的最小和最大响应值。

在光电检测技术中，线性是应认真考虑的问题之一，尤其在光照度和辐射度等测量中十分重要，一般应结合具体情况进行选择和控制。

3. 工作温度

通常，当光电器件工作温度不同时，其性能会有变化。例如，像 HgCdTe 探测器一类的器件在低温（77K）工作时，有较高的信噪比，而锗掺铜光电导器件在 4K 左右时，能有较高的信噪比，但如果工作温度升高，它的性能逐渐变差，以致无法使用；又例如，InSb 器件，工作温度在 300K 时，长波限为 7.5μm，峰值波长为 6μm，D_λ^* 为 $1.9\times10^8 cm\cdot Hz^{1/2}W^{-1}$，而工作温度变化 77K 时，长波限为 5.5μm，峰值波长为 5μm，D_λ^* 为 $4.3\times10^{10} cm\cdot Hz^{1/2}W^{-1}$，变化非常明显。对于热探测器件，由于环境测试变化会使响应度和 D^* 以及噪声发生变化，所以工作温度就是指光电器件最佳工作状态时的温度，它也是光电器件的重要性能参数之一。

思考题与习题

2-1 以下四个波长，辐通量相同时，光通量最小的光波长为（ ）。

A. 555nm B. 590nm C. 620nm D. 780nm

2-2 常见的元素半导体材料有（ ）。

A. 硅 Si B. 锗 Ge C. 硒 Se D. 铅 Pb

2-3 常见的化合物半导体材料有（ ）。

A. GaAs B. InSb C. CdS D. PbS

2-4 关于半导体对光的吸收，下面能产生光电效应的是（ ）。

A. 本征吸收 B. 杂质吸收 C. 激子吸收 D. 自由载流子吸收

2-5 基于光电导效应制成的器件有（ ）。

A. 热敏电阻 B. 光敏电阻 C. 光电二极管 D. 热释电器件

2-6 下面哪个参数决定了器件在迅速变化发光强度下能否有效工作的问题？（ ）

A. 灵敏度 B. 响应时间 C. 量子效率 D. 光谱分布

2-7 关于发光二极管和光电二极管的工作偏置状态下，说法正确的是（ ）。

A. 发光二极管正向电压下发光。

B. 发光二极管反向偏置下发光。

C. 光电二极管正向偏置下有明显的光电效应。

D. 光电二极管反向偏置下有明显的光电效应。

2-8 关于光电器件的特性参数，说法正确的有（ ）。

A. 电极间距越大，光电导灵敏度越高。

B. 光电子的最大出射动能和入射光的频率有关，与入射光的发光强度无关。

C. 影响探测极限的因素有暗电流和噪声，噪声是可以消除的。

D. 热噪声与频率无关，与温度成正比，是一种白噪声。

2-9 关于光电器件的使用，下面说法正确的有（ ）。

A. 光电器件做光电开关、光电报警使用时，不考虑其线性，但要考虑其灵敏度。

B. 交替变化的光信号，必须使所选的上限截止频率大于输入信号的频率才能测出输入信号的变化。

C. 用于检测光信号幅度大小时，必须选用线性好、响应快的器件。

D. 选择合适的滤光片可以有效地滤掉杂散光的入射，有效减少外部噪声。

2-10 关于器件的选择，下面说法正确的有（ ）。

A. 光谱特性需与辐射源和光学系统相匹配。

B. 光电转换特性必须和入射辐射能量相匹配。

C. 响应特性必须和光信号的调制形式、信号频率及波形相匹配。

D. 电特性上必须和输入电路及后续电路相匹配。

2-11 在共价键中，从最内层的电子到最外层的价电子都正好填满相应的能带，能量最高的是价电子填满的能带，称为____，其上的能带基本是空的，其中最低的能带称为____，两者之间的区域称为____。

2-12　PN 结加____电压或光照时，结区（耗尽区）会变窄。

2-13　在亮度>3cd/m^2 时，人眼对____ nm 波长的光的平均相对灵敏度是最高的。

2-14　光的辐射度量与光度量的根本区别是什么?

2-15　试写出 Φ_e、M_e、I_e、L_e 等辐射度量参数之间的关系。

2-16　试举例说明辐射出射度 M_e 与辐照度 E_e 虽然在计量单位上是相同的，但是它们是两个意义不同的物理量。

2-17　电子伏特（eV）是什么单位? 若 $e=1.6\times10^{-19}$c，则 1eV 换算成 J 是多少? 根据光子能量的计算公式，计算 380~780nm 的可见光波段的光子能量是多少?

2-18　某光源功率为 100W，发光效率为 10lm/W，发散角为 90°，设光在发散角内均匀分布，求该光源的光通量、发光强度、距离光源 1m 处与光源指向垂直的平面上的光照度和该平面上 0.1s 内的曝光量。

2-19　PN 结的形成过程与平衡状态下的 PN 结，结区内电场的方向是什么? 为什么结型光电器件在正向偏置下没有明显的光电效应? 必须工作在哪种偏置状态?

2-20　什么是光电效应? 从光与物质作用结果上可分哪几类?

2-21　什么是光生伏特效应? 有哪几类? 哪种光电器件属于光生伏特效应?

2-22　外光电效应中，发射出的光电子最大动能与发光强度是否有关，为什么?

2-23　光电发射基本定律是什么? 它与光电导和光生伏特效应相比，本质区别是什么?

2-24　某种半导体材料，在有光照射时的电阻为 50Ω，无光照射时的电阻为 5Ω，试求出该半导体材料的光电导。

2-25　要从电子逸出功为 2.4eV 金属中产生光电子发射，求：(1) 所需入射光的最低频率是多少? (2) 若入射光的波长为 300nm，则发射出来的光电子的最大动能是多少?

2-26　光电阴极在波长为 520nm 的光照射下，光电子的最大动能为 0.76eV，此光电阴极的逸出功是多少?

第 3 章　光电检测器件

本章主要介绍光电检测技术中常用的典型器件，如光电导器件、光生伏特器件、光电发射器件、热辐射探测器件、热释电器件、光电耦合器件和图像传感器等，并对各种光电器件的工作原理、特性及选用方法进行说明。通过学习本章，学生可掌握光电器件特性，为在实际应用中正确使用光电器件打下良好基础。

3.1　光电导器件

利用具有光电导效应的材料（如硅、锗等本征半导体与如硫化镉、硒化镉、氧化铅等杂质半导体）可以制成电导随入射光度量变化的器件，称为光电导器件，或称光敏电阻。光敏电阻具有体积小、坚固耐用、价格低廉、光谱响应范围宽等优点，广泛应用于辐射信号的探测领域。

3.1.1　光敏电阻的原理与结构

光敏电阻

1. 光敏电阻的基本原理

图 3-1 所示为光敏电阻的工作原理及电路符号。在均匀的具有光电导效应的半导体材料的两端加上电极便构成光敏电阻，当光敏电阻的两端加上适当的电压后，便有电流流过，可用电流表检测该电流。改变照射到光敏电阻上的光度量（如照度），发现流过光敏电阻的电流发生变化，说明光敏电阻的阻值随照度变化。

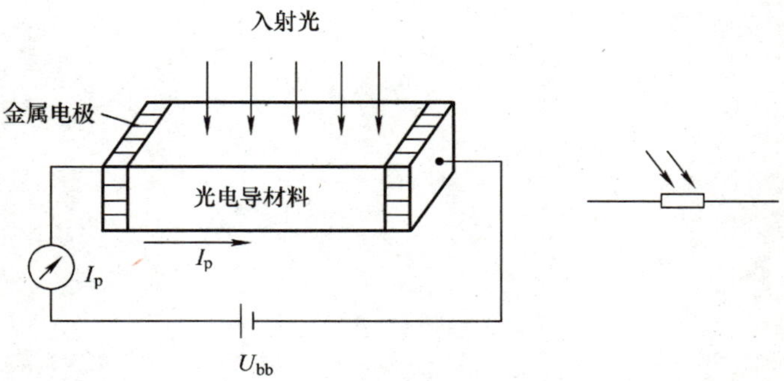

a) 工作原理　　　　b) 电路符号

图 3-1　光敏电阻的工作原理及电路符号

根据半导体材料的分类，光敏电阻有两大基本类型：本征半导体光敏电阻与杂质型半导体光敏电阻。由于本征半导体光敏电阻的长波限要小于杂质型半导体光敏电阻的长波限，因此，本征半导体光敏电阻常用于可见光波段的探测，而杂质型半导体光敏电阻常用于红外波段甚至远红外波段辐射的探测。

2. 光敏电阻的基本结构

光敏电阻在辐射作用下的光电导灵敏度 S_g 与两电极间距离 l 的二次方成反比。因此，为了提高光敏电阻的光电导灵敏度 S_g，要尽可能地缩短光敏电阻两电极间的距离 l，这是光敏电阻结构设计的基本原则。

根据光敏电阻的设计原则可以设计出如图 3-2 所示的 3 种基本结构：图 3-2a 所示为光敏面为梳状结构的光敏电阻。两个梳状电极之间为光敏电阻材料，由于两个梳状电极靠得很近，电极间距很小，故光敏电阻的灵敏度很高。图 3-2b 所示为光敏面为蛇形的光敏电阻，光电导材料制成蛇形，光电导材料的两侧为金属导电材料，并在其上设置电极。显然，这种光敏电阻的电极间距（为蛇形光电导材料的宽度）也很小，提高了光敏电阻的灵敏度。图 3-2c 所示为刻线结构的光敏电阻，在制备好的光敏电阻衬底上刻出狭窄的光敏材料条，再蒸涂金属电极构成刻线结构的光敏电阻。

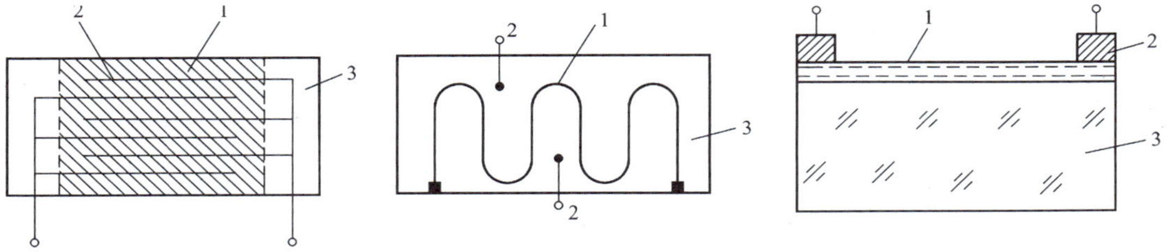

a) 梳状结构　　b) 蛇形结构　　c) 刻线结构

图 3-2　光敏电阻结构示意图

1—光电导材料　2—电极　3—衬底材料

3.1.2　典型光敏电阻

1. CdS 光敏电阻

CdS 光敏电阻是最常见的光谱响应最接近人眼光谱光视效率 $V(\lambda)$ 的光电器件，在可见光波段范围内最灵敏。它广泛应用于灯光的自动控制，照相机的自动调光等。CdS 光敏电阻常采用蒸发、烧结或黏结的方法制备。在制备过程中把 CdS 和 CdSe 按一定的比例制配成 Cd(S,Se) 光敏电阻；或者在 CdS 中掺入微量杂质铜和氯，使它既具有本征光电导的响应，又具有杂质光电导的响应。这样，CdS 光敏电阻的光谱响应向红外区延长，峰值波长也变长。

CdS 光敏电阻的峰值波长为 0.52μm，CdSe 光敏电阻的峰值波长为 0.72μm，调整 S 和 Se 的比例，可以使 Cd(S,Se) 光敏电阻的峰值波长在 0.52~0.72μm 范围内取值。

CdS 光敏电阻的光敏面常为图 3-2b 所示蛇形结构的光敏面。

2. PbS 光敏电阻

PbS 光敏电阻是近红外波段最灵敏的光电导器件。PbS 光敏电阻常用真空蒸发或化学沉积的方法制备，光电导体的厚度为微米量级的多晶薄膜或单晶硅薄膜。由于 PbS 光敏电阻在 2μm 附近的红外辐射的探测灵敏度很高，因此，常用于火灾探测等领域。

PbS 光敏电阻的光谱响应与工作温度有关，并随着工作温度的降低其峰值波长将向长波方向延伸。例如，室温下的 PbS 光敏电阻的光谱响应范围为 1~3.5μm，峰值波长为 2.4μm，当温度降低到-44℃时，光谱响应范围为 1~4μm，峰值波长移到 2.8μm。

3. InSb 光敏电阻

InSb 光敏电阻是 3~5μm 光谱范围内的主要探测器件之一。InSb 光敏电阻由单晶制备，制造工艺比较成熟，经过切片、磨片、抛光后，再采用腐蚀的方法减薄到所需要的厚度。光敏面的尺寸有 0.5mm×0.5mm 到 8mm×8mm 不等。大光敏面的器件由于不能做得太薄，其探测率降低。InSb 材料不仅适用于制造单元探测器件，也适宜做阵列器件。

InSb 光敏电阻在室温下的长波长可达 7.5μm，峰值波长在 6μm 附近。当温度降低到-160℃（液氮）时，其长波限由 7.5μm 缩短到 5.5μm，峰值波长也移至 5μm，恰为大气的窗口范围。

4. $Hg_{1-x}Cd_xTe$ 系列光电导探测器件

$Hg_{1-x}Cd_xTe$ 系列光电导探测器件是目前所有红外探测器中性能最优良、最有前途的探测器，尤其是对于 4~8μm 大气窗口波段辐射的探测更为重要。

$Hg_{1-x}Cd_xTe$ 系列光电导体是由 HgTe 和 CdTe 两种材料的晶体混合制造的，其中 x 是 Cd 含量的组分。在制造混合晶体时采用不同 Cd 的组分 x，可得到不同的禁带宽度 E_g，进而可以制造出不同波长响应范围的 $Hg_{1-x}Cd_xTe$ 探测器件。一般组分 x 的变化范围为 0.18~0.4，长波长的变化范围为 1~30μm。

3.1.3 光敏电阻的基本特性

光敏电阻为多数载流子导电的光电器件，它与其他光电器件的特性有所不同，表现在它的基本特性参数上。光敏电阻的基本特性包含光电特性、伏安特性、温度特性、时间响应、噪声特性与光谱响应等。

1. 光电特性

光敏电阻在黑暗的室温条件下，由于热激发产生的载流子使它具有一定的电导值，此值称为暗电导，其倒数为暗电阻，一般的暗电导很小（即暗电阻很大）。当有光照射在光敏电阻上时，它的电导将变得很大，这时的电导称为光电导。随光照量的变化，电导变化越大的光敏电阻就越灵敏。这个特性称为光敏电阻的光电特性。

从前面讨论的光电导效应可知，光敏电阻在弱辐射和强辐射作用下表现出不同的光电特性（线性与非线性）。实际上，光敏电阻在弱辐射到强辐射的作用下，它的光电特性可用在“恒定电压”作用下流过光敏电阻的电流与光敏电阻的光照度的关系曲线来描述，图 3-3 所示反映光电流与光照度的变化关系就是由线性渐变到非线性的。

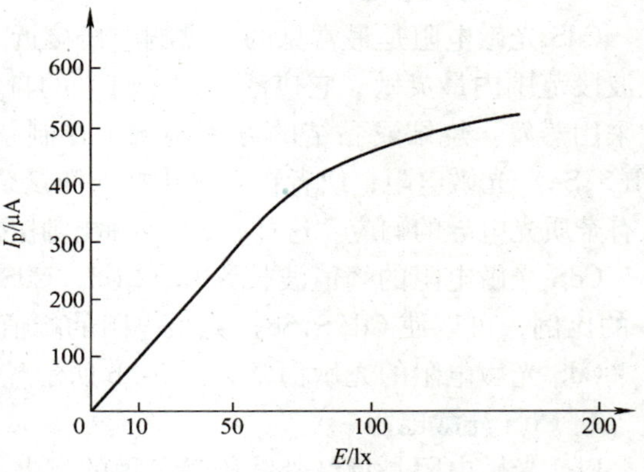

图 3-3 CdS 光敏电阻光电特性

在恒定电压的作用下，流过光敏电阻的光电流 I_p 为

$$I_p = g_p U = U S_g E \tag{3-1}$$

式中，S_g 为光电导灵敏度；E 为光敏电阻的输入光照度；U 为电压。

显然，当光照度很低时，曲线近似为线性，随着光照度的升高，线性关系变差，当光照度升得很高时，曲线近似为抛物线性。为此，光敏电阻的光电特性可用一个随光照度变化的指数 γ 来描述，并定义 γ 为光电转换因子。将式（3-1）改为

$$I_p = g_p U = U S_g E^{\gamma} \tag{3-2}$$

光电转换因子 γ 在弱辐射作用的情况下为 1，随着辐射的增强，γ 值减小，当辐射很强时，γ 值降低到 0.5。

在实际使用时，常常将光敏电阻的光电特性曲线改为如图 3-4 所示的电阻与光照度的关系曲线。显然，它们是从不同的角度来反映光敏电阻的光电特性。由图 3-4a 可见，当光照度很低时，随光照度的增加电阻值迅速降低，表现为线性关系，光照度增加到一定程度后，电阻值的变化变缓，然后逐渐趋向饱和。但是，在如图 3-4b 所示的对数坐标系中，光敏电阻在某段光照度范围内，其光电特性表现为线性，即式（3-2）中的 γ 值保持不变。因此，γ 值为对数坐标系中特性曲线的斜率。即

$$\gamma = \frac{\lg R_1 - \lg R_2}{\lg E_2 - \lg E_1} \tag{3-3}$$

式中，R_1 与 R_2 分别为光照度为 E_1 与 E_2 时的光敏电阻的阻值。

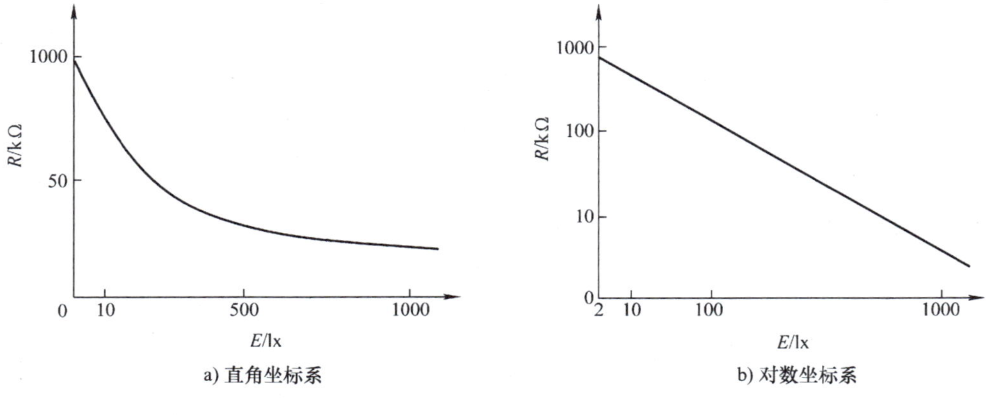

图 3-4　光敏电阻光电特性

显然，光敏电阻的 γ 值是在光照度范围变化不大的情况下或在光照度的绝对值较大以至于光敏电阻接近饱和时的情况下使用的。因此，定义光敏电阻 γ 值时必须说明其光照度范围，否则没有任何意义。

2. 伏安特性

光敏电阻的本质是电阻，符合欧姆定律。因此，它具有与普通电阻相似的伏安特性，但是它的电阻值是随入射光度量的变化而变化的。利用图 3-1 所示的电路可以测出在不同光照下加在光敏电阻两端的电压 U 与流过它的电流 I_p 的关系曲线，并称为光敏电阻的伏安特性曲线。图 3-5 为典型 CdS 光敏电阻的伏安特性曲线，图中的虚线为额定功耗线。使用时，应

使光敏电阻的实际功耗不超过额定值。

3. 温度特性

光敏电阻为多数载流子导电的光电器件，具有复杂的温度特性，图3-6所示为典型CdS与CdSe光敏电阻的温度特性曲线。从特性曲线可以看出，光敏电阻的相对光电导随温度升高而下降，光电响应特性受温度影响较大，因此，在温度变化大的情况下应用时要采取制冷措施，以降低光敏电阻的工作温度，这是提高光敏电阻性能参数的有效办法。

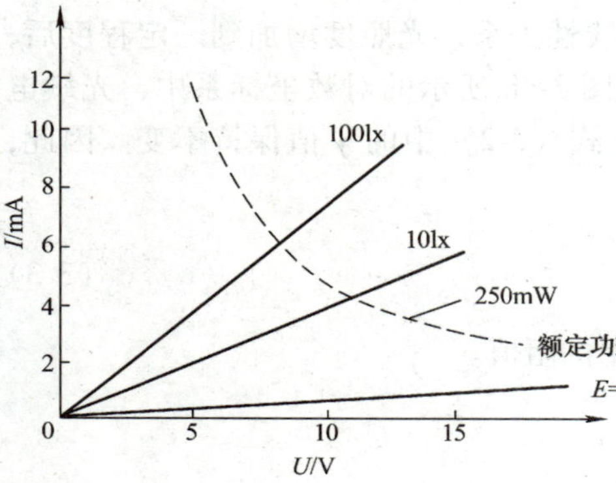

图3-5　典型CdS光敏电阻的伏安特性曲线

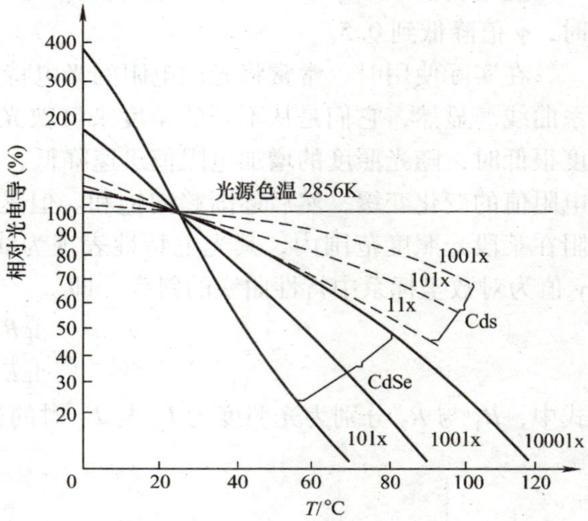

图3-6　典型CdS与CdSe光敏电阻的温度特性曲线

4. 时间响应

光敏电阻的时间响应（惯性）比其他光电器件要差些（惯性要大），频率响应要低，而且具有特殊性。当用一个理想方波脉冲辐射照射光敏电阻时，光生电子要有产生的过程，光生电导率$\Delta\sigma$要经过一定的时间才能达到稳定。当停止辐射时，复合光生载流子也需要时间，表现出光敏电阻的惯性。

光敏电阻的惯性与入射辐射信号的强弱有关，下面分别讨论。

（1）弱辐射作用情况下的时间响应　微弱的入射辐射通量Φ_e与时间的关系为

$$\Phi_e(t)=\begin{cases}0,\text{当 }t=0\text{ 时}\\ \Phi_{e0},\text{当 }t>0\text{ 时}\end{cases}$$

对于本征光电导器件，在非平衡状态下光电导率和光电流随时间变化的规律为

$$\Delta\sigma=\Delta\sigma_0(1-e^{-t/\tau}) \tag{3-4}$$

$$I=I_{\Phi_{e0}}(1-e^{-t/\tau}) \tag{3-5}$$

式中，$\Delta\sigma_0$与$I_{\Phi_{e0}}$分别为弱辐射作用下的光电导率和光电流的稳态值。显然，当$t\gg\tau$时，$\Delta\sigma=\Delta\sigma_0$、$I=I_{\Phi_{e0}}$；当$t=\tau$时，$\Delta\sigma=0.63\Delta\sigma_0$、$I=0.63I_{\Phi_{e0}}$。

τ定义为光敏电阻的上升时间常数，即光敏电阻的光电流上升到稳态值$I_{\Phi_{e0}}$的63%所需要的时间。

停止辐射时，入射辐射通量 Φ_e 与时间的关系为

$$\Phi_e(t)=\begin{cases}\Phi_{e0}, 当\ t=0\ 时\\ 0, 当\ t>0\ 时\end{cases}$$

同样，可以推导出停止辐射情况下，光电导率和光电流随时间变化的规律为

$$\Delta\sigma=\Delta\sigma_0 e^{-t/\tau} \tag{3-6}$$

$$I=I_{\Phi_{e0}} e^{-t/\tau} \tag{3-7}$$

当 $t=\tau$ 时，$\Delta\sigma_0$ 下降到 $\Delta\sigma=0.37\Delta\sigma_0$、$I_{\Phi_{e0}}$ 下降到 $I=0.37I_{\Phi_{e0}}$；当 $t\gg\tau$ 时，$\Delta\sigma_0$ 与 $I_{\Phi_{e0}}$ 均下降到 0。

在辐射停止后，光敏电阻的光电流下降到稳态值的 37%所需要的时间称为光敏电阻的下降时间常数，记为 τ。

（2）强辐射作用情况下的时间响应　无论对本征型还是杂质型光敏电阻，在强辐射作用情况下的光激发载流子的变化规律均可用式（3-6）表示。式（3-6）还可以表示为

$$\Delta\sigma=\Delta\sigma_0 \tanh\frac{t}{\tau} \tag{3-8}$$

其光电流的变化规律为

$$\Delta I_{\Phi}=\Delta I_{\Phi 0} \tanh\frac{t}{\tau} \tag{3-9}$$

显然，当 $t\gg\tau$ 时，$\Delta\sigma=\Delta\sigma_0$、$I=I_{\Phi_{e0}}$；当 $t=\tau$ 时，$\Delta\sigma=0.67\Delta\sigma_0$、$I=0.67I_{\Phi_{e0}}$。

在强辐射入射时，光敏电阻的光电流上升到稳态值的 67%所需要的时间 τ 定义为强辐射作用下的上升时间常数。

当停止辐射时，由于光敏电阻体内的光生电子和光生空穴需要通过复合才能恢复到辐射作用前的稳定状态，而且随着复合的进行，光生载流子数密度在减小，复合几率在下降，所以，停止辐射的过渡过程所需时间要远远多于入射辐射的过程所需时间。停止辐射时光电导率和光电流的变化规律可表示为

$$\Delta\sigma=\Delta\sigma_0 \frac{1}{1+t/\tau} \tag{3-10}$$

$$I_{\Phi}=I_{\Phi 0}\frac{1}{1+t/\tau} \tag{3-11}$$

由式（3-10）和式（3-11）可知，当 $t=\tau$ 时，$\Delta\sigma_0$ 下降到 $\Delta\sigma=0.5\Delta\sigma_0$，而光电流 $I_{\Phi_{e0}}$ 下降到 $I=0.5I_{\Phi_{e0}}$；当 $t\gg\tau$ 时，$\Delta\sigma_0$ 与 $I_{\Phi_{e0}}$ 均下降到 0。

因此，当停止辐射时，光敏电阻的光电流下降到稳态值的 50%所需要的时间称为光敏电阻的下降时间常数，记为 τ。

图 3-7 所示为几种典型的光敏电阻的频率特性曲线，从曲线中不难看出，硫化铅光敏电阻的频率特性稍微好些，但是，它的频率响应也不超过 10^4Hz。

光敏电阻在被强辐射照射后，其阻值恢复到长期处于黑暗状态的暗电阻 R_D 所需要的时间将是相当长的。因此，光敏电阻的暗电阻 R_D 常与其检测前是否被曝光有关，这个现象常被称为光敏电阻的前历效应。

5. 噪声特性

光敏电阻的主要噪声有热噪声、产生-复合噪声和低频噪声（或称 $1/f$ 噪声）。

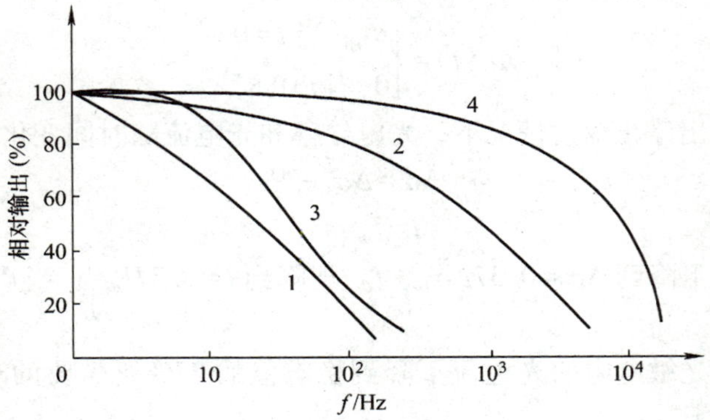

图 3-7　光敏电阻的频率特性

1—Se 光敏电阻　2—CdS 光敏电阻　3—TeS 光敏电阻　4—PbS 光敏电阻

（1）热噪声　光敏电阻内的载流子热运动产生的噪声称为热噪声，或称为约翰逊（Johson）噪声。由热力学和统计物理学可以推导出热噪声公式为

$$I_{NJ}^2(f)=\frac{4KT\Delta f}{R_d(1+\omega^2\tau_0^2)} \tag{3-12}$$

式中，τ_0 为载流子的平均寿命；ω 为信号角频率，$\omega=2\pi f$。

在低频情况下，当 $\omega\tau_0\ll1$ 时，热噪声电流 $I_{NJ}^2(f)$ 可简化为

$$I_{NJ}^2(f)=\frac{4KT\Delta f}{R_d} \tag{3-13}$$

当 $\omega\tau_0\gg1$ 时，式（3-13）可简化为

$$I_{NJ}^2(f)=\frac{KT\Delta f}{\pi^2f^2\tau_0^2R_d} \tag{3-14}$$

显然，热噪声电流是调制频率 f 的函数，且随频率的升高而减小。另外，它与光敏电阻的阻值成反比，随阻值的升高而降低。

（2）产生-复合噪声　光敏电阻的产生—复合噪声与其平均电流 $\bar{I}$ 有关，产生—复合噪声的数学表达式为

$$I_{ngr}^2=4q\bar{I}\frac{(\tau_0/\tau_l)\Delta f}{1+\omega^2\tau_0^2} \tag{3-15}$$

式中，τ_l 为载流子跨越电极所需要的漂移时间。

同样，当 $\omega\tau_0\ll1$ 时，产生—复合噪声简化为

$$I_{ngr}^2=4q\bar{I}\Delta f\frac{\tau_0}{\tau_l} \tag{3-16}$$

（3）低频噪声（电流噪声）　光敏电阻在偏置电压作用下会产生信号光电流，由于光敏层内微粒的不均匀，会产生微火花电爆放电现象。这种微火花放电引起的电爆脉冲就是电流噪声的来源。产生电流噪声的经验公式为

$$I_{nf}^2=\frac{c_1I^2}{bdl}\frac{\Delta f}{f^b} \tag{3-17}$$

式中，c_1 为与材料有关的常数；I 为流过光敏电阻的电流；f 为光的调制频率；b 为接近于 1 的系数；Δf 为调制频率的带宽。

显然，电流噪声与调制频率成反比，频率越低，噪声越大，故又称为低频噪声。光敏电阻的二次方和根噪声电流为

$$I_N=(I_{NJ}^2+I_{ngr}^2+I_{nf}^2)^{\frac{1}{2}} \tag{3-18}$$

对于不同的器件，三种噪声的影响不同，在调制频率为几百赫兹以内，以低频噪声（$1/f$ 噪声）为主；随着频率的升高，产生-复合噪声开始显著；频率很高时，以热噪声为主。光敏电阻的噪声与调制频率的关系如图 3-8 所示。

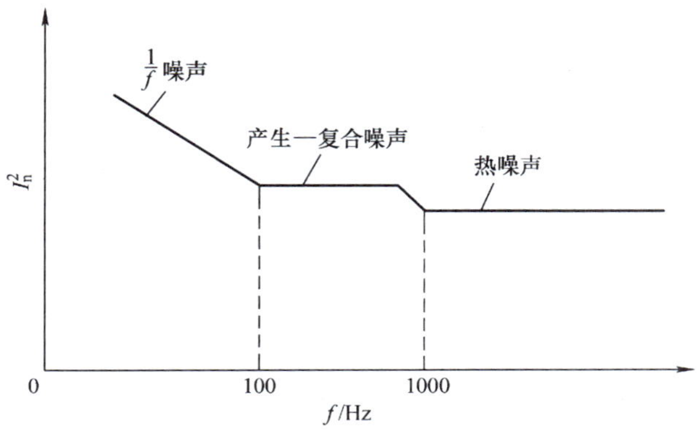

图 3-8　光敏电阻的噪声与调制频率的关系

6. 光谱响应

光敏电阻的光谱响应主要由光敏材料禁带宽度、杂质电离能、材料掺杂比与掺杂浓度等因素决定。图 3-9 所示为三种典型光敏电阻的光谱响应特性曲线。显然，CdS 材料制成的光敏电阻的光谱响应很接近人眼的视觉响应，CdSe 光敏电阻的光谱响应较 CdS 光敏电阻的光谱响应范围宽，PbS 光敏电阻的光谱响应范围最宽，覆盖了 0.4～2.8μm 的范围。PbS 光敏电阻常用于火点探测与火灾预警系统。

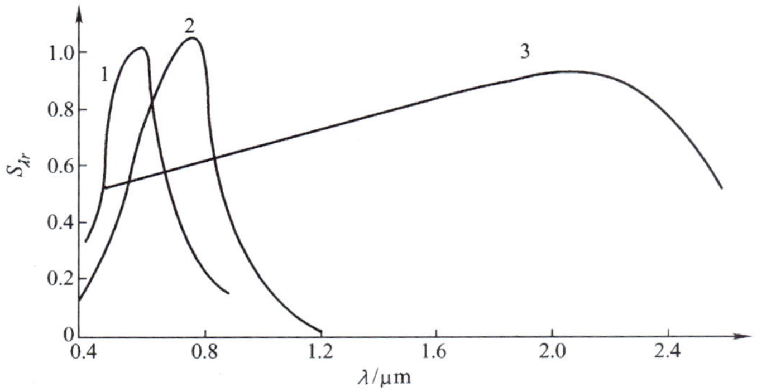

图 3-9　三种典型光敏电阻的光谱响应特性曲线

1—CdS 光敏电阻　2—CdSe 光敏电阻　3—PbS 光敏电阻

3.2　光生伏特器件

利用光生伏特效应制造的光电器件称为光生伏特器件。光生伏特效应与光电导效应同属于内光电效应，然而两者的导电机理相差很大。光生伏特效应是少数载流子导电的光电效应，而光电导效应是多数载流子导电的光电效应。光生伏特器件具有暗电流小、噪声低、响应速度快、光电特性线性好以及受温度影响小等特点，这些是光电导器件所无法比拟的，而光电导器件对微弱辐射的探测能力和光谱响应范围又优于光生伏特器件。

3.2.1　光电二极管

硅光电二极管是最简单、最具有代表性的光生伏特器件，其中PN结硅光电二极管为最基本的光生伏特器件，其他光生伏特器件是在它的基础上为提高某方面的特性而发展起来的。学习硅光电二极管的原理与特性可为学习其他光生伏特器件打下基础。

光电二极管

1. 光电二极管的工作原理

光电二极管可分为以P型硅为衬底的2DU型和以N型硅为衬底的2CU型两种结构形式。图3-10a所示为2DU型光电二极管的结构原理图。在高阻轻掺杂P型硅片上通过扩散或注入的方式生成很浅（约为1μm）的N型层，形成PN结。为保护光敏面，在N型硅的上面氧化生成极薄的SiO_2保护膜，它既可保护光敏面，又可增加器件对光的吸收。

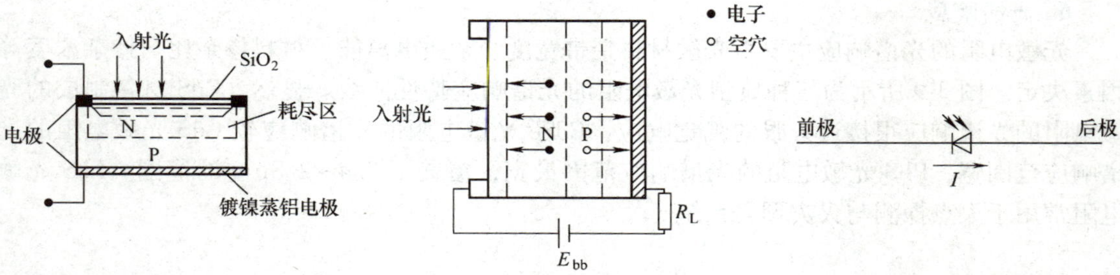

a) 结构原理　　b) 工作原理　　c) 电路符号

图3-10　光电二极管

图3-10b所示为光电二极管的工作原理图。当光子入射到PN结形成的耗尽层内时，PN结中的原子吸收了光子能量，并产生本征吸收，激发出电子-空穴对，在耗尽区内建电场的作用下，空穴被拉到P区，电子被拉到N区，形成反向电流即光电流。光电流在负载电阻R_L上产生与入射辐射相关的信号输出。

图3-10c所示为光电二极管的电路符号，其中的小箭头表示正向电流的方向（普通整流二极管中规定的正方向），光电流的方向与之相反。图中的前极为光照面，后极为背光面。

2. 光电二极管的电流方程

在无辐射作用的情况下（暗室中），PN结硅光电二极管的伏安特性曲线与普通PN结二

极管的伏安特性曲线一样，如图 3-11 所示。其电流方程为

$$I=I_D(e^{\frac{qU}{kT}}-1) \tag{3-19}$$

式中，I_D 为等效二极管的反向饱和电流；U 为加在光电二极管两端的电压；T 为器件的温度；k 为玻耳兹曼常数；q 为电子电荷量。

显然 I_D 和 U 均为负值（反向偏置时），且 $|U|>>kT/q$ 时（室温下 $kT/q\approx$ 0.026V，很容易满足这个条件）的电流，称为反向电流或暗电流。

当光辐射作用到如图 3-10b 所示的光电二极管上时，可得光生电流为

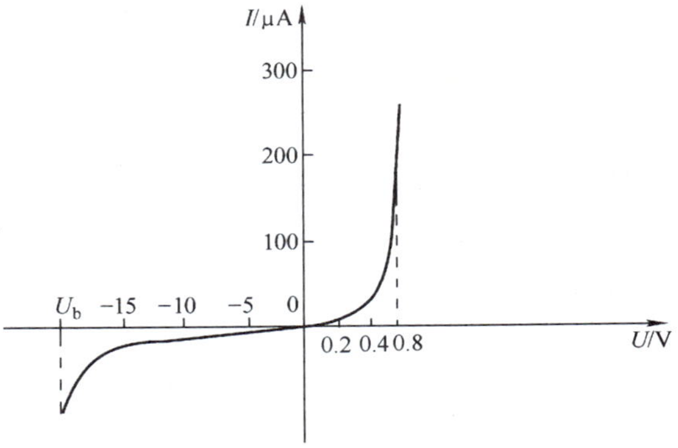

图 3-11　PN 结硅光电二极管的伏安特性曲线

$$I_\Phi=\frac{\eta q}{h\nu}(1-e^{-\alpha d})\Phi_{e,\lambda}$$

其方向应为反向。这样，光电二极管的全电流方程为

$$I=-\frac{\eta q\lambda}{hc}(1-e^{-\alpha d})\Phi_{e,\lambda}+I_D(e^{\frac{qU}{kT}}-1) \tag{3-20}$$

式中，η 为光电材料的光电转换效率；α 为材料对光的吸收系数。

3. 光电二极管的基本特性

由式（3-20）所示的光电二极管全电流方程可以得到如图 3-12 所示的硅光电二极管在不同偏置电压下的输出特性曲线，这些曲线反映了光电二极管的基本特性。

普通二极管工作在正向电压大于 0.7V 的情况下，而光电二极管则必须工作在这个电压以下，否则，不会产生光电效应。即光电二极管的工作区域应在图 3-12 所示的第三象限与第四象限，很不方便。为此，在光电技术中常采用重新定义电流与电压正方向的方法把特性曲线旋转，如图 3-13 所示。重新定义的电流与电压的正方向均与 PN 结内建电场的方向相同。

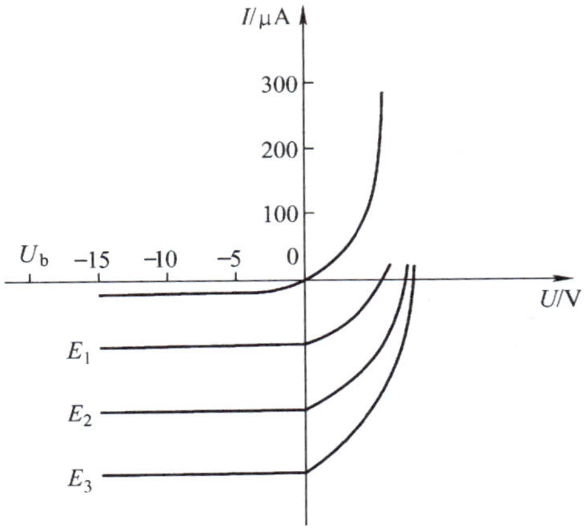

图 3-12　硅光电二极管输出特性曲线

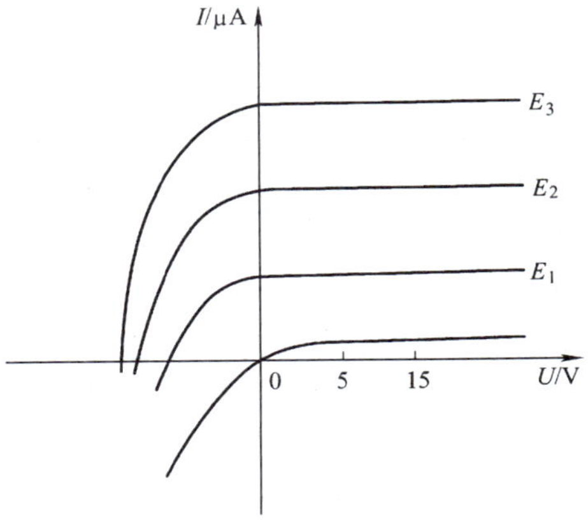

图 3-13　旋转后的硅光电二极管输出特性曲线

（1）光电二极管的灵敏度　定义光电二极管的电流灵敏度为入射到光敏面上辐射量的变化（如光通量变化 $\mathrm{d}\Phi$）引起的电流变化 $\mathrm{d}I$ 与辐射量变化之比。通过对式（3-20）进行微分可以得到

$$S_I=\frac{\mathrm{d}I}{\mathrm{d}\Phi}=\frac{\eta q\lambda}{hc}(1-\mathrm{e}^{-\alpha d}) \tag{3-21}$$

显然，当某波长 λ 的辐射作用于光电二极管时，其电流灵敏度为与材料有关的常数，表明光电二极管的光电转换特性的线性关系。必须指出，电流灵敏度与入射辐射波长 λ 的关系是很复杂的，因此在定义光电二极管的电流灵敏度时，通常将其峰值响应波长的电流灵敏度作为光电二极管的电流灵敏度。在式（3-21）中，表面上看电流灵敏度与波长 λ 成正比，但是，材料的吸收系数 α 还隐含着与入射辐射波长的关系。因此，常把光电二极管的电流灵敏度与波长的关系曲线称为光谱响应。

（2）光谱响应　以等功率的不同单色辐射波长的光作用于光电二极管上时，其响应程度或电流灵敏度与波长的关系称为光电二极管的光谱响应。图 3-14 所示为几种典型材料的光电二极管光谱响应曲线。由光谱响应曲线可以看出，典型硅光电二极管光谱响应长波限约为 1. 1μm，短波限接近 0. 4μm，峰值响应波长约为 0. 9μm。硅光电二极管光谱响应长波限受硅材料的禁带宽度 E_g 的限制，短波限受材料 PN 结厚度对光吸收的影响，减薄 PN 结的厚度可提高短波限的光谱响应。GaAs 材料的光谱响应范围小于硅材料的光谱响应，锗（Ge）的光谱响应范围较宽。

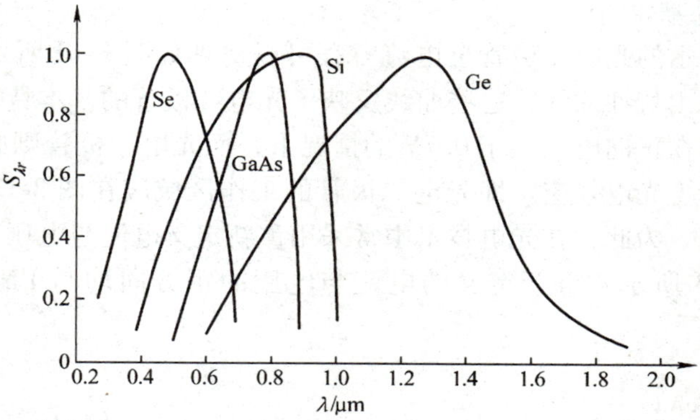

图 3-14　典型材料的光电二极管的光谱响应曲线

（3）时间响应　以频率 f 调制的辐射作用于 PN 结硅光电二极管光敏面时，PN 结硅光电二极管电流的产生要经过下面三个过程：

1）在 PN 结区内产生的光生载流子渡越结区的时间 τ_{dr} 称为漂移时间。

2）在 PN 结区外产生的光生载流子扩散到 PN 结区内所需要的时间 τ_p 称为扩散时间。

3）由 PN 结电容 C_j、管芯电阻 R_i 及负载电阻 R_L 构成的 RC 延迟时间为 τ_{RC}。

设载流子在结区内的漂移速度为 v_d，PN 结区的宽度为 W，载流子在结区内的最长漂移时间为

$$\tau_{dr}=W/v_d \tag{3-22}$$

一般的 PN 结硅光电二极管，内电场强度 E_i 都在 10^5V/cm 以上，载流子的平均漂移速

度要高于 10^7cm/s，PN 结区的宽度一般约为 100μm。由式（3-22）可知，漂移时间 $\tau_{dr}=10^{-9}$s，为 ns 数量级。

对于 PN 结硅光电二极管，入射辐射在 PN 结势垒区以外激发的光生载流子必须经过扩散运动到势垒区内，才能受内建电场的作用，并分别拉向 P 区与 N 区。载流子的扩散运动往往很慢，因此扩散时间 τ_p 很长，约为 100ns，它是限制 PN 结硅光电二极管时间响应的主要因素。

另一个因素是 PN 结电容 C_j 和管芯电阻 R_i 及负载电阻 R_L 构成的延迟时间 τ_{RC}，有

$$\tau_{RC}=C_j(R_i+R_L) \tag{3-23}$$

普通 PN 结硅光电二极管的管芯内阻 R_i 约为 250Ω，PN 结电容 C_j 常为几个 pF，在负载电阻 R_L 低于 500Ω 时，时间常数 τ_{RC} 也在 ns 数量级。但是，当负载电阻 R_L 很大时，时间常数 τ_{RC} 将成为影响硅光电二极管时间响应的一个重要因素，应用时必须注意。

由以上分析可知，影响 PN 结硅光电二极管时间响应的主要因素是 PN 结区外载流子的扩散时间 τ_p，如何扩展 PN 结区是提高硅光电二极管时间响应的重要措施。增高反向偏置电压会提高内建电场的强度，扩展 PN 结的耗尽区。但是反向偏置电压的提高也会加大结电容，使 RC 延迟时间 τ_{RC} 增大。因此，必须从 PN 结的结构设计方面考虑如何在不使偏压增大的情况下使耗尽区扩展到整个 PN 结器件，才能消除扩散时间。

（4）噪声　与光敏电阻一样，光电二极管的噪声也包含低频噪声 I_{Nf}、散粒噪声 I_{Nh} 和热噪声 I_{NT} 三种噪声。其中，散粒噪声是光电二极管的主要噪声。散粒噪声是由于电流在半导体内的散粒效应引起的，它与电流的关系为

$$I_{Nh}^2=2qI\Delta f \tag{3-24}$$

光电二极管的电流应包括暗电流 I_D、信号电流 I_s 和背景辐射引起的背景光电流 I_b，因此散粒噪声应为

$$I_{Nh}^2=2q(I_D+I_s+I_b)\Delta f \tag{3-25}$$

根据电流方程，将反向偏置的光电二极管电流与入射辐射的关系，即式（3-20）代入式（3-25）得

$$I_{Nh}^2=\frac{2q^2\eta\lambda(\Phi_s+\Phi_b)}{hc}\Delta f+2qI_D\Delta f \tag{3-26}$$

另外，当考虑负载电阻 R_L 的热噪声时，光电二极管的噪声应为

$$I_n^2=\frac{2q^2\eta\lambda(\Phi_s+\Phi_b)}{hc}\Delta f+2qI_D\Delta f+\frac{4kT\Delta f}{R_L} \tag{3-27}$$

4. PIN 型光电二极管

为了提高硅光电二极管的时间响应，消除在 PN 结外光生载流子的扩散运动时间，常采用在 P 区与 N 区之间生成 I 型层，构成如图 3-15a 所示的 PIN 型光电二极管。PIN 型光电二极管与 PN 结光电二极管在外形上没有区别，如图 3-15b 所示。

PIN 型光电二极管在反向电压作用下，耗尽区扩展到整个半导体，光生载流子在内建电场的作用下只产生漂移电流，因此，PIN 型光电二极管在反向电压作用下的时间响应只取决于 τ_{dr} 与 τ_{RC}，均在 10^{-9}s 左右。

5. 雪崩光电二极管

PIN 型光电二极管提高了 PN 结光电二极管的时间响应，但未能提高器件的光电灵敏

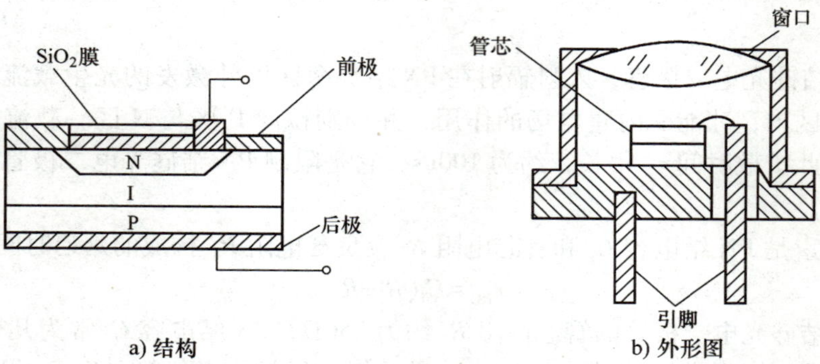

图 3-15 PIN 型光电二极管结构与外形图

度。为了提高光电二极管的灵敏度，设计了雪崩光电二极管，使光电二极管的光电灵敏度提高到需要的程度。

如图 3-16 所示为三种雪崩光电二极管的结构示意图。图 3-16a 所示为在 P 型硅基片上扩散杂质浓度大的 N^+层，制成 P 型 N 结构的雪崩光电二极管。图 3-16b 所示为在 N 型硅基片上扩散杂质浓度大的 P^+层，制成 N 型 P 结构的雪崩光电二极管。无论 P 型 N 结构还是 N 型 P 结构，都必须在基片上蒸涂金属铂形成硅化铂（约 10ns）保护环。图 3-16c 所示为 PIN 型雪崩光电二极管。由于 PIN 型光电二极管在较高的反向偏置电压的作用下，其耗尽区会扩展到整个 PN 结结区，形成自身保护（具有很强的抗击穿功能），因此，PIN 型雪崩光电二极管不必设置保护环。目前，市场上的雪崩光电二极管基本上都是 PIN 型雪崩光电二极管。

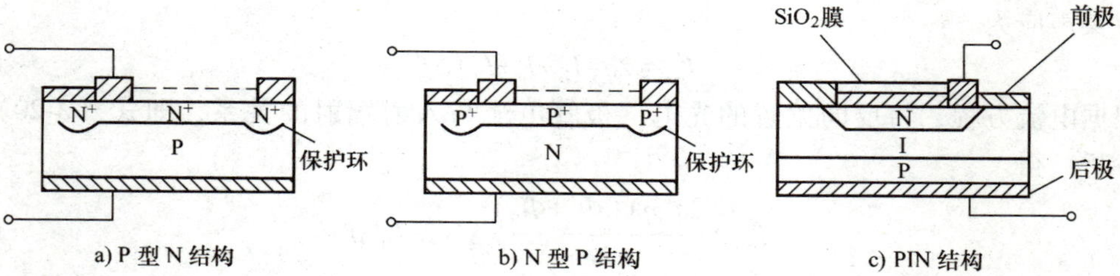

图 3-16 三种雪崩光电二极管结构示意图

雪崩光电二极管为具有内增益的一种光生伏特器件。它利用光生载流子在强电场内的定向运动产生雪崩效应，以获得光电流的增益。在雪崩过程中，光生载流子在强电场的作用下进行高速定向运动，具有很高动能的光生电子或空穴与晶格原子碰撞，使晶格原子电离产生二次电子-空穴对；二次电子-空穴对在电场的作用下获得足够的能量，又使晶格原子电离产生新的电子-空穴对，此过程像“雪崩”似地继续下去。电离产生的载流子数远大于光激发产生的光生载流子数，这时雪崩光电二极管的输出电流迅速增加。其电流倍增系数定义为

$$M = I/I_0 \tag{3-28}$$

式中，I 为倍增后输出电流；I_0 为倍增前的输出电流。

雪崩倍增系数 M 与碰撞电离率有密切的关系。碰撞电离率表示一个载流子在电场作用

下，漂移单位距离所产生的电子-空穴对数目。实际上，电子电离率 α_n 和空穴电离率 α_p 是不完全一样的，它们都与电场强度有密切关系。有实验确定，电离率 α 与电场强度 E 近似有以下关系：

$$\alpha = A\mathrm{e}^{-\left(\frac{b}{E}\right)^{m}} \tag{3-29}$$

式中，A、b、m 都为与材料有关的系数。

假定 $\alpha_n = \alpha_p = \alpha$，可以推导出

$$M = \frac{1}{1 - \int_0^{X_D} \alpha \mathrm{d}x} \tag{3-30}$$

式中，X_D 为耗尽层的宽度。

式（3-30）表明，当

$$\int_0^{X_D} \alpha \mathrm{d}x \to 1 \tag{3-31}$$

时，$M \to \infty$。因此，称式（3-31）为发生雪崩击穿的条件。其物理意义是：在强电场作用下，当通过耗尽区的每个载流子平均产生一个电子-空穴对时，就发生雪崩击穿现象。当 $M \to \infty$ 时，PN 结上所加的反向偏压就是雪崩击穿电压 U_{BR}。

实验发现，在反向偏压略低于击穿电压时，也会发生雪崩倍增现象，不过这时的 M 值较小，M 随反向偏压 U 的变化可用经验公式近似表示为

$$M = \frac{1}{1 - (U/U_{BR})^n} \tag{3-32}$$

式中，指数 n 与 PN 结的结构有关：对于 N^+P 结，$n \approx 2$，对于 P^+N 结，$n \approx 4$。

由式（3-32）可见，当 $U \to U_{BR}$ 时，$M \to \infty$，PN 结将发生击穿。

适当调节雪崩光电二极管的工作偏压，便可得到较大的倍增系数。目前，雪崩光电二极管的偏压分为低压和高压两种，低压在几十伏左右，高压达几百伏。雪崩光电二极管的倍增系数可达几百倍，甚至数千倍。

3.2.2　硅光电池

光电池

硅光电池是一种不需加偏置电压就能把光能直接转换成电能的 PN 结光电器件。按硅光电池的功能可分为两大类：太阳能硅光电池和测量硅光电池。

太阳能硅光电池主要用于向负载提供电源，对它的要求主要是光电转换效率高、成本低。由于太阳能硅光电池具有结构简单、体积小、重量轻、可靠性高、寿命长、可在空间直接将太阳能转换成电能等特点，因此成为航天工业中的重要电源，而且还被广泛地应用于供电困难的场所和一些日用便携电器中。

测量硅光电池的主要功能是光电探测，即在不加偏置的情况下将光信号转换成电信号，此时对它的要求是线性范围宽、灵敏度高、光谱响应合适、稳定性高、寿命长等。它常被应用在光度、色度、光学精密计量和测试设备中。

1. 硅光电池的基本结构和工作原理

硅光电池按衬底材料的不同可分为 2DR 型和 2CR 型。图 3-17a 所示为 2DR 型硅光电池

的结构，它是以 P 型硅为衬底（即在本征型硅材料中掺入三价元素硼或镓等），然后在衬底上扩散磷而形成 N 型层并将其作为受光面。2CR 型硅光电池则是以 N 型硅作为衬底（在本征型硅材料中掺入五价元素磷或砷等），然后在衬底上扩散硼而形成 P 型层并将其作为受光面，构成 PN 结，再经过各种工艺处理，分别在衬底和光敏面上制作输出电极，涂上二氧化硅作为保护膜，即成为硅光电池。

硅光电池的受光面的输出电极多做成如图 3-17b 所示的梳齿状或“E”字形电极，其目的是减小硅光电池的内电阻。另外，在光敏面上涂一层极薄的二氧化硅透明膜，它既可以起到防潮、防尘等保护作用，又可以减小硅光电池的表面对入射光的反射，增强对入射光的吸收。硅光电池的电路符号如图 3-17c 所示。

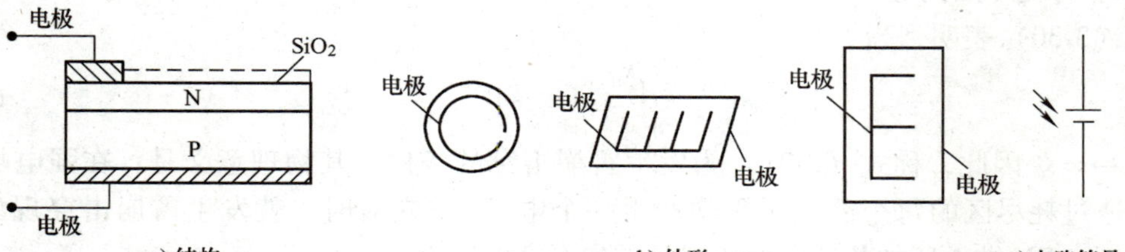

图 3-17　硅光电池

2. 硅光电池的工作原理

硅光电池的工作原理示意图如图 3-18 所示。当光作用于 PN 结时，耗尽区内的光生电子与空穴在内建电场力的作用下分别向 N 区和 P 区运动，在闭合的电路中将产生输出电流 I_L，且在负载电阻 R_L 上产生电压降 U。由欧姆定律可得，PN 结获得的偏置电压为

$$U=I_L R_L \tag{3-33}$$

当以 I_L 为电流和电压的正方向时，可以得到如图 3-19 所示的伏安特性曲线。

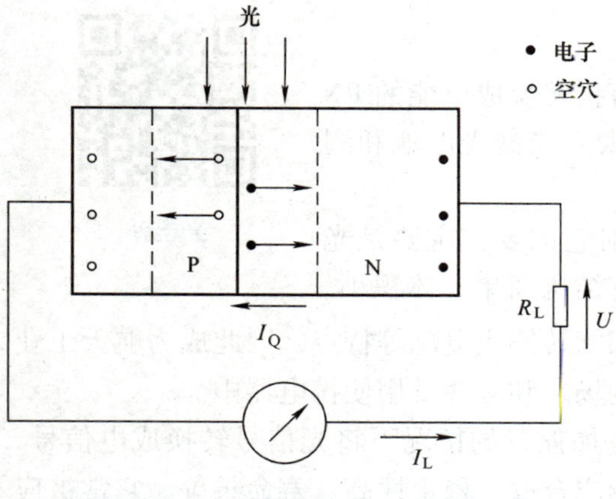

图 3-18　硅光电池的工作原理示意图

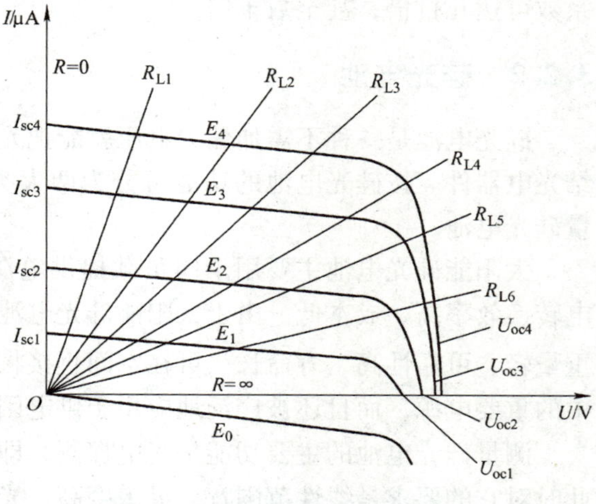

图 3-19　硅光电池的伏安特性曲线

从该曲线可以看出，负载电阻 R_L 所获得的功率为

$$P_L=I_L U \tag{3-34}$$

式（3-34）中，硅光电池输出电流 I_L 应包括光生电流 I_p、扩散电流与暗电流三部分。即

$$I_L = I_p - I_D(e^{\frac{qU}{kT}} - 1) = I_p - I_D(e^{\frac{qI_LR_L}{kT}} - 1) \tag{3-35}$$

3. 硅光电池的输出功率

将式（3-33）代入式（3-34），得到负载所获得的功率为

$$P_L = I_L^2 R_L \tag{3-36}$$

因此，功率 P_L 与负载电阻的阻值有关，当 $R_L=0$（电路为短路）时，$U=0$，输出功率 $P_L=0$；当 $R_L=\infty$（电路为开路）时，$I_L=0$，输出功率 $P_L=0$；当 $0<R_L<\infty$ 时，输出功率 $P_L>0$。显然，存在着最佳负载电阻 R_L，在最佳负载电阻情况下负载可以获得最大的输出功率 P_{max}。通过对式（3-36）求关于 R_L 的 1 阶导数，令 $\left.\frac{dP_L}{dR_L}\right|_{R_L}=0$，可求得最佳负载电阻 R_L 的阻值。

在实际工程计算中，常通过分析图 3-19 所示的伏安特性曲线得到经验公式，即当负载电阻为最佳负载电阻时，输出电压为

$$U_m = (0.6 \sim 0.7) U_{oc} \tag{3-37}$$

而此时的输出电流近似等于光电流，即

$$I_m \approx I_p = \frac{\eta q \lambda}{hc}(1 - e^{-\alpha d}) \Phi_{e,\lambda} = S \Phi_{e,\lambda} \tag{3-38}$$

式中，S 为硅光电池的电流灵敏度。

硅光电池的最佳负载电阻为

$$R_L = \frac{U_m}{I_m} = \frac{(0.6 \sim 0.7) U_{oc}}{S \Phi_{e,\lambda}} \tag{3-39}$$

从式（3-39）可以看出，硅光电池的最佳负载电阻 R_L 与入射辐射通量 $\Phi_{e,\lambda}$ 有关，它随入射辐射通量 $\Phi_{e,\lambda}$ 增大而减小。负载电阻所获得的最大功率为

$$P_m = I_m U_m = (0.6 \sim 0.7) U_{oc} I_p \tag{3-40}$$

4. 硅光电池的光电转换效率

将硅光电池的输出功率与入射辐射通量之比，定义为硅光电池的光电转换效率，记为 η。当负载电阻为最佳负载电阻 R_L 时，硅光电池输出最大功率 P_m 与入射辐射通量之比，定义为硅光电池的最大光电转换效率，记为 η_m。有

$$\eta_m = \frac{P_m}{\Phi_e} = \frac{(0.6 \sim 0.7) q U_{oc} \int_0^\infty \lambda \eta_\lambda \Phi_{e,\lambda} (1 - e^{-\alpha d}) d\lambda}{hc \int_0^\infty \Phi_{e,\lambda} d\lambda} \tag{3-41}$$

式中，η_λ 为与材料有关的光谱光电转换效率，表明硅光电池的最大光电转换效率与入射光的波长及材料的性质有关。

常温下，GaAs 材料的硅光电池的最大光电转换效率最高，为 22%~28%。其实际使用效率仅为 10%~15%，这是因为实际器件的光敏面总存在一定的反射损失、漏电导和串联电阻的影响等。

3.2.3　光电晶体管

光电晶体管

光电晶体管与普通半导体晶体管一样都有两种基本结构，即 NPN 结构与 PNP 结构。用 N 型硅材料为衬底制作的光电晶体管为 NPN 结构，称为 3DU 型；用 P 型硅材料为衬底制作的光电晶体管为 PNP 结构，称为 3CU 型。图 3-20a 所示为 3DU 型硅光电晶体管的原理结构，图 3-20b 所示为光电晶体管的电路符号，从图中可以看出，它们虽然只有两个电极（集电极和发射极，常不把基极引出来），但仍然称为光电晶体管，因为它们具有半导体晶体管的两个 PN 结的结构和电流的放大功能。

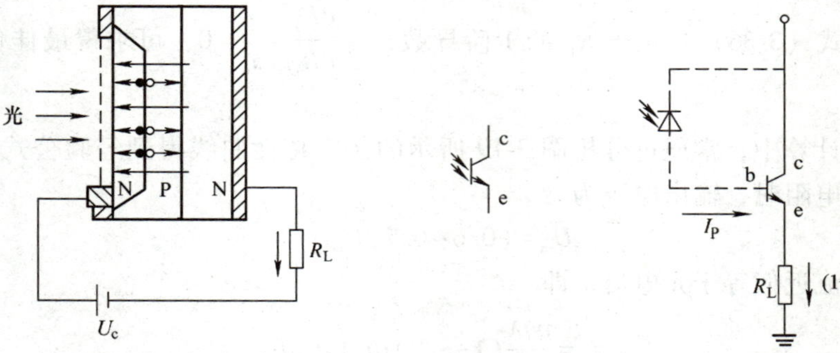

a) 原理结构　　b) 电路符号　　c) 工作原理

图 3-20　3DU 型硅光电晶体管

1. 工作原理

光电晶体管的工作原理分为两个过程：一是光电转换；二是光电流放大。下面以 3DU 型硅光电晶体管为例讨论其基本工作原理。光电转换过程与一般光电二极管相同，在集-基 PN 结区内进行。光激发产生的电子-空穴对在反向偏置的 PN 结内电场的作用下，电子流向集电区被集电区所收集，而空穴流向基区与正向偏置的发射结发射的电子流复合，形成基极电流 I_P，基极电流将被集电结放大 β 倍，这与一般半导体晶体管的放大原理相同。不同的是一般晶体管是由基极向发射结注入空穴载流子，控制发射极的扩散电流，而光电晶体管是由通过发射结的光生电流控制的。集电极输出的电流为

$$I_c = \beta I_P = \beta \frac{\eta q}{h\nu}(1-e^{-\alpha d})\Phi_{e,\lambda} \tag{3-42}$$

可以看出，光电晶体管的电流灵敏度是光电二极管的 β 倍。相当于将光电二极管与晶体管接成如图 3-20c 所示的电路形式，光电二极管的电流 I_P 被晶体管放大 β 倍。在实际的生产工艺中也常采用这种形式，以便获得更好的线性和更大的线性范围。3CU 型光电晶体管在原理上和 3DU 型相同，只是它以 P 型硅为衬底材料构成 PNP 的结构形式。其工作时的电压极性与之相反，集电极的电位为负。为了提高光电晶体管的频率响应、增益和减小体积，常将光电二极管、光电晶体管制作在一个硅片上构成集成光电器件。如图 3-21 所示为三种形式的集成光电器件。图 3-21a 所示为光电二极管与晶体管集成而构成的集成光电器件，它比图 3-20c 所示的光电晶体管具有更大的动态范围，因为光电二极管的反向偏置电压不受晶体

管集电极电压的控制。图 3-21b 所示的电路为由图 3-20c 所示的光电晶体管与晶体管集成构成的集成光电器件，它具有更高的电流增益。图 3-21c 所示的电路为由图 3-20b 所示的光电晶体管与晶体管集成构成的集成光电器件，也称为达林顿光电晶体管。达林顿光电晶体管中可以用更多的晶体管集成而成为电流增益更高的集成光电器件。

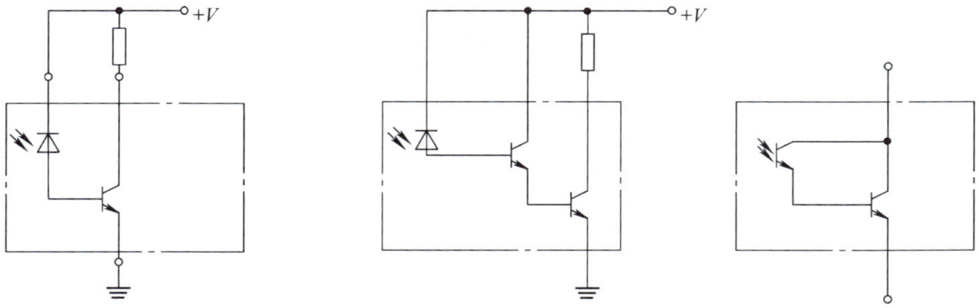

a) 光电二极管-晶体管集成光电器件　b) 光电晶体管-晶体管集成光电器件　c) 达林顿光电晶体管

图 3-21　集成光电器件

2. 光电晶体管特性

（1）伏安特性　图 3-22 所示为硅光电晶体管在不同光照下的伏安特性曲线。从特性曲线可以看出，光电晶体管在偏置电压为零时，无论光照度有多强，集电极电流都为零，这说明光电晶体管必须在一定的偏置电压作用下才能工作。偏置电压要保证光电晶体管的发射结处于正向偏置，而集电结处于反向偏置。随着偏置电压的增高，伏安特性曲线趋于平坦。但是，与图 3-13 所示硅光电二极管的伏安特性曲线不同，光电晶体管的伏安特性曲线向上偏斜，间距增大。这是因为光电晶体管除具有光电灵敏度外，还具有电流增益 β，并且 β 值随光电流的增大而增大。

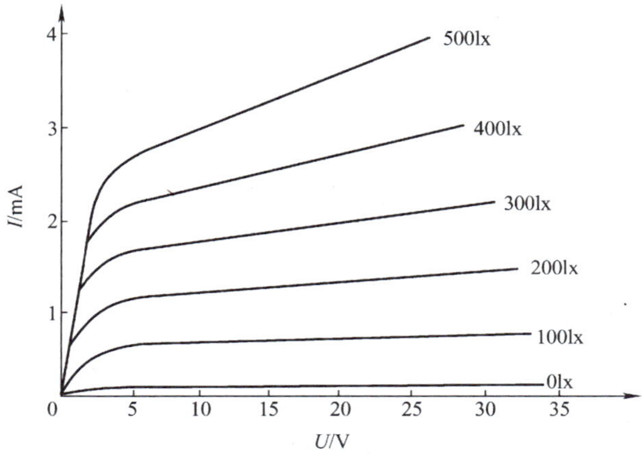

图 3-22　硅光电晶体管伏安特性曲线

特性曲线的弯曲部分为饱和区，在饱和区光电晶体管的偏置电压提供给集电极的反偏电压太低，集电极的收集能力低，造成晶体管饱和。因此，应使光电晶体管工作在偏置电压大于 5V 的线性区域。

(2) 时间响应(频率特性) 光电晶体管的时间响应常与PN结的结构及偏置电路等参数有关。为分析光电晶体管的时间响应，首先给出光电晶体管输出电路的微变等效电路。图3-23a所示为光电晶体管的输出电路，图3-23b为其微变等效电路。分析等效电路图不难看出，由电流源I_P、基-射结电阻R_{be}、电容C_{be}和基-集结电容C_{bc}构成的部分等效电路为光电二极管的等效电路，表明光电晶体管的等效电路是在光电二极管的等效电路基础上增加了电流源I_c、集-射结电阻R_{ce}、电容C_{ce}和输出负载电阻R_L。

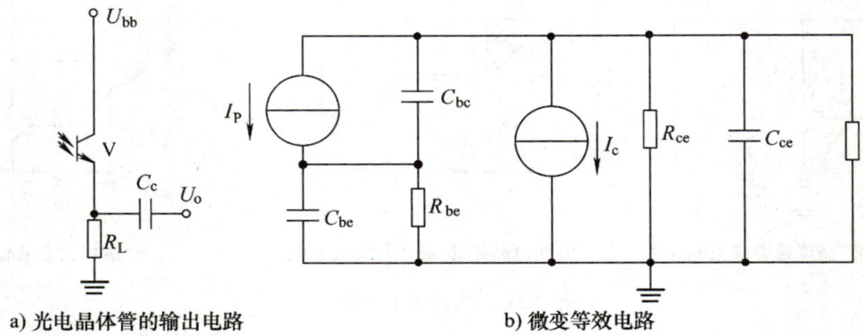

图3-23 光电晶体管电路

选择适当的负载电阻，使其满足$R_L<R_{ce}$，这时可导出光电晶体管电路的输出电压为

$$U_o=\frac{\beta R_L I_P}{(1+\omega^2R_{be}^2C_{be}^2)^{1/2}(1+\omega^2R_L^2C_{ce}^2)^{1/2}} \tag{3-43}$$

光电晶体管常用于各种光电控制系统，其输入的信号多为光脉冲信号，属于大信号或开关信号，因而光电晶体管的时间响应是非常重要的参数，直接影响光电晶体管的质量。

为了提高光电晶体管的时间响应，应尽可能地减小发射结阻容时间常数$R_{be}C_{be}$和时间常数R_LC_{ce}。即：一方面在工艺上设法减小结电容C_{be}、C_{ce}；另一方面要合理选择负载电阻R_L，尤其在高频应用的情况下应尽量降低负载电阻R_L。

图3-24绘出了在不同负载电阻R_L下，光电晶体管的时间响应与集电极电流I_c的关系曲线。从曲线可以看出光电晶体管的时间响应不但与负载电阻R_L有关，而且与光电晶体管的输出电流有关，增大输出电流可以减小时间响应，提高光电晶体管的频率响应。

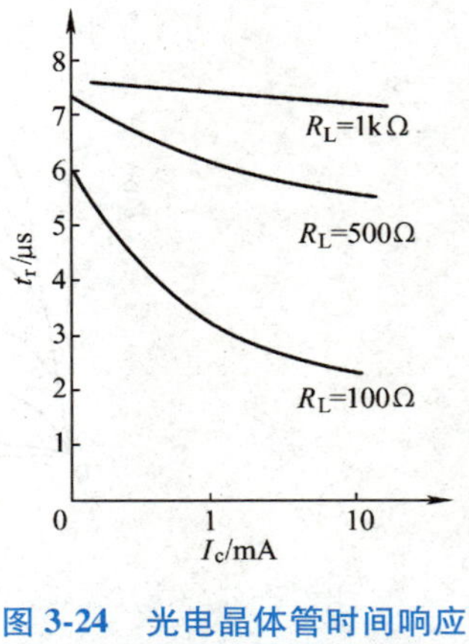

图3-24 光电晶体管时间响应与集电极电流的关系曲线

(3) 温度特性 硅光电二极管和硅光电晶体管的暗电流I_D和亮电流I_L均随温度而变化。由于光电晶体管具有电流放大功能，所以其暗电流I_D和亮电流I_L受温度的影响要比硅光电二极管大得多。图3-25a所示为光电二极管与光电晶体管暗电流I_D的温度特性曲线，随着温度的升高暗电流增长很快；图3-25b所示为光电二极管与光电晶体管亮电流I_L的温度特性曲线，光电晶体管亮电流I_L随温度的变化要比光电二极管快。由于暗电流的增加，使输出的信噪比变差，不利于弱光信号的检测。在进行弱光信号的检测时应考虑温度对光电器件输出

的影响，必要时应采取恒温或温度补偿的措施。

（4）光谱响应　硅光电二极管与硅光电晶体管具有相同的光谱响应。图 3-26 所示为典型的 3DU 硅光电晶体管的光谱响应特性曲线，它的响应范围为 0. 4～1. 0μm，峰值波长为 0. 85μm。对于光电二极管，减薄 PN 结的厚度可以使短波段的光谱响应得到提高，因为 PN 结的厚度变薄后，长波段的辐射光谱很容易穿透 PN 结，没有被吸收，而短波段的光谱容易被减薄的 PN 结吸收。因此，利用 PN 结的这个特性可以制造出具有不同光谱响应的光生伏特器件，如蓝敏光生伏特器件和色敏光生伏特器件等。但是，一定要注意，蓝敏光生伏特器件是以牺牲长波段光谱响应为代价获得的（减薄 PN 结厚度，减少了长波段光子的吸收）。

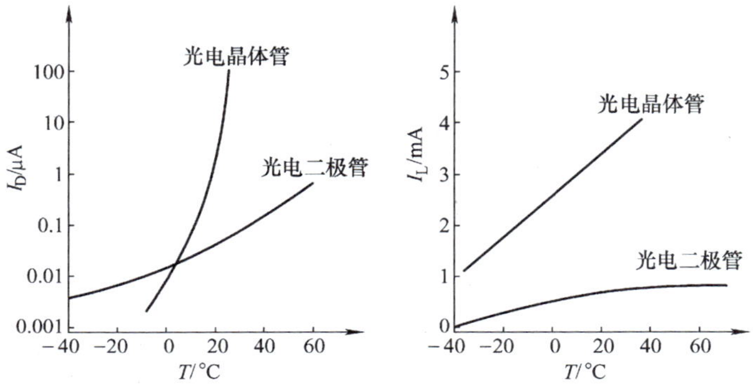

a) 暗电流 I_D 温度特性曲线　b) 亮电流 I_L 温度特性曲线

图 3-25　光电二极管、光电晶体管温度特性曲线

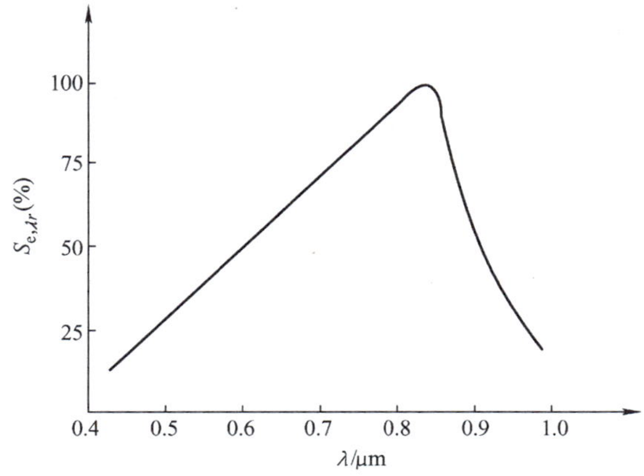

图 3-26　3DU 硅光电晶体管的光谱特性曲线

3. 2. 4　色敏光生伏特器件

色敏光生伏特器件是根据人眼视觉的三原色原理，利用不同结深 PN 结光电二极管对不同波长光谱灵敏度的差别，实现对彩色光源或物体颜色的测量。色敏光生伏特器件具有结构简单、体积小、重量轻、变换电路容易掌握、成本低等特点，被广泛应用于颜色测量与颜色识别等领域。例如，彩色印刷生产线中色标位置的判别，颜料、染料的颜色测量与判别，彩

色电视机荧光屏颜色的测量与调整等，是一种非常有发展前途的新型半导体光电器件。

1. 双色硅色敏器件的工作原理

双结光电二极管色敏器件如图 3-27 所示。它是由在同一硅片上制作的两个深浅不同的 PN 结光电二极管 VLS_1 和 VLS_2 组成。根据半导体对光的吸收理论，PN 结深，对长波光谱辐射的吸收增加，长波光谱的响应增加，而 PN 结浅对短波长的响应较好。因此，具有浅 PN 结的 VLS_1 的光谱响应峰值在蓝光范围，深 PN 结 VLS_2 的光谱响应峰值在红光范围。这种双结光电二极管的光谱响应如图 3-28 所示，具有双峰效应，即 VLS_1 为蓝敏，VLS_2 为红敏。

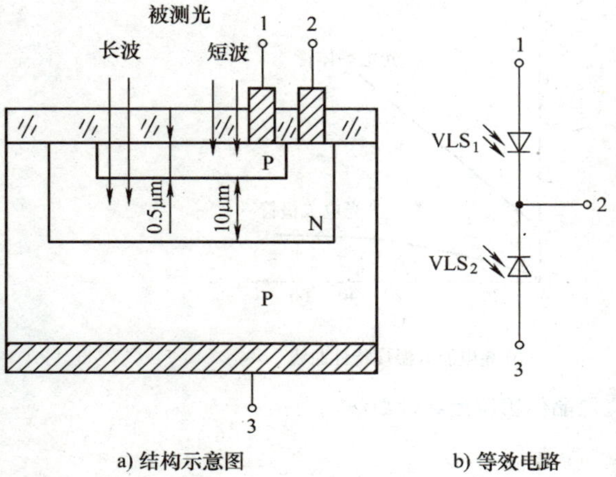

图 3-27　双结光电二极管色敏器件

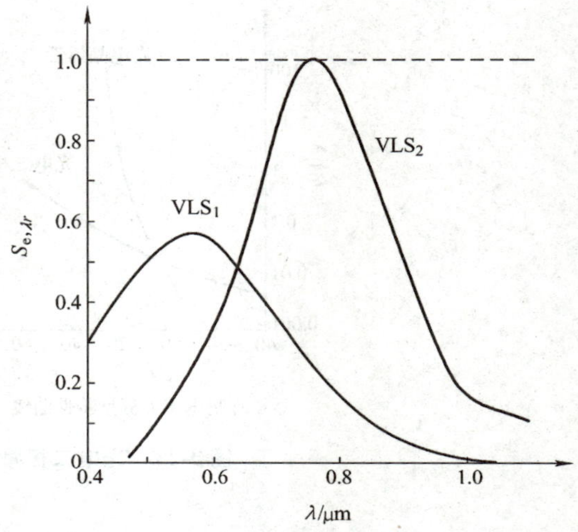

图 3-28　双结光电二极管的光谱响应

双结光电二极管只能通过测量单色光的光谱辐射功率与黑体辐射相接近的光源色温来确定颜色。用双结光电二极管测量颜色时，通常测量两个光电二极管的短路电流比（I_{sc2}/I_{sc1}）与入射波长的关系。从如图 3-29 所示关系曲线中不难看出，每一种波长的光都对应于一个短路电流比值，根据短路电流比值判别入射光的波长，达到识别颜色的目的。上述双结光电二极管只能用于测定单色光的波长，不能用于测量多种波长组成的混合色光，即便已知混合色光的光谱特性，也很难对光的颜色进行精确检测。

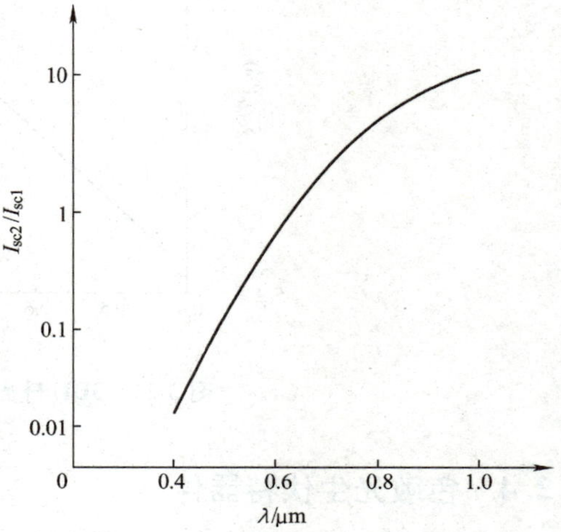

图 3-29　短路电流比与入射波长的关系

根据色度学理论研制出可以识别混合色光的三色色敏光电器件。图 3-30 所示为非晶态集成全色色敏传感器的结构示意图。它是在一块非晶态硅基片上制作三个检测元件，并分别配上 R、G、B 滤色片，得到如图 3-31所示的近似于 CIE1931-RGB 系统的非晶态集成全色色敏传感器光谱响应特性曲线，通过对 R、G、B 输出电流的比较，即可识别物体的颜色。

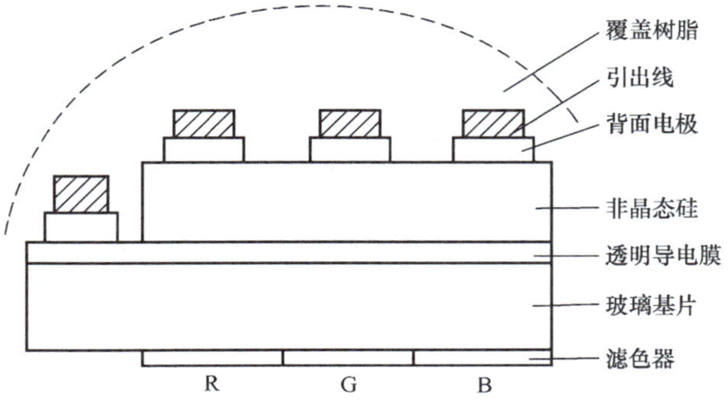

图 3-30　非晶态集成全色色敏传感器的结构示意图

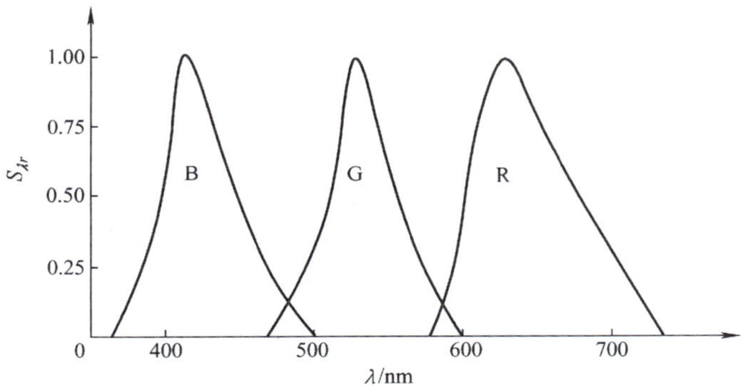

图 3-31　非晶态集成全色色敏传感器光谱响应特性

2. 三色硅色敏器件的工作原理

图 3-32 所示为一种典型硅集成三色色敏器件的颜色识别电路框图。

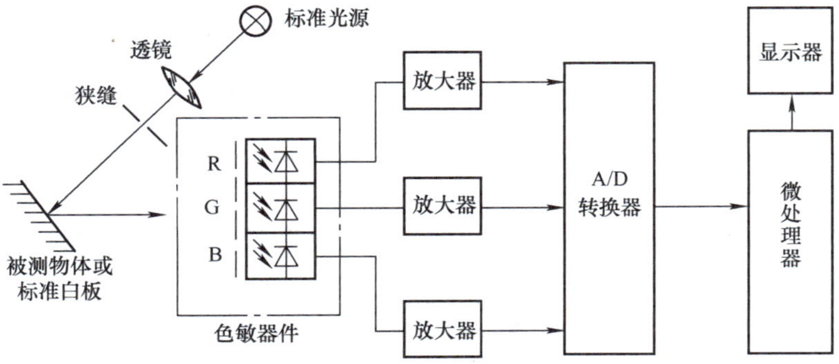

图 3-32　典型硅集成三色色敏器件的颜色识别电路框图

从标准光源发出的光，经被测物反射，投射到色敏器件后，R、G、B 三个光电二极管输出不同的光电流，经运算放大器放大、A/D 转换，将变换后的数字信号输入到微处理器

中。微处理器进行颜色识别与判别，并在软件的支持下，在显示器上显示出被测物的颜色。颜色计算公式为

$$\begin{cases} S=R_{o1}+G_{o1}+B_{o1} \\ R'=KR_{o1}\times 100\% \\ G'=KG_{o1}\times 100\% \\ B'=KB_{o1}\times 100\% \end{cases} \tag{3-44}$$

式中，R_{o1}、G_{o1}、B_{o1}为放大器的输出电压。

测量前应对放大器进行调整，使标准光源发出的光，经标准白板反射后，照到色敏器件上时应满足 $R'=G'=B'=33\%$。

3.2.5　光生伏特器件组合件

光生伏特器件组合件

光生伏特器件组合件是在一块硅片上制造出按一定方式排列的具有相同光电特性的光生伏特器件阵列。它广泛应用于光电跟踪、光电准直、图像识别和光电编码等方面。用光电组合器件代替由分立光生伏特器件组成的变换装置，不仅具有光敏点密集、结构紧凑、光电特性一致性好、调节方便等优点，而且它独特的结构设计可以完成分立元件所无法完成的检测工作。

目前，市场上的光生伏特器件组合件主要有硅光电二极管组合件、硅光电晶体管组合件和硅光电池组合件。它们分别排列成象限阵列式、线阵列式、楔环阵列式和按指定编码规则组成的阵列方式。

本节主要讨论象限阵列式、线阵列式、楔环阵列式组合件。

1. 象限阵列式组合件

图 3-33 所示为几种典型的象限阵列式组合件示意图。其中，图 3-33a 所示为二象限光生伏特器件组合件，它是在一片 PN 结光电二极管（或光电池）的光敏面上经光刻的方法制成两个面积相等的 P 区（前极为 P 型硅），形成一对特性参数极为相近的 PN 结光电二极管（或光电池）。这样构成的光电二极管（或光电池）组合件具有一维位置的检测功能，或称具有二象限的检测功能。当被测光斑落在二象限光生伏特器件的光敏面上时，光斑偏离的方向或大小就可以被如图 3-34b 所示的电路检测出来。如图 3-34a 所示，光斑偏向 P_2 区，P_2 的电流大于 P_1 的电流，放大器的输出电压将为大于 0 的正电压，电压值的大小反映光斑偏离的程度；反之，若光斑偏向 P_1 区，输出电压将为负电压，负电压的大小反映光斑偏向 P_1 区的程度。因此，由二象限器件组成的电路具有一维位置的检测功能。

图 3-33b 所示为四象限光生伏特器件组合件，它具有二维位置的检测功能，可以完成光斑在 x、y 两个方向的偏移检测。

采用四象限光生伏特器件组合件测定光斑的中心位置，可根据器件坐标轴线与测量系统基准线间的安装角度的不同，采用下面不同的电路形式进行测定。

（1）和差电路　当器件坐标轴线与测量系统基准线间的安装角度为 0°（器件坐标轴线与测量系统基准线平行）时，采用如图 3-35 所示的和差检测电路。用加法器先计算相邻象限输出光电信号之和，再计算和信号之差，最后，通过除法器获得偏差值。

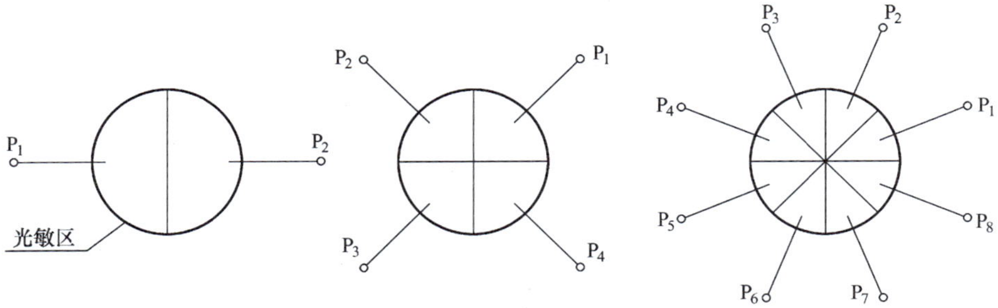

a) 二象限光生伏特器件组合件　b) 四象限光生伏特器件组合件　c) 八象限光生伏特器件组合件

图 3-33　象限阵列式组合件示意图

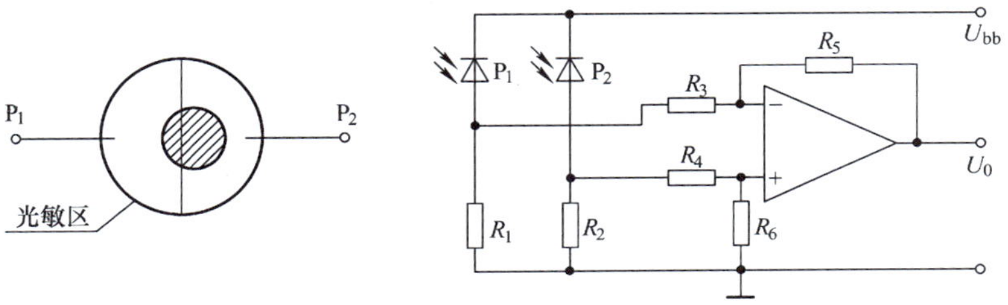

a) 光斑中心位置示意图　b) 二象限检测电路

图 3-34　光斑中心位置的二象限检测电路

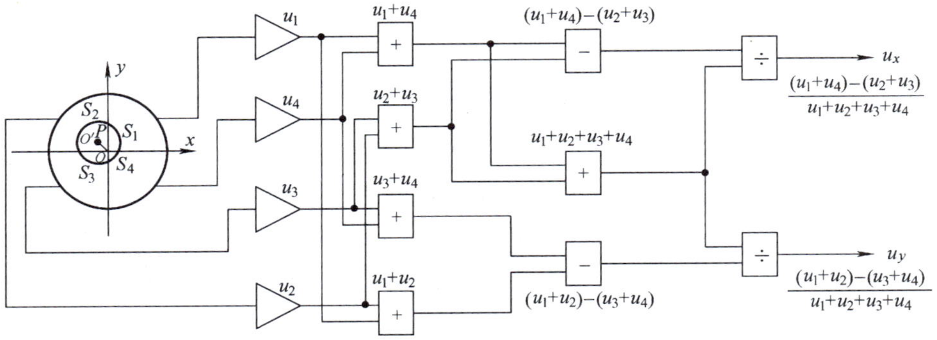

图 3-35　四象限组合器件的和差检测电路

设入射光斑形状为弥散圆，其半径为 r，光出射度均匀，投射到四象限组合器件每个象限上的面积分别为 S_1、S_2、S_3、S_4，光斑中心 O' 相对器件中心 O 的偏移量 $OO'=P$（可用直角坐标 x、y 表示），由运算电路得到的输出偏离信号分别为

$$u_x=K[(u_1+u_4)-(u_2+u_3)]$$

$$u_y=K[(u_1+u_2)-(u_3+u_4)]$$

式中，K 为放大器的放大倍数，它与光斑的直径和光出射度有关；u_1、u_2、u_3、u_4 分别为四个象限输出的信号电压经放大器放大后的电压值；u_x、u_y 分别表示光斑在 x 方向和 y 方向偏离四象限组合器件中心（O 点）的情况。

为了消除光斑自身总能量的变化对测量结果的影响，通常采用和差比幅电路（除法电路），经比幅电路处理后输出的信号为

$$\begin{cases} u_x = \dfrac{(u_1+u_4)-(u_2+u_3)}{u_1+u_2+u_3+u_4} \\ u_y = \dfrac{(u_1+u_2)-(u_3+u_4)}{u_1+u_2+u_3+u_4} \end{cases} \tag{3-45}$$

（2）直差电路　当四象限组合器件的坐标轴线与基准线成 45°时，常采用如图 3-36 所示的直差检测电路。直差电路输出的偏移量为

$$\begin{cases} u_x = K\dfrac{u_2-u_4}{u_1+u_2+u_3+u_4} \\ u_y = K\dfrac{u_1-u_3}{u_1+u_2+u_3+u_4} \end{cases} \tag{3-46}$$

这种电路简单，但是，它的灵敏度和线性等特性相对较差。

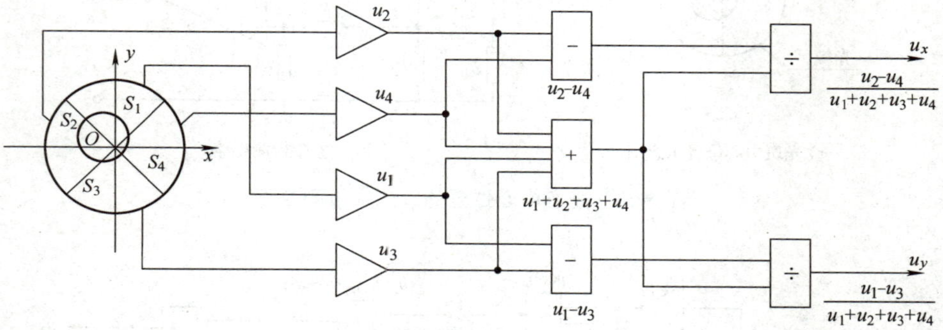

图 3-36　四象限组合器件的直差检测电路

象限光生伏特器件组合件虽然能够用于光斑相位的探测、跟踪和对准工作，但是，它的测量精度受到器件本身缺陷的限制。象限光生伏特器件组合件的明显缺陷为：

1）光刻分割区将产生盲区，盲区会使微小光斑的测量受到限制。

2）若被测光斑全部落入某一个象限光敏区，输出信号将无法测出光斑的精确位置，因此它的测量范围受到限制。

3）测量精度与光源的发光强度及其漂移密切相关，测量精度的稳定性受到限制。

图 3-33c 所示为八象限光生伏特器件组合件，它的分辨率虽然比四象限高，但仍解决不了上述的缺陷。

2. 线阵列式组合件

线阵列式组合件是在一块硅片上制造出光敏面积和间隔相等、特性相近的一串光生伏特器件阵列。如图 3-37 所示为由 16 只光电二极管构成的典型线阵列光生伏特器件组合件，其型号为 16NC。图 3-37a 所示为器件的正面视图，它由 16 只共阴极光电二极管构成，每只光电二极管的光敏面积为 5mm×0. 8mm，间隔为 1. 2mm。16 只光电二极管的 N 极为硅片的衬底，P 极为光敏面，分别用金属线引出到管座，如图 3-37b 所示。光电二极管线阵列器件的原理电路如图 3-37c 所示，N 为公共的负极，应用时常将 N 极接电源的正极，而将每个阳极

通过负载电阻接地，并由阳极输出信号。

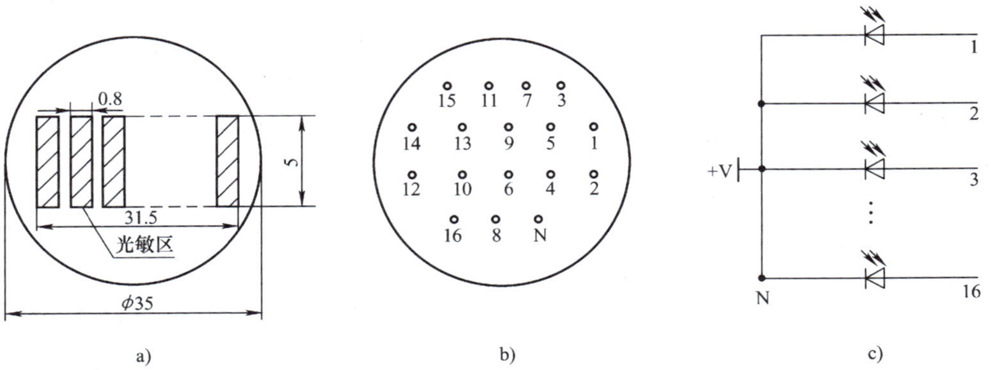

图 3-37　光电二极管线阵列光生伏特器件组合件

图 3-38 所示为由 15 只光电晶体管构成的线阵列光生伏特器件组合件。图 3-38a 为器件的俯视图，每只光电晶体管的光敏面积为 1. 5mm×0. 8mm，间隔为 1. 2mm，光敏区总长度为 28. 6mm，封装在如图 3-38a 所示的 DIP30 管座中。光电晶体管线阵列器件的原理图如图 3-38b 所示。图 3-38c 与图 3-38d 所示分别为该管座的两个侧视图，表明其安装尺寸。显然，光电晶体管线阵列器件没有公共的电极，应用时可以更灵活地设置各种偏置电路。

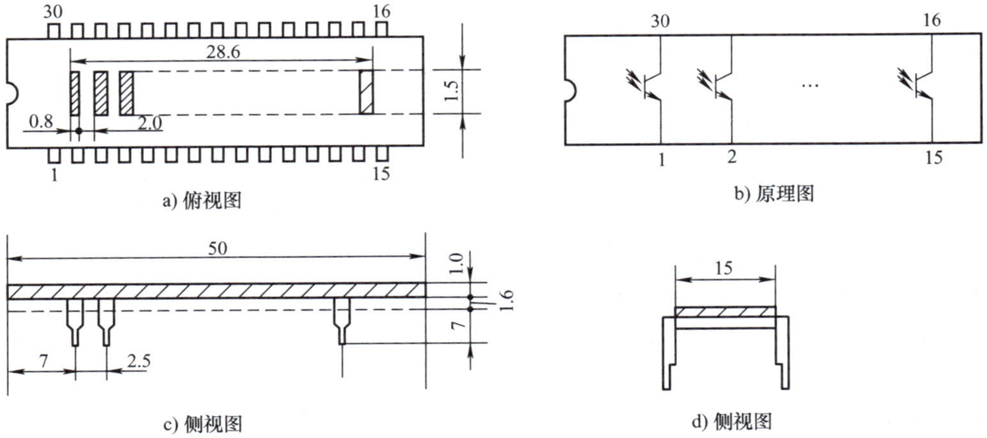

图 3-38　光电晶体管线阵列器件

另外，还有用硅光电池等其他光生伏特器件构成的线阵列器件。线阵列光生伏特器件组合件是一种能够进行并行传输的光电传感器件，在精度要求和灵敏度要求并不太高的多通道检测装置、光电编码器和光电读出装置中得到广泛的应用。但是，线阵 CCD 传感器的出现使这种器件的应用受到很大的冲击。

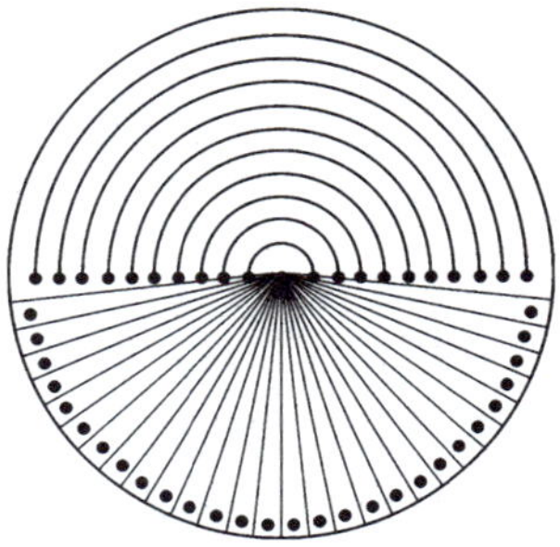

图 3-39　楔环探测器

3. 楔环阵列式组合件

图 3-39 所示为一种用于光学功率谱探测的阵列光电器件组

合件——楔环探测器，它是在一块N型硅衬底上制造出如图中所示的多个P型区，构成光电二极管或硅光电池的光敏单元阵列。显然，这些光敏单元由楔与环两种图形构成，故称其为楔环探测器。楔环探测器中的楔形光电器件可以用来检测光的功率谱分布，即极角方向（楔形区）用来检测功率在角度方向的分布，环形区探测器用来检测功率在半径方向的分布。因此，可以将被测光功率谱的能量密度分布以极坐标的方式表示。

目前，楔环探测器已广泛应用于面粉粒度分析、癌细胞早期识别与疑难疾病的诊断技术中。另外，还有以其他方式排列的光生伏特器件组合件，如角度、长度等光电码盘传感器中的探测器，常以格雷码的形式构成光生伏特器件组合件。

3.2.6 光电位置敏感器件

光电位置敏感器件

光电位置敏感器件是基于光生伏特器件的横向光电效应的器件，是一种对入射到光敏面上的光斑位置敏感的光电器件。因此，称其为光电位置敏感器件（Position Sensing Detector，PSD）。和象限探测器件相比，PSD在光点位置测量方面具有更多的优点。例如，它对光斑的形状无严格的要求，即它的输出信号与光斑是否聚焦无关；光敏面也无须分割，消除了象限探测器件盲区的影响；它可以连续测量光斑在光电位置敏感器件上的位置，且位置分辨率高，一维PSD的位置分辨率可高达0.2μm。

1. PSD的工作原理

图3-40所示为PIN型PSD的结构示意图。它由三层构成，上面为P型层，中间为I型层，下面为N型层；在P型层上设置有两个电极，两电极间的P型层除具有接收入射光的功能外，还具有横向的分布电阻特性。即P型层不但为光敏层，而且是一个均匀的电阻层。

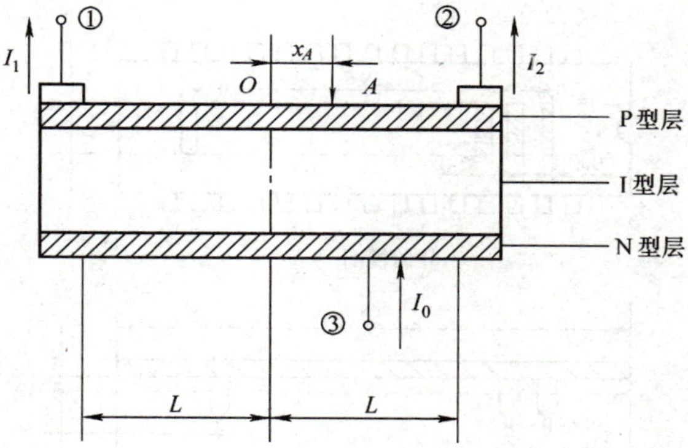

图3-40 PSD的结构示意图

当光束入射到PSD光敏层上距中心点的距离为x_A时，在入射位置上产生与入射辐射成正比的信号电荷，此电荷形成的光电流通过P型层电阻分别由电极①与②输出。设P型层的电阻是均匀的，两电极间的距离为$2L$，流过两电极的电流分别为I_1和I_2，则流过N型层上电极的电流为

$$I_0=I_1+I_2 \tag{3-47}$$

若以PSD的几何中心点O为原点，光斑中心A距原点O的距离为x_A，则

$$I_1=I_0\frac{L-x_A}{2L},I_2=I_0\frac{L+x_A}{2L},x_A=\frac{I_2-I_1}{I_2+I_1}L \tag{3-48}$$

利用式（3-48）即可测出光斑能量中心对于器件中心的位置x_A，它只与电流I_1和I_2的和、差及其比值有关，而与总电流无关。

PSD已被广泛应用于激光自准直、光点位移量和振动的测量、平板平行度的检测和二维位置测量等领域。目前有一维和二维两种PSD，下面分别讨论。

2. 一维 PSD

一维 PSD 主要用来测量光斑在一维方向上的位置或位置移动量。图 3-41a 为典型一维 PSD 原理结构示意图，其中①和②为信号电极，③公共电极。它的光敏面为细长的矩形条。图 3-41b 所示为等效电路，它由电流源 I_P、理想二极管 VD、结电容 C_j、横向分布电阻 R_D 和并联电阻 R_{sh} 组成。被测光斑在光敏面上的位置由式（3-48）计算，即

$$x=\frac{I_2-I_1}{I_2+I_1}L \tag{3-49}$$

所输出的总光电流为

$$I_P=I_1+I_2 \tag{3-50}$$

由式（3-49）和式（3-50）可以看出，一维 PSD 不但能检测光斑中心在一维空间的位置，而且能检测光斑的强度。

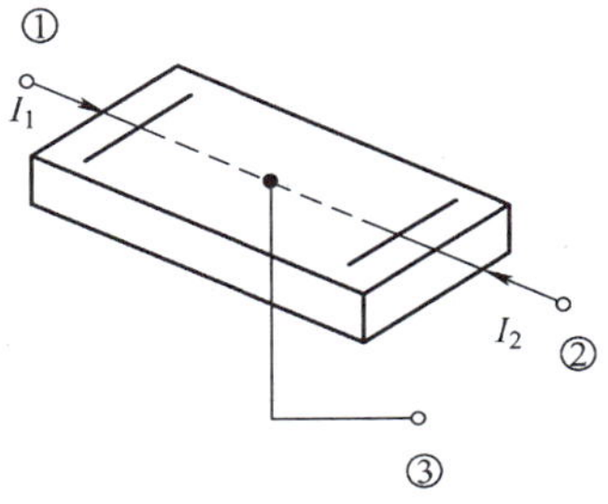

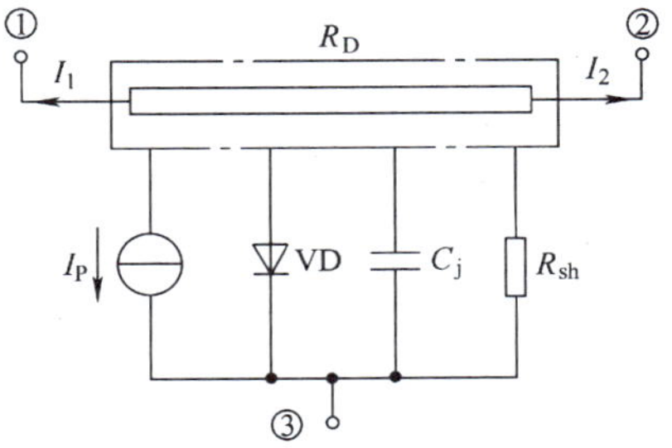

图 3-41　一维 PSD 原理结构与等效电路图

图 3-42 所示为一维 PSD 位置检测电路原理图。光电流 I_1 经反向放大器 A_1 放大后分别送给放大器 A_3 与 A_4，而光电流 I_2 经反向放大器 A_2 放大后也分别送给放大器 A_3 与 A_4。放大器 A_3 为加法电路，完成光电流 I_1 与 I_2 的加法运算（放大器 A_5 用来调整运算后信号的相位）；放大器 A_4 用做减法电路，完成光电流 I_2 与 I_1 的相减运算。最后，用除法电路计算出 (I_2-I_1) 与 (I_1+I_2) 的商，即为光斑在一维 PSD 光敏面上的位置信号 x。光敏区长度 L，可通过调整放大器的放大倍率，利用标定的方式进行综合调整。

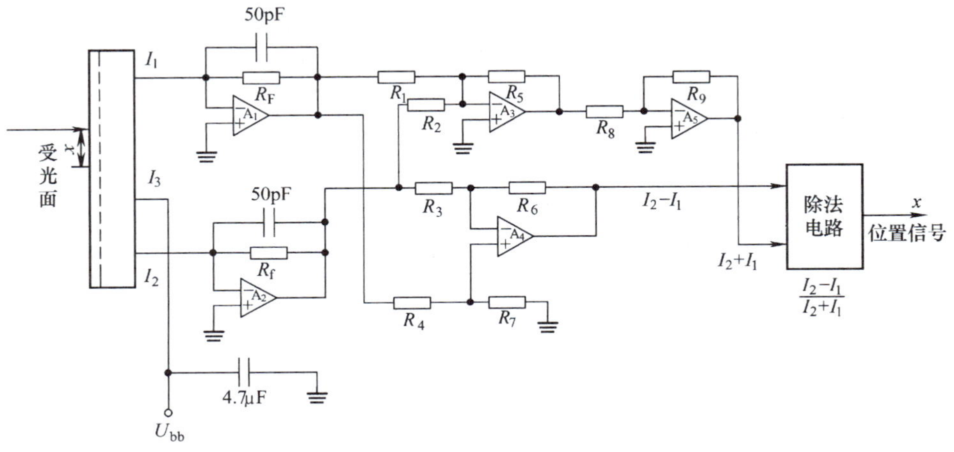

图 3-42　一维 PSD 位置检测电路原理图

3. 二维 PSD

二维 PSD 可用来测量光斑在平面上的二维位置（即 x、y 坐标值），它的光敏面常为正方形，比一维 PSD 多一对电极，它的结构如图 3-43a 所示，在正方形 PIN 硅片的光敏面上设置两对电极，其位置分别标注为 Y_1、Y_2 和 X_3、X_4，其公共 N 极常接电源 U_{bb}。二维 PSD 的等效电路如图 3-43b 所示，它与图 3-41b 类似，也由电流源 I_P、理想二极管 VD、结电容 C_j、两个方向的横向分布电阻 R_D 和并联电阻 R_{sh} 构成。由等效电路不难看出，光电流 I_P 由两个方向的 4 路电流分量构成，即：I_{X_3}、I_{X_4}、I_{Y_1}、I_{Y_2}。可将这些电流作为位移信号输出。

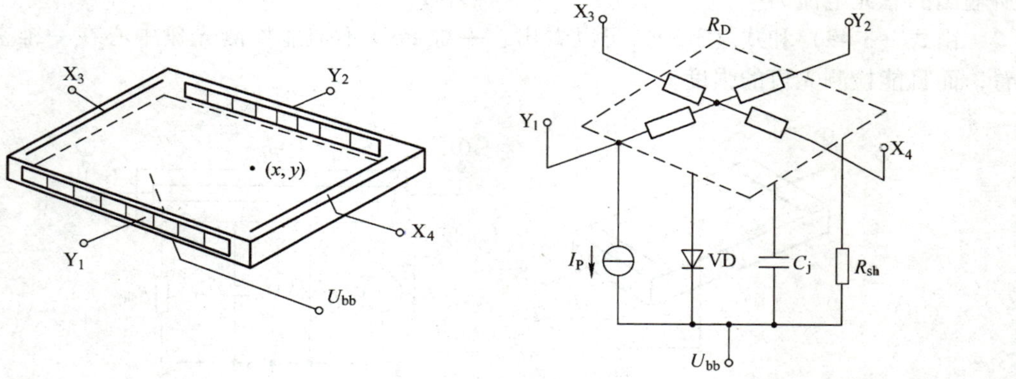

a)　　b)

图 3-43　二维 PSD 的结构图与等效电路

显然，当光斑落到二维 PSD 上时，光斑中心位置的坐标值可分别表示为

$$x=\frac{I_{X_4}-I_{X_3}}{I_{X_4}+I_{X_3}},\quad y=\frac{I_{Y_2}-I_{Y_1}}{I_{Y_2}+I_{Y_1}} \tag{3-51}$$

式（3-51）对靠近器件中心点的光斑位置测量误差很小，随着距中心点距离的增大，测量误差也会增大。为了减小测量误差，常将二维 PSD 的光敏面进行改进。改进后的 PSD 如图 3-44 所示。4 个引出线分别从 4 个对角线端引出，光敏面的形状好似正方形产生了枕形畸变。这种结构的优点是光斑在边缘的测量误差大大减小。

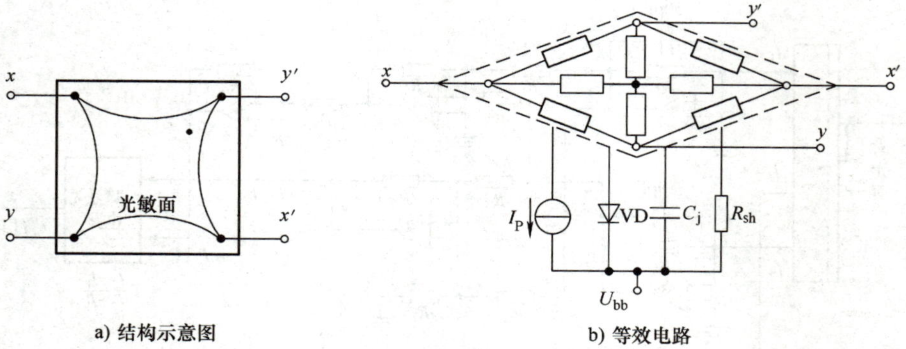

a) 结构示意图　　b) 等效电路

图 3-44　改进后的 PSD 的光敏面

改进后的等效电路比改进前多了 4 个相邻电极间的电阻，入射光点位置（x，y）的计

算公式变为

$$x=\frac{(I_{x'}+I_{y})-(I_{x}+I_{y'})}{I_{x}+I_{x'}+I_{y}+I_{y'}},\qquad y=\frac{(I_{x'}+I_{y'})-(I_{x}+I_{y})}{I_{x}+I_{x'}+I_{y}+I_{y'}} \tag{3-52}$$

根据式（3-52），可以设计出二维 PSD 的光斑位置检测电路。图 3-45 所示为基于改进后二维 PSD 的光斑位置检测电路原理图。电路利用了加法器、减法器和除法器进行各分支电流的加、减和除的运算，以便计算出光斑在 PSD 中的位置坐标。目前，市场上已有适用于各种型号的 PSD 的转换电路板，可以根据需要选用。

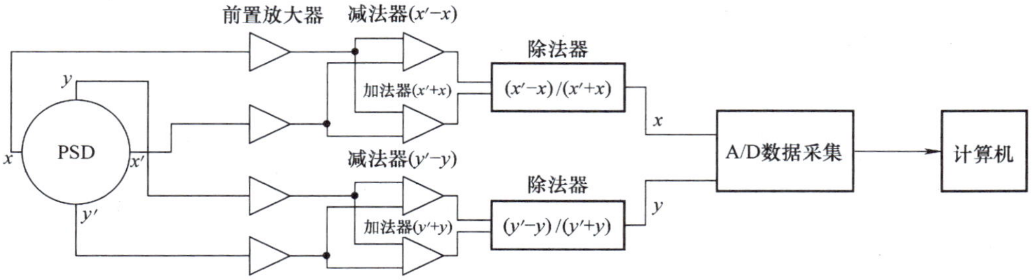

图 3-45　二维 PSD 光斑位置检测电路原理图

在图 3-45 所示电路中加入 A/D 数据采集系统，将 PSD 检测电路所测得的 x 与 y 的位置信息送入计算机，可使 PSD 光斑位置检测电路得到更加广泛的应用。当然，上述电路也可以进一步简化，在各个前置放大器的后面都加上 A/D 数据采集电路，并将采集到的数据送入计算机，在计算机软件的支持下完成光斑位置的检测工作。

4. PSD 的主要特性

PSD 属于特种光生伏特器件，它的基本特性与一般硅光生伏特器件基本一致。例如，光谱响应、时间响应和温度响应等与前面讲述的 PN 结光生伏特器件相同。作为位置传感器，PSD 有其独特特性，即位置检测特性。PSD 的位置检测特性近似于线性，但边缘部分线性较差。因此，利用 PSD 来检测光斑位置时，应尽量使光斑靠近器件中心。

3.3　光电发射器件

光电倍增管

光电发射器件是基于外光电效应的器件，它包括真空光电二极管、光电倍增管、变像管、像增强器和真空电子束摄像管等器件。20 世纪以来，由于半导体光电器件的发展和性能的提高，在许多应用领域，真空光电发射器件已被性价比更高的半导体光电器件所替代。但是，由于真空光电发射器件具有极高的灵敏度、快速响应等特点，它在微弱辐射的探测和快速弱辐射脉冲信息的捕捉等方面应用广泛，如在天文观测快速运动的星体或飞行物，材料工程、生物医学工程和地质地理分析等领域的应用。

3.3.1　光电倍增管的原理与结构

1. 光电倍增管的基本原理

光电倍增管（Photo-Multiple Tube，PMT）是一种真空光电发射器件，它主要由光入射窗、光电阴极、电子光学系统、倍增极和阳极等部分组成。

图3-46所示为光电倍增管工作原理示意图。从图中可以看出，当光子入射到光电阴极面K上时，只要光子的能量高于光电发射阈值，光电阴极就会产生电子发射。发射到真空中的电子在电场和电子光学系统的作用下，经电子限束器电极F（相当于孔径光阑）会聚并加速运动到第一倍增极 D_1 上，第一倍增极在高动能电子的作用下，将发射比入射电子数目更多的二次电子（即倍增发射电子）。第一倍增极发射出的电子在第一与第二倍增极之间电场的作用下高速运动到第二倍增极。同样，在第二倍增极上产生电子倍增。依此类推，经 N 级倍增极倍增后，电子被放大 N 次。最后，被放大 N 次的电子被阳极收集，形成阳极电流 I_a，I_a 将在负载电阻 R_L 上产生电压降，形成输出电压 U_o。

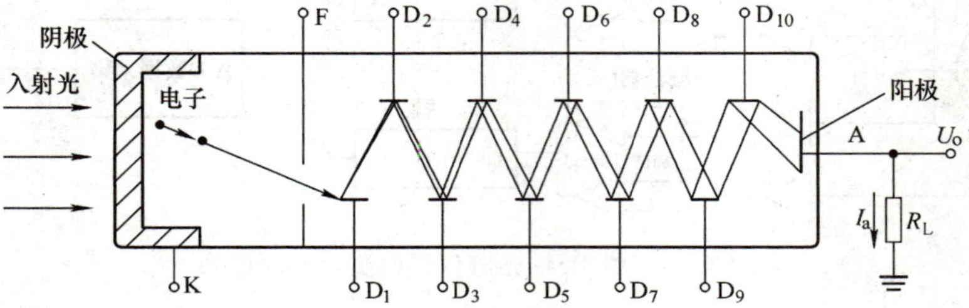

图 3-46 光电倍增管工作原理示意图

2. 光电倍增管的结构

（1）入射窗结构 光电倍增管通常有端窗式和侧窗式两种形式：端窗式光电倍增管倍增极的结构如图3-47a、b、c所示，光通过管壳的端面入射到端面内侧光电阴极面上；侧窗式光电倍增管倍增极的结构如图3-47d所示，光通过玻璃管壳的侧面入射到安装在管壳内的光电阴极面上。端窗式光电倍增管通常采用半透明材料的光电阴极，光电阴极材料沉积在入射窗的内侧面。一般半透明光电阴极的灵敏度均匀性比反射式阴极要好，而且阴极面可以做成从几十平方毫米到几百平方厘米大小各异的光敏面。为使阴极面各处的灵敏度均匀，受光均匀，阴极面常做成半球状。另外，球面形状的阴极面所发射出的电子经电子光学系统会聚到第一倍增极的时间差最小，因此，光电子能有效地被第一倍增极收集。侧窗式光电倍增管的阴极为独立的，且为反射型的，光子入射到光电阴极面上产生的光电子在聚焦电场的作用下会聚到第一倍增极，因此，它的收集效率接近为1。

（2）倍增极结构

1）倍增极材料：倍增极用于将以一定动能入射来的电子（或称光电子）增大 δ 倍。即倍增极将入射电子数为 N_1 的电子以电子数为 N_2 的二次电子发射出去，其中，$N_2=\delta N_1$，显然 $\delta>1$，称其为倍增极材料的发射系数。

倍增极发射二次电子的过程与光电发射的过程相似，所不同的是二次发射电子的过程由高能电子的激发材料产生电子发射，而不是光子激发所致。因此，一般光电发射性能好的材料也具有二次电子发射功能。

常用的倍增极材料有以下几种：

① 锑化铯（CsSb）材料：具有很好的二次电子发射功能，它可以在较低的电压下产生较高的发射系数，电压高于400V时的 δ 值可大于10。但是，当电流较大时，它的增益将趋

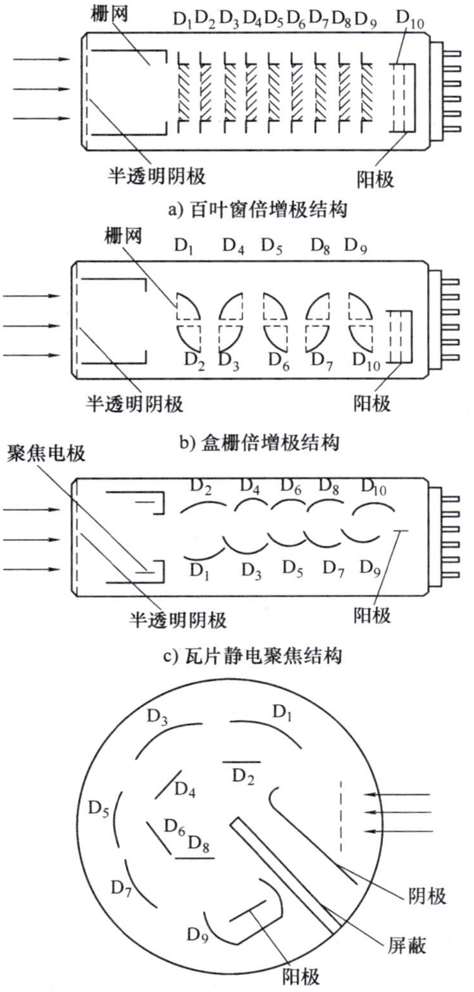

a) 百叶窗倍增极结构

b) 盒栅倍增极结构

c) 瓦片静电聚焦结构

d) 圆形鼠笼式结构

图 3-47　光电倍增管倍增极的结构

于不稳定。

② 氧化银镁合金（AgMgO[Cs]）材料：具有二次电子发射功能，与锑化铯相比，它的二次电子发射能力稍差些，但是，它可以在较强电流和较高的温度（150℃）下工作。它在 400V 电压时的发射系数 δ 最大，约为 6。

③ 铜-铍合金（铍的含量为 2%）材料：具有二次电子发射功能，不过它的发射系数 δ 比银镁合金更低些。

新发展起来的负电子亲和势材料 GaP[Cs]具有更高的二次电子发射功能，在电压为 1000V 时，其倍增系数一般大于 50，甚至高达 200。

2）按倍增极结构分类：光电倍增管按倍增极结构可分为聚焦型与非聚焦型两种。非聚焦型光电倍增管有百叶窗型（见图 3-47a）与盒栅式（见图 3-47b）两种结构；聚焦型有瓦片静电聚焦型（见图 3-47c）和圆形鼠笼式（见图 3-47d）两种结构。

3.3.2　光电倍增管的基本特性

（1）灵敏度　灵敏度是衡量光电倍增管质量的重要参数，它反映光电阴极材料对入射光的敏感程度和倍增极的倍增特性。光电倍增管的灵敏度通常分为阴极灵敏度与阳极灵敏度。

1）阴极灵敏度：光电倍增管阴极电流 I_k 与入射光谱辐射通量 $\Phi_{e,\lambda}$ 之比，称为阴极的光谱灵敏度，即

$$S_{k,\lambda}=\frac{I_k}{\Phi_{e,\lambda}} \tag{3-53}$$

其单位为 μA/W。

若入射辐射为白光，则以阴极积分灵敏度表示，即阴极电流 I_k 与所有入射辐射波长的光谱辐射通量积分之比，有

$$S_k=\frac{I_k}{\int_0^{\infty}\Phi_{e,\lambda}\mathrm{d}\lambda} \tag{3-54}$$

其单位为 μA/W。当用光度单位描述光度量时，其单位为 μA/lm。

2）阳极灵敏度：光电倍增管阳极电流 I_a 与入射光谱辐射通量 $\Phi_{e,\lambda}$ 之比，称为阳极的光谱灵敏度，即

$$S_{a,\lambda}=\frac{I_a}{\Phi_{e,\lambda}} \tag{3-55}$$

其单位为 A/W。

若入射辐射为白光，则将其定义为阳极积分灵敏度，有

$$S_a=\frac{I_a}{\int_0^{\infty}\Phi_{e,\lambda}\mathrm{d}\lambda} \tag{3-56}$$

其单位为 A/W。当用光度单位描述光度量时，其单位为 A/lm。

（2）电流放大倍数（增益）　电流放大倍数表征光电倍增管的内增益特性，它不但与倍增极材料的二次电子发射系数 δ 有关，而且与光电倍增管的级数 N 有关。理想光电倍增管的增益 G 与电子发射系数 δ 的关系为

$$G=\delta^N \tag{3-57}$$

考虑到光电阴极发射出的电子被第一倍增极所收集，其收集系数为 η_1，且每个倍增极都存在收集系数 η_i，因此式（3-57）应修正为

$$G=\eta_1(\eta_i\delta)^N \tag{3-58}$$

对于非聚焦型光电倍增管，η_1 近似为 90%，η_i 要高于 η_1，但小于 1；对于聚焦型的，尤其是在阴极与第一倍增极之间具有电子限束电极的倍增管，其 $\eta_i\approx\eta_1\approx1$，可以用式（3-57）计算增益 G。

倍增极的二次电子发射系数 δ 可用经验公式计算。

对于锑化铯（CsSb）倍增极材料有经验公式：

$$\delta=0.2(U_{DD})^{0.7} \tag{3-59}$$

对于氧化银镁合金（AgMgO[Cs]）材料有经验公式：

$$\delta=0.025U_{\mathrm{DD}} \tag{3-60}$$

式中，U_{DD}为倍增极的极间电压。

显然，光电倍增管上述两种倍增极材料的电流增益 G 与极间电压 U_{DD} 的关系式可由式（3-57）~式（3-59）得到：

对于锑化铯倍增极材料有

$$G=(0.2)^{N}U_{\mathrm{DD}}^{0.7N} \tag{3-61}$$

对于银镁合金材料有

$$G=(0.025)^{N}U_{\mathrm{DD}}^{N} \tag{3-62}$$

当然，在电源电压确定后，光电倍增管电流放大倍数可以从定义出发，通过测量阳极电流 I_{a} 与阴极电流 I_{k} 来确定。即

$$G=\frac{I_{\mathrm{a}}}{I_{\mathrm{k}}}=\frac{S_{\mathrm{a}}}{S_{\mathrm{k}}} \tag{3-63}$$

式（3-63）给出了增益与灵敏度之间的关系。

光电倍增管的量子效率、光谱响应这两个参数主要取决于光电阴极材料。

（3）暗电流　光电倍增管在无辐射作用下的阳极输出电流称为暗电流，记为 I_{D}。光电倍增管的暗电流值在正常应用的情况下是很小的，一般为 $10^{-16}\sim10^{-10}$A，是所有光电探测器件中暗电流最低的器件。但是，影响光电倍增管暗电流的因素很多，注意不到就会造成暗电流增大，甚至使光电倍增管无法正常工作。影响光电倍增管暗电流的主要因素有：

1）欧姆漏电：欧姆漏电主要指光电倍增管的电极之间玻璃漏电、管座漏电和灰尘漏电等。欧姆漏电通常比较稳定，对噪声的贡献较小。在低电压工作时，欧姆漏电成为暗电流的主要部分。

2）热发射：由于光电阴极材料的光电发射阈值较低，容易产生热电子发射，即使在室温下也会有一定的热电子发射，并被电子倍增系统倍增。这种热发射暗电流将严重影响低频率弱辐射光信息的探测。在光电倍增管正常工作状态下，它是暗电流的主要成分。热发射暗电流 I_{Dt}与温度 T 和光电发射阈值的关系为

$$I_{\mathrm{Dt}}=AT^{\frac{5}{4}}\frac{qE_{\mathrm{th}}}{ekT} \tag{3-64}$$

式中，A 为常数。

可见，对光电倍增管进行制冷降温是减小热发射暗电流的有效方法。例如，将锑化铯光电阴极的倍增管的温度从室温降低到 0℃，它的暗电流将下降 90%。

3）残余气体放电：光电倍增管中高速运动的电子会使管中的残余气体电离，产生正离子和光子，它们也将被倍增，形成暗电流。这种效应在工作电压高时特别严重，使倍增管工作不稳定。尤其用做光子探测器时，可能引起“乱真”脉冲的效应。降低工作电压会减小残余气体放电产生的暗电流。

4）场致发射：当光电倍增管的工作电压较高时，还会引起因管内电极尖端或棱角的场强太高而产生的场致发射暗电流。显然，当降低工作电压时，场致发射暗电流也将下降。

5）玻璃壳放电和玻璃荧光：当光电倍增管负高压使用时，金属屏蔽层与玻璃壳之间的电场很强，尤其是金属屏蔽层与处于负高压的阴极之间的电场最强。在强电场下玻璃壳可能

产生放电现象或出现玻璃荧光，放电和荧光都会引起暗电流，而且还将严重破坏信号。因此，在阴极为负高压应用时屏蔽壳与玻璃管壁之间的距离至少应为10~20mm。

分析上述暗电流产生的原因可以看出，随着极间电压的升高，暗电流将增大，极间电压升至100V，热电子发射急剧增大；电压再继续升高就将发生气体放电、场致发射，以至于玻璃壳放电或玻璃荧光等，使暗电流急剧增加，存在使倍增管产生自持放电而损坏倍增管的危险。当然，电源电压的增高使倍增管的增益增高，信号电流也随之增大，对弱信号的检测非常有利。但是，不能过分地追求高增益而使光电倍增管的极间电压或电源电压过高，否则将损坏光电倍增管。

（4）噪声　光电倍增管的噪声主要由负载电阻的热噪声和散粒噪声组成。

负载电阻的热噪声为

$$I_{\mathrm{na}}^2=\frac{4kT\Delta f}{R_{\mathrm{a}}} \tag{3-65}$$

散粒噪声 I_{sh}^2 主要由阴极暗电流 I_{dk}、背景辐射电流 I_{bk} 及信号电流 I_{sk} 的散粒效应所引起的。阴极散粒噪声电流为

$$I_{\mathrm{nk}}^2=2qI_{\mathrm{k}}\Delta f=2q\Delta f(I_{\mathrm{sk}}+I_{\mathrm{bk}}+I_{\mathrm{dk}}) \tag{3-66}$$

这个散粒噪声电流将被逐级放大，并在每一级都产生自身的散粒噪声。

为简化问题，设各倍增极的发射系数都等于 δ（各倍增极的电压相等时发射系数相差很小），则倍增管倍增极输出的散粒噪声电流为

$$I_{\mathrm{nD}n}^2=2qI_{\mathrm{k}}G^2\frac{\delta}{\delta-1}\Delta f \tag{3-67}$$

δ 的值通常在3~6之间，$\delta/(\delta-1)$ 接近于1；并且，δ 越大，$\delta/(\delta-1)$ 越接近于1。因此，光电倍增管输出的散粒噪声电流可简化为

$$I_{\mathrm{nD}n}^2=2qI_{\mathrm{k}}G^2\Delta f \tag{3-68}$$

总噪声电流为

$$I_{\mathrm{n}}^2=\frac{4kT\Delta f}{R_{\mathrm{a}}}+2qI_{\mathrm{k}}G^2\Delta f \tag{3-69}$$

在设计光电倍增管电路时，总是力图使负载电阻的热噪声远小于散粒噪声，即使下式成立：

$$\frac{4kT\Delta f}{R_{\mathrm{a}}}\ll 2qI_{\mathrm{k}}G^2\Delta f \tag{3-70}$$

设光电倍增管的增益 $G=10^4$，阴极暗电流 $I_{\mathrm{dk}}=10^{-4}\mu\mathrm{A}$，在300K的室温情况下，只要阳极负载电阻 R_{a} 满足

$$R_{\mathrm{a}}\geqslant\frac{4kT}{2qI_{\mathrm{k}}G^2}=52\mathrm{k}\Omega \tag{3-71}$$

则电阻的热噪声就远远小于光电倍增管的散粒噪声。这样，在计算电路的噪声时就可以只考虑散粒噪声。实际应用中，光电倍增管的阳极电流常为微安数量级，为使阳极得到适当的输出电压，阳极电阻总要大于52kΩ，因此式（3-71）的条件很容易满足。

当然，提高光电倍增管的增益（增高电源电压）G，以及降低阴极暗电流 I_{dk} 都会减少对阳极电阻 R_{a} 的要求，提高光电倍增管的时间响应。

（5）伏安特性

1）阴极伏安特性：当入射到光电倍增管阴极面上的光通量一定时，阴极电流 I_k 与阴极和第一倍增极之间电压（简称为阴极电压 U_k）的关系曲线称为阴极伏安特性。图 3-48 所示为不同光通量下测得的阴极伏安特性曲线。从图中可见，当阴极电压较小时，阴极电流 I_k 随 U_k 的增大而增大，直至 U_k 大于一定值（几十伏）后，阴极电流 I_k 才趋向饱和，且与入射光通量 Φ 呈线性关系。

2）阳极伏安特性：当入射到光电倍增管阳极面上的光通量一定时，阳极电流 I_a 与阳极和末级倍增极之间电压（简称为阳极电压 U_a）的关系曲线称为阳极伏安特性。图 3-49 所示为阳极伏安特性曲线。从图中可以看出，阳极电压较低时（例如低于 40V），阳极电流随阳极电压的增大而增大，因为阳极电压较低，被增大的电子流不能完全被较低电压的阳极所收集，这一区域称为饱和区。当阳极电压增大到一定程度后，被增大的电子流已经能够完全被阳极所收集，阳极电流 I_a 与入射到阴极面上的光通量呈线性关系：

$$I_a = S_a \Phi_{e,\lambda} \tag{3-72}$$

而与阳极电压的变化无关。因此，可以把光电倍增管的输出特性等效为恒流源处理。

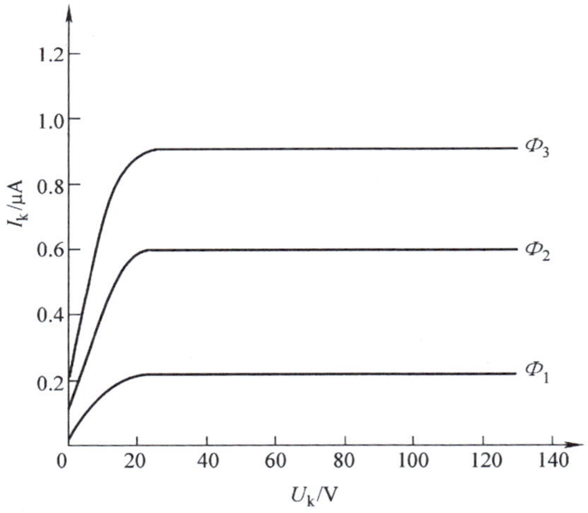

图 3-48　阴极伏安特性曲线

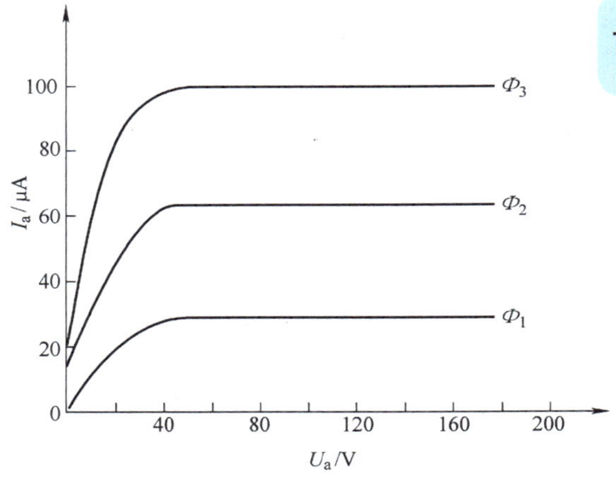

图 3-49　阳极伏安特性曲线

（6）线性　光电倍增管的线性一般用它的阳极伏安特性表示，它是光电测量系统中的一个重要指标。线性不仅与光电倍增管的内部结构有关，还与供电电路及信号输出电路等因素有关。

造成非线性的原因可分为两类：①内因，即空间电荷、光电阴极的电阻率、聚焦或收集效率等的变化；②外因，光电倍增管输出信号电流在负载电阻上的电压降，对末级倍增极电压产生的负反馈和电压的再分配，都可能破坏输出信号的线性。

空间电荷主要发生在光电倍增管的阳极和最后几级倍增极之间。当阳极光电流大，尤其阳极电压太低或最后几级倍增极的极间电压不足时，容易出现空间电荷。为防止空间电荷引起的非线性，应保持这些极间的电压较高，而让管内的电流密度尽可能小一些。

阴极电阻也会引起非线性，特别是当大面积的端窗式光电倍增管的阴极只有一小部分被光照射时，非照射部分会像串联电阻那样起作用，在阴极表面引起电位差。于是降低了被照射区域和第一倍增极之间的电压，这一负反馈所引起的非线性是被照射面积的大小和位置的函数。

负载电阻和阴极电阻具有十分相似的效应。当光电流通过该电阻时，产生的压降会使阳极电压降低，易引起阳极的空间电荷效应。为防止负载电阻引起的非线性，可采用运算放大器作为电流/电压转换器，使等效的负载电阻降低。

阳极或倍增极输出电流引起电阻链中电压的再分配，会导致光电倍增管线性的变化。一般当光电流较大时，再分配电压使极间电压（尤其是接近阳极的各级）增大，阳极电压降低，结果使得光电倍增管的增益降低；当阳极光电流进一步增大时，使得阳极和最末级电压接近于零，结果是尽管入射光继续增强，而阳极输出电流却趋向饱和。因此，为降低该效应，常使电阻链中的电流至少大于阳极光电流最大值的 10 倍。

（7）疲劳与衰老　光电阴极材料和倍增极材料中一般都含有铯金属。当电子束较强时，电子束的碰撞会使倍增极和阴极温度升高，铯金属蒸发，影响阴极和倍增极的电子发射能力，使灵敏度下降，甚至使光电倍增管的灵敏度完全丧失。因此，必须限制入射的光通量，使光电倍增管的输出电流不超过极限值 I_{am}。为防止意外情况发生，应对光电倍增管进行过电流保护，使阳极电流一旦超过设定值便自动关断供电电源。

在较强辐射作用下倍增管灵敏度下降的现象称为疲劳。这是暂时的现象，待管子避光存放一段时间后，灵敏度将会部分或全部恢复过来。当然，过度的疲劳也可能造成永久损坏。

光电倍增管在正常使用的情况下，随着工作时间的积累，灵敏度也会逐渐下降，且不能恢复，这种现象称为衰老。这是真空器件特有的正常现象。

3.3.3　光电倍增管的供电电路

光电倍增管具有灵敏度高和响应速度快等特点，使它在光谱探测和极微弱快速光信息的探测等方面成为首选的光电探测器。另外，微通道板光电倍增管与半导体光电器件的结合，构成独具特色的光电探测器。

正确使用光电倍增管的关键是供电电路的设计。光电倍增管的供电电路种类很多，可以根据应用情况设计出各具特色的供电电路。本节将介绍最常用的电阻分压式供电电路。

（1）电阻分压式供电电路　如图 3-50 所示为典型的光电倍增管的电阻分压式供电电路。电路由 11 个电阻构成电阻链分压器，分别向 10 级倍增极提供极间供电电压 U_{DD}。

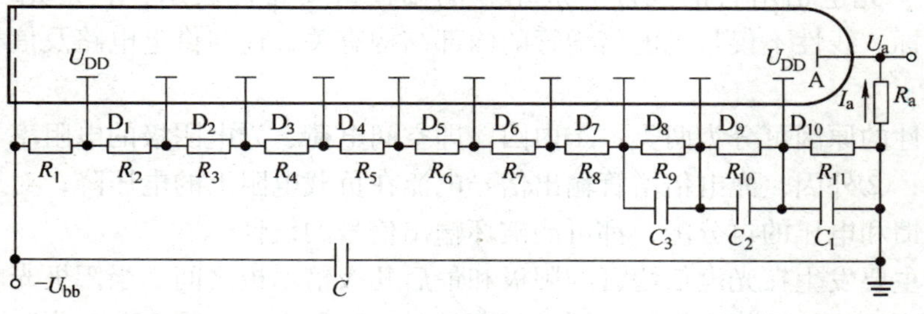

图 3-50　典型的光电倍增管的电阻分压式供电电路

U_{DD} 直接影响二次电子发射系数 δ，或倍增管的增益 G。因此，根据增益 G 的要求来设

计极间供电电压 U_{DD} 与电源电压 U_{bb}。

考虑到光电倍增管各倍增极的电子倍增效应，各级的电子流按放大倍率分布，其中，阳极 A 的电流 I_a 最大。因此，电阻链分压器中流过每级电阻的电流并不相等，但是，当流过分压电阻的电流 $I_R \gg I_a$ 时，流过各分压电阻 R_i 的电流近似相等。工程上常设计成

$$I_R \geqslant 10I_a \tag{3-73}$$

当然，I_R 的选择要根据实际使用情况，选择得太大将使分压电阻功率损耗加大，从而使倍增管温度升高导致性能降低，以至于温升太高而无法工作。另外也将使电源的功耗增大。

选定电流 I_R 后，可以计算出电阻链分压器的总电阻为

$$R = \frac{U_{bb}}{I_R} \tag{3-74}$$

从而可以算出各分压电阻 R_i。考虑到第一倍增极与阴极的距离较远，设计 U_{D_1} 为其他倍增极的 1.5 倍，即

$$R_1 = 1.5R_i \tag{3-75}$$

$$R_i = \frac{U_{bb}}{(N+1.5)I_R} \tag{3-76}$$

（2）末级的并联电容　当入射辐射信号为高速迅变信号或脉冲时，末 3 级倍增极电流变化会引起 U_{DD} 的较大变化，引起光电倍增管的增益起伏，将破坏信息的变换。为此，在末 3 级并联 3 个电容 C_1、C_2 与 C_3，通过电容的充放电过程使末 3 级电压稳定，有

$$C_1 \geqslant \frac{70NI_{am}\tau}{LU_{DD}}, C_2 \geqslant \frac{C_1}{\delta}, C_3 \geqslant \frac{C_1}{\delta^2} \tag{3-77}$$

式中，N 为倍增级数；I_{am} 为阳极峰值电流；τ 为脉冲的持续时间；U_{DD} 为极间电压；L 为增益稳定度的百分数，$L = \frac{\Delta G}{G} \times 100\%$。

在实际设计中，一般取 $C_1 = 0.01\mu F$、$C_2 = 1000pF$、$C_3 = 300pF$，基本满足要求。

（3）电源电压的稳定度　对式（3-61）与式（3-62）进行微分，并用增量形式表示，可得到光电倍增管的电流增益稳定度与极间电压稳定度的关系式：

对锑化铯倍增极

$$\frac{\Delta G}{G} = 0.7N\frac{\Delta U_{DD}}{U_{DD}} \tag{3-78}$$

或

$$\frac{\Delta G}{G} = 0.7N\frac{\Delta U_{bb}}{U_{bb}} \tag{3-79}$$

而对银镁合金倍增极，则有

$$\frac{\Delta G}{G} = N\frac{\Delta U_{bb}}{U_{bb}} \tag{3-80}$$

由于光电倍增管的输出信号 $U_o = GS_k\Phi_v R_L$，因此，输出信号的稳定度与增益的稳定度有关，即

$$\frac{\Delta U}{U}=\frac{\Delta G}{G}=N\frac{\Delta U_{bb}}{U_{bb}} \tag{3-81}$$

光电倍增管倍增极的级数常大于 10。因此，在实际应用中对电源电压稳定度的要求常常可以简化，一般认为高于输出电压稳定度一个数量级即可。例如，当要求输出电压稳定度为 1%时，则要求电源电压稳定度应高于 0.1%。

例 3-1　设入射到 PMT 光敏面上的最大光通量为 $\Phi_v=12\times10^{-6}$lm，当采用 GDB-235 型倍增管作为光电探测器探测入射时，已知 GDB-235 为 8 级的光电倍增管，阴极材料为 SbCs，倍增极材料也为 SbCs，阴极灵敏度为 40μA/lm。若要求入射光通量为 0.6×10^{-6}lm 时的输出电压幅度不低于 0.2V，试设计该 PMT 的变换电路。若供电电压的稳定度只能做到 0.01%，试问该 PMT 变换电路输出信号的稳定度最高能达到多少？

解：（1）首先计算供电电源的电压。

根据题目的输出电压幅度要求和 PMT 的噪声特性，可以选择阳极电阻 $R_a=82\text{k}\Omega$，阳极电流应不小于 I_{amin}，因此

$$I_{amin}=U_o/R_a=(0.2/82)\mu\text{A}=2.439\mu\text{A}$$

入射光通量为 0.6×10^{-6}lm 时的阴极电流为

$$I_k=S_k\Phi_v=40\times0.6\times10^{-6}\mu\text{A}=24\times10^{-6}\mu\text{A}$$

此时，PMT 的增益为

$$G=\frac{I_{amin}}{I_k}=\frac{2.439}{24\times10^{-6}}=1.02\times10^5$$

由于 $G=\delta^N$，$N=8$，因此，每一级的增益 $\delta=4.227$。另外，SbCs 倍增极材料的增益 δ 与极间电压 U_{DD} 有关：$\delta=0.2\ (U_{DD})^{0.7}$，可以计算出 $\delta=4.227$ 时的极间电压

$$U_{DD}=\sqrt[0.7]{\frac{\delta}{0.2}}\text{V}=78\text{V}$$

总电源电压为

$$U_{bb}=(N+1.5)U_{DD}=741\text{V}$$

（2）计算偏置电路电阻链的阻值。

偏置电路采用如图 3-50 所示的供电电路，设流过电阻链的电流为 I_{R_i}，流过阳极电阻 R_a 的最大电流为

$$I_{am}=GS_k\Phi_{vm}=1.02\times10^5\times40\times12\times10^{-6}\mu\text{A}=48.96\mu\text{A}$$

取 $I_{R_i}\geqslant10I_{am}$，则有　　$I_{R_i}=500\mu\text{A}$

因此，电阻链的电阻 $R_i=U_{DD}/I_{R_i}=156\text{k}\Omega$。

取 $R_i=120\text{k}\Omega$，$R_1=1.5R_i=180\text{k}\Omega$。

（3）根据式（3-81）可得输出信号电压的最高稳定度为

$$\frac{\Delta U}{U}=N\frac{\Delta U_{bb}}{U_{bb}}=8\times0.01\%=0.08\%$$

例 3-2　如果 GDB-235 的阳极最大输出电流为 2mA，求阴极面上的入射光通量的最大值。

解： 由于 $I_{am}=GS_k\Phi_{vm}$，故阴极面上的入射光通量的最大值为

$$\Phi_{vm}=\frac{I_{am}}{GS_k}=\frac{2\times10^{-3}}{1.02\times10^{5}\times40\times10^{-6}}\mathrm{lm}=0.49\times10^{-3}\mathrm{lm}$$

3.4　热辐射探测器件

热辐射探测器件是不同于光子探测器的另一类光电探测器。它是基于光辐射与物质相互作用的热效应制成的器件，具有工作时不需要制冷、光谱响应无波长选择性等突出特点。

热探测器虽然探测率较低，时间响应速度慢，但是快速响应热释电探测器件的出现缓和了这一矛盾。

3.4.1　热敏电阻

1. 热敏电阻及其特点

吸收入射辐射后引起温升而使电阻值改变，导致负载电阻两端电压的变化，并给出电信号的元件，称为热敏电阻。

相对于一般的金属电阻，热敏电阻具有如下特点：

1）热敏电阻的温度系数大、灵敏度高，热敏电阻的温度系数一般为金属电阻的 10～100 倍。

2）结构简单、体积小，可以测量近似几何点的温度。

3）电阻率高、热惯性小，适宜做动态测量。

4）阻值与温度的变化关系呈非线性。

5）不足之处是稳定性和互换性较差。

大部分半导体热敏电阻是由各种氧化物按一定比例混合，经高温烧结而成。多数热敏电阻具有负的温度系数，当温度升高时，其电阻值下降，同时灵敏度也下降。由于这个原因，限制了它在高温情况下的使用。

2. 热敏电阻的原理、结构

半导体材料对光的吸收除了直接产生光生载流子的本征吸收和杂质吸收外，还有不直接产生载流子的晶格吸收和激子吸收，并且会不同程度地转变为热能，引起晶格振动加剧，使器件温度上升，即器件的电阻值发生变化。

由于热敏电阻的晶格吸收，对任何能量的辐射都可以使晶格振动加剧，只是吸收辐射的波长不同，晶格振动加剧的程度不同而已，因此可以说它是一种无选择性的敏感器件。

一般金属的能带结构外层无禁带，自由电子密度很大，以致外界光作用引起的自由电子密度的相对变化较半导体而言可忽略不计。相反，吸收光以后，晶格振动加剧，妨碍了自由电子作定向运动。因此当光作用于金属元件使其温度升高的同时，其阻值也略有增加，即由金属材料组成的热敏电阻具有正温度系数，而由半导体材料组成的热敏电阻具有负温度特性。图 3-51 所示为热敏电阻探测器的结构示意图，图 3-52 为几种常用的热敏电阻外形图及其电路符号。

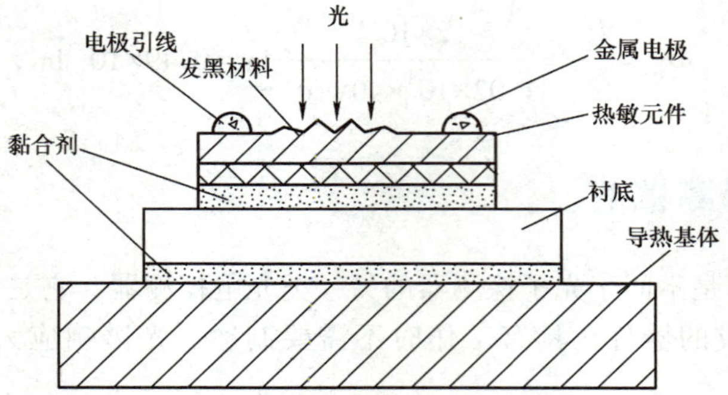

图 3-51　热敏电阻探测器的结构示意图

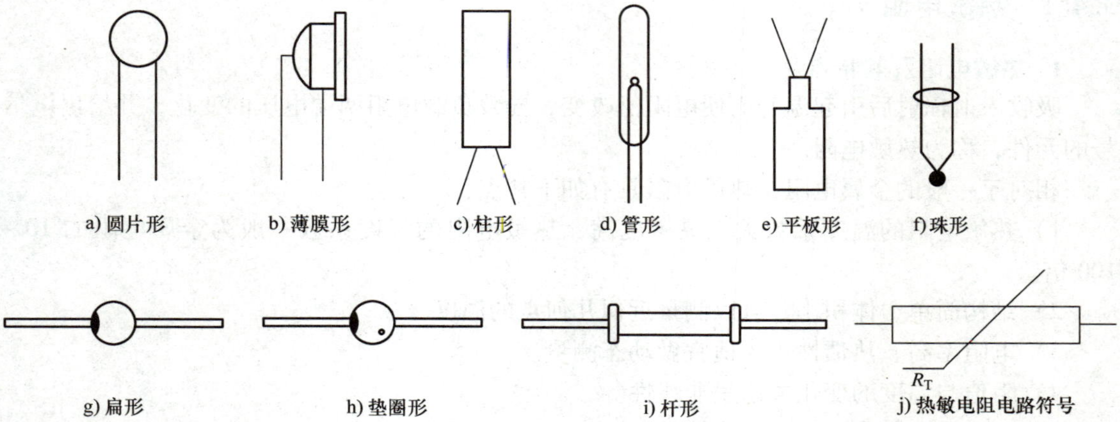

图 3-52　几种常用的热敏电阻的外形图及其电路符号

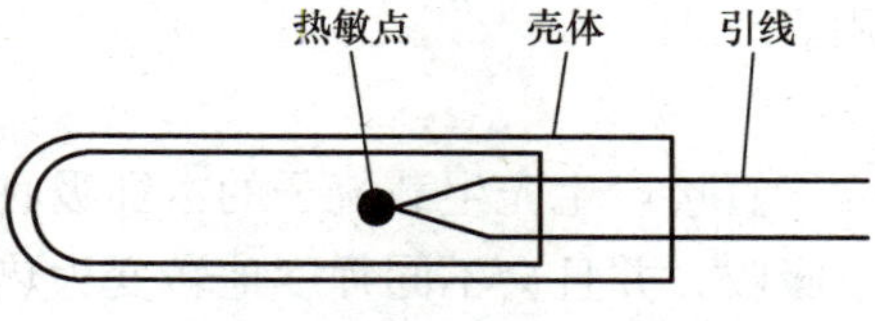

图 3-53　热敏电阻结构图

由热敏材料制成的厚度为 0.01mm 左右的薄片电阻（在相同的入射辐射下得到较大的温升）黏合在导热能力高的绝缘衬底上，电阻体两端蒸发金属电极以便与外电路连接，再把衬底与一个热容很大、导热性能良好的金属相连，构成热敏电阻。红外辐射通过探测窗口投射到热敏元件上，引起元件的电阻变化。为了提高热敏元件接收辐射的能力，常将热敏元件的表面进行黑化处理。

通常把两个性能相似的热敏电阻安装在同一个金属壳内，形成如图 3-53 所示的热敏电阻器。其中一个用作工作元件，接收入射辐射；另一个接收不到入射辐射，为环境温度的补偿元件。为使它们的温度尽量接近，应使两个元件尽可能靠近，并用硅橡胶灌封把补偿元件掩盖起来。

热敏电阻同光敏电阻十分相似，为了提高输出信噪比，必须减小其长度。但为了不使接收辐射的能力下降，有时也采用浸没技术，以提高探测度。

热敏电阻一般做成二端器件，但也有做成三端或四端的。二端和三端器件为直热式，即直接由电路中获得功率。

3. 热敏电阻的参数

（1）电阻-温度特性　热敏电阻的电阻-温度特性是指实际阻值与电阻体温度之间的相互关系，这是它的基本特性之一。热敏电阻的实际阻值 R_T 与其自身温度 T 的关系有正温度系数与负温度系数两种，分别表示为

正温度系数的热敏电阻

$$R_T = R_0 e^{AT} \tag{3-82}$$

负温度系数的热敏电阻

$$R_T = R_\infty e^{B/T} \tag{3-83}$$

式中，R_T 为热力学温度 T 时的实际电阻值；R_0、R_∞ 为背景环境温度下的阻值，是与电阻的几何尺寸和材料物理特性有关的常数；A、B 为材料常数。

例如，标称阻值 R_{25} 指环境温度为 25℃ 时的实际阻值。测量时若环境温度过大，可分别按下式计算其阻值：

对于正温度系数的热敏电阻

$$R_{25} = R_T e^{A(298-T)}$$

对于负温度系数的热敏电阻

$$R_{25} = R_T e^{B\left(\frac{1}{298}-\frac{1}{T}\right)}$$

式中，R_T 为环境温度为热力学温度 T 时测得的实际阻值。

由式（3-82）和式（3-83）可分别求出正、负温度系数的热敏电阻的温度系数 α_T，它表示温度每变化 1℃ 时，热电阻的实际阻值的相对变化。即

$$\alpha_T = \frac{1}{R}\frac{dR_T}{dT} \tag{3-84}$$

α_T 的单位为℃$^{-1}$。

对于正温度系数的热敏电阻，其温度系数为

$$\alpha_T = A \tag{3-85}$$

对于负温度系数的热敏电阻，其温度系数为

$$\alpha_T = \frac{1}{R_T}\frac{dR_T}{dT} = -\frac{B}{T^2} \tag{3-86}$$

可见在工作温度范围内，正温度系数的热敏电阻的 α_T 在数值上等于常数 A，负温度系数的热敏电阻的 α_T 受温度影响较大，并与材料常数 B 成正比。因此，通常在给出热敏电阻温度系数的同时，必须指出测量时的温度。

材料常数 B 是用来描述热敏电阻材料物理特性的一个参数，又称为热灵敏指标。在工作温度范围内，B 值并不是一个严格的常数，其阻值随温度的升高而略有增大。一般来说，

B 值大电阻率高。对于负温度系数的热敏电阻，B 值可按下式计算：

$$B=2.303\frac{T_1T_2}{T_2-T_1}\lg\frac{R_1}{R_2} \tag{3-87}$$

而对于正温度系数的热敏电阻器，A 值可按下式计算：

$$A=2.303\frac{1}{T_1-T_2}\lg\frac{R_1}{R_2} \tag{3-88}$$

式中，R_1、R_2 分别为温度为 T_1、T_2 时的电阻值。

已知热敏电阻的温度系数为 α_T，当热敏电阻接收入射辐射后温度变化 ΔT（ΔT 的值不大）时，其阻值变化为

$$\Delta R_T=R_T\alpha_T\Delta T$$

式中，R_T 为温度 T 时的电阻值。

（2）热敏电阻的输出特性　热敏电阻电路如图 3-54 所示。图中 $R_T=R'_T$，$R_{L1}=R_{L2}$。在热敏电阻上加上偏压 U_{bb} 之后，由于辐射的照射使热敏电阻值改变，因而负载电阻电压增量为

$$\Delta U_L=\frac{U_{bb}\Delta R_T}{4R_T}=\frac{U_{bb}}{4}\alpha_T\Delta T \tag{3-89}$$

式（3-89）是在假定 $R_{L1}=R_T$，$\Delta R_T\ll R_T+R_{L1}$ 的条件下得到的。

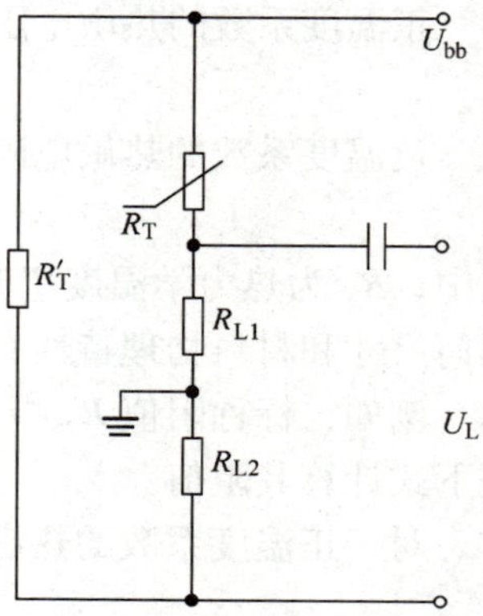

图 3-54　热敏电阻电路

（3）冷阻与热阻　热敏电阻在某个温度下的电阻值 R_T，常被称为冷阻。如果功率为 φ 的辐射入射到热敏电阻上，设其吸收系数为 α，则热敏电阻的热阻 R_φ 定义为吸收单位辐射功率所引起的温升，即

$$R_\varphi=\frac{\Delta T}{\alpha\varphi} \tag{3-90}$$

因此，式（3-89）可写成

$$\Delta U_L=\frac{U_{bb}}{4}\alpha_T\alpha\varphi R_\varphi \tag{3-91}$$

若入射辐射为交流正弦信号，$\varphi=\varphi_0 e^{j\omega t}$，则负载上的输出电压增量为

$$\Delta U_L=\frac{U_{bb}}{4}\frac{\alpha_T\alpha\varphi R_\varphi}{\sqrt{1+\omega^2\tau_\varphi^2}} \tag{3-92}$$

式中，τ_φ 为热敏电阻的热时间常数，$\tau_\varphi=R_\varphi C_\varphi$；$R_\varphi$、$C_\varphi$ 分别为热阻和热容。

由式（3-92）可见，随着辐照频率的增加，热敏电阻传递给负载的电压增量减小。热敏电阻的时间常数为 1～10μs，因此，使用频率上限范围为 20～200kHz。

（4）灵敏度（响应率）　将单位入射辐射功率下热敏电阻变换电路的输出信号电压称为灵敏度或响应率。它常分为直流灵敏度 S_0 与交流灵敏度 S_s。

直流灵敏度

$$S_0=\frac{U_{bb}}{4}\alpha_T\alpha R_\varphi$$

交流灵敏度

$$S_s = \frac{U_{bb}}{4}\frac{\alpha_T \alpha R_\varphi}{\sqrt{1+\omega^2\tau_\varphi^2}}$$

可见，要提高热敏电阻的灵敏度，需采用以下措施：

1）增加偏压 U_{bb}。但会受到热敏电阻的噪声的限制，也会损坏元件。

2）把热敏电阻的接收面涂黑，以提高吸收效率。

3）增大热阻 R_φ。其办法是减小元件的接收面积及元件与外界对流造成的热量损失。常将元件装入真空壳内，但随着热阻 R_φ 的增大，响应时间 τ_φ 也增大。为了减小响应时间，通常把热敏电阻贴在具有高热导的衬底上。

4）选用 α_T 大的材料。还可使元件冷却工作，以增大 α_T 的值。

（5）最小可探测功率　热敏电阻的最小可探测功率受噪声的影响。热敏电阻的噪声主要有：

1）热噪声。热敏电阻的热噪声与光敏电阻相似，为 $\overline{U_T^2}=4kTR_\varphi\Delta f$。

2）温度噪声。因为环境温度的起伏而造成元件温度起伏变化所产生的噪声称为温度噪声。将元件装入真空壳内可降低这种噪声。

3）电流噪声。与光敏电阻的电流噪声类似，当工作频率 f>10kHz 时，此噪声完全可忽略不计。

根据以上这些噪声，热敏电阻可探测的最小功率范围为 10^{-9}~10^{-8}W。

3.4.2　热电偶探测器

热电偶从发明至今仍在光谱、光度探测仪器中得到广泛应用，尤其是在高、低温温度探测领域中的应用，是其他探测器件所无法取代的。

1. 热电偶的工作原理

热电偶是利用物质温差产生电动势的效应探测入射辐射的。图 3-55a 所示为温差热电偶的原理图。两种金属材料 A 和 B 组成一个回路时，若两金属连接点的温度存在着差异（一端高而另一端低），则在回路中会有如图 3-55a 所示的电流产生，即由温度差而产生的电位差 ΔU。回路电流 $I=\Delta U/R$，R 称为回路电阻。这一现象称为温差热电效应（Seebeck Effect），也称为泽贝克热电效应。

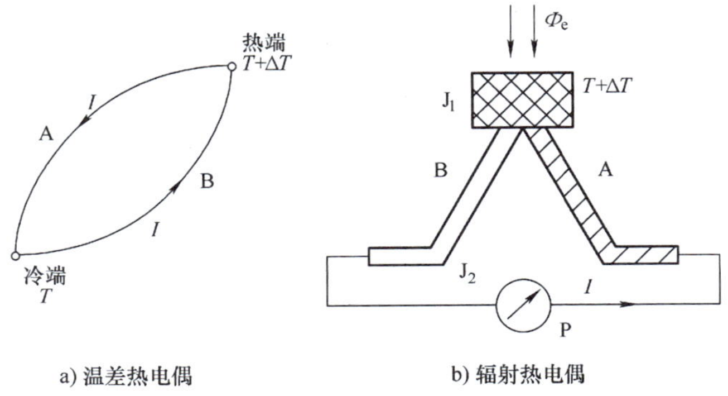

图 3-55　热电偶

温度差产生电位差 ΔU 的大小与A、B材料有关，通常由铋和锑所构成的一对金属有最大的温差电位差，约为 100μV/℃。用来接触测温的测温热电偶，常由铂（Pt）等合金组成。它具有较宽的测量范围，一般为-200~1000℃，测量准确度高达1/1000℃。

测量辐射能的热电偶称为辐射热电偶，它与温差热电偶的原理相同，结构不同，如图3-55b所示。辐射热电偶的热端接收入射辐射，因此在热端装有一块涂黑的金箔，当入射辐射通量被金箔吸收以后，金箔的温度升高形成热端，产生温差电动势，在回路中将有电流流过。图3-55b中用电流计P检测出电流为 I。显然，图中 J_1 为热端，J_2 为冷端。

由于入射辐射引起的温升 ΔT 很小，因此对热电偶材料要求很高，结构也非常严格和复杂，成本昂贵。

采用半导体材料构成的辐射热电偶不但成本低，而且具有更高的温差电位差。半导体辐射热电偶的温差电位差可高达 500μV/℃。图3-56所示为半导体辐射热电偶的结构示意图。图中用涂黑的金箔将N型半导体材料与P型半导体材料连接在一起构成热结。N型半导体及P型半导体的另一端（冷端）将产生温差电动势，P型半导体的冷端带正电，N型半导体的冷端带负电。两端的开路电压 U_{oc} 与入射辐射使金箔产生的温升 ΔT 的关系为

$$U_{oc}=M_{12}\Delta T \tag{3-93}$$

式中，M_{12} 为泽贝克常数，又称为温差电动势率（V/℃）。

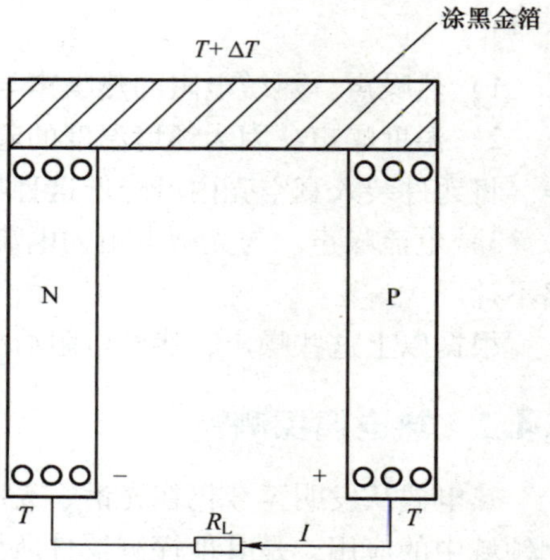

图3-56　半导体辐射热电偶

辐射热电偶在恒定辐射作用下，用负载电阻 R_L 将其构成回路，将有电流 I 流过负载电阻，并产生电压降 U_L，则

$$U_L=\frac{M_{12}}{R_i+R_L}R_L\Delta T=\frac{M_{12}R_L\alpha\Phi_0}{(R_i+R_L)G_Q} \tag{3-94}$$

式中，Φ_0 为入射辐射通量（W）；α 为金箔的吸收系数；R_i 为热电偶的电阻；M_{12} 为热电偶的温差电动势率；G_Q 为总热导［W/(m℃)］。

若入射辐射为交流辐射信号，$\varphi=\varphi_0 e^{j\omega t}$，则产生的交流信号电压为

$$U_L=\frac{M_{12}R_L\alpha\Phi_0}{(R_i+R_L)G_Q\sqrt{1+\omega^2\tau_T^2}} \tag{3-95}$$

式中，$\omega=2\pi f$，f 为交流辐射的调制频率；τ_T 为热电偶的时间常数，$\tau_T=R_QC_Q=\frac{C_Q}{G_Q}$，$R_Q$、$C_Q$、$G_Q$ 分别为热电偶的热阻、热容和热导。

热导与材料的性质及周围的环境有关，为使热导稳定，常将热电偶封装在真空管中，因此，通常称其为真空热电偶。

2. 热电偶的基本特性参数

真空热电偶的基本特性参数有灵敏度（响应率）、响应时间和最小可探测功率等。

（1）灵敏度（响应率）　在直流辐射作用下，热电偶的灵敏度为

$$S_0=\frac{U_L}{\Phi_0}=\frac{M_{12}R_L\alpha}{(R_i+R_L)G_Q} \tag{3-96}$$

在交流辐射信号的作用下，热电偶的灵敏度为

$$S_s=\frac{U_L}{\Phi}=\frac{M_{12}R_L\alpha}{(R_i+R_L)\sqrt{1+\omega^2\tau_T^2}} \tag{3-97}$$

由式（3-96）和式（3-97）可见，提高热电偶的灵敏度的办法，除选用泽贝克系数较大的材料外，增加辐射的吸收率 α、减小内阻 R_i、减小热导 G_Q 等措施也都是有效的。对于交流灵敏度，降低工作频率、减小时间常数 τ_T 也会使其有明显的提高。但是热电偶的灵敏度与时间常数是相互矛盾的，应用时不能兼顾。

（2）响应时间　热电偶的响应时间约为几毫秒到几十毫秒，比较长。因此，它常被用来探测直流状态或低频率的辐射，一般不超过几十赫兹。但是，在 BeO 衬底上制造 Bi-Ag 结构的热电偶有望得到更快的响应时间，据资料报道，这种工艺的热电偶，其响应时间可达 10^{-7}s。

（3）最小可探测功率　热电偶的最小可探测功率取决于探测器的噪声，主要包括热噪声和温度起伏噪声，电流噪声几乎被忽略。半导体热电偶的最小可探测功率一般为 10^{-11}W 左右。

3.4.3　热电堆探测器

为了减小热电偶的响应时间，提高灵敏度，常把辐射接收面分为若干块，每块都接一个热电偶，并把它们串联起来构成如图 3-57 所示的热电堆。在镀金的铜基体上蒸镀一层绝缘层，在绝缘层的上面蒸发制造工作结和参考结。参考结与铜基之间既要保证电气绝缘，又要保持热接触，而工作结与铜基之间是电气和热都要绝缘的。热电材料敷在绝缘层上，把这些热电偶串接或并接起来构成热电堆。

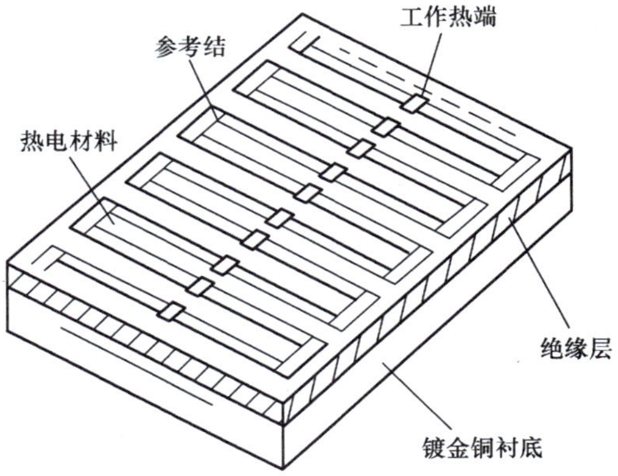

图 3-57　热电堆

1. 热电堆的灵敏度

热电堆的灵敏度为

$$S_t=nS \tag{3-98}$$

式中，n 为热电堆中热电偶的对数（或 PN 结的个数）；S 为热电偶的灵敏度。

热电堆的响应时间常数为

$$\tau_{th}\propto C_{th}R_{th} \tag{3-99}$$

式中，C_{th}为热电堆的热容量；R_{th}为热电堆的热阻抗。

由式（3-98）和式（3-99）可以看出，要想使高速化和提高灵敏度并存，就要在不改变 R_{th}的情况下减小热容量 C_{th}，热阻抗 R_{th}由导热通路长度、热电堆数目及膜片的剖面面积决定。因而，要想使传感器实现高性能化，就要减小热电堆的多晶硅间隔，减小构成膜片的材料厚度，以便减小热容量。

2. 微机械红外热电堆探测器及其应用

微机械红外热电堆探测器由热电堆结构、支撑膜及红外吸收层组成，热电偶有多种选择，但双金属的组合已经逐渐被含有半导体材料的热电偶组合所代替。为实现有效的热传导，需要设计一定的隔热结构。图 3-58 所示为微机械红外热电堆芯片的基本结构。它利用薄膜热导率较小的特点，采用封闭膜与悬臂膜两种支撑膜隔热的设计。在支撑膜上生长红外吸收层，可以大幅度、宽光谱地吸收红外辐射，提高热结区的温度，从而改善热电堆的性能。

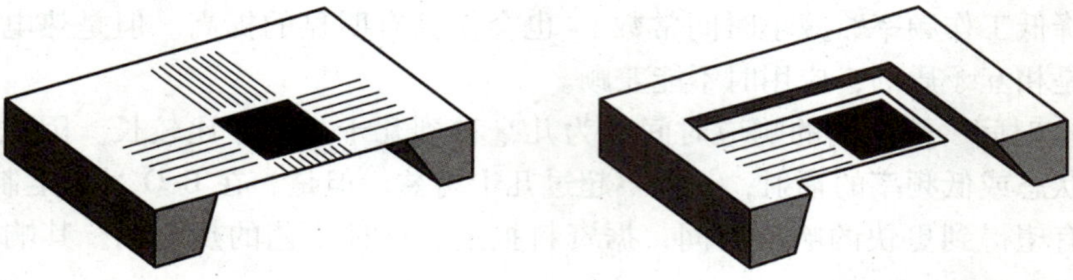

a) 封闭膜结构　　b) 悬臂膜结构

图 3-58　微机械红外热电堆芯片的基本结构

为建立热结区与冷结区的有效热传导，需要构建一定的隔热结构，目前主要通过薄膜来实现。应用的薄膜结构有两类，即封闭膜结构（见图 3-58a）和悬臂膜结构（见图 3-58b）。其中，封闭膜是指热电堆的支撑膜为整层的复合介质膜，一般为氮化硅与氧化硅的复合膜。悬臂膜则是指周围为气体介质所包围，一端固定、一端悬空的膜结构，其中的膜亦为复合介质膜。热电堆、热结区及红外吸收区都在膜上。从隔热效果来说，悬臂膜更具优势。因为这种膜结构的周围是导热性能很差的气体介质（如空气），因此热耗散小，热阻高，隔热效果好，同时吸收的热可以沿着膜的方向，也就是热电偶对的方向进行有效传导，故热电转换效率高，灵敏度高。对封闭膜而言，吸收红外辐射后，热可以沿着介质支撑膜传播，并不完全沿着热电偶对传播，故热耗散较大，热电转换效率低，灵敏度低。

目前，热电堆探测器在耳式体温计、放射体温计、电烤炉、食品温度检测等领域中作为温度检测器件，获得了广泛的应用。半导体热电堆发电技术开辟了利用低温的热源发电（如工业余热、地热、太阳能发电等）的一个崭新分支。尤其是进入 20 世纪 50 年代后期，随着半导体热电材料技术的飞速发展，半导体热电发电技术以其体积小、重量轻、无运动部件、运行寿命长、可靠性高以及无污染等诸多优点，在军事、医疗、科研、通信、航海、动力以及工业生产等各个领域得到了广泛的应用。

3.5　热释电器件

热释电器件

热释电器件是一种利用热释电效应制成的热探测器件。与其他热探测器相比，热释电器件具有以下优点：

1）具有较宽的频率响应，工作频率接近兆赫兹，远远超过其他热探测器的工作频率。一般热探测器的时间常数典型值在 0.01～1s 范围内，而热释电器件的有效时间常数可低至$3\times10^{-5}\sim3\times10^{-4}$s。

2）热释电器件的探测率高，在热探测器中只有气动探测器的探测率比热释电器件稍高，且这一差距还在不断减小。

3）热释电器件可以有均匀的大面积敏感面，而且工作时可以不必外加偏置电压。

4）与热敏电阻相比，它受环境温度变化的影响更小。

5）热释电器件的强度和可靠性比其他多数热探测器都要好，且制造比较容易。

但是，由于制作材料属于压电类晶体，因而热释电器件容易受外界振动的影响，并且它只对入射的交变辐射有响应，对入射的恒定辐射没有响应。由于热释电器件具有上述诸多特点，因而近年来发展十分迅速，广泛应用于热辐射和从可见光到红外波段的光学探测，并在亚毫米波段的辐射探测方面受到重视。因为其他性能较好的亚毫米波探测器都需要在液氮温度下才能工作，而热释电器件不需要制冷，因此对于热释电材料、器件及其应用技术的研究至今仍是极受重视的领域。

3.5.1　热释电器件的基本工作原理

1. 热释电效应

电介质内部一般没有自由载流子，也没有导电能力。但是，它是由带电粒子（价电子和原子核）构成的，在外加电场的情况下，带电粒子也要受到电场力的作用，使其运动发生变化。例如，在电介质的上下两侧加上如图 3-59 所示的电场后，电介质产生极化现象，从电场加入到电极化状态建立起来的这段时间内，电介质内部的电荷适应电场的运动，相当于电荷沿电力线方向运动，形成一种电流，称为位移电流，该电流在电极化完成时即停止。

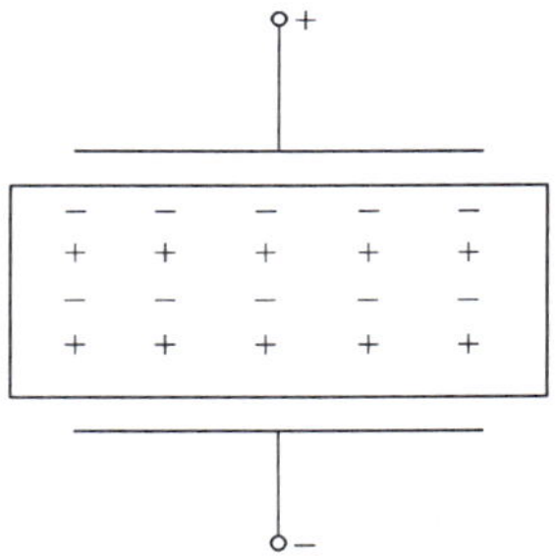

图 3-59　电极化现象

对于一般的电介质，在电场去除后极化状态随即消失，带电粒子又恢复原来的状态。而有一类称为“铁电体”的电介质，在外加电场去除后仍能保持极化状态，称其为“自发极化”。图 3-60所示为电介质的极化曲线。图 3-60b 所示的铁电体电介质的极化曲线在电场去除后仍能保持一定的极化强度。

铁电体的自发极化强度 P_S（单位面积上的电荷量）随温度变化的关系曲线如图 3-61 所示。随着温度的升高，极化强度降低，当温度升高到一定值时，自发极化突然消失，这个温度常被称为“居里温度”或“居里点”。在居里点以下，自发极化强度 P_S 为温度 T 的函数。利用这一关系制造的热敏探测器称为热释电器件。

当红外辐射照射到已经极化的铁电体薄片上时，引起薄片温度升高，表面电荷减少，相当于释放了部分电荷。释放的电荷可用放大器转变成电压输出。如果辐射持续作用，表面电荷将达到新的平衡，不再释放电荷，也不再有电压信号输出。因此，热释电器件不同于其他光电器件，在恒定辐射作用的情况下其输出的信号电压为零，只有在交变辐射的作用下才会有信号输出。

2. 热释电器件的工作原理

设晶体的自发极化矢量为 P_S，P_S 的方向垂直于电容器的极板平面。接收辐射的极板和另一极板的重叠面积为 A_d。由此引起表面上的束缚极化电荷为

$$Q=A_d\Delta\sigma=A_dP_S \tag{3-100}$$

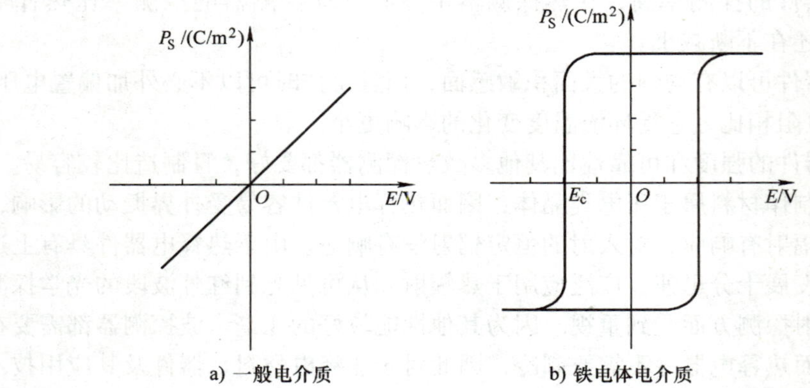

a) 一般电介质　　b) 铁电体电介质

图 3-60　电介质的极化曲线

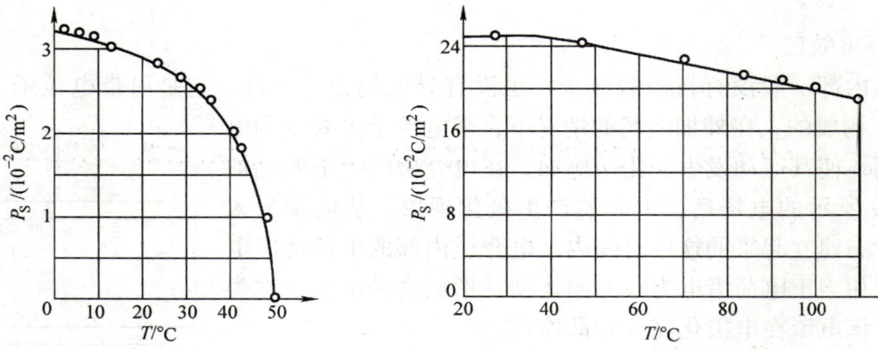

a) TGS材料　　b) $BaTiO_2$材料

图 3-61　自发极化强度随温度变化的关系曲线

若辐射引起的晶体温度变化为 ΔT，则相应的束缚电荷变化为

$$\Delta Q = A_d(\Delta P_S/\Delta T)\Delta T = A_d\gamma\Delta T \tag{3-101}$$

式中，γ 称为热释电系数，$\gamma = \Delta P_S/\Delta T$，是与材料本身的特性有关的物理量，表示自发极化强度随温度的变化率［$C/(cm^2 \cdot K)$］。

若在晶体的两个相对的极板上敷上电极，在两电极间接上负载 R_L，则负载上就有电流通过。温度变化在负载上产生的电流可表示为

$$i_S = \frac{dQ}{dt} = A_d\gamma\frac{dT}{dt} \tag{3-102}$$

式中，dT/dt 为热释电晶体的温度随时间的变化率，它与材料的吸收率和热容有关，吸收率大，热容小，则温度变化率大。

按照性能的不同要求，通常将热释电器件的电极做成如图 3-62 所示的面电极和边电极两种结构。在图 3-62a 所示的面电极结构中，电极置于热释电晶体的前后表面上，其中一个电极位于光敏面内。这种电极结构的电极面积较大，极间距离较短，因而极间电容较大，故其不适于高频使用。此外，由于辐射要通过电极层才能到达晶体，所以电极对于待测的辐射波必须透明。图 3-62b 所示的边电极结构中，电极所在的平面与光敏面互相垂直，电极间距

较大，电极面积较小，因此极间电容较小，由于热释电器件的响应速度受极间电容的限制，因此，在高频使用时应采用极间电容小的边电极为宜。

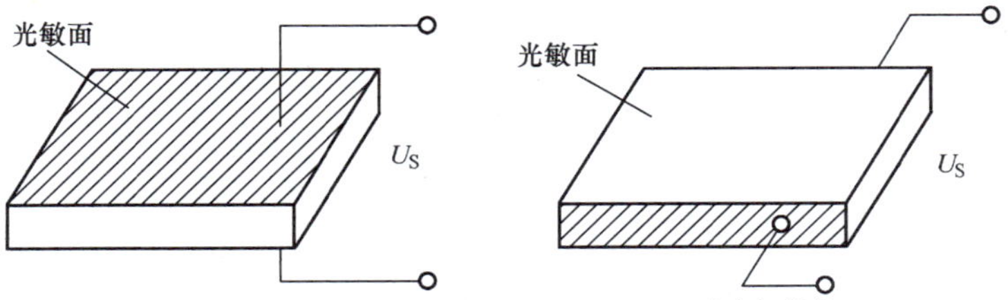

图 3-62　热释电器件的电极结构

热释电器件产生的热释电电流在负载电阻 R_L 上产生的电压为

$$U=i_S R_L=\left(A_d \gamma \frac{dT}{dt}\right) R_L \tag{3-103}$$

可见，热释电器件的电压响应正比于热释电系数和温度的变化率 dT/dt，而与晶体和入射辐射达到平衡的时间无关。

热释电器件的电路图形符号如图 3-63a 所示，如果将热释电器件跨接到放大器的输入端，其等效电路如图 3-63b 所示。图中，I_S 为恒流源，R_S 和 C_S 为晶体内部介电损耗的等效阻性和容性负载，R_L 和 C_L 为外接放大器的负载电阻和电容。由等效电路可得热释电器件的等效负载电阻为

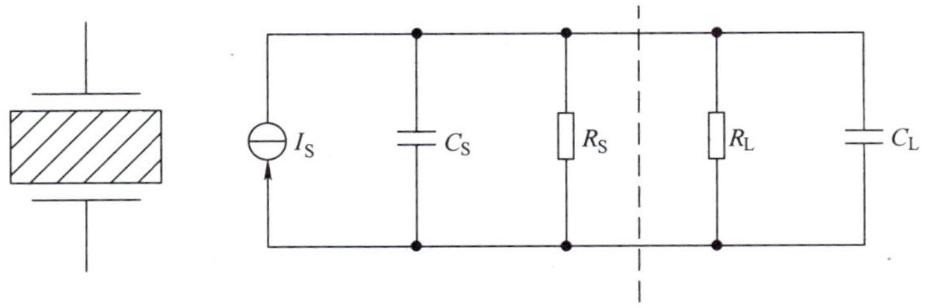

图 3-63　热释电器件

$$R_L=\frac{1}{1/R+j\omega C} \tag{3-104}$$

式中，R 为热释电器件的等效电阻，$R=R_S /\!/ R_L$；C 为放大器的等效电容，$C=C_S+C_L$。

$$|R_L|=\left|\frac{1}{1/R+j\omega C}\right|=\frac{R}{(1+\omega^2 R^2 C^2)^{1/2}} \tag{3-105}$$

对于热释电系数为 γ、电极面积为 A 的热释电器件，其在以调制频率为 ω 的交变辐射照射下的温度可以表示为

$$T=|\Delta T_\omega| e^{j\omega t}+T_0+\Delta T_0 \tag{3-106}$$

式中，T_0 为环境温度；ΔT_0 表示热释电器件接收光辐射后的平均温升；$|\Delta T_\omega| e^{j\omega t}$ 表示与时间有关的温度变化。

于是热释电器件的温度变化率为

$$\frac{\mathrm{d}T}{\mathrm{d}t}=\omega\mid\Delta T_{\omega}\mid \mathrm{e}^{\mathrm{j}\omega t} \tag{3-107}$$

将式（3-105）和式（3-107）代入式（3-103），可得输入到放大器的电压为

$$U=A_{\mathrm{d}}\gamma\omega\mid\Delta T_{\omega}\mid\frac{R}{(1+\omega^{2}R^{2}C^{2})^{1/2}}\mathrm{e}^{\mathrm{j}\omega t} \tag{3-108}$$

由热平衡温度方程可知

$$\mid\Delta T_{\omega}\mid=\frac{\alpha\Phi_{\omega}}{G(1+\omega^{2}\tau_{\mathrm{T}}^{2})^{1/2}} \tag{3-109}$$

式中，τ_{T} 为热释电器件的热时间常数，$\tau_{\mathrm{T}}=C_{\mathrm{H}}/G$。

将式（3-109）代入式（3-108），可得热释电器件的输出电压的幅值解析表达式为

$$U=\frac{\alpha\gamma\omega A_{\mathrm{d}}R}{G(1+\omega^{2}\tau_{\mathrm{e}}^{2})^{1/2}(1+\omega^{2}\tau_{\mathrm{T}}^{2})^{1/2}}\Phi_{\omega}\mathrm{e}^{\mathrm{j}\omega t} \tag{3-110}$$

式中，τ_{e} 为热释电器件的电路时间常数，$\tau_{\mathrm{e}}=RC$，$R=R_{\mathrm{S}}/\!/R_{\mathrm{L}}$，$C=C_{\mathrm{S}}+C_{\mathrm{L}}$；$\tau_{\mathrm{T}}$ 为热时间常数，$\tau_{\mathrm{T}}=C_{\mathrm{H}}/G$，$\tau_{\mathrm{e}}$、$\tau_{\mathrm{T}}$ 的数值均为 0.1~10s；A_{d} 为光敏面的面积；α 为吸收系数；ω 为入射辐射的调制频率。

3.5.2 热释电器件的电压灵敏度

按照光电器件的定义，热释电器件的电压灵敏度 S_{v} 为热释电器件输出电压的幅值 $|U|$ 与入射光功率之比。由式（3-110）可得热释电器件的电压灵敏度为

$$S_{\mathrm{v}}=\frac{\alpha\gamma\omega A_{\mathrm{d}}R}{G(1+\omega^{2}\tau_{\mathrm{T}}^{2})^{1/2}(1+\omega^{2}\tau_{\mathrm{e}}^{2})^{1/2}} \tag{3-111}$$

分析式（3-111）可以看出：

1）当入射辐射为恒定辐射，即 $\omega=0$ 时，$S_{\mathrm{v}}=0$，这说明热释电器件对恒定辐射不灵敏。

2）在低频段，$\omega<1/\tau_{\mathrm{T}}$ 或 $\omega<1/\tau_{\mathrm{e}}$ 时，灵敏度 S_{v} 与 ω 成正比，这正是热释电器件交流灵敏的体现。

3）当 $\tau_{\mathrm{e}}\neq\tau_{\mathrm{T}}$ 时，通常 $\tau_{\mathrm{e}}<\tau_{\mathrm{T}}$，在 $\omega=1/\tau_{\mathrm{T}}\sim1/\tau_{\mathrm{e}}$ 范围内，S_{v} 为一个与 ω 无关的常数。

4）在高频段（$\omega>1/\tau_{\mathrm{T}}$ 或 $\omega>1/\tau_{\mathrm{e}}$）时，$S_{\mathrm{v}}$ 则随 ω^{-1} 变化。所以在许多应用中，式（3-111）的高频近似式为

$$S_{\mathrm{v}}=\frac{\alpha\gamma A_{\mathrm{d}}}{\omega C_{\mathrm{H}}C} \tag{3-112}$$

即灵敏度与信号的调制频率成反比。式（3-112）表明，减小热释电器件的有效电容和热容有利于提高高频段的灵敏度。

3.5.3 热释电器件的噪声、响应时间与阻抗特性

热释电器件的基本结构是一个电容器，其输出阻抗很高，所以它后面常接有场效应晶体管，构成源极跟随器的形式，使输出阻抗降低到适当的数值。因此在分析噪声的时候，

也要考虑放大器的噪声。热释电器件的噪声主要有电阻的热噪声、放大器噪声和温度噪声等。

1. 电阻的热噪声

电阻的热噪声来自晶体的介电损耗和与探测器相并联的电阻。如果其等效电阻为 R_{eff}，则电阻热噪声电流的方均值为

$$\overline{i_R^2}=4kT_R\Delta f/R_{eff} \tag{3-113}$$

式中，k 为玻耳兹曼常数；T_R 为探测器的温度；Δf 为测试系统的带宽。

等效电阻为

$$R_{eff}=R\frac{1}{|1/R+j\omega C|}=\frac{R}{(1+\omega^2R^2C^2)^{1/2}} \tag{3-114}$$

式中，R 为热释电器件的直流电阻，它为交流损耗和放大器输入电阻的并联；C 为热释电器件的电容 C_d 与前置放大器的输入电容 C_A 之和。

2. 放大器噪声

放大器噪声可来自放大器中的有源元件和无源元件，以及信号源的源阻抗与放大器的输入阻抗之间的噪声是否匹配等方面。如果放大器的噪声系数为 F，把放大器输出端的噪声折合到输入端，认为放大器是无噪声的，这时，放大器输入端附加的噪声电流方均值为

$$I_K^2=4k(F-1)T\Delta f/R \tag{3-115}$$

式中，T 为背景温度。

3. 温度噪声

温度噪声来自热释电器件的灵敏面与外界辐射交换能量的随机性，噪声电流的方均值为

$$\overline{I_T^2}=\gamma^2A^2\omega^2\,\overline{\Delta T^2}=\gamma^2A_d^2\omega^2\frac{4kT^2\Delta f}{G} \tag{3-116}$$

式中，A 为电极的面积；A_d 为光敏区的面积；$\overline{\Delta T^2}$ 为温度起伏的方均值。

4. 响应时间

热释电器件的响应时间可由式（3-109）求出。由图 3-64 可见，热释电器件在低频段的电压灵敏度与调制频率成正比，在高频段则与调制频率成反比，仅在 $1/\tau_T\sim1/\tau_e$ 范围内，S_v 与 ω 无关。电压灵敏度高端半功率点取决于 $1/\tau_T$ 或 $1/\tau_e$ 中较大的一个，因而按通常的响应时间定义，τ_T 和 τ_e 中较小的一个为热释电器件的响应时间。通常 τ_T 较大，而 τ_e 与负载电阻大小有关，多在几秒到几微秒之间。随着负载的减小，τ_e 变小，灵敏度也相应减小。

5. 阻抗特性

热释电器件几乎是一种纯容性器件，由于其电容量很小，所以其阻抗很高。因此必须配以高阻抗的负载，通常在 $10^9\Omega$ 以上。由于空气潮湿、表面沾污等原因，普通电阻不易达到这样高的阻值。由于结型场晶体管（JFET）的输入阻抗高，噪声又小，所以常用 JFET 器件作为热释电器件的前置放大器。图 3-65 给出了一种常用电路。图中用 JFET 构成源极跟随器，进行阻抗变换。

最后要特别指出的是，由于热释电材料具有压电特性，对微振等应变十分敏感，因此在使用时应注意减振防振。

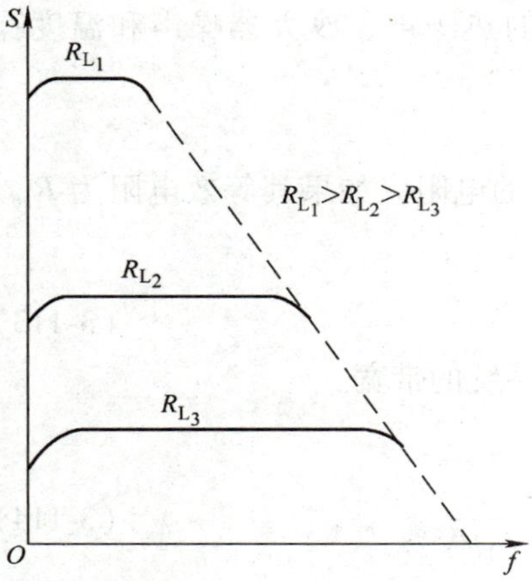

图 3-64 不同负载电阻下，热释电器件的灵敏度与工作频率的关系曲线

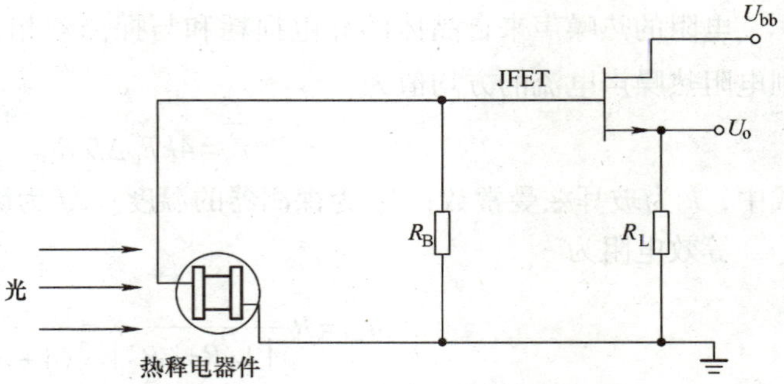

图 3-65 带有前置放大器的热释电器件

3.5.4 快速热释电探测器

如前所述，由于热释电器件的输出阻抗高，需要配以高阻抗负载，因而其时间常数较大，即响应时间较长。这样的热释电器件不适于探测快速变化的光辐射。即使使用补偿放大器，其高频响应也仅为 10^3Hz 量级。在高频探测中，如用热释电器件测量脉冲宽度很窄的激光峰值功率和观察波形时，要求热释电器件的响应时间要小于光脉冲的持续时间。为此，近年来发展了快速热释电器件。快速热释电器件一般都设计成同轴结构，将光敏元件置于阻抗为 50Ω 的同轴线的一端，采用边电极结构时，时间常数可降至几个皮秒。图 3-66 所示为一种快速热释电探测器的结构。光敏元件是铌酸锶钡（SBN）晶体薄片，采用边电极结构，电极 Au 的厚度为 0.1μm，衬底采用 Al_2O_3 或 BeO 陶瓷等导热良好的材料，输出采用同轴 SMA/BNC 高频接头。这种结构的热释电探测器的响应时间为 13ps，其最低极限值约为 1ps。不采用同轴结构而采用一般的引脚引线封装结构，热释电探测器的频率响应带宽已扩展到几十兆赫兹。

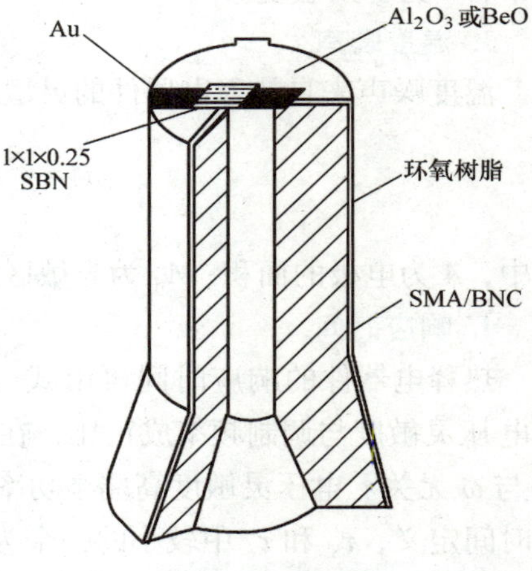

图 3-66 快速热释电探测器的结构

快速热释电器件一般用于测量大功率脉冲激光，因而需要承受大功率辐射而不受到损伤，为此应选用损伤阈值高的热释电材料和高热导衬底材料制成的探测器。

在使用温差热电偶、热敏电阻和热释电探测器时，应注意以下几点：

1）由半导体材料制成的温差热电偶，灵敏度很高，但机械强度较差，使用时必须十分小心。它的功耗很小，测量辐射小，应对所测的辐射强度范围有所估计，不要因电流过大而烧毁热端的黑化金箔。保存时，输出端不能短路，要防止电磁感应。

2）热敏电阻的响应灵敏度也很高，对灵敏面采取制冷措施后，灵敏度会进一步提高。

它的机械强度也较差，容易破碎，所以使用时要小心。与它相接的放大器要有很高的输入阻抗。流过它的偏置电流不能大，以免电流产生的焦耳热影响灵敏面的温度。

3）热释电器件是一种比较理想的热探测器，其机械强度、灵敏度、响应速度都很高。根据它的工作原理，它只能测量变化的辐射，入射辐射的脉冲宽度必须小于自发极化矢量的平均作用时间。辐射恒定时无输出。利用它来测量辐射体温度时，它的直接输出是背景与热辐射体的温差，而不是热辐射体的实际温度。所以，要确定热辐射体实际温度时，必须另设一个辅助探测器，先测出背景温度，然后再将背景温度与热辐射体的温差相加，即得被测物的实际温度。另外，因各种热释电材料都存在一个居里温度，所以它只能在低于居里温度的范围内使用。

3.6　光电耦合器件

光电耦合器件

将发光器件与光电接收器件组合成一体，制成的具有信号传输功能的器件，称为光电耦合器件。光电耦合器件的发光器件常采用发光二极管（LED）、LD 半导体激光器和微型钨丝灯等。光电接收器件常采用光电二极管、光电晶体管、光电池及光敏电阻等。由于光电耦合器件的发送端与接收端是电、磁绝缘的，只有光信息相连，所以在实际应用中它具有许多优点。

3.6.1　光电耦合器件的结构与电路符号

用来制造光电耦合器件的发光元件与光电接收元件的种类很多，因而它具有多种类型和多种封装形式。本节仅介绍几种常见的结构。

1. 光电耦合器件的结构

光电耦合器件的基本结构如图 3-67 所示。图 3-67a 所示为发光器件（发光二极管）与光电接收器件（光电二极管或光电晶体管等）被封装在黑色树脂外壳内构成的光电耦合器件。图 3-67b 所示为将发光器件与光电器件封装在金属管壳内构成的光电耦合器件。发光器件与光电接收器件靠得很近，但不接触。发光器件与光电接收器件之间具有很强的电气绝缘特性，绝缘电阻常高于 MΩ 量级，信号通过光进行传输。因此，光电耦合器件具有脉冲变压器、继电器、开关电器的功能。而且，它的信号传输速度、体积、抗干扰性等都是上述器件所无法比拟的，使得它在工业自动检测、电信号的传输处理和计算机系统中，可代替继电器、脉冲变压器或其他复杂电路，实现信号输入/输出装置与计算机主机之间的隔离、信号的开关、匹配与抗干扰等功能。

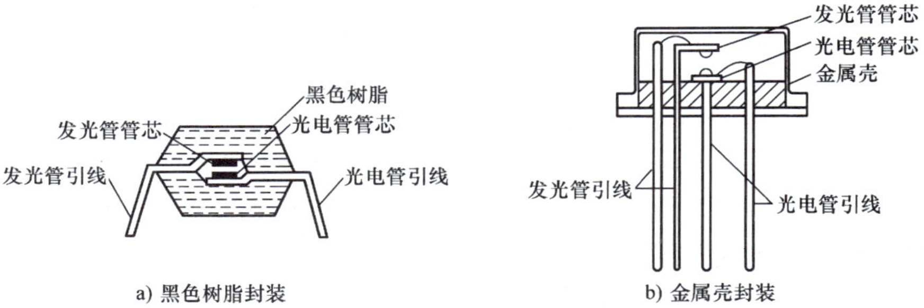

图 3-67　光电耦合器件的基本结构

光电耦合器件的电路符号如图 3-68 所示。图中的发光二极管泛指一切发光器件，图中的光电二极管也泛指一切光电接收器件。

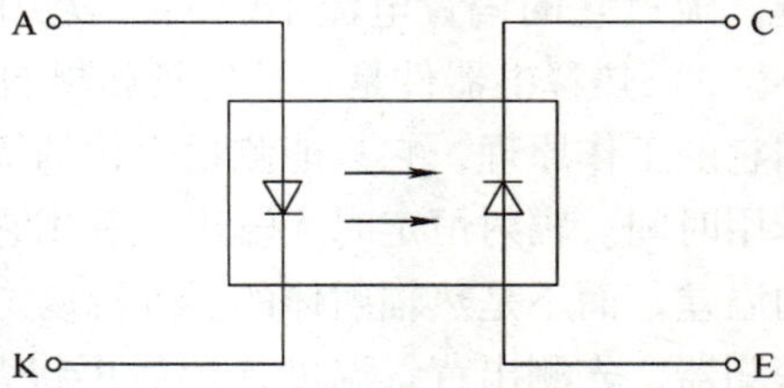

图 3-68　光电耦合器件的电路符号

2. 光电耦合器件的特点

光电耦合器件具有以下一些特点：

（1）具有电隔离的功能　它的输入、输出信号间完全没有电路的联系，所以输入和输出回路的电子零位可以任意选择。绝缘电阻高达 $10^{10} \sim 10^{12}\Omega$，击穿电压高达 25～100kV，耦合电容小于 1pF。

（2）信号传输方式　信号传输是单向性的，脉冲、直流信号都可以传输。

（3）具有抗干扰和噪声的能力　它作为继电器和变压器使用时，可以使线路板上看不到磁性元件。它不受外界电磁干扰、电源干扰和杂光影响，在代替继电器使用时，能克服继电器在断电时反向电动势的泄放干扰，以及在大振动、大冲击下触点抖动等不可靠因素；代替脉冲变压器耦合信号时，可以耦合从零频到几兆赫的信息，且失真很小。

（4）响应速度快　一般可达微秒数量级，甚至纳秒数量级。它可传输的信号频率在直流和 10MHz 之间。

（5）实用性强　它具有一般固体器件的可靠性，体积小，重量轻，抗振，密封防水，性能稳定，耗电小，成本低，工作温度在-55～100℃之间。

（6）既具有耦合特性又具有隔离特性　它能很容易地把不同电位的两组电路互连起来，圆满地完成电平匹配、电平转移等。

光电耦合器件的输入端的发光器件是电流驱动器件，通过光与输出端耦合，抗干扰能力很强，在长线传输中用它作为终端负载时，可以大大提高信息在传输中的信噪比。

光电耦合器件的饱和压降比较低，在作为开关器件使用时，又具有晶体管开关不可比拟的优点。例如，在稳压电源中，它作为过电流自动保护器件使用时，可以使保护电路既简单又可靠等。目前，光电耦合器件在品种上有 8 类 500 多种，已在自动控制、遥控遥测、航空技术、电子计算机和其他光电、电子技术中得到广泛的应用。

3.6.2　光电耦合器件的特性参数

光电耦合器件的主要特性为传输特性与隔离特性。

1. 传输特性

光电耦合器件的传输特性就是输入与输出间的特性，它用下列几个性能参数来描述：

（1）电流传输比 β　在直流工作状态下，光电耦合器件的集电极电流 I_C 与发光二极管的注入电流 I_F 之比，定义为光电耦合器件的电流传输比，用 β 表示。图 3-69 所示为光电耦合器件的输出特性曲线。

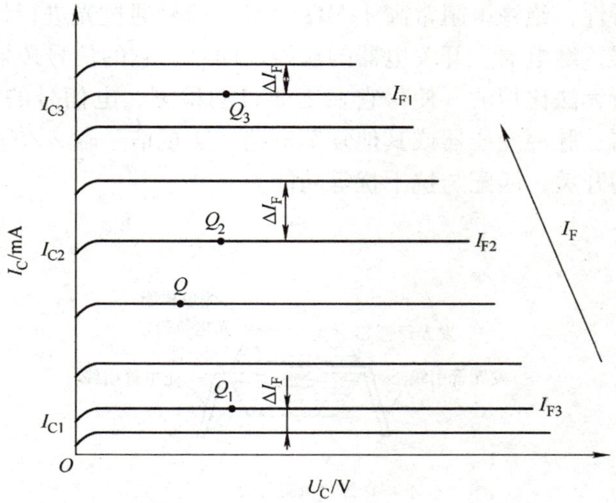

图 3-69　光电耦合器件的输出特性曲线

在其中部取一工作点 Q，它所对应的发光电流为 I_{FQ}，对应的集电极电流为 I_{CQ}，因此该点的电流传输比为

$$\beta_Q=(I_{CQ}/I_{FQ})\times 100\% \tag{3-117}$$

如果工作点选在靠近截止区的 Q_1 点时，虽然发光电流 I_F 变化了 ΔI_F，但相应的 ΔI_{C1} 的变化量却很小。这样，β 值很明显地要变小。同理，当工作点选在接近饱和区的 Q_3 点时，β 值也要变小。这说明当工作点选择在输出特性曲线上的不同位置时，具有不同的 β 值。因此，在传送小信号时，用直流传输比是不恰当的，而应当用所选工作点 Q 处的小信号电流传输比来计算。这种以微小变量定义的传输比称为交流电流传输比，用 $\tilde{\beta}$ 来表示。

$$\tilde{\beta}=(\Delta I_C/\Delta I_F)\times 100\% \tag{3-118}$$

对于输出特性曲线线性度比较好的光电耦合器件，β 值很接近 $\tilde{\beta}$ 值。一般在线性状态使用时，都尽可能地把工作点设计在线性工作区；在开关状态下使用时，由于不关心交流与直流电流传输比的差别，而且在实际使用中直流传输比又便于测量，因此通常都采用直流电流传输比 β。

图 3-70 所示为光电耦合器件的电流传输比 β 随发光电流 I_F 的变化曲线。在 I_F 较小时，光电耦合器件的光电接收器件处于截止区，因此 β 值较小；当 I_F 变大后，光电接收器件处于线性工作状态，β 值将随 I_F 增大；I_F 继续增大时，β 反而会变小，因为发光二极管发出的光不总与电流成正比。

图 3-71 所示为 β 随环境温度 T 的变化曲线。在 0℃以下时，β 值随温度 T 的升高而增大；在 0℃以上时，β 值随 T 的升高而减小。

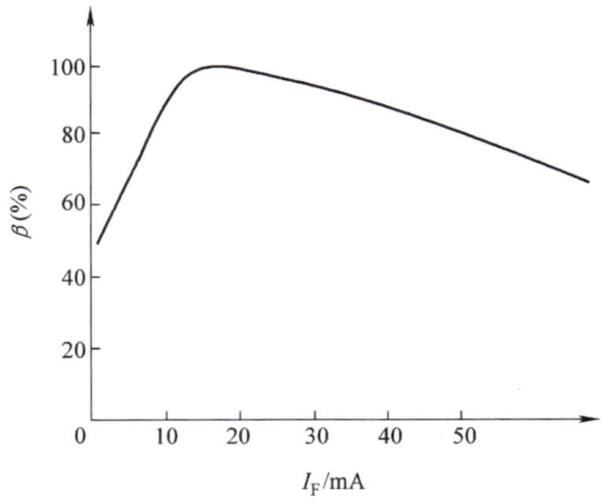

图 3-70　β-I_F 关系曲线

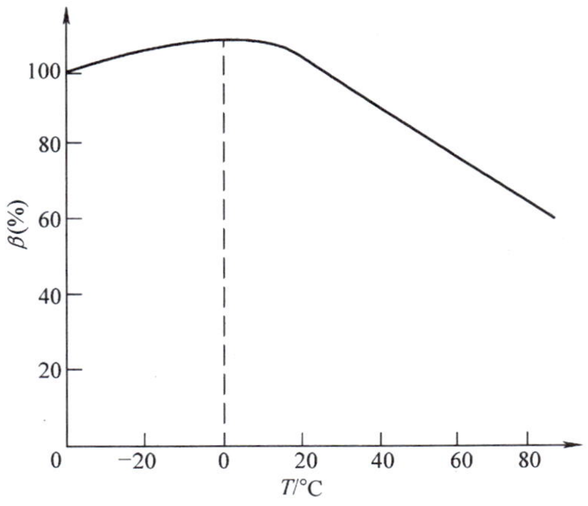

图 3-71　β-T 关系曲线

（2）输入与输出间的寄生电容 C_{FC}　当输入与输出端之间的寄生电容 C_{FC} 变大时，会使光电耦合器件的工作频率下降，也能使其共模抑制比（CMRR）下降，故后面的系统噪声容易反馈到前面系统中。对于一般的光电耦合器件，其 C_{FC} 仅仅为几个 pF，一般在中频范围内都不会影响电路的正常工作，但在高频电路中就要予以重视了。

（3）最高工作频率 f_m　光电耦合器件的频率特性分别取决于发光器件与光电接收器件的频率特性。由发光二极管与光电二极管组成的光电耦合器件的频率响应最高，最高工作

频率 f_m 接近于 10MHz，其他组合的频率响应相应降低。图 3-72 所示为光电耦合器件的频率特性测量电路。等幅度的可调频率信号送入发光二极管的输入电路，在光电耦合器件的输出端得到相应的输出信号，当测得输出信号电压的相对幅值降至 0.707 时，所对应的频率是光电耦合器件的最高工作频率（或称截止频率），用 f_m 来表示。图 3-73 为光电耦合器件的频率特性曲线，图中 R_L 为光电耦合器件的负载电阻，显然，最高工作频率 f_m 与负载电阻的阻值有关。减小负载电阻会使光电耦合器件的最高工作频率 f_m 增高。

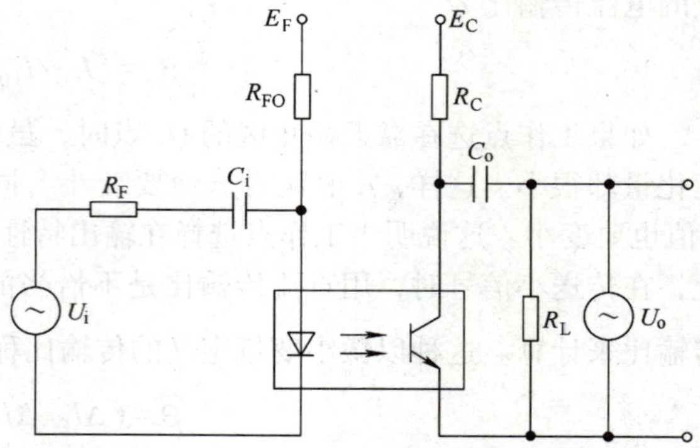

图 3-72　光电耦合器件的频率特性测量电路

（4）脉冲上升时间 t_r 和下降时间 t_f　图 3-74 所示为典型光电耦合器件的脉冲响应特性曲线。从输入端输入矩形脉冲，采用频率特性较高的脉冲示波器观测输出信号波形，可以看出，输出信号的波形会产生延迟现象。通常将脉冲前沿的输出电压上升到满幅度的 90%所需要的时间称为上升时间，用 t_r 表示；而脉冲在下降过程中，输出电压的幅度由满幅度下降到 10%所需要的时间称为下降时间，用 t_f 表示。

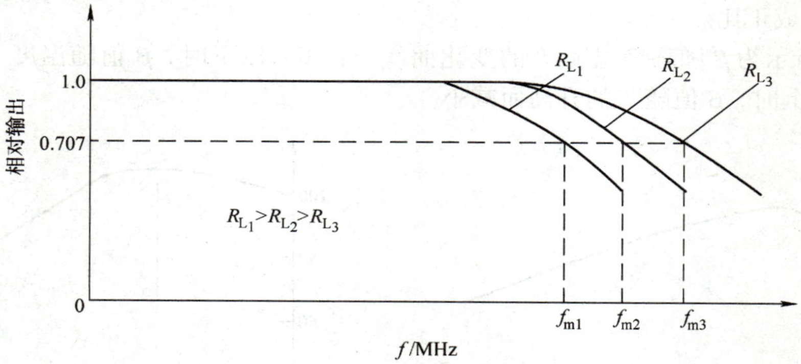

图 3-73　光电耦合器件的频率特性曲线

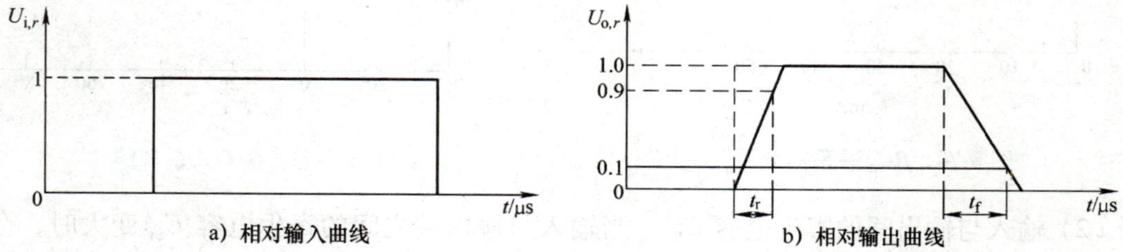

图 3-74　光电耦合器件的脉冲响应特性曲线

最高工作频率 f_m、脉冲上升时间 t_r 和下降时间 t_f 都是衡量光电耦合器件动态特性的参数。当用光电耦合器件传送小的正弦信号或非正弦信号时，用最高工作频率 f_m 来衡量较为方便；而当传送脉冲信号时，则用 t_r 和 t_f 来衡量较为直观。

t_r、t_f 与 f_m 一样，也与负载电阻的阻值有关，减小负载电阻可以使光电耦合器件获得更好的时间响应特性。

2. 隔离特性

（1）输入与输出间隔离电压 BU_{CFO}　光电耦合器件的输入（发光器件）与输出（光电接收器件）的隔离特性可用它们之间的隔离电压 BU_{CFO} 来描述。一般低压使用时隔离特性都能满足要求；在高压使用时，隔离电压成为重要的参数。隔离电压与电流传输比都与发光二极管和光电晶体管之间的距离有关，当两者的距离增大时，隔离电压提高了，但电流传输比却降低了；反之，当两者的距离减小时，虽然 β 值增大了，但 BU_{CFO} 却降低了。这是一对矛盾，可以根据实际使用要求来挑选不同种类的光电耦合器件。

（2）输入与输出间的绝缘电阻 R_{FC}　光电耦合器件隔离特性的另一种描述方式是绝缘电阻。光电耦合器件的绝缘电阻一般在 $10^9 \sim 10^{13}\Omega$ 之间。它与耐压密切相关，它与 β 的关系和耐压与 β 的关系一样。

R_{FC} 的大小即意味着光电耦合器件隔离性能的好坏。光电耦合器件的 R_{FC} 一般比变压器一、二次绕组之间的绝缘电阻大几个数量级。因此，它的隔离性能要比变压器好得多。

3. 光电耦合器件的抗干扰特性

光电耦合器件的主要优点之一就是能强有力地抑制尖脉冲及各种噪声等的干扰，从而在传输信息中大大提高信噪比。

光电耦合器件之所以具有很高的抗干扰能力，主要有下面几个原因：

1）光电耦合器件的输入阻抗很低，一般为 $100\Omega \sim 1k\Omega$；而干扰源的内阻很大，一般为 $10^3 \sim 10^6\Omega$。按一般分压比的原理来计算，能够馈送到光电耦合器件输入端的干扰噪声就变得很小了。

2）由于一般干扰噪声源的内阻都很大，虽然也能供给较大的干扰电压，但可供出的能量却很小，只能形成很微弱的电流。而光电耦合器件输入端的发光二极管只有在通过一定的电流时才能发光。因此，即使是电压幅值很高的干扰，由于没有足够的能量，也不能使发光二极管发光，从而被它抑制掉了。

3）光电耦合器件的输入/输出端是用光耦合的，且这种耦合又是在一个密封管壳内进行的，因而不会受到外界光的干扰。

4）光电耦合器件的输入/输出间的寄生电容很小（一般为 0.5～2pF），绝缘电阻又非常大（一般为 $10^{11} \sim 10^{13}\Omega$），因而输出系统内的各种干扰噪声很难通过光电耦合器件反馈到输入系统中。

3.6.3　光电耦合器件的应用

1. 电平转换

在工业控制系统中所用集成电路的电源电压和信号脉冲的幅度有时不尽相同。例如，TTL 用 5V 电源，HTL 为 12V，PMOS 为−22V，CMOS 则为 5～20V。如果在系统中采用两种集成电路芯片，就必须对电平进行转换，以便实现逻辑控制。另外，各种传感器的电源电压与集成电路间也存在着电平转换问题。图 3-75 所示为利用光电耦合器件实现 PMOS 电路的电平与 TTL 电路电平的转换电路。电路的输入端为−22V 的电源和−22～0V 的脉冲，输出端为 TTL 电平的脉冲，光电耦合器件不但使前后两种不同电平的脉冲信号实现了耦合，而且使输入与输出电路完全隔离。

2. 逻辑门电路

利用光电耦合器件可以构成各种逻辑电路。图 3-76 所示为由两个光电耦合器件组成的与门电路。如果在输入端 U_{i1} 和 U_{i2} 同时输入高电平“1”，则两个发光二极管 VD_1 和 VD_2 都发光，两个光电晶体管 V_1 和 V_2 都导通，输出端就呈现高电平“1”。若输入端 U_{i1} 或 U_{i2} 中有一个为低电平“0”，则输出光电晶体管中必有一个不导通，使得输出信号为“0”，故为与门逻辑电路，$U_o=U_{i1}U_{i2}$。光电耦合器件还可以构成与非、或、或非、异或等逻辑电路。

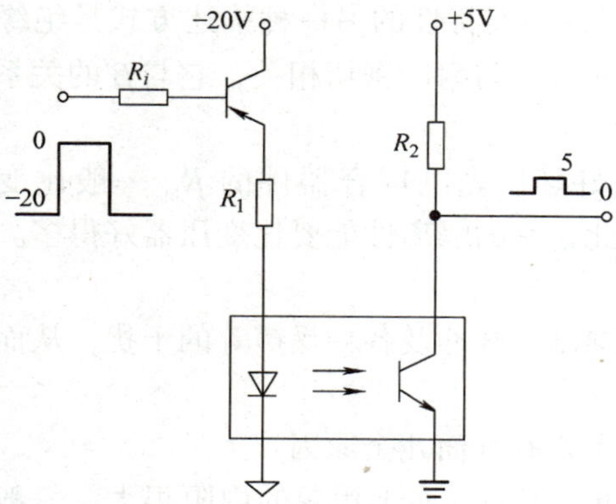

图 3-75 光电耦合器件的电平转换电路

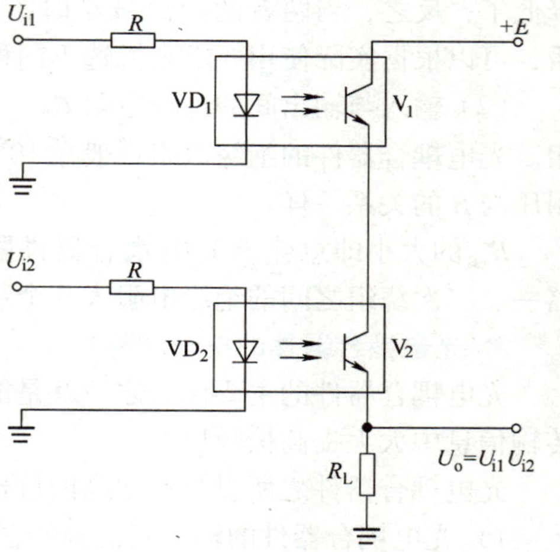

图 3-76 由两个光电耦合器件组成的与门电路

3. 隔离方面的应用

为了充分利用逻辑元件的特点，在组成系统时，往往要用很多种元件。例如，TTL 的逻辑速度快、功耗小，可作为计算机中央处理部件；而 HTL 的抗干扰能力强，噪声容限大，可在噪声大的环境，或在输入输出装置中使用。但 TTL、HTL 及 MOS 等电路的电源电压不同，工作电平不同，直接互相连接有困难。而光电耦合器件的输入与输出在电方面是绝缘的，可很好地解决互连问题，即可方便地实现不同电源或不同电平的电路之间的互连。电路之间不仅可以电源不同（极性和大小），而且接地点也可分开。

有时为隔离干扰或者为使高压电路与低压电路分开，可采用光电耦合器件。在计算机与外围设备相连的情况下，会出现感应噪声、接地回路噪声等问题。为了使输入、输出设备及长线传输设备等外围设备的各种干扰不串入计算机，以便提高计算机工作的可靠性，亦可采用光电耦合器件把计算机与外围设备隔离开来。

4. 晶闸管控制电路中的应用

晶闸管整流器（SCR）是一种很普通的单向低压控制高压的器件，可以将其用于光触发的形式。同样，双向晶闸管是由一种很普通的 SCR 发展改进的器件，它也可用于光触发形式。将一只 SCR 和一只 LED 密封在一起，就可以构成一只光电耦合的 SCR；而将一只双向晶闸管和一只 LED 密封在一起就可以制成一只光电耦合的双向晶闸管。典型光电耦合晶闸管和典型光电耦合双向晶闸管如图 3-77 和图 3-78 所示。

虽然，这些器件都具有相当有限的额定输出电流值，实际的有效值对于 SCR 来说为

300mA，而对于双向晶闸管来说则为 100mA。然而，这些器件的浪涌电流值远远大于它们的有效值，一般可达到数安培。

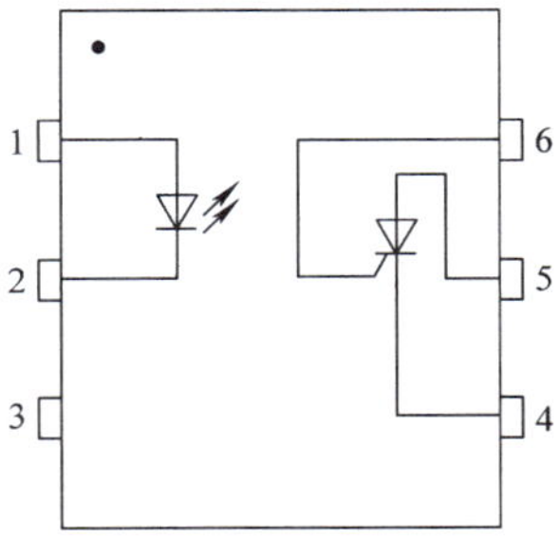

图 3-77　典型光电耦合晶闸管

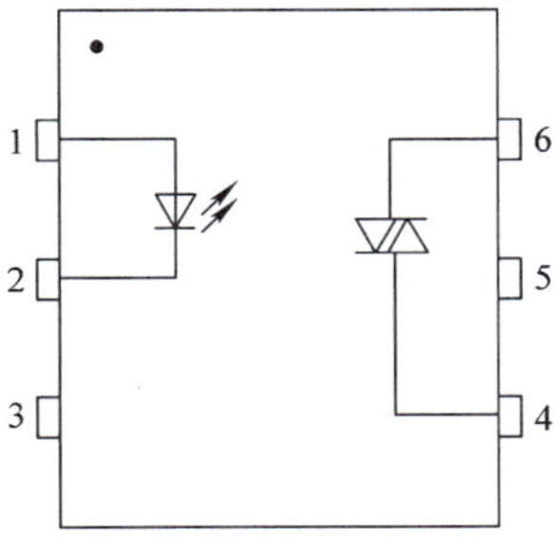

图 3-78　典型光电耦合双向晶闸管

图 3-79 所示为光电耦合双向晶闸管大功率负载控制电路。这里用光电耦合双向晶闸管去控制更大功率的双向晶闸管，从而达到控制大功率负载的目的。

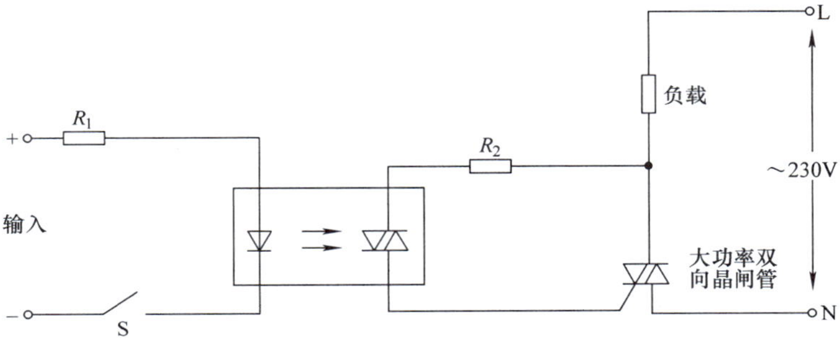

图 3-79　光电耦合双向晶闸管大功率负载控制电路

光电耦合器件近年来得到十分广泛的应用。由于它具有独特的电信号隔离优点，可组成各种各样的电路，因而广泛应用在测量仪器、精密仪器、工业和医用电子仪器、自动控制、遥控和遥测、各种通信装置、计算机系统及农业电子设备等领域。

3.7　图像传感器

3.7.1　图像传感器的分类

图像传感器按其工作方式可分为扫描型和直视型两类。扫描型图像传感器通过电子束扫描或数字电路的自扫描方式，将二维光学图像转换成一维时序信号输出。这种代表图像信息的一维时序信号称为视频信号。视频信号通过信号放大和同步控制等处理后，通过相应的显示设备（如监视器）还原成二维光学图像信号。或者将视频信号通过 A/D 转换器输出具有某种规范的数字图像信号，经数字传输后，通过显示设备（如数字电视）还原成二维光学图像。视频信号的产生、传输与还原过程中都要遵守一定的规则，才能保证图像信息不产生失真，这种规范称为制式。如广播电视系统中所遵循的规则被称为电视制式。根据计算机接口方式的不同，数字图像在传输与处理过程中也规定了许多种不同的制式。

直视型图像传感器用于图像的转换和增强。它的工作原理是，将入射辐射图像通过外光电效应转化为电子图像，再由电场或电磁场的加速与聚焦进行能量的增强，并利用二次电子的发射作用进行电子倍增，最后将增强的电子图像激发荧光屏产生可见光图像。因此，直视型图像传感器基本由光电发射体、电子光学系统（或微通道板）、荧光屏及管壳等构成，通常称之为像管。这类器件的应用领域很广，如夜视技术、精密零件的微小尺寸测量、产品外观检测、交通的管理与指挥，以及目标的定位和跟踪等。

扫描型图像传感器输出的视频信号可经 A/D 转换器转换为数字信号（或称其为数字图像信号），存入计算机系统，并在软件的支持下实现图像处理、存储、传输、显示及分析等功能。因此，扫描型图像传感器的应用范围远远超过了直视型图像传感器的应用范围。

3.7.2　真空摄像管

真空摄像管种类很多。按照光敏面光电材料的光电效应来分，可分为外光电效应和内光电效应两大类型。如析像管、超正析像管、分流管、二次电子导电摄像管等均属于外光电效应，硫化锑摄像管、氧化铅摄像管等属于内光电效应。

1. 氧化铅摄像管的结构

氧化铅摄像管由光电导靶、扫描电子枪及管体组成，其结构示意图如图 3-80 所示。

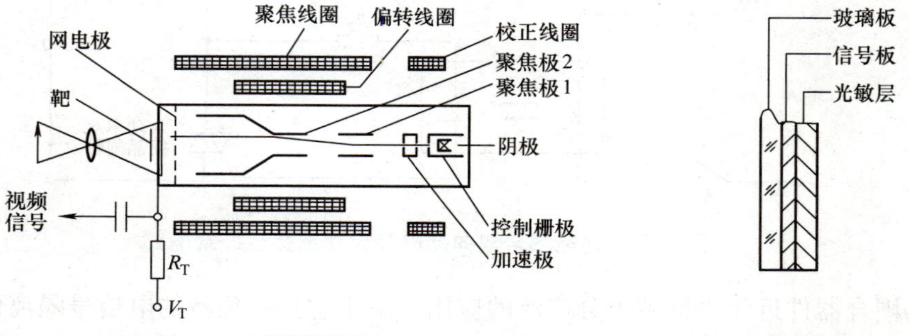

图 3-80　氧化铅摄像管结构示意图

光电导靶作为摄像管的光电转换元件，被安置在入射窗的内表面上，以使光学图像直接投射在靶面上。氧化铅光电导靶是 PIN 型半导体异质结构靶，其构成方式如下：在入射窗的内表面首先蒸涂上一层极薄的 SnO_2 透明导电膜，然后蒸涂氧化铅本征型层，再氧化处理形成 P 型层。由于氧化铅与二氧化锡两者接触，在交界面处形成 N 型薄层。氧化铅靶结构如图 3-81 所示。它的微观结构呈盘状晶粒，结晶晶格属于正方晶系。每个晶粒的尺寸约为 1μm×1μm×0.1μm，晶粒间有间隙。靶的本征层为多孔疏松结构，疏松度为 50%左右。SnO_2 导电膜又称为信号板。

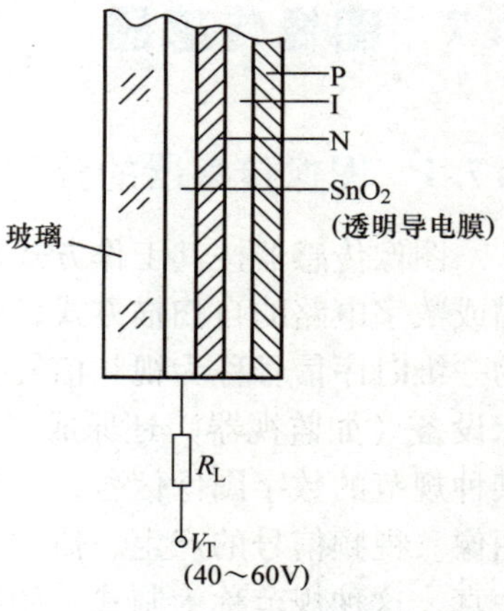

图 3-81　氧化铅靶结构

氧化铅靶在工作时，信号板上加有 40V 左右的电压（相对电子枪阴极电位）。通过电子束对靶面扫描，靶的扫描面电位被稳定在 0V，因此 PIN 异质结处于反向偏置。由于本征层的电阻率高，所以外加的反向偏置电压主要是施加在本征层上，本征层中具有较强的电场。当摄像管有光学图像输入时，则入射光子打到靶上。由于本征层占有靶厚的绝大部分，入射光子大部分被本征层吸收，产生光生载流子。且在强电场的作用下，光生载流子一旦产生，便被内电场拉开，电子被拉向 N 区，空穴被拉向 P 区。这样，若假定把曝光前本征层两端所加的强电场看作是对电容的充电，则此刻光生载流子漂移运动的结果就相当于电容的放电。因此，在一帧的时间内，靶面上便获得与输入图像光照分布 $E_{x,y}$ 相对应的电位分布 $U_{x,y}$，从而实现图像的变换和记载。

氧化铅摄像管的阅读过程也是由扫描电子枪实现的。当扫描电子束扫描某个像元时，电子束将中和该像元的空穴形成电流，从而在输出电阻上产生视频信号输出。

2. 其他摄像管的靶面结构

摄像管因靶面结构和材料而异，硅靶的结构如图 3-82所示。光线从左边入射，右边是电子束扫描面，靶的基体是 N 型单晶硅薄片，上面有大量微小的 P 型岛。由 P 型岛与 N 型基底构成密集的光电二极管（PN 结）阵列。此外，在 P 型岛之间的 N 型硅表面覆盖高绝缘的二氧化硅薄膜。在 N 型基底的外表面上形成一层极薄的 N^+ 层。在 P 型岛的外表面上形成一层半导体（如硫化镉）层，称为电阻海。靶的总厚度约为 20μm。硅靶的 N^+ 层为输出信号电极。工作时，靶上加 5~15V电压。当电子束扫描靶的 P 型岛表面时，使之电位为零，从而使硅光电二极管处于反向偏置工作状态。在无光照状态下，反向电压将一直保持。当有光学图像输入时，N 型硅将吸收光子产生电子空穴对。这些电子空穴对将在电场的作用下经过 PN 结漂移到 P 型岛。空穴的漂移在一帧的周期内连续进行，从而提高了 P 型岛的电位。并且，其电位升高的数值正比于该点的曝光量。其结果是在靶面 P 型岛上形成了积累的电荷图像。此时通过电子束扫描，即可得到视频信号。

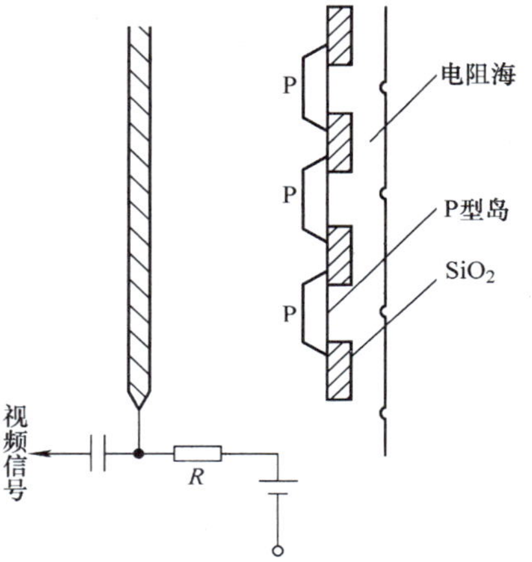

图 3-82　硅靶的结构

3.7.3　电荷耦合器件

电荷耦合器件

1. 线阵 CCD 图像传感器

CCD（Charge Coupled Devices，电荷耦合器件）图像传感器主要有两种基本类型：一种为信号电荷包存储在半导体与绝缘体之间的界面，并沿界面进行转移的器件，称为表面沟道 CCD 器件（简称为 SCCD）；另一种为信号电荷包存储在距离半导体表面一定深度的半导体体内，并在体内沿一定方向转移的器件，称为体沟道或埋沟道器件（简称为 BCCD）。下面以 SCCD 为例介绍 CCD 的基本工作原理。

（1）电荷存储　构成 CCD 的基本单元是 MOS（金属-氧化物-半导体）结构。如图 3-83a所示，在栅极 G 施加电压 U_G 之前 P 型半导体中空穴（多数载流子）的分布是均匀的。当栅极施加正电压 U_G（此时 U_G 小于等于 P 型半导体的阈值电压 U_{th}）时，P 型半导体中的空穴将开始被排斥，并在半导体中产生如图 3-83b 所示的耗尽区。电压继续增大，耗尽区将继续向半导体体内延伸，如图 3-83c 所示。U_G 大于 U_{th}后，耗尽区的深度与 U_G 成正比。若将半导体与绝缘体界面上的电动势记为表面势，且用 Φ_S 表示，则 Φ_S 将随栅极电压 U_G 的增大而增大。图 3-84 所示电荷密度为 10^{21} C/m^3，氧化层厚度 d_{ox} 分别为 0.1μm、0.3μm、0.4μm 和 0.6μm 的情况下，不存在反型层电荷时，表面势 Φ_S 与栅极电压 U_G 的关系曲线。从曲线可以看出，氧化层的厚度越薄，曲线的直线性越好；在同样的栅极电压 U_G 作用下，不同厚度的氧化层有着不同的表面势。表面势表征了耗尽区的深度。

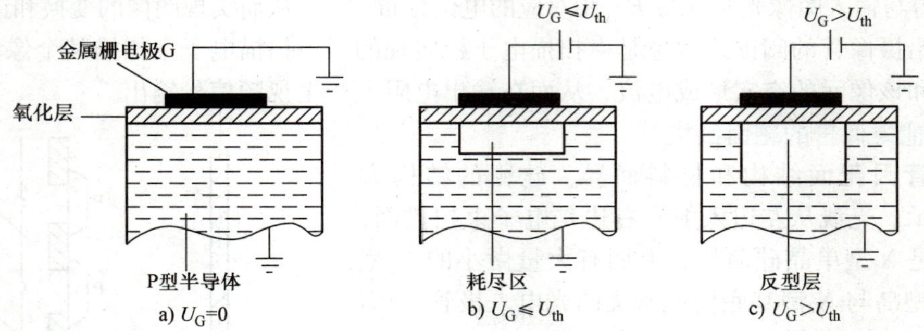

图 3-83 CCD 栅极电压变化对耗尽区的影响

图 3-85 所示为在栅极电压 U_G 不变的情况下，表面势 Φ_S 与反型层电荷密度 Q_{INV}之间的关系曲线。由图中可以看出，表面势 Φ_S 随反型层电荷密度 Q_{INV} 的增大而呈线性减小。图 3-84与图 3-85 中的关系曲线很容易用半导体物理中的“势阱”概念来描述。电子所以被加有栅极电压的 MOS 结构吸引到半导体与氧化层的交界面处，是因为那里的势能最低。在没有反型层电荷时，势阱的“深度”与栅极电压 U_G 的关系恰如 Φ_S 与 U_G 的关系，如图 3-86a 所示空势阱的情况。

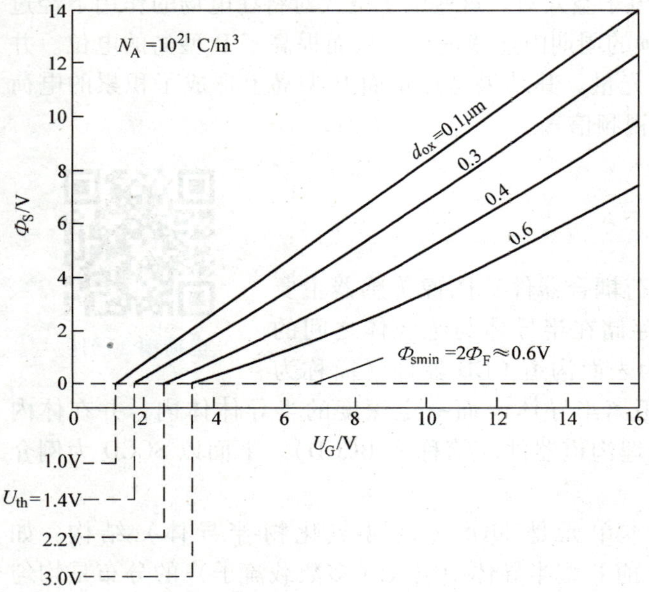

图 3-84 表面势 Φ_S 与栅极电压 U_G 的关系曲线

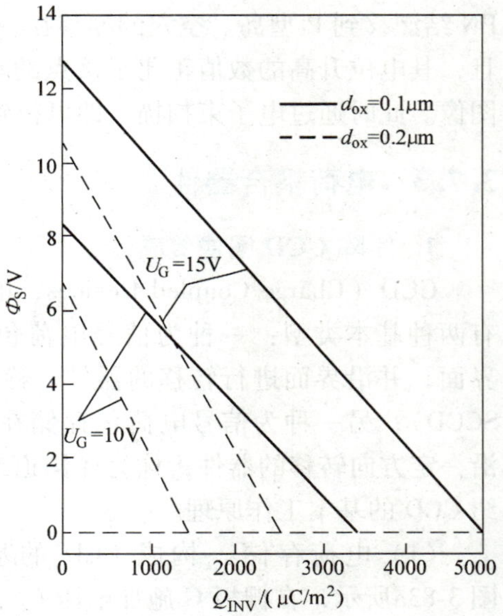

图 3-85 表面势 Φ_S 与反型层电荷密度的关系曲线

图 3-86b 所示为反型层电荷填充 1/3 势阱时表面势收缩的情况，表面势 Φ_S 与反型层电荷密度 Q_{INV} 的关系如图 3-85 所示。当反型层电荷继续增加，表面势 Φ_S 将逐渐减小，反型层电荷足够多时，表面势 Φ_S 减小到最低值 Φ_F，如图 3-86c 所示。此时，表面势不再束缚多余的电子，电子将产生“溢出”现象。这样，表面势可作为势阱深度的量度，而表面势又与栅极电压、氧化层厚度 d_{ox} 有关，即与 MOS 电容的容量 C_{ox} 和 U_G 的乘积有关。势阱的横截面积取决于栅极电压的面积 A。MOS 电容存储信号电荷的容量为

$$Q = C_{ox} U_G \tag{3-119}$$

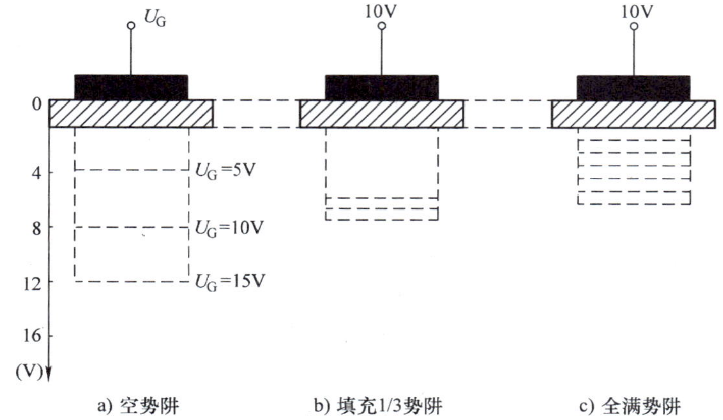

图 3-86　势阱

（2）电荷耦合　为了理解 CCD 中势阱及电荷是如何从一个位置转移到另一个位置的，可观察图 3-87 所示的 4 个彼此靠得很近的电极在加不同电压的情况下，势阱与电荷的运动规律。假定开始时有一些电荷存储在栅极电压为 10V 的第 1 个电极下面的深势阱里，其他电极上均加有大于零值的低电压（例如 2V）。若图 3-87a 所示为零时刻（初始时刻），经过时间 t_1 后，各电极上的电压变为如图 3-87b 所示，第 1 个电极仍保持为 10V，第 2 个电极上的电压由 2V 变为 10V。因这两个电极靠得很近（间隔不大于 3μm），它们各自的势阱将合并在一起，原来第 1 个电极下的电荷变为这两个电极下联合势阱所共有，如图 3-87b 和图 3-87c所示。此后各电极上的电压变为如图 3-87d 所示，第 1 个电极上的电压由 10V 变为 2V，第 2 个电极上的电压仍为 10V，则共有的电荷将转移到第 2 个电极下面的势阱中，如图 3-87e所示。由此可见，深势阱及电荷包向右移动了一个位置。

通过将按一定规律变化的电压加到 CCD 各电极上，电极下的电荷包就能沿半导体表面按一定方向移动。通常把 CCD 的电极分为几组，每一组称为一相，并施加同样的时钟驱动脉冲。CCD 正常工作所需要的相数由其内部结构决定。图 3-87 所示的结构需要三相时钟脉冲，其驱动脉冲的波形如图 3-87f 所示。这样的 CCD 称为三相 CCD。三相 CCD 的电荷必须在三相交叠驱动脉冲的作用下，才能以一定的方向逐单元地转移。另外，必须强调指出，CCD 电极间隙必须很小，电荷才能不受阻碍地从一个电极下转移到相邻电极下。这对于图 3-87 所示的电极结构是一个关键问题。如果电极间隙比较大，两电极间的势阱将被势垒隔开，电荷也不能从一个电极向另一个电极完全转移，CCD 便不能在外部驱动脉冲作用下转移电荷。能够产生完全转移的最大间隙一般由具体电极结构、表面态密度等因素决定。理

论计算和实验证明，为了不使电极间隙下方界面处出现阻碍电荷转移的势垒，间隙的长度应不大于 3μm。这大致是同样条件下半导体表面深耗尽区宽度的尺寸。当然，如果氧化层厚度、表面态密度不同，结果也会不同。但对于绝大多数的 CCD，1μm 的间隙长度是足够小的。

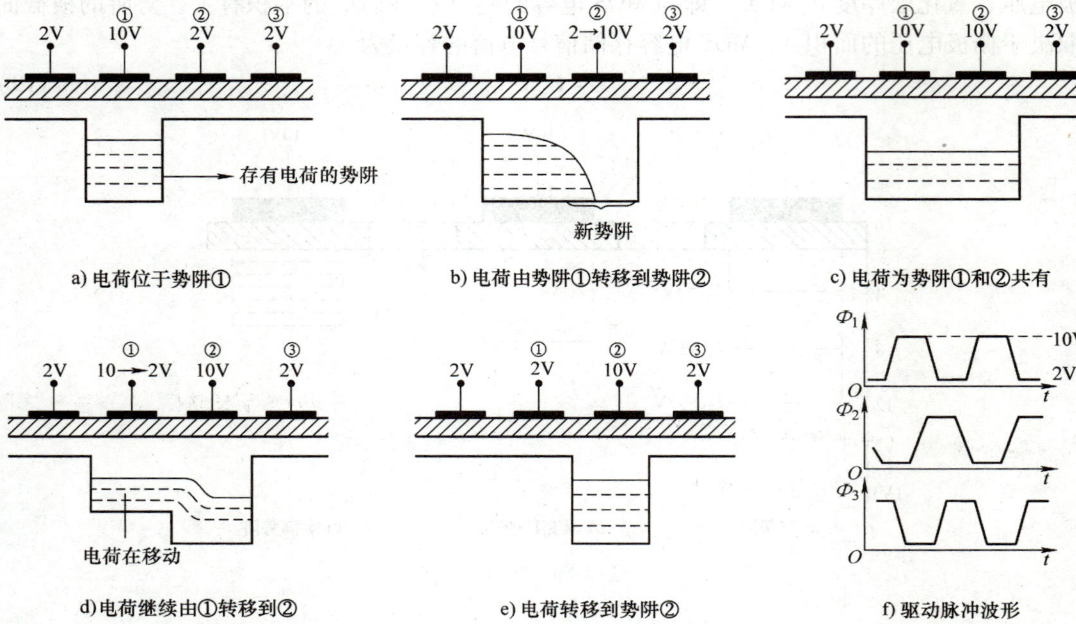

图 3-87　三相 CCD 中电荷的转移过程

以电子为信号电荷的 CCD 称为 N 型沟道 CCD，简称为 N 型 CCD。而以空穴为信号电荷的 CCD 称为 P 型沟道 CCD，简称为 P 型 CCD。由于电子的迁移率（单位场强下电子的运动速度）远大于空穴的迁移率，因此 N 型 CCD 比 P 型 CCD 的工作频率高很多。

（3）CCD 的电极结构　CCD 电极的基本结构应包括转移电极结构、转移沟道结构、信号输入单元结构和信号检测单元结构。这里主要讨论转移电极结构。最早的 CCD 转移电极是用金属（一般用铝）制成的。由于 CCD 技术发展很快，到目前为止，常见的 CCD 转移电极结构不下 20 种，但是，它们都必须满足使电荷定向转移和相邻势阱耦合的基本要求。

（4）电荷的注入和检测　在 CCD 中，电荷注入的方法有很多，归纳起来可分为光注入和电注入两类。

1）光注入：当光照射到 CCD 硅片上时，在栅极附近的半导体体内产生电子–空穴对，多数载流子被栅极电压排斥，少数载流子则被收集在势阱中形成信号电荷。光注入方式又可分为正面照射式与背面照射式。图 3-88 所示为背面照射式光注入的示意图。CCD 摄像器件的光敏单元为光注入方式。光注入电荷为

$$Q_{in} = \eta q N_{eo} A t_c \tag{3-120}$$

式中，η 为材料的量子效率；q 为电子电荷量；N_{eo} 为入射光的光子流速率；A 为光敏单元的受光面积；t_c 为光注入时间。

由式（3-120）可以看出，当 CCD 确定以后，η、q 及 A 均为常数，注入到势阱中的信

号电荷 Q_{in} 与入射光的光子流速率 N_{eo} 及注入时间 t_c 成正比。注入时间 t_c 由 CCD 驱动器的转移脉冲的周期 T_{sh} 决定。当所设计的驱动器能够保证其注入时间稳定不变时，注入到 CCD 势阱中的信号电荷只与入射辐射的光子流速率 N_{eo} 呈正比。因此，在单色入射辐射时，入射光的光子流速率与入射光谱辐射通量的关系为

$$N_{eo}=\frac{\Phi_{e,\lambda}}{h\nu}$$

式中，h、ν 均为常数。

因此，在这种情况下，光注入的电荷量 N_{eo} 与入射的光谱辐射通量 $\Phi_{e,\lambda}$ 呈线性关系。该线性关系是使用 CCD 检测光谱强度和进行多通道光谱分析的理论基础。原子发射光谱的实测分析验证了光注入的线性关系。

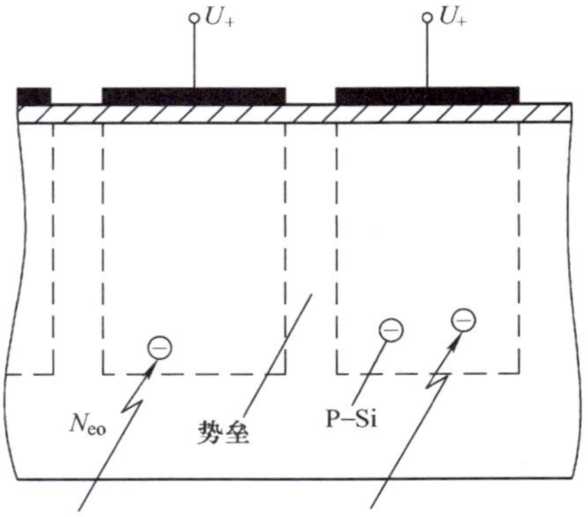

图 3-88　背面照射式光注入的示意图

2）电注入：所谓电注入就是 CCD 通过输入结构对信号电压或电流进行采样，然后将信号电压或电流转换为信号电荷注到相应的势阱中。电注入的方法很多，这里仅介绍两种常用的电流注入法和电压注入法。

电流注入法如图 3-89a 所示。由 N^+ 扩散区和 P 型衬底构成注入二极管。IG 为 CCD 的输入栅，其上加适当的正偏压以保持开启并作为基准电压。模拟输入信号 U_{in} 加在输入二极管的 ID 上。当 Φ_2 为高电平时，可将 N^+ 区（ID 极）看作 MOS 晶体管的源极，IG 为其栅极，而 Φ_2 为其漏极。当它工作在饱和区时，输入栅下沟道电流为

$$I_s=\mu\frac{W}{L_g}\frac{C_{ox}}{2}(U_{in}-U_{ig}-U_{th})^2 \tag{3-121}$$

式中，W 为信号沟道宽度；L_g 为注入栅 IG 的长度；U_{ig} 为输入栅的偏置电压；U_{th} 为硅材料的阈值电压；μ 为载流子的迁移率；C_{ox} 为注入栅 IG 的电容。

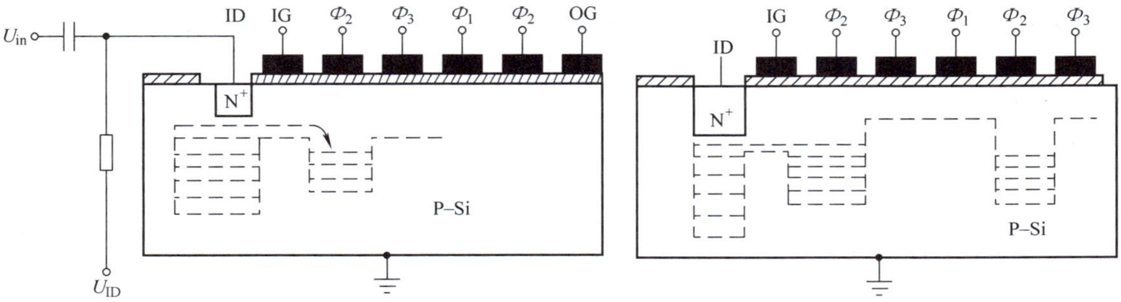

a) 电流注入法　　b) 电压注入法

图 3-89　电注入方式

经过 T_c 时间注入后，Φ_2 下势阱的信号电荷量为

$$Q_S=\mu\frac{W}{L_g}\frac{C_{ox}}{2}(U_{in}-U_{ig}-U_{th})^2T_c \tag{3-122}$$

可见这种注入方式的信号电荷 Q_S，不仅依赖于 U_{in} 和 T_c，而且与输入二极管所加偏压的大小有关。

如图 3-89b 所示，电压注入法与电流注入法类似，也是把信号加到源极扩散区上。其不同的是，输入栅 IG 电极上加与 Φ_2 同相位的选通脉冲，其宽度小于脉宽。在选通脉冲的作用下，电荷被注入到第一个转移栅 Φ_2 下的势阱里，直到势阱的电位与 N^+ 区的电位相等时，注入电荷才停止。在 Φ_2 下的势阱中的电荷向下级转移之前，由于选通脉冲已经终止，输入栅下的势垒开始把 Φ_2 下和 N^+ 的势阱分开。在此同时，留在 IG 下的电荷被挤到 Φ_2 和 N^+ 的势阱中。由此而引起的起伏，不仅产生输入噪声，而且使信号电荷 Q_S 与输入电压 U_{ID} 的线性关系变坏。这种起伏，可以通过减小 IG 电极的面积来克服。此外，选通脉冲的截止速度减慢也能减小这种起伏。电压注入法的电荷注入量 Q_S 与时钟脉冲频率无关。

3）电荷的检测（输出方式）：在 CCD 中，有效地收集和检测电荷是一个重要问题。CCD 的重要特性之一是信号电荷在转移过程中与时钟脉冲没有任何电容耦合，而在输出端则不可避免。因此，应选择适当的输出电路，尽可能地减小时钟脉冲对输出信号的容性干扰。目前 CCD 输出电荷信号的方式主要是采用电流输出方式电路。

电流输出方式电路如图 3-90 所示。它由检测二极管的偏置电阻、源极输出放大器和复位场效应晶体管等构成。当信号电荷在转移脉冲 Φ_1、Φ_2 的驱动下向右转移到最末一级转移电极（图中 Φ_2 电极）下的势阱中后，Φ_2 电极上的电压由高变低时，由于势阱的提高，信号电荷将通过输出栅（加有恒定的电压）下的势阱进入反向偏置的二极管（图中 N^+ 区）中。由电源 U_D、电阻 R、衬底 P 和 N^+ 区构成的输出二极管反向偏置电路，它对于电子来说相当于一个很深的势阱。进入到反向偏置的二极管中的电荷（电子），将产生电流 I_d，且 I_d 的大小与注入到二极管中的信号电荷量 Q_S 成正比，而与电阻的阻值 R 成反比。电阻 R 是制作在 CCD 器件内部的固定电阻，阻值为常数。所以，输出电流 I_d 与注入到二极管的电荷量 Q_S 呈线性关系，其中

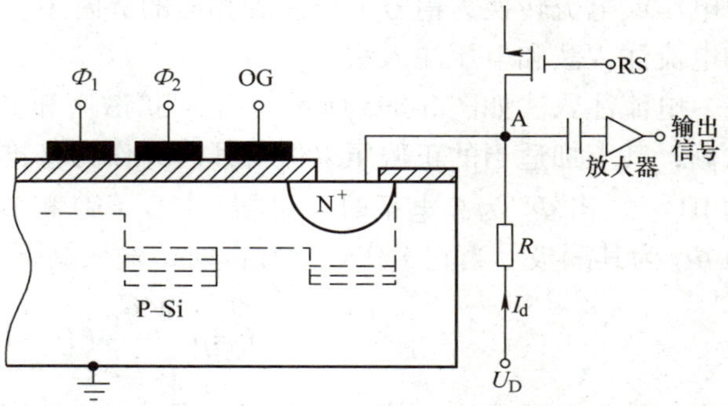

图 3-90　电流输出方式电路

$$Q_S = I_d \mathrm{d}t \tag{3-123}$$

由于 I_d 的存在，使得 A 点的电位发生变化。注入到二极管中的电荷量 Q_S 越大，I_d 也越大，A 点电位下降得越低。所以，可以用 A 点的电位来检测注入到输出二极管中的电荷 Q_S。隔直电容是用来将 A 点的电位变化取出，使其通过放大器输出。在实际的器件中，常常用绝缘栅场效应晶体管取代隔直电容，并兼有放大器的功能，它由开路的源极输出。

图 3-90 中的复位场效应晶体管用于对检测二极管的深势阱进行复位。它的主要作用是在一个读出周期中，注入到输出二极管深势阱中的信号电荷通过偏置电阻 R 放电，如偏置电阻太小，信号电荷很容易被放掉，输出信号的持续时间很短，不利于检测。增大偏置电阻，可以使输出信号获得较长的持续时间，在转移脉冲 Φ_2 的周期内，信号电荷被卸放掉的数量不大，有利于对信号的检测。但是，在下一个信号到来时，没有卸放掉的电荷势必与新

转移来的电荷叠加，破坏后面的信号。为此，引入复位场效应晶体管，使没有来得及被卸放掉的信号电荷通过复位场效应晶体管释放掉。复位场效应晶体管在复位脉冲 RS 的作用下导通，它导通的动态电阻远远小于偏置电阻的阻值，以便使输出二极管中的剩余电荷通过复位场效应晶体管流入电源，使 A 点的电位恢复到起始的高电平，为接收新的信号电荷做好准备。

（5）CCD 的特性参数

1）电荷转移效率 η 和电荷转移损失率 ε：电荷转移效率是表征 CCD 性能好坏的重要参数。一次转移后到达下一个势阱中的电荷量与原来势阱中的电荷量之比称为转移效率。如果在 $t=0$ 时，注入到某电极下的电荷量为 $Q(0)$，在时间 t 时，大多数电荷在电场作用下向下一个电极转移，但总有一小部分电荷由于某种原因留在该电极下。若被留下来的电荷的电荷量为 $Q(t)$，则电荷转移效率为

$$\eta=\frac{Q(0)-Q(t)}{Q(0)}=1-\frac{Q(t)}{Q(0)} \tag{3-124}$$

定义电荷转移损失率为

$$\varepsilon=\frac{Q(t)}{Q(0)} \tag{3-125}$$

电荷转移效率与电荷转移损失率的关系为

$$\eta=1-\varepsilon \tag{3-126}$$

在理想情况下，$\eta=1$，但实际上电荷在转移过程中总有损失，所以 η 总是小于 1（一般为 0.9999 以上）。一个电荷量为 $Q(0)$ 的电荷包，经过 n 次转移后，所剩下的电荷量为

$$Q(n)=Q(0)\eta^{n} \tag{3-127}$$

这样 n 次转移前、后电荷量之间的关系为

$$\frac{Q(n)}{Q(0)}=\eta^{n}\approx \mathrm{e}^{-n\varepsilon} \tag{3-128}$$

例如，电荷转移效率 $\eta=0.99$，经过 24 次转移后 $\frac{Q(n)}{Q(0)}=0.79$；经过 512 次转移后，$\frac{Q(n)}{Q(0)}=0.0058$，只剩下不到 1%的电荷量。由此可见，提高转移效率是电荷耦合能否实用的关键。

影响电荷转移效率的主要因素是表面态对电荷的俘获。为此，常用“胖零”工作模式，即让“零”信号也有一定的电荷。图 3-91 所示为 P 沟道 CCD 在两种不同驱动频率下的电荷转移损失率 ε 与“胖零”电荷 $Q(0)$之间的关系。

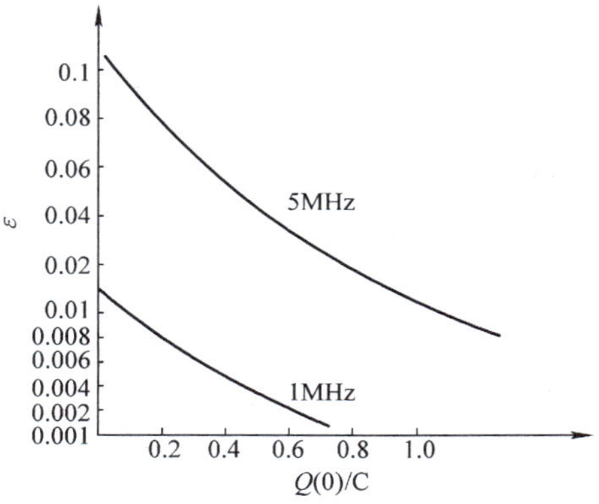

图 3-91　不同驱动频率电荷转移损失率与“胖零”电荷的关系

2）驱动频率：CCD 器件必须在驱动脉冲的作用下完成信号电荷的转移，输出信号电荷。驱动频率一般泛指加在转移栅上的脉冲的频率。

① 驱动频率的下限$f_下$：在信号电荷转移的过程中，为了避免由于热激发少数载流子对注入信号电荷的干扰，注入信号电荷从一个电极转移到另一个电极所用的时间t必须小于少数载流子的平均寿命τ_i，即$t<\tau_i$。在正常工作条件下，对于三相CCD而言，$t=T/3=1/(3f)$，则得到

$$f \geqslant \frac{1}{3\tau_i}$$

则

$$f_下 = \frac{1}{3\tau_i} \tag{3-129}$$

可见，CCD的驱动脉冲频率下限与少数载流子的寿命有关，而载流子的平均寿命与器件的工作温度有关，工作温度越高，热激发少数载流子的平均寿命越短，驱动脉冲频率的下限越高。

② 驱动频率的上限$f_上$：当驱动频率升高时，驱动脉冲驱使电荷从一个电极转移到另一个电极的时间t应大于电荷从一个电极转移到另一个电极的固有时间τ_g，才能保证电荷的完全转移。否则，信号电荷跟不上驱动脉冲的变化，将会使转移效率大大降低。即要求转移时间$t=T/3\geqslant\tau_g$，得到

$$f \leqslant \frac{1}{3\tau_g}$$

则

$$f_上 = \frac{1}{3\tau_g} \tag{3-130}$$

这就是电荷自身的转移时间对驱动脉冲频率上限的限制。由于电荷转移的快慢与载流子迁移率、电极长度、衬底杂质的浓度和温度等因素有关，因此，对于相同的结构设计，N沟道CCD比P沟道CCD的工作频率高。P沟道CCD转移损失率与驱动频率的关系曲线如图3-92所示。

图3-93所示为三相多晶硅N型表面沟道的驱动频率与损失率之间的关系曲线。由曲线可以看出，表面沟道CCD驱动脉冲频率的上限为10MHz，高于10MHz以后，CCD的转移损失率将急剧增大。一般体沟道或埋沟道CCD的驱动频率要高于表面沟道CCD的驱动频率。随着半导体材料科学与制造工艺的发展，更高速率的体沟道线阵CCD的最高驱动频率已经超过了几百兆赫。驱动频率上限的提高为CCD在高速成像系统中的应用打下了基础。

（6）线阵CCD摄像器件的两种基本形式

1）单沟道线阵CCD：图3-94所示为三相单沟道线阵CCD的结构图。单沟道线阵CCD由光敏阵列、转移栅、CCD模拟移位寄存器和输出放大器等单元构成。光敏阵列一般由光栅控制的MOS光积分电容或PN结光电二极管构成，光敏阵列与CCD模拟移位寄存器之间通过转移栅相连，转移栅既可以将光敏区与CCD模拟移位寄存器分隔开来，又可以将光敏区与CCD模拟移位寄存器连通，使光敏区积累的电荷信号转移到CCD模拟移位寄存器中。通过加在转移栅上的控制脉冲完成光敏区与CCD模拟移位寄存器隔离与连通的控制。当转移栅上的电位为高电平时，二者连通；当转移栅上的电位为低电平时，二者隔离。隔离时光敏区再进行光电注入，光敏单元不断地积累电荷。有时将光敏单元积累电荷的这段时间称为

光积分时间。转移栅电极电压为高电平时，光敏区所积累的信号电荷将通过转移栅转移到CCD 模拟移位寄存器中。通常转移栅电极为高电平的时间很短，为低电平的时间很长，因而光积分时间要远远超过转移时间。在光积分时间里，CCD 模拟移位寄存器内电荷在三相交叠脉冲的作用下一位位地移出器件，经输出放大器形成时序信号（或称视频信号）。

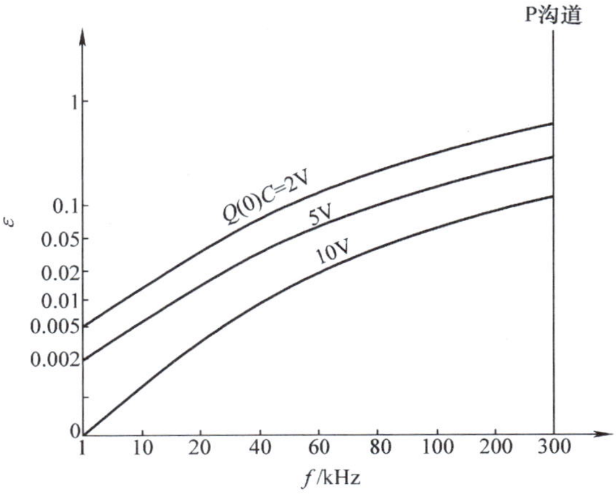

图 3-92　P 沟道 CCD 转移损失率与驱动频率的关系曲线

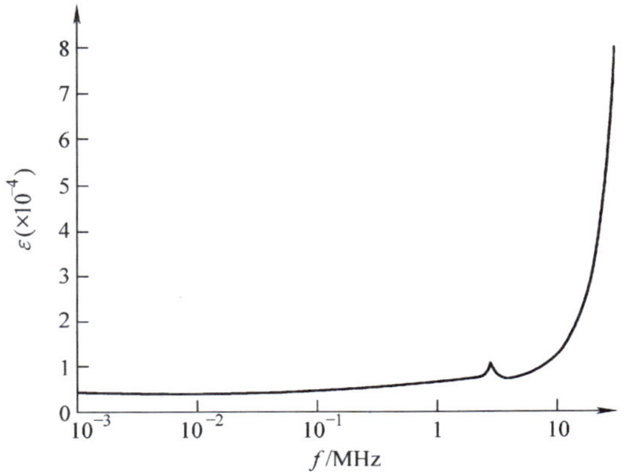

图 3-93　三相多晶硅 N 型表面沟道（SCCD）的驱动频率与损失率之间的关系曲线

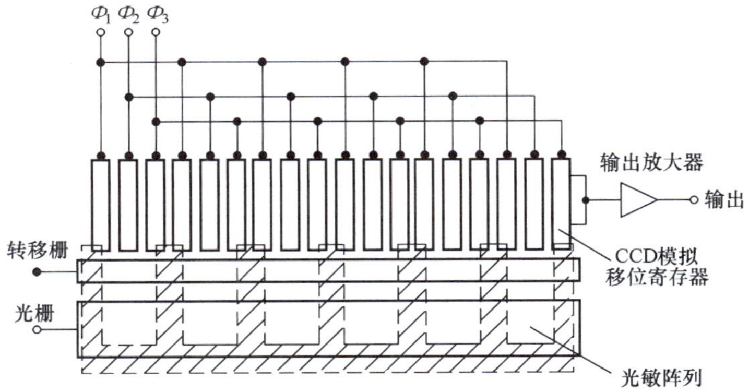

图 3-94　三相单沟道线阵 CCD 的结构图

这种结构的线阵 CCD 的转移次数多、效率低，只适用于光敏单元较少的摄像器件。

2）双沟道线阵 CCD：图 3-95 所示为双沟道线阵 CCD 的结构图。它具有两列 CCD 模拟移位寄存器 A 和 B，分列在光敏阵列的两边。当转移栅 A 和 B 为高电位（对于 N 沟道器件）时，光敏阵列势阱里积存的信号电荷，将同时按箭头指定的方向分别转移到对应的 CCD 模拟移位寄存器内，然后在驱动脉冲的作用下分别向外转移，最后经输出放大器以视频信号方式输出。显然，双沟道线阵 CCD 要比单沟道线阵 CCD 的转移次数少一半，转移时间缩短一半，总转移效率大大提高。因此，在需要提高 CCD 的工作速度和转移效率的情况下，常采用双沟道的方式。但双沟道器件的奇、偶信号电荷分别通过 A、B 两个 CCD 模拟移位寄存器和两个输出放大器输出，由于两个 CCD 模拟移位寄存器和两个输出放大器的参数不可能完全一致，必然会造成奇、偶输出信号的不均匀性。所以，有时为了确保各光敏单元参数的一致性，在光敏单元较多的情况下也采用单沟道的结构。

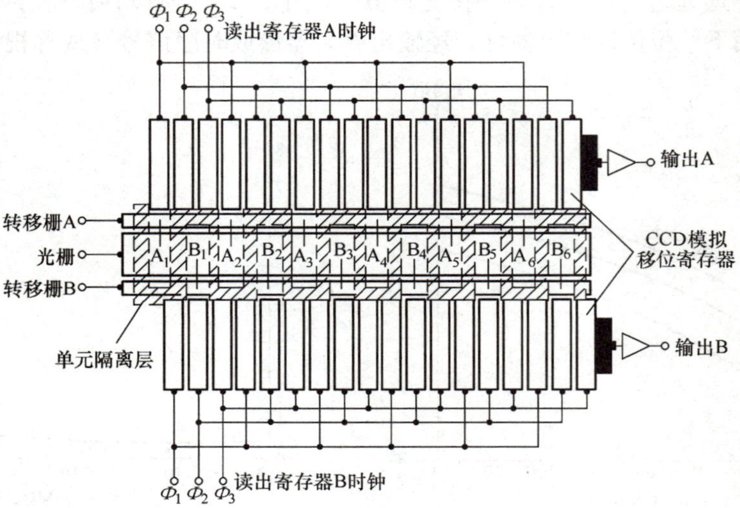

图 3-95 双沟道线阵 CCD 的结构图

2. 面阵 CCD 图像传感器

按一定的方式将一维线阵 CCD 的光敏单元及移位寄存器排列成二维阵列，即可构成二维面阵 CCD。由于排列方式不同，面阵 CCD 常有帧转移、隔列转移、线转移和全转移等方式。

(1) 帧转移面阵 CCD 图 3-96 所示为帧转移三相面阵 CCD 的原理结构图。它由成像区（像敏区）、暂存区和水平读出寄存器等三部分构成。成像区由并行排列的若干个电荷耦合沟道组成（图中的点画线框），各沟道之间用沟阻隔开，水平电极横贯各沟道。假定成像区有 M 个转移沟道，每个沟道有 N 个像敏单元，整个成像区共有 $M\times N$ 个像敏单元。暂存区的结构和单元数都与成像区相同。暂存区与水平读出寄存器均被金属遮蔽（如图中斜线部分）。

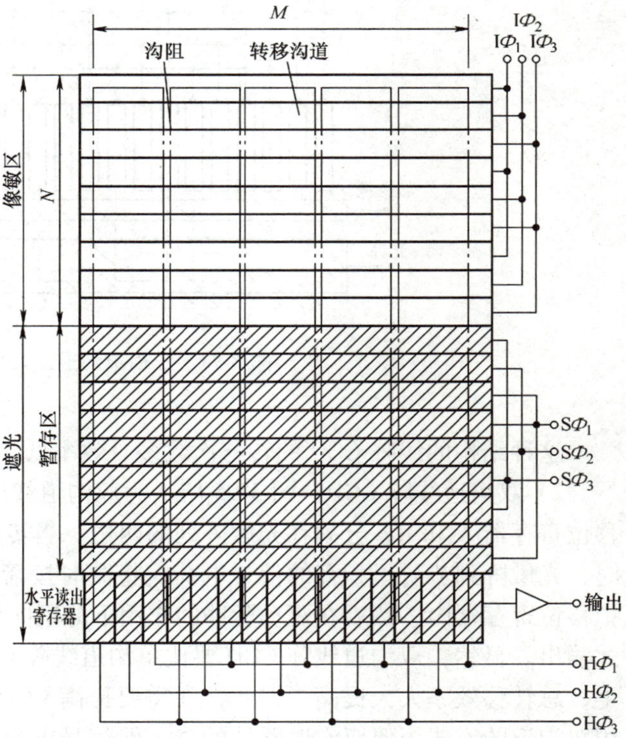

图 3-96 帧转移三相面阵 CCD 的原理结构图

其工作过程如下：图像经物镜成像到像敏区，在光积分期间（场正程），成像区的某一相电极加有适当的偏压（高电平），光生电荷将被收集到这些电极下方的势阱里，这样就将被摄光学图像变成了光积分电极下的电荷包图像，存储于成像区。

光积分周期结束，进入场逆程。在场逆程期间，加到成像区和存储区电极上的时钟脉冲将成像区所积累的信号电荷迅速转移到暂存区。场逆程结束又进入下一场的场正程时间，成像区又进入光积分状态。暂存区与水平读出寄存器在场正程期间按行周期工作。在行逆程期间，暂存区的驱动脉冲使暂存区的信号电荷产生一行的平行移动，图 3-96最下边一行的信号电荷转移到水平移位寄存器中，第 N 行的信号移到第 $N-1$ 行中。行逆程结束进入行正程。在行正程期间，暂存区的电位不变，水平读出寄存器在水平读出脉冲的作用下输出一行视频信号。这样，在场正程期间，水平移位寄存器输出一场图像信号。当第一场读出的同时，第二场信息通过光积分又收集到光敏区的势阱中。一旦第一场的信号被全部读出，第二场信号马上就传送给寄存器，使之连续地读出。

这种面阵 CCD 的特点是结构简单，光敏单元的尺寸可以很小，但光敏面积占总面积的比例小。

（2）隔列转移型面阵 CCD　隔列转移型面阵 CCD 的结构如图 3-97a 所示。它的像敏单元（图中点画线框）呈二维排列，每列像敏单元被遮光的读出寄存器及沟阻隔开，像敏单元与读出寄存器之间又有转移控制栅。由图中可见，每一像敏单元对应于两个遮光的读出寄存器单元（图中斜线表示被遮蔽，斜线部位的方块为读出寄存器单元）。读出寄存器与像敏单元的另一侧被沟阻隔开。由于每列像敏单元均被读出寄存器隔开，因此，这种面阵 CCD 称为隔列转移型面阵 CCD。图中最下面的部分是二相时钟脉冲 Φ_1、Φ_2 驱动的水平读出寄存器和输出放大器。

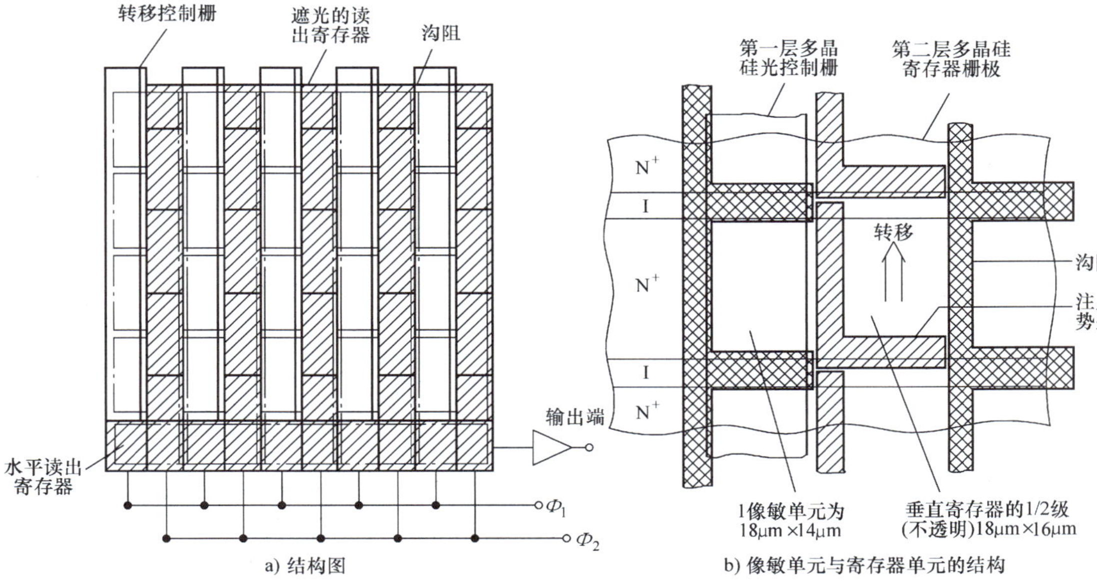

图 3-97　隔列转移型面阵 CCD

隔列转移型面阵 CCD 工作在 PAL 电视制式下，按电视制式的时序工作。在场正程期间像敏区进行光积分，这期间转移栅为低电位，转移栅下的势垒将像敏单元的势阱与读出寄存器的势阱隔开。像敏区在进行光积分的同时，移位寄存器在垂直驱动脉冲的驱动下一行行地将每一列的信号电荷向水平移位寄存器转移。场正程结束进入场逆程，场逆程期间转移栅上产生一个正脉冲，在同步脉冲的作用下将像敏区的信号电荷并行地转移到垂直寄存器中。转移过程结束后，像敏单元与读出寄存器又被隔开，转移到读出寄存器的光生电荷在读出脉冲的作用下一行行地向水平读出寄存器中转移，水平读出寄存器快速地将其经输出放大器输出。在输出端得到与光学图像对应的一行行的视频信号。

图 3-97b 所示为隔列转移型面阵 CCD 的二相注入势垒器件的像敏单元与寄存器单元的结构图。该结构为两层多晶硅结构，第一层提供像敏单元上的 MOS 电容器电极，又称多晶硅光控制栅电极；第二层基本上是连续的多晶硅，它经过选择掺杂构成二相转移电极系统，称为多晶硅寄存器栅极系统。转移方向用离子注入势垒方法完成，使电荷只能按规定的方向转移，沟阻常用来阻止电荷向外扩散。

3.7.4　CMOS 图像传感器

CMOS 图像传感器

CMOS（Complementary Metal Oxide Semiconductor）图像传感器出现于 1969 年，它是一种用传统的芯片工艺方法将光敏元件、放大器、A/D 转换器、存储器、数字信号处理器和计算机接口电路等集成在一块硅片上的图像传感器件，这种器件的结构简单、处理功能多、成品率高且价格低廉，有着广泛的应用前景。

CMOS 图像传感器虽然比 CCD 的出现还早一年，但在相当长的时间内，由于它存在成像质量差、像敏单元尺寸小、填充率（有效像元与总面积之比）低（10%～20%）、响应速度慢等缺点，因此只能用于图像质量要求较低、图像尺寸较小的数码相机中，如机器人视觉应用的场合。早期的 CMOS 器件采用“被动像元”（无源）结构，每个像敏单元主要由一个光敏元件和一个像元寻址开关构成，无信号放大和处理电路。此后，又出现了“主动像元”（有源）结构，它不仅有光敏元件和像元寻址开关，而且还有信号放大和处理电路，提高了光电灵敏度，减小了噪声，扩大了动态范围，使它的一些性能参数与 CCD 图像传感器相接近，而在功能、功耗、尺寸和价格等方面要优于 CCD 图像传感器，所以应用越来越广泛。本节将介绍 CMOS 成像器件的组成、像敏单元结构（含辅助电路），从中了解这种器件的结构与工作原理。

1. CMOS 成像器件的结构原理

CMOS 成像器件的组成原理框图如图 3-98 所示。它的主要组成部分是像敏单元阵列和 MOS 场效应晶体管集成电路，而且这两部分集成在同一硅片上。像敏单元阵列实际上是光电二极管阵列，它没有线阵和面阵之分。

图中所示的像敏单元阵列按 X 和 Y 方向排列成方阵，方阵中的每一个像敏单元都有它在 X、Y 各方向上的地址，并可分别由两个方向的地址译码器进行选择。每一列像敏单元都对应于一个列放大器，列放大器的输出信号分别接到自 X 方向地址译码控制器进行选择的模拟多路开关，并输出至输出放大器。输出放大器的输出信号送 A/D 转换器进行模/数转换变成数字信号，经预处理电路处理后通过接口电路输出。图中的时序信号发生器为整个 CMOS 图像传感器提供各种工作脉冲，这些脉冲均可受控于接口电路发来的同步控制信号。

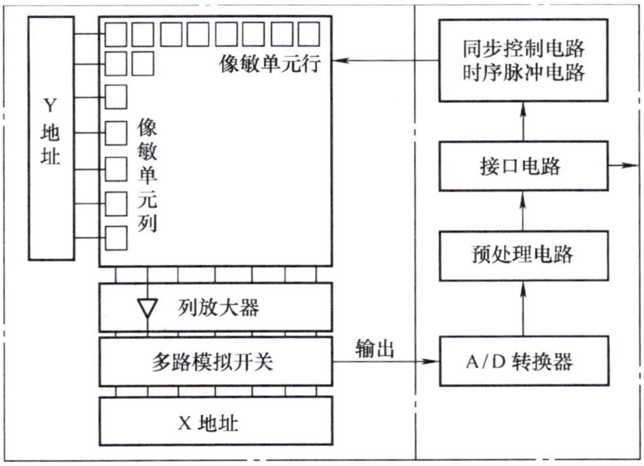

图 3-98　CMOS 成像器件的组成原理框图

图像信号的输出过程可由图像传感器阵列原理图更清楚地说明。如图 3-99 所示，在 Y 方向地址译码器的控制下，依次序接通每行像敏单元上的模拟开关（图中标志的 $S_{i,j}$），信号将通过行开关传送到列线上，再通过 X 方向地址译码器的控制，输送到放大器。当然，由于设置了行与列开关，而它们的选通是由两个方向的地址译码器上所加的数码控制的，因此，可以采用 X、Y 两个方向以移位寄存的形式工作，实现逐行扫描或隔行扫描的输出方式。也可以只输出某一行或某一列的信号，使其按着与线阵 CCD 相类似的方式工作。还可以选中希望观测的某些点的信号，如图 3-99 中所示的第 i 行、第 j 列的信号。

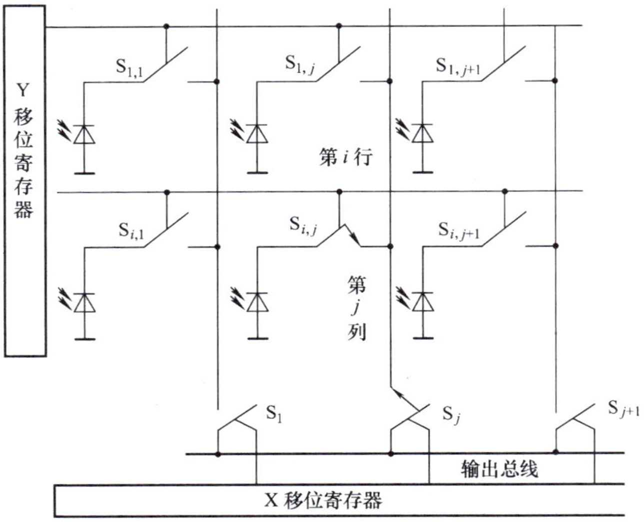

图 3-99　CMOS 图像传感器阵列原理示意图

在 CMOS 图像传感器的同一芯片中，还可以设置其他数字处理电路。例如，可以进行自动曝光处理、非均匀性补偿、白平衡处理、γ 校正、黑电平控制等处理，甚至还可以将具有运算和可编程功能的 DSP 制作在一起，形成多种功能的器件。

为了改善 CMOS 图像传感器的性能，在许多实际的器件结构中，像敏单元常与放大器制作成一体，以提高灵敏度和信噪比。下面将介绍的像敏单元就是采用光电二极管与放大器构成的一个像敏单元复合结构。

2. CMOS 成像器件的像敏单元结构

像敏单元结构实际上是指每个成像单元的电路结构，它是 CMOS 图像传感器的核心组件。这种器件的像敏单元结构有两种类型，即被动像敏单元结构和主动像敏单元结构。前者只包括光电二极管和地址选通开关两部分，如图 3-100 所示，其中像敏单元的图像信号的读出时序如图 3-101 所示。首先，复位脉冲起动复位操作，光电二极管的输出电压被置零；之后光电二极管开始光积分；当光积分工作结束时，选址脉冲起动选址开关，光电二极管中的信号便传输到列总线上；然后经过公共放大器放大后输出。

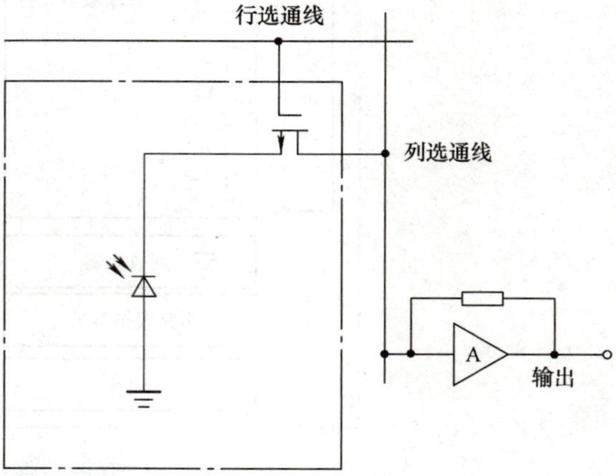

图 3-100　CMOS 被动像敏单元结构

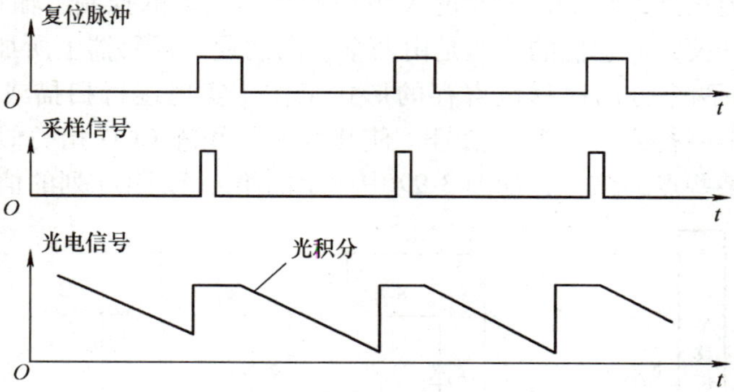

图 3-101　被动像敏单元的图像信号的读出时序

被动像敏单元结构的缺点是固定图案噪声（FPN）大和图像信号的信噪比低。前者是由各像敏单元的选址模拟开关的压降有差异引起的；后者则是由选址模拟开关的暗电流噪声带来的。因此，这种结构已经被淘汰。

主动像敏单元结构是当前得到实际应用的结构。它与被动像敏单元结构最主要的区别是，在每个像敏单元都经过放大后，才通过场效应晶体管模拟开关传输，所以固定图案噪声大为降低，图像信号的信噪比显著提高。

主动像敏单元结构如图 3-102 所示。

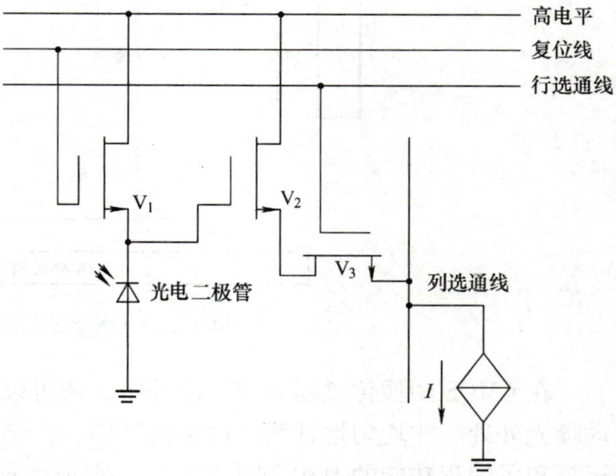

图 3-102　主动像敏单元结构的基本电路

从图中可以看出，V_1 构成光电二极管的负载，它的栅极接在复位信号线上，当复位脉冲出现时，V_1 导通，光电二极管被瞬时复位；而当复位脉冲消失后，V_1 截止，光电二极管开始光积分。场效应晶体管 V_2 是一源极跟随放大器，它将光电二极管的高阻输出信号进行电流放大。场效应晶体管 V_3 用作选址模拟开关，当选通脉冲引入时，V_3 导通，使得被放大的光电信号输送到总线上。

图 3-103 所示为上述过程的时序图，其中，复位脉冲首先到来，V_1 导通，光电二极管复位；复位脉冲消失后，光电二极管进行光积分；积分结束时，V_3 导通，信号输出。

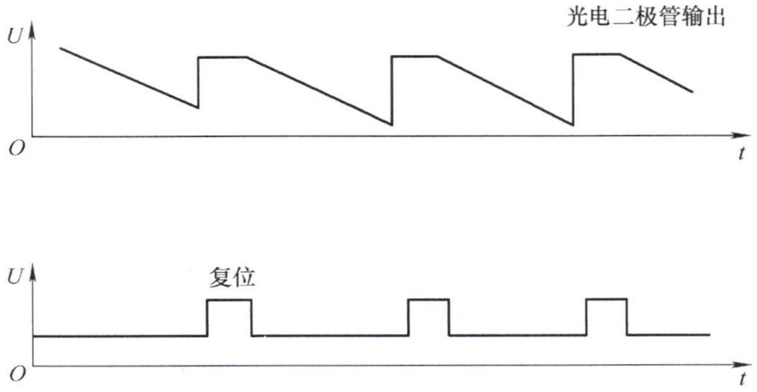

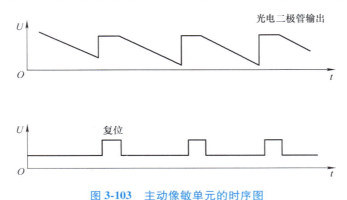

图 3-103　主动像敏单元的时序图

3.7.5　红外热成像

利用物体或景物发出的红外热辐射而形成可见图像的方法称为红外热成像技术。实现红外热成像的方法有很多种。例如，红外夜视仪是一种典型的红外热成像仪器，而且应用非常广泛。本节主要讨论辐射波长更长，且对波长响应无选择性的红外热像仪——热释电热像仪。

红外热成像

1. 点扫描式热释电热像仪

点扫描式热释电热像仪为采用点扫描方式成像的图像传感器。它的扫描方式常采用振镜对被测景物进行扫描的方式。在这种热像仪中，为了提高探测灵敏度，经常对接收器件进行制冷，探测器件工作在很低的温度下。例如，WP-95 型红外热像仪的工作温度为液氮制冷温度 77K，在这样低的温度下，它对温度的响应非常灵敏，可以检测 0.08℃的温度变化。

WP-95 型红外热像仪采用碲镉汞（HgCdTe）热释电器件为热电传感器，采用单点扫描方式，扫描一帧图像的时间为 5s，不能直接用监视器观测，只能将其采集到计算机中，用显示器观测。一幅图像的分辨率为 256×256，图像灰度分辨率为 8bit（256 灰度阶）。热像仪的探测距离为 0.3m 至无限远距离。热像仪视角范围大于 12°，空间角分辨率为 1.5mrad。它常被用于医疗、科研、国防及航天等领域。

2. 热释电摄像管的基本结构

TGS 热释电摄像管的结构如图 3-104 所示。它由透红外热辐射的锗成像物镜、斩光器、热像管和扫描偏转系统等构成。将被摄景物的热辐射经锗成像物镜成像到由热释电晶体排列成的热释电靶面上，得到热释电电荷密度图像。该图像在扫描电子枪的作用下，按一定的扫描规则（电视扫描制式）扫描靶面，在靶面的输出端（负载电阻 R_L 上）将产生视频信号输出，再经前置放大器进行阻抗变换与信号放大，产生标准的视频信号。

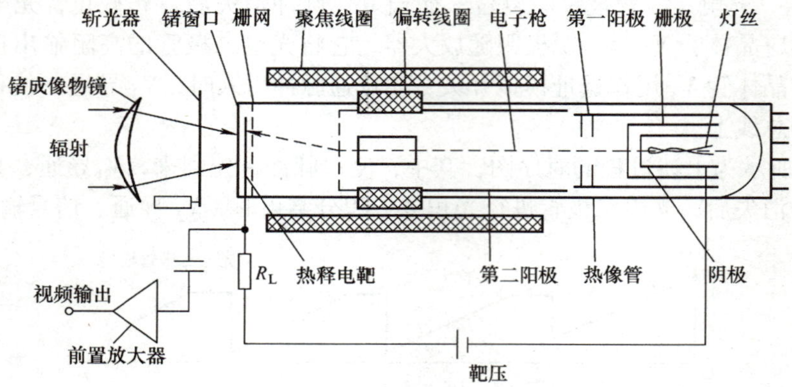

图 3-104　TGS 热释电摄像管的结构

成像物镜用锗玻璃，热像管的前端面也用锗玻璃窗。因为锗玻璃的红外透射率高，而可见光波段的光辐射几乎无法通过锗玻璃窗。这样，既能阻断可见光对红外热辐射图像的影响，又能最大限度地减小热辐射能量的损失。热像管前端的栅网是为了消除电子束的二次发射所产生的电子云对靶面信号的影响而设置的。

热像管的阴极在灯丝加热的情况下发射电子。电子在聚焦线圈产生的磁场作用下会聚成很细的电子束，该电子束在水平和垂直两个方向的偏转线圈作用下扫描热释电靶面。每当电子束扫到靶面上的热释电器件时，电子束所带的负电子将热释电器件的面电荷释放掉，并在负载电阻 R_L 上产生电压降，即产生时序信号电压。它将在偏转线圈作用下扫描整个靶面，形成视频信号。

图 3-104 中的斩光器为由微型电动机带动的调制盘，使经过锗成像物镜成像到热释电探测器的图像被调制成交变的辐射图像（否则热释电器件的输出值为零）。调制盘的调制频率必须和电子扫描的频率同步，既保证热释电器件工作在一定的调制频率下，又确保输出图像不受调制光的影响。否则，还原出的图像将夹带着斩光器遮挡图像的信号。

目前，红外热像管的分辨率可以达到 300×400 像素，虽然不能与可见光图像传感器相比，但对于红外探测已经足够。它的温度分辨率可达 0.06℃，可用于医疗诊断、森林火灾探测、警戒监视、工业热像探测与空间技术领域。

3.7.6　图像的增强与变像

图像的增强与变像

把强度低于视觉阈值的图像增强到可以观察程度的过程称为图像的增强；用于实现该过程的光电成像器件称为像增强器。把各种不可见图像，如红外图像、紫外图像及 X 射线图像，转换成可见图像的过程称为图像的变像；用于实现该过程的器件称为变像器。像增强器与变像器都是图像变换器件，除光电阴极面的光谱响应不同外，二者的工作原理基本相同。

1. 工作原理及其典型结构

像增强器/变像器的典型结构如图 3-105 所示。在抽成真空的玻璃外壳（现常用金属外壳）内的一端涂以半透明的光电阴极，在另一端的内侧涂以荧光粉，内部安置了用于聚焦的阳极。

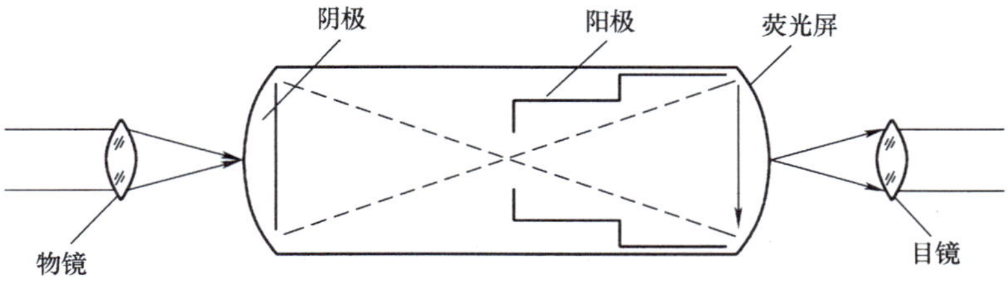

图 3-105　像增强器/变像器的典型结构

目标物所发出的某波长范围的辐射通过物镜在半透明光电阴极上形成像，并产生光电发射。阴极面上每一点发射的电子数密度正比于该点的辐照度。于是，光电阴极将光学图像转变成电子数密度图像。加有正高压的阳极形成很强的静电场，调整阳极的位置和形状，使它对电子密度图像起到电子透镜的作用，以便阴极发出的光电子聚焦并成像在荧光屏上。荧光屏在一定速度的电子轰击下发出可见的荧光，从而在荧光屏上得到目标物的可见图像。

像增强器与变像器的区别在于涂在光电阴极面上的光电发射材料不同。像增强器所涂材料只对微弱的可见光敏感（如 BiOAgCs 阴极或 CsSb 阴极），而变像器的光电发射材料对红外或紫外光敏感。这两种器件都是通过两次变换才得到可见图像的，属于直视型光电成像器件，并且都具有图像增强的作用。一般可从两个方面实现图像增强：增强电子图像密度；增强电子的动能。或者同时从两个方面进行。一般利用二次电子发射来增强电子图像密度，而用增强电场或磁场的方法来增强电子的动能。由于图像的增强和变像的方法很多，因而产生了各种类型的像增强器和变像器。

2. 性能参数

（1）光电阴极灵敏度　光电阴极性能的好坏直接影响器件的工作特性。光电阴极的量子效率决定器件的灵敏度。它对波长的依赖关系决定器件的光谱响应。光电阴极暗电流和量子效率决定像的对比度和最大信噪比，而对比度和信噪比又决定照度最低情况下的分辨率。因此在设计和选择特殊应用的变像器时，选择恰当的光电阴极方可获得最佳性能。

（2）放大率与畸变　荧光屏上像点到光轴的距离 H' 与阴极面上对应点到光轴的距离 H 之比，称为变像器所在环带的放大率 β。由于存在畸变，阴极面上各环带的放大率并不相等。轴上（或近轴）放大率称为理想放大率 β_0。放大率随离轴距离的增加而增大的畸变称为枕形畸变，相反则称为桶形畸变。设给定环带的畸变为 D，则

$$D=\frac{\beta}{\beta_0}-1 \tag{3-131}$$

若 $D>0$，则为枕形畸变，$D<0$ 为桶形畸变。

（3）亮度转换增益　设从光电阴极发出的光电子能全部到达荧光屏，光电阴极面接收的辐射通量为 Φ，辐照度为 E。在额定阳极电压 U_A 下，变像器荧光屏的光出射度为 M_V，则变像器的亮度转换增益为

$$G_L=\frac{M_V}{E} \tag{3-132}$$

若已知其光电阴极的灵敏度 S_I 和荧光屏的发光效率 η_v，则可以计算出它的亮度转换增益。

设光电阴极的有效接收面积为 A_K，荧光屏的有效发光面积为 A_V，则光电阴极发射出的光电流为

$$I_C = S_I A_K E \tag{3-133}$$

光电子在阳极电场的作用下，加速轰击荧光屏，荧光屏发出光的出射度应为

$$M_V = \frac{\eta P}{A_V} = \frac{\eta S_I A_K E_e U_A}{A_V} = \eta S_I E_e U_A \frac{A_K}{A_V} \tag{3-134}$$

式中，若 U_A 的单位为 V，E_e 的单位为 W/m，η 的单位为 cd/W，S_I 的单位为 μA/W，则

$$M_V = 10^{-6} \eta S_I E_e U_A \frac{A_K}{A_V} \tag{3-135}$$

亮度转换增益为

$$G_L = \frac{M_V}{E_e} = 10^{-6} \eta S_I U_A \frac{A_K}{A_V} \tag{3-136}$$

由此可见，提高变像器亮度转换增益的方法为：提高光电阳极的灵敏度 S_I；提高荧光屏的发光效率 η；增大阳极电压 U_A；增加荧光屏与光电阴极工作面积之比 A_K/A_V，而 $A_K/A_V=\beta^2$，为变像器的横向放大率的二次方。

应综合考虑 G_L 与 β 之间的关系，减小 β，可增大 G_L。

（4）鉴别率　像增强器的鉴别率是指在足够照度的条件下（以 100lx 为宜），通过像增强器/变像器所恰好分辨出的黑白条纹数目。但是这种方法总会受到主观因素的影响。现在，常用光学传递函数（OTF）或调制传递函数（MTF）来讨论它们的成像质量。

（5）像增强器/变像器的暗背景亮度　在无光照射下，光电阴极产生的暗电流在阳极电场的作用下轰击荧光屏使之发光，这时荧光屏的亮度称为暗背景亮度。暗电流主要由光电阴极的热电子发射引起，而场致发射、光反馈、离子反馈也可产生暗电流。

（6）观察灵敏阈　在极限观察的情况下，将光电阴极面的极限照度 E 称为观察灵敏阈。它通常由实验的方法来确定。即把星点像投射到变像器光电阴极面上，测量在荧光屏上刚刚能觉察出星点像情况下的阴极面上星点的照度。

一般来说，变像器在典型工作电流为 10A、工作电压为 15~20kV 的条件下，分辨率可超过 50 线对/mm，亮度增益约为 30~90 倍。

像增强器/变像器的噪声包括光子噪声、光电阴极的热噪声及荧光屏的散粒噪声等。由于设计和制造工艺等诸多原因，很难建立适用于所有器件的信噪比公式，所以在此不再讨论信噪比问题。

3. 像增强器的级联

单级像增强器的光放大系数和光量子增益较小，直视工作距离较短。为了增大工作距离，提高灵敏度，通常采用串联或级联的方式。

（1）串联方式

1）磁聚焦三级串联式像增强器：磁聚焦三级串联式像增强器结构如图 3-106 所示。它由三只单级像管首尾相接，共同封装在一只管壳中构成。每只单级像管的高压电源通过电阻分压器加在金属环上，使管内产生均匀加速电场。管外加长螺线管线圈，用以产生轴向均匀磁场。两级中间连接处为夹心片结构，中间是透明云母片。前面是荧光屏，后面是光电阴

极，两者的频谱特性应当正好匹配。如果每级像管的增益 $G=100$，则三级串联式像管的总增益可达 10^6。事实上，由于荧光屏与光电阴极的频谱有偏差，以及夹心片对光的吸收，光量子增益略低于 10^6。

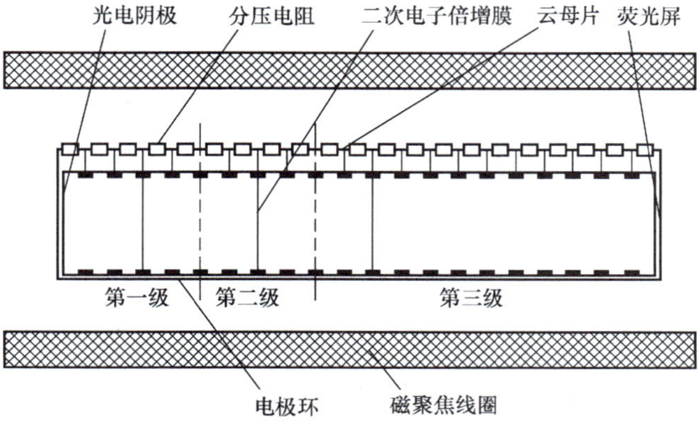

图 3-106　磁聚焦三级串联式像增强器结构

磁聚焦像增强器的优点在于管内磁场均匀，特别是在光电阴极附近，从而使像差较小，图像聚焦均匀，像质高。其缺点是体积较大、电源消耗功率大，只适用于地面固定设备中。

2）电聚焦三级串联式像增强器：电聚焦三级串联式像增强器的结构如图 3-107 所示。由图可见，它省去了长螺线管线圈，加速和聚焦功能全由电子透镜来实现，所以其重量轻、功耗低。但是，由于中间的夹心片只能做成平面形状，这使得轴对称电子透镜的宽电子束聚焦要产生像散和场曲，使图像边缘分辨率降低。

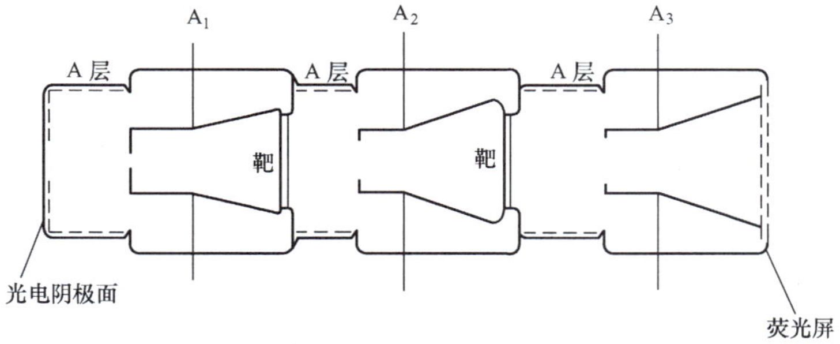

图 3-107　电聚焦三级串联式像增强器的结构

串联式像增强器的优点是：能提高像增强器的灵敏度，增大直视工作距离。其缺点是：像差较大，图像边缘分辨率低，夹心片工艺复杂，成品率低。下面介绍一种更有效的级联方式。

（2）级联方式　级联式像增强器是提高灵敏度及成品率的有效方案，其构成方式如图 3-108 和图 3-109 所示。它是将三个单管像增强器通过光学纤维玻璃板相互连接而成的。

光纤板是由很多极细的光学纤维玻璃丝紧密排列并聚熔而成的。其一端切成平面，另一端切成（或研磨成）与阴极面或荧光屏面相匹配的球面，然后用低熔点玻璃（光胶）将光纤板与玻璃壳粘接而成。

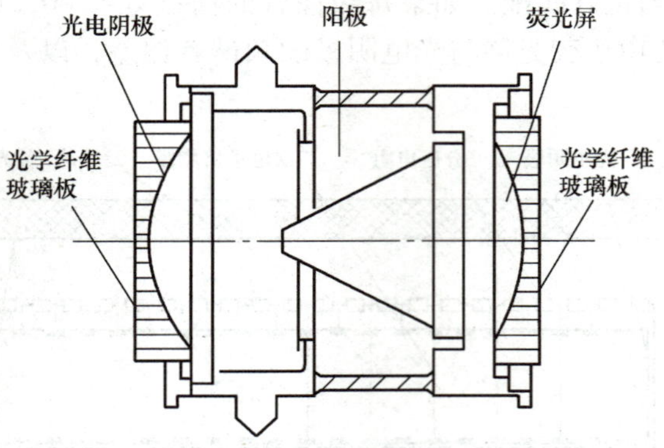

图 3-108　级联式像增强器单管示意图

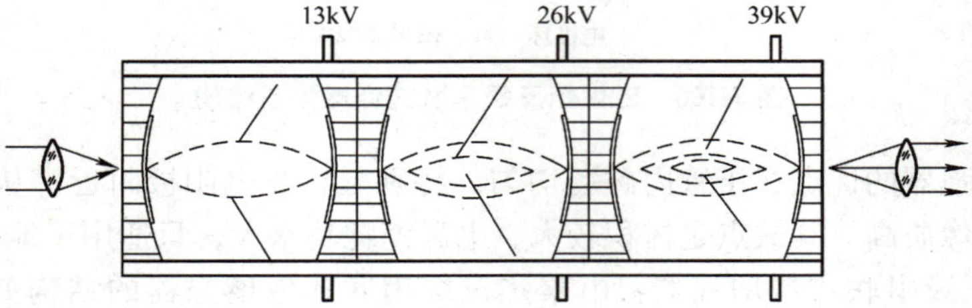

图 3-109　级联式像增强管

组成光纤板的每根光纤管实际上就是导光管，它将一端入射的光线，经过多次全反射送到另一端。由于导光管很细（微米量级），因此可具有较高的分辨率，所组成的光纤板就能将光学图像不失真地从一面传送到另一面，形成光耦合。

光纤板用作级间耦合具有如下优点：

1）各级可以做成相互独立的单管，因此工艺较简单，成品率高。且在使用时，若某一级管子损坏，可单独更换。

2）由于光纤板传光效率高达 80% 以上，因此用级联像增强器可以获得很高的增益。

3）由于光纤板的端面可以加工成各种所需要的形状。例如，外表面是平面而内表面是球面，可以使像增强器的前表面为平面，以满足物镜系统成像面的要求，同时方便级间耦合。另外，电子光学系统现在多采用同心球形静电聚焦方式，物和像都是球面，而将面板的内表面加工成球面，正好满足电子光学系统的要求。

这种像增强管的缺点是中心区比外边缘的光增益大。这是由于曲面面板边缘的光学纤维的端面法线与管轴不平行，从而使得边缘接收的光通量较中心区少。

目前，利用光纤耦合的级联式像增强器已在夜视、微光电视等领域得到广泛应用。现在的像增强器的增益可达三万，分辨率超过 30 线对/mm。

4. 微通道方式

微通道式像增强器外形结构如图 3-110 所示。它的外形呈扁圆形，其一端为光电阴极，另一端为荧光屏，中间的微通道板由很多具有二次电子倍增发射性能的微通道管集束而成。

光电阴极在入射光线照射下产生光电子。这些光电子分别沿着各个小的微通道管不断地产生二次电子倍增，倍增后的电子入射到荧光屏上，便显示出增强的光学图像。

微通道管，又称电子倍增纤维管，是微通道式像增强器的关键部件。它由一根根极细的玻璃管组成，其内壁涂有半导体层，该半导体层具有较大的二次发射系数和较大的电阻率，总电阻为 $10^9 \sim 10^{11}\Omega$。在微通道管两端加 1～3kV 电压后，通道内壁有电流通过，使内壁电位由低到高均匀递增，在管内沿轴方向建立起均匀的加速电场。

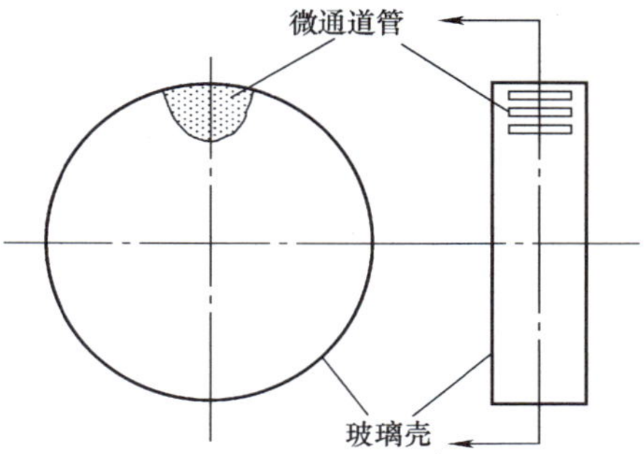

图 3-110　微通道式像增强器外形结构

微通道管的电子倍增原理如图 3-111 所示。当光电阴极发射出来的光电子进入微通道管后，打到其内壁上，并且每经 100～200V 电压加速后二次电子倍增一次；倍增后的电子再次加速打到对面内壁，产生二次倍增；如此不断倍增，使电子流急剧增加，最后电子流射出微通道管打到荧光屏上。对于微弱辐射引起的光电阴极发射电流（$10^{-9} \sim 10^{-11}$A）来说，一般微通道管可获得 10^8 的增益。

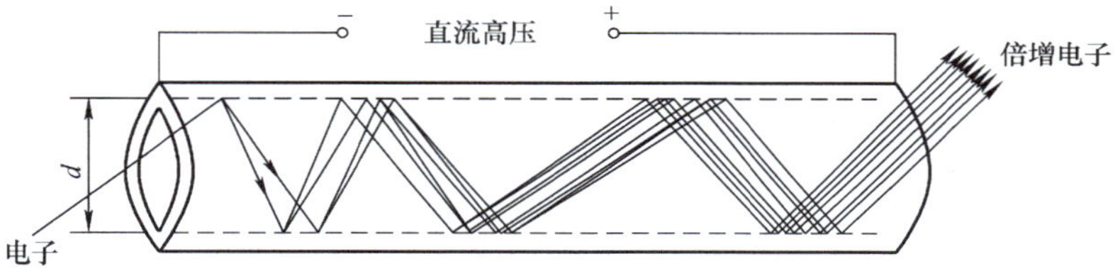

图 3-111　微通道管的电子倍增原理

目前，有两种类型的微通道式像增强器，分别为近聚焦微通道像增强器和静电聚焦微通道像增强器。

近聚焦微通道像增强管的光电阴极、微通道板与荧光屏三者尽可能地靠近，以使光电阴极发射出的光电子可直接进入微通道管，而从微通道管输出的电子也可直接打到荧光屏上。通常光电阴极与微通道板间的距离不大于 0.1mm，极间电压不可太大，一般为 300～400V。微通道板与荧光屏间电压为 4～5kV，以保证电子从微通道板出来直接射到荧光屏上，从而保证像质。

静电聚焦微通道像增强器的结构如图 3-112所示。其结构与球对称型的像增强器相似，光电阴极所成的光电子像，经过静电电子透镜聚焦在微通道板上，微通道板再将光电子像倍增后在均匀电场作用下打到荧光屏上，以显示出增强后的图像。该结构的光电阴极与微通道板间的加速电压为 5kV，微通道板的工作电压在 1.4kV 左右，微通道板输出面与荧光屏之间的电压为 3～4kV。此类

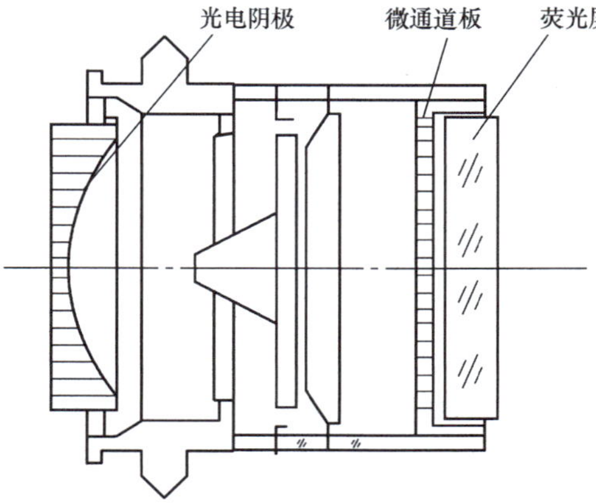

图 3-112　静电聚焦微通道像增强器的结构

器件的分辨率主要取决于单位面积的微通道板的通道数目以及微通道板与荧光屏的近聚焦。

总之，微通道式像增强器的优点是体积小、重量轻，而且由于微通道板的增益与所加偏置电压有关，因此可以通过调整偏置电压来调整增益。此外，由于当微通道板工作在饱和状态时，输入电流的增加不会再改变输出电流，因此可以保持荧光屏在强光下不被“灼伤”，具有自动防强光的优点。这类器件的缺点是噪声较大。一般说来，静电聚焦型微通道像增强器、级联式像增强器、近聚焦微通道像增强器三者的调制函数依次递降。

思考题与习题

3-1　下列哪种材料的光敏电阻光谱响应范围适合火点探测与火灾预警系统。(　　)

A. CdS　　B. CdSe　　C. PbS　　D. InSb

3-2　下列应用场合，可使用光敏电阻实现的有（　　）。

A. 自动照明灯控制电路　　B. 火灾的监测报警电路

C. 电视机中的亮度自动调节　　D. 照相机中的自动曝光控制

3-3　下面可提高硅光电二极管频率响应的有（　　）。

A. 减小 PN 结面积　　B. 增加势垒区宽度

C. 适当增加工作电压　　D. 减小串联电阻

3-4　PIN 型光电二极管增加了 I 层之后哪些性能得到了提高？(　　)

A. 展宽了光电转换的工作区　　B. 灵敏度提高

C. 减少了扩散时间　　D. 响应速度加快

3-5　N 型硅掺杂磷或者砷为衬底，扩散硼形成 P 型层做受光面，制作电极，涂上 SiO_2 保护膜，这种光电池的结构简称为（　　）。

A. 2CU　　B. 2DU　　C. 2CR　　D. 2DR

3-6　下面的说法正确的有哪些？(　　)

A. 基于光电效应的器件对波长有选择性

B. 热电检测器件的温升正比于入射的功率

C. 热电偶必须加外电源才能工作

D. 光敏电阻的前历效应决定了它的响应频率高

3-7　下面的器件中，将温度变化转换为电阻值变化的是（　　）。

A. 光敏电阻　　B. 热电偶　　C. 热敏电阻　　D. 热释电器件

3-8　要增加热敏电阻的灵敏度，可以采用以下哪些措施？(　　)

A. 适当增加偏压　　B. 接收面涂黑

C. 增大热阻　　D. 选择温度系数大的材料

3-9　热释电器件与其他热探测器相比，具有下面哪些优点？(　　)

A. 具有较宽的频率响应

B. 工作时不必外加偏置电压

C. 受环境温度变化的影响更小

D. 广泛用于热辐射和从可见光到红外波段的光学探测

3-10　关于光电耦合器件的特点，下列说法正确的是（　　）。

A. 信号传输是单向性的，但只适用于直流信号，不适合脉冲信号

B. 具有抗干扰和噪声的能力，响应速度快

C. 既具有耦合特性，又具有隔离特性

D. 输入输出是光耦合且在一个密封管壳进行，不会受到外界光的干扰

3-11　假设将人体作为黑体，若人体体温为 37°，则此时换算为华氏温度为________，热力学温度为________。

3-12　若现在有普通型热电偶、铠装型热电偶、薄膜型热电偶，则测量 CPU 散热片的温度应选用____________，测量锅炉烟道中的烟气温度应选用____________，测量 100m 深的岩石钻孔中的温度应选用____________。

3-13　铁电体的自发极化强度随着温度的升高而降低，当温度升高到一定值时，自发极化突然消失，这个温度称为________。

3-14　随着光电技术的发展，可以实现前后级电路隔离的较为有效的器件是____________。

3-15　电荷耦合器件不是以电压或电流作为信号，而是以________作为信号。CCD 的基本功能是电荷的存储和________。

3-16　把不可见图像变为可见图像的光电成像器件称为________，把强度低于视觉阈值的图像增强到可以观察程度的光电成像器件称为________。

3-17　试述光电倍增管（PMT）的构成及工作原理。

3-18　在微弱辐射作用下光电导材料的光电导灵敏度有什么特点？为什么要把光敏电阻的形状造成蛇形？

3-19　写出硅光电二极管的全电流方程，说明各项物理意义。试比较硅光电二极管与硅整流二极管的伏安特性曲线，说明它们的差异。

3-20　光电池的开路电压为 U_{oc}，当照度增大到一定时，为什么不再随入射照度的增加而增加，只是接近 0.6V？在同一照度下，为什么加负载后输出电压总小于开路电压？

3-21　说出 PIN 管、雪崩光电二极管的工作原理和各自特点，为什么 PIN 管的频率特性比普通光电二极管好？

3-22　影响光生伏特器件频率响应特性的主要因素有哪些？为什么 PN 结型硅光电二极管的最高工作频率小于 10^7？怎样提高硅光电二极管的频率响应？

3-23　热电偶或热电堆探测红外辐射时，在开路和闭路时热端的温升是否相同？为什么？

3-24　试述热释电探测器的工作原理，并写出其输出电压的表达式。

3-25　为什么说 N 沟道 CCD 的工作速度要高于 P 沟道 CCD 的工作速度，而埋沟道 CCD 的工作速度要高于表面沟道 CCD 的工作速度？

3-26　为什么要引入胖零电荷？胖零电荷属于暗电流吗？能通过对 CCD 器件制冷消除胖零电荷吗？

3-27　若甲、乙两厂生产的光电器件在色温 2856K 标准钨丝灯下标定的灵敏度分别为 $S_e=5\mu A/\mu W$，$S_v=0.4A/lm$。试比较甲、乙两厂光电器件灵敏度的高低。

3-28　某光电探测器件的光敏面直径为 0.5cm，比探测率 $D^*=10^{11}cmHz^{1/2}/W$，将它用于 $\Delta f=5kHz$ 的光电仪器系统中，问它能探测的最小辐射功率为多少？

3-29　若 PMT 的阳极灵敏度 $S_a=10A/lm$，阴极灵敏度 $S_k=20\mu A/lm$，其倍增极为 11 级。若 PMT 接收持续时间为 1μs 的光脉冲，且要求总增益的相对变化率为 1%，问：（1）电源

电压的稳定度为多少？（2）设各个分电压电阻上最小极间电压为 80V，最大阳极脉冲电流为 150μA，则该 PMT 的最后三级分压电阻上并联的三个电容值应为多少？

3-30　某光电倍增管的阳极灵敏度为 100A/lm，阴极灵敏度为 2μA/lm，要求阳极输出电流限制在 100μA 范围内，求允许的最大入射光通量。

3-31　某光敏电阻与负载电阻 $R_L = 2k\Omega$ 串接入 12V 直流电源上，无光照时 R_L 上输出电压为 20mV，有光照时 R_L 上输出电压为 2V，试求：（1）光敏电阻的暗电流阻值和亮电阻值为多少？（2）若光敏电阻的光电导灵敏度为 6×10^{-6}S/lx，求光敏电阻上所受的光照度。

3-32　已知 CdS 光敏电阻的暗电流电阻 $R_D = 10M\Omega$，在照度为 100lx 时亮电阻 $R = 5k\Omega$，用此光敏电阻控制继电器，如图 3-113 所示，如果继电器的线圈电阻为 4kΩ，继电器的吸合电流为 2mA，问需要多少照度时才能使继电器吸合？如果需要在 400lx 时继电器才能吸合，则此电路需要作如何改进？

3-33　有一光电池，在输入光通量为 20μlm 时，其开路电压为 30V，短路电流为 60μA，试求出最佳负载电阻 P_M。

3-34　某光电二极管的结电容 $C_j = 5$pF 要求带宽为 10MHz，试求：（1）允许的最大负载电阻为多少？（2）若输出信号电流为 10μA，只考虑电阻的热噪声时，求室温时信噪电流有效值之比？（3）当电流灵敏度为 0.6A/W 时，求噪声等效功率 NEP？

3-35　试述 PSD 的工作原理，与象限探测器相比，有什么优点？如何测试图 3-114 中光点 A 偏离中心的位置？写出方程并画出转换电路原理图。

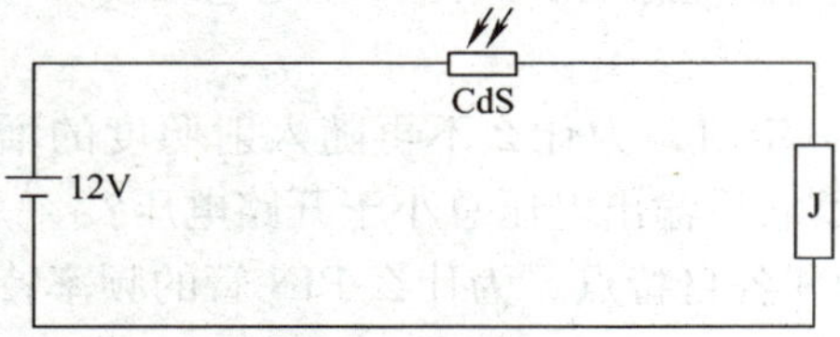

图 3-113　题 3-32 图

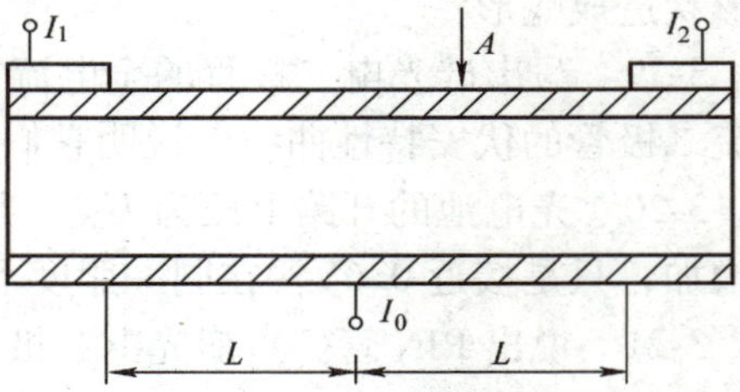

图 3-114　题 3-35 图

3-36　某热电探测器件的热容为 100pF，热导为 0.02/Ω，求该探测器件的最高工作频率。

3-37　热敏电阻的输出电路如图 3-115 所示，试推导出 $\Delta U_L = U_{bb\alpha T}\Delta T/4$。

3-38　某三相线阵 CCD 衬底材料的热生少数载流子寿命 $\tau = 10^{-6}$s，电荷从一个电极转移到下一个电极需 5×10^{-8}s，试求：（1）该线阵 CCD 时钟频率的上、下限为多少？（2）若该线阵 CCD 的转移效率为 99.9%，求转移损失率。

3-39　某 5000 位线阵 CCD，其两像元中心间距为 7μm，像元高度 10μm，试求：（1）该线阵 CCD 的空间采样频率；（2）该线阵 CCD 最大能分辨多少对线；（3）该线阵 CCD 可分辨的最大空间频率。

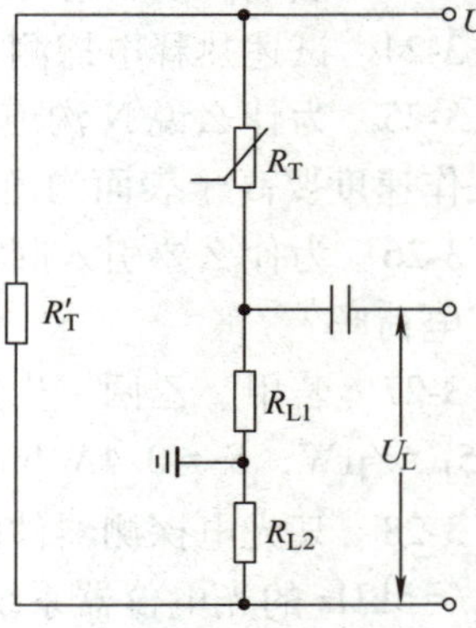

图 3-115　题 3-37 图

第 4 章　半导体发光管与激光器

通常人们把物体向外发射出可见光的现象称为发光，但对光电技术领域来说，光辐射还包括红外、紫外等不可见波段的辐射。发光常分为由物体温度高于 0K 而产生的物体受热辐射和物体在特定环境下受外界能量激发的辐射，前者称为热辐射，后者称为激发辐射。激发辐射的光源常被称为冷光源。按激发的方式可将冷光源分为光致发光、化学发光、摩擦发光、阴极射线致发光、电致发光等。而实用的电致发光又有结型（注入式）、粉末、薄膜电致发光三种形态。本章主要介绍目前已得到广泛应用的注入式半导体发光器件、半导体激光器件及典型激光器。

4.1　发光二极管

发光二极管

1907 年首次发现半导体二极管在正向偏置的情况下发光。20 世纪 70 年代末，人们开始将发光二极管用作数码显示器和图像显示器。近年来，发光二极管的发光效率及发光光谱都有了很大的提高，用发光二极管作为光源有许多优点：

1）体积小，重量轻，便于集成。

2）工作电压低，耗电少，驱动简便，容易用计算机控制。

3）既有单色性好的单色发光二极管，又有发白光的发光二极管。

4）发光亮度高，发光效率高，亮度便于调节，被广泛地应用于数字仪表显示、大屏幕图像显示，并在图像传感器应用技术中作为光源使用。

4.1.1　发光二极管的发光机理

发光二极管（LED）是一种注入式电致发光器件，它由 P 型和 N 型半导体组合而成。其发光机理常分为 PN 结注入发光与异质结注入发光两种。

1. PN 结注入发光

PN 结处于平衡时，存在一定的势垒区。注入发光的能带结构如图 4-1 所示。当加正偏压时，PN 结区势垒降低，从扩散区注入的大量非平衡载流子不断地复合发光，并主

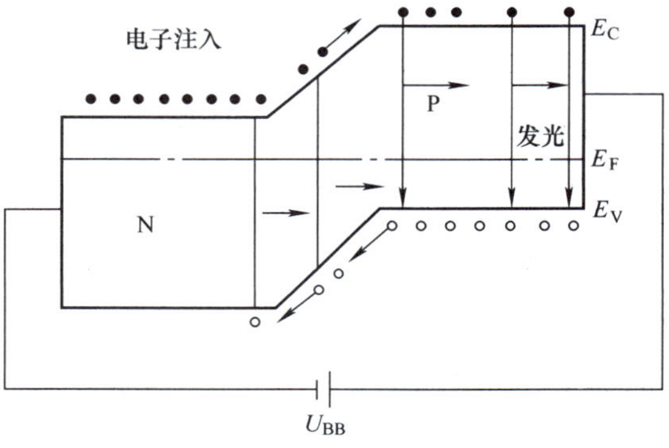

图 4-1　注入发光的能带结构

要发生在 P 区。这是因为发光二极管在正向电压的作用下，电子与空穴作相对运动，即电子由 N 区向 P 区运动，而空穴由 P 区向 N 区运动。因为电子的迁移率 μ_n 比空穴的迁移率 μ_p 高 20 倍左右，电子很快从 N 区迁移到 P 区；因而 N 区的费米能级处于很高能级的位置；而 P 区的受主能级很深且形成杂质能带，因而减小了有效带隙的宽度使之复合。复合的过程是电子从高能级跌落到低能级的过程，并以光的形式释放能量，于是产生光辐射或发光。

PN 结型发光器件有发红外光的 GaAs 发光二极管、发红光的 GaP 掺 ZnO 发光二极管、发绿光的 GaP 掺 Zn 发光二极管、发黄光的 GaP 掺 ZnN 发光二极管以及其他各种单色发光二极管和发白光的发光二极管。

2. 异质结注入发光

为了提高载流子注入效率，可以采用异质结。图 4-2a 所示为理想的异质结能带图。由于 P 区和 N 区的禁带宽度不相等，当加上正向电压时 N 区的势垒降低，两区的价带几乎相同，空穴不断地向 N 区扩散，这就保证了空穴向发光区的高注入效率。对于 N 区的电子，势垒仍然较高，不能注入 P 区。这样，禁带宽的 P 区成为注入源，禁带窄的 N 区成为载流子复合发光的发光区。异质结注入发光机理如图 4-2b 所示。例如，禁带宽 $E_{G2}=1.32\text{eV}$ 的 P-GaAs 与禁带宽 $E_{G1}=0.7\text{eV}$ 的 N-GaSb 组成异质结后，N-GaAs 的空穴注入 N-GaAs 区复合发光。由于 N 区所发射的光子能量 $h\nu$ 比 E_{G2} 要小得多，它进入 P 区不会引起本征吸收而直接透射出去。因此，异质结发光二极管中禁带宽度大的区域（注入区）又兼作光的透射窗。

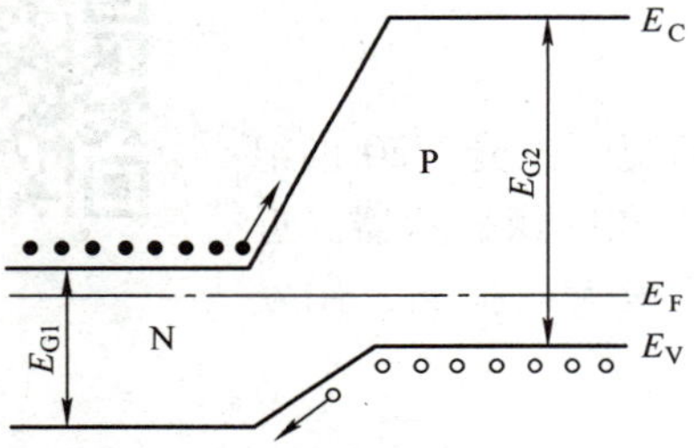

a) 异质结能带图

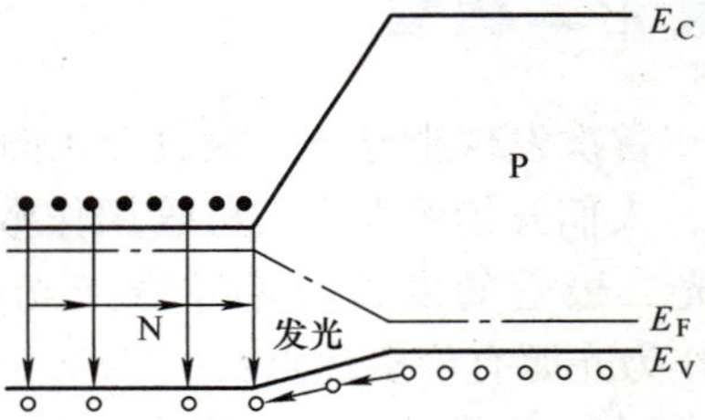

b) 异质结注入发光机理

图 4-2　异质结注入发光

3. 发光二极管基本结构

（1）面发光二极管　图 4-3 所示为波长为 0.8~0.9μm 的双异质结 GaAs/AlGaAs 面发光型 LED 结构。它的有源发光区是圆形平面，直径约为 50μm，厚度小于 2.5μm。一段光纤（尾纤）穿过衬底上的小圆孔与有源发光区平面正垂直接入，周围用黏合材料加固，用以接收有源发光区平面射出的光，光从尾纤输出。有源发光区光束的水平、垂直发散角均为 120°。

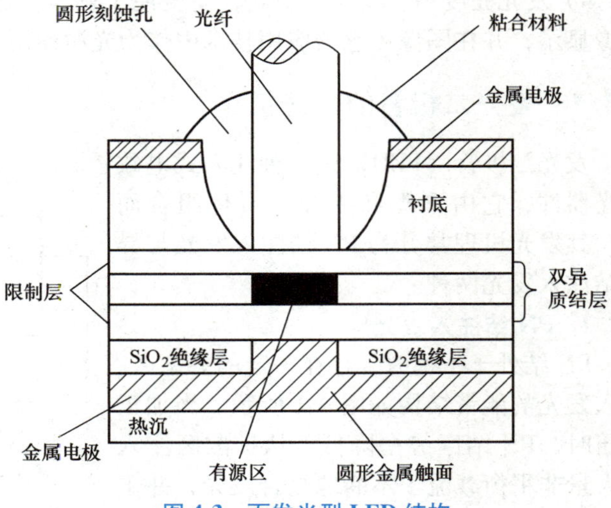

图 4-3　面发光型 LED 结构

（2）边发光二极管　图 4-4 所示为波长为 1.3μm 的双异质结 InGaAsP/InP 边发光型 LED 结构。它的核心部分是一个 N 型 AlGaAs 有源层，及其两边的 P 型 AlGaAs 和 N 型 AlGaAs 导光层（限制层）。导光层的折射率比有源层低，比周围其他材料的折射率高，从而构成以有源层为芯层的光波导，有源层产生的光辐射从其端面射出。

为了和光纤的纤芯尺寸相配合，有源层射出的光的端面宽度通常为 50~70μm，长度为 100~150μm。边发光型 LED 的方向性比面发光器件要好，其发散角水平方向为 25°~35°，垂直方向为 120°。

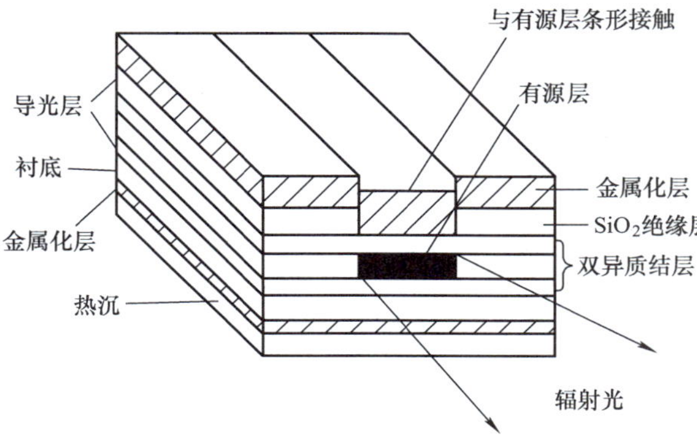

图 4-4　边发光型 LED 结构

4. LED 的特性参数

（1）发光光谱和发光效率　LED 的发光光谱指 LED 发出光的相对强度（或能量）随波长（或频率）变化的分布曲线。它直接决定了发光二极管的发光颜色，并影响它的发光效率。发射光谱的形成由材料的种类、性质及发光中心的结构决定，而与器件的几何形状和封装方式无关。描述光谱分布的两个主要参量是它的峰值波长和发光强度的半宽度。

对于辐射跃迁所发射的光子，其波长 λ 与跃迁前、后的能量差 ΔE 之间的关系为

$$\lambda = \frac{hc}{\Delta E}$$

对于发光二极管，复合跃迁前、后的能量差大体就是材料的禁带宽 E_g。因此，发光二极管的峰值波长由材料的禁带宽度决定。对大多数半导体材料来讲，由于折射率较大，在发射光逸出半导体之前，可能在半导体内部已经过了多次反射。因为短波光比长波光更容易被吸收，所以与峰值波长相对应的光子能量比禁带宽度所对应的光子能量小。例如，GaAs 的峰值波长出现在 1.1eV，比室温下的禁带宽度所对应的光子能量小 0.3eV 。图 4-5 给出了 $GaAs_{0.6}P_{0.4}$ 与 GaP 的发射光谱。当 $GaAs_{1-x}P_x$ 中的 x 值不同时，峰值波长在 620~680nm 之间变化，谱线半宽度为 20~30nm。GaP 发红光的峰值波长在 700nm 附近，半宽度大约为 100nm。峰值光子的能量还与温度有关，它随温度的升高而减小。在结温上升时，谱带波长以 0.2~0.3nm/℃ 向长波方向移动。

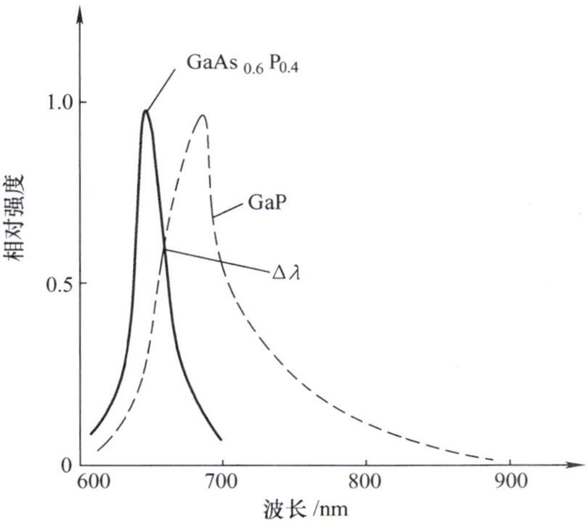

图 4-5　$GaAs_{0.6}P_{0.4}$与 GaP 的发射光谱

发光二极管发射的光通量与输入电能之比为发光效率，单位为 lm/W；也有人把发光强度与注入电流之比称为发光效率，单位为 cd/A。GaAs 红外发光二极管的发光效率用输出辐

射功率与输入电功率的百分比表示。

发光效率由内部量子效率与外部量子效率决定。内部量子效率在平衡时，电子-空穴对的激发率等于非平衡载流子的复合率（包括辐射复合和无辐射复合），而复合率又分别决定于载流子寿命 τ_r 和 τ_{nr}，其中辐射复合率与 $1/\tau_r$ 成正比，无辐射复合率为 $1/\tau_{nr}$，内部量子效率为

$$\eta_{in}=\frac{n_{eo}}{n_i}=\frac{1}{1+\tau_r/\tau_{nr}} \tag{4-1}$$

式中，n_{eo} 为每秒发射出的光子数；n_i 为每秒注入到器件的电子数；τ_r 为辐射复合的载流子寿命；τ_{nr} 为无辐射复合的载流子寿命。

由式（4-1）可以看出，只有 $\tau_{nr} \gg \tau_r$，才能获得有效的光子发射。

对以间接复合为主的半导体材料，一般既存在发光中心，又存在其他复合中心。通过发光中心的复合产生辐射，通过其他复合中心的复合不产生辐射，因此，要使辐射复合占绝对优势，必须使发光中心浓度远大于其他杂质浓度。

必须指出，辐射复合发光的光子并不是全部都能离开晶体向外发射的。光子通过半导体有一部分被吸收，另一部分到达界面后因高折射率（折射系统的折射系数约为3~4）产生全反射而返回晶体内部后被吸收，只有一部分发射出去。因此定义外部量子效率为

$$\eta_{ex}=\frac{n_{ex}}{n_{in}} \tag{4-2}$$

式中，n_{ex} 为单位时间发射到外部的光子数；n_{in} 为单位时间内注入到器件的电子空穴对数。

提高外部量子效率的措施有：①用比空气折射率高的透明物质如环氧树脂（$n_2=1.55$）涂敷在发光二极管上；②把晶体表面加工成半球形；③用禁带较宽的晶体作为衬底，以减小晶体对光的吸收。

（2）时间响应特性与温度特性　发光二极管的时间响应快，为 ns 量级，比人眼的时间响应要快得多，但用作光信号传递时，响应时间又显得长。发光二极管的响应时间取决于注入载流子非发光复合的寿命和发光能级上跃迁的几率。

通常发光二极管的外部发光效率均随温度上升而下降。图 4-6 表示 GaP（红色、绿色）及 GaAsP 发光二极管的相对光亮度与温度的关系曲线。

（3）发光亮度与电流的关系　发光二极管的发光亮度 L 是单位面积发光强度的量度。在辐射发光发生在 P 区的情况下，发光亮度 L 与电子扩散电流 i_{dn} 之间有如下关系：

$$L \propto i_{dn}\frac{\tau}{\exp(\tau_r)} \tag{4-3}$$

图 4-7 所示为发光二极管的发光亮度与电流密度的关系曲线。这些 LED 的亮度与电流密度近似呈线性关系，且在很大范围内不易饱和。该特性使得 LED 可以作为亮度可调的光源。而且，这样的光源在亮度调整过程中发光光谱保持不变。当然，它也很适合用作脉冲电流驱动，脉冲工作状态下 LED 工作时间短，发热低，在平均电流与直流相等的情况下可以得到更高的亮度。

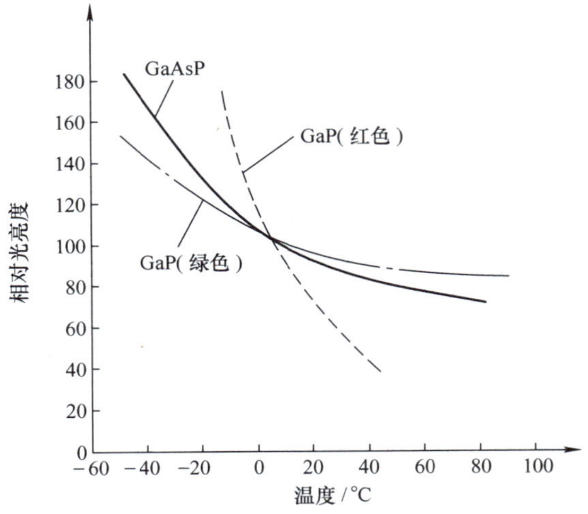

图 4-6　GaP（红色、绿色）及 GaAsP 发光二极管的相对光亮度与温度的关系曲线

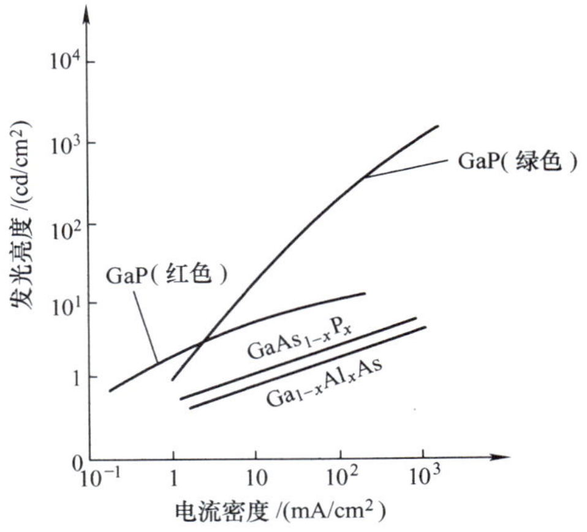

图 4-7　发光亮度与电流密度的关系曲线

（4）最大工作电流　在低工作电流下，发光二极管的发光效率随电流的增大而明显提高，但电流增大到一定值时，发光效率不再提高；相反，发光效率会随工作电流的继续增大而降低。图 4-8所示为发红光的 GaP 发光二极管内量子效率 η_{in} 的相对值与电流密度 J 及温度 T 间的关系曲线。曲线表明，随着发光管电流密度的增加，PN 结的温度升高，将导致热扩散，使发光效率降低。因此，最大工作电流密度应低于最大发射效率的电流密度值。若发光二极管的最大容许功耗为 P_{max}，则发光管最大容许的工作电流为

$$I_{max}=\frac{(I_f r_d+U_f)+\sqrt{(U_f-I_f r_d)^2+4r_d P_{max}}}{2r_d} \tag{4-4}$$

式中，r_d 为发光二极管的动态内阻；I_f、U_f 为发光二极管在较小工作电流时的电流和正向压降。

（5）伏安特性　发光二极管的伏安特性曲线如图 4-9 所示。它与普通二极管的伏安特性曲线大致相同。电压小于开启点的电压值时无电流，当电压超过开启点时，正向电流与电压的关系为

$$i=i_0\exp[U/(mkT)] \tag{4-5}$$

式中，m 为复合因子。

在宽禁带半导体中，当电流 $i<0.1$mA 时，通过结内深能级进行复合的空间复合电流起支配作用，这时 $m=2$；电流增大后，扩散电流占优势时，$m=1$。因而实际测得的 m 值的大小可以标志器件发光特性的好坏。反向击穿电压一般在−5V 以上，有些发光二极管的反向击穿电压已超过−200V。

（6）寿命　发光二极管的寿命定义为亮度降低到原有亮度一半时所经历的时间。二极管的寿命一般都很长，在电流密度小于 1A/cm²时，一般可达 10^6h，最长可达 10^9h。随着工作时间的加长，亮度下降的现象叫作老化。老化的快慢与工作电流密度有关。随着电流密度的加大，老化变快，寿命变短。

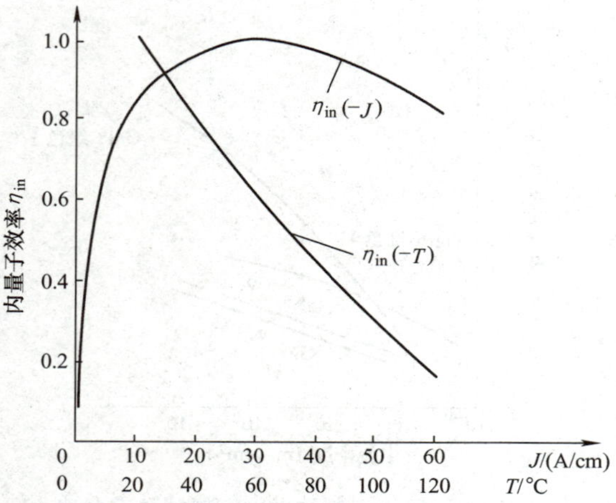

图 4-8　GaP 发光二极管内 η_{in} 的相对值与电流密度 J、温度 T 间的关系曲线

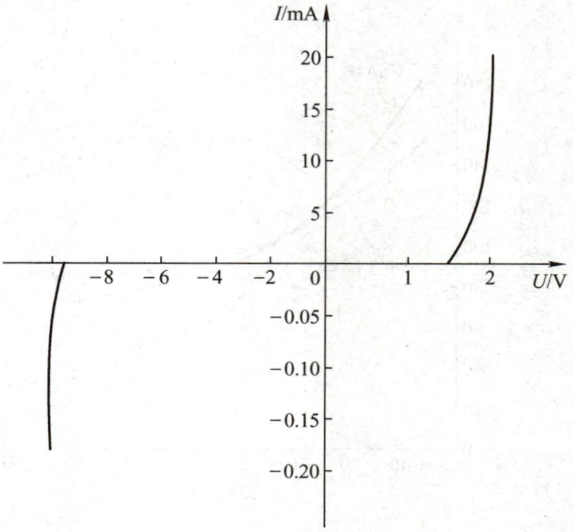

图 4-9　发光二极管的伏安特性曲线

（7）响应时间　在快速显示时，标志器件对信息反应速度的物理量叫作响应时间，即指器件启亮（上升）与熄灭（衰减）时间的延迟。实验证明，二极管的上升时间随电流的增大而近似呈指数衰减。它的响应时间一般很短，如 $GaAs_{1-x}P_x$ 仅为几个 ns，GaP 约为 100ns。在用脉冲电流驱动二极管时，脉冲的间隔和占空比必须在器件响应时间所许可的范围内。

5. 驱动电路

发光二极管工作时需要施加正向偏置电压，以提供驱动电流。典型的 LED 驱动电路如图 4-10 所示。将 LED 接入到晶体管的集电极，通过调节晶体管基极偏置电压，可获得所要求的辐射光功率。在光通信中以 LED 为光源的场合，需要对 LED 进行调制，其中调制信号通过电容耦合到基极，输出光功率则被电信号所调制。

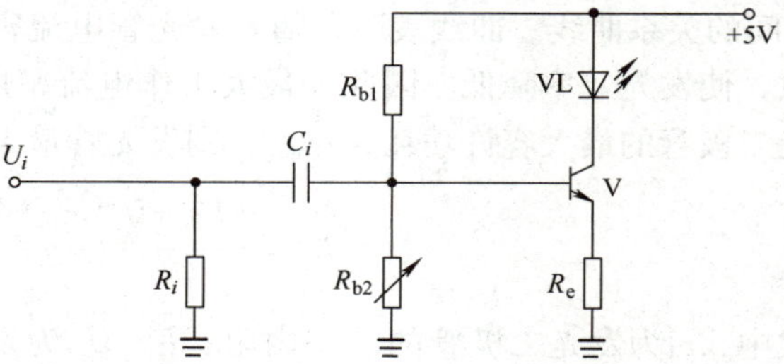

图 4-10　典型的 LED 驱动电路

4.1.2　发光二极管的应用

随着科学技术的不断发展，越来越需要能显示较大信息量的显示器和全标度图表显示。半导体材料的制备和工艺逐步成熟和完善，发光二极管已在固体显示中占主导地位。目前发光二极管主要应用于以下几个方面。

1. 数字、文字及图像显示

用 LED 可以很方便地构成各种数字、文字及图像显示器。7 段数字显示器是最简单的数字显示方式，将 LED 管芯切成细条，便构成能够显示 0~9 数字的 7 段数码管；16 笔画的字码管可显示 10 个数字和 26 个字母，它常用在台式及袖珍型半导体电子计算器、数字钟表和数字化仪器的数字显示中。目前，利用发光二极管底板代替显像管，制造了超薄型电视机。它是把多个发光二极管配制成格子形状阵列来显示各种图像。OLED（Organic Light-Emitting Diode，有机发光二极管）作为显示器件已发展到真彩色显示各种图像的大面积视频图像显示器，如常见的手机显示屏、电子商标及大屏幕广告显示器等。

2. 指示、照明

单个发光二极管还可作为仪器指示灯、示波器标尺、道路交通指挥显示器、收音机刻度及钟表的文字照明等。目前已有双色、多色甚至变色的单体发光二极管，如英国已将红、橙、绿三种颜色的管芯组装在一个管壳里可显示多种颜色的单体发光管，用于各种玩具及装饰中。

此外，LED 可用来制作光电开关、光电报警、光电遥控器及光电耦合器件等。

3. 光源

红外发光二极管多用于光纤通信与光纤传感器中，LED 以及 LED 组合器件不仅可以作为光电尺寸测量系统、振动测量系统及其他检测系统的信号光源，而且，由于 LED 组合器件构成的光源具有无阴影、多角度、寿命长、易制作成各种形状等特点，还被用于各种测量系统的照明光源。目前，LED 多功能照明光源使许多检测系统的难度降低，它作为 21 世纪初发展起来的新型照明光源，将推动现代科技事业的发展。

4.2　半导体激光器

半导体激光器

半导体激光器也称为激光二极管（Laser Diode，LD），是一种很有发展前途的半导体发光器件。

4.2.1　半导体激光器的发光原理

半导体激光器的发光原理与其他激光器的发光原理相同，都涉及受激辐射、粒子数反转与谐振三个关键问题。

1. 自发辐射与受激辐射

图 4-11 所示的系统中，设 E_1 为基态能级，E_2 为激发态能级。在常温下大部分电子处于基态。当原子在 E_1 与 E_2 两个能级之间产生跃迁时将产生自发辐射、受激辐射和受激吸收三个基本过程。

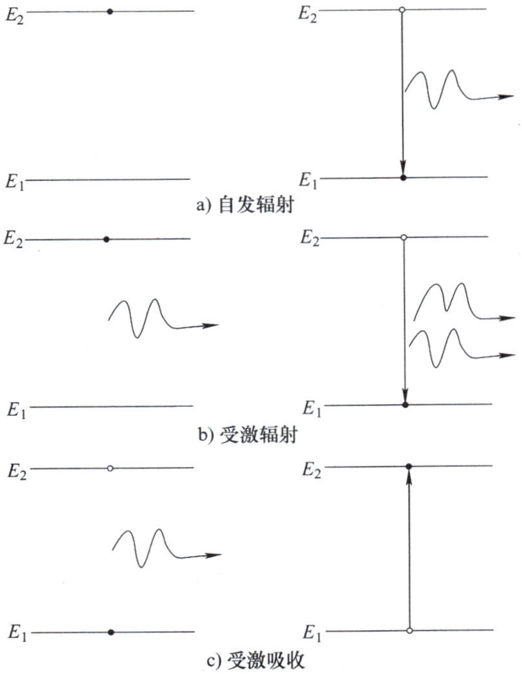

图 4-11　自发辐射、受激辐射与受激吸收示意图

图 4-11a 为原子从高能级 E_2 跌落到低能级 E_1 时自发发出能量 $h\nu=E_2-E_1$ 的辐射光子的情况。自发辐射的特点是，每个原子的跃迁是独立自发进行的，它们彼此毫无关系，因而发出的辐射是杂乱无章的非相干光。自发辐射的寿命也就是原子处于激发态的平均时间，一般为 $10^{-9}\sim10^{-3}$s，寿命的长短取决

于半导体材料，如禁带宽度及复合中心的密度等。

图4-11b所示为当能量为 $h\nu$ 的辐射作用在处于受激能级 E_2 的原子上时，原子因受激而从不稳定的受激能级 E_2 跃回到基态，并发射出频率、相位和方向都与入射辐射光子相同的能量为 $h\nu$ 的光子。这种过程称为受激辐射。

图4-11c所示为原子接收辐射能 $h\nu$ 从基态能级 E_1 跃入受激能级 E_2 受激吸收的过程。原子在激发态是不稳定的，在没有任何外界干扰的条件下，有自发返回基态的趋势，并放出能量为 $h\nu$ 的光子。

在激光物质中，外来的光子 $h\nu$ 可以引起激发态原子的受激辐射，同时也可能被基态原子所吸收，这两个过程是同时存在的，且受激辐射与吸收的几率相同。在常温下，基态原子比激发态原子数要多很多，因而吸收大于发射。要产生激光，必须使总发射大于总吸收。因此，产生激光的必要条件之一是受激辐射占主导地位。

2. 粒子数反转（分布反转）

要使激光工作物质的受激辐射占主导地位，就必须从外部给工作物质提供能量，如光激励或正向PN结注入等，使处于激发态的载流子数远大于处于基态的载流子数，也就是把载流子的正常分布倒转过来，称为粒子数的反转或称粒子分布的反转状态。粒子数的反转是使受激辐射从次要地位转化为主导地位的必要条件，也是产生激光发射的必要条件。

使激光物质产生粒子数反转的方法很多。例如，固体激光器常采用适当谱线的强光对激光物质进行照射；气体激光器常采用使气体电离的方法；而半导体激光器采用注入载流子的方法使基态的原子跃迁到激发态，并不断地补充高能原子。

3. 谐振腔

激光物质发生粒子数反转后，尽管增益有所提高，但还不足以使其产生激光。为使发射光束具有激光的特点，还必须使其产生“振荡”形成谐振。产生谐振的方法是，在激光物质的两侧放置相互平行的反光镜，形成光的“共振”现象。通常将能使光产生“共振”的装置称为“共振腔”或“谐振腔”。自发辐射不与谐振腔轴线方向平行的光子将被反射出腔外，只有与轴线平行的自发辐射光子才能产生“共振”现象而被增强。平行于腔轴的光子在腔内的两个反射面上来回反射，反复通过工作物质，光子每通过一次工作物质便得到一次增强，使光子数不断增长。所以，谐振腔是产生激光的又一个必要条件。

受激辐射的光子在谐振腔中来回多次反射的过程中，将因散射、透射和吸收等原因而产生损耗。如果光子在腔内来回一次所感生出来的光子数比损耗掉的多得多，即腔内的增益远超过损耗，则可以产生激光谐振。同时，光在两个反射面之间的反射形成两列相反方向传播的光波，只有这两列光波叠加形成驻波时，这种振荡才是稳定的。由此得到，产生稳定振荡的条件是共振腔的长度 L 恰好等于辐射光半波长的整数倍，即

$$L=m\frac{\lambda}{2n} \tag{4-6}$$

式中，n 为与波长 λ 相关的介质折射率；m 为正整数，对于不同的 m 值，将有不同波长的驻波相对应。

通常将在共振腔内沿腔轴方向形成的各种可能的驻波称为谐振腔的纵模。谐振腔的谐振频率（或称纵模频率）为

$$\nu=\frac{mc}{2nL} \tag{4-7}$$

谐振频率 ν 与腔体长度 L 及在介质材料中的折反射次数有关，与其他参数无关。

综上所述，获得激光输出的三个必要条件为：

1）必须将处于低能态的电子激发或泵浦到较高能态上去，为此需要泵浦源。

2）需要有大量的粒子数反转，使受激辐射足以克服损耗。

3）有一个谐振腔为出射光子提供正反馈及高增益，用以维持受激辐射的持续振荡。

形成光反馈的光学谐振腔有多种形式，其中最简单的是法布里-珀罗腔。在半导体激光器中，两端的解理面即起反射镜的作用。图 4-12所示为不需外加反射镜的法布里-珀罗光学谐振腔，解理面作为反射镜的反射率为

$$R_m=\left(\frac{n'-1}{n'+1}\right)^2 \tag{4-8}$$

式中，n' 为增益介质的折射率，其典型值为 3.5，因而解理面的反射率约为 30%。

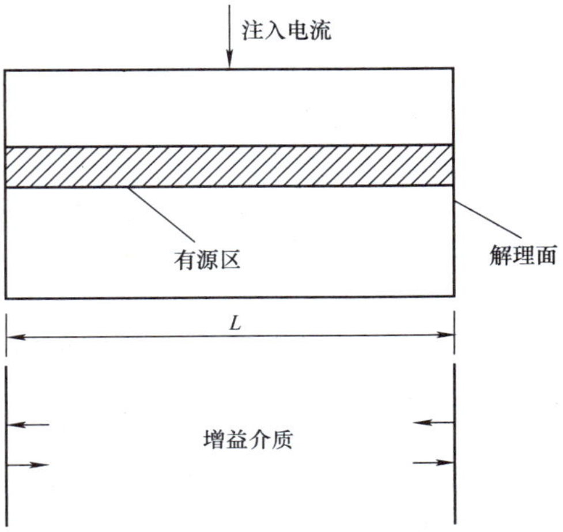

图 4-12　法布里-珀罗光学谐振腔

光增益与光反馈都是激光器稳定工作的必要条件。由于光学谐振腔中存在损耗及通过反射镜的光辐射，受激辐射产生的光子将不断消耗，如果增益不是足够大，则不能补偿这种损耗。只有当增益等于或大于总损耗时，才能建立起稳定的振荡。这一增益被称为阈值增益。为达到阈值增益所要求的注入电流称为阈值电流。

设一振幅为 E_0、频率为 ω、波数 $K=n\omega/c$ 的平面波，在长度为 L、功率增益系数为 g 的光腔中往返一次后，其振幅将增大 $\exp[(g/2)\times(2L)]$ 倍，相位变化为 $2KL$，考虑到激光器内的各种吸收和散射损耗及端面透射输出，其振幅变化为$\sqrt{R_1R_2}\exp(-\alpha_{int}L)$，$R_1$、$R_2$ 为端面反射率，α_{int}为腔内总损耗率。在稳定工作时，平面波在腔内往返一次振幅 E_0 应保持不变。即

$$E_0\exp(gL)\sqrt{R_1R_2}\exp(-\alpha_{int}L)=E_0 \tag{4-9}$$

令等式两边振幅和相位分别相等，则得

$$g=\alpha_{int}+\frac{1}{2L}\ln\left(\frac{1}{R_1R_2}\right) \tag{4-10}$$

$$2KL=2m\pi,\text{或 }\nu=\nu_m=mc/(2nL) \tag{4-11}$$

式中，$K=2\pi n\nu/c$；m 为整数。

式（4-10）与式（4-11）完整地表述了激光器稳定工作的两个条件——振幅条件和相位条件。前者规定增益和电流的最小值，后者规定激光器的振荡频率必为 $\nu_m=mc/(2nL)$ 中的一个频率。这些频率对应于纵向模式（简称纵模），并与光学谐振腔的长度有关。

4.2.2　半导体激光器的结构

半导体激光器有电子束激励和注入式两种。由于后者应用较普遍，因此本节将着重介绍。

1. PN结型二极管注入式激光器

（1）结构与原理　根据产生激光所必须满足的条件，激光器一般由激发装置（泵源）、工作物质及谐振腔三部分组成。结型半导体激光器的结构如图4-13所示。其中图4-13a为常用的法布里-珀罗谐振腔，图4-13b为圆柱形谐振腔，图4-13c为矩形谐振腔，图4-13d为三角形谐振腔。后三种因制造复杂，发射激光的效率较低，所以很少应用。

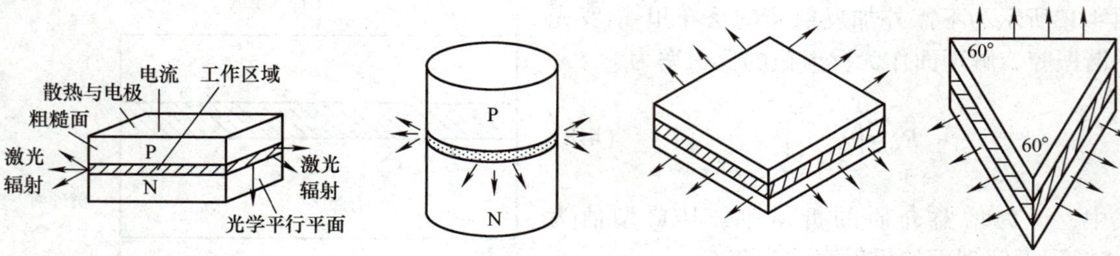

a) 法布里-珀罗谐振腔　b) 圆柱形谐振腔　c) 矩形谐振腔　d) 三角形谐振腔

图4-13　结型半导体激光器的结构

激光器工作物质种类很多，其中GaAs是比较常用的半导体材料。由于对它已进行了长时间的深入研究，使GaAs激光器得到了较为广泛的应用。其他化合物激光器的性质与GaAs相似，Ⅳ~Ⅵ族化合物如PbSePbTe、PbS等也可用来制作激光器。适当选择这些材料，可以获得不同频率的半导体激光器。

下面简单介绍法布里-珀罗共振腔。将工作物质制成PN结并切成长方块，为实现分布反转，结区的两侧都要求是重掺杂半导体材料，杂质浓度一般为$10^{18}\sim10^{19}\mathrm{cm}^{-3}$，使费米能级分别进入导带及价带内。在图4-13a中，左、右两面是二极管的辐射输出端面，由一对相互平行的解理面或抛光面构成，并与结平面垂直，这对平面构成了端部反射器。前、后两面是粗糙的，起到消除主要方向以外的激光作用。焊上引出线后，为二极管提供的电流从引出线流向散热器。

结型激光器由重掺杂半导体材料制作而成，能带结构如图4-14所示。平衡态时，P区价带顶没有电子，N区导带底有高浓度的电子。

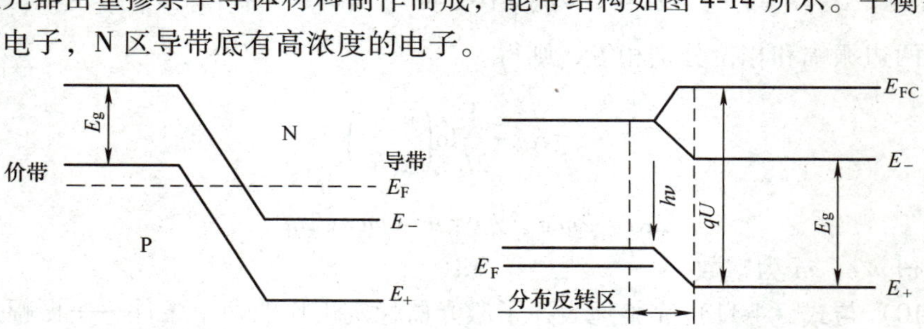

a) 零偏压　b) 正向偏压

图4-14　结型激光器的能带结构

当 PN 结加上正向偏压后，势垒降低，能带结构变为如图 4-14b 所示的形式，外加电压 U 使 N 区和 P 区的费米能级分开并分别进入导带和价带内。由于势垒降低，大量电子由 N 区越过势垒与 P 区的空穴复合，发射出能量等于 E 的光子。空穴也可由 P 区流入 N 区与电子复合发射光子。当外加电压足够大（$qU \geqslant E_g$），使 $h\nu \geqslant E_g$ 时，在势垒区和它的两侧一个扩散长度范围内将出现一个分布反转区，这就是发射激光的工作区。再加上端面反射的反馈便会产生激光。

（2）主要特性

1）激光阈值条件及影响阈值的因素：在激光器中，要维持激光振荡，不仅需要使光子的产生速率超过吸收速率，而且还要超过光子在结区的损耗率，刚好抵偿吸收与损耗的光子产生速率平衡点即为阈值。图 4-15 所示为激光器的输出特性曲线。图中 I_{th} 为阈值电流，（也可以用达到阈值增益时注入的电流密度来表示）。

影响阈值电流的因素很多。图 4-16 表示的是衬底相同、共振腔的长度不同时，在不同温度下得到的实验结果。从图中可以看出，激光器长度 L 越大，阈值电流越小；在室温以下的全部温度范围内都能保持良好的线性关系。此外 I_{th} 还与结区表面的透过损耗有关。激光二极管的表面反射率是决定阈值电流的一个重要因素，反射率的大小依赖于半导体基质。I_{th} 还与结区附近物质的吸收损耗有关。

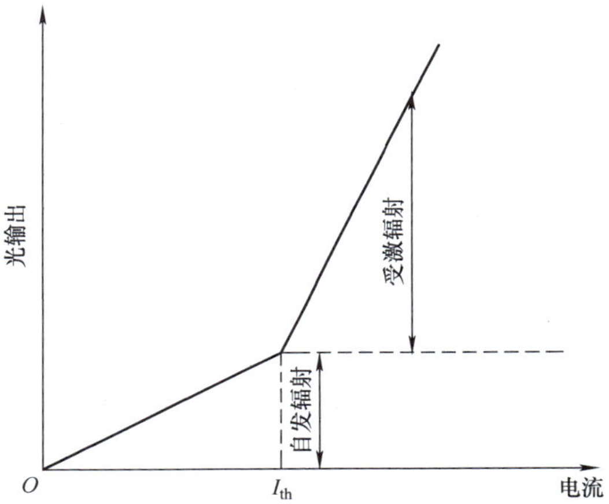

图 4-15　激光器的输出特性曲线

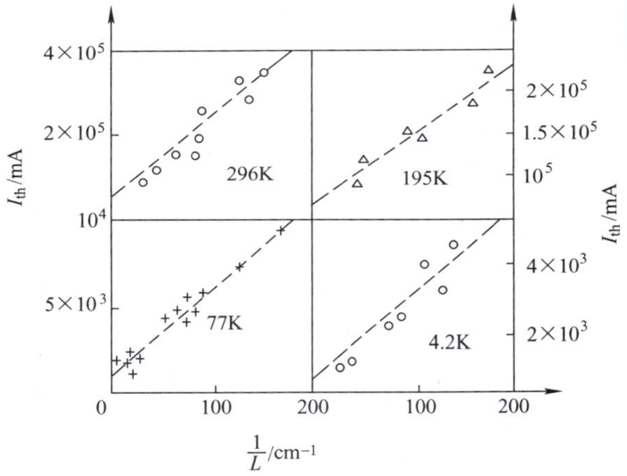

图 4-16　典型 GaAs 激光器的阈值电流 I_{th} 与 $1/L$ 的关系

阈值电流对温度很敏感，在低温下 I_{th} 也随掺杂浓度的增加而增大，在高温下则与 T^3 成正比。要达到同一增益，低温下所需的 I_{th} 小，高温下所需的 I_{th} 大。所以半导体激光器多在低温下使用。阈值电流随单轴向压力（指在一个轴的方向上加压力）的增大而减小。这是因为单轴向压力破坏了晶体的立方对称性。此外，随着外加磁场强度的增大，阈值电流明显减小，并趋于稳定值。

半导体激光器的阈值电流都比较大。如 GaAs 激光器，在 $T=4.2\text{K}$ 时，$I_{th}=130\text{mA}$；室温下，$I_{th}>10^6\text{mA}$。由于激光器工作时需要的电流很大，电流通过结和串联电阻时，将使结的温度上升，这又将导致阈值电流上升。所以阈值电流很高的激光器，通常用脉冲电流来激励，以降低平均热损耗。

2）频谱分布：结型激光器的频谱分布取决于组成激光器的半导体材料，如 GaAs 激光器的输出波长在 77K 时为 840nm，InP 在 30K 时为 910nm。因此，适当选择半导体材料，可以得到不同的激光波长。图 4-17 所示为典型 GaAs 激光器的频谱分布曲线。在低于激光阈值时，因为频谱来源于自发辐射过程，它的光是非相干的，所以谱线相当宽，如图 4-17 中的曲线 1 所示。随着电流的增大，受激辐射逐渐增强，当电流增大到阈值以上时，发生共振，发射谱线强度骤增，同时变窄，发光强度与增益系数呈指数关系，如图 4-17 中的曲线 2 和曲线 3 所示。这时，在某一特殊频率时被增强的最多，这个特定频率为谐振腔内形成的驻波频率，也是激光器发出的激光频率。

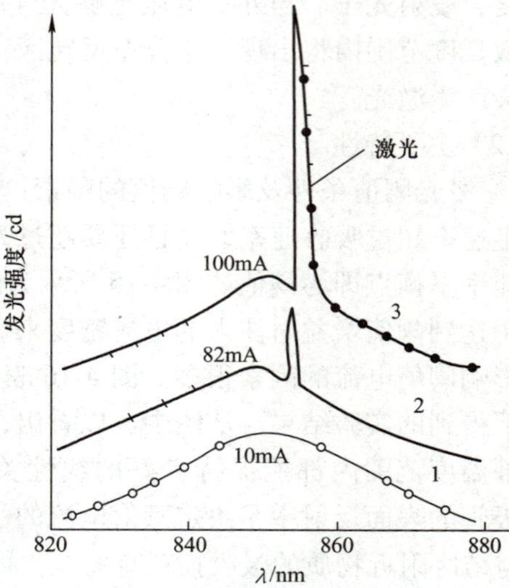

图 4-17　典型 GaAs 激光器的频谱分布曲线

2. 异质结激光器

由于 PN 结（同质结）激光器在室温下的阈值电流很高，不能实现室温下的连续振荡，这在很大程度上限制了它的应用。为了降低激光器在室温下的阈值电流，实现室温下的连续振荡，1963 年有人提出，在较窄禁带宽度材料的两侧加上较宽禁带宽度的材料构成异质结，以限制载流子移动方向。由于这种限制作用，增大了结区载流子浓度，从而提高了受激辐射的效率。这就使半导体激光器的研制由同质结过渡到异质结。

（1）单异质结激光器　单异质结激光器的能带结构和能带图如图 4-18 所示。在 GaAs 的 PN 结上，用分子束外延或液相外延法得到 GaAs-$Al_xGa_{1-x}As$ 异质结。由于 GaAs 和 $Al_xGa_{1-x}As$ 禁带宽度不同，因而在界面处形成了较高的势垒，使从 N-GaAs 注入到 P-GaAs 中的电子在继续向 P-$Al_xGa_{1-x}As$ 扩散时受到阻碍，同没有这种势垒存在时比较，P-GaAs 层内的电子浓度增大，辐射复合的几率也就提高了。再者，P 型 $Al_xGa_{1-x}As$ 对 P 型 GaAs 的发光吸收系数小，损耗也就小。由于铝镓砷的折射率较砷化镓低，因而限制了光子进入铝镓砷区，使光受到反射而局限在 P-GaAs 区内，从而减小了周围非受激区对光的吸收。由于电子和光子在异质结面上都受到了限制，减小了损耗，因而降低了阈值电流。

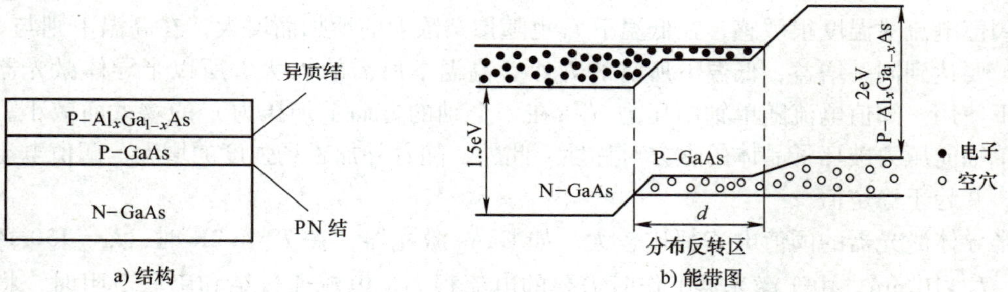

图 4-18　单异质结激光器的能带结构和能带图

单异质结激光器在低温下阈值电流与同质结差不多，但在温度变化时，异质结激光器的阈值电流随温度的变化较小，如室温下的阈值电流密度可降至 8000A/cm^2，但也只能实现室温下的脉冲振荡。为进一步降低阈值电流，实现室温下的连续振荡，研制了双异质结激光器。

（2）双异质结激光器　双异质结激光器的能带结构和能带图如图 4-19 所示。如图 4-19a 所示，在 GaAs 的一侧为 N 型 $Al_xGa_{1-x}As$，另一侧为 P 型 $Al_xGa_{1-x}As$，作用区两侧具有对称性，因而激光作用区在 N 区或 P 区处皆可。以 P 型为例加正向偏压时，电子注入作用区到达 P-GaAs 和 P-$Al_xGa_{1-x}As$ 界面，受到势垒的阻挡而返回，不能进入 P 型 $Al_xGa_{1-x}As$ 层中去，从而增大了 P 型 GaAs 层中的电子浓度，提高了增益。又由于 N 型 $Al_xGa_{1-x}As$ 与 P 型 GaAs 之间的势垒避免了单异质结激光器存在的空穴注入现象，使工作区电子、空穴浓度加大，复合几率增加。另外，由于两个界面处折射率都发生较大突变，所以光子被更有效地限制在作用区内。因此，双异质结激光器的阈值电流密度进一步降低到 1000～3000A/cm^2，实现了室温下的连续振荡。实验证明，阈值电流随温度的变化也较小。

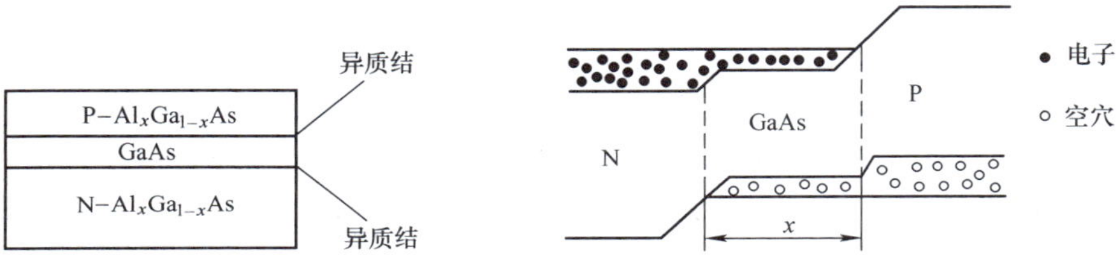

a) 结构　　b) 能带图

图 4-19　双异质结激光器的能带结构和能带图

目前，异质结激光器的主要改进方向是进一步降低阈值电流和提高效率。扩展异质结激光器的光谱波段也是一个很重要的发展方向。

4.3　几种典型的激光器

我国是激光器发展较早的国家之一，美国科学家梅曼于 1960 年 7 月 8 日发明了红宝石激光器，当时中国科学院长春光学精密机械研究所的年轻专家王之江、邓锡铭等及时捕捉并提出这一前沿的科学研究课题，在工作条件非常艰苦的情况下，仅用一年的时间，于 1961 年研制成功我国第一台红宝石激光器，填补我国激光光源的空白，其样机如图 4-20 所示。

随着科学技术发展和新材料的大量出现，各种工作物质、输出方式的激光器不断出现。激光器按工作波段、输出方式和工作物质有三种分类方法。

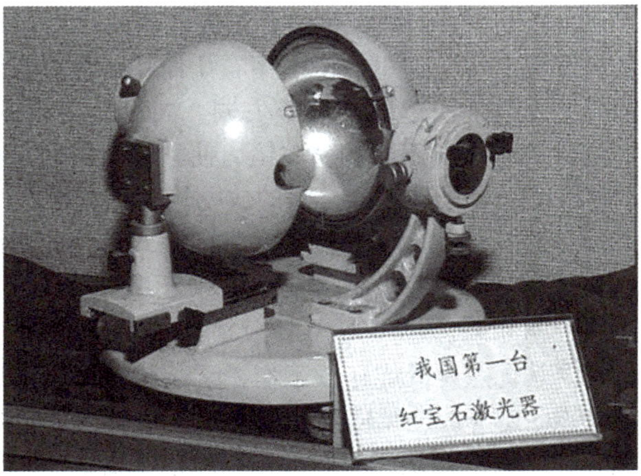

图 4-20　我国第一台红宝石激光器

(1) 按工作波段分类 红外和远红外激光器、可见光激光器、紫外和真空紫外激光器、X 射线激光器。

(2) 按输出方式分类 连续激光器、脉冲激光器、超短脉冲激光器。

(3) 按工作物质分类 气体激光器、固体激光器、染料激光器和半导体激光器和光纤激光器。

本节主要对除半导体激光器以外，按工作物质分类的几种常用激光器的特点、结构进行介绍。

4.3.1 气体激光器

气体激光器是以气体或蒸气作为工作物质的激光器，常见的有 He-Ne 激光器、CO_2 激光器和氩离子（Ar^+）激光器三种。与其他种类激光器相比较，气体激光器的突出优点是输出光束的质量好（单色性、相干性、光束方向和稳定性等），因此在工农业生产、国防和科学研究中，都有广泛的应用。

1. He-Ne 激光器

氦氖（He-Ne）激光器是具有连续输出特性的气体激光器。虽然它的输出功率一般来说并不是很高，通常只有几毫瓦，最大也不过百毫瓦，但是它的光束质量很好；光束发散角很小，一般能达到衍射极限；相干长度是气体激光器中最长的；器件结构简单，造价低廉，输出光束是可见光；主要谱线是红光（0.6328μm）、黄光（0.594μm）、绿光（0.543μm）和橙光（0.606μm、0.612μm）。基于上述优点，He-Ne 激光器在精密计量、准直、导航、全息照相、通信、激光医学等方面均得到了极其广泛的使用。

He-Ne 激光器的组成主要包括共振腔、工作物质、放电电源三部分，当电极上加上几千伏的直流高压后，管内就产生辉光放电，对工作物质进行激励从而引起受激辐射，经共振腔进行光放大以后，即产生激光输出。其按结构形式可分为内腔式、外腔式和半外腔式三种，如图 4-21 所示。

图 4-21a 为内腔式，两块反射镜直接贴在放电管两端，这种形式的最大优点是使用方便，反射镜贴好后就不用再调整。其缺点是由于发热或外界扰动等原因而造成放电管发生形变，使两块反射镜的位置发生相对变化，导致共振腔失调，因而使输出频率及功率发生较大的变化。

图 4-21b 为外腔式，组成共振腔的两块反射镜与放电管完全分离，反射镜安装在专门设计的调整支架上，放电管两端用布儒斯特窗片以布儒斯特角密封。这种结构的优点是能避免因放电管形变而引起的共振腔失调，同时获得线偏振光。这对某些应用和光学研究是必要的。其缺点是需要不断调整腔镜，使其输出最佳，使用不如内腔式方便。

图 4-21c 为半外腔式，它的放电管一端直接贴反射镜，另一块反射镜与放电管分离。输出光束也是线偏振光，其性能介于内腔式和外腔式两者之间。

2. CO_2 激光器

CO_2 激光器是以 CO_2 气体分子作为工作物质的气体激光器，其激光波长为 10.6μm 和 9.6μm。其优点是既能连续工作，又能脉冲工作，输出功率大、效率高。它的能量转换效率高达 20%~25%，连续输出功率可达万瓦量级，脉冲输出能量可达万焦耳，脉冲宽度可压缩到纳秒。它被广泛用于材料加工、通信、雷达、诱发化学反应、外科手术、美容等方面，还可用于激光引发热核反应、激光分离同位素以及激光武器等。

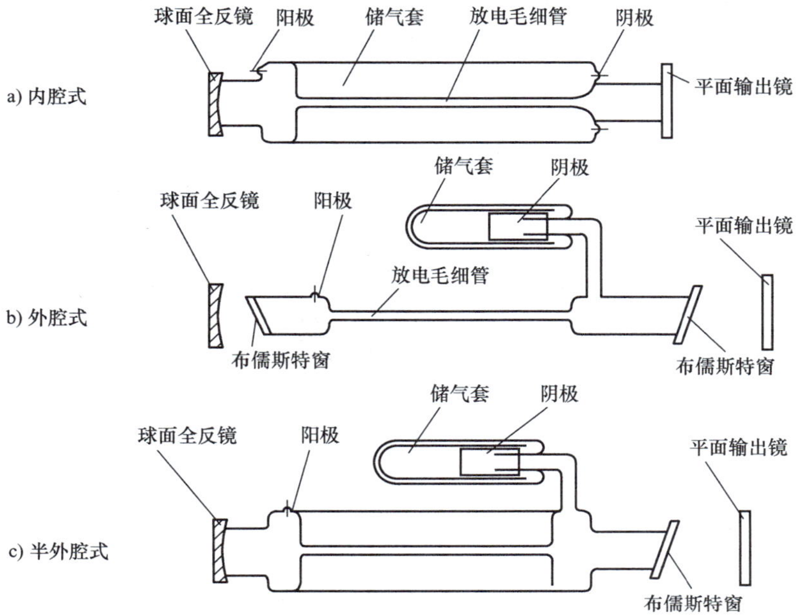

图 4-21　He-Ne 激光器的基本结构形式

图 4-22 是一种典型的分离式 CO_2 激光器的结构示意图。构成 CO_2 激光器谐振腔的两个反射镜放置在可供调节的腔片架上，最简单的方法是将反射镜直接贴在放电管的两端。

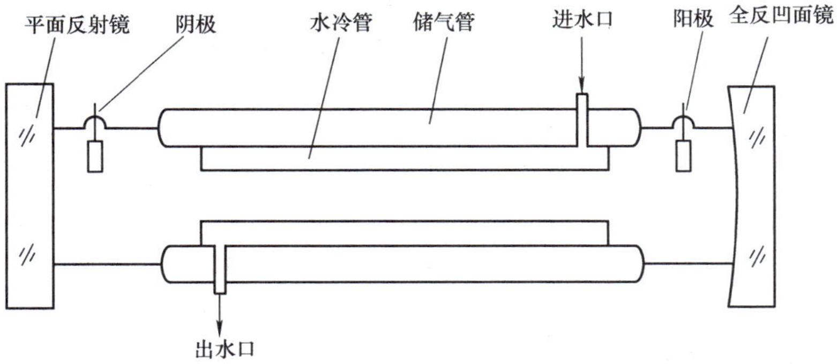

图 4-22　分离式 CO_2 激光器的结构示意图

3. 氩离子（Ar^+）激光器

Ar^+激光器是一种惰性气体离子激光器，是目前在可见光区域输出功率最高的一种连续工作的激光器。其输出功率一般为几瓦或几十瓦，在可见光区域可发射多条振荡谱线，其中以波长 514. 5nm（绿色）和 488nm（蓝色）的最强。它既可以连续工作，又可以脉冲状态工作，已广泛应用于全息照相、信息处理、光谱分析、医疗和工业加工等许多领域。

Ar^+激光器一般由放电管、谐振腔、轴向磁场和回气管等几部分组成，其中最关键的部分是放电管。氩离子激光器放电管的核心是放电毛细管，由于氩离子激光器的工作电流密度

高达数百 A/cm^2，放电毛细管的管壁温度往往在 1000℃以上，因此需采用耐高温、导热性能好、气体清除速率低的材料制成，如采用石英管、氧化铍陶瓷管、分段石墨管等。如图 4-23所示为石墨放电管的结构图。

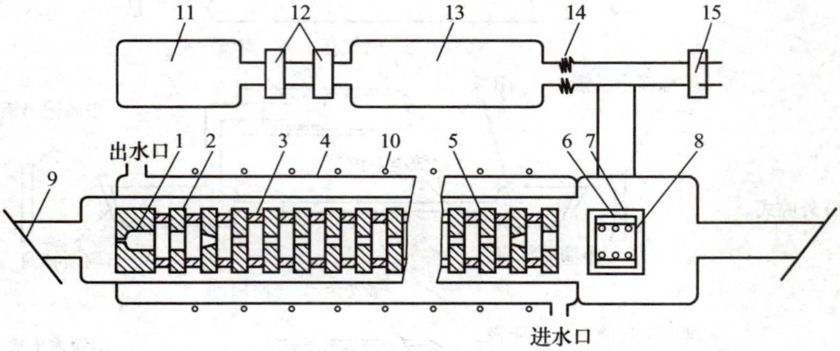

图 4-23　石墨放电管的结构图

1—石墨阳极　2—石墨片　3—石英环　4—水冷套　5—放电管　6—阴极　7—保热屏　8—加热灯丝　9—布儒斯特窗　10—磁场　11—储气瓶　12—电磁真空充电阀　13—镇气瓶　14—波纹管　15—气压监测器

4.3.2　固体激光器

固体激光器是由光学透明晶体或玻璃作为基质材料，掺杂激活离子或其他激活物质构成。常用固体工作物质有红宝石、钕玻璃、掺钕钇铝石榴石（Nd_3^+：YAG）三种。它一般应具有良好的物理-化学性质、窄的荧光谱线、强而宽的吸收带和高的荧光量子效率。

固体激光器的特点：输出能量大（可达数万焦耳），峰值功率高（连续功率可达数千瓦，脉冲峰值功率可达千兆瓦、几十太瓦），结构紧凑，牢固耐用。其广泛应用于工业、国防、医疗、科研等方面，例如打孔、焊接、划片、微调、激光测距、雷达、制导、激光视网膜凝结、全息照相、激光存储、大容量通信等。

Nd_3^+：YAG 是目前能在室温下连续工作的唯一使用的固体工作物质，目前在中小功率脉冲器件中，特别是在高重复率的脉冲器件中，Nd_3^+：YAG 的应用远远超过其他固体工作物质。可以说，Nd_3^+：YAG 从出现至今大量使用、长盛不衰。

1. 基本结构

固体激光器基本上都是由工作物质、泵浦系统、谐振腔和冷却/滤光系统构成的。固体激光器的基本结构（冷却/滤光系统未画出）如图 4-24 所示。

2. 工作原理

固体激光器工作物质是绝缘晶体，一般都采用光泵浦激励。泵浦光源应当满足两个基本条件。常用的泵浦灯在空间的辐射都是全方位的，因而固体工作物质一般都加工成圆柱棒形状，为了将泵浦灯发出的光能完全聚到工作物质上，必须采用聚光腔。

图 4-25 所示的椭圆柱聚光腔是小型固体激光器中最常采用的聚光腔，它的内表面被抛光成镜面，其横截面是一个椭圆。固体激光器的泵浦系统还要冷却和滤光。常用的冷却方式有液体冷却、气体冷却和传导冷却等，其中液体冷却最为普遍。

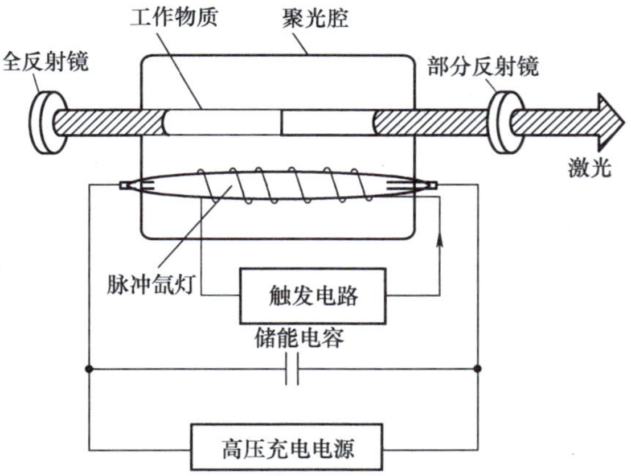

图 4-24　固体激光器的基本结构

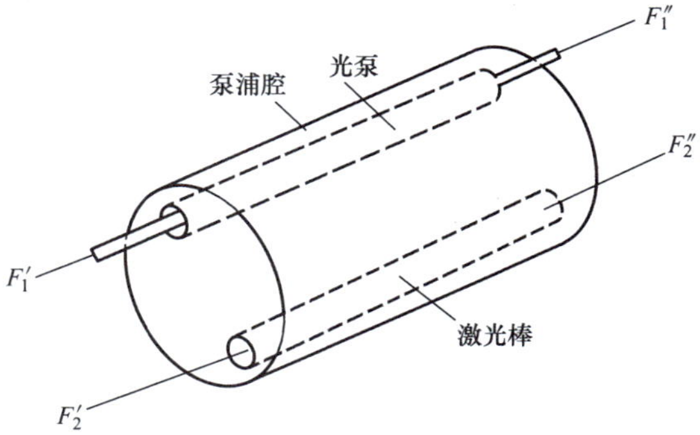

图 4-25　椭圆柱聚光腔

4.3.3　染料激光器

染料激光器工作物质是有机染料，染料激光器受到人们重视的原因是：①输出激光波长可调谐，某些染料激光波长可调宽度达上百纳米；②激光脉冲宽度可以很窄，目前，由染料激光器产生的超短脉冲宽度可压缩至飞秒量级；③染料激光器的输出功率大，可与固体激光器比拟，但价格便宜，同样的输出功率，它只有固体激光器的千分之一；④染料激光器工作物质具有均匀性好等特点，其发射光束具有优良的光学质量。

染料激光器在光化学、光生物学、光谱学、化学动力学、同位素分离、全息照相和光通信中，正获得日益广泛的重要应用。

1. 染料激光器结构

图 4-26 是目前经常采用的三镜腔式染料激光器结构示意图。

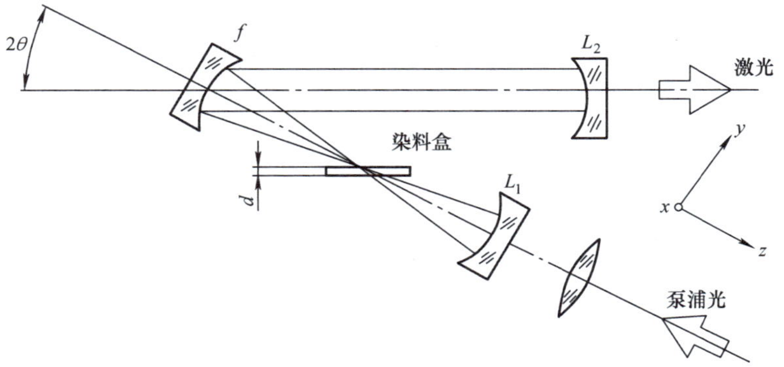

图 4-26　三镜腔式染料激光器结构示意图

2. 染料激光器的调谐

（1）光栅调谐　图 4-27 是一种光栅-反射镜调谐腔，放在腔中的光栅 G 具有扩束和色散作用。

（2）棱镜调谐　图 4-28 是一种折叠式纵向泵浦染料激光器原理图，腔内放置的棱镜是一种色散元件。

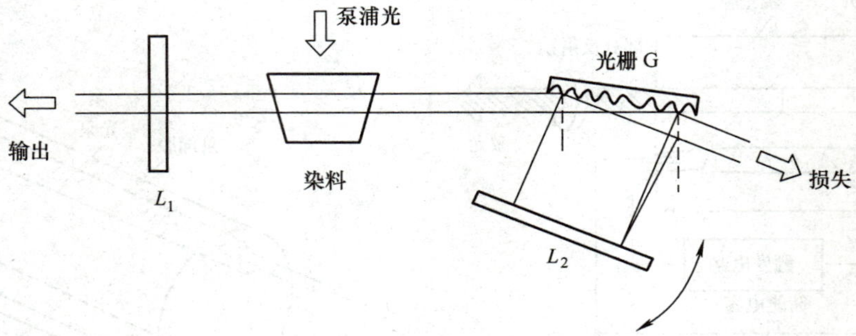

图 4-27　光栅-反射镜调谐腔

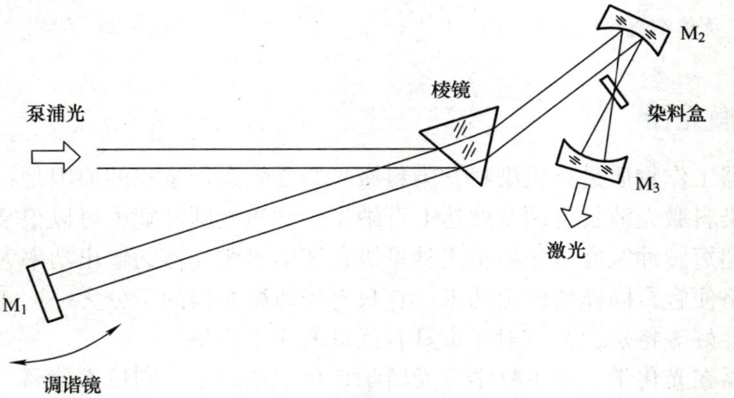

图 4-28　折叠式纵向泵浦染料激光器原理图

（3）双折射滤光片调谐　利用双折射滤光片调谐，是目前染料激光器广泛采用的调谐方法，国内外的 Ar^+ 激光、YAG 倍频激光泵浦的染料激光器，都使用这种方法调谐。图 4-29 给出的典型染料激光器就是利用双折射滤光片进行调谐的。

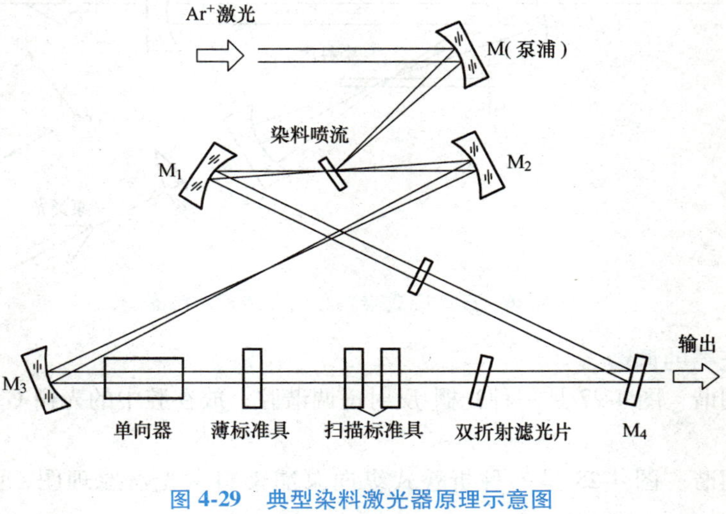

图 4-29　典型染料激光器原理示意图

4.3.4　光纤激光器

光纤激光器和传统的固体、气体激光器一样，也是由泵浦源、增益介质、谐振腔三个基本部分组成。泵浦源一般采用高功率半导体激光器，增益介质为稀土掺杂光纤或普通非线性光纤，谐振腔可以由光纤光栅等光学反馈元件构成各种直线形谐振腔，也可以用耦合器构成各种环形谐振腔。以稀土掺杂光纤激光器为例，其结构如图 4-30 所示，掺有稀土离子的光纤芯作为增益介质，掺杂光纤固定在两个反射镜间构成谐振腔，泵浦光从反射镜 M_1 入射到光纤中，从反射镜 M_2 输出激光。

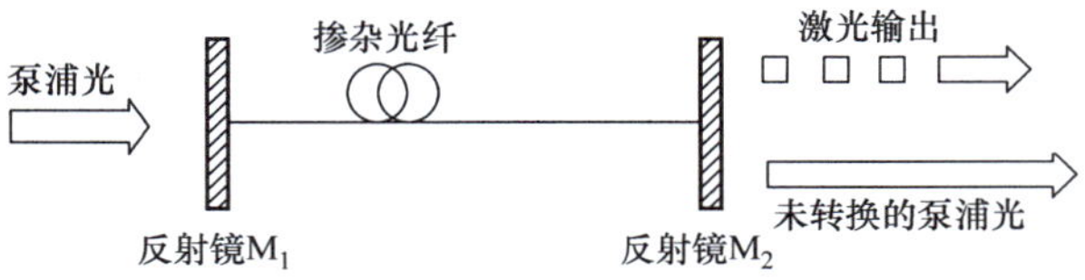

图 4-30　稀土掺杂光纤激光器结构

当泵浦光通过光纤时，光纤中的稀土离子吸收泵浦光，其电子被激励到较高的激发能级上，实现了离子数反转。反转后的粒子从高能态转移到基态，以辐射形式释放能量，输出激光。图 4-30 中采用的是反射镜谐振腔，主要用以说明光纤激光器的原理，实际的光纤激光器可采用全光纤谐振腔。

全光纤激光腔的构成示意图如图 4-31 所示，采用 2×2 光纤耦合器构成光纤环路反射器，图 4-31a 表示将光纤耦合器两输出端口连接成环，图 4-31b 表示用分立光学元件构成的与光纤环等效的光路图，图 4-31c 表示两只光纤环反射器串接一段掺稀土离子光纤构成的全光纤型激光器。以掺 Nd^{3+} 石英光纤激光器为例，应用 806nm 波长的 AlGaAs（铝镓砷）半导体激光器为泵浦源，光纤激光器的激光发射波长为 1064nm，泵浦阈值约 470μW。

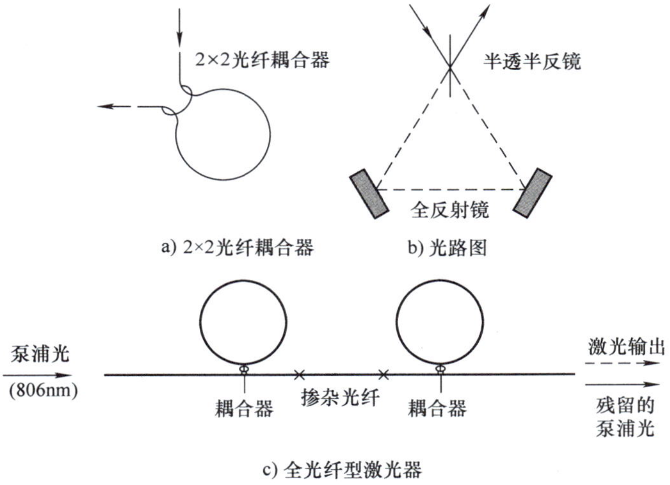

图 4-31　全光纤激光腔的构成示意图

光纤环形激光器示意图如图 4-32 所示，由 2×2 光纤耦合器构成。如图 4-32a 所示，将光纤耦合器输入端 2 连接一段稀土掺杂光纤，再将掺杂光纤连接耦合器输出端 4 而成环。泵浦光由耦合器端 1 注入，经耦合器进入光纤环而泵浦其中的稀土离子，激光在光纤环中形成，并由耦合器端口 3 输出。这是一种行波型激光器，光纤耦合器的耦合比越小，表示储存在光纤环内的能量越大，激光器的阈值也越低。典型的掺 Nd^{3+} 光纤环形激光器，耦合比 ≤10%，利用染料激光器 595nm 波长的输出进行泵浦，产生 1078nm 的激光，阈值为几个毫瓦。与光纤环形激光腔等效的分立光学元件的光路图如图 4-32b 所示。

利用光纤中稀土离子荧光谱带宽的特点，在上述各种激光腔内加入波长选择性光学元件，如光栅等，可构成可调谐光纤激光器，典型的掺 Er^{3+} 光纤激光器在 1536nm 和 1550nm

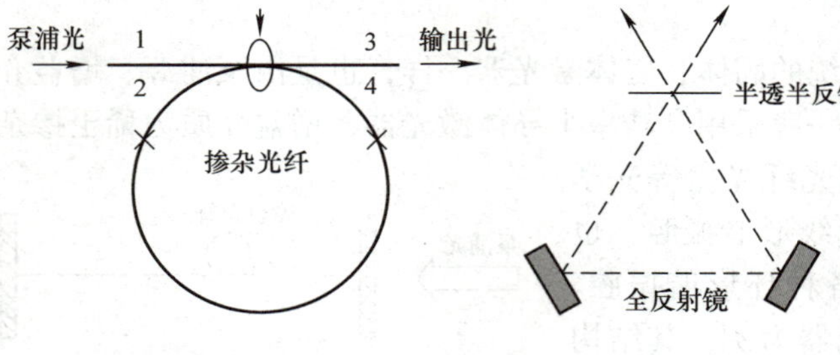

图 4-32 光纤环形激光器示意图

处可调谐 14nm 和 11nm。如果采用特别的光纤激光腔设计，则可实现单纵模运转，激光线宽可小至数十兆赫，甚至达 10kHz 的量级。光纤激光器在腔内加入声光调制器，可实现调 Q 或锁模运转。调 Q 掺 Er^{3+} 石英光纤激光器，脉冲宽度 32ns，重复频率 800Hz，峰值功率可达 120W。

稀土掺杂石英光纤激光器以成熟的石英光纤工艺为基础，因而损耗低和精确的参数控制均得到保证。适当加以选择可使光纤在泵浦波长和激射波长均工作于单模状态，可达到高的泵浦效率，光纤的表面积与体积之比很大，散热效果很好，因此，光纤激光器一般仅需低功率的泵浦即可实现连续波运转。光纤激光器易于与各种光纤系统的普通光纤实现高效率的接续，且柔软、细小，因此不但在光纤通信和传感方面，在医疗、计测以及仪器制造等方面也有极大的应用价值。

思考题与习题

4-1 发光二极管的颜色和波长之间有什么关系？（ ）

A. 光颜色和波长无关　B. 波长决定了光颜色

C. 光颜色决定了波长　D. 波长和光颜色同时决定

4-2 LED 的亮度可以通过以下哪个方法调节？（ ）

A. 调整电流　B. 调整电压　C. 调整频率　D. 调整温度

4-3 关于白光 LED，下列说法正确的有（ ）。

A. 材料 GaP 掺 Zn 可以发白光

B. 采用蓝光技术与黄色荧光粉可以发白光

C. 多种单色光混合 R∶G∶B=3∶6∶1 可以发白光

D. 紫外 LED 加 RGB 三波长荧光粉可以发白光

4-4 激光光源与常见光源相比，突出的特点有（ ）。

A. 方向性好　B. 单色性好　C. 相干性好　D. 亮度高

4-5 激光器工作介质吸收外界能量激发到激发态，激励方式有（ ）。

A. 光学激励　B. 电激励　C. 化学激励　D. 核能激励

4-6 下面关于激光器的波长说法正确的是（ ）。

A. 氦氖激光器主要谱线为 632. 8nm

B. 二氧化碳激光器光谱为 10. 6μm 和 9. 6μm

C. 砷化镓半导体激光器发光在红外波段

D. 红宝石激光器发光光谱为 694. 3nm

4-7　发光二极管发出光的颜色是由材料的________决定的。

4-8　描述发光二极管的发光光谱的两个主要参量是____________和________。

4-9　激光产生的条件是：____________、____________、____________。

4-10　光源的稳定常用什么表示？光源的颜色又用什么表示？为什么？

4-11　什么是发光光谱？它由什么因素决定？光谱的半宽度有何意义？

4-12　什么是 LED 的寿命？什么叫老化？它们与什么因素有关？有何关系？

4-13　试述激光是如何产生的。产生激光的三个必要条件是什么？

4-14　激光器输出的波长主要由什么因素决定？为什么？

4-15　氦氖激光器布儒斯特窗为什么与光轴成一定角度？

4-16　由于 LED 的正向伏安曲线较陡，故在应用时必须串接限流电阻，以免烧坏器件。设电源电压 E 为 5V；LED 的正向压降 U_F 为 1V；流过 LED 的电流 I_F 为 10mA，求在直流电路中，需串接的限流电阻 R 为多少？

4-17　当产生激光的共振腔的长度 $L=15\text{mm}$，介质的折射率 $n=1.2$，$m=3$ 时，求：(1) 辐射出的激光波长为多少？(2) 共振腔的共振频率或纵模频率为多少？

4-18　某光电耦合器件的电流传输比 $\beta=0.8$，如果输出电流 $I_o=20\text{mA}$，试求其输入电流 I_F？

第5章　光信号的变换与检测

被测目标光信号有两种类型：一种是主动式光信号，即光信号照射目标，然后由目标反射。它一般应用于制导或主动式夜视系统中；第二种是被动式光信号，没有人工光源，而是被测对象本身的光辐射或借助于自然光的辐射，如测温、搜索目标，以及被动式夜视系统等。光信号按时域特性分有缓变信号、脉冲信号和交变信号三种。

在检测光信号的同时，也存在着背景辐射，而背景辐射光将引起不期望的干扰噪声。因此如何抑制背景干扰将是辐射信号检测的关键之一，同时，光学系统的选择也是获取信号、减少或抑制噪声、提高信噪比的关键，本章也将对典型光学系统进行说明。

5.1　几种典型光学系统

光电检测技术在进行信息采集时，一般需要相关光学系统来完成光信息的有效收集、传输，将载有检测对象的光信息作用于光电器件（传感器），因此合理、有效地选择光学系统将对检测结果产生直接影响。

光学系统最基础的元件为光学玻璃，因此在介绍主要内容之前有必要介绍我国光学玻璃的发展历程。建国初期，龚祖同深知，不能生产光学玻璃，光学工业难为无米之炊。依靠进口玻璃，中国的光学工业不可能真正独立。1939 年开始龚祖同在上海、昆明、秦皇岛等地试制光学玻璃，但由于当时的社会动荡及支持不足，均没有成功。中华人民共和国成立后，时任中国科学院长春仪器馆馆长的王大珩意识到光学玻璃的重要性，与龚祖同可谓“英雄所见略同”。1950 年，王大珩从东北人民政府申请了 40 万元拨款，邀请龚祖同去长春攻关。龚祖同在他所写的回忆录中写到：“这时我感到非常兴奋，下定决心，誓将光学玻璃试制成功。艰难困苦无所惧，赴汤蹈火也甘心。”从 1951 年春到长春提出试制车间设计任务书起，龚祖同奔走联系建筑设计与施工，当年动工，当年完成。1952 年定制特型炉材，建造炉窑。同年 7 月制造大坩埚，10 月烤炉，几次坩埚破裂失败。龚祖同知难而进，屡败屡战，日夜生活在炉边，全身心投入在工作中。1952 年除夕，第一次获得了 300 升（一大坩埚）K8 光学玻璃，接着又成功了两坩埚。然后是巩固、提高，开发新的品种，由硼冕玻璃到火石玻璃，再到钡冕玻璃。工艺上从经典法发展到浇铸法。与此同时，他们接待了全国各地的代培人员并提供资料，从北京到南京再到上海，毫无保留地提供了图样和配方。这是最无私、最彻底的奉献，中国的光学玻璃工业从此诞生。

下面介绍几种在光电检测中常用的典型光学系统及主要参数的计算方法。

5.1.1　摄远物镜

对于一个无穷远物体，需要一个光学系统能满足如下技术指标：长度（从前透镜到像面距离）为 220mm，工作距离（从后透镜到像面距离）为 100mm，焦距为 300mm，速度为 $f/4.0$，视场为 11.4°（±0.1rad），零渐晕，孔径光阑位于前透镜上。指标要求实际上已经给出组件的位置，只需确定组件的光焦度及直径。

根据已知条件，组件之间的间隔是从前透镜到像平面的距离（220mm）减去工作距离（100mm），即 120mm。组件位置确定后，截距 $B=100\text{mm}$ 和间隔 $d=(220-100)\text{mm}=120\text{mm}$。要求系统焦距 $f_{ab}=300\text{mm}$，利用下式可分别求解前组件焦距和后组件焦距，得到：

$$f_a=df_{ab}/(f_{ab}-B)=[120\times300/(300-100)]\text{mm}=(3600/200)\text{mm}=180\text{mm}$$

$$f_b=-dB/(f_{ab}-B-d)=[-120\times100/(300-100-120)]\text{mm}=(12000/80)\text{mm}=-150\text{mm}$$

摄远物镜光学系统结构示意图如图 5-1 所示。由于孔径光阑位于前组件上，其入瞳直径一定等于焦距（300mm）除以 $f/4$，所以，组件 a 的直径是 $(300/4)\text{mm}=75\text{mm}$。对于后组件，轴上光束的直径取决于后截距（100mm）和系统速度（$f/4$），所以，由一个物点发出的轴上光束的直径是 $(100/4)\text{mm}=25\text{mm}$。对离轴 0.1rad 的物点，主光线通过前组件中心而没有偏折，投射到后组件上的高度等于斜率乘以间隔，即 $(0.1\times120)\text{mm}=12\text{mm}$。中心在该主光线高度（12mm）处的 25mm 直径的光束要求半孔径值是 $(12+25/2)\text{mm}=24.5\text{mm}$，或者直径 49mm。 143

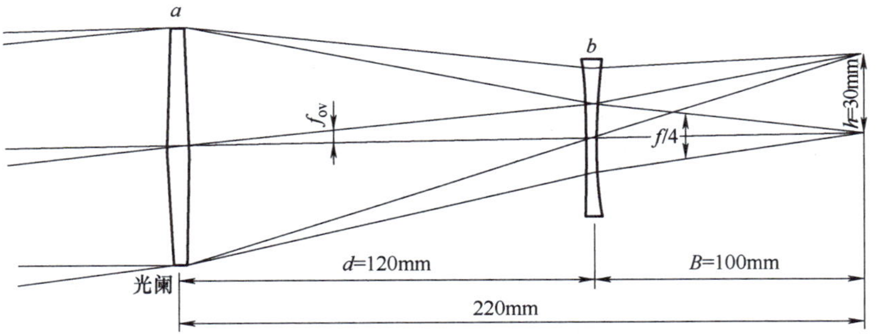

图 5-1　摄远物镜光学系统结构示意图

5.1.2　反摄远透镜

除下列条件外，所需要条件与前面摄远物镜指标相同，其中焦距为 50mm 而不是 300mm，孔径光阑必须位于后组件而不在前组件上。此光学系统需要确定组件的光焦度（或焦距）和直径。

再次利用公式得到组件的焦距为

$$f_a=f_{ab}/(f_{ab}-B)=[120\times50/(50-100)]\text{mm}=[6000/(-50)]\text{mm}=-120\text{mm}$$

$$f_b=-dB/(f_{ab}-B-d)=[-120\times100/(50-100-120)]\text{mm}=[-12000/(-170)]\text{mm}=70.5888\text{mm}$$

反摄远光学系统结构示意图如图 5-2 所示。轴上光束在前组件上的直径等于系统焦距（50mm）除以 $f/4$，即 $(50/4)\text{mm}=12.5\text{mm}$。对于后组件，轴上光束的直径是后截距（100mm）除以 $f/4$，即 $(100/4)\text{mm}=25\text{mm}$。由于光阑位于后组件上，所以，该数据（25mm）

就是它的直径。视场是±0.1rad，像高 h 等于视场±0.1rad 乘以焦距（50mm），即（±0.1×50)mm=±5.0mm。因此，通过光阑中心（在厚透镜处）的主光线的斜率等于像高除以后截距，即±5/100=±0.05。后透镜不会使该光线偏折，所以，组件之间的斜率也是±0.05，光线投射到前组件上的高度是（±0.05×120)mm=±6.0mm。直径12.5mm、中心在轴外6.0mm处的光束需要的半孔径值是（6.0+12.5/2)mm=12.25mm，所以，前组件的直径必须是24.5mm。

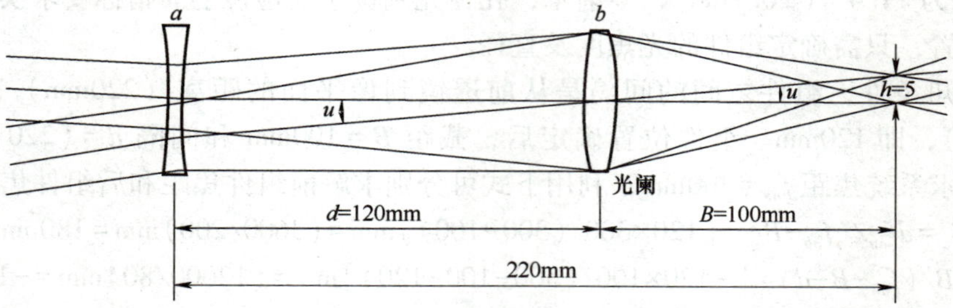

图5-2　反摄远光学系统结构示意图

5.1.3　转像系统（中继系统）

转像系统有正像和倒像两种，其中正像的具体要求为：像面至物体的距离是200mm，要求该系统的放大率是+0.5，物体到第一块透镜的距离是50mm，物体到第二块透镜的距离是150mm。倒像的要求与正像一致，只是像面是倒像而不是正像。系统需要确定组件的光焦度，下面分别介绍。

1）由于物像都在有限远距离上，物距 $s=-50$mm。像距 s' 等于物体到像面的距离（200mm）减去物体到第二块透镜的距离（150mm），即 $s'=(200-150)$mm=50mm。间隔 d 等于第一块透镜到第二块透镜的距离，即 $d=(150-50)$mm=100mm。放大率 $m=0.5$，像是正立的，如图5-3所示。求解光焦度 φ_a 和 φ_b 得到：

$$\begin{aligned}\varphi_a &= (ms-md-s')/msd \\ &= \{[0.5\times(-50)-0.5\times100-50]/0.5\times(-50)\times100\}\,\text{mm}^{-1} \\ &= [-125/(-2500)]\,\text{mm}^{-1} \\ &= 0.05\,\text{mm}^{-1}\ (f_a=20.0\,\text{mm})\end{aligned}$$

$$\begin{aligned}\varphi_b &= (d-ms+s')/ds' \\ &= \{[100-0.5\times(-50)+50]/100\times50\}\,\text{mm}^{-1} \\ &= 0.035\,\text{mm}^{-1}\ (f_b=28.57142957\cdots\text{mm})\end{aligned}$$

总光焦度 $=\varphi_a+\varphi_b=0.085\text{mm}^{-1}$

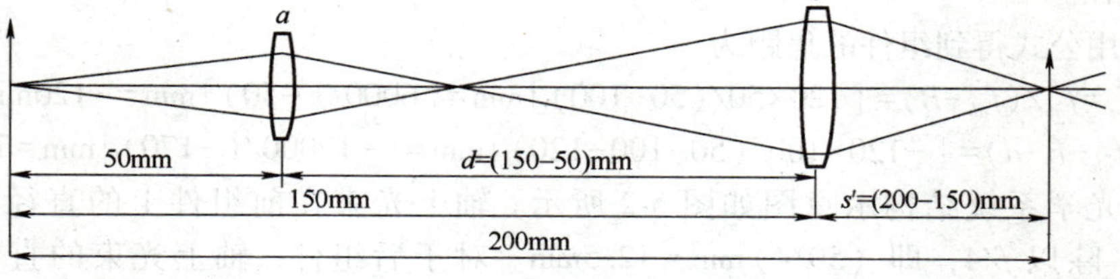

图5-3　转像系统（正像）光学系统结构示意图

2）除放大率 $m=-0.5$ 而不是 0.5 外，其他数据一样，如图 5-4 所示。

$$\varphi_a=\{[-0.5\times(-50)-(-0.5)\times100-50]/(-0.5)\times(-50)\times100\}\,\mathrm{mm}^{-1}$$
$$=(25/2500)\,\mathrm{mm}^{-1}$$
$$=0.01\mathrm{mm}^{-1}(f_a=100\mathrm{mm})$$
$$\varphi_b=\{[100-(-0.5)\times(-50)+50]/100\times50\}\,\mathrm{mm}^{-1}$$
$$=(125/5000)\,\mathrm{mm}^{-1}$$
$$=0.025\mathrm{mm}^{-1}(f_b=40\mathrm{mm})$$

总光焦度 $=\varphi_a+\varphi_b=0.035\mathrm{mm}^{-1}$

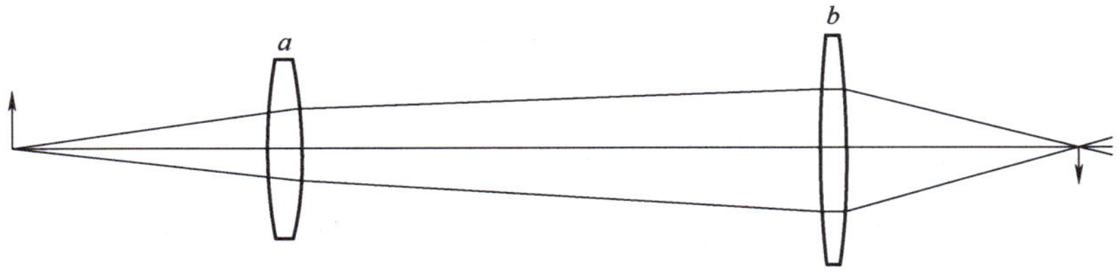

图 5-4　转像系统（倒像）光学系统结构示意图

值得注意的是，无论是倒像还是正像，在确定总光焦度和单个组件光焦度方面都有较大差别，需要通过控制光焦度进行调整。

5.1.4　短距离望远镜

设计一个 250mm 长的“望远镜”用于观察距物镜 1000mm 远的物体，希望观察到的像是 1000mm 远处观察时的 10 倍。该设计主要还是确定“望远镜”组件的光焦度。

假设物高是 h 。对 1000mm 距离的张角是 $h/1000$。如果像是 10 倍那么大，必须使张角等于 $h/100$。有如下几种求解方式。

方法一：

利用牛顿公式，物镜在镜筒内的像位于 $s'=f+x'=f-f^2/(f-1000)$，其中 f 是物镜焦距。

像高等于主光线斜率（$u=h/1000$）乘以像距 s'，即 $h'=(h/1000)[f-f^2/(f-1000)]$。

如果从目镜方向考虑，在镜筒内成像的张角是 h'/f_e，为了得到 10 倍放大率，必须使其等于 $h/100$，从而得到：

$$望远镜长度=f_e+s'=250\mathrm{mm}$$

求解 f_e，得到 $f_e=250-s'=250-f+f^2/(f-1000)$。

10 倍放大率要求目镜处的张角等于 $h/100=h'/f_e=hf/f_e(f-1000)$，代入 f_e，得到：

$$\pm0.01h=hf/(f-1000)[250-f+f^2/(f-1000)]$$

在此求解 f 也是一个很重要的训练。

方法二：

镜筒内的像位于 s'，$s=-1000\mathrm{mm}$，因此，放大率 $m=s'/s=-s'/1000$，内像高 $h'=hm=-hs'/1000$。

为了保证 250mm 长度，有 $f_e=250-s'$。放大率要求 $\pm0.01h=h'/f_e=hf/1000f$，代换 f_e，得到：

$$\pm0.01h=-h's'/1000(250-s')$$

求解 s'：

$$\pm 10(250-s')=-s'$$
$$2500-10s'=\pm s'$$
$$2500=10s'\pm s'=11s' \text{或者} 9s'$$
$$s'=227.27 \text{或者} -27.77$$

确定 f_e：

$$f_e=250-s'=22.727 \text{或者} -27.77$$

计算 f：

$$f=ss'/(s-s')$$
$$=1000s'(-1000-s')$$
$$=185.185 \text{或者} 217.391$$

图 5-5 给出了两种设计结果对应的光学系统结构示意图。

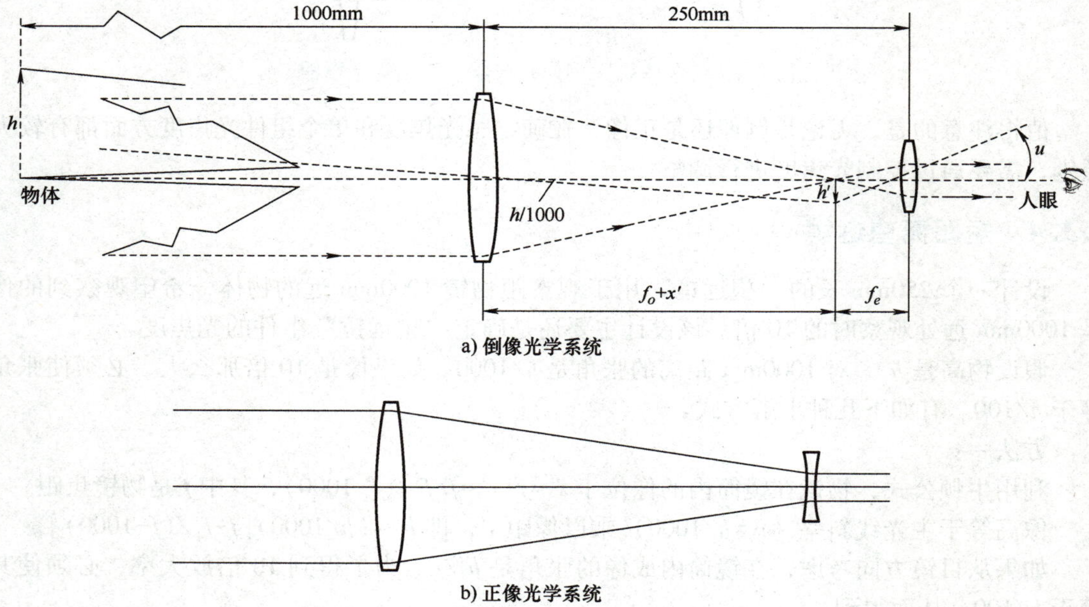

图 5-5　短距离望远镜光学系统结构示意图

5.1.5　125 倍显微镜

设计一个长度为 200mm、倍率 125 倍的显微镜，主要设计内容为组件的光焦度和位置。

一个 125 倍的显微镜的有效焦距设计为 10in/MP，即 250mm/MP=(250/125)mm=2mm。由于需要一个普通显微镜，所以像是倒像，焦距是负的，因此，其焦距为-2mm。

对于焦距为-2mm、长度为 200mm、由两个组件组成的系统，可确定组件焦距为

$$f_a=df_{ab}/(f_{ab}-B)=200\times(-2)/(-2-B)=400/(2+B)$$
$$f_b=-dB/(f_{ab}-B-d)=-200B/(-2-B-200)=200B/(202+B)$$

因此，有一个自由变量，即工作距离 B，采用参数研究法，选择几个合适的 B 值，根据

这些选择计算组件的光焦度，结果见表 5-1。

表 5-1　125 倍显微镜 B 值选择列表

工作距离 B	f_a/mm	φ_a	f_b/mm	φ_b	$(-\varphi_a+\varphi_b)$
5	57. 1	0. 0175	4. 83	0. 207	0. 2245
10	33. 33	0. 030	9. 43	0. 106	0. 136
15	23. 52	0. 0425	13. 82	0. 0723	0. 1148
20	18. 18	0. 055	18. 02	0. 0555	0. 105
25	14. 81	0. 0675	22. 03	0. 0454	0. 1129
30	12. 5	0. 08	23. 86	0. 0387	0. 1186
35	10. 81	0. 0925	29. 54	0. 03385	0. 1264

选择最佳 B 值的一种合理方法是能够使系统总光焦度（$\varphi_a+\varphi_b$）达到最小值，这种选择常常使系统具有最小像差值。因此在该设计中应当选择 $B=20$mm，得到物镜的焦距是 18. 18mm，目镜焦距是 18. 02mm，几乎是一样的。

取决于应用性质，可以选择一个长工作距离，也许是长的眼距。在图 5-6 中，目镜表示为两个组件，因为等凸面形式有过量的光瞳球差。

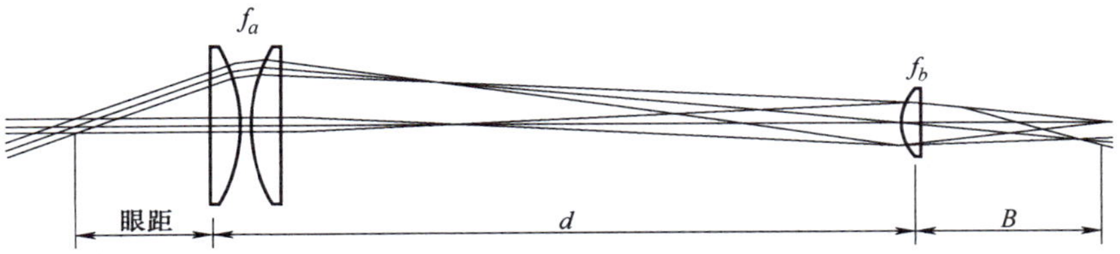

图 5-6　125 倍显微镜光学系统结构示意图

5. 1. 6　Brueke 125×放大镜

对于 5. 15 节的光学系统，若要求得到正像，则该设计内容还是确定组件的光焦度和位置。

简单地使用+2mm 的焦距，而不是 5. 15 节的−2mm。对于由焦距 200mm 和+2mm 双组件组成的系统，如图 5-7 所示，根据公式得到组件焦距：

$$f_a = df_{ab}/(f_{ab}-B) = 200\times2/(2-B) = 400/(2-B)$$

$$f_b = -dB/(f_{ab}-B-d) = -200B/(2-B-200) = 200B/(198+B)$$

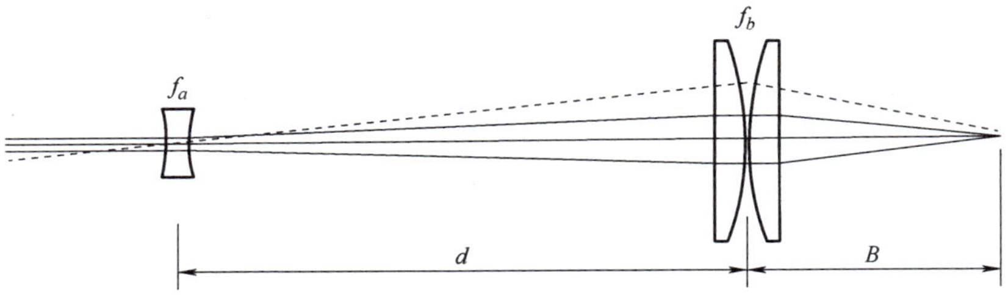

图 5-7　Brueke 125×放大镜光学系统结构示意图

再次应用参量研究法，选择几个合适的 B 值，计算由此产生的组件光焦度，见表 5-2。

表 5-2　Brueke 125×放大镜 B 值选择列表

B	f_a/mm	φ_a	f_b/mm	φ_b	$(\varphi_a+\varphi_b)=\Sigma\lvert\varphi\rvert$
5	-133.0	-0.0075	4.93	0.203	0.2105
10	-50.0	-0.02	9.62	0.104	0.124
15	-30.8	-0.0325	14.0	0.071	0.1035
20	-22.2	-0.0425	18.35	0.0545	0.0995
25	-17.4	-0.0575	22.42	0.0446	0.1041
30	-14.3	-0.07	26.32	0.0380	0.108
35	-12.1	-0.0825	30.04	0.0333	0.1158

选择光焦度绝对值之和的最小值，即 $B=20$，得到物镜焦距是 18.35mm，负目镜焦距是-22.2mm，光焦度之和是 0.0995。在 5.1.5 节的设计中其和是 0.105，几乎一样。然而，在本节的设计中，一个组件为正，另一个组件为负，而 5.1.5 节的设计中两个都是正的。其结果在于，该系统更容易校正像差，因为一个负组件的像差有可能抵消正元件像差。而 5.1.5 节的像差应当是相加的。值得注意的是，该系统没有内焦点，所以不可能设置分划板或十字线。为了得到一个合理视场，物镜必须有大的孔径，为控制物镜球差，将物镜分裂成两个元件，就像伽利略望远镜一样，这类系统的视场比较小。孔径光阑（和光瞳）一定位于负目镜上。这类目视系统的孔径光阑常常是使用者眼睛的瞳孔。由于出瞳位于仪器内部，所以，眼距相当小（实际上是负的）。这种结构（称为 Brueke 放大镜）可以是一种功能非常强的放大镜，通常有较长的工作距离。

5.2　直接探测法

辐射信号采用直接检测方法的系统框图如图 5-8 所示。

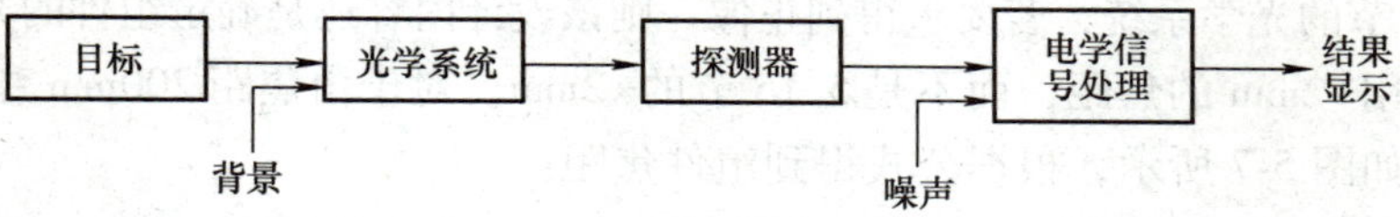

图 5-8　辐射信号采用直接检测方法的系统框图

光学系统可以由一个物镜或反射镜等组成，其作用是将辐射目标会聚并成像到探测器件的光敏面上，再将辐射转换成电信号。除此以外，系统还应有抑制背景干扰的能力，通常在探测器前面放置调制盘，将输出转换为交流信号，提高系统的抗干扰能力。下面简单介绍几种辐射信号探测用的光学系统结构。

5.2.1　光学系统结构

图5-9 所示为常见的光学系统结构。对于缓变辐射信号 Φ_e（$\Phi_e=\Phi_S+\Phi_B$，Φ_S 为目标辐

射，Φ_B 为背景辐射），通常需要在光学系统焦平面上安放调制盘，这样探测器就必须放在焦平面后面几个毫米的地方。由于光束增大，使得探测器面积增大，噪声增大。如果在焦平面后放一块场镜（正薄透镜），把边缘光线折向光轴，就可用较小的探测器接收全部光束，这就是场镜的聚光作用。另外，场镜可以校正光偏差，在同样探测器的光敏面积下，加入场镜后可以增大入射角。

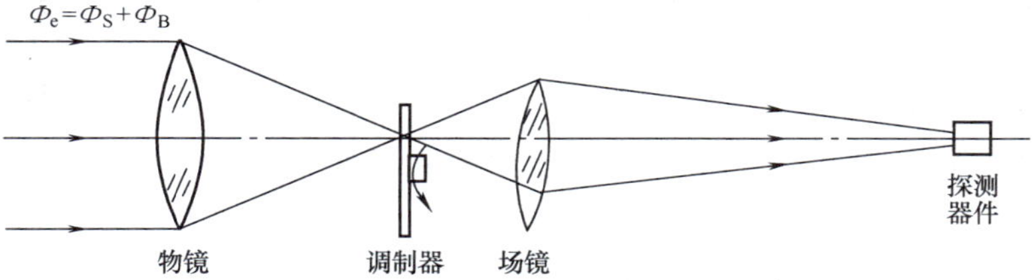

图 5-9　常见的光学系统结构

为了减小镜筒的重量和结构尺寸，一般希望缩短镜筒尺寸，采用双反射系统，如图 5-10 所示，其中大尺寸的称为主镜，小尺寸的称为次镜。次镜为凸透镜的称为卡塞格伦系统（简称卡氏系统），次镜放在主镜焦点之内；次镜为凹透镜的称为格里高里系统（简称格氏系统），次镜放在主镜焦点之外。图 5-10 所示为双反射镜卡氏系统。

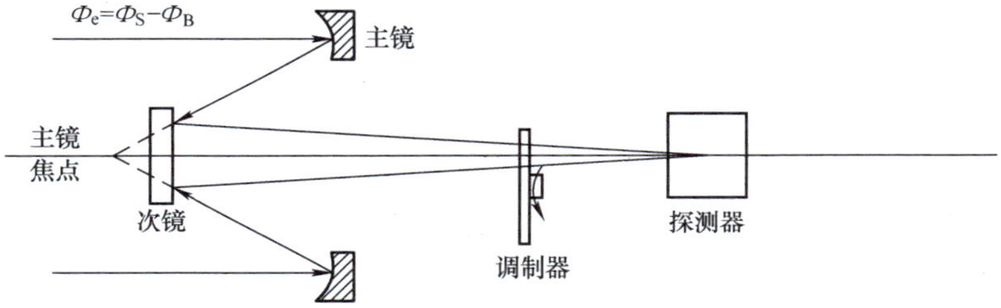

图 5-10　双反射镜卡氏系统

双反射镜系统的次镜把中间的一部分优质光挡掉，并且一旦视场和相对孔径变大，像质就会变坏，这是它的最大缺点。

为了校正光线方向偏差和提高会聚作用，也可以采用光锥元件（见图 5-11）。光锥为一种空腔圆锥或具有合适折射率材料的实心圆镜。光锥内壁具有高反射率，其大端放在物镜的焦面附近。收集物镜所会聚的光，然后依靠内壁的连续反射把光引导到小端，被探测器接收。因此，光锥起着场镜的作用。

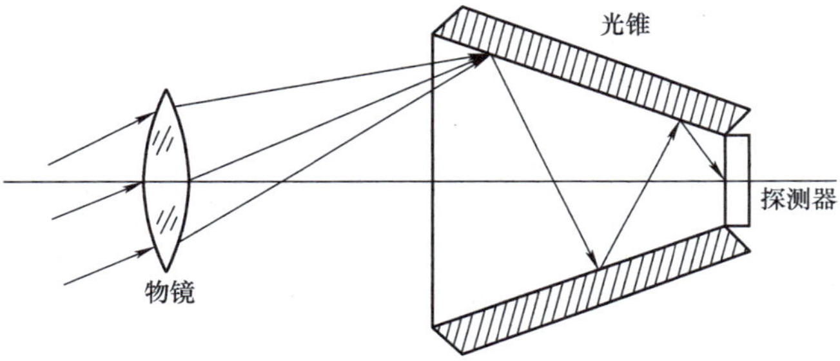

图 5-11　光锥

5.2.2 调制盘

对于缓变辐射信号采用调制盘进行光学调制（见图5-12和图5-13），有如下作用：

1）缓变信号经调制后变为交变信号，这样可用交流前置放大器，避免了直流放大器的零点漂移的缺点。

2）大背景成像到调制盘上，将覆盖整个或大部分调制盘面积，所以背景辐射只改变调制信号的直流分量。通过滤波器可以滤掉其直流分量，达到过滤背景的作用。

3）经调制和窄带滤波后，可以消除探测器和前置放大器的低频（$1/f$）噪声。

光的调制

4）采用特殊设计的调制盘可以判别辐射信号的幅值和相位。

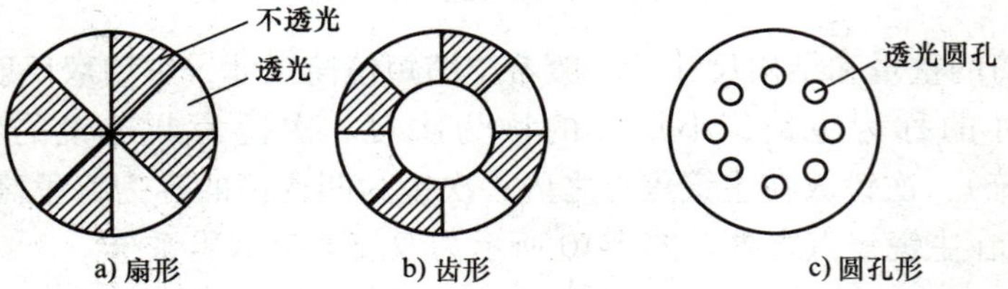

图5-12 简单的幅度调制盘

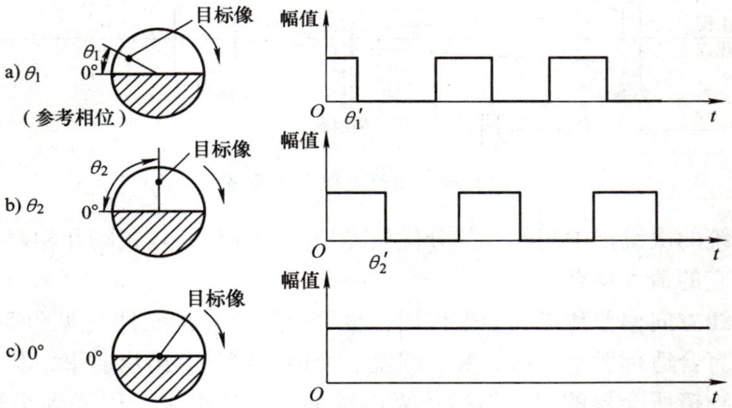

图5-13 相位调制盘

可见，调制盘是用来处理辐射信号的一种手段，其功能是将可见光的幅度或相位变为周期信号，即将空间分布的二维辐射信号变成一维的时间信号。

调制盘的类型有：幅度调制盘、相位调制盘和频率调制盘。

简单的幅度调制盘如图5-12所示，有扇形、齿形及圆孔形。它们都是用玻璃板光刻而成或用金属薄片开槽（或打孔）制成。当调制盘旋转时，辐射信号被调制盘的透光和不透光部分交替地传输和遮挡，使辐射量随时间而交变，即达到调幅目的。调幅信号为

$$f_o = nf_r \tag{5-1}$$

式中，n 为调制盘上明暗相间格（齿）数对的数目或孔数目；f_r 为调制盘的旋转频率（r/s）

相位调制盘如图 5-13 所示，成像到调制盘上的目标偏离参考零位的相位角用 θ_1 和 θ_2 表示。当调制盘旋转时，产生的调制信号如图 5-13b 所示，其中相位 θ_1'和 θ_2'分别正比于目标的相位角位移 θ_1 和 θ_2。若要测量出相位角位移 θ 的大小，就必须有一个零相位参考信号。零相位参考信号可通过磁头或光电法在零相位处产生窄脉冲信号得到。通过图 5-13a、b 可知，只要测量出目标像的相位角，就知道目标的方位信息量。图 5-13c 是目标无偏差的情况，由于目标像位于调制盘中心，所以无法调制。因此，在无偏差时无信号输出，它与无目标辐射情况相同，这是简单扇形调制盘的一个缺点。

为了克服这一缺点，采用如图 5-14a 所示的双调制盘结构。双调制盘由两个半圆部分组成：一个半圆为扇形格，作为目标幅度调制，另一个半圆为半透明区（透过率为 0.5），作为目标的相位调制。目标辐射信号经双调制盘调制后输出波形如图 5-14b 所示。

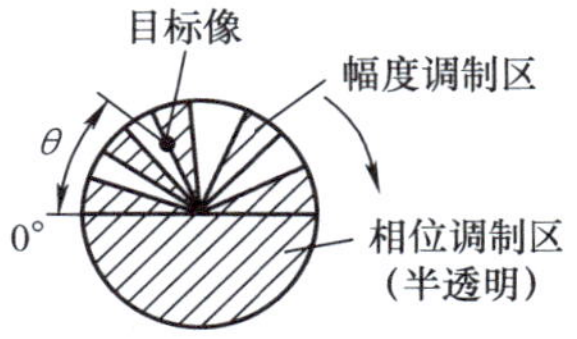

a) 调制盘结构

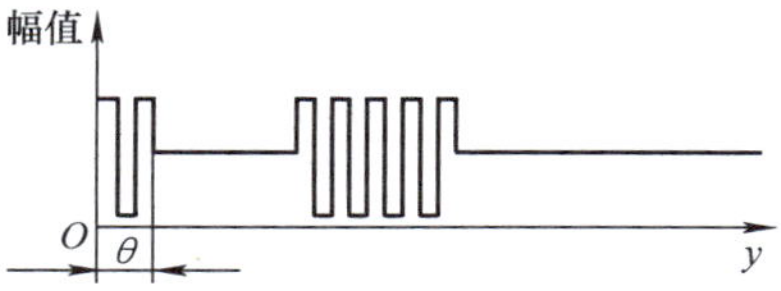

b) 输出波形

图 5-14　双调制盘

相位调制区选择 0.5 透过率的目的是使上、下两部分对大面积背景透过的辐通量相等，这样就无调制信号输出，可以消除背景影响，有较强的过滤背景的能力。而单扇面调制盘由于透明面积比较大，所以对背景过滤能力较差。

双调制盘产生的调制频率为

$$f_c = knf_r \tag{5-2}$$

式中，k 为目标幅度调制区占调制盘总面积的倒数；n 为扇形格数对的数目；f_r 为调制盘旋转频率。

图 5-14 中，$k=2$，$n=5$，则 $f_c=10f_r$，即调制频率为调制盘旋转频率的 10 倍。

图 5-15 所示为调频式调制盘图案。它由若干个同心圆环带的扇形格子组成，每一环带上的黑白相间的扇形格子对的数目随径向距离变换，每增到外圈一个环带，黑白格子数目增加一倍，反之，每减至内圈一个环带，黑白格子数目减半。

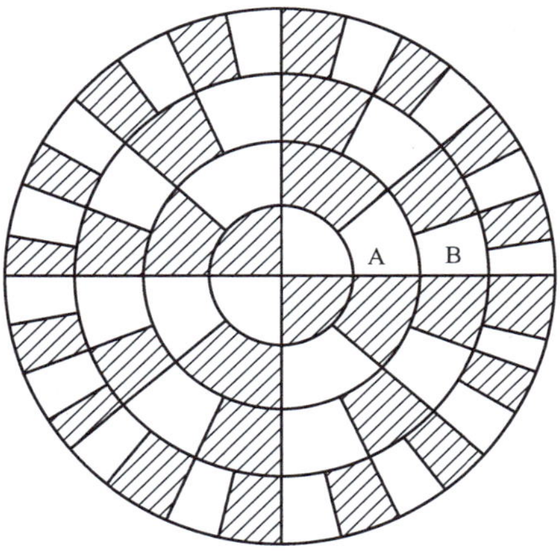

图 5-15　调频式调制盘图案

当调制盘以相同角速度旋转时，像点在 A 圈时产生的脉冲数为像点在 B 圈时产生的脉冲数的一半。因此，目标像点由某一环带移到相邻的外圈（或内圈）的一个环带时，调制频率就增加（或减少）一倍。这样，通过判别频率的大小就可以确定目标的径向位置。

5.2.3　调制盘对背景信号的空间滤波

以简单的扇形幅度调制盘为例来分析调制盘对背景的过滤能力。根据应用场合，调制盘可安放在接收机内，也可安放在发射机内。由于安放的位置不同，其空间滤波效果也有差异，下面分别进行讨论。

1. 调制盘安放在接收机内

例如，用红外系统跟踪目标或测量炉温的仪器，调制盘要安放在接收系统内。这时，目标辐射 Φ_S 和背景辐射 Φ_B 通过光学系统同时入射到调制盘上，被调制盘所调制。但因目标和背景的空间分布特性不同，所以调制度是不同的。令辐射信号的调幅度为 m_s，背景的调幅度为 m_B，调制频率为 ω_m，则经调制后入射探测器的辐射通量为

$$\Phi_e(t)=\Phi_S(1+m_s\cos\omega_m t)+\Phi_B(1+m_B\cos\omega_m t)=(\Phi_S+\Phi_B)+(\Phi_S m_s+\Phi_B m_B)\cos\omega_m t \tag{5-3}$$

探测器的输出电流为

$$i_o=S_I(\Phi_S+\Phi_B)+S_I(\Phi_S m_s+S\Phi_B m_B)\cos\omega_m t \tag{5-4}$$

经带通滤波后，第一项直流分量被滤掉，只有交流量通过。但交流量中含有信号和背景电流，而信号电流和背景电流之比为

$$\frac{I_S}{I_B}=\frac{\Phi_S}{\Phi_B}\frac{m_s}{m_B} \tag{5-5}$$

不加调制时，则

$$\frac{I_S}{I_B}=\frac{\Phi_S}{\Phi_B} \tag{5-6}$$

比较式（5-5）和式（5-6）可知，只要利用调制盘的空间滤波特性，使得 $m_s>>m_B$，式（5-5）的比值就远大于式（5-6）的比值，这样就能达到抑制背景干扰的作用。下面通过典型的例子来进一步说明调制盘的空间滤波作用。

例如，对工作在 2~2.5μm 大气窗口的探测系统来说，由背景云所反射的太阳光在探测器上的照度值可为远距离涡轮喷气式飞机照度值的 10^4~10^5 倍，而调制盘恰好能提供这一量级的背景过滤。又如舰艇对海面，车辆对陆地等典型的例子。像这些被探测的目标和背景比较，它们都是一个视角很小的物体，调制盘的空间滤波就是用来增强小视角物体的辐射信号，而抑制大视角背景的辐射，即达到背景空间滤波作用。

图 5-16 表示了用幅值调制盘进行空间滤波的一个简单例子。

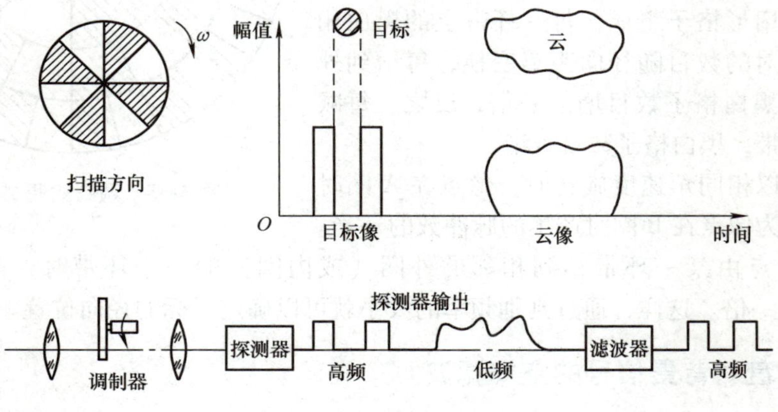

图 5-16　调制盘空间滤波

调制盘置于光学系统的像平面上，其调制中心与光轴重合，目标与被太阳照射的云（背景）通常一起成像于调制盘上。为了便于验证调制盘的作用，将目标与云的像画在调制盘的边上，当调制盘以高速旋转并缓慢走过目标像时，辐射像被明暗相间的格子交替地传输和遮挡，使探测器输出一列脉冲信号。

当调制盘扫过相对大些的云像时，在任一瞬间，云像均覆盖调制盘的部分面积（包括几个扇形格子）。结果，探测器上的入射照度增加了，但云像被调制的作用却很小。当云和目标同时成像于调制盘上时，探测器的输出由云辐射产生的波纹很小的直流信号和目标辐射产生的脉冲信号组成。当复合信号被放大并通过中心频率为调制频率的电子滤波器后，只有交流信号被保留，云的影响被滤掉了。因为大多数云的边缘形状是不规则的，所以它将产生一定的调制信号，如图 5-16 所示云彩的波纹信号。

2. 调制盘安放在发射机内

例如，主动式辐射检测系统及红外有线制导等，它们将调制盘安放在发射机内。这样，只有辐射信号被调制，而背景没有被调制。则入射到探测器上的总辐射为

$$\Phi_e(t)=(\Phi_S+\Phi_B)+\Phi_S m_s\cos\omega_m t \tag{5-7}$$

探测器输出电流经放大过滤后，只保留交流信号，即

$$i_s=S_I\omega_s m_s\cos\omega_m t \tag{5-8}$$

可见，这种方法的滤波效果最佳，能消除背景辐射的干扰。

5.3　光外差探测法

光外差探测法

5.3.1　光外差探测原理

光外差探测和无线电外差接收原理相似。由于光波比无线电波（微波）的波长短$10^3\sim10^4$数量级，因此，它的探测精度比微波高 $10^3\sim10^4$ 数量级。

光外差只有在激光出现以后才成为现实。光外差要求光波有高度的单色性或相干性，因此，光外差探测的优点为：选择性好；灵敏度高，其灵敏度是直接探测法的 $10^7\sim10^8$ 个数量级，达到了量子噪声极限。但是，它也存在一定的缺点，即系统复杂，光波要求长波，短波实现困难。

图 5-17 为光外差探测系统结构原理示意图。设被测信号光束的简谐函数为 $E_S\cos\omega_s t$（不考虑初始相位），本振信号光束的简谐函数为 $E_L\cos(\omega_s+\omega)t$，其中 E_S、E_L 为振幅，差频 $\omega=\omega_L-\omega_m\ll\omega_s$。

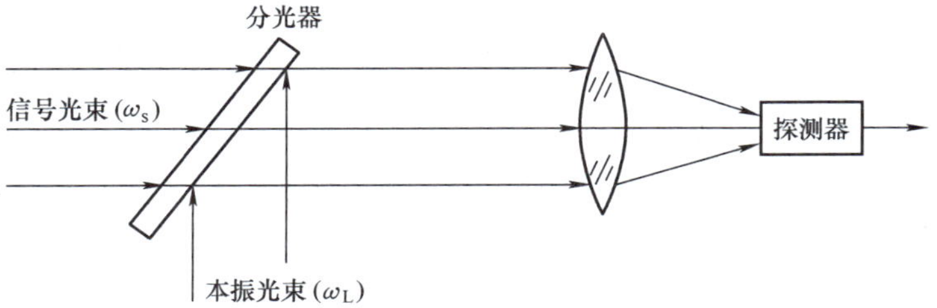

图 5-17　光外差探测系统结构原理示意图

两束信号在分光器上进行相干（差频）得到差频信号，通过聚光镜被探测器接收，入射到探测器的总发光强度为

$$e(t)=\mathrm{Re}[E_L e^{j(\omega_s+\omega)t}+E_S e^{j\omega_s t}]=\mathrm{Re}[V(t)] \tag{5-9}$$

光电探测器输出的光电流为

$$i_o=aV(t)V^*(t)=a(E_L^2+E_S^2+2E_LE_S\cos\omega t) \tag{5-10}$$

式中，$V^*(t)$为$V(t)$的共轭复数。

当 $E_L \gg E_S$ 时，有

$$i_o=aE_L^2\left(1+\frac{2E_S}{E_L}\cos\omega t\right) \tag{5-11}$$

式中，a 为比例系数。

令 $\Phi_{eL}=aE_L^2$，$\Phi_{es}=aE_S^2$，若用辐射通量表示，则有

$$i_o=S_I\Phi_{eL}\left(1+2\sqrt{\frac{\Phi_{es}}{\Phi_{eL}}}\cos\omega t\right) \tag{5-12}$$

式中，S_I 为探测器灵敏度。

如果采用选频放大器，输出信号电流为 $i_s=2S_I\sqrt{\Phi_{es}\Phi_{eL}}\cos\omega t$。

从上述分析可知：差频信号是由恒定频率（单频）和恒定相位的相干光混频得到，所以要求激光稳频，相位恒定。

5.3.2 光外差探测的特性

（1）振幅和相位信息　若考虑光场信号的初相位，即

$$e(t)=\mathrm{Re}[E_L e^{j(\omega_s+\omega)t\varphi_L}+E_S e^{j\omega_s t+\varphi_s}]$$

则

$$i_s=2S_I\sqrt{\Phi_{es}\Phi_{eL}}[\cos\omega t+(\varphi_L-\varphi_s)] \tag{5-13}$$

式中，φ_L、φ_s 为本振信号、探测信号的初相位。

所以，在信号中包括有振幅和相位的信息，这是直接探测所做不到的。

（2）探测灵敏度　对于直接探测法，探测器输出电流信号为 1 时，$i_s=S_I\Phi_{es}\cos\omega t$。两种探测方法探测器输出电流之比为

$$G_s=\frac{i_s(外)}{i_s(直)}=2\sqrt{\frac{\Phi_{eL}}{\Phi_{es}}}=10^7\sim10^8$$

所以，光外差探测灵敏度比直接探测高 $10^7\sim10^8$。

（3）光谱滤波特性　取差频信号带宽 $\Delta f=\dfrac{\omega_L-\omega_s}{2\pi}=f_L-f_s$ 为放大器电路的通频带。只有通频带的杂光产生干扰，其他杂光被滤掉。

例如，目标沿光束方向运动，速度为 0～15m/s，对于 CO_2 激光，经目标返回，由于多普勒效应产生频偏，其多普勒频率为

$$f_s=f_L\left(1-\frac{2v}{c}\right) \tag{5-14}$$

式中，f_L 为本机振荡光频率；c 为光速。

所以
$$\Delta f=f_L-f_s=f_L\frac{2v}{c}=\frac{c2v}{\lambda_L c}=\frac{2v}{\lambda_L}$$

故
$$\Delta f=\frac{2\times 15}{10.6\times 10^{-6}}\text{Hz}\approx 3\times 10^{6}\text{Hz}$$

如果直接探测系统加滤光片，滤光片带宽为 10nm，$\Delta\lambda=10\text{nm}$，对应频带 $\Delta f_{滤}$ 为

$$\Delta f_{滤}=f_2-f_1=\frac{c}{\lambda_2}-\frac{c}{\lambda_1}=\frac{c(\lambda_2-\lambda_1)}{\lambda_2\lambda_1}=\frac{c}{\lambda^2}\Delta\lambda=\frac{3\times 10^{8}\times 1\times 10^{-8}}{(10.6\times 10^{-6})^2}\text{Hz}\approx 3\times 10^{10}\text{Hz}$$

式中，λ_1、λ_2 为中心频率，$\lambda_0\approx\lambda_1\approx\lambda_2$。

两种带宽比为
$$\frac{\Delta f_{滤}}{\Delta f}=\frac{3\times 10^{10}}{3\times 10^{6}}=10^{4}$$

可见，外差探测系统对背景光的抑制作用高于直接探测系统。

5.4　几何光学方法的光电信息变换

5.4.1　长、宽尺寸信息的光电变换

将目标或工件长、宽尺寸信息转变为光电信息的方法有投影放大法、激光三角法和差动法等。

1. 投影放大法

投影放大法光路图如图 5-18 所示，被测工件高度 y 经投影物镜放大后成像在屏幕（或光电器件）上，像高为 y'，若物镜倍率为 β，则工件高度为

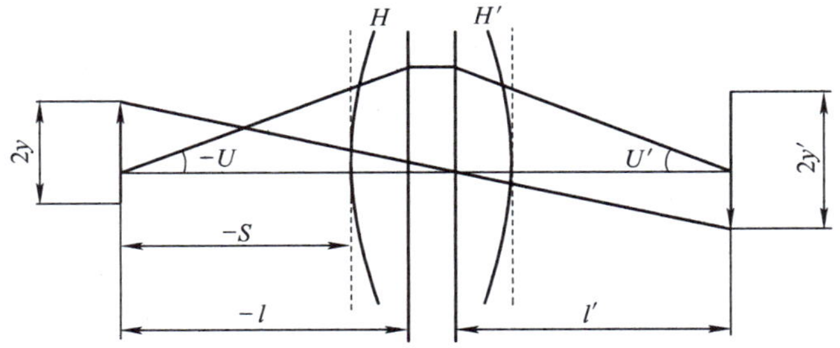

图 5-18　投影放大法光路图

$$y=\frac{y'}{\beta} \tag{5-15}$$

投影仪是通过光学系统放大，把被测件的轮廓影像投影到观察屏幕上的测量仪器。投影仪有两种测量方法：一种是用投影屏上的十字（或米字）刻线对工件被测部位的轮廓边缘分别进行对准，通过工作台的移动，在相应的读数机构上进行读数，测得工件的尺

寸；另一种是在投影屏上把放大了的工件影像和按一定比例绘制成的放大的标准图样（也可绘出公差带）相比较，检验工件合格与否。投影仪特别适用于形状复杂的工件和较小型工件的测量，如成形刀具、螺纹、丝锥、齿轮、凸轮、样板、冲压零件、仪表零件、电子元件等。

投影仪的光学系统示意图如图 5-19 所示，其光学系统主要由光源、聚光镜、投影物镜、平面反射镜和投影屏等组成。其中位于待测物体之前的部分称为照明系统，位于待测物体之后的部分称为投影系统（即成像系统）。

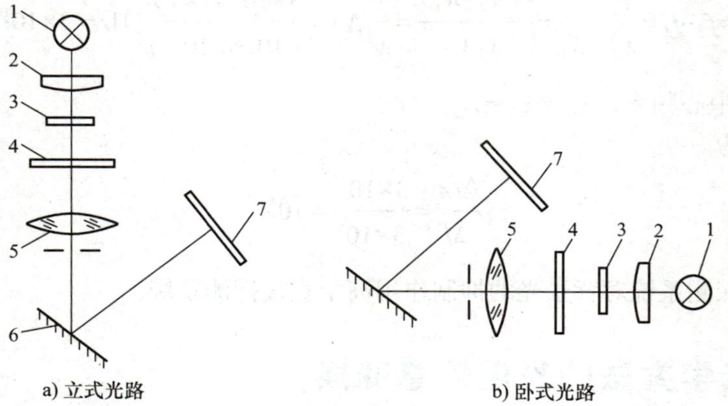

图 5-19　投影仪的光学系统示意图

1—光源　2—聚光镜　3—保护玻璃　4—待测物体
5—投影物镜　6—平面反射镜　7—投影屏

投影仪是一种放大仪器，它的成像原理比较简单，由光源 1 发出的光，经聚光镜 2 照明位于工作台上的待测物体 4，被照明的待测物体 4 经投影物镜 5 以一定倍率放大成像在投影屏 7 上，通常由眼睛直接对投影屏进行观察，也可以在投影屏处设置工业摄影机（如 CCD 摄像机）。平面反射镜 6 位于投影物镜 5 之后，用来折叠光路，使结构紧凑、美观，便于观察。

投影仪的光路安排，通常可分为立式光路和卧式光路两类。所谓立式光路是指投影物镜的光轴与工作台面垂直，如图 5-19a 所示；所谓卧式光路是指投影物镜的光轴与工作台面平行，如图 5-19b 所示。通常，立式光路的投影仪适合于测量板型零件，如平面样板、钟表齿轮等；而卧式光路的投影仪适合于测量轴类零件，如丝杠、螺纹等。

2. 激光三角法

激光三角法是激光测试技术的一种，也是激光技术在工业测试中的一种较为典型的测试方法。因为该方法具有结构简单、测试速度快、实时处理能力强、使用灵活方便等特点，故在长度、距离以及三维形貌等的测试中有广泛的应用。

近年来，随着半导体技术、光电子技术等的发展，尤其是计算机技术的迅猛发展，激光三角法测试技术在位移和物体表面的测试中也得到了广泛应用。

单点式激光三角法测量常采用直射式和斜射式两种结构，如图 5-20 所示。在图 5-20a 中，激光器发出的光线经会聚透镜聚焦后垂直入射到被测物体表面上。物体移动或其表面变化，将导致入射点沿入射光轴的移动。入射点处的散射光经接收透镜入射到光

电（位置）探测器（PSD 或 CCD）上。若光点在成像面上的位移为 x'，则被测面在沿轴方向的位移为

$$x=\frac{ax'}{b\sin\theta-x'\cos\theta} \tag{5-16}$$

式中，a 为激光束光轴和接收透镜光轴的交点到接收透镜前主面的距离；b 为接收透镜后主面到成像面中心点的距离；θ 为激光束光轴与接收透镜光轴之间的夹角。

图 5-20b 所示为斜射式三角法测量原理图。激光器发出的光线和被测面的法线成一定角度入射到被测面上，同样地，物体移动或其表面变化，将导致入射点沿入射光轴的移动。入射点处的散射光经接收透镜入射到光电（位置）探测器上。若光点在成像面上的位移为 x'，则被测面在沿法线方向的移动距离为

$$x=\frac{ax'\cos\theta_1}{b\sin(\theta_1+\theta_2)-x'\cos(\theta_1+\theta_2)} \tag{5-17}$$

式中，θ_1 为激光束光轴与被测面法线之间的夹角；θ_2 为成像透镜光轴与被测面法线之间的夹角。

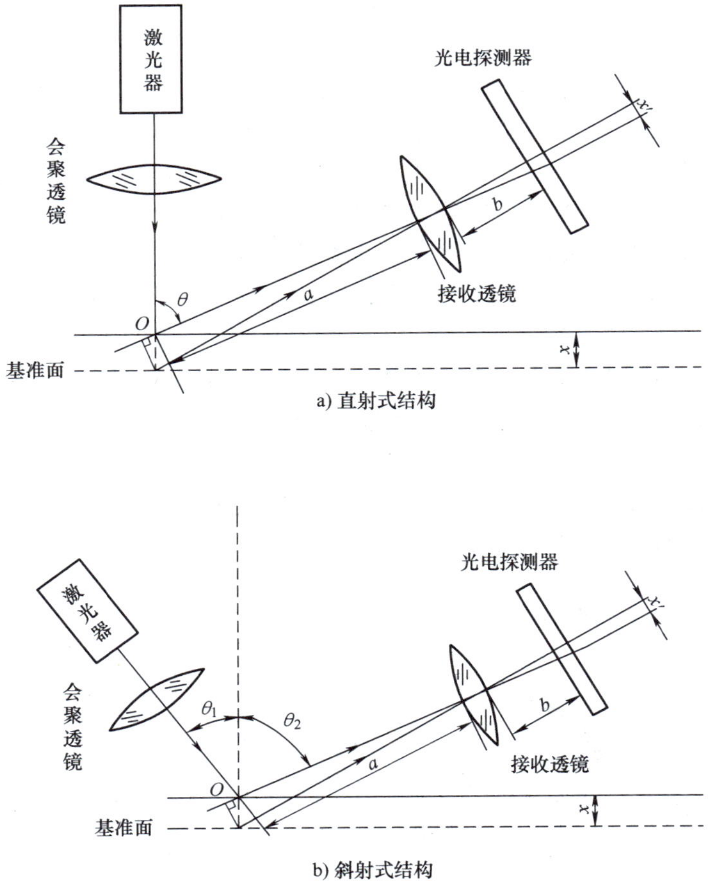

图 5-20　激光三角法测量原理示意图

从图中可以看出，斜射式入射光的光点照射在被测面的不同点上，无法知道被测面中某点的位移情况，而直射式却可以。因此，当被测面的法线无法确定或被测面面形复杂时，只能采用直射式结构。

在上述的三角法测量原理中，要计算被测面的位移量，需要知道距离 a，而在实际应用中，一般很难知道 a 的具体值，或者知道其值但准确度也不高，影响系统的测试准确度。因此实际应用中可以采用另一种表述方式，如图 5-21 所示，有下列关系：

$$z=b\tan\beta \quad \tan\beta=f'/x'$$

被测距离为

$$z=bf'/x' \tag{5-18}$$

式中，b 为激光器光轴与接收透镜光轴之间的距离；f'为接收透镜焦距；x'为接收光点到透镜光轴的距离。

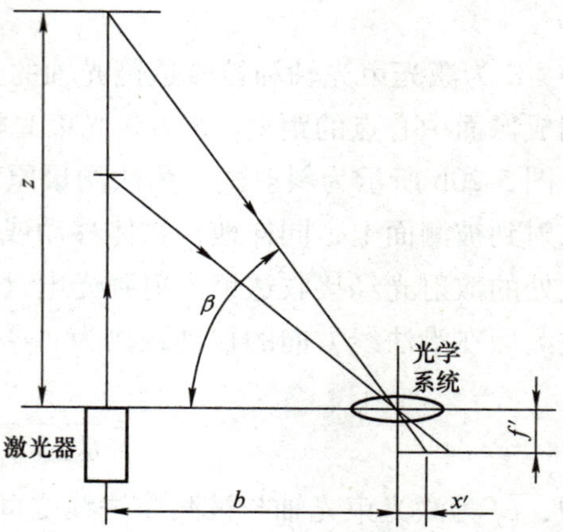

图 5-21　激光三角法测量原理的另一种表述

其中 b 和 f'均已知，只要测出 x'的值就可以求出距离 z。只要高准确度地标定 b 和 f'值，就可以保证一定的测试准确度。

激光三角法测量技术的测量准确度受传感器自身因素和外部因素的影响。传感器自身影响因素主要包括光学系统的像差、光点大小和形状、探测器固有的位置检测不确定度和分辨力、探测器暗电流和外界杂散光的影响、探测器检测电路的测量准确度和噪声、电路和光学系统的温度漂移等。测量准确度的外部影响因素主要有被测表面倾斜、被测表面光泽和粗糙度、被测表面颜色等。这几种外部因素一般无法定量计算，而且不同的传感器在实际使用时会表现出不同的性质，因此在使用之前必须通过实验对这些因素进行标定。

根据三角法原理制成的仪器被称为激光三角位移传感器。一般采用半导体激光器（LD）做光源，功率在 5mW 左右，光电探测器可采用 PSD 或 CCD。

3. 差动法（比较法）

差动法利用被测量与某一标准量相比较，所得差或比反映被测量的大小。例如，用双光路差动法测量物体的长度，如图 5-22 所示。

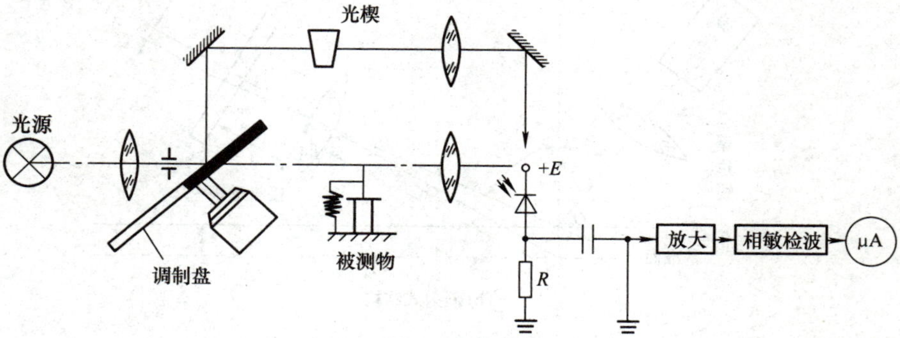

图 5-22　双光路差动法测量物体长度

在图 5-22 中，调制盘的一半开通，另一半安装反射镜，当调制盘转动时，一束光变成两束光，ϕ_1 和 ϕ_2 是交替的。

（1）调整　放入标准尺寸的工件，调整光楔，使 $\phi_1=\phi_2$，使微安表读数为“0”。

（2）测量　当工件尺寸无误差时，使 $\phi_1=\phi_2$，光电传感器输出 U 无交变分量，位移信息变换可以通过 PSD、光电池、光焦点法、像偏移法等方式来实现。

5.4.2　位移信息的光电变换

1. 被测对象遮挡实现位移信息的光电变换

被测对象遮挡是指被检测物体遮挡部分或全部光束，或扫过入射到光电器件（恒流源型）上的光束，如图 5-23 所示。

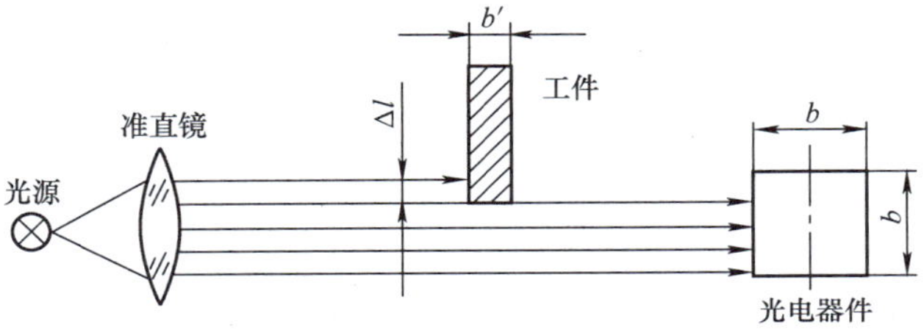

图 5-23　被测对象遮挡测量原理框图

设光电器件光敏面的宽度和高度均为 b，被测物体宽度为小于 b 的 b'，物体遮挡光的位移量为 Δl，则物体遮挡入射到光电器件光电池上的光照面积的变量 ΔA 为 $b'\Delta l$，变换器输出位移量的信号电压为

$$U_0=E\Delta AR=Eb'R\Delta l \tag{5-19}$$

式中，E 为光照度；R 为负载电阻。

应用上面的变换形式可检测物体的位移量和尺寸。如光电测微计和光电投影尺寸检测仪等均属此类变换形式。

如果被检测物体扫过入射光束，那么，光电器件接收光通量的变化为有和无两种状态，而变换器输出的信号为脉冲形式，所以可应用于产品的光电计数、光控开关，以及防盗报警等。

2. 像点轴上偏移检测的光焦点法

在成像光学系统中，物像之间有严格的几何关系。被测物体离开理想物面时会引起像面上的光照度分布的变化，这种现象可用来测量轴向位移。光焦点法就是利用点光源对被测物体表面照明，使用成像物镜对该光点成像聚焦。当物体沿光轴方向位移时，像面焦点扩散形成弥散圆。只有准确处于物面位置时，良好的成像状态才能保证像面上有集中的光密度分布。这种以聚焦光斑光密度分布的集中程度来判断物体轴向位移的方法称为光焦点法。图 5-24是它的测量原理图。

图 5-24 中，点光源 1 通过成像镜头 2 在被测物 3 表面成点像，该像点作为新的发光物点，折回成像物镜的光路中，在像面上成清晰像。像面的光照度分布呈衍射斑的形式，如图 5-24c 中的曲线。当被测物表面相对理想物面前后偏移±ΔZ 时，像点相对理想像面同方向前后移动±$\Delta Z'$。ΔZ 和 $\Delta Z'$之间按几何光学规律有关系：

$$\Delta Z' = \beta^2 \Delta Z \tag{5-20}$$

式中，β 为成像物镜的横向放大率。

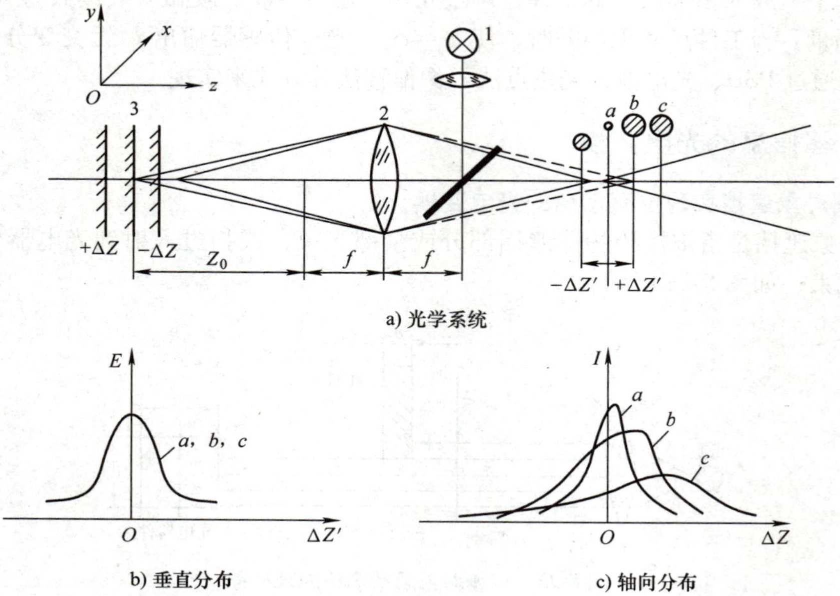

a) 光学系统

b) 垂直分布

c) 轴向分布

图 5-24　光焦点法测量原理

设物镜焦距为 f，物距为 Z_0，则 β 值可表示为

$$\beta = f/Z \tag{5-21}$$

像点的 $\Delta Z'$ 偏移引起原像面上的离焦，使像面照度分布扩散，如图 5-24a、c 中的 b 和 c。

现在，在初始像面位置上设置针孔光阑，并使其直径小于光斑直径。这时，前后移动光阑位置 $\pm\Delta Z'$，通过针孔的光通量将随 ΔZ 而改变。若将光斑和针孔光阑看作是一个像分析器，则它们的轴向定位特性表示于图 5-24b 中。它表明了通过针孔光阑的光通量和像点轴向偏移量 $\Delta Z'$ 的关系。根据式（5-20）的关系，该曲线也以一定的比例表示了和物面轴向偏移量 ΔZ 的关系，轴向定位特性相对于初始物面位置 Z_0 呈有极值的对称分布。曲线范围由物镜焦深决定，超过焦深后能量密度急剧下降。

利用所获得的轴向定位特性，可以组成各种形式的像面离焦检测系统，如扫描调制检测、双通道差分像分析器检测等方法。读者可据此自行设计一些方案。

3. 像点轴外偏移检测的像偏移法

像偏移法又称光切法。它是一种三角测量方式的轴向位移测量方法。当将光束照射到被测物体时，用成像物镜从另外的角度对物体上的光点位置成像，通过三角测量关系可以计算出物面的轴向偏移大小。这种方法在数毫米到数米的距离范围内可实现高精度的测量，在工业领域内的离面位移检测中常常用到。

图 5-25 为像偏移法测距原理图。点光源经聚光镜成像于被测物面上，反射亮点由成像物镜接收，在像面上成点像。设被测表面偏移 ΔZ 时，照明光点由 O_1 移到 O_2，相应像点由 P_1 偏移到 P_2，则像点偏移量 A 可表示为

$$A=|\overline{P_1P_2}|=\Delta Z\beta\sin\theta,\ \Delta Z=K\frac{U_A-U_B}{U_A+U_B}$$

式中，β 为横向放大率。

上式可改写为

$$\Delta Z=\frac{A}{\beta\sin\theta}\bigg|_{\theta\to 0}=\frac{A}{\beta\theta} \tag{5-22}$$

式（5-22）表明：在已知 β 和 θ 的情况下，只要测量出像点的横向偏移量 A，即可计算出待测的物面轴向偏移 ΔZ。

像点偏移量的检测可以采用 CCD 器件或 PSD。前者的空间分辨率取决于固定分割的光敏像素尺寸，比 PSD 稍为优越。它的温度漂移较小，工作稳定。但是 CCD 图像传感器需要扫描驱动电路，背景光的调制作用会引起干扰信号。此外，它的测量响应速度由扫描速度决定，高速应用受到限制。采用 PSD 的检测方法，信号是模拟输出的，分辨率受入射光功率的影响。只有光功率达到一定值时才能有和 CCD 装置相接近的分辨率。PSD 的响应速度高，可进行光点位置的连续检出，调制光也可检测，因此，容易和背景光相分离。此外，它的信号处理电路简单，照明光源可以选用白炽灯、He-Ne 激光器或半导体激光器。

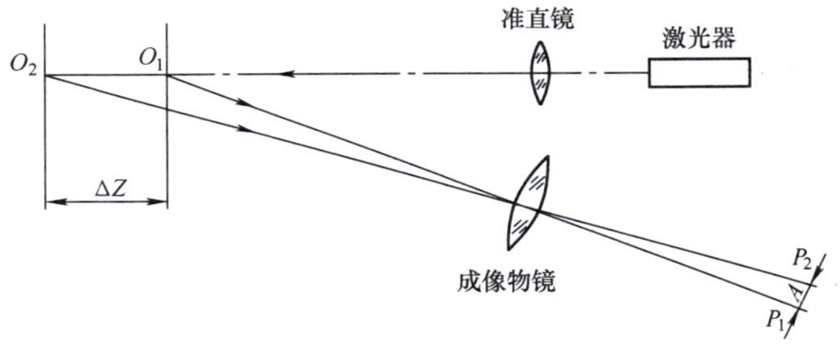

图 5-25　像偏移法测距原理图

图 5-26 所示为采用 PSD 和半导体激光器的像点偏移式距离测量系统。照明装置由半导体激光器 1、驱动电路 2 和聚光透镜 3 组成。接收装置由成像聚光镜 4、光学滤光片 5 和 PSD 6 组成。半导体激光器通过高频调制投射到被测面上。反射面上被散射的光点由聚光镜 4 接收，最后透过窄带光学滤光片 5 由 PSD 接收，产生的信号电流进入信号处理装置。在这里，信号电流经前置放大器 7，一路反馈到电源驱动器，控制发光强度保持恒定。另一路经过模拟开关 8 将 PSD 的两个输出端 I_A 和 I_B 接入同一电路中。其中

$$I_A=\log(L+A)/(2L)$$

$$I_B=\log(L-A)/(2L)$$

并有

$$\frac{A}{L}=\frac{(I_A-I_B)}{I_A+I_B} \tag{5-23}$$

式中，L 为信号电极距 PSD 光敏区中心的距离；A 为入射光点距中心的距离。

模拟开关的输出信号进入到取样放大器 9 和 A/D 转换器 10 中，它们以光源调制频率将 PSD 信号变换成数字信号，最后利用微型计算机 11 计算出被测量的距离。

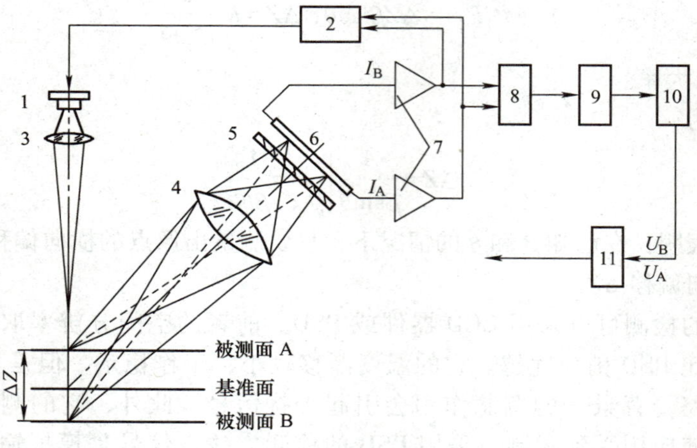

图 5-26　采用 PSD 和半导体激光器的像点偏移式距离测量系统

5.4.3　速度信息的光电变换

利用光电开关、旋转光闸、频闪式转速表等均可实现速度信息的光电变换。

1. 光电开关测速

光电开关也可以说是一种特殊形式的光电耦合器件，只不过其发光部和受光部不是一个封闭的整体，它们之间可插入被测物体。由于被测物体的插入将引起电路的通断，起到开关和继电器的作用，所以它又可称为光断续器或光继电器。由于其通断代表了“1”“0”信号，因而又起到 1bit 的编码作用，所以也是一种最简单的编码器。光电开关应用极广，利用它可简单方便地实现自动控制与自动检测。

最常见的光电开关由红外发光二极管和硅光电晶体管组成。按结构不同，光电开关可分为透过型和反射型两种（见图 5-27）。透过型光电开关由相互之间保持一定距离的发光器件和光敏器件组装制成。它可以检测物体通过两器件之间时所引起的光量变化。反射型光电开关则是通过把发光和光敏器件按相同方向并联组装制成。它可以检测物体反射光量的变化。光电开关可以用在数字控制系统中组成编码器，在自动售货机中检测硬币数目，在各种程序控制电路中作为定时信号发生器，作定时控制或位置控制等。反射型光电开关正日益广泛地应用于传真、复印机等的纸检测或图像色彩浓度的调整等。即使是在民用电器和儿童玩具中，也会用到光电开关。如将反射型光电开关靠近旋转着的电动机，利用电动机转轴上的反射镜，使发光管的发射光不断反射到光敏管上，通过计数显示可直观记录下电动机的转速，如图 5-28 所示。此外，采用透过型光电开关还可制成圆盘光栅式读数装置，如图 5-29 所示。

光电开关作为转速测量装置能检测出转动物体的转速和转动方向，这在液面控制和电子秤中同样可以应用。这种用法在被测物体上要事先设置如图 5-30a 所示的光孔板，并且至少采用两组工作特性相近的光电开关，以便判断转动方向。如图 5-30b 中所示，A、B 两个开关的布置相隔 90°，其电相移图如图 5-30c 所示，得到两组脉冲输出。A、B 信号组成的逻辑辨向电路可指示出转动方向，用计数脉冲数和速率可以测量瞬时转角和转速。

2. 旋转光闸测速

旋转光闸是另外一种形式的机电调制器。在金属或玻璃圆盘上用光学或机械方法加工成

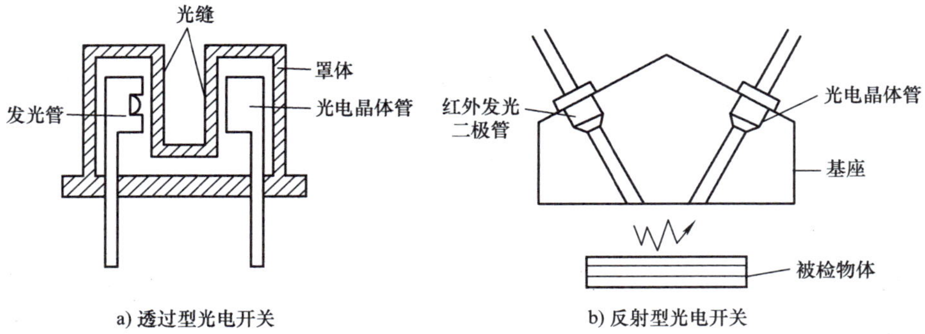

图 5-27　光电开关示意图

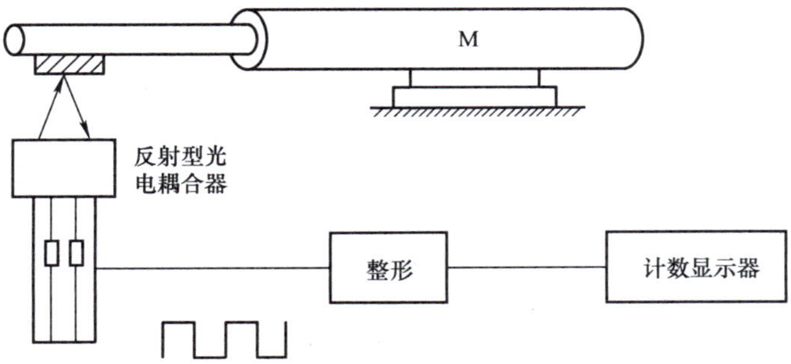

图 5-28　反射型光电开关测量转速示意图

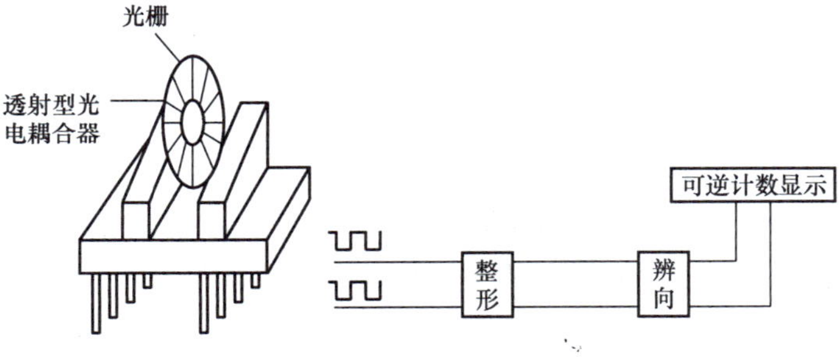

图 5-29　光栅式读数装置

不同形状的通光孔，用电动机带动圆盘旋转，组成旋转调制盘。投向圆盘的光束被调制盘交替遮断，相当于光路中的光闸，给光束加入调制信号。典型的旋转光闸表示在图 5-31 中。旋转光闸的第一个应用是对辐射光源的直流光通量进行调制。基本的光路布置如图 5-31a 所示。

根据调制盘通光孔的形状和调制盘面上照明光斑的形状不同，可以得到谐波形式、方波脉冲形式或锯形波形式等各种波形的调制光通量。如图 5-31b 的扇形光孔调制盘，若调制盘面上的光斑为圆形，其直径 D 与光斑和扇形光孔两边相切点间的圆弧长相等，并且通光与遮光扇形区均匀划分，则能得到近似正弦的调制光通量变化，其调制频率 f 为

$$f=\frac{n}{60}N \tag{5-24}$$

式中，N 为透光扇形数目；n 为调制盘转速（r/min）。

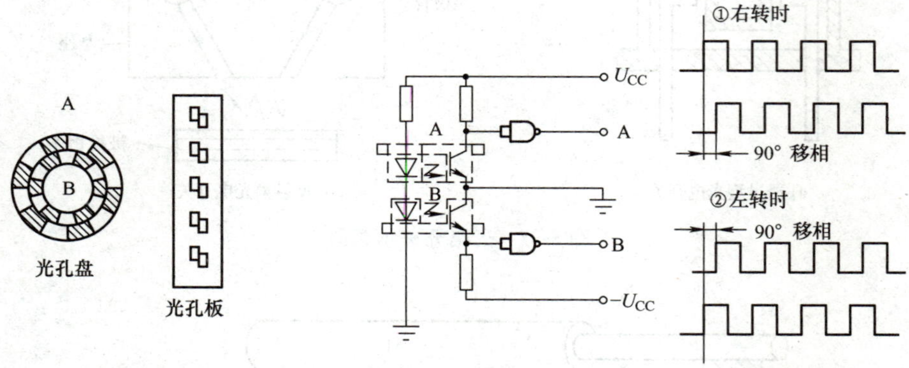

a) 光孔图　　b) 电路图　　c) 电相移图

图 5-30　用光电开关测量转速和方向

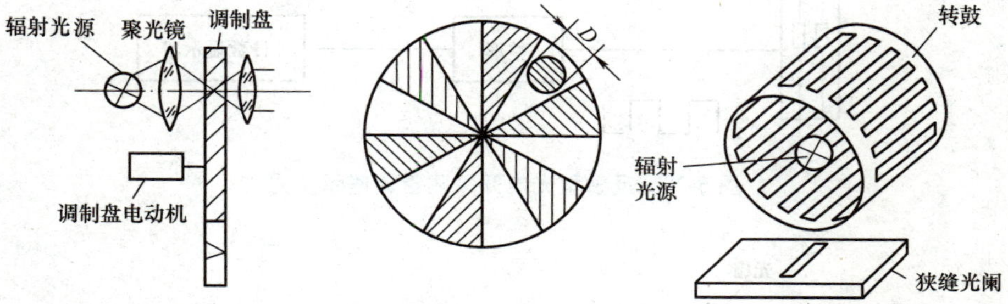

a) 基本光路　　b) 调制盘　　c) 调制装置

图 5-31　用旋转光闸调制直流通量

在图 5-31c 的调制装置中，辐射光源装置在转鼓的内部，转鼓面上刻有矩形通光槽，在转鼓外侧的半径方向上安装有矩形狭缝光阑。在转鼓转动过程中只有光源、通光槽孔、狭缝光阑三者成一条直线时才有光源光线穿过狭缝输出，产生的调制光通量波形近似连续脉冲序列。脉冲频率取决于转速和波形的数目，脉宽由狭缝和通光孔的比例确定。这些调制盘除了能调制光通量外，还能作为转角传感器用来测量定轴转动物体的转速，构成各种形式的光电转速计。

3. 利用频闪式转速表测速

（1）频闪效应　物体在人的视野中消失后，人眼视网膜上能在一段时间内保持视觉印象，即视后暂留现象。其维持时间，在物体平均亮度条件下，为 1/5~1/20s 的范围。

（2）频闪法测量转速原理　频闪测速法是利用频闪效应测量转速。测量转速时所用的圆盘称为频闪盘。测量转速时按频闪原理复现的图像称为频闪像。当用一个可调频率的闪光灯照射频闪盘时，在闪光频率与频闪盘转动频率相同时频闪像在某一位置上正好闪一下，使人眼清晰地看到频闪像。在其他时间频闪像转动形成圆环，因色彩反差不明显，故不清晰。

若每一次看到的频闪像在同一位置静止不动，则闪光频率乘以 60 即为频闪盘每分钟转数，由已知的频闪盘的转速可求得被测物体的转速。

因为闪光频率与频闪像频率相同或成为其整数倍时都能看到不动的频闪像，因此在测转速时，要调整闪光灯的频率，找出使频闪像不动时频闪光的最高频率，即为被测真正转数。具体测量方法是：

1）若测转速范围是 $n \sim n'$，则先将频闪光频率调到大于 $n \sim n'$，然后从高频逐渐下降，直到第一次出现不动的频闪像，此时的频闪数为被测实际转速。

2）若无法估计被测转速，则首先调整频闪盘的转速，当旋转的频闪盘上连续出现两次频闪像停留时，分别测出频闪盘的两次转速。然后计算被测转速 n 为

$$n = \frac{n_1 n_2 z}{n_1 - n_2} \tag{5-25}$$

式中，n_1 为测得频闪盘转速的较大值；n_2 为测得频闪盘转速的较小值；z 为频闪盘上的频闪像个数。

（3）电子数字式频闪测速仪　SSC－1 型数字式频闪测速仪是根据频闪测速原理制成频率可调的闪光灯装置来测量频闪盘转速，仪器采用单结晶体管作为振荡器。由频闪测速原理可知振荡器的精度决定了频闪的精度，亦决定了仪器的测量精度。因此采用高稳定度振荡器和均匀变频装置是提高频闪测速精度的主要途径。频闪测速仪的主要优点是非接触测量，最高转速可测到 1×10^6r/min。SSC－1 型数字式频闪测速仪可测量程为 100～240000r/min，测量误差不大于 1%，使用简便，具有多种用途。

5.5　空间分布光信号的检测方法

5.5.1　光学目标和空间定位

随空间变化的光电信号发生在一定的空间内，光电信号随空间位置的改变而改变，有的还同时随时间改变。空间变化的光学信号称为光学目标，即不考虑被测对象的物理本质，只把它们看作是与背景间有一定光学反差的几何形体或图形景物。如机械工件、运动物体、光学图样和实体景物等。根据发光强度分布的复杂程度和测量目的，光学目标可以分成复杂图形景物和简单光学目标。

复杂图形景物分布复杂、空间频率高、密度等级丰富，测量的目的在于确定图形的细节和层次、分析图形的内容等。属于这类光学图像的包括字符、图表、照片等平面图形，产品制造中的实体及自然景物和地形、地貌等。为了对复杂目标进行传真、录放、检测、处理和显示、存储，最基本的办法就是图像数据的采集和再现。光信号采集的作用是将物体在空间域内的发光强度分布变换成时域内的电信号的变化，图像再现的作用是将时序电信号变换成空间发光强度的分布，能够同时实现目标信号的空时（或时空）变换和光电（或电光）变换的最常见的技术就是图像扫描。光电扫描技术即光学图片的分解与合成，采用一个窄视场的光学系统和一个光电检测通道，按一定的时间顺序和轨迹串行逐点扫视目标像空间的各点，从而获得瞬时值与被测目标的光学参数成比例的时序电信号。可用于图像扫描的装置有机械扫描、电子束扫描和激光束扫描。机械扫描主要用于传真和印制电路板中；电子束扫描

主要应用于高质量的传真和电视广播中；激光束扫描可用于激光大屏幕电视、激光束显示系统、激光阅读和印刷机、复印机等图像装置，也可用于高密度光信息存储器的写入和读出，以及激光声像光盘等存储技术中。

简单的光学目标由点、线、平面等简单规则图形组成，包括刻线、狭缝、十字线、光斑以及成像系统得到的远处物体的弥散圆及工业规则图形等，其测量的目的是确定目标相对基准坐标的角度或位置偏差。在实际的光电工程中，很多对象可以制作或简化成简单的光学目标。例如，许多几何量的形位测量就常常利用被测物体与背景间的光学反差来确定物体边缘轮廓。而大多数的物体轮廓，特别是工业图形，都是相对简单和规则的。此外，在对星体、飞行物等远处活动目标的跟踪测量中，也需要将它们看作是在广阔背景上的一个或多个独立的辐射光斑，进而确定该点源的空间坐标。因此，简单光学目标的测量是物体空间状态检测的重要方面。

测定目标相对基准的角度偏差和位置偏差，在生产、科研和军事中有着广泛的应用。例如，大尺寸工件的安装与加工、高速公路和钢轨的自动铺设、地下隧道的自动掘进等工程中采用的自动准直测量；精密小尺寸测量中的目标对准和位置偏移测量；现代天文望远镜中的光电导星；军事应用中的激光制导和激光定向等，都是这些方面的典型应用。

光学目标和其衬底间的光学反差，构成了物体的外形轮廓，轮廓尺寸的中心位置称为它的几何中心（用 G_0 表示）。如图 5-32a 所示，几何中心的位置坐标 x_{G_0} 可用下式表示：

$$x_{G_0}=\frac{1}{2}(x_1+x_2) \tag{5-26}$$

式中，x_1、x_2 为物体边缘轮廓的坐标。

通过测量物体的轮廓分布确定物体中心位置的方法，称为几何中心检测法。其主要的处理方法有差分法、调制法、补偿法和跟踪法等。这些方法的主要依据是像分析。

光学目标的亮度分布是指光辐射能量沿空间的分布。将物体按辐射能量相等的标准分割为两部分，其中心位置称为亮度中心（用 B_0 表示），如图 5-32b 所示。亮度中心的位置 x_{B_0} 满足下列关系：

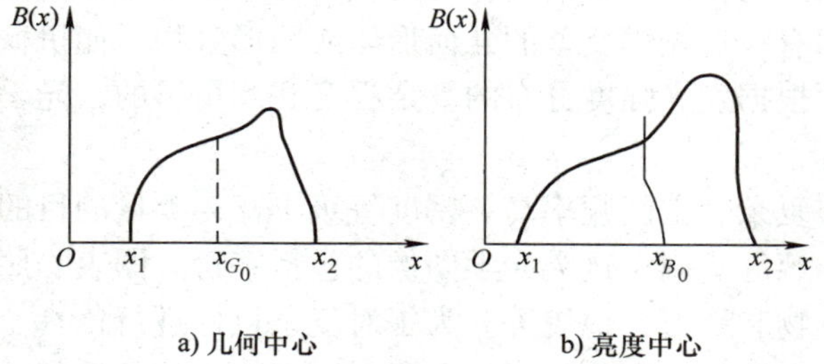

图 5-32　光学目标的几何中心和亮度中心

$$\int_0^{x_{B_0}}B(x)\,\mathrm{d}x=\int_{x_{B_0}}^{\infty}B(x)\,\mathrm{d}x \tag{5-27}$$

式中，$B(x)$ 为亮度分布曲线。

通过测量目标物空间的亮度分布相对应的像空间照度分布，来确定目标能量中心位置的方法，称为亮度中心检测法。其主要的处理方法有光学像分解和多象限检测等，这些方法的依据是象限分割。

5.5.2　几何中心检测法

几何中心检测法

光学目标的信息采集，通常是通过光学成像系统完成的，根据辐射物体大小远近的不同，分别可利用望远、照相、投影、显微等光路。这些光学系统的作用，是将空间亮度分布转换为像空间的照度分布。因此，光学目标形状位置的检测，可归结为检测其像空间照度的分布及其随时间的变化。在光学系统确定的情况下，对像面上像位置的分析代表了物空间坐标的分析，它们之间用固定的光学变换常数联系。这种通过分析被测物体在像面上的几何中心相对于像面基准的位移情况，从而确定该物体在空间位置的方法，称为像分析。能够实现这种作用的装置称为像分析器。像分析器的基本工作原理是，将被测物体的光学像相对于像面基准的几何坐标，变换为通过该基准某一取样窗口的光通量，通过检测该光通量的变化来解调出物体的坐标位置。

1. 单通道像空间分析器

图 5-33 所示是确定精密线纹尺刻线位置的静态光电显微镜工作原理图。光源发出的光经聚光镜、分光镜、物镜照到被测刻线尺上的刻线上。刻线尺上的刻线被物镜成像到狭缝所在的平面上，由光电检测器件检测光通量的变化。

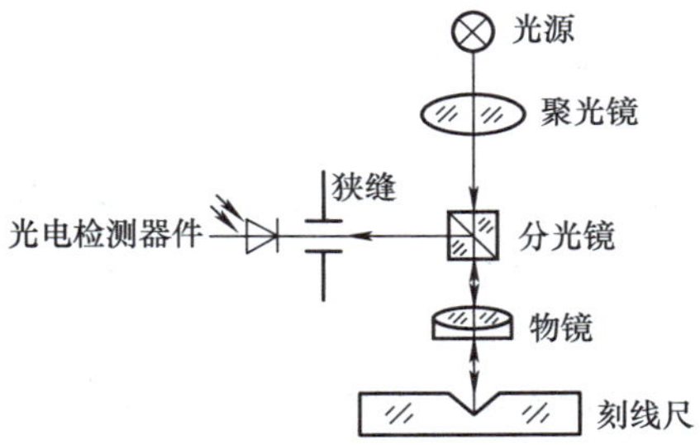

图 5-33　静态光电显微镜工作原理图

仪器设计时取狭缝的缝宽 l 与刻线尺的像宽 b 相等，狭缝高 h 与像高 d 相等，如图 5-34 所示。当刻线中心位于光轴上，刻线像刚好与狭缝对齐，透过狭缝的光通量为零，即透过率 $\tau=0$。而在刻线未对准光轴时，其刻线像中心也偏离狭缝中心，因而有光通量从狭缝透过，即 $\tau\neq0$。当刻线偏离光轴较大时，其像完全偏离狭缝，此时透过率最大，光敏面照度达到 E_0。由此可以确定当刻线对准光轴，光通量输出为零时的状态即为刻线的正确定位位置。可以看出，由刻线像与狭缝及光电器件构成的装置可以分析物（刻线）的几何位置，即像分析器。

若光电器件接收光通量为 $\Phi(x)$，狭缝窗口照度分布为 $E(x)$，取样窗口函数为 $h(x)$，定位特性可用 $h(x)$ 与 $E(x)$ 的卷积积分求得，即 $\Phi(x)=h(x)E(x)$。在理想的情况下定位特性 $\Phi(x)$ 为

$$\Phi(x)=\begin{cases}E_0h\,|x| & |x|<l\\ 0 & x=0\\ E_0hl & |x|\geqslant l\end{cases} \tag{5-28}$$

但是由于背景光、像差、狭缝边缘厚度的存在，实际上的照度分布与定位特性如图 5-34 虚线所示，即当 $x=0$ 时仍有一小部分光通量输出

$$\Phi_{\min}=(1-\tau)E_0hl \tag{5-29}$$

式中，Φ_{min} 为背景光通量，对系统的对比度有一定的影响；τ 为背景光引起的透过率。

从以上分析可以得到对光亮法像分析器的要求：

1）像面上设置的取样窗口（狭缝、刀口、劈尖等）是定位基准，它应与光路的光轴保持正确的位置，窗口的形状和尺寸与目标像的尺寸应保持严格的关系，窗口的边缘应陡直。

2）目标像的失真应较大，即像差要小，并有一定的照度分布。

3）像分析器应有线性的定位特性。

从以上的分析可以看出，像分析器将目标位置调制到光通量幅值的变化之中。因此它是幅度调制器，同时它又实现了刻线位置向光通量的变化，故又称为位移-光通量变换器（G/O 变换器）。从式（5-29）可以看出，照度的变化对定位精度影响很大，因此该系统对光源的稳定性有较高的要求。

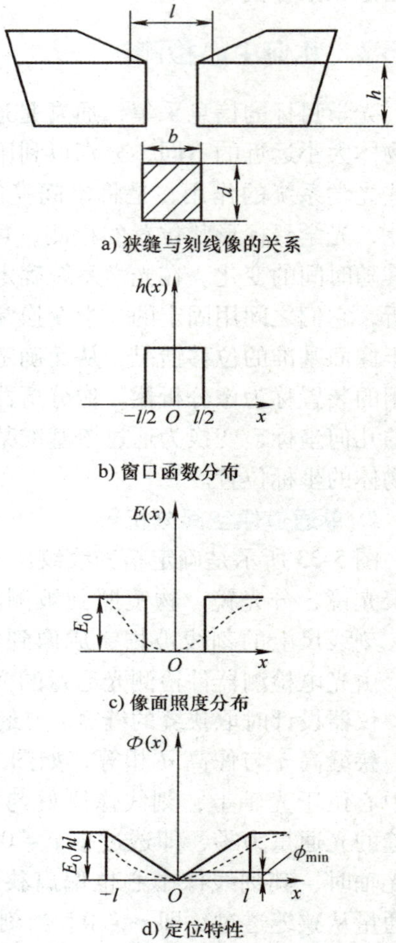

图 5-34　像分析器及其特性

2. 扫描调制式像分析器与静态光电显微镜

为了减小光源发光强度波动对定位精度的影响，采用扫描调制的方法将直流信号变为交流信号是一个好办法。

图 5-35 所示是扫描调制式静态光电显微镜工作原理图，它与图 5-34 相比增加了用于调制的振动反射镜，从而实现了像在缝上作周期性扫描运动；使透过狭缝的光通量变化成连续时间调制信号，再通过狭缝实现幅度调制，最后由光电器件得到连续的幅度调制输出，这种调制又叫扫描调制。

扫描调制式静态光电显微镜要求狭缝宽 l 与被定位的刻线像宽 b 相等，而在狭缝处像的振幅 A 也与它们相等。判断刻线中心是否对准光轴的依据是光通量的变化频率。图 5-36 给出了刻线像对准狭缝中心和偏离狭缝中心的几种情况。在对准状态下，光通量变化频率是振子振动频率 f 的两倍。当刻线像的中心偏在狭缝一边（如偏右），信号频率中含有 f 和 $2f$ 两种成分，且 $T_1 \neq T_2$，$T_1>T_2$。若刻线像的中心偏到狭缝的另一边，波形发生变化，不仅 $T_1 \neq T_2$，且 $T_1<T_2$，利用这一特点可以判别物的移动方向，这时信号频率有 f 和 $2f$ 两种成分。因此只要使要定位的刻线在工作台上移动，直到信号频率全部为 $2f$，就可以满足刻线定位到光轴上。

由此可设计成如图 5-37 所示的电路框图来实现信息处理和定位指示。扫描调制式静态光电显微镜的设计要求有：

1）视场强度足够强，且照度均匀。

2）物镜像差小。

3）振子的振幅均匀对称、振幅稳定可靠、振幅可调。

4）狭缝边缘平直，狭缝位置正确。

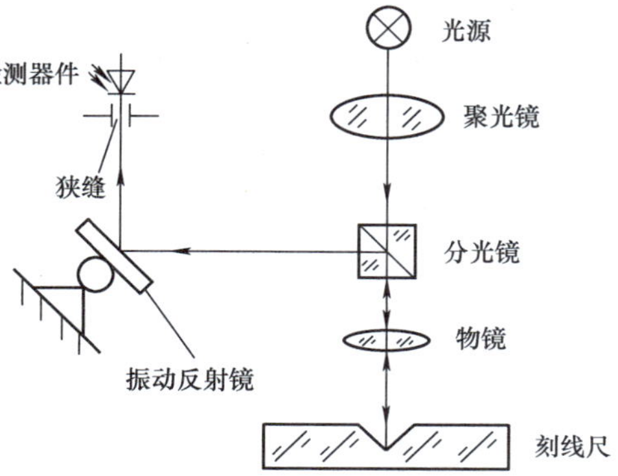

图 5-35　扫描调制式静态光电显微镜工作原理图

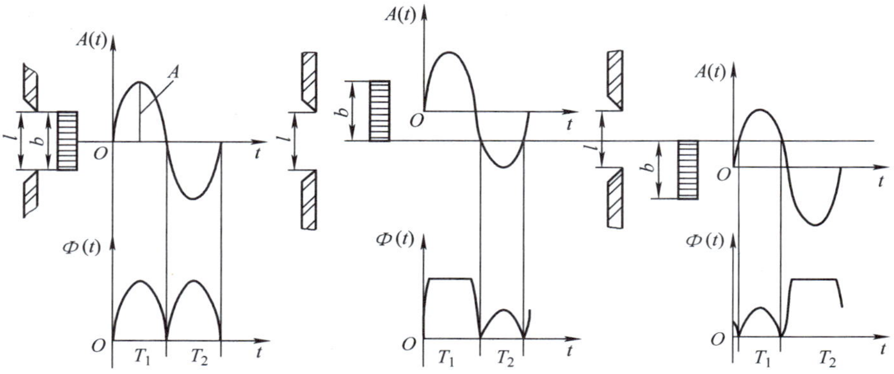

图 5-36　扫描调制式像分析器的波形图

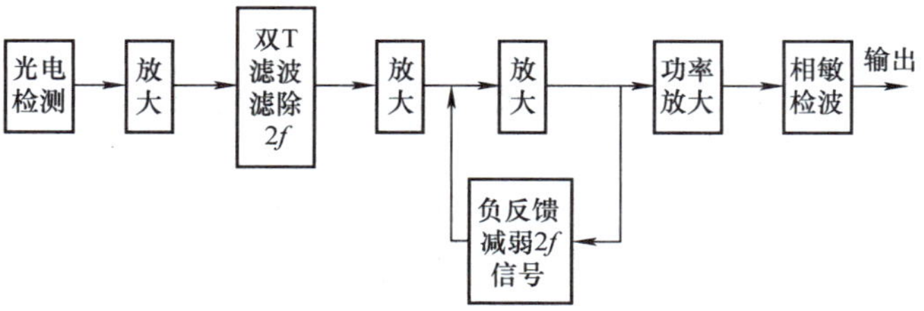

图 5-37　静态光电显微镜电路框图

这种扫描调制式静态光电显微镜的瞄准精度为 0.01~0.02μm，主要用于几何量测量仪器中对物体和刻线的精密定位及光刻机中对硅片自动定位。

3. 差动式像分析器与动态光电显微镜

为了减小光源波动对定位精度的影响，可以将光电检测器件设计成差动式。图 5-38 所示是差动式光电显微镜原理图。当被定位的刻线在运动状态定位时称为动态光电显微镜。

光源发出的光经聚光镜投射到刻线。物体经物镜分别成像在像分析器的狭缝处。狭缝 A

和 B 在空间位置上是错开放置的，像先进入 A，经过 $l/3$ 后进入狭缝 B。像宽 b 与狭缝 A 及 B 的宽度 l 相等。刻线像与狭缝 A、B 及其光照特性和输出特性如图 5-39 所示。从图中可以看出，当 $|x| \leqslant l/3$ 时，特性近似于线性区，这时两路光电检测器件输出的电压差为

$$\Delta u = u_A - u_B = [E_0 hx - (-E_0 hx)] S = 2E_0 hxS \tag{5-30}$$

式中，h 为狭缝高；S 为光电灵敏度。

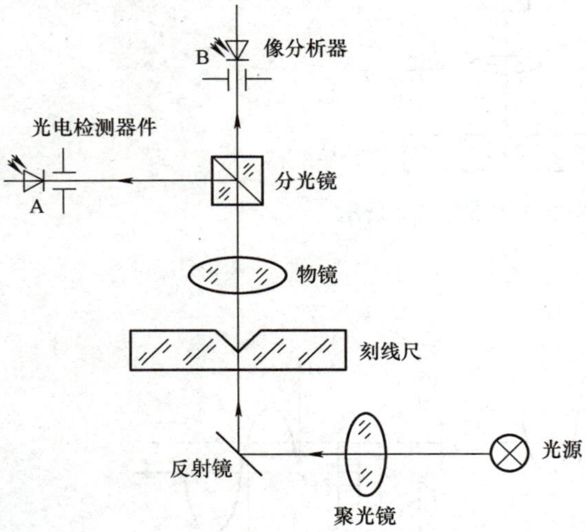

图 5-38　差动式光电显微镜原理图

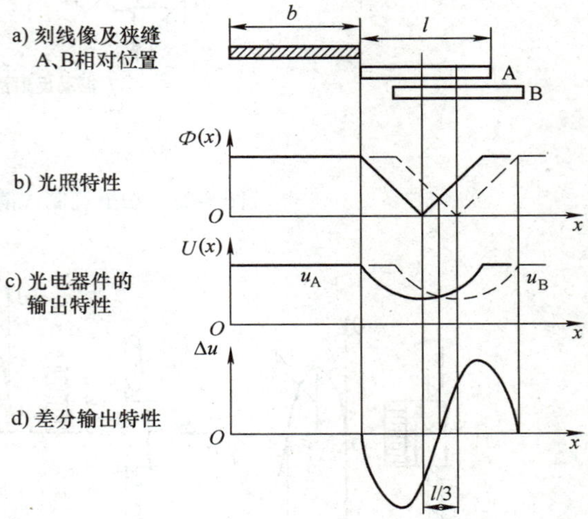

图 5-39　刻线像与狭缝 A、B 的光照特性和输出特性

从式（5-30）可以看出，采用差动法，光源波动（$\Delta\Phi$）的影响大为减小，并且线性区扩大一倍，曲线斜率也增加一倍。

为了进一步改善系统的稳定性，减小直流漂移，可以将系统变为交流差动系统。

动态光电显微镜的定位精度可达 0.03~0.05μm，广泛应用于大规模集成电路光刻时光掩膜和硅片的精度对准。

5.5.3　亮度中心检测法

亮度中心检测法

亮度中心检测的主要手段是，将来自被测目标的光辐射通量相对于系统的测量基准轴分解到不同坐标象限上，再根据这些图像在各象限上能量分布的比例，检测出目标亮度中心的位置。这种确定目标空间位置的方法，称为象限分解法。适用于这种方法的目标，可以是远处的宏观物体，如星体、飞行物等，在经过成像系统的轻度离焦后，可看作是一弥散圆或者是由主动照明产生的标准图形形成的规则像。实现辐射通量按坐标象限分解，可以采用两种方法：一种是光学像分解；另一种是利用象限探测器。

1. 光学像分解

光学像分解是在光学系统中附加各种分光元件，使入射光束分别向确定的不同方向传播，再在各自终端上安装有单一光敏面的光电元件。在平面坐标内实现四象限分解的光学零件如图 5-40 所示，其中图 5-40a 是正四面反射锥体分光，可以采用抛光的不锈钢或镀反射膜的玻璃，入射光束以锥尖为坐标原点将光束分解为直角坐标的四个象限；图 5-40b 是一束输

入端位于物镜焦面上的光纤束，光纤束按截面的位置分作四个分束，每一个分束的输出端装置在光电接收器的敏感面上。

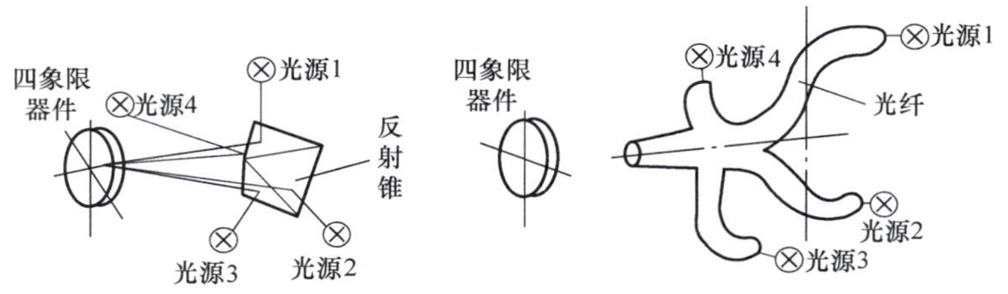

a) 正四面反射锥体分光　　b) 光纤分光

图 5-40　四象限分解的光学零件

能同时实现沿平面坐标和绕 x 、y 轴转动的多个自由度分解的光学方法有下列几种方式：

（1）中心孔式　采用带有中心孔式的四棱锥体四自由度像分解器的原理图，如图 5-41 所示。图中，测量光束的一部分经空心四棱锥体的顶端中心孔，射向后置的反射体上。中心孔直径小于光束直径。当光束有一定倾斜角时，透过中心孔的光束，以不同比例被反射体分解，并由光电元件 2 接收，产生 θ_x 和 θ_y 的偏角信号。入射光束在中心孔以外的部分经空心四棱锥体反射，由四象限上布置的光电元件 1 形成 x 和 y 向的偏移信号。

（2）分光式　图 5-42a 给出了分光式像分解器的原理图。基准光束透过半反棱镜在四象限光电池上形成 x 和 y 方向的偏移信号。反射的光束经反射镜投射到四象限光电元件上形成 θ_x 和 θ_y 的偏角信号。

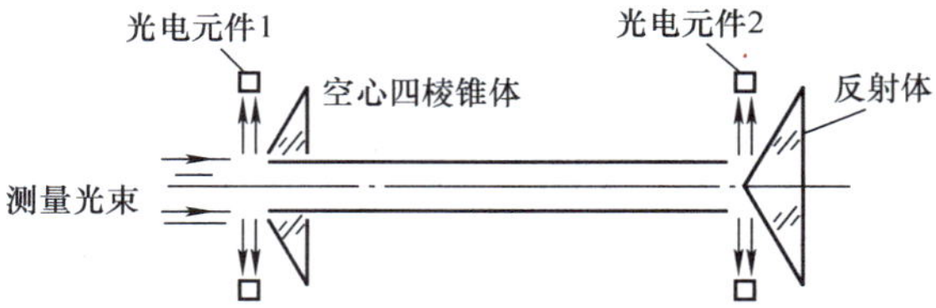

图 5-41　中心孔式像分解器的原理图

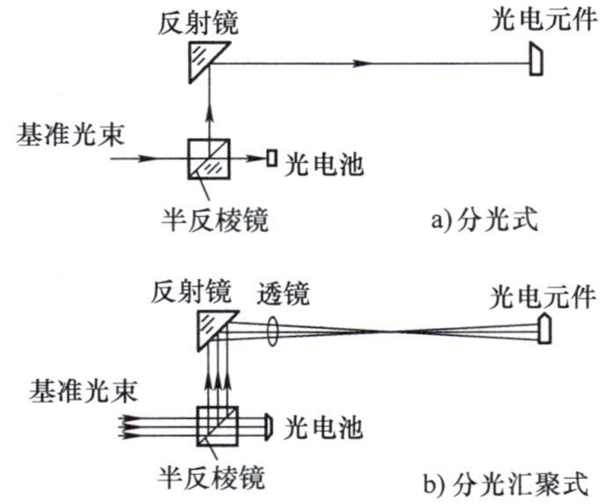

图 5-42　分光式和分光汇聚式像分解器的原理图

图 5-42b 给出了分光汇聚式像分解器原理图。图中透镜将反射光束会聚后，再用光电元件接收。与图 5-42a 比较，在计算偏角 θ 值时，需要考虑透镜的焦距。

（3）反射式　反射式像分解器的原理图如图 5-43 所示。在这种光路布置中，光电元件 1 的光敏面与输入光束相背布置。它的中央开有直径和入射光束直径相同的光孔，从而使穿过光孔的光束透过半透明反射镜，由光电元件 2 产生 x、y 方向的偏移信号。而反射部分的光束则由光电元件 1 接收，以形成 θ_x 和 θ_y 的偏角信号。

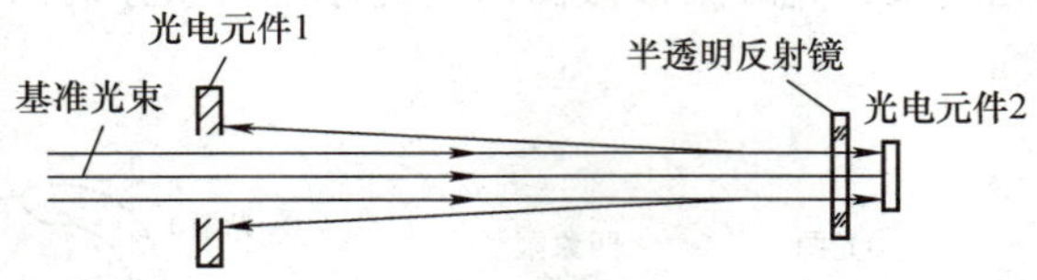

图 5-43　反射式像分解器的原理图

(4) 全息分光式　全息分光式像分解器的原理图如图 5-44 所示。由图可见，基准光束采用激光，经全息片衍射为三个方向。其中直射光分量射向光电元件 1，产生 x、y 方向的偏移信号。根据全息照相的原理，同时形成会聚光束和平行衍射光束。因此，可以分别设置光电元件 2 和 3，从而根据光电元件 2、3 的位置，计算出 θ_x 和 θ_y 的偏角信号。

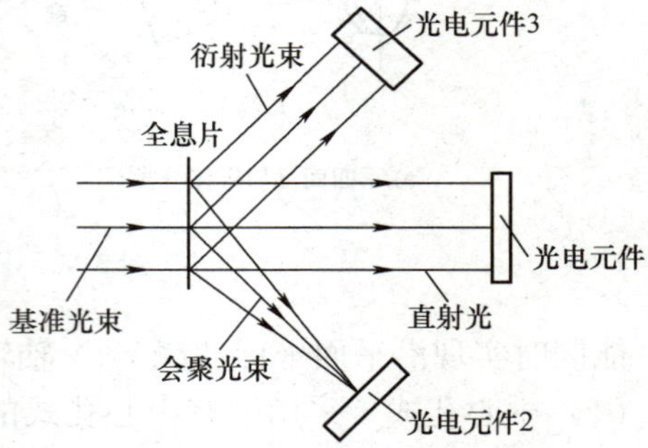

图 5-44　全息分光式像分解器的原理图

2. 象限探测器

象限探测器有很多种形式，例如，二象限、四象限的光电池，光敏电阻和光电倍增管，锲环状独立光敏面的半导体探测器，阵列式光电池，还有具有横向光电效应、能连续给出光点二维坐标模拟信号的半导体光电位置传感器等。这些器件在第 3 章中已作过介绍，这里仅介绍半导体四象限探测器在检测亮度中心中的应用。

图 5-45 所示为激光准直仪原理图。它用 He-Ne 激光器作光源，发出波长为 0.6328μm 的可见橘红色激光，用扩束望远镜获得光束直径为 10mm 左右的激光光束，其发散角为 0.1mrad 左右。该光束的光斑为一均匀圆形光斑，光斑的能量中心不随距离而变化，即任一截面上的发光强度分布有稳定的中心。这条可见的激光束作为准直测量的基准，由四象限光电池做成的光靶放在被准直的工件上，当激光束照射到四象限光电池上时，4 块光电池分别产生电压 U_1、U_2、U_3、U_4，如图 5-45b 所示。若光靶表面位置垂直于光轴，光靶中心 O 与光轴重合，$U_1=U_2=U_3=U_4$。若被测工件直线度有偏差，将会引起激光束中心与探测光靶中心偏离，产生偏差信号，若光束中心上下移动，对应 $U_y=U_1-U_3$；若光束中心左右偏离，对应 $U_x=U_2-U_4$。根据 U_y、U_x 便可判断出被测件的偏移量。对照图 3-35 四象限组合器件的和差检测电路和图 3-36 四象限组合器件的直差检测电路，可以使用式 (3-45) 或式 (3-46) 来计算光束中心位置。

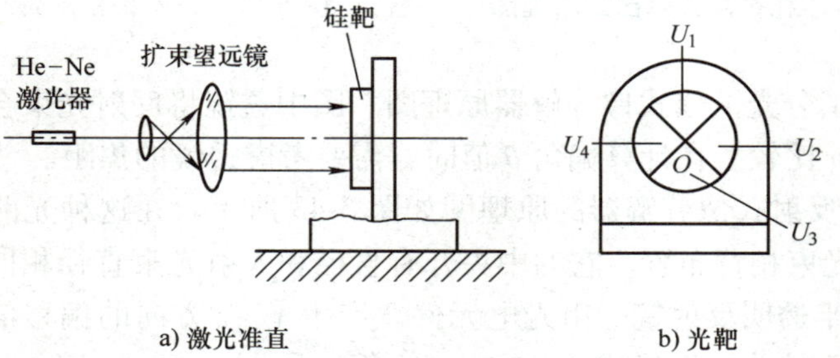

图 5-45　激光准直仪原理图

检测亮度中心还可用二维 PSD，因为 PSD 只对能量中心敏感而与光点形状无关，因此用 PSD 进行亮度中心检测比四象限硅光电池要好，而且灵敏度和分辨率更高。

思考题与习题

5-1　下列应用中可以利用红外辐射技术进行检测实现的有（　　）。

A. 防盗报警　　　　B. 自动照明

C. 电子礼仪或警告发声　　　　D. 自动喷水灭火

5-2　下列说法正确的是（　　）。

A. 调制盘可以抑制大背景的辐射，达到抑制背景干扰的作用。

B. 调制盘的类型有幅度调制、相位调制、频率调制等类型。

C. 使用调制盘进行光束的调制，经调制后的波形是由光束的截面形状和大小以及调制盘图形的结构决定的。

D. 使用调制盘进行光束的调制，调制光束的频率 f 是由调制盘中透光扇形的个数 N 以及调制盘的转速 n 决定的。

5-3　关于直接探测和外差探测，下列说法正确的是（　　）。

A. 外差探测基于两束光波在探测器光敏面上的相干效应。

B. 外差探测适宜于弱光信号的探测，直接探测适宜于强光信号的探测。

C. 与外差探测相比，直接探测具有良好的滤波性能。

D. 外差探测具有高的转换增益。

5-4　光外差探测技术信号光和本振光必须满足的条件有（　　）。

A. 空间条件，角准直，相当于滤掉了部分背景和杂光。

B. 频率条件，光束光频率必须足够近，差频需在探测器的通频带范围内。

C. 偏振条件，偏振方向需一致，通常在光电传感器前放置偏振片。

D. 具有高度单色性和频率稳定度，一般取自同一个激光器。

5-5　下列关于像分析器的说法正确的是（　　）。

A. 关于单通道像分析器，当刻线中心位于光轴上时，刻线像刚好与狭缝对齐，透过狭缝的光通量最小。

B. 关于单通道像分析器，光通量输出最大时即为刻线的正确定位位置。

C. 扫描调制式像分析器判断刻线中心是否对准光轴的依据是光通量的变化频率。

D. 像分析器主要用于分析物体和刻线的精密定位。

5-6　关于激光三角法，下列说法正确的有（　　）。

A. 像点轴外偏移光焦点法是一种三角方式的位移检测方法。

B. 直射式光三角法由于物镜是倾斜放置的，所以只能接收散射光。

C. 影响光三角法测量准确度的外部因素主要是被测表面倾斜情况、表面光泽和粗糙度，以及表面颜色等。

D. 光三角法的位移测量系统可选 CCD 或 PSD 作为检测器件，一般来说 CCD 分辨率比 PSD 高，而 PSD 的响应速度比 CCD 快。

5-7　辐射信号的测量一般分两种类型，主动式和被动式，用于制导系统的一般为________式辐射，用于测温和目标搜索的一般为________式辐射。

5-8　几何中心检测法进行光学目标的形位检测主要的处理方法有差分法、调制法、补偿法和跟踪法等，这些方法的依据是________，亮度中心检测法主要的处理方法有光学像分解和象限探测器等，这些方法的主要依据是________。

5-9　影响直接探测系统的最小探测精度的因素是什么？

5-10　什么是调制和解调？什么是光的调制？光的调制的分类有哪些？

5-11　试述光外差探测法的基本条件及特点。

5-12　本书图 5-20 所示为直射式和斜射式三角测量原理示意图，试推导被测面在沿轴方向的位移公式。

5-13　光三角法位移测量系统组成及测量原理是什么？

5-14　试述激光扫描测量系统组成及测量原理。

5-15　调制盘在辐射信号测量中起什么作用？

5-16　假定直接探测法最小能探测辐射功率为 6×10^{-9}W，在相同变换电路条件下，用外差探测可能探测的最小辐射功率为多少？

第 6 章　光电检测系统典型电路

光电检测电路由光电器件、输入电路和前置放大器等部分组成。光电器件将光信号转换成相应的电信号，而输入电路则为光电器件提供正常的工作条件，进行电参量的变换（如将电流或电阻变换为电压），同时完成和前置放大器的电路匹配。光电器件输出的微弱电信号由前置放大器进行放大，前置放大器另一作用是匹配后置处理电路与检测器件之间的阻抗。检测电路的设计应根据光电信号的性质、强弱、光学和器件的噪声电平以及输出电平和通频带等技术要求来确定电路的连接形式和电路参数，保证光电器件和后续电路最佳的工作状态，并最终使整个检测电路满足下述要求：

（1）灵敏的光电转换能力　即给定的输入光信号在允许的非线性失真条件下有最佳的信号传输系数，可得到最大的功率、电压或电流输出。

（2）快速动态响应能力　满足信号通道所要求的频率选择性或对瞬间信号的快速响应。

（3）最佳的信号检测能力　具有保证可靠检测所必需的信噪比或最小的可检测信号功率。

（4）长期工作的稳定性和可靠性

本章主要从应用出发，针对常用的光电器件典型的输入与处理电路进行介绍。

6.1　光敏电阻的变换电路

光敏电阻的变换电路

光敏电阻的电阻（或电导）随入射辐射量的变化而改变，因此，可以用光敏电阻将光信号变换为电信号。但是，电阻（或电导）值的变化信息不能直接被接收，需要将电阻（或电导）值的变化转变为电流或电压信号输出。完成这个转换工作的电路称为光敏电阻的偏置电路或变换电路。为了减小光敏电阻受环境温度的影响而引起灵敏度变化，一般采用电桥式电路作为光敏电阻的工作电路。

6.1.1　基本偏置电路

简单的光敏电阻偏置电路如图 6-1 所示，图 6-1a 为原理电路，图 6-1b 为等效电路，图 6-1c为电路图解曲线。这是一个线性电路，建立负载线就可以确定对应于输入光照度变化的负载电阻上的输出信号。

每个光敏电阻都有允许的最大耗散功率 P_{max}（可参考产品目录），工作时如果超过这一

数值，光敏电阻就容易损坏。因此，光敏电阻在任何光照度下工作都必须满足

$$IU \leqslant P_{max} \tag{6-1}$$

或

$$I \leqslant P_{max}/U \tag{6-2}$$

式中，I 和 U 分别为通过光敏电阻的电流和它两端的电压。

计算电路静态工作点的图解曲线如图 6-1c 所示，其中 P_{max} 的数值一定。P_{max} 曲线的左下部分为允许的工作区域。电路的工作状态可以用解析法按线性电路规律计算。

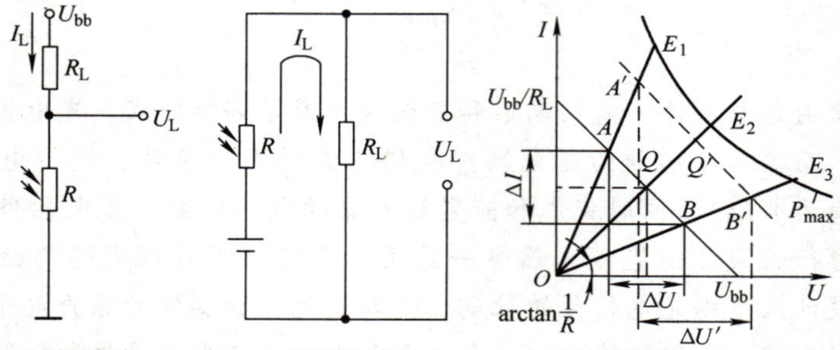

a) 原理电路　　b) 等效电路　　c) 电路图解曲线

图 6-1　简单的光敏电阻偏置电路

设在某照度 E_v 下，光敏电阻的阻值为 R，电导为 g，流过偏置电阻 R_L 的电流为 I_L，则由图 6-1a 得

$$I_L = \frac{U_{bb}}{R+R_L} \tag{6-3}$$

当输入光照度变化时，通过光敏电阻的变化 dR 引起负载电流的变化 dI_L。对式（6-3）求微分，变为

$$dI_L = -\frac{U_{bb}}{(R+R_L)^2}dR$$

而 $dR=-R^2S_g dE_v$，因此

$$dI_L = -\frac{U_{bb}R^2S_g}{(R+R_L)^2}dE_v \tag{6-4}$$

用微变量表示变化量时，设 $i_L=dI_L$，$e_v=dE_v$，则式（6-4）改写为

$$i_L = \frac{U_{bb}R^2S_g}{(R+R_L)^2}e_v \tag{6-5}$$

偏置电阻 R_L 两端的输出电压为

$$u_L = R_L i_L = \frac{U_{bb}R_LR^2S_g}{(R+R_L)^2}e_v \tag{6-6}$$

从式（6-6）可以看出，当电路参数确定后，输出电压信号与入射辐射量（照度 e_v）呈线性关系。

在光敏电阻输入电路设计中，负载电阻 R_L 和电源电压 U_{bb} 是两个关键参数，在实际工作中应根据不同的需要和工作情况慎重选择。

1. 电源电压 U_{bb} 的选择

由式（6-6）可以看出，信号电压 u_L 随 U_{bb} 的增大而增大。如图 6-1c 所示，当 R_L 不变而 U_{bb} 增大时，负载线由 AQB 变为 $A'Q'B'$。由于 $A'B'>AB$，所以 $dU'>dU$。当 U_{bb} 增大时，光敏电阻的损耗将增加，负载曲线靠近但不能超过允许功率曲线 P_{max}，否则光敏电阻将损坏或性能下降。

在光敏电阻的允许最大耗散功率 P_{max} 已知情况下，电源电压 U_{bb} 也受 P_{max} 限制，即

$$U_{bb} \leqslant \sqrt{4P_{max}R_L} \tag{6-7}$$

当负载电阻 R_L 确定后，电源电压 U_{bb} 由式（6-7）限定，不能超过此值，否则工作时实际功耗有可能超过 P_{max}。另外，使用时工作电压也不应超过光敏电阻参数中给出的极限工作电压。

2. 负载电阻 R_L 的确定

根据负载电阻 R_L 和光敏电阻 R 的关系，可确定电路的三种工作状态：恒流偏置、恒压偏置和恒功率偏置。恒流偏置和恒压偏置在下面的章节里依次进行介绍，这里介绍恒功率偏置。

将式（6-6）对 R_L 微分，有

$$\frac{du_L}{dR_L} = U_{bb}S_g\frac{R^2(R - R_L)}{(R + R_L)^3}e_V \tag{6-8}$$

当负载电阻 R_L 与光敏电阻 R 相等时，表示负载匹配，$\frac{du_L}{dR_L} = 0$。此时探测器的输出功率最大，称为匹配状态。R 为对应于某光照度的光敏电阻，此时输出功率为

$$P = I_LU_L \approx \frac{U_{bb}^2}{4R_L} \tag{6-9}$$

6.1.2　恒流电路

在简单偏置电路中，当 $R_L \gg R$ 时，流过光敏电阻的电流基本不变，此时的偏置电路称为恒流电路。然而，光敏电阻自身的阻值已经很高，若再满足恒流偏置的条件，就难以满足电路输出阻抗的要求，为此，可引入如图 6-2 所示的晶体管恒流偏置电路。

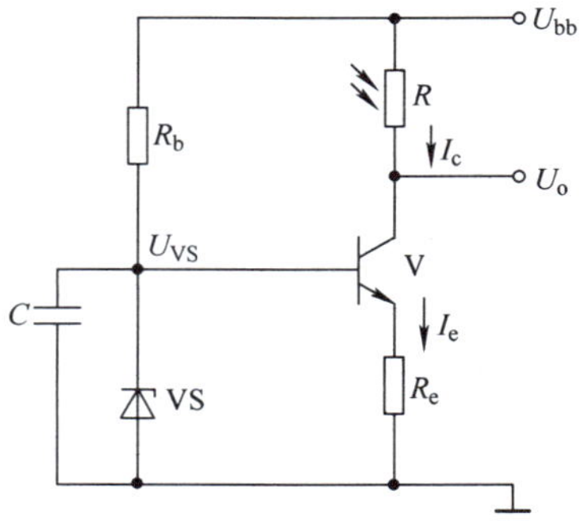

图 6-2　晶体管恒流偏置电路

电路中稳压管 VS 将晶体管的基极电压稳定，即基极电压为 U_{VS}，流过晶体管发射极的电流 I_e 为

$$I_e = \frac{U_{VS} - U_{be}}{R_e} \tag{6-10}$$

式中，U_{VS} 为稳压二极管的基极电压；U_{be} 为晶体管的基-射结电压。

当晶体管处于放大状态时基本为恒定值，R_e 为固定电阻。因此，发射极的电流 I_e 为恒定电流。晶体管在放大状态下集电极电流与发射极电流近似相等，所以流过光敏电阻的电流为恒流。

在晶体管恒流偏置电路中输出电压 U_o 为

$$U_o = U_{bb} - I_c R \tag{6-11}$$

对式（6-11）求微分得

$$dU_o = -I_c dR \tag{6-12}$$

由于 $R=1/g$，$dR=-S_g R^2 dE_v$，代入式（6-12）得

$$dU_o = \frac{U_{VS}-U_{be}}{R_e} R^2 S_g dE_v \tag{6-13}$$

或

$$U_o \approx \frac{U_{VS}}{R_e} R^2 S_g e_v \tag{6-14}$$

显然，恒流偏置电路的电压灵敏度 S_v 为

$$S_v = \frac{U_{VS}}{R_e} R^2 S_g \tag{6-15}$$

式中，S_v 与光敏电阻的二次方成正比，与光电导灵敏度成正比。

6.1.3　恒压电路

在图 6-1 所示的偏置电路中，若 $R_L \ll R$，加在光敏电阻上的电压近似为电源电压 U_{bb}，为不随入射辐射量变化的恒定电压，此时的偏置电路称为恒压偏置电路。显然，图 6-2 所示偏置电路很难构成恒压偏置电路。但是，利用晶体管很容易构成光敏电阻恒压偏置电路。如图 6-3 所示为典型的光敏电阻恒压偏置电路。图中，处于放大工作状态的晶体管 V 的基极电压被稳压二极管 VS 稳定在稳定值 U_{VS} 上，而晶体管发射极的电位 $V_E = U_{VS} - U_{be}$，处于放大状态的晶体管的 U_{be} 近似为 0.7V，因此，当 $U_{VS} \gg U_{be}$ 时，$V_E \approx U_{VS}$。即加在光敏电阻上的电压为恒定电压 U_{VS}。

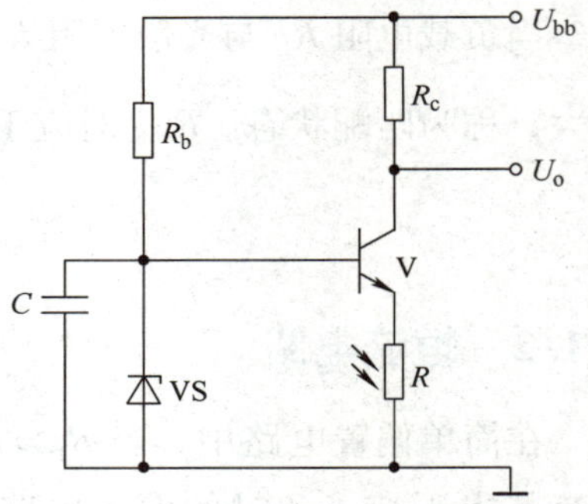

图 6-3　恒压偏置电路

光敏电阻在恒定偏置电路的情况下，其输出的电流 I_p 与处于放大状态的晶体管发射极电流 I_e 近似相等。因此，恒压偏置电路的输出电压为

$$U_o = U_{bb} - I_c R_c \tag{6-16}$$

对式（6-16）取微分，则得到输出电压的变化量为

$$dU_o = -R_c dI_c = -R_c I_c = -R_c S_g U_{VS} dE \tag{6-17}$$

式（6-17）说明恒压偏置电路的输出信号电压与光敏电阻的阻值 R 无关。这一特性在采用光敏电阻的测量仪器中特别重要，在更换光敏电阻时只要使光敏电阻的光电导灵敏度 S_g 保持不变，即可保持输出信号电压不变。

例 6-1　在图 6-2 所示的恒流偏置电路中，已知电源电压为 12V，R_b 为 820Ω，R_e 为 3.3kΩ，晶体管的放大倍率不小于 80，稳压二极管的输出电压为 4V，光照度为 40 lx 时输出电压为 6V，光照度为 80 lx 时输出电压为 8V。（设光敏电阻在 30~100 lx 之间的 γ 值不变）

试求：（1）输出电压为 7V 的照度（单位为 lx）。

（2）该电路的电压灵敏度（单位为 V/lx）。

解：根据图 6-2 所示的恒流偏置电路中所给的已知条件，流过稳压二极管 VS 的电流 $I_{VS}=\dfrac{U_{bb}-U_{VS}}{R_b}=\dfrac{8V}{820\Omega}\approx 9.6mA$，满足稳压二极管的工作条件，$U_{VS}=4V$，流过晶体管发射极电阻的电流 $I_e=\dfrac{U_{VS}-U_{be}}{R_e}=1mA$。以上所得为恒流偏置电路的基本工作状况。

（1）根据题目给的在不同光照情况下输出电压的条件，可以得到不同光照下光敏电阻的阻值为

$$R_{p1}=\frac{U_{bb}-6V}{I_e}=6k\Omega$$

$$R_{p2}=\frac{U_{bb}-8V}{I_e}=4k\Omega$$

将 R_{p1} 与 R_{p2} 值代入下面的计算公式，得到光照度在 40～80 lx 之间的 γ［见式（3-3）］值为

$$\gamma=\frac{\lg 6-\lg 4}{\lg 80-\lg 40}=0.59$$

输出电压为 7V 时光敏电阻的阻值应为

$$R_{p3}=\frac{U_{bb}-7V}{I_e}=5k\Omega$$

计算此时的光照度

$$\gamma=\frac{\lg 6-\lg 5}{\lg E-\lg 40}=0.59$$

$$\lg E=\frac{\lg 6-\lg 5}{0.59}+\lg 40=1.736$$

$$E=54.45\ \text{lx}$$

（2）电路的电压灵敏度 S_v

$$S_v=\frac{\Delta U}{\Delta E}=\frac{7-6}{54.45-40}\text{V/lx}=0.069\text{V/lx}$$

6.2　光生伏特器件的偏置电路

光生伏特器件的偏置电路

PN 结型光生伏特器件一般有正向偏置电路、反向偏置电路和无偏置电路三种。每种偏置电路使得 PN 结光生伏特器件工作在特性曲线的不同区域，表现出不同的特性，使变换电路的输出具有不同特征。为此，掌握光生伏特器件的偏置电路是非常重要的。

前面介绍硅光电池的光电特性时，已经讨论了正向偏置电路。正向偏置电路的特点是光生伏特器件在具有较好的输出功率，且当负载电阻为最佳负载电阻时具有最大的输出功率。但是，正向偏置电路的输出电流或输出电压与入射辐射间的线性关系很差，因此，在测量电路中很少采用正向偏置电路。

6.2.1　反向偏置电路

加在光生伏特器件上的偏置电压与内建电场的方向相同的偏置电路称为反向偏置电路。所有的光生伏特器件都可以进行反向偏置，尤其是光电晶体管、光电场效应晶体管、复合光电晶体管等必须进行反向偏置。图 6-4 所示为光生伏特器件的反向偏置电路。光生伏特器件在反向偏置状态，PN 结势垒区加宽，有利于光生载流子的漂移运动，使光生伏特器件的线性范围和光电变换的动态范围加宽。因此，反向偏置电路被广泛应用到大范围的线性光电检测与光电变换中。

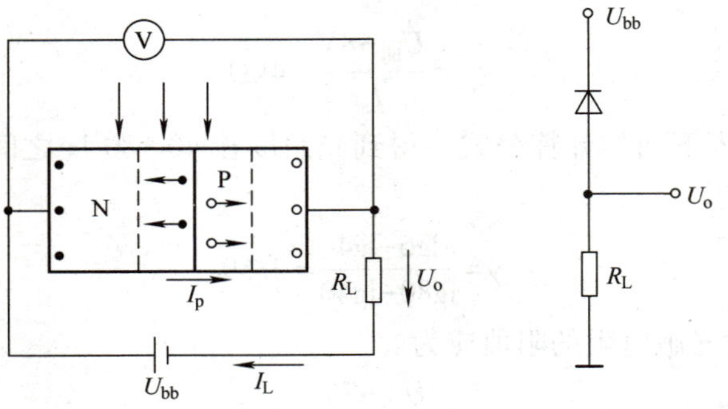

a) 原理示意图　　b) 反向偏置电路

图 6-4　光生伏特器件的反向偏置电路

1. 反向偏置电路的输出特性

在图 6-4 所示的反向偏置电路中，$U_{bb} \gg KT/q$ 时，流过负载电阻 R_L 的电流为

$$I_L = I_p + I_d \tag{6-18}$$

式中，I_p 为光电流；I_d 为暗电流。

输出电压为

$$U_o = U_{bb} - I_L R_L \tag{6-19}$$

2. 输出电流、电压与辐射量间的关系

由式（6-18）可以求得反向偏置电路的输出电流与入射辐射量的关系为

$$I_L = \frac{\eta q \lambda}{hc} \Phi_{e,\lambda} + I_d \tag{6-20}$$

由于制造光生伏特器件的半导体材料一般都采用高阻轻掺杂的器件（太阳能电池除外），因此暗电流都很小，可以忽略不计。即反向偏置电路的输出电流与入射辐射量的关系可简化为

$$I_L = \frac{\eta q \lambda}{hc} \Phi_{e,\lambda} \tag{6-21}$$

同样，反向偏置电路的输出电压与入射辐射量的关系为

$$U_o = U_{bb} - R_L \frac{\eta q \lambda}{hc} \Phi_{e,\lambda} \tag{6-22}$$

输出信号电压变化为

$$\Delta U = -R_L \frac{\eta q \lambda}{hc} \Delta \Phi_{e,\lambda} \tag{6-23}$$

式（6-23）表明，反向偏置电路输出信号电压 ΔU 与入射辐射量的变化成正比，变化方向相反，输出电压随入射辐射量增加而减小。

例 6-2　用 $2CU_{2D}$ 光电二极管探测激光器输出的调制信号为 $\Phi_{e,\lambda}=(20+5\sin\omega t)\mu W$ 的辐射通量时，若已知电源电压为 15V，$2CU_{2D}$ 的光电流灵敏度 $S_i=0.5\mu A/\mu W$，结电容 $C_j=3pF$，引线分布电容 $C_i=7pF$。试求负载电阻 $R_L=2M\Omega$ 时该电路的偏置电阻 R_B，并计算输出信号电压最大情况下的偏置电阻。

解： 首先求出入射辐射通量的峰值

$$\Phi_m=(20+5)\mu W=25\mu W$$

再求出 $2CU_{2D}$ 的最大输出光电流

$$I_m=S_i\Phi_m=12.5\mu A$$

因输出信号电压最大时的偏置电阻为 R_B，则

$$R_B /\!/ R_L=\frac{U_{bb}}{I_m}=1.2M\Omega$$

$$R_B=3M\Omega$$

3. 图解计算法

式（6-14）可以利用图解法计算，光生伏特器件的反向偏置电路的输出特性曲线如图 6-5所示，在特性曲线上画出负载线，以负载电阻 R_{L1} 所对应的特性曲线 1 为例，该直线的斜率为 $-1/R_{L1}$，通过 $U=U_{bb}$ 点，与纵轴相交于 U_{bb}/R_{L1} 点上。由于串联回路中流过回路各元件的电流相等，负载线和对应于输入光照度为 E_0 时的器件伏安特性曲线的交点 Q 即为输入电路的工作点。当输入光照度由 E_0 改变 $\pm\Delta E$ 时，在负载电阻 R_{L1} 上会产生 $\mp\Delta U$ 的电压信号输出和 $\pm\Delta I$ 的电流信号输出。用图解法计算时，可以合理地选择电路参数，同时能保证不使器件超过其最大工作电流、最大工作电压和耗散功率，方法简单且容易实现。

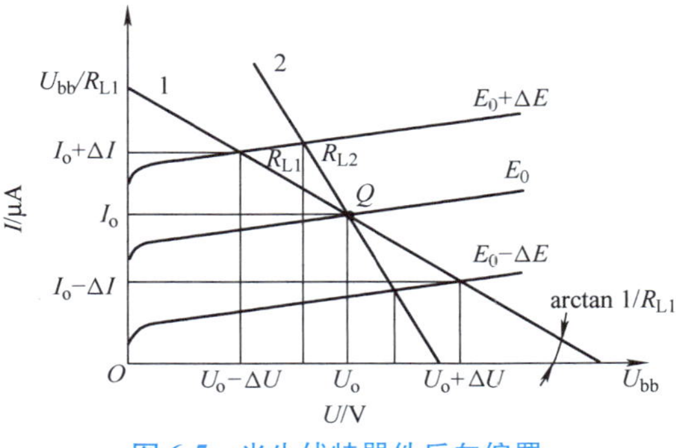

图 6-5　光生伏特器件反向偏置电路的输出特性曲线

从特性曲线不难看出，反向偏置电路的输出电压的动态范围取决于电源电压 U_{bb} 与负载电阻 R_L，电流 I_L 的动态范围也与负载电阻 R_L 有关。适当地选择 R_L，可以获得所需要的电流、电压动态范围。图 6-5 的特性曲线中，静态工作点都为 Q 点。当负载电阻 $R_{L1}>R_{L2}$时，负载电阻 R_{L1} 所对应的特性曲线 1 的输出电压的动态范围要大于负载电阻 R_{L2} 所对应的特性曲线 2 的输出电压的动态范围；而特性曲线 1 输出电流的动态范围小于特性曲线 2 输出电流的动态范围。应用时要注意选择适当的负载。

例 6-3　已知某光电晶体管的伏安特性曲线如图 6-6所示。当入射光通量为正弦调制量，即 $\Phi_{v,\lambda}=(55+40\sin\omega t)$ lm 时，要得到 5V 的输出电压，试设计该光电晶体管的变换电路，并画出输入/输出的波形图，分析输入与输出信号间的相位关系。

解： 首先根据题目的要求，找到入射光通量的最大值与最小值：

$$\Phi_{\max}=(55+40)\,\mathrm{lm}=95\mathrm{lm}$$

$$\Phi_{\min}=(55-40)\,\mathrm{lm}=15\mathrm{lm}$$

在特性曲线中画出光通量的变化波形，补充必要的特性曲线。

再根据题目对输出信号电压的要求，确定光电晶体管集电极电压的变化范围。本题要求输出电压为5V，指的是有效值，集电极电压变化范围应为双峰值。即

$$U_{CD}=2\sqrt{2}U\approx 14\mathrm{V}$$

在 $\Phi_{\max}$ 特性曲线上找到靠近饱和区与线性区域的临界点 A，过 A 点作垂线交于横轴的 C 点，在横轴上找到满足题目对输出信号幅度要求的另一点 D，过 D 作垂线交 $\Phi_{\min}$ 特性曲线于 B 点，过 A、B 点作直线，该直线即为负载线。负载线与横轴的交点为电源电压 U_{bb}，负载线的斜率为负载电阻 R_L。于是可得：$U_{bb}=20\mathrm{V}$，$R_L=5\mathrm{k\Omega}$。最后，画出输入光信号与输出电压的波形图。从图中可以看出输出信号与入射光信号为反向关系。

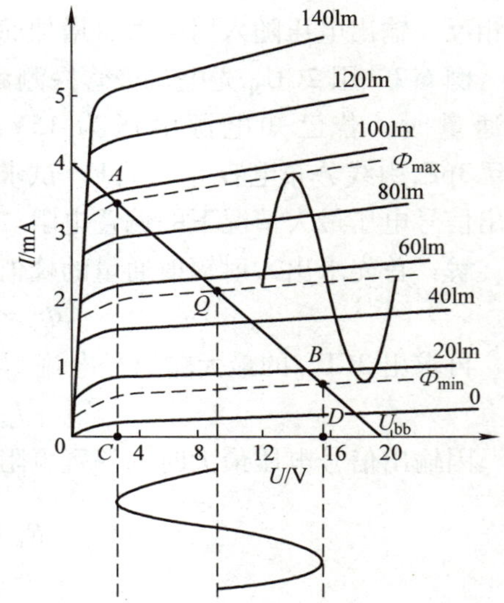

图 6-6　某光电晶体管的伏安特性曲线

4. 解析计算法

输入电路的计算也可以采用解析法。这要利用折线化伏安特性，如图 6-7 所示。

折线化伏安特性曲线的近似画法视伏安特性形状而异，通常是在转折点 M 处将曲线分作两个区域。在图 6-7a 情况下是作直线与原曲线相切；在图 6-7b 情况下是过转折点 M 和原点 O 连线，得到折线的线性工作部分。

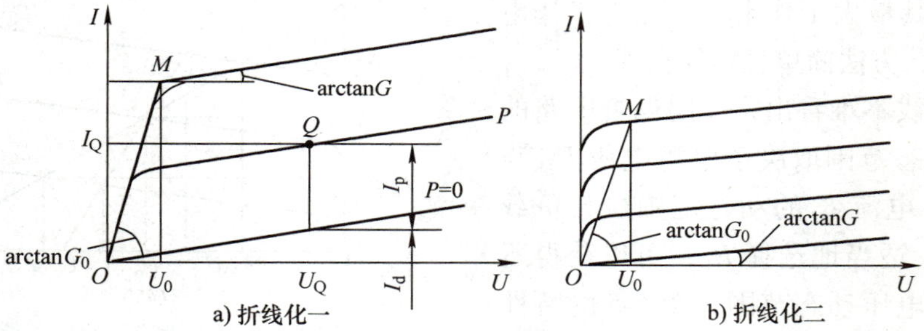

图 6-7　伏安特性的分段折线化

伏安特性可由下列参数确定：

1）转折电压 U_0 为曲线转折点 M 处的电压。

2）初始电导 G_0 为非线性近似直线的初始斜率。

3）结间漏电导 G 为线性区内平行直线的平均斜率。

4）光电灵敏度 S 为单位输入光功率引起的光电流值。

设输入光功率为 P，对应光电流为 I_p，则有

$$S=I_p/P$$

式中，P 可以是光通量 Φ，也可以是光照度 E。通量与照度之间关系为

$$\Phi = AE \tag{6-24}$$

式中，A 为光电器件光敏面的变光面积。

利用折线化伏安特性，任意一点的电流 I 可表示为暗电流 I_d 和光电流 I_p 之和，即

$$I = f(U,\Phi) = I_d + I_p = GU + S\Phi \tag{6-25}$$

在输入光通量变化范围 $\Phi_{min} \sim \Phi_{max}$ 为已知的条件下，用解析法计算输入电路的工作状态可按下列步骤进行。

（1）确定线性工作区域　由对应最大输入光通量 Φ_{max} 的伏安特性曲线弯曲处即可确定转折点 M。相应的转折电压 U_0 可由图 6-8a 中所示的关系决定。

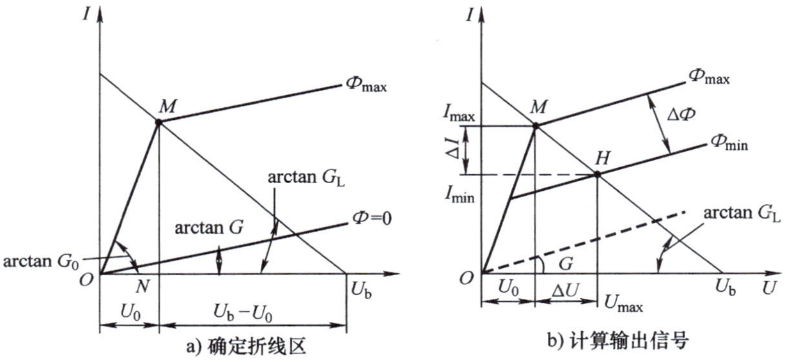

图 6-8　用解析法计算输入电路

在线段 MN 上有关系

$$G_0U_0 = GU_0 + S\Phi_{max} \tag{6-26}$$

由此可解得

$$U_0 = \frac{S\Phi_{max}}{G_0 - G}$$

或

$$G_0 = G + \frac{S\Phi_{max}}{U_0} \tag{6-27}$$

（2）计算负载电阻和偏置电压　为保证最大线性输出条件，负载线和与 Φ_{max} 对应的伏安曲线的交点不能低于转折点 M。设负载线通过 M 点，此时由图 6-8a 中的图示关系可得

$$(U_b - U_0)G_L = G_0U_0$$

当已知 U_b 时，可计算出负载电导（阻）G_L（R_L）为

$$G_L = G_0\frac{U_0}{U_b - U_0} = \frac{S\Phi_{max}}{U_b\left(1-\frac{G}{G_0}\right) - \frac{S\Phi_{max}}{G_0}} \tag{6-28}$$

$$R_L = \frac{1}{G_L} = \frac{U_b\left(1-\frac{G}{G_0}\right)}{S\Phi_{max}} - \frac{1}{G_0} \tag{6-29}$$

当 G_L（或 R_L）已知时，则可计算出偏置电压为

$$U_b=\left(1+\frac{G}{G_L}\right)U_0+\frac{S\Phi_{max}}{G_L}$$

（3）计算输出电压幅度　由图 6-8b 可得，当输入光幅射由 Φ_{min} 变化到 Φ_{max} 时，输出电压幅度为 $\Delta U=U_{max}-U_0$，其中 U_{max} 和 U_0 可由图中 M 和 H 点的电流值计算得到。

在 H 点：$G_L(U_b-U_{max})=GU_{max}+S\Phi_{min}$

在 M 点：$G_L(U_b-U_0)=GU_0+S\Phi_{max}$

解以上二式得

$$U_{max}=\frac{G_LU_b-S\Phi_{min}}{G+G_L}$$

$$U_0=\frac{G_LU_b-S\Phi_{max}}{G+G_L}$$

所以

$$\Delta U=S\frac{\Phi_{max}-\Phi_{min}}{G+G_L}=S\frac{\Delta\Phi}{G+G_L} \tag{6-30}$$

式（6-30）表明，输出电压幅度与输入光照度的增量和光电灵敏度成正比，与结间漏电导和负载电导成反比。

（4）计算输出电流幅度　由图 6-8 知，输出电流幅度为

$$\Delta I=I_{max}-I_{min}=\Delta UG_L \tag{6-31}$$

将式（6-30）代入，可得　$$\Delta I=\Delta UG_L=S\frac{\Phi_{max}-\Phi_{min}}{1+G/G_L}$$

通常 $G_L\gg G$，式（6-31）可简化为　$$\Delta I=S(\Phi_{max}-\Phi_{min})=S\Delta\Phi \tag{6-32}$$

（5）计算输出电功率　由功率关系 $P=\Delta I\Delta U$ 可得

$$P=G_L\Delta U^2=G_L\left(\frac{S\Delta\Phi}{G+G_L}\right)^2 \tag{6-33}$$

6.2.2　无偏置电路

光电池的基本工作电路为无偏置电路，如图 6-9a 所示，光电池直接和负载电阻连接。图 6-9b 给出了基本电路的等效电路，光电池可以表示为一个光电流为 I_p 的电压源和一个流过电流大小为 I_d 的二极管并联，I_d 表示暗电流，图 6-9c 给出其计算图解曲线。

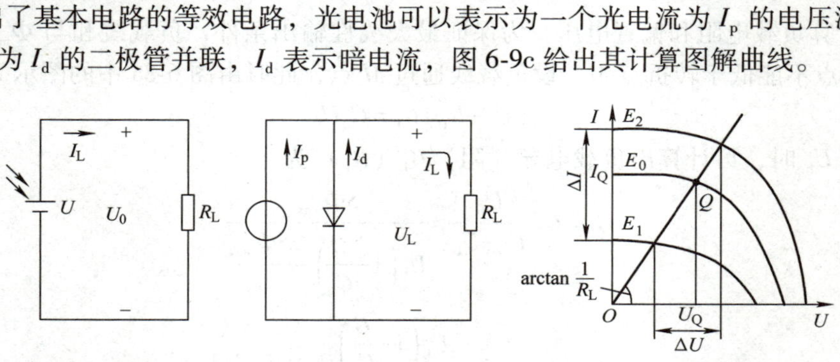

a) 基本工作电路　　b) 等效电路　　c) 图解曲线

图 6-9　光电池的无偏置电路

对图 6-9a 的回路建立电路方程，有

$$U_L = I_L R_L \text{ 和 } I_L = I_p - I_0(e^{U_L/U_T} - 1) \tag{6-34}$$

式中，$U_T = kT/q$。

利用图解计算法，对于给定的光照度 E_0，只要选定负载电阻 R_L，工作点 Q 即可利用负载线与光电池相应的伏安特性曲线的交点确定。该点处的电流 I_Q 和电压 U_Q 即为 R_L 上的输出值。相对 E_0 的光照度变化 ΔE 将形成对应的电流变化 ΔI 和电压变化 ΔU。

光电池的伏安特性是非线性的，如图 6-10 所示，光电池接上不同的负载电阻时，电流和电压随着光照度变化的情况是不同的。因此，负载电阻的选择会影响光电池的输出信号。当负载电阻较小时，随着光照度的变化，输出的电流值变化较大，而电压值变化较小。例如，短路状态下（$R_L=0$），输出的电流值最大，电压值为零。随着负载电阻 R_L 的增大，电流逐渐变小，输出电压随之增大。

根据选用负载电阻的数值，光电池工作状态可以分为以下几种：

1. 短路电流方式

在光电检测中，往往需要光电池具有线性的输入-输出关系，此时需要采用短路电流（也称线性电流）方式。这时只要找出光电池工作中的最大光照度（如图 6-10 中的 E_5）的伏安特性，然后把该特性的拐点 A 与原点 O 相连成直线，就是需要的负载线。在此负载电阻下，即能使之随光照度成比例地变化，就是线性工作的临界状态，此时为最佳负载电阻 R_S。OA 线的左边是光电池的线性放大工作区。为了使后续电流放大级作为负载从光电池中取得较大的电流输出，要求负载电阻的后续放大器的输入阻抗尽可能小。电阻越小，电流的线性越好。极限情况是 $R_L=0$，这种状态就是短路工作状态。接近这种状态的输出电流接近于短路电流。其工作区域为图 6-10 中的区域Ⅰ，它与入射光照度有良好的线性关系，即

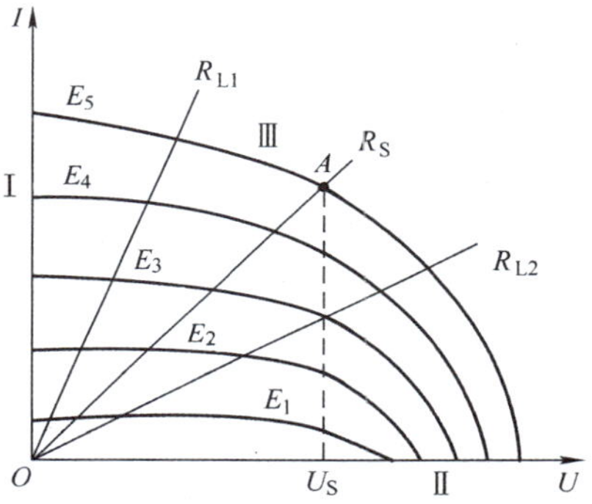

图 6-10　不同光照度下光电池伏安特性

$$I_L = I_p - I_0(e^{I_L R_L/U_T} - 1)\big|_{R_L \to 0} = I_{SC} = SE \tag{6-35}$$

$$\Delta I = S\Delta E \tag{6-36}$$

另外，在短路状态下器件的噪声电流较低，信噪比得到改善，因此适合于弱光电信号的检测。在此状态下的光电池相当于电流源，它与放大器连接时，应采用电流放大器。

2. 开路电压方式

在光电检测中，有时需要光电池具有简单的通断（即光开关）功能，此时需要采用开路电压（亦称空载电压）方式。光电池的开路电压通常为 0.45~0.6V，当入射光发光强度做跳跃式变化时，可工作于非线性电压变换状态，适合于开关或继电器工作状态。这种状态下可以简单地利用开路电压组成控制电路，不需要增加任何偏置电源。其工作区域为图 6-10

中的区域Ⅱ，此时光电池通过高输入阻抗变换器与前级放大电路连接，相当于输出开路。开路电压可表示为

$$U_{oc}=\frac{KT}{q}\ln\left(\frac{I_p}{I_0}+1\right) \tag{6-37}$$

当光照度较大时，$\frac{I_p}{I_0}\gg 1$，则式（6-37）可写成如下形式

$$U_{oc}\approx U_T\ln\frac{I_p}{I_0}=U_T\ln\frac{SE}{I_0} \tag{6-38}$$

式（6-38）表明，开路电压与入射光照度的对数成正比。

通过给定入射光功率（光照度 E_0）下的开路电压值 U_{oc0}，可以求出其他入射光功率（光照度 E）下的开路电压 U_{oc}：

$$U_{oc}-U_{oc0}=U_T\ln\frac{SE}{I_0}-U_T\ln\frac{SE}{I_0}$$

因此有

$$U_{oc}=U_{oc0}+U_T\ln\frac{E}{E_0} \tag{6-39}$$

在这种状态下，对于较小的入射光照度，开路电压输出变化较大，有利于弱光电信号的检测。但是这种工作状态下的开路电压随光照度的变化为非线性关系。在此状态下工作的光电池相当于电压源，当它与放大器相连时应采用高输入阻抗放大器或阻抗变换器。

3. 线性电压输出

当光电池的负载电阻很小甚至接近于零时，电路工作在短路及线性电流放大状态。而当负载电阻稍微增大，但小于临界负载电阻 R_S 时，电路就处于线性电压输出状态，如图 6-10 中的区域Ⅲ。这种工作状态在串联的负载电阻上能够得到与输入光照度近似成正比的信号电压。增大负载电阻有助于提高电压，但会引起输出信号的非线性畸变。

由式（6-34）有

$$I_L=I_p-I_0(e^{U_L/U_T}-1)=I_p-I_0(e^{I_LR_L}-1) \tag{6-40}$$

令最大线性允许光电流为 I_S，相应的光照度为 E_S，则可得到输出最大线性电压的临界负载电阻 R_S 为

$$R_S=\frac{U_S}{SE_S} \tag{6-41}$$

对于交变信号情况，对应 $E_S\pm\Delta E$ 的输入光照度变化，负载上的电压信号为

$$\Delta U=R_S\Delta I_p=\frac{U_S}{SE_S}S\Delta E=U_S\frac{\Delta E}{E_S} \tag{6-42}$$

在线性关系要求不高的情况下，可以利用图解法找到如图 6-10 中的 OA 曲线，简单地确定临界电阻 R_S 的值。此时 U_S 大约为 $0.6U_{oc}$，因此

$$R_S \approx \frac{0.6U_{oc}}{I_p} = \frac{0.6U_{oc}}{SE_S} \tag{6-43}$$

式中，U_{oc}为对应 E_S 时的开路电压。

工作在线性电路放大区的光电池在与放大器连接时，宜采用电压放大器。

光电池用作太阳电池是把太阳光的能量直接转换成电能供给负载，此时需要最大的输出功率和转换效率。但是，单片光电池产生的电压很低，输出电流很小，因此不能直接用作负载的电源。一般都是将多个光电池串并联，组装成光电池组作为电源使用。为了保证在黑夜或光线微弱的情况下仍能正常供电，往往把光电池组和蓄电池组装在一起使用，通常把这种组合装置称为太阳能电源，其电路如图 6-11a 所示。电路中的二极管 VD 是为了防止蓄电池经过光电池放电。

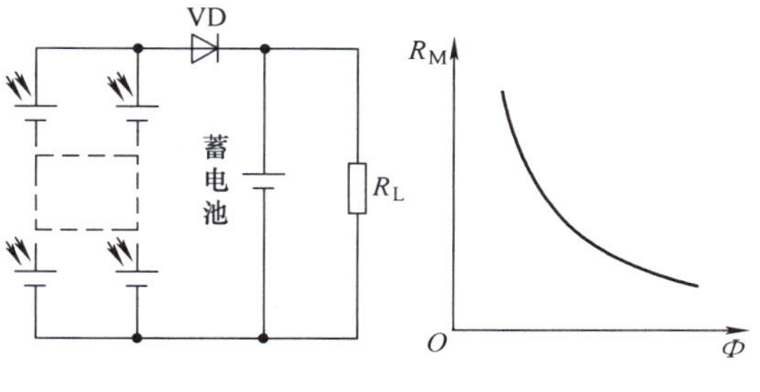

a) 电路　　b) 最佳负载与光照度的关系

图 6-11　太阳能电源

光电池作为测量元件使用时，后面一般接有放大器，并不要求输出最大功率，重要的是输出电流或电压与光照度成比例变化。因此在选择负载电阻时，在可能的情况下应选小一些，这样有利于线性变化及改善频率响应。最佳负载与光照度的关系如图 6-11b 所示。

6.3　CCD 器件驱动电路

CCD 器件驱动电路

CCD 为电荷耦合器件（Charge Coupled Devices）的简称，CCD 的特点是以电荷作为信号，基本功能是电荷的存储和转移，基本工作是信号电荷的产生、存储、传输和检测。CCD 摄像器件可分为线阵和面阵两大类。线阵 CCD 多用于一维尺寸检测，面阵 CCD 多用于二维形状或图像采集与处理。图 6-12 为 2048 像元线阵 CCD 结构示意图。

图中：Φ_p——光电积分脉冲，在积分期间内像元势阱收集光信号电荷；

Φ_x——转移控制脉冲，控制像元信号电荷向移位寄存器 1 和移位寄存器 2 转移；

Φ_1、Φ_2——移位寄存器转移两相脉冲；

Φ_R——预置扩散放大器的复位脉冲；

ID——CCD 的输入二极管，既可以作为电注入自检用，又可以作为“胖零注入”；

IG——输入栅，由它控制电注入信号；

OG——输出栅，由它控制输出信号电荷；

RD——复位管漏电极；

RG——复位管直流栅极（加预置偏压）；

OD——输出管漏电极；

R_L——外接负载电阻（此处作跟随管用）；

U_o——输出端信号电压。

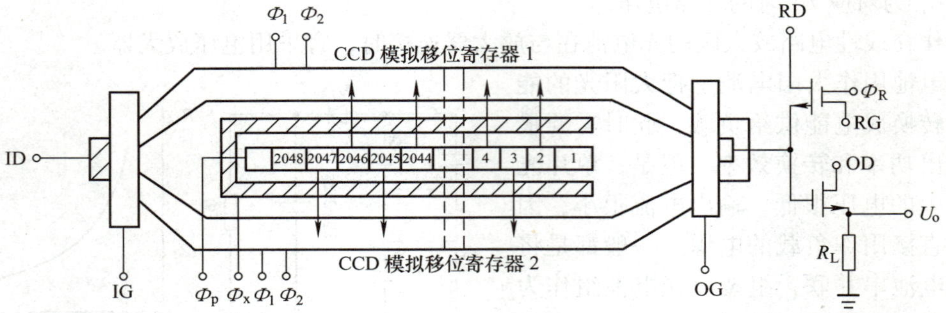

图 6-12　2048 像元线阵 CCD 结构示意图

图 6-13 是一种帧转移型面阵 CCD 引脚与结构原理图。它的有效像元数为 754(H)×583(V)，像素单元尺寸（长×高）为 12.0μm×11.5μm，像敏面积为 9.05mm×6.70mm，器件由像敏区、存储区、水平移位寄存器和输出部分等构成。

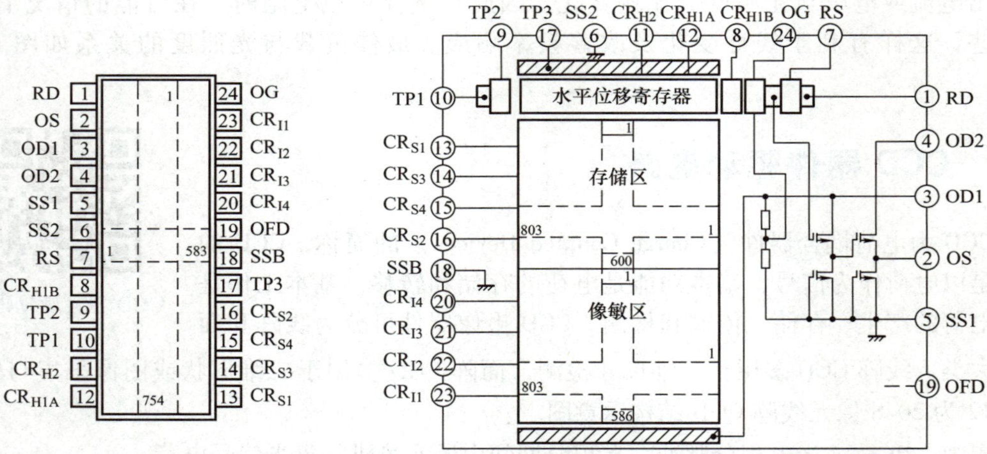

a) 面阵 CCD 引脚图　　b) 面阵 CCD 结构原理图

图 6-13　面阵 CCD 引脚与结构原理图

它的像敏区的结构和存储区的结构基本相同。像敏区曝光，而存储区被遮蔽。像敏区和存储区均为 4 相结构，分别由 CR_{I1}、CR_{I2}、CR_{I3}、CR_{I4}（像敏区的驱动脉冲）和 CR_{S1}、CR_{S2}、CR_{S3}、CR_{S4}（存储区的驱动脉冲）驱动。水平移位寄存器由二相时钟脉冲 CR_{H1} 和 CR_{H2} 驱动。由图 6-13b 可以看出，水平移位寄存器的最末端的电极为 CR_{H1B}，其后是输出栅 OG，输出栅与复位栅之间为输出二极管，信号由输出二极管经输出放大器由 OS 端输出。第 5、6 与 18 引脚为地，第 3、4 引脚为输出放大器提供的 OD 电源（OD1、OD2），第 1 引脚为复位管提供的电源 RD，复位脉冲 RS 加在第 7 引脚上，复位脉冲在每个光敏单元信号到来之前使输出二极管复位，确保每个光敏单元信号不被前面的输出信号干扰。

6.3.1　CCD 驱动电路时序方法

在应用 CCD 传感器时，需要解决的两个主要问题是 CCD 时序的产生和输出信号的采集处理。CCD 驱动时序的产生方法多种多样，常用的方法有以下 4 种：

（1）直接数字电路驱动方法　这种方法用数字门电路及时序电路搭成 CCD 驱动时序电路，一般由振荡器、单稳态触发器、计数器等组成。可用标准逻辑器件搭成或可编程逻辑器件制成，特点是驱动频率高，但逻辑设计比较复杂。

（2）单片机驱动方法　单片机产生 CCD 驱动时序的方法主要依靠程序编制，直接由单片机 I/O 口输出驱动时序信号。时序信号是由程序指令间的延时产生。这种方法的特点是调节时序灵活方便、编程简单，但通常具有驱动频率低的缺点。如果使用指令周期很短的单片机（高速单片机），则可以克服这一缺点。

（3）EPROM 驱动方法　在 EPROM 中先存放驱动 CCD 的所有时序信号数据，并由计数电路产生 EPROM 的地址使之输出相应的驱动时序。这种方法结构简单，与单片机驱动方法相似。

（4）专用 IC 驱动方法　利用专用集成电路产生 CCD 驱动时序，集成度高、功能强、使用方便。在大批量生产中，驱动摄像机等视频领域首选此法，但在工业测量中又显得灵活性不好，可用可编程逻辑器件法代替“专用 IC 驱动方法”。

6.3.2　可编程器件产生 CCD 驱动时序

1. TCD1206SUP CCD 驱动原理

TCD1206SUP 具有一列 2160 个光敏元的线阵 CCD，此外还包括电荷转移栅、双相模拟移位寄存器、可复位的输出电荷检测放大器及补偿放大器等。入射于光敏元的光能量产生正比于发光强度的电荷（光生载流子），然后这些电荷包转移到模拟移位放大器，在双相时钟的驱动下，传送到片内输出电荷检测放大器，变成幅度为光信号调制的一列脉冲。因此 CCD 的驱动脉冲可以分为两类：一类是光电转移用的光积分脉冲；另一类是自扫描用的转移脉冲（包括扫描输出电荷检测放大器的复位脉冲），共需要 5 种逻辑定时信号，如图 6-14 所示。图中 Φ_p 是为光敏栅施加的光积分脉冲，Φ_p 为高电平时，光照进行积分积累电荷，产生光生载流子，完成光电转换；Φ_p 为低电平时，把光敏栅下势阱中的光生载流子经电荷转移栅转移到模拟移位器势阱中。Φ_{SH} 为转移脉冲，Φ_{SH} 为低电平时进行转移，所以为避免光敏元中电荷向四周“弥散”，应使 Φ_p 和 Φ_{SH} 的高电平稍有重叠或同时变化，即在 Φ_p 为低电平之前或同时 Φ_{SH} 应为高电平，经过一定时间转移后，Φ_{SH} 回到低电平，夹断转移沟道，Φ_p 跳回高电平，进行下一次积分。双相转移脉冲 Φ_1 和 Φ_2 应交替变化，在时间上相差 π，把光生载流子移位输出。

当 Φ_{SH} 脉冲高电平到来时，正值 Φ_1 电极下形成深势阱，同时 Φ_{SH} 的高电平使 Φ_1 电极下的深势阱与 MOS 电容存储势阱沟通。MOS 电容中的信号电荷包通过转移栅转移到模拟移位寄存器的 Φ_1 电极下的势阱中。当 Φ_{SH} 由高变低时，Φ_{SH} 低电平形成的浅势阱将存储栅下的势阱与 Φ_1 电极下的势阱隔离开。存储器势阱进入光积分状态，而模拟移位寄存器将在 Φ_1 与 Φ_2 脉冲的作用下驱使转移到 Φ_1 电极下势阱中的信号电荷向左转移，并经输出电路由 OS

电极输出。

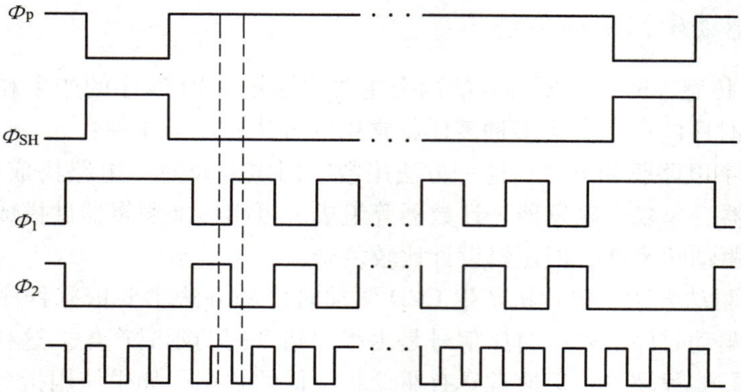

图 6-14 CCD 逻辑定时信号示意图

2. 可编程逻辑器件驱动 CCD 简析

因为 Φ_p 由 TCD1206SUP 片内提供，实际上驱动 TCD1206SUP 只需要 Φ_{SH}、Φ_1、Φ_2 和 Φ_{RS} 共 4 个信号，其完整的驱动时序如图 6-15 所示。

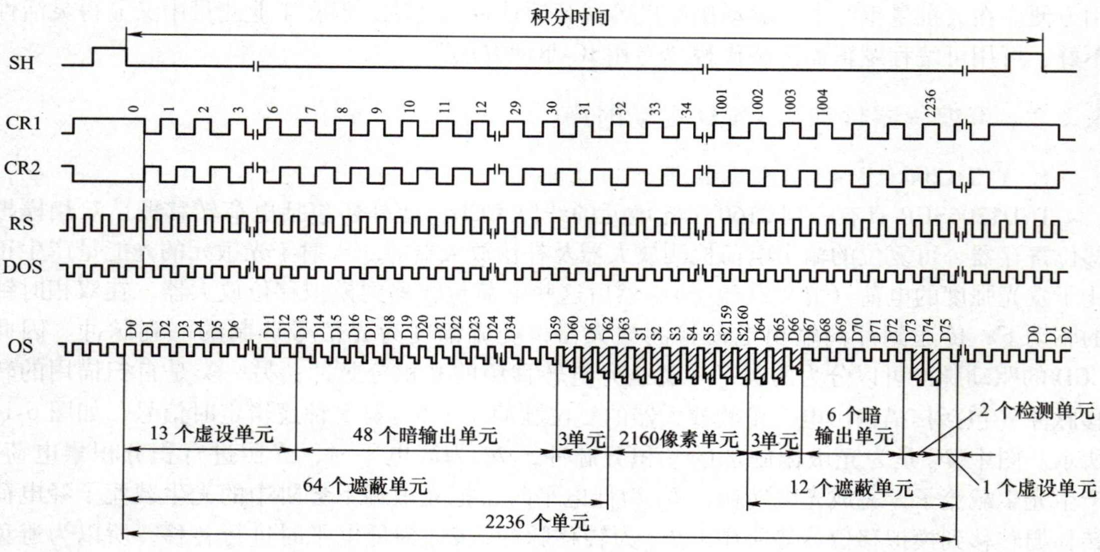

图 6-15 TCD1206SUP 完整的驱动时序

由于结构上的安排，OS 端首先输出 13 个虚设单元信号，再输出 51 个暗信号，然后才连续输出 $S_1 \sim S_{2160}$ 的有效像素单元信号。第 S_{2160} 信号输出后，又输出 9 个暗信号，再输出两个奇偶检测信号，以后便是空驱动。空驱动数目可以是任意的。由于该器件是两列并行分奇偶传输的，所以在一个 Φ_{SH} 周期中至少要有 1118 个 Φ_1 脉冲，即 $T_{SH} > 1118T_1$。

可编程逻辑器件（以下简称 PLD）的速度很快（一般可平稳运行在 100MHz 左右时钟，一个机器周期为 10ns）。Φ_1 和 Φ_2 时钟频率标准值为 0.5MHz，Φ_{RS} 时钟频率标准值为

1MHz，即 Φ_1 和 Φ_2 的标准周期为 2μs，Φ_{RS}的标准周期为 1μs。所以用 PLD 驱动 CCD 很容易达到驱动频率的标准值。

3. PLD 驱动 CCD 设计

（1）光积分脉冲信号的产生　如图 6-16 所示，AB 段为 CCD 光积分时的驱动信号，PLD 的 I/O 指定输出 Φ_{SH}、Φ_1、Φ_2、Φ_{RS}信号。各信号波形赋值如图 6-16 所示。PLD 光积分部分输出信号见表 6-1。

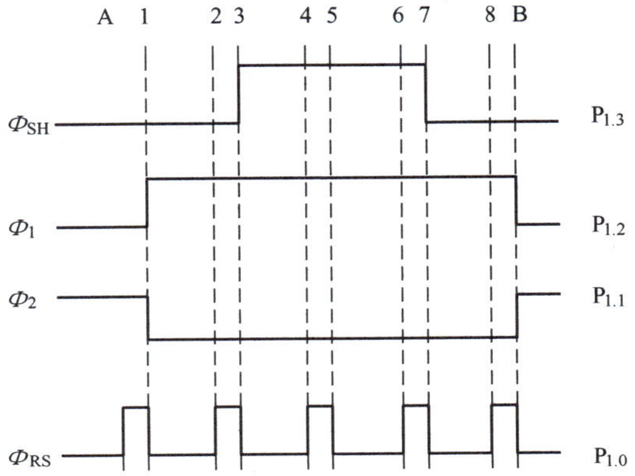

图 6-16　CCD 光积分脉冲驱动信号赋值

表 6-1　PLD 光积分部分输出信号

位置	二进制数	十六进制数
点 1	0100H	04H
点 2	0101H	05H
点 3	1100H	0CH
点 4	1101H	0DH
点 5	1100H	0CH
点 6	1101H	0DH
点 7	0100H	04H
点 8	0101H	05H

（2）转移脉冲信号的产生　在自扫描期间，驱动信号重复变化，取一个变化周期（设为 AB 段），如图 6-17 所示。PLD 自扫描部分输出信号见表 6-2。

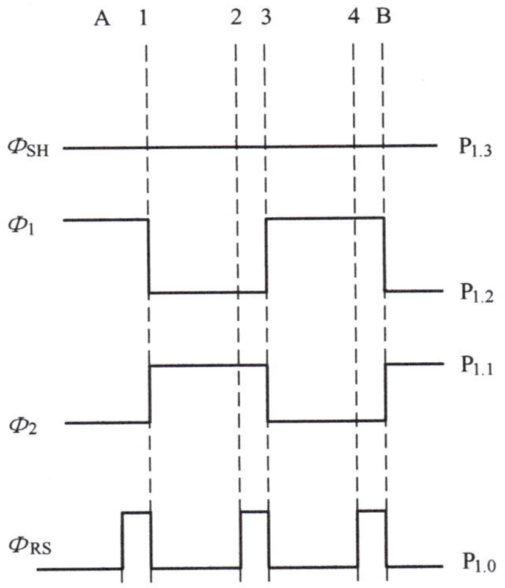

图 6-17　转移脉冲信号示意图

表 6-2　PLD 自扫描部分输出信号

位置	二进制数	十六进制数
点 1	0010H	02H
点 2	0011H	03H
点 3	0100H	04H
点 4	0101H	05H

（3）程序设计　在整个自扫描过程，时间至少为 2236 个像元的输出周期，即需要 1118 个以上的变化周期。

前面已经提到 PLD 的运行周期可达到 ns 级，可以完全达到 CCD 需要的频率要求。

设计中所用晶振为 50MHz，通过对其分频后供给 CCD 正常工作，分频的基本语句为

```
always@ ( posedge clk or negedge rst_n)
if( ! rst_n) cnt2<=7'd0;
else if( cnt2<7'd50) cnt2<=cnt2+1'b1;
else if( cnt2==7'd50) cnt2<=7'd0;
```

在实际设计中还要参考具体的 CCD 驱动信号脉冲时序要求来完善程序。

设计的程序思想是：自扫描过程需要输出 1118 个变化的周期驱动信号和任意个数的空驱动信号。

RS 脉冲应比其他三个脉冲都要提前一些，PLD 驱动 CCD 硬件电路原理图如图 6-18 所示。

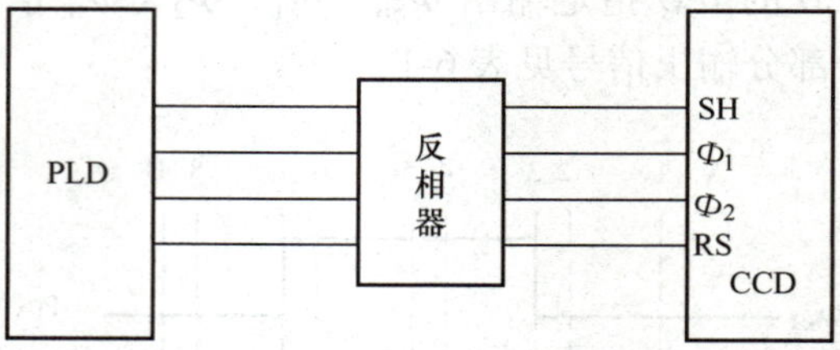

图 6-18　PLD 驱动 CCD 硬件电路原理图

PLD 输出的信号电平是 3.3V，而 CCD 的信号电平为 TTL。所以在设计中要使输出的信号电平经过一个反向放大器进行转换。设计时 PLD 输出的信号电平应该与实际电平相反，在信号输出端通过一个电阻输出到反相放大器的输入端，结果造成两个转移的时钟信号周期相同、相位相反。为了简化设计，输出一路时钟信号，并将此信号经过反相器反向，即得到所需的两路时钟信号。

6.4　视频信号二值化处理电路

视频信号实际应用时，物像边缘明暗交界处发光强度是连续变化的，而不是理想的阶跃跳变。要解决这一问题可用比较整形、微分两种方法。

二值化处理电路

6.4.1　阈值法

阈值法即比较整形法，其比较电路原理如图 6-19 所示。

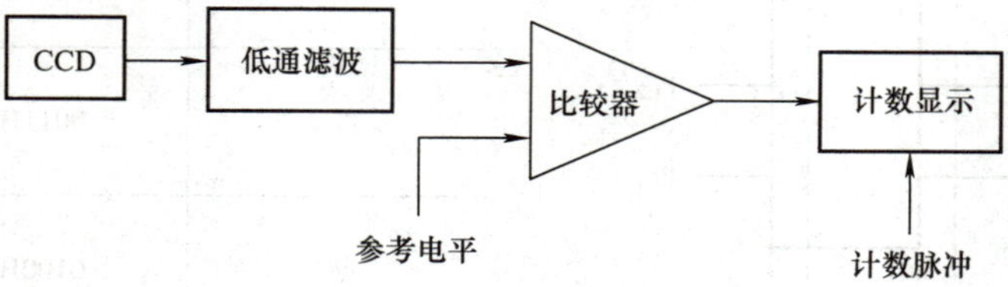

图 6-19　比较整形法比较电路原理

CCD 视频信号经低通滤波器形成模拟信号，输入比较器与参考电平（阈值）进行比较。输入信号高于阈值输出高电平，低于阈值输出低电平，形成二值化检测信号，其处理过程如图 6-20 所示。在低电平期间对计数脉冲进行计数，从而得 n 值。

1. 固定阈值法

固定阈值法工作原理图如图 6-21 所示，是将 CCD 输出的视频信号送入电压比较器的同相输入端，比较器的反相输入端加上可调的电平就构成了固定阈值二值化电路。当 CCD 视频信号电压的幅度稍稍大于阈值电压（电压比较器的反相输入端电压）时，电压比较器输出为高电平（为数字信号“1”）；当 CCD 视频信号小于等于阈值电压时，电压比较器输出为低电平（为数字信号“0”）。CCD 视频信号经电压比较器后输出的是二值化方波信号。

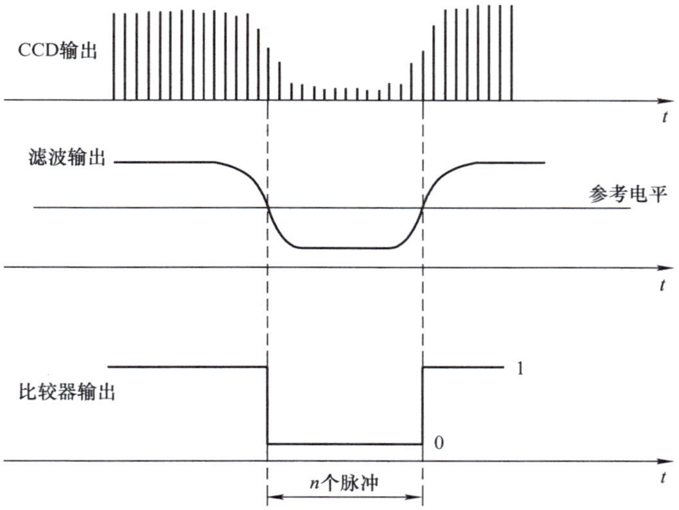

图 6-20　CCD 视频信号二值化处理过程

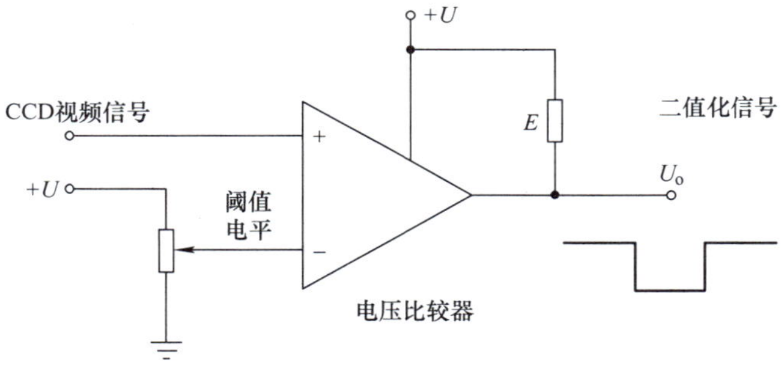

图 6-21　固定阈值法工作原理图

调节阈值电压，方波脉冲的前、后沿将发生移动，脉冲宽度发生变化。当 CCD 视频信号输出含有被测物体直径的信息时，可以通过适当调节阈值电压获得方波脉冲宽度与被测物体直径的精确关系。这种方法常用于 CCD 测径仪中。

固定阈值法要求阈值电压、光源、驱动脉冲稳定，对系统提出较高要求。浮动阈值法可以克服这些缺点。

2. 浮动阈值法

浮动阈值法工作原理图如图 6-22 所示。电压比较器的阈值电压随测量系统的光源或随 CCD 输出视频信号的幅值浮动。这样，当光源强度变化引起 CCD 输出视频信号起伏变化时，可以通过电路将光源起伏或 CCD 视频信号的变化反馈到阈值上，使阈值电平跟着变化，从而使方波脉冲宽度基本不变。

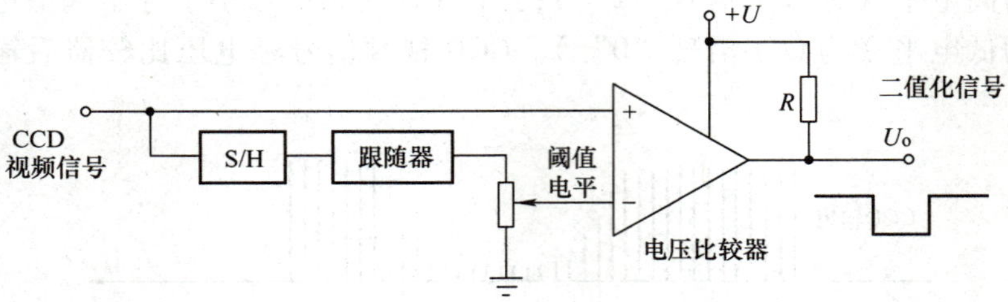

图 6-22　浮动阈值法工作原理图

6.4.2　微分法

因为被测对象边沿处，输出脉冲的幅度具有最大变化斜率，因此，若对低通滤波信号进行微分处理，则得到的微分脉冲峰值点即为物像的边沿点。用这两个微分脉冲峰值点作为计数器的控制信号，在两个峰值点间对计数脉冲计数，即可测出物体宽度，其工作原理框图和波形图如图 6-23 和图 6-24 所示。

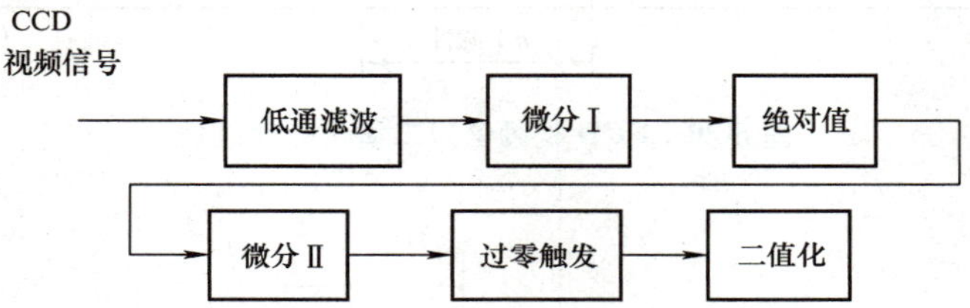

图 6-23　微分法工作原理框图

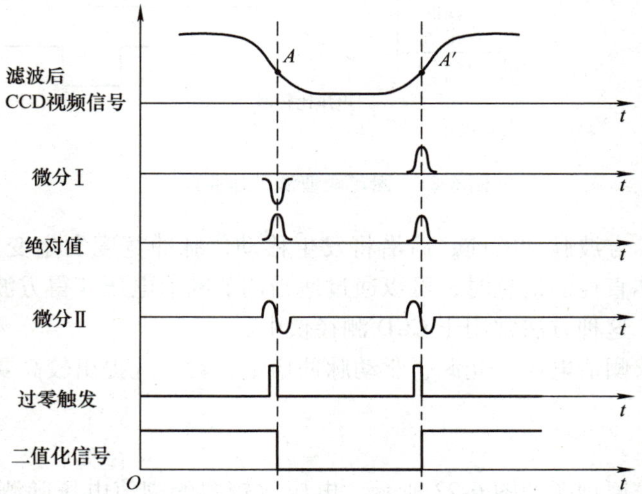

图 6-24　微分法二值化波形图

将 CCD 视频输出的调幅脉冲信号经采样保持电路或低通滤波后变成连续的视频信号；将信号经过微分电路Ⅰ微分，它的输出是信号的变化率，信号电压的最大值对应于信号边界过渡区变化率最大的点（A 点、A'点）。在信号的下降沿产生一个负脉冲，在上升沿产生一个正脉冲；将微分 I 输出的两个极性相反的脉冲信号送给取绝对值电路，经该电路将微分 I 输出的信号变成同极性的脉冲信号，信号的幅值点对应于边界特征点；将同极性的脉冲信号送入微分电路Ⅱ再次微分获得对应绝对值最大处的过零信号；过零信号再经过零触发器，输出两个下降边沿对应于过零点的脉冲信号；用这两个信号的下降沿去触发一个触发器，便可获得视频信号起始和终止边界特征的方波脉冲及二值化信号。其脉冲宽度为图像 AA'间的宽度。

6.5　光电信号辨向处理与细分电路

在光栅测长、测角，相位法激光测距等信号处理中，为确定目标运动方向与提高测量精度常采用辨向与细分技术，特别是在长度测量与角度测量等精度要求越来越高的光电测量仪器中，此项技术得到了广泛应用。

6.5.1　光电信号辨向处理

本节以单频式激光干涉测长仪为例来说明光电信号辨向处理的基本方法。光电信号辨向处理电路框图如图 6-25 所示。

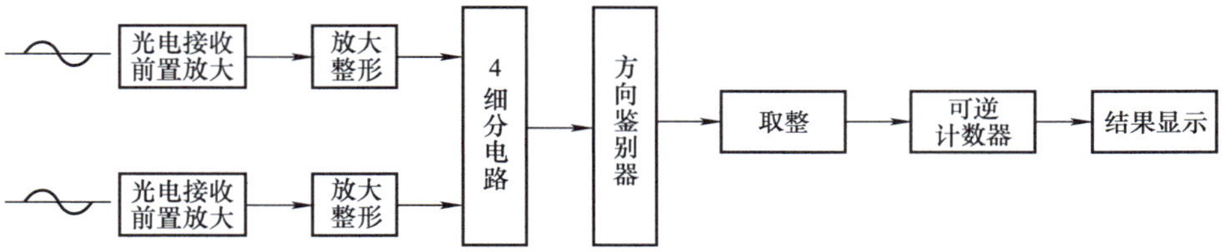

图 6-25　光电信号辨向处理电路框图

因为测量头可以左右移动，在测量过程中，被测量可能是增加，也可能是减少的，所以在计数上采用可逆计数器。用可逆计数器进行计数，首先要判断是加数还是减数，如果测量头是正向移动（长度增加），则计数为加；若测量头反向移动（长度减小），则计数为减。因此，在计数前要判别测量头所移动的方向，即要求有方向判别电路。为了保证方向判别，要求有两路光电接收器，两路光电接收器所接收的干涉信号，在相位上差 $\pi/2$。

整个工作过程简单叙述如下：两路相位差为 $\pi/2$ 的激光干涉信号分别输入到光电接收器上，光电器件输出的光电信号，经过前置放大器、放大整形电路和 4 倍频（或称细分）电路后，变换为 4 列矩形波输出。这些矩形波经过方向判别电路以后，按照测量头的移动方向，获得加减指令电压和计数脉冲，加减指令电压控制可逆计数器进行加数或是减数，其加或减的数量为计数脉冲有理化后的个数。最后，将计数器上的二进制数变为十进制数显示。

下面对光电接收和前置放大、放大整形及辨向的处理方法等问题进行分析。为了实现可逆计数和 4 倍频，光电接收、前置放大和放大整形等部分采用相同的两个单元组成，光电接收原理如图 6-26 所示。

干涉条纹的发光强度分布近似于正弦波，因为测量头可以左右移动，所以干涉条纹随着左右移动而明暗交替变化，相当于干涉条纹在移动。干涉条纹的辐射发光强度分两光束，通过狭缝分别入射到两个光电器件的光敏面上。狭缝的作用保证入射到光电器件上的两光束在

相位上差 π/2，狭缝的位置是可以调节的，而且光电器件的光敏面要对准狭缝。两个光电器件输出的波形近似正弦波。若测量头右移，则光电接收器件1输出的波形的相位超前于光电接收器件2输出的波形相位 π/2；若测量头左移，则相反，光电接收器件2的波形在相位上超前于光电接收器件1的 π/2。

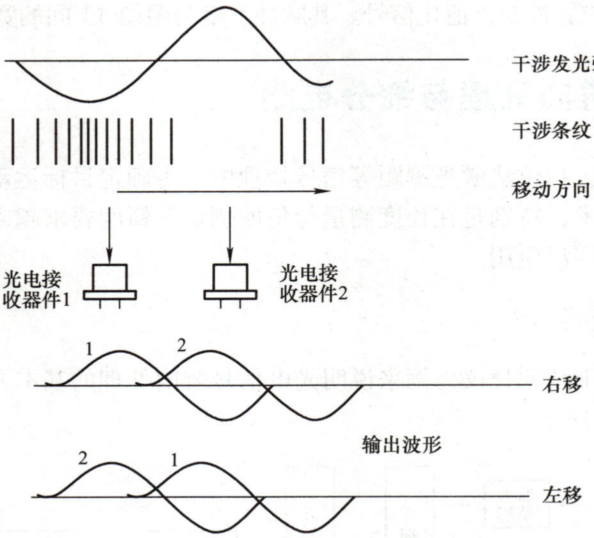

图 6-26　光电接收原理

干涉条纹每明暗变化一次，光电器件就输出一个正弦信号，所以，正弦信号的一个周期对应位移量是 λ/2。光电器件输出信号电压可以表示为

$$u=U_0\left(1+K\cos2\pi\frac{L}{\lambda/2}\right) \tag{6-44}$$

式中，U_0 为信号电压的直流成分，它正比于干涉场的平均发光强度；K 为干涉条纹的对比度（对比系数）；L 为被测长度（测量头位移量）；λ 为激光波长。

式（6-42）用余弦信号表示，与正弦信号只是在初始相位上差 π/2，没有实质差别。

设位移量为 L 时，干涉条纹变化次数为 n，则位移量 L 为

$$L=n\frac{\lambda}{2} \tag{6-45}$$

因此，只要计算出干涉次数 n 就可测量出测量头移动的距离 L。

光电器件可采用硅光电二极管、硅光电晶体管和光电倍增管，但从体积小、电路简单和灵敏度高等方面考虑，采用硅光电晶体管为宜。

目前，前置放大器多采用运算放大器集成电路。图 6-27 为前置放大器的原理图。光电器件是硅光电晶体管 3DU33，它的光电灵敏度为 2mA/lx，暗电流在常温下不大于 0.3μA，R_1 为其负载电阻，R_1 取 8.2kΩ 时，输出信号电压为 2~20mV。

信号电压从集成电路的同相端输入，放大器的闭环增益为 $1+R_3/R_2\approx200$，频带为 0~200kHz，图中的 R_4、C_1、R_5、C_2 是去耦电路，输出阻抗约为 75Ω。

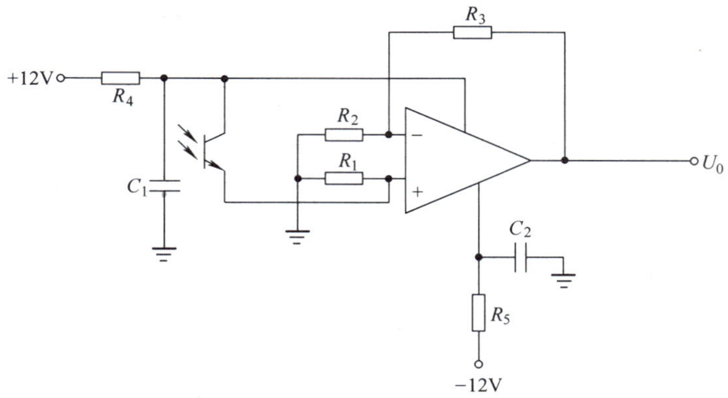

图 6-27　前置放大器的原理图

前置放大器调试时要使两路放大器具有相同的幅频特性和相频特性。把两个放大器的输出端分别接到示波器的 x 轴和 y 轴上，移动测量头观察两路干涉信号的李萨如图形。当两路信号相位差为 $\pi/2$，信号幅值相等时，图形是一圆形。放大器的频率特性调整要求为：①改变测量头移动方向时相位圆形状不变；②提高测量头移动速度时，相位圆在 x、y 轴两个方向上以同样的比例变化，圆的形状不变。

整形电路是将干涉条纹的正弦信号变为矩形脉冲信号，以便判向和计数。整形电路可采用比较器和施密特触发器等集成电路来实现，其输出端只有两个电平，一个高电平，一个低电平，处在哪个电平取决于其输入端的电压。图 6-28 为整形电路输入输出波形图，当其输入端电压值高于 E_1 值时，其输出端是高电平；当其输入端电压值低于 E_2 值时，其输出端是低电平。E_1 和 E_2 为整形电路的触发阈，E_1 和 E_2 的差值即为滞后电压。从图 6-28 可以看出，为了得到波形对称的矩形波，输入信号要满足以下两个条件：

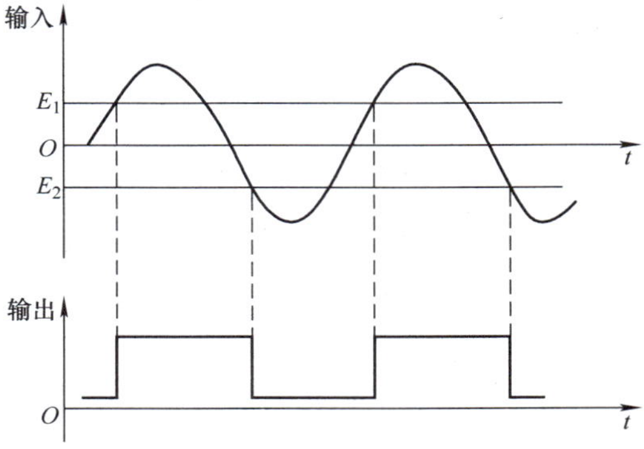

图 6-28　整形电路输入输出波形图

1）输入正弦信号的平均值（直流电平）等于$\frac{E_1+E_2}{2}$。

2）输入正弦信号的振幅大于$\frac{E_1+E_2}{2}$。

前一个条件将影响检测准确度，后一个条件是保证电路正常工作的基本条件，由于信号的直流电平和很多因素有关，例如，光源强度的波动和放大器的零点漂移等，因此在设计时尽量采取措施消除光源波动影响，选用性能稳定、低漂移的集成运算放大器。

两路信号经倒相后产生 4 列方波信号，4 列方波的时间关系和在两个单元电路里的对应位置如图 6-29 所示。4 列方波可以说基本上完成了 4 倍频的任务，将 4 列方波经过微分整形后可以得到图 6-29a 所示的计数脉冲。

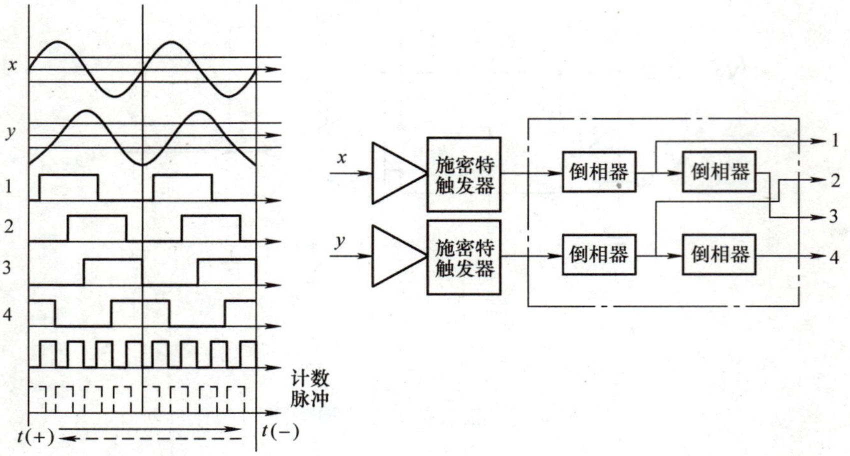

a) 波形　　　　b) 原理框图

图 6-29　4 列方波信号形成示意图

从图 6-29a 的计数脉冲的时序图可以看出，当测量头朝 $t(+)$ 方向移动时，4 个输出端输出计数脉冲的时间顺序是 1，2，3，4，1，2，…；当测量头朝 $t(-)$ 方向移动时，计数脉冲的时间顺序是 4，3，2，1，4，3，…。可见，由于测量头移动方向不同，输出计数脉冲的时序正好相反。所以，根据这种时序关系，采用适当的逻辑电路，可以完成方向判别的任务。

6.5.2　电子细分

随着科学技术的进展，人们对于计量光栅的分辨率提出了越来越高的要求。但是，要提高光栅的固有分辨率（即光栅更细的分划），存在很多问题。因此，在实际中，250 线/mm 的长光栅（固有分辨率为 4μm）和格值为 10′的圆光栅，在目前已算是最细的光栅系统了。另外，光电检测技术是光机电三者的综合结果，只追求光栅的固有分辨率往往是事倍功半。因此，采用电子细分的方法就能很好地解决这一问题。

莫尔条纹细分的方法有光学细分、机械细分和电子细分。用光学和机械方法处理细分问题时，观测者利用事先刻在分划板或鼓轮上的标尺对莫尔条纹进行度量，通过归零测得分数值，从而取得细分信息。这种方法是在莫尔条纹的空间域内来考虑的，而电子细分方法则把问题引导到时间域和频率域内加以解决。电子细分方法的优点是读数迅速，可以达到动态测量的要求，它不仅可以实现点位置控制，而且可以实现连续轨迹控制，输出量便于自动测量和控制。莫尔条纹经电子细分后，信号的重复频率提高了。

1. 移相电阻链细分

（1）细分原理　将两相位不同的交流电压施加在电阻链（即有多抽头的电阻分压器）的两端，在电阻链的各抽头上，由于电压合成时的移相作用，将得到幅度和相位各不相同的一系列电压。利用这一原理，可以将四相交流信号转换成 T 相交流信号，如图 6-30 所示。图中电压用相量表示。$\dot{U}_1$、$\dot{U}_2$、$\dot{U}_3$、$\dot{U}_4$ 为 4 路光电信号，相互之间的相位差为 $\pi/2$，$\dot{U}_{Ti}$ 为插补电压信号。

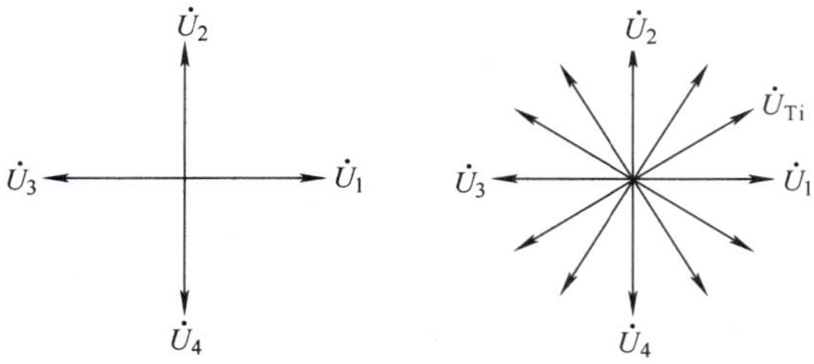

图 6-30　细分原理

如果用鉴零器对 T 相交流信号中的每一相信号鉴取零值，获得零值方波信号，然后再进行编码，这样就构成了插补（细分）系数等于 T 的插补系统，原理框图如图 6-31 所示。

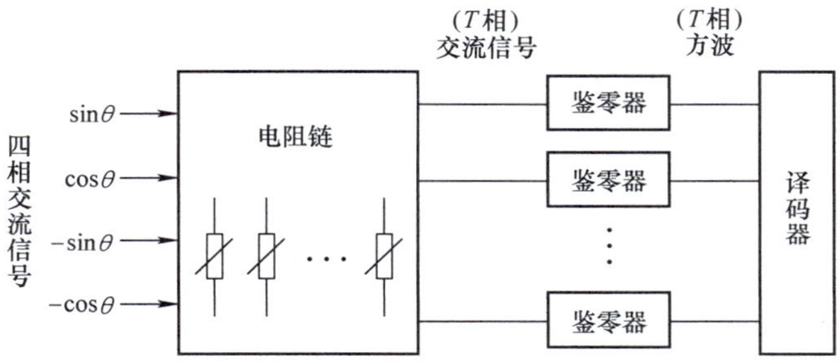

图 6-31　移相电阻链原理框图

为了搞清楚四相交流信号是如何变换成 T 相交流信号的，首先分析一下相位差为 π/2 的两相交流信号加到电位器上的情形，为简化运算采用复数符号法，并设 $\dot U_1=1$，$\dot U_2=\mathrm{j}$。那么，从 K 点引出的电压为

$$\dot U_K=\dot U_1+\frac{R_1}{R_1+R_2}(\dot U_2-\dot U_1) \tag{6-46}$$

图 6-32 是与式（6-46）对应的电压相量图。（$\dot U_2-\dot U_1$）构成了矢量三角形 OAB 的斜边，当调整电位器时，由于 R_1 的变化（$R_1+R_2=R=$定值），$\dot U_K$ 的端点将沿着矢量三角形的斜边 AB 滑动，也就是说 $\dot U_K$ 的矢端轨迹是一条直线，式（6-46）还可以进一步写成

$$\dot U_K=\frac{R_2}{R_1+R_2}\dot U_1+\frac{R_1}{R_1+R_2}\dot U_2=\frac{R_2}{R}\dot U_1+\frac{R_1}{R}\dot U_2 \tag{6-47}$$

由式（6-47）可以得到 $\dot U_K$ 的幅度为

$$|\dot U_K|=\frac{\sqrt{R_1^2+R_2^2}}{R} \tag{6-48}$$

$\dot U_K$ 的辐角，即移相的角度 $\Delta\theta$ 为

$$\Delta\theta=\arctan\frac{R_1}{R_2} \tag{6-49}$$

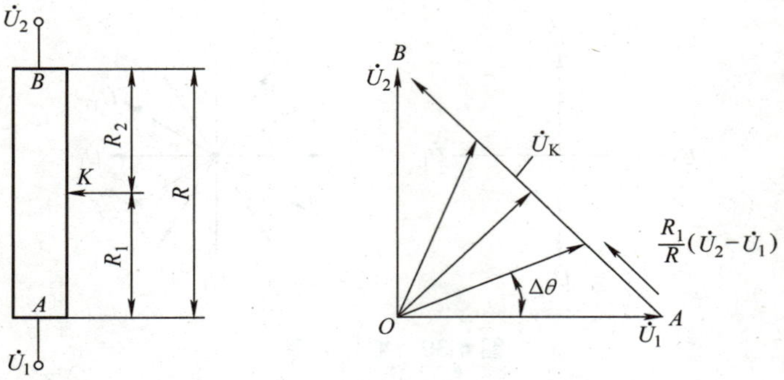

图 6-32　电压相量图

为了对移相电阻链进行设计计算，需要对 R_1 和 $\Delta\theta$ 之间存在的关系进行推导，得到如下关系：

$$\frac{R_1}{R}=\frac{\tan\Delta\theta}{1+\tan\Delta\theta}=\frac{\sin\Delta\theta}{\sqrt{2}\sin\left(\Delta\theta+\frac{\pi}{4}\right)} \tag{6-50}$$

从式（6-50）可以看出，只要确定 $\Delta\theta$ 值，细分电阻 R_1 就可以选定，而移相角 $\Delta\theta$ 是由插补系数 T 决定的。在一般情况下，因为插补（细分）是等间隔插补，即变成 T 相交流信号后，每相邻的两相交流信号的相位差恒定，插补后每相交流信号对应的移相角为

$$\Delta\theta_K=K\frac{2\pi}{T} \tag{6-51}$$

式中，$K=1, 2, 3, \cdots$，一次可以把对应阻值求出。

移相角 $\Delta\theta$ 和 R_1/R 的关系曲线如图 6-33所示。由图可以看出，曲线与斜率等于 $\frac{2}{\pi}$ 的直线（图中虚线所示）相当接近，两者之间的差值取决于量值 ΔK：

$$\Delta K=\frac{\tan\Delta\theta}{1+\tan\Delta\theta}-\frac{2}{\pi}\Delta\theta \tag{6-52}$$

计算结果表明最大的差值发生在 $\Delta\theta=45°\pm27.6°$ 的地方，差值约为 R 的 45%。因此，在做近似计算或在调试前选定电位器的活动接点的位置时，可以考虑引用直线规律。即将 R_1 看作是和 $\Delta\theta$ 成正比的一个量。

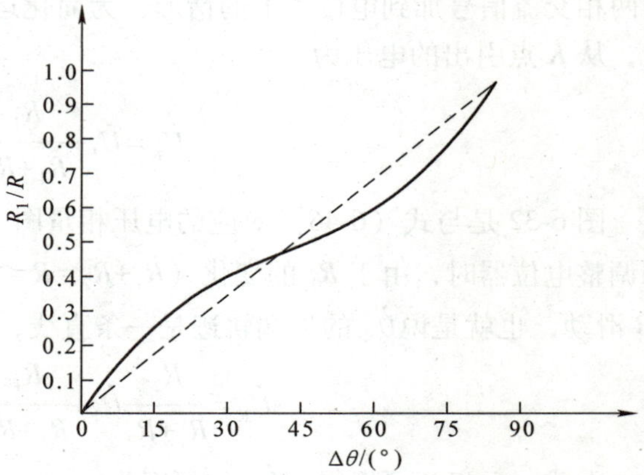

图 6-33　移相角 $\Delta\theta$ 和 R_1/R 的关系曲线

应用直线规律进行近似计算时，在 $\Delta\theta$ 小的情况下（插补系数 T 大时），计算结果存在着较大的相对误差，因此，在作设计计算时，应采用式（6-50）。

在实际采用的电阻链中有两种形式：一种为“并联”形式；另一种为“串联”形式。

“并联”形式是四相信号加在电桥的 4 个接点上，电桥的每个臂为可调电位器，电位器的动态点输出插补信号，根据插补系数 T 来选取并联桥的数目。图 6-34 为 50 细分的“并联”形式电阻链的电路图，其中图 6-34b 为图 6-34a 的变换形式，实质完全一样。

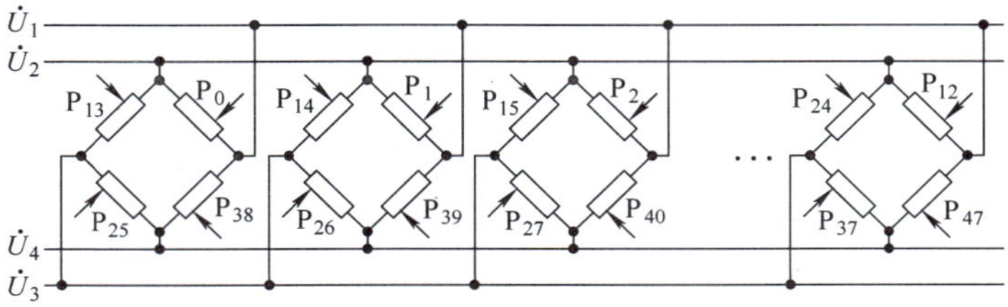

a) 电阻链

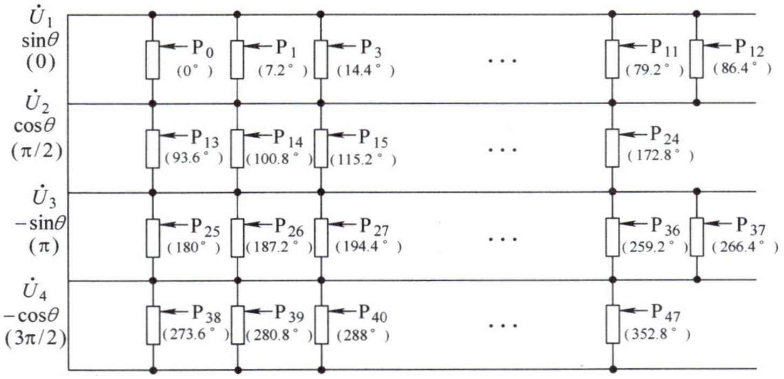

b) 变换形式

图 6-34　50 细分“并联”形式电阻链的电路图

“串联”形式的电阻链的电路图如图 6-35 所示，四相交流信号加入串联的电阻链中，图为 $T=16$ 时的电阻链。串联形式的电阻链还可以进一步简化，因为正弦信号在一个周期之内存在着两个过零点，经过鉴零器鉴取零值后可以得到两个（一正、一负）阶梯波脉冲信号，若是计数器通过逻辑电路能正确地对正负阶梯脉冲计数，则细分电阻链所使用的元件数目可以减少一半，图 6-35b 就是这样情况。这时 $T=16$，每个电阻元件的数值以相对值的形式标记于图上。但是，图 6-35b 所示电阻链由于需要同时使用四相交流信号的上升和下降部分，那么鉴零器的滞后电压将引起相位移的滞后，从而带来插补误差，因此，这种细分电阻链常用小插补系数。目前，应用电阻链细分可达 32 等分，最高达 64 等分。

无论哪一种形式的电阻链接入电路后都会受到前后级的输出和输入阻抗的影响，因此电位器都需要微调，以便获得最佳匹配。通常选用带锁紧夹头的精密电位器，各 R 值相等。在准确地选定阻值后，也可以采用固定电阻。

然后，看一看四相交流信号经过电阻链移相之后的幅度衰减情况。式（6-47）表示了移相之后的信号 U_K 的幅度。若将式中的 R 值用三角函数表示，则式（6-47）可变为

$$U_K=|\dot{U}_K|=\frac{1}{\sqrt{\sin\Delta\theta+\cos\Delta\theta}}=\frac{1}{\sqrt{2\sin\left(\Delta\theta+\dfrac{\pi}{4}\right)}}$$

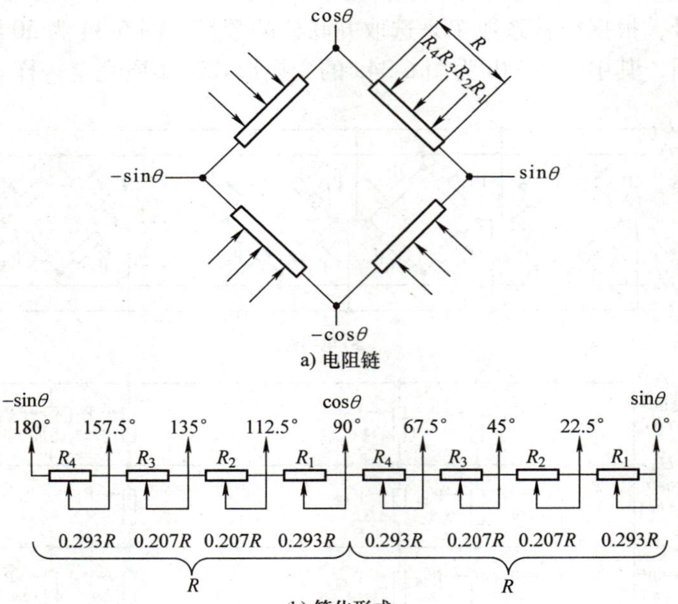

图 6-35　“串联”形式的电阻链的电路图

U_K 和 $\Delta\theta$ 的关系曲线如图 6-36 所示，图中虚线是信号幅度变化的“包迹”，若是四相交流信号的幅度为 1，则移相 $\pi/4$ 之后幅度衰减到 $1/\sqrt{2}$（即 0.707），两者相差 30%。由于移相之后幅度减小，使信号在过零点附近斜率减小，相位移滞后量增加，从而引起插补误差。

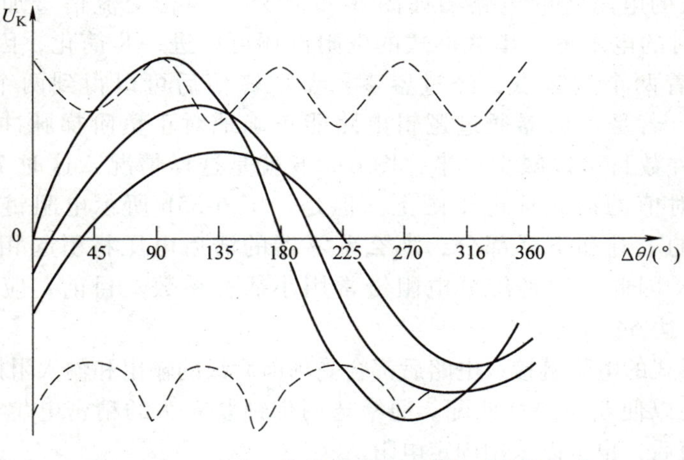

图 6-36　U_K 和 $\Delta\theta$ 的关系曲线（移相后幅度衰减）

（2）细分典型电路　在设计细分电阻链时，除了按式（6-48）和式（6-49）计算阻值外，还应注意以下两点：

1）电阻链的阻值计算是在假定电阻链各节点上的负载电阻为无穷大，输入原始信号源的内阻为零的条件下进行的。因此，在电路设计时要考虑前后级的影响，必要时应加隔离级或对电阻值进行修正。

2）当细分数 $T=8$，12，16，…即 T 为 4 的整数倍时，其他象限的电阻链在数值上和顺序上和第Ⅰ象限的情况完全相同；当细分数 $T=10$，14，18，…即 T 为 2 的整数倍时，第Ⅰ、Ⅲ象限的电阻链相同，第Ⅱ、Ⅳ象限的电阻链相同。

图 6-37 所示为细分数 $T=32$ 时的电阻链细分电路实例。当四相原始光电信号的峰-峰相等且对称时，可认为直流电压、基波和各次谐波的幅值相等。将初相位为 0°、180°和 90°、270°的信号分别送入差放电路相减，其直流分量和偶次谐波基本被抵消，所以信号波形得到很大改善，若略去其余高次谐波，就可得到两个相位差为 π/2 的交流信号。即

$$u_1 = A\sin\theta$$

$$u_2 = A\cos\theta$$

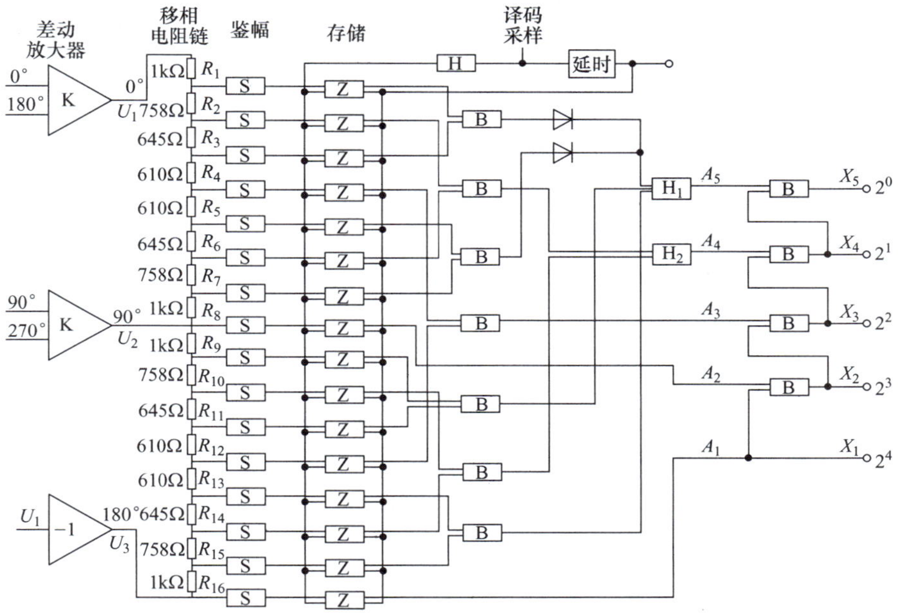

图 6-37　$T=32$ 时的电阻链细分电路实例

将 u_1 和 u_2 分别加到图 6-37 中所示的一组串联电阻链上。就能在各电阻节点上得到移相插补信号。因为此插补信号簇仅在Ⅰ、Ⅲ象限内有过零点，为了在Ⅱ、Ⅳ象限内进行插补细分，所以将 u_1 信号倒相，得 $u_3=A\sin(\theta-\pi)=-A\sin\theta$ 信号，将它加到另一组电阻链的一端，则在下一组电阻链的节点上获得Ⅱ、Ⅳ象限内的移相插补信号。

显然，因为 $T=32$，所以两组电阻链的阻值是对称的，而且只要在Ⅰ、Ⅱ象限内获得插补信号，就能通过逻辑电路获得Ⅲ、Ⅳ象限内的插补信号，这样可使电阻链、鉴幅电路和存储器减半。

如图 6-37 所示的电阻链是在 0°~180°内进行 $T=16$ 插补，即得到一组 16 相交流信号。每相邻信号的相移差为 180°/16=11.25°。16 相交流信号通过各自对应的鉴幅器 S，对过零信号鉴别，如当信号幅值 $A>0$ 时，S 输出高电平，逻辑处于“1”状态；当 $A<0$ 时，S 输出低电平，逻辑处于“0”状态。所以在 16 个鉴幅器 S 的输出端上，就可以得到 16 个阶梯码，

如图 6-38 所示。这组阶梯码依次错开 1/32 周期，并用符号 J_0，J_1，…，J_{15}表示。

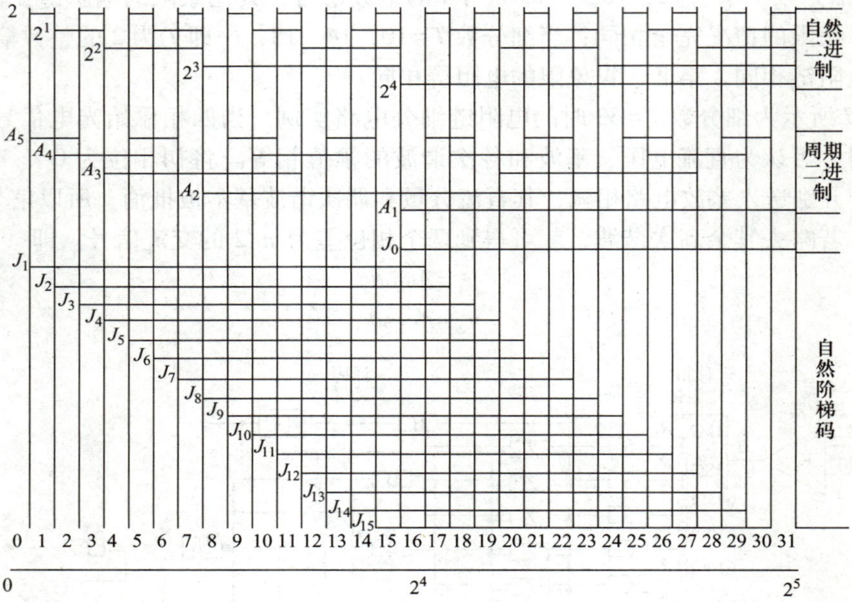

图 6-38　细分波形图

这组阶梯码用逻辑电路进行译码，将一个莫尔条纹周期分割成 32 等分，即实现了 32 细分的目的。

按照使用要求，编码器轴角应以自然二进制代码输入，为了避免各阶梯码的转换点（高、低电平转换处）由于各种原因产生偏差时，译码可能出现比实际误差大得多的大数误差，应先将阶梯码译成周期二进制代码 A_1，A_2，A_3，A_4，A_5，即

$$A_1=J_{10}$$

$$A_2=J_8$$

$$A_3=J_4\bar{J}_{12}+\bar{J}_4J_{12}$$

$$A_4=(J_2\bar{J}_6+J_2J_6)+(J_{10}\bar{J}_{14}+\bar{J}_{10}J_{14})$$

$$A_5=(J_1\bar{J}_3+\bar{J}_1J_3)+(J_5\bar{J}_7+\bar{J}_5J_7)+(J_9\bar{J}_{11}+\bar{J}_9J_{11})+(J_{13}\bar{J}_{15}+\bar{J}_{13}J_{15})$$

然后再译成自然二进制代码 X_1,X_2,X_3,X_4,X_5，即

$$X_1=A_1$$

$$X_2=X_1\bar{A}_2+\bar{X}_1A_2$$

$$X_3=X_2\bar{A}_3+\bar{X}_2A_3$$

$$X_4=X_3\bar{A}_4+\bar{X}_3A_4$$

$X_5 = X_4\overline{A}_5 + \overline{X}_4 A_5$

它们所对应的二进制代码为：$X_1 = 2^4$，$X_2 = 2^3$，$X_3 = 2^2$，$X_4 = 2^1$，$X_5 = 2^0$。

实现上述逻辑关系的逻辑电路如图 6-37 所示。采用半加器 B（异门电路）和或门电路 H 就能实现上述代码变换。

在鉴幅器 S 之后接有 16 个存储器 Z，在采样信号来到之前处于零状态。当采样脉冲来到时，存储器工作，将鉴幅器 S 所对应的状态存入并送到逻辑电路中运算，然后以二进制代码形式输出。因为采样信号要驱动 16 个存储器工作，所以用或门 H 匹配，以取得所需要的功率和电平。采样完毕后，采样信号通过延时电路作为复位信号对存储器复零，存储器一直等到下次采样信号来到时才工作。

编码器的粗码读数是用可逆计数器对莫尔条纹产生的光电信号进行计数，一个条纹信号可逆计数器对应计一个单位数，所以粗读数的单位数表示为 2^5。

若光栅圆盘上刻制 8100 条刻线，其刻线周期为 160″，经电子细分 32 等分后，最小分辨率为 5″，相当于 18 位编码器，最高位数表示为 2^{17}。

2. 幅度分割细分

（1）细分原理　将原始的正弦信号经波形变换后变为三角形，由于三角形为线性变化，只要将幅度等间隔地分为若干等分，在相位横轴上便会对应相等的细分点。若将三角形每边分割为 6 等分，则在一个周期内细分 12 等分，如图 6-39 所示。

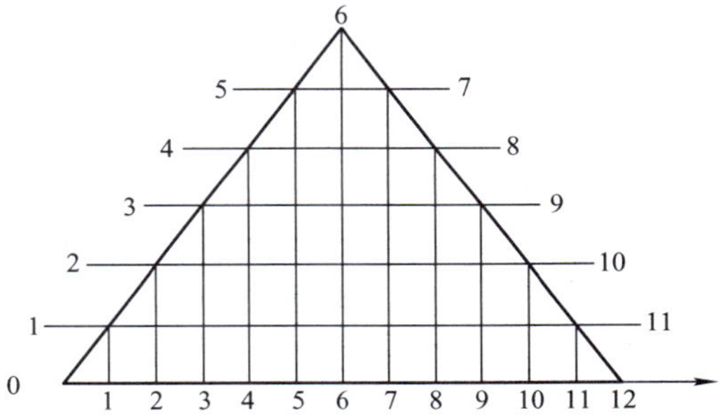

图 6-39　幅度分割细分

正弦波变换为三角波的方法较多，下面介绍一种倍频变换的原理，其变换电路如图 6-40 所示。

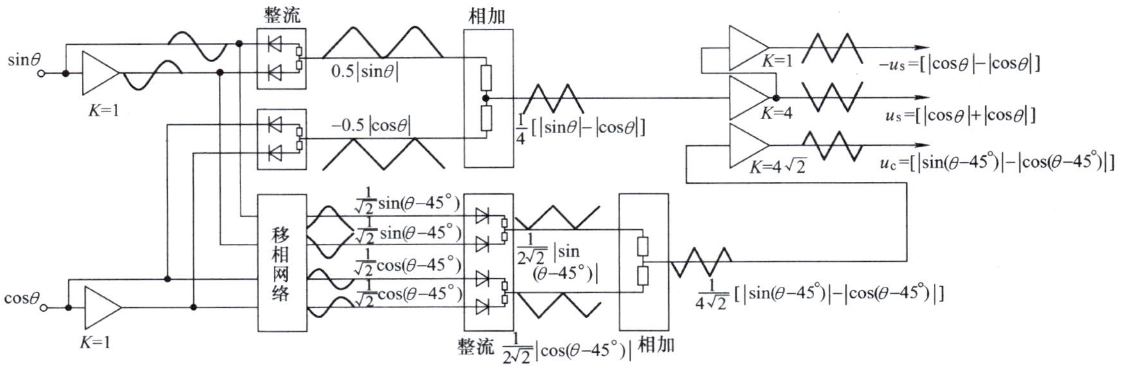

图 6-40　信号倍频及波形变换电路

由前置级送来的 sinθ、cosθ 两路光电信号分别经过正向全波整流得 $\frac{1}{2}|\sin\theta|$ 及负向全波整流得 $-\frac{1}{2}|\cos\theta|$，这两路信号通过电阻相加，又得到 $\frac{1}{4}(|\sin\theta|-|\cos\theta|)$ 信号，此信号送到

运算放大器放大。其输出倍频变换后的信号电压为

$$u_s = -(|\sin\theta| - |\cos\theta|)$$

$\sin\theta$、$\cos\theta$ 用傅里叶级数展开，则得

$$|\sin\theta| - |\cos\theta| = -\frac{8}{\pi}\left(\frac{1}{1.3}\cos 2\theta + \frac{1}{5.7}\cos 6\theta + \frac{1}{9.11}\cos 10\theta + \frac{1}{13.15}\cos 14\theta + \cdots\right)$$

可见，对于 2θ 来说含有奇次谐波，而且近似为三角波。变换后的三角波的频率刚好是原始光电信号频率的两倍。

对函数 $f(\theta) = \sin\theta - \cos\theta$ 进行微分，可得到新波形 u_s 的斜率，即

$$f'(\theta) = \cos\theta + \sin\theta = \sqrt{2}\sin\left(\theta + \frac{\pi}{4}\right) \qquad \left(0 < \theta < \frac{\pi}{2}\right)$$

当 $\theta = \pi/4$ 时，$f'(\theta) = \sqrt{2}$；当 $\theta = \pi/2$ 时，$f'(\theta) = 1$。

可以看出，新波形 u_s 在底部斜率为$\sqrt{2}$，而正弦波底部斜率却是 1，即新波形底部斜率是原始正弦波形底部斜率的$\sqrt{2}$倍；新波形在顶部斜率为 1，而正弦波的顶部斜率为零。综上分析，采用倍频波形变换方法有以下优点：

1）提高输入到比较鉴幅器的电压斜率，从而提高细分的准确度。

2）为达到高细分份数，而不用更精密的鉴幅元件，如二倍频后鉴幅器可减半。

三角波形的幅度分割是采用比较器来完成的。在每一个分割点（细分点）处对应一个鉴幅器。当信号幅度达到分割点幅值时，鉴幅器有阶梯波输出，即达到细分的目的。那么，每个鉴幅器引入确定的参考比较电压（鉴幅电压）。此参考电压与对应的分割点的幅值相等，提供的参考电压可采用直流电平，也可采用交变参考电压。

如图 6-40 所示将 $\sin\theta$、$\cos\theta$ 分别移相 $\pi/4$，产生$\frac{1}{\sqrt{2}}\sin(\theta-\pi/4)$、$\frac{1}{\sqrt{2}}\sin(\theta-\pi/4)$、$\frac{1}{\sqrt{2}}\cos(\theta-\pi/4)$、$\frac{1}{\sqrt{2}}\cos(\theta-\pi/4)$四路移相信号，采用上述处理方法，得到一个与 u_s 在相位上差 $\pi/4$ 的近似三角波的参考比较电压 u_c。

$$u_c = -\left[\left|\sin\left(\theta - \frac{\pi}{4}\right)\right| - \left|\cos\left(\theta - \frac{\pi}{4}\right)\right|\right]$$

将信号电压 u_s 进行倒相得到$-u_s = |\sin\theta| - |\cos\theta|$，则将三路信号 u_s、$-u_s$、u_c 送到比较鉴幅器进行幅度分割细分。

（2）比较鉴幅细分电路　为了清楚幅度细分的原理，先分析 u_s、$-u_s$ 和 u_c 三路波形的对应关系。变换后三角波的第Ⅰ象限为原始信号的相位 $\theta = 0° \sim 45°$区间，在此相位区间内 u_s 由 5V 最大值降为 0V，u_c 由 0V 增加到 5V；在第Ⅲ象限内，即 $\theta = 90° \sim 135°$，u_s 由-5V增至 0V，u_c 由 0V 降为-5V。可见，u_s 与 u_c 在经历细分点的Ⅰ、Ⅲ两个象限内幅值变化趋势始终相反。

在第Ⅱ象限内 $\theta = 45° \sim 90°$，$-u_s$ 由 0V 增至 5V，u_c 由 5V 减至 0V；在第Ⅳ象限内 $\theta = 135° \sim 180°$，$-u_s$ 由 0V 减至-5V，u_c 由-5V 增至 0V。同样，在Ⅱ、Ⅳ象限内$-u_s$ 与 u_c 幅度变化趋势是相反的。运用 u_s 同 u_c、$-u_s$ 同 u_c 之间幅值相反变化的关系与比较器的鉴幅特性，就能实现信号幅度分割细分，如图 6-41 所示。

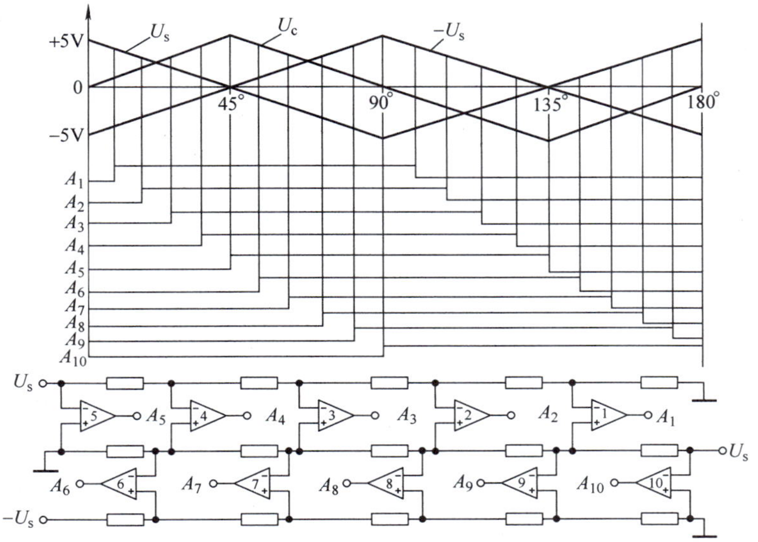

图 6-41　比较鉴幅的波形及电路原理图

在图 6-41 所示的比较器内，信号 u_s 加到比较器的负端（反向输出），参考比较电压 u_c 加到比较器的正常端（同相输出）。当信号电压 u_s 大于参考电压 u_c 时，比较器输出为低电平（近似为 0V）；当 $u_c>u_s$ 时，比较器输出为高电平（近似为电源电压）。只要精确地选取串联分压电阻的阻值，就能保证在Ⅰ、Ⅲ象限内的各个细分点上得到一个阶梯波电压，即实现了信号幅度细分。在下面的比较器中，信号 $-u_s$ 加到比较器的正常端，而参考电压 u_c 加到比较器的负端。当 $u_s>u_c$ 时，比较器输出为高电平，反之，当 $u_s<u_c$ 时，比较器输出为低电平。所以，下面的比较器可完成Ⅱ、Ⅳ象限内的幅度细分。

对于图 6-41 所示的比较鉴幅电路，在一个三角波信号周期内，可以产生 10 相 20 阶梯波信号，即 20 细分。由于二倍频，所以对原始光电信号进行 40 细分。阶梯码信号经译码器后为数字量输出。

采用交变参考电压，并且使参考电压与信号电压成相反趋势变化，同采用恒定参考电压相比有以下优点：一是使每个细分点上的鉴幅斜率相对提高一倍；二是使细分点间的间隔电压值提高一倍。这些对提高电路的细分准确度大有好处。

3. 计算法细分

（1）细分原理　原始光电信号的幅值变化与相位角呈正弦或余弦的函数关系，即 $u=A\sin\theta$，其中 A 为光电信号的幅度。如果信号幅度恒定，就可以通过 A/D 转换，将幅值 u 变为数字量，再用微型计算机确定位移量。然而信号的幅度是受电源波动、发光强度大小、环境温度、位移速度等因素的影响而变化的，因此无法准确得到位移信息。经过分析发现，光电信号的正弦量与余弦量的比值即 $(A\sin\theta)/(A\cos\theta)=\tan\theta$ 基本上消除了幅度波动的影响，同时又隐含了确定的位移信息。由于微型计算机具有很强的运算功能，因此可以通过计算 $\arctan(A\sin\theta/A\cos\theta)$ 求出相位角 θ，从而确定位移。如令 N 代表细分份数，T_N 代表某一相位角 θ 所对应的细分值，则

$$T_N=\frac{N}{2\pi}\arctan\left(\frac{A\sin\theta}{A\cos\theta}\right) \tag{6-53}$$

对式（6-53）的计算可分为以下两个步骤：

1）由于 T_N 的表达式中 $\arctan(A\sin\theta/A\cos\theta)$ 是个多值函数，而细分是针对一个莫尔条纹信号周期而言，所以首先需要在 0~2π 相位角范围内把 T_N 处理成单值函数。从图 6-42 所示 $A\sin\theta$ 和 $A\cos\theta$ 的波形图，可得出 $A\sin\theta$ 和 $A\cos\theta$ 的正负号与各象限的对应关系，见表 6-3。

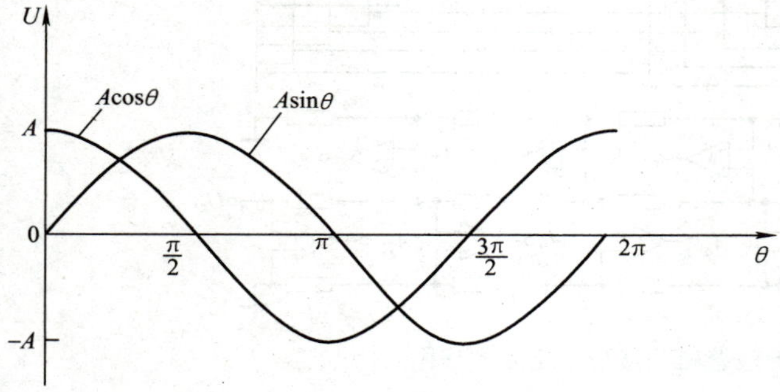

图 6-42　函数波形

表 6-3　正负号与各象限的对应关系

	Ⅰ	Ⅱ	Ⅲ	Ⅳ
$A\sin\theta$	+	+	−	−
$A\cos\theta$	+	−	−	+

计算机根据 $A\sin\theta$ 和 $A\cos\theta$ 的正负号就能判断出相位角 θ 在哪一个象限，并确定象限细分常数。若用 T_{N1} 和 θ_1 分别代表第 Ⅰ 象限的细分值和相位角，则

$$T_{N1}=\frac{N}{2\pi}\arctan\left(\frac{A\sin\theta_1}{A\cos\theta_1}\right) \tag{6-54}$$

$$\theta_1=\theta-\frac{K-1}{2}\pi \qquad (K=1,2,3,4) \tag{6-55}$$

根据坐标变换原理，计算机把其他象限都按 Ⅰ 象限的方法处理，各象限的细分值 T_N 和细分常数 C_K 有下列表达式：

$$T_N=T_{N1}+C_K \tag{6-56}$$

$$C_K=\begin{cases}0 & (K=1)\\[4pt] \dfrac{N}{4} & (K=2)\\[4pt] \dfrac{N}{2} & (K=3)\\[4pt] \dfrac{3N}{4} & (K=4)\end{cases} \tag{6-57}$$

按式（6-56）计算的细分值将为单值函数。

2）由式（6-54）可知，当 θ_1 在 $\pi/2$ 附近时，$(A\sin\theta_1)/(A\cos\theta_1)$ 变化较大，尤其是当 $\theta_1\to\pi/2$ 时，$(A\sin\theta_1)/(A\cos\theta_1)\to\infty$。此时计算机就要产生“溢出”，不能运算。为此，把Ⅰ象限分为 $0\sim\pi/4$、$\pi/4\sim\pi/2$ 两个区间，用计算机判断 $A\sin\theta_1$ 和 $A\cos\theta_1$ 的大小，可分三种情况计算：

① $A\sin\theta_1<A\cos\theta_1$，即 $0\leqslant\theta_1<\pi/4$ 时，T_N 按式（6-54）和式（6-56）计算求出；

② $A\sin\theta_1=A\cos\theta_1$，即 $\theta_1=\pi/4$ 时，$T_{N1}=N/8$，$T_N=N/8+C_K$；

③ $\sin\theta_1>A\cos\theta_1$，即 $\pi/4<\theta_1<\pi/2$ 时，先计算 $(A\cos\theta_1)/(A\sin\theta_1)$。由公式

$$\arctan\left(\frac{A\cos\theta_1}{A\sin\theta_1}\right)+\arctan\left(\frac{A\cos\theta_1}{A\sin\theta_1}\right)=\frac{\pi}{2}$$

可推导出
$$\theta_1=\frac{\pi}{2}-\arctan\left(\frac{A\cos\theta_1}{A\sin\theta_1}\right)$$

所以
$$T_{N1}=\frac{N}{2\pi}\theta_1=\frac{N}{4}-\frac{N}{2\pi}\arctan\left(\frac{A\cos\theta_1}{A\sin\theta_1}\right)$$

综合上述三种情况可得下式：

$$N_1\begin{cases}\dfrac{N}{2\pi}\arctan\left(\dfrac{A\sin\theta_1}{A\cos\theta_1}\right) & \left(0\leqslant\theta_1<\dfrac{\pi}{4}\right)\\[2ex] \dfrac{N}{8} & \left(\theta_1=\dfrac{\pi}{4}\right)\\[2ex] \dfrac{N}{4}-\dfrac{N}{2\pi}\arctan\left(\dfrac{A\cos\theta_1}{A\sin\theta_1}\right) & \left(\dfrac{\pi}{4}<\theta_1\leqslant\dfrac{\pi}{2}\right)\end{cases}\qquad(6\text{-}58)$$

由式（6-54）、式（6-56）、式（6-57）和式（6-58）可得 $0\sim2\pi$ 范围内任一相位角 θ 所对应的细分值。其表达式由表 6-4 详细给出。

表 6-4　相位角 θ 所对应的细分值

象　限	相位角范围	细分值 T_N 的表达式
Ⅰ	$0\leqslant\theta<\dfrac{\pi}{4}$	$\dfrac{N}{2\pi}\arctan\dfrac{A\sin\theta}{A\cos\theta}$
	$\theta=\dfrac{\pi}{4}$	$\dfrac{N}{8}$
	$\dfrac{\pi}{4}<\theta\leqslant\dfrac{\pi}{2}$	$\dfrac{N}{4}-\dfrac{N}{2\pi}\arctan\dfrac{A\cos\theta}{A\sin\theta}$

（续）

象 限	相位角范围	细分值 T_N 的表达式
Ⅱ	$\frac{\pi}{2}<\theta<\frac{3}{4}\pi$	$\frac{N}{4}+\frac{N}{2\pi}\arctan\frac{\lvert A\cos\theta\rvert}{A\sin\theta}$
	$\theta=\frac{3}{4}\pi$	$\frac{3}{8}N$
	$\frac{3}{4}\pi<\theta\leqslant\pi$	$\frac{N}{2}-\frac{N}{2\pi}\arctan\frac{A\sin\theta}{\lvert A\cos\theta\rvert}$
Ⅲ	$\pi<\theta<\frac{5}{4}\pi$	$\frac{N}{2}+\frac{N}{2\pi}\arctan\left\lvert\frac{A\sin\theta}{A\cos\theta}\right\rvert$
	$\theta=\frac{5}{4}\pi$	$\frac{5}{8}N$
	$\frac{5}{4}\pi<\theta<\frac{3}{2}\pi$	$\frac{3}{4}N-\frac{N}{2\pi}\arctan\left\lvert\frac{A\cos\theta}{A\sin\theta}\right\rvert$
Ⅳ	$\frac{3}{2}\pi\leqslant\theta<\frac{7}{4}\pi$	$\frac{3}{4}N+\frac{N}{2\pi}\arctan\frac{A\cos\theta}{\lvert A\sin\theta\rvert}$
	$\theta=\frac{7}{4}\pi$	$\frac{7}{8}N$
	$\frac{7}{4}\pi<\theta<2\pi$	$N-\frac{N}{2\pi}\arctan\frac{\lvert A\sin\theta\rvert}{A\cos\theta}$

（2）系统组成及工作原理　以 MCS-51 系列 89C51 单片机为核心组成信号采集、细分及数据处理单元，其细分系统如图 6-43 所示。它可完成细分值的实时数据采集与处理。

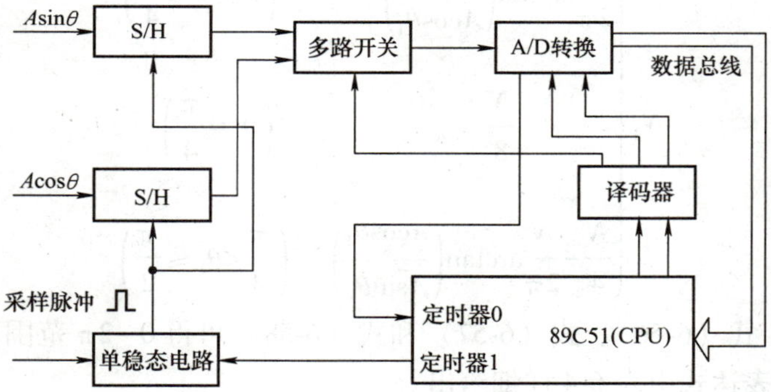

图 6-43　单片机细分系统

在本系统中，定时器 1 作为计数和定时电路，定时器 0 设置在允许中断、外触发计数器方式。系统初始化以后，每次定时时间到，定时器信号端会发出一个有效信号以控制单稳电路发出采样保持器所需要的采样脉冲。在采样脉冲的作用下，采样保持器（S/H）对 $A\sin\theta$ 和 $A\cos\theta$ 两路信号同时进行采样，并且保持所采集的 $A\sin\theta$ 和 $A\cos\theta$ 的瞬时值。定时器 1 同时向 CPU 发出中断请求，CPU 响应中断，执行定时器中断服务程序。控制多路开关首先选择一路进行 A/D 转换。A/D 转换结束以后，发出“转换结束”信号，该信号作用于单片机系统中外部中断，向 CPU 发出中断请求，CPU 响应中断。中断服务程序再选择另一路进行

A/D 转换。经过两次 A/D 转换，就把 $A\sin\theta$ 和 $A\cos\theta$ 信号在采集时刻的瞬时值变为数字量并且输入单片机。

在系统中，只用了一片A/D转换器。由多路开关控制对两路模拟电压信号分时进行A/D转换，省了一片A/D转换器，降低了成本。在速度要求较高时可应用两片A/D转换器同时工作，也可考虑用高速A/D转换器。

(3) 单片机细分程序　为了使 89C51 单片机完成数据的采集、细分值的计算和结果显示任务，用汇编语言编写了系统的初始化、中断服务程序、计算细分值和显示等子程序。下面仅介绍 64 细分的求细分值子程序的流程图，如图 6-44 所示。

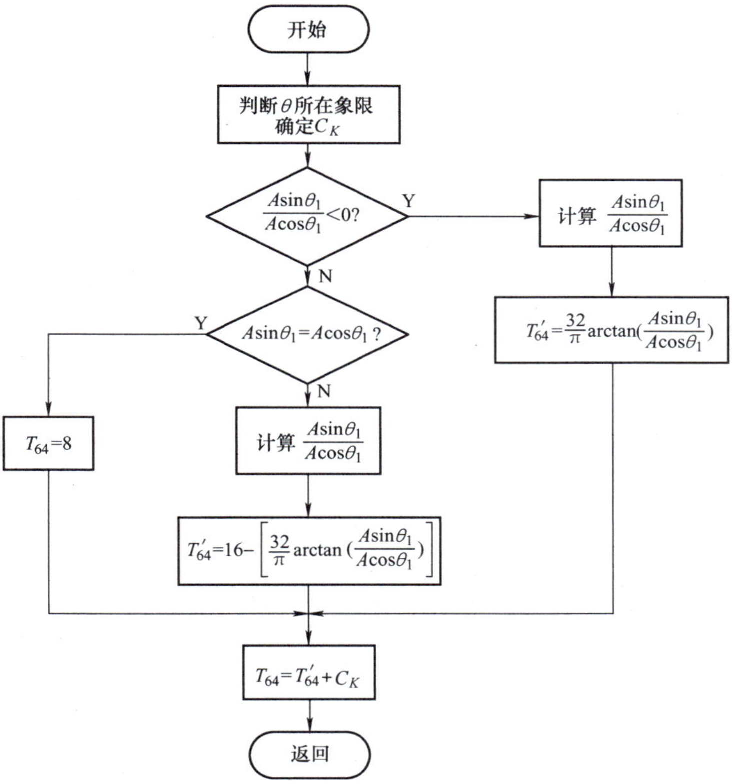

图 6-44　64 细分子程序流程图

结果表明，用微型计算机完成莫尔条纹信号的细分是行之有效的。与传统的电子细分方法相比，其优点是电路结构简单、成本低、调试容易；提高细分份数不会导致电路的复杂化；有利于提高光栅式计量仪器的分辨率；对于系统有规律的误差，用微型计算机进行误差修正，可以提高系统的细分准确度。

思考题与习题

6-1　提高 CCD 器件转移效率的最好方法是（　　）。

A. 引入复位脉冲 Φ_R　　B. 适当地注入胖零电荷

C. 增长转移脉冲 SH 的周期　　D. 提高驱动脉冲的幅度

6-2 面阵 CCD 的最长积分时间为（ ）。

A. 行逆程时间　B. 行正程时间　C. 场正程时间　D. 场逆程时间

6-3 FIT 指的是哪种类型的 CCD?（ ）

A. 帧转移型 CCD　　B. 帧行间转移型 CCD

C. 隔列转移型 CCD　　D. 线转移型 CCD

6-4 下面关于电荷耦合器件的说法，正确的是（ ）。

A. 电荷耦合摄像器件是把二维光学图像信号转换为一维时序的视频信号输出。

B. N 型沟道的 CCD 的工作速度要高于 P 型沟道，埋沟道 CCD 的工作速度要高于表面沟道。

C. 电荷耦合器件的电极结构很多，但都必须满足电荷定向转移和相邻势阱耦合的基本要求。

D. 电荷耦合器件注入到势阱中的信号电荷与入射光的光子流速率及注入时间成正比。

6-5 下面关于电荷耦合器件结构和原理的说法，正确的是（ ）。

A. 帧转移型面阵 CCD 成像区和暂存区的像敏单元结构和单元数都与成像区相同。

B. 单沟道线阵 CCD 转移次数多，效率低，只适用于像素单元较少的器件。

C. 线阵 CCD 在一个转移脉冲 SH 的周期里接收到的单次闪光可以在这个周期里读出，而在下个周期里读不到。

D. 面阵 CCD 的某行、某列像元的电荷包信号都可能快速地提取出来，而不需要将一场信号一行行地转移出来。

6-6 用 TCD1206UD 检测微弱辐射光谱强度时，需要提高它的光照灵敏度，应该适当地（ ）。

A. 提高驱动脉冲 Φ_1 和 Φ_2 的幅度　　B. 降低 TCD1206UD 的温度

C. 增长转移脉冲 SH 的周期　　D. 提高复位脉冲 Φ_R 的频率

6-7 下面关于 CMOS 图像传感器和 CCD 图像传感器的说法，正确的是（ ）。

A. CMOS 图像传感器和 CCD 图像传感器相比，处理功能多，成品率高且价格低廉。

B. CMOS 图像传感器采用顺序开通行、列开关的形式完成信号输出。

C. CMOS 图像传感器可以输出某一行某一列的信号或某些点的信号。

D. 主动式像敏单元结构的工作过程是复位-光积分-信号放大-信号输出。

6-8 CCD 的驱动脉冲可以分为两类，一类是光电转移用的________，一类是自扫描用的________，共需要 5 种逻辑定时信号。

6-9 试述光敏电阻的变换电路中恒流电路和恒压电路设计条件及特点。

6-10 PN 结型光生伏特器件一般有哪几种偏置电路，输出特性不同产生的原因是什么?

6-11 光生伏特器件可否进行反向偏置? 哪些光电器件工作时必须进行反向偏置?

6-12 从光生伏特器件的反向偏置电路的输出特性曲线可以看出，反向偏置电路的输出电压的动态范围取决于哪些参数?

6-13 已知某光电晶体管的伏安特性曲线如图 6-6 所示。当入射光通量为正弦调制量，即 $\Phi_{v,\lambda}=(60+50\sin\omega t)$lm 时，要得到 4.5V 的输出电压，试设计该光电晶体管的变换电路，并画出输入/输出的波形图，分析输入与输出信号间的相位关系。

6-14　视频信号二值化处理电路主要有几种方法？哪种更精确一些？

6-15　以单频单路激光干涉仪为例，说明激光干涉位移测量的原理，并简述位移方向判别的工作过程。

6-16　用 TCD1206UD 进行物体振动非接触测量，若已知 TCD1206UD 的像素数为 2236，驱动频率为 3MHz，测量振动波形的一个周期至少需要 7 个测试点，试问此时的 TCD1206UD 所能测试的最高振动频率？

6-17　已知 AD12-5K 线阵 CCD 的数据采集卡采用 12 位的 ADC1674，它的输入范围为 0~10V，今测得 3 个像点的值分别为 4093，2121，512，并已知 CCD 的光照灵敏度为 47（v/lx. s），试计算 3 个点的曝光量分别为多少？

6-18　已知 RL2048DKQ 在下述波段的光照灵敏度为 4. 5V/（$\mu J \cdot cm^{-2}$），采用 16 位的 A/D 数据采集卡对被测光谱进行探测，测谱仪已被 2 条已知谱线标定，一条谱线为 220nm，谱线中心位置在 250 像元，另一条谱线为 440nm，谱线中心位置在 1550 像元。今探测到一条谱线的幅度为 12600，谱线的中心位置在 1246 像元上。若 RL2048DKQ 的光积分时间为 0. 1s，且在 0. 1s 积分时间情况下，背景的输出幅度为 2000。试计算该光谱的辐射出射度为多少（$\mu W \cdot cm^{-2}$）？谱线辐射的中心波长为多少（nm）？

下篇

技术应用篇

第 7 章　微弱光信号检测

微弱光信号检测技术是采用光学、电子学、信息论、计算机及物理方法，在分析噪声规律的基础上，研究被测信号特点与相关性，检测被噪声淹没的微弱有用信号。其目的有两个：一是研究如何从强噪声中提取有用信号；二是如何检测极弱光信号。

本章先介绍相关函数的基础知识，然后对锁相放大器、取样积分器和光子计数器这几种常用的弱光信号检测方法进行论述。

7.1　基本概念

7.1.1　能量信号与功率信号

信号电压（或电流）加到 1Ω 电阻上所消耗的能量定义为信号 $f(t)$ 的归一化能量（或称信号的能量），用 E 表示。即

$$E = \int_{-\infty}^{\infty} |f(t)|^2 \mathrm{d}t$$

若 $f(t)$ 为实函数，则有

$$E = \int_{-\infty}^{\infty} f^2(t) \mathrm{d}t \tag{7-1}$$

通常把能量为有限值的信号称为能量有限信号，如非周期的单脉冲信号。然而，对于周期信号阶跃函数及随机信号，式（7-1）的积分是无穷大，所以不属于能量的有限信号。对于这类信号，一般不研究信号的能量，只研究信号的平均功率。

信号的平均功率为信号电压（或电流）在 1Ω 电阻上所消耗的功率，通常以 P 表示，即

$$P = \lim_{T \to \infty} \frac{1}{T} \int_{-\frac{T}{2}}^{\frac{T}{2}} |f(t)|^2 \mathrm{d}t$$

若 $f(t)$ 为实函数，则

$$P = \lim_{T \to \infty} \frac{1}{T} \int_{-\frac{T}{2}}^{\frac{T}{2}} f^2(t) \mathrm{d}t \tag{7-2}$$

式中，T 为平均功率的时间区间。

如果信号的功率是有限值，则称这类信号为功率有限信号。

7.1.2　相关函数

从广义上讲，一对随机变量乘积的期望值，称为随机变量的相关。在实际情况中，往往会遇到两个信号 $x(t)$、$y(t)$ 输入同一电路，但由于某种原因两个信号产生了时间延迟。因此，需要研究两信号在延时中的相关性，即两信号的相关函数。

设信号 $x(t)$ 和信号 $y(t)$ 为实函数，它们的相关函数为互相关函数。其定义为

$$R_{xy} = \lim_{T\to\infty}\frac{1}{T}\int_{-\frac{T}{2}}^{\frac{T}{2}} x(t)y(t-\tau)\mathrm{d}t \tag{7-3}$$

或

$$R_{yx} = \lim_{T\to\infty}\frac{1}{T}\int_{-\frac{T}{2}}^{\frac{T}{2}} y(t)x(t-\tau)\mathrm{d}t \tag{7-4}$$

必须注意，在式（7-3）和式（7-4）中，x 与 y 的次序不能颠倒。显然

$$R_{xy}(\tau)=R_{yx}(-\tau)$$

如果 $x(t)$ 和 $y(t)$ 是同一信号，即 $y(t)=x(t)$，此时它们的相关函数 $R_{xx}(\tau)$［或简写为$R(\tau)$］称为自相关函数。即

$$R(\tau)=R_{xx}(\tau)=\lim_{T\to\infty}\frac{1}{T}\int_{-\frac{T}{2}}^{\frac{T}{2}} x(t)x(t-\tau)\mathrm{d}t \tag{7-5}$$

可见，实函数的自相关函数是时延 τ 的偶函数，即

$$R_{xx}(\tau)=R_{xx}(-\tau)$$

自相关函数用来度量同一个随机过程前后的相关性，这种随机过程不限于由若干不规则的函数组成，它也可以由有规则的函数（如周期函数）组成。当随机函数包含周期性分量时，自相关函数内也将包含相同的周期分量。当随机函数不包含周期性分量时，自相关函数将从 $\tau=0$ 的最大值开始，随 τ 的增加单调地下降。当 τ 趋近无穷大时，随机函数 $x(t)$ 的自相关函数趋近 $x(t)$ 平均值的二次方。如果平均值为零，则 $R_{xx}(\tau)$ 随 τ 的增大而趋近于零。由此可知，$R_{xx}(0)$ 表示周期性信号 $x(t)$ 在 1Ω 电阻上的平均功率，即

$$R_{xx}(0)=\lim_{T\to\infty}\frac{1}{2T}\int_{-T}^{T} x^2(t)\mathrm{d}t \tag{7-6}$$

7.1.3　相关接收

相关接收就是应用信号周期性和噪声随机性的特点，通过自相关或互相关的运算，达到去除噪声的一种技术。实际上，相关检测器就是计算相关函数的检测仪器。

1. 自相关接收

图 7-1 为自相关接收器原理及波形图，设混有随机噪声的信号为

$$f_{\mathrm{i}}(t)=S_{\mathrm{i}}(t)+n_{\mathrm{i}}(t)$$

同时输入到相关接收器的两个通道，其中

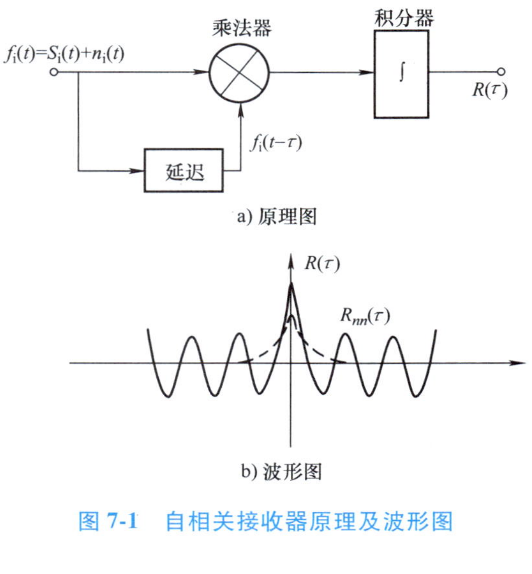

图 7-1　自相关接收器原理及波形图

之一将经过延迟器，使它延迟一个时间 τ，经过延迟的 $f_i(t-\tau)$ 和未经过延迟的 $f_i(t)$ 均送到乘法器内，再经积分后输出平均值，从而得到相关函数上一点的相关值。$f_i(t)$ 的自相关函数为

$$\begin{aligned} R(\tau) &= \lim_{T\to\infty}\frac{1}{2T}\int_{-T}^{T} f_i(t)f_i(t-\tau)\,dt \\ &= \lim_{T\to\infty}\frac{1}{2T}\int_{-T}^{T}[S_i(t)+n_i(t)][S_i(t-\tau)+n_i(t-\tau)]\,dt \\ &= R_{ss}(\tau)+R_{ns}(\tau)+R_{sn}(\tau)+R_{nn}(\tau) \\ &= R_{ss}(\tau)+R_{nn}(\tau) \end{aligned} \tag{7-7}$$

由于信号与噪声是互不相关的随机过程，所以，$R_{ns}(\tau)=R_{sn}(\tau)=0$。对于时间间隔不大的两点噪声有可能是相关的，但随着 τ 的增大，噪声的自相关函数 $R_{nn}(\tau)\to 0$，其结果使信号与信号的相关函数 $R_{ss}(\tau)$ 显示出来。

若信号为一正弦函数

$$S(t)=U_m\sin(\omega t+\varphi) \tag{7-8}$$

可求出它的相关函数为

$$R(\tau)=\frac{1}{2}U_m^2\cos\omega t+R_{nn}(\tau) \tag{7-9}$$

改变延时 τ 就可以得到相关函数 $R(\tau)$ 与 τ 的关系曲线，如图 7-1b 所示。可见，随着 τ 的增加噪声成分 $R_{nn}(\tau)$ 很快衰减，而信号的相关函数 $R_{ss}(\tau)$ 仍保持着周期性变化，从而实现周期信号的检测。

2. 互相关接收

如果输入信号的频率或周期已知，就可在接收端产生一频率或周期与输入信号相同的参考（本地）信号。将参考信号与混有噪声的输入信号进行相关，如图 7-2 所示，就能提高电路抗干扰性能。

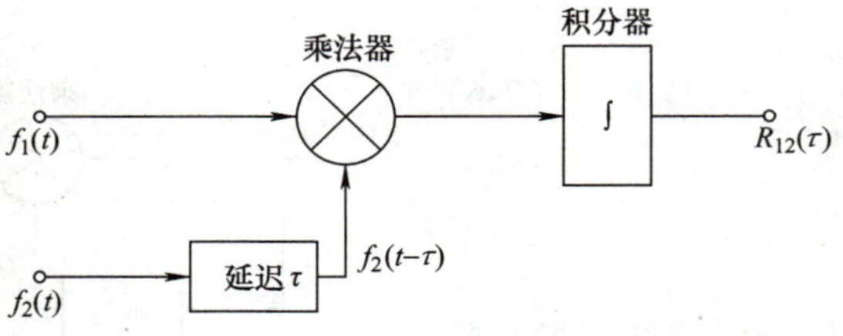

图 7-2　互相关框图

设输入信号为

$$f_1(t)=S_1(t)+n(t)$$

参考信号为

$$f_2(t)=S_2(t)$$

则互相关函数

$$R_{12}(\tau)=\lim_{T\to\infty}\frac{1}{2T}\int_{-T}^{T} f_1(t)f_2(t-\tau)\,dt$$

$$= \lim_{T\to\infty}\frac{1}{2T}\int_{-T}^{T}\int_{-T}^{T}[S_1(t)+n(t)]\,S_2(t)\,dt$$

$$= R_{S_1S_2}(\tau)+R_{nS_2}(\tau)=R_{S_1S_2}(\tau) \tag{7-10}$$

因为参考信号 $S_2(t)$ 与噪声是不相关的，即 $R_{nS_2}(\tau)=0$，故输出为 $R_{S_1S_2}(\tau)$。可见，互相关接收的抗干扰性能比自相关要好。另外，互相关接收输入被测信号在原则上可以是非周期信号（如单脉冲信号），因此，可以实现从噪声中提取单脉冲信号。

7.1.4　相敏检波器

在前面介绍的相关接收中，含有两个信号的相乘问题，在电路中通常采用相敏检波器或混频器来完成这一功能。图 7-3 为相敏检波器示意图。

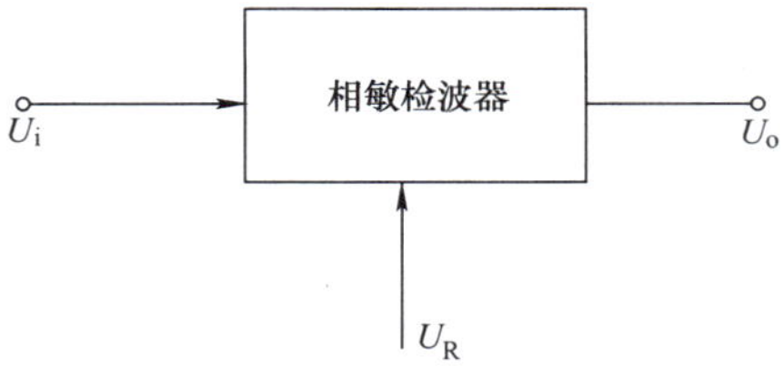

图 7-3　相敏检波器示意图

相敏检波器是在自动控制和相关检测中都经常用到的部件。相敏检波器的原理比较简单，它相当于模拟乘法器，即输出 U_o 是输入信号 U_i 与参考信号 U_R 的乘积。

1. U_i 和 U_R 是两个正弦波信号

设 $U_i=U_{im}\sin(2\pi f_1t+\varphi_1)$，$U_R=U_{Rm}\sin(2\pi f_2t+\varphi_2)$，则输出 U_o 为

$$U_o=U_iU_R=\frac{U_{im}U_{Rm}}{2}\cos[2\pi(f_1-f_2)t+(\varphi_1-\varphi_2)]-\frac{U_{im}U_{Rm}}{2}\cos[2\pi(f_1+f_2)t+(\varphi_1+\varphi_2)] \tag{7-11}$$

由式（7-11）看出，输出 U_o 包含两项：差频项与和频项。在实际中，和频项常用低通滤波器滤掉，所以只剩下差频项。当两信号的频率相等时（即 $f_1=f_2$），则输出

$$U_o=\frac{U_{im}U_{Rm}}{2}\cos(\varphi_1-\varphi_2) \tag{7-12}$$

为相敏直流电压，它正比于相位差（$\varphi_1-\varphi_2$）的余弦量。因此输出值仅与相位差有关，即有“相敏”的含义。

2. U_R 为方波信号

在实际电路中，常采用 1∶1 的方波作参考信号，设 $U_{Rm}=1\text{V}$，则参考信号的傅里叶级数表示式为

$$U_R=\frac{4}{\pi}\sum_{n=0}^{\infty}\frac{1}{n+1}\sin[2\pi(2n+1)f_2t]$$

式中，n 为 0，1，2，3，…；f_2 为方波的基波频率。

若信号 $U_i=U_{im}\sin(2\pi f_1+\varphi_1)$，则

$$\begin{aligned}U_o=U_iU_R=&\sum_{n=0}^{\infty}\frac{2U_{im}}{(2n+1)\pi}\cos\{2\pi[f_1-(2n+1)f_2]t+\varphi_1\}\\&-\sum_{n=0}^{\infty}\frac{2U_{im}}{(2n+1)\pi}\cos\{2\pi[f_1+(2n+1)f_2]t+\varphi_1\}\end{aligned} \tag{7-13}$$

从式（7-13）可看出，输出包含信号频率与全部方波基频 f_2 的奇次谐波的和以及差频所组成的大量谐波分量。因此，相敏检波器的输出包含任何一个奇次谐波所产生的相敏直流

输出。

相敏检波器的电路形式较多，图 7-4 所示为一个简单的原理电路及输入/输出波形，信号 U_S 和参考信号 U_R 同频同相，正半周时，U_R 使 V_3、V_2 导通，V_1、V_4 截止，信号通过 V_3、R_3 加入到运算放大器正相端，输出为正；负半周时，U_R 使 V_1、V_4 导通，而 V_3、V_2 截止，信号通过 V_1、R_1 加到运算放大器的反相端，输出仍然是正。若不接电容 C_1、C_2，则输出信号波形为 U_{o1}；若接入电容 C_1、C_2，则输出信号经积分后波形平滑（如 U_{o2} 波形），且输出为与输入幅度成正比的直流信号。

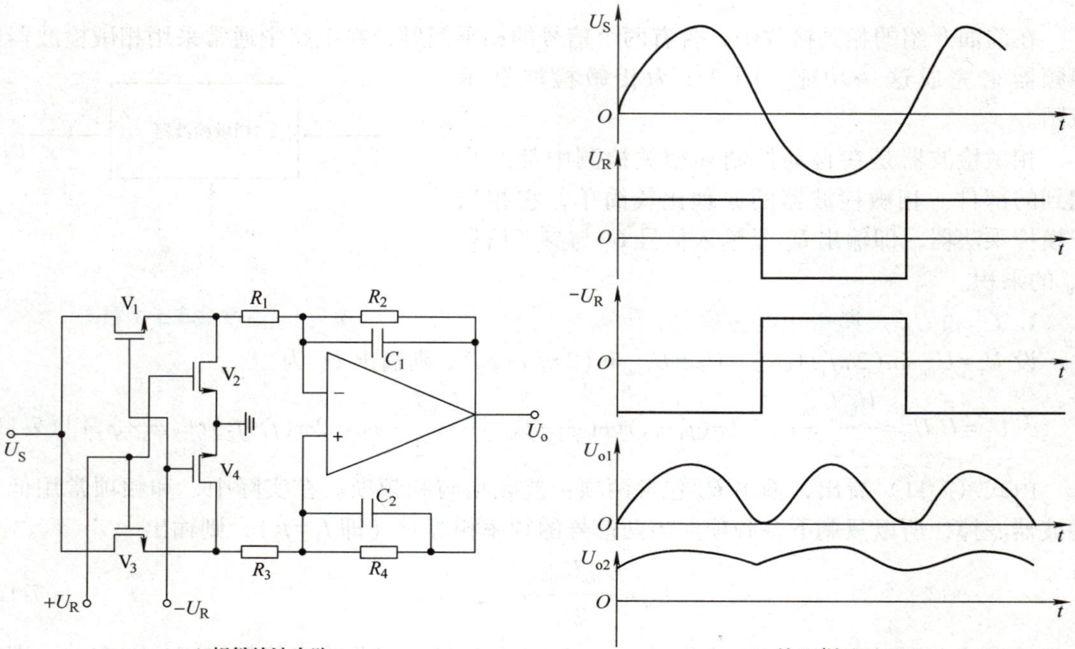

a) 相敏检波电路　　b) 输入/输出波形

图 7-4　相敏检波器电路及波形

7.2　锁相放大器

锁相放大器

锁相放大器（Lock-in amplifier）是一种基于互相关接收理论的弱信号检测设备。它利用相敏检波器大大压缩等效噪声带宽，从而有效地抑制噪声，并检测出周期信号的幅值和相位。因而，可以说锁相放大器是一种具有窄带滤波能力的放大器，它可以检测出噪声比信号大数千倍以上的微弱电信号。

7.2.1　锁相放大器的工作原理

锁相放大器由信号通道、参考通道和相敏检波三个主要部分组成，如图 7-5 所示。信号通道对混有噪声的初始信号进行放大，对噪声作初步的窄带滤波后输出信号 U_s；参考通道通过触发电路、倍频电路、移相电路和方波驱动电路提供一个与被测信号同频且相位可调的

方波信号 U_r；相敏检波由乘法器、积分器（低通滤波器）和 DC 放大器组成。输入信号与参考信号在相敏检波器中混频，经过低通滤波器后得到一个与输入信号幅度成正比的直流输出分量。

在简单情况下，设乘法器的输入信号 U_s 和参考信号 U_r 为余弦波，即

$$U_s = U_{sm}\cos[(\omega_0+\Delta\omega)t+\varphi]$$
$$U_r = U_{rm}\cos\omega_0 t \tag{7-14}$$

式中，φ、$\Delta\omega$ 分别为输入信号 U_s 和参考信号 U_r 的相位差和频率差。

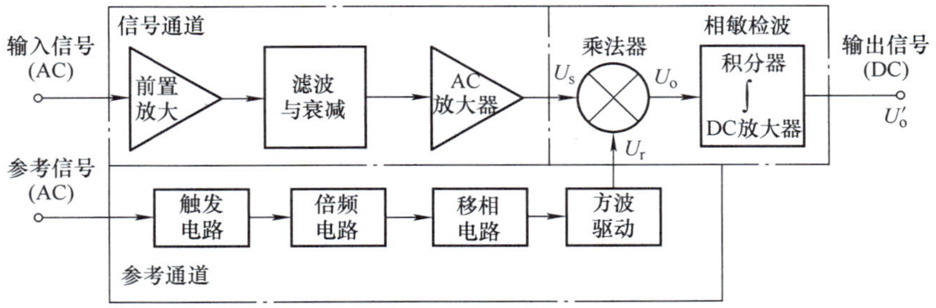

图 7-5　锁相放大器的组成框图

经过乘法器混频后的输出信号 U_o 为

$$U_o = U_s U_r = \frac{1}{2}U_{sm}U_{rm}\{\cos(\varphi+\Delta\omega t)+\cos[(2\omega_0+\Delta\omega)t+\varphi]\} \tag{7-15}$$

由式（7-15）可见，通过输入信号和参考信号的相关运算后，输出信号的频谱由 ω_0 变换到差频 $\Delta\omega$ 与和频 2ω 的频段上。这种频谱变换的意义在于可利用低频滤波器得到窄带的差频信号；同时，和频信号分量 $2\omega_0$ 被低通滤波器滤除。于是，低通滤波器输出信号 U_o' 为

$$U_o' = \frac{1}{2}U_{sm}U_{rm}\cos(\varphi+\Delta\omega t) \tag{7-16}$$

式（7-16）表明，输入信号中只有那些与参考信号同频率的分量才能使差频信号 $\Delta\omega = 0$。此时，输出信号是直流信号，即

$$U_o' = \frac{1}{2}U_{sm}U_{rm}\cos\varphi \tag{7-17}$$

式（7-17）表明，锁相放大器的输出信号幅值取决于输入信号和参考信号的幅值，并与二者的相位差有关。因此，锁相放大器可用于检测周期信号的幅值和相位。

利用参考通道的移相器，可使 φ 在 0°～360°范围内可调。当 $\varphi=0°$ 时，$U_o' = \frac{1}{2}U_{sm}U_{rm}$；当 $\varphi=\pi/2$ 时，$U_o'=0$。也就是说，在输入信号中只有当被测信号本身和参考信号有同频同相关系时，才能得到最大的直流输出；而对于其中随机变化的噪声或外部干扰信号，即交流信号，被后接的低通滤波器滤除。虽然那些与参考信号同频率同相位的噪声分量也能够输出直流信号并与被测信号相叠加，但是这种几率是很小的，这种信号只占白噪声的极小部分。因此，锁相放大器能以极高的信噪比从噪声中提取出有用信号。

作为同步检测需要的参考信号，通常是由外部输入的，有时也设有内部振荡以供选择。对光信号进行探测时，常用电动机带动光调制盘（或称斩波器）转动对光进行调制，获得

被测光信号；由驱动调制盘的参考电源直接输出参考信号，或者通过调制盘调制固定光源获得参考光信号后，再由光电探测器输出参考信号。这样，很容易保证参考信号频率与被测光信号频率完全一致，实现同步检测。

相敏检波器中的低通滤波器带宽可以做得很窄。采用一阶 RC 滤波器，其传递函数为

$$K=\frac{1}{\sqrt{1+\omega^2R^2C^2}} \tag{7-18}$$

对应的等效噪声带宽为

$$\Delta f_e=\int_0^\infty K^2\mathrm{d}f=\int_0^\infty\frac{\mathrm{d}f}{\sqrt{1+\omega^2R^2C^2}}=\frac{1}{4RC} \tag{7-19}$$

例如，取 $\tau_e=RC=30\text{s}$，有 $\Delta f_e=0.008\text{Hz}$。对于这种带宽很小的噪声，似乎可以用窄带滤波器加以消除。但是带通滤波器的中心频率不稳定限制了滤波器的带宽［$\Delta f_e=f_0/(2Q)$，式中 Q 为品质因数，f_0 为中心频率］，使可能达到的 Q 值最大限制只有 100，因此，实际上单纯依靠压缩带宽来抑制噪声是有限的。然而，在锁相放大器中被测信号与参考信号是严格同步的，它不存在频率稳定性问题，所以可将它看成是一个高 Q 值的“跟踪滤波器”，其 Q 值可达 10^8，等效噪声带宽 Δf_e 在 10^{-3}Hz 数量级，少数的可达到 4×10^{-4}Hz。这足以表明，锁相放大器具有极强的抑制噪声的能力。

白噪声电压正比于噪声带宽的二次方根。因此，锁相放大器的信噪改善比可表示为

$$SNIR=\frac{SNR_o}{SNR_i}=\frac{\sqrt{\Delta f_i}}{\sqrt{\Delta f_e}} \tag{7-20}$$

式中，SNR_o 和 SNR_i 分别为锁相放大器的输出和输入信噪比；Δf_e 和 Δf_i 分别为输出和输入的噪声带宽。

例如，当 $\Delta f_i=10\text{kHz}$ 和 $\tau_e=1\text{s}$ 时，有 $\Delta f_e=0.25\text{Hz}$，则信噪比的改善为 200 倍（46dB）。目前锁相放大器的可测频率从 0.1Hz～1MHz，电压灵敏度达 10^9V，信噪改善比可达 1000 倍以上。

7.2.2 锁相放大器的应用及特点

1. 锁相放大器应用于积分散射仪

图 7-6 给出了一种采用锁相放大器的积分散射仪示意图。它可以用来测量高反射片表面的积分散射。高反射片是经过精密加工的超光滑光学表面，是激光陀螺等高精度光学仪器的重要元件之一，其表面的积分散射（散射光总功率）大小可反映表面的粗糙程度。通常，高反射片的反射率可高达 99.99%以上，散射光极其微弱。因此，积分散射仪常采用相关检测技术。

该积分散射仪中，He-Ne 激光器出射的激光束经分光镜后成为Ⅰ和Ⅱ两束光。其中，反射光Ⅰ作为光源参考信号直接被光电池接收，转变成电压信号后送入数字电压表，再由数字电压表传送至计算机。透射光Ⅱ被斩光器斩成方波信号，经聚焦系统聚焦后由小孔 A 进入积分球，通过小孔 C 入射至高反射片的待测面上（入射点在焦点上）。反射光Ⅲ通过小孔 B 射出后进入反射光吸收筒，透射光Ⅳ进入透射光吸收筒，二者对散射仪的测量不产生影响。反射散射光由涂有均匀漫反射材料的积分球内表面收集，最后由光电倍增管 PMT 接收。反

射散射光被积分球内表面多次漫反射，使积分球内表面各处照度均匀。因此，由 PMT 测得内表面上小面元 D 的照度，即可求得反射散射光功率。

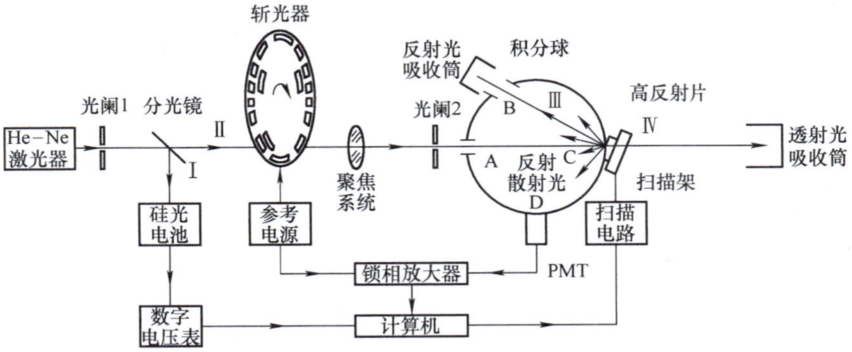

图 7-6　一种采用锁相放大器的积分散射仪示意图

参考电源输出两路频率相同的方波信号：一路方波信号控制斩光器；另一路方波信号和 PMT 的输出信号分别送入锁相放大器，以实现相关检测。将锁相放大器的输出信号和光源参考信号送入计算机进行比较，可消除激光器输出功率的起伏对测量结果的影响。扫描装置由计算机自动控制以实现二维扫描测量。实验表明，该积分散射仪相对测量精度为±11%，积分散射率灵敏度优于 3×10^{-6}。

2. 锁相放大器应用于弱光信号检测的特点

1）锁相放大器适用于调幅信号的检测，使用时要求对入射光束进行斩光或光源调制。

2）锁相放大器是一种极窄带高增益的放大器，增益可高达 10^{11}，滤波器带宽可窄到 0.0004Hz，品质因数 Q 值可达 10^8 或者更大。但它不像带通放大器那样，能恢复原有信号的波形。

3）锁相放大器是 AC/DC 信号变换器，其输出信号正比于输入信号的幅度和它与参考电压相位差的余弦。

4）可以补偿背景辐射噪声和检测电路的固有噪声，信噪比改善可达 1000 倍。

随着闪光灯和激光器的应用，特别是动态测量的推广，脉冲光信号已在诸如荧光衰减的测量、动态反射率和高分辨光谱测量等光度测量中得到了广泛的应用。在这些场合中，被测信息常常包含在光信号的波形持续时间或者是在占空系数很低的重复窄脉冲的幅值上。对这些光脉冲的测量，取样积分器比锁相放大器能更好地改善信噪比。

7.3　取样积分器

取样积分器

取样积分器又称为 Boxcar 平均器，是一种基于自相关接收理论的弱信号检测设备。它利用取样和平均化技术测量深埋在噪声中的周期性信号。对于稳定的周期性信号，若在每个周期的同一相位处多次采集波形上某点的数值，其算术平均值的结果与该点处的瞬时值成正比，而随机噪声的长时间平均值将收敛为零；各个周期内取样平均信号的总体可展现待测信号的真实波形。

7.3.1　取样积分器的原理和工作方式

取样积分器通常有两种工作方式，即定点式和扫描式。定点式取样积分器测量周期信号的某一瞬态平均值；扫描式取样积分器则可以恢复和记录被测信号波形。

1. 定点式取样积分器

图7-7给出了定点式取样积分器原理示意图及工作波形。输入信号经前极放大输入到取样开关，开关的动作由触发信号控制，它是由调制辐射光通量的调制信号形成的。触发输入经延时电路按指定时间延时，控制脉宽控制器产生确定宽度的门脉冲加在取样开关上。在开关接通时间内，输入信号通过电阻 R 向存储电容 C 充电，得到信号积分值。由取样开关和 RC 积分电路组成的门积分器是取样积分器的核心。

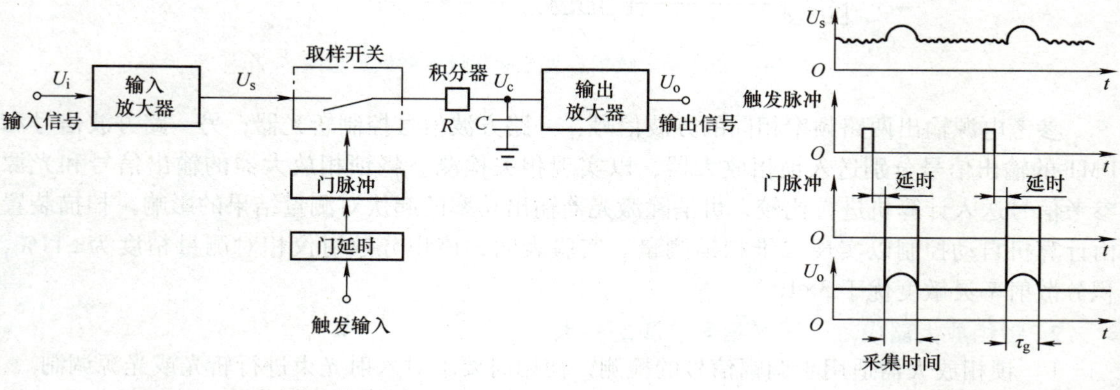

a) 定点式取样积分器示意图　　b) 定点式取样积分器工作波形图

图7-7　定点式取样积分器及工作波形

设积分器的充电时间常量 $\tau_e = RC$，则经过 N 次取样后，电容 C 上的电压值为

$$U_c = U_s\left[1 - \exp\left(\frac{\tau_g}{\tau_e}N\right)\right] \tag{7-21}$$

式中，U_s 为信号电压；τ_g 为开关接通的时间。

当 $\tau_g N \gg \tau_e$ 时，电容 C 上的电压能跟踪输入信号的波形，得到 $U_c = U_s$ 的结果。门脉冲宽度 τ_g 决定输出信号的时间分辨率。τ_g 越小，分辨率越高，比 τ_g 更窄的信号波形将难以分辨。在这种极限情况下，τ_g 和输入噪声等效带宽 Δf_{ei} 之间有下列关系：

$$\tau_g = \frac{1}{2\Delta f_{ei}} \tag{7-22}$$

$$\Delta f_{ei} = \frac{1}{2\tau_g} \tag{7-23}$$

门积分器输出的等效带宽等于低通滤波器的噪声带宽，即 $\Delta f_{eo} = \dfrac{1}{4RC}$，所以对于单次取样的积分器，其信噪比改善为

$$SNIR = \frac{SNR_o}{SNR_i} = \frac{\sqrt{\Delta f_{ei}}}{\sqrt{\Delta f_{eo}}} = \sqrt{\frac{2RC}{\tau_g}} \tag{7-24}$$

式中，SNR_i 为输入信噪比；SNR_o 为输出信噪比。

对于 N 次取样平均器，积分电容上的取样信号连续叠加 N 次。这时，输入信号中的被测信号本身同相地累积起来，其累积的信号为被测信号平均值的 N 倍；另一方面，根据各次噪声的不相关性，输入信号中的噪声则是方均根的平均，其累积的噪声为其平均值的 $\sqrt{N}$ 倍。若单次取样信噪比为 SNR_1，则多次取样的信噪比为

$$SNR_N = \sqrt{N} SNR_1 \tag{7-25}$$

即信噪比改善随 N 的增大而提高。

定点式取样积分器仅能在噪声中提取信号瞬时值，其功能与锁相放大器相同，不同的是定点可通过手控延时电路来实现。

2. 扫描式取样积分器

在上述定点测量方式中，取样脉冲在连续周期性信号的同一位置采集信号。若取样积分器门延迟的时间借助慢扫描电压缓慢而连续地改变，使取样脉冲和相应触发脉冲之间的延时依次增加，于是对每一个新的触发脉冲，取样脉冲缓慢移动，逐次扫描整个输入信号。这种情况下积分器的输出变成信号波形的展开复制，这就是扫描式取样积分器的工作原理。图 7-8给出了它的原理示意图和工作波形。图中的取样开关部分和定点方式相同，不同的是一个叫慢扫描锯齿波电压加在门延迟电路上，它和触发脉冲同时控制门延迟电路，产生延时间隔 τ 随时间线性增加的取样脉冲串，即延时时间 τ 满足关系 $\tau = kt$。另一个区别是，在每次取样之后要用开关将放电电容 C 短路，使积分器复原，准备下一个数据的采集。

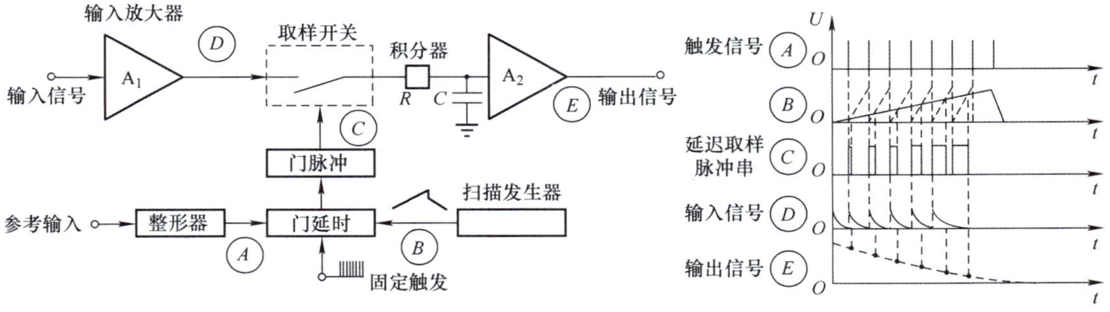

a) 扫描式取样积分器原理示意图

b) 工作波形图

图 7-8 扫描式取样积分器及其工作波形

7.3.2 取样积分器的应用和特点

1. 取样积分器应用于激光分析计

图 7-9 为使用双通道取样积分器的激光分析计原理图。它用来测量超导螺线管中的样品透过率，该透过率随磁场变化。图中激光器用脉冲发生器触发，脉冲发生器同时提供一个触发信号给双通道取样积分器。当激光器工作时，激光光束通过单色器改善光束单色性。为了消除激光能量起伏的影响，选用双通道测量。激光束分束后由检测器 B 直接接收，另一束通过置于超导螺线管中的样品检测器 A 接收。A、B 通道信号由双通道取样积分器检测后，经比例器输出，可得到相对于激光强度的归一化样品透射率。

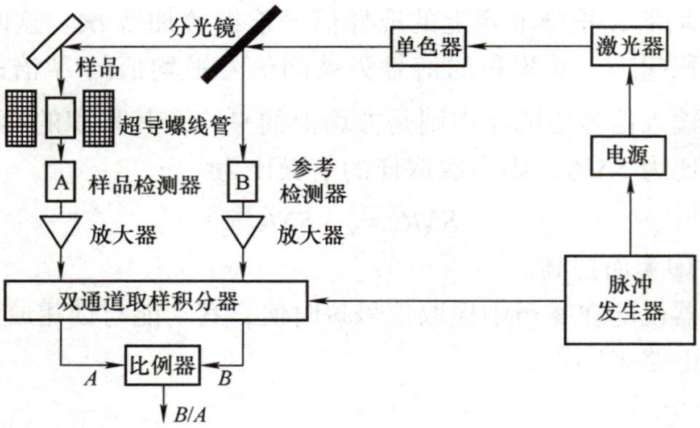

图 7-9 使用双通道取样积分器的激光分析计原理图

近年来，一种多点数字取样积分器也得到了发展。采用许多并联的存储单元代替扫描开关，将输入波形各点依次写入到各存储单元中去，从而可以再现输入波形，并根据需要再将这些数据依次读出。这种方法比取样积分器的测量时间要快得多。在数字式取样积分器中，*RC* 单元的平均化作用由数字处理代替，可以进行随机寻址存储，并且能长时间保存。这些装置在激光器光脉冲、磁光效应、荧光寿命以及光纤分布式温度等测量系统中得到了应用。

2. 取样积分器应用于弱光信号检测的特点

1）适用于由脉冲光源产生的连续周期性变化的信号波形测量或单个光脉冲的幅度测量。测量时，需要与光脉冲同步的激励信号。

2）取样积分器在每个信号脉冲周期内只取一个输入信号值。可以对输入波形的确定位置做重复测量，也可以通过自动扫描再现整个波形。

3）在多次取样过程中，门积分器对被测信号的多次取样值进行线性叠加，而对随机噪声是矢量相加的，所以，对信号有恢复和提取的作用。

4）在测量占空比小于 50%的窄脉冲发光强度的情况下，它比锁相放大器有更好的信噪比。

5）用扫描方式测量信号波形时能得到 100ns 的时间分辨率。

6）双通道系统能提供自动背景和辐射源补偿。

以上讨论的锁相放大器和取样积分器，适应于周期性的光电信号检测，而且信号的带宽较小。当测量更微弱光信号时，例如，在荧光、磷光测量，拉曼散射测量，夜视测量和生物细胞分析等微弱光测量中，光的量子特征便开始显现出来。这时，宜采用高质量的光电倍增管。它具有较高的增益、较宽的通频带、低噪声和高量子效率。但是当测量的光照微弱到一定水平时，由于探测器本身的背景噪声（热噪声、散粒噪声等）会给测量带来很大的困难，如当光功率为 10^{-17}W 时，光子通量约为 100 个光子/s，这比光电倍增管的噪声还要低。这种情况下，光电倍增管的光电阴极发射出的光电子就不再是连续的，它的输出端就会产生有光电子形式的离散信号脉冲，其信号为宽带且不具有周期性重复的特征。这种情况下，采用锁相放大器和取样积分器对弱光的探测就无能为力了，此时常借助于光子计数的方法检测入射光子数，实现极弱光发光强度或光通量的测量。

7.4　光子计数器

光子计数器是一种基于直接探测量子限理论的极微弱光脉冲检测设备。它利用光电倍增管的单光子检测技术，通过电子计数器鉴别并测量单位时间内的光子数，从而检测离散的弱光脉冲信号功率。

光子计数器

7.4.1　光子计数器原理

根据对外部扰动的补偿方式，光子计数器可分为三种类型：基本型、背景补偿型和辐射源补偿型。

1. 基本型光子计数器

基本型光子计数器原理如图 7-10 所示。其中，光电倍增管检测电路经过合理设计并装备有制冷作用的特种外罩，具有良好的动态响应和低噪声特性；光电二极管更容易实现单光子检测。电子计数器电路部分，有峰值鉴别器可鉴别单光子脉冲和噪声（或干扰）脉冲，进一步增强了检测单个光子的能力。

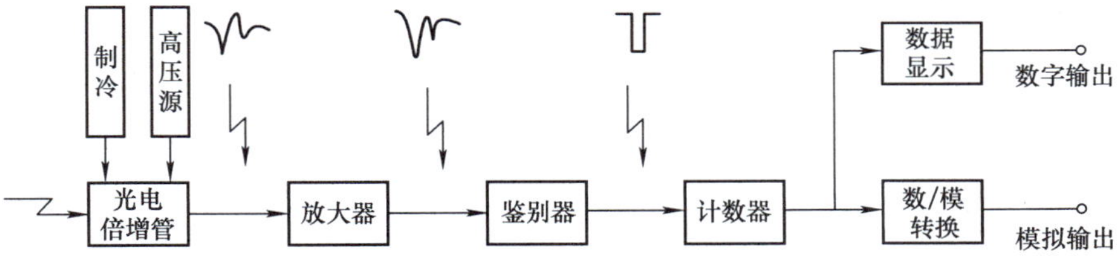

图 7-10　基本型光子计数器原理

工作时，入射到光电倍增管阴极上的光子引起输出信号脉冲，经放大器输送到一个鉴别器上。由放大器输出的信号除了光子脉冲之外，还包括器件噪声和多光子脉冲。后者是由时间上不能分辨的连续光子集合而成的大幅度脉冲。鉴别器的作用是从中分离出单光子脉冲，再用计数器计数光子脉冲数，计算出在一定的时间间隔内的脉冲数，以数字和模拟信号的形式输出。数/模转换用于给出正比于计数脉冲速率的连续模拟信号。

下面对鉴别器的工作做进一步的说明。当 n_P 个光子照射到光电阴极上时，如果光电阴极的量子效率为 η，则会发射出 ηn_P 个光电子。每个光电子被光电倍增管放大，到达阳极的电子数可达 $10^5 \sim 10^7$ 个。由于光电倍增管的时间离散性和输出端时间常量的影响，这些电子构成宽度为 5~15ns 的输出脉冲，它的幅值按中间值计算为

$$I_P \approx \frac{Q}{\tau_0} = \frac{10^6 \times 1.6 \times 10^{-19}}{10 \times 10^{-9}} \mathrm{A} = 16\mu\mathrm{A}$$

式中，τ_0 为光子的寿命。

检测电路转换电流脉冲为电压脉冲。设阳极负载电阻 $R_a = 50\Omega$，分布电容 $C = 20\mathrm{pF}$，则 $\tau = 1\mathrm{ns} \ll \tau_0$。因此，输出脉冲电压波形不会畸变，其峰值为

$$U_P = I_P R_a = 16 \times 10^{-6}\mathrm{A} \times 50\Omega = 0.8\mathrm{mV}$$

这是一个光子引起的平均脉冲峰值的期望值。

实际上，除了单光子激励产生的信号脉冲外，光电倍增管还输出热发射、倍增极电子热发射和多光子发射以及宇宙线和荧光发射引起的噪声脉冲，如图7-11所示。其中，多光子脉冲幅值最大，其他脉冲的高度相对要小些。因此为了鉴别出各种不同性质的脉冲，可采用鉴别器。简单的单电平鉴别器具有一个阈值电平 U_{s1}，调整阈值位置使其只对光子信号形成脉冲。对于多光子大脉冲，可以采用有两个阈值电平的双电平鉴别器，它仅仅使落在两电平间的光子脉冲产生输出信号，而对高于第一阈值的热噪声和低于第二阈值的多光子脉冲没有反应。脉冲幅度的鉴别作用抑制了大部分的噪声脉冲，减少了光电倍增管由于增益随时间和温度漂移而造成的有害影响。

光子脉冲由计数器累加计数。图7-12给出了计数器的原理示意图。它由计数器A和定时器B组成。利用手动和自动启动脉冲，使计数器A开始累加从鉴别器来的信号脉冲。计数器C同时开始计数由时钟脉冲源来的计数脉冲。计数器是一个可预置的减法计数器，事先由预置开关置入计数值 N。设时钟脉冲频率为 f_C，则计数器预置的计数时间为

$$t=N/f_C \tag{7-26}$$

在预置的测量时间 t 内，计数器A的累加计数值为

$$A=f_A t=(f_A/f_C)N \tag{7-27}$$

式中，f_A 是平均光脉冲数率。

式（7-27）给出了待测光子数的测量值。

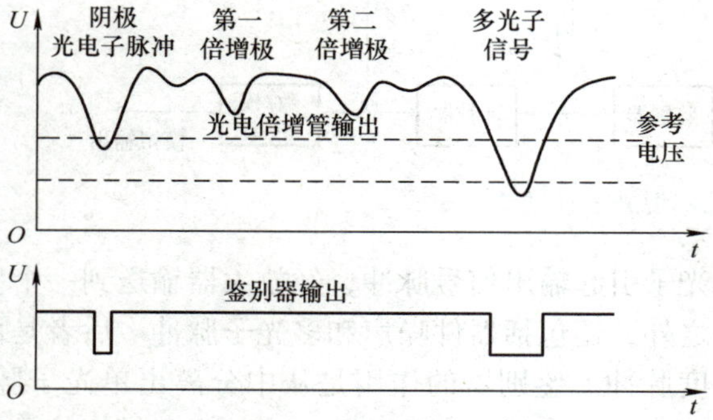

图7-11　光子计数器工作波形

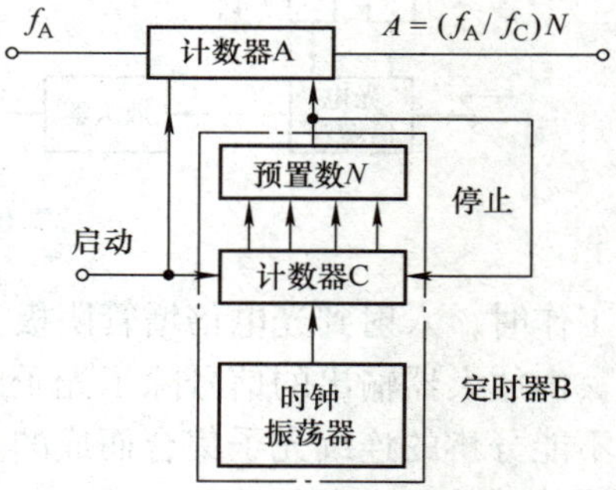

图7-12　计数器的原理示意图

2. 背景补偿型光子计数器

当光子计数器中的光电倍增管受杂散光或温度的影响引起比较大的背景计数率时，应该把背景计数率从每次测量中扣除。为此采用了如图7-13所示的背景补偿光子计数器，这是一种利用斩光器的同步计数方式。斩光器用来通断光束，分别产生交变的“信号+背景”和“背景”的光子计数率，同时为光子计数器A、B提供选通信号。当斩光器叶片挡住输入光线时，放大鉴别器输出的是背景噪声 N，这些噪声脉冲在定时电路的作用下由计数器B收集。当斩光器叶片允许入射光通向光电倍增管时，鉴别器的输出包含了信号脉冲和背景噪声（$S+N$），它们被计数器A收集。这样在一定的测量时间内，经多次斩光后计算电路给出了两个输出量，即

信号脉冲

$$A-B=(S+N)-N=S \tag{7-28}$$

总脉冲

$$A+B=(S+N)+N \tag{7-29}$$

对于光电倍增管，随机噪声满足泊松分布，其标准偏差为

$$\sigma=\sqrt{A+B} \tag{7-30}$$

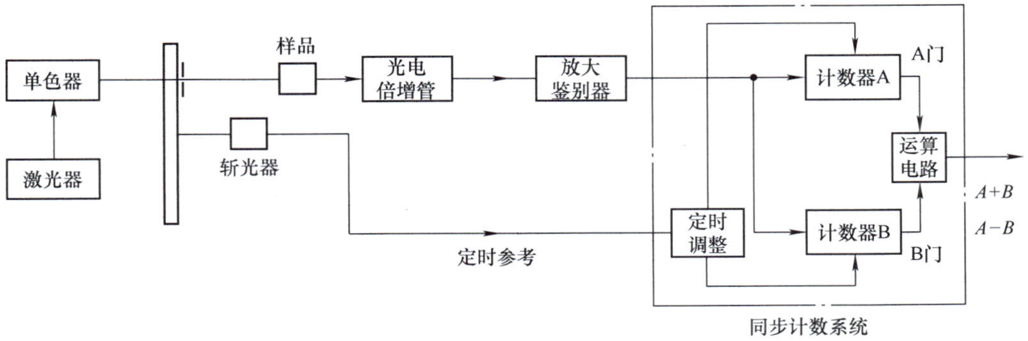

图 7-13　背景补偿光子计数器

于是信噪比为

$$SNR=\frac{\text{信号}}{\text{标准偏差}}=\frac{A-B}{\sqrt{A+B}} \tag{7-31}$$

根据式（7-28）～式（7-31），可以计算出检测的光子数和测量系统的信噪比。例如，在 $t=10\text{s}$ 时间内，若分别测得 $A=10^6$ 和 $B=4.4\times10^5$，则可计算为

被测光子数　　$S=A-B=5.6\times10^5$

标准偏差　　$\sigma=\sqrt{A+B}=\sqrt{1.44\times10^6}=1.2\times10^3$

信噪比　　$SNR=S/\sigma=5.6\times10^5/(1.2\times10^3)\approx467$

7.4.2　光子计数器的应用及特点

1. 光子计数器用于监测大气 SO_2 浓度

测量 SO_2 浓度的方法很多，如电导法、分光光度法、电量法和光纤传感器法等，都是基于化学方法的。我国环保部门推荐的 SO_2 浓度检测方法中有两种是基于化学原理的：四氯汞盐溶液吸收——盐酸副玫瑰苯胺比色法；甲醛溶液吸收——盐酸副玫瑰苯胺比色法。前者吸收液有毒性，已逐渐被后者取代。化学方法都需要试剂，采样时间长，受环境温度影响大。基于光子计数器的紫外荧光大气 SO_2 浓度分析仪器，能在 0～30ppm（$1\text{ppm}=10^{-6}$）的测量范围内，检出极限可达 0.5ppb（$1\text{ppb}=10^{-9}$），明显优于基于化学原理的比色法的检出极限 2.45ppb；同时具有可连续自动监测、重复性好和操作简单等特点。

（1）紫外荧光监测 SO_2 的理论基础　SO_2 在近紫外区域主要有三个吸收区，分别是 340～390nm 范围内的第一吸收区、250～320nm 范围内的第二吸收区和 190～230nm 范围内的第三吸收区。实验证明，SO_2 在吸收波长为 213.8nm 的激光后，其激发态的寿命约为 10^{-9} s 的数量级，且发出的荧光不易被氮气、氧气及其他污染物淬灭。

因此，大气中 SO_2 浓度的测量激发波长最好选择在 190～230nm 这个吸收区。该区域具

有强吸收、最小淬灭和最大荧光系数。用波长为190~230nm的紫外光照射大气样品时，SO_2分子吸收紫外光光子$h\nu_1$被激发至激发态，即

$$SO_2+h\nu_1\rightarrow SO_2^*$$

激发态SO_2^*不稳定，瞬间返回基态，同时会发射出荧光光子$h\nu_2$，其频率（不同于吸收频率）为

$$SO_2^*\rightarrow SO_2+h\nu_2$$

SO_2分子在213.8nm附近有一个强的吸收峰，而发出的荧光谱线范围为240~420nm，在320nm附近处有较大的荧光发射区。

（2）系统构造　系统基本构造框图如图7-14所示，包括光路、电路、气路三大部分。紫外光经过滤光片1后，得到中心波长为213.8nm的激发光，进入反应室。在反应室与PMT接口处加有滤光片2，只让SO_2的荧光信号通过，并被光电倍增管探测。为了减少温度变化导致的暗计数波动，必须配置温度控制系统，使其维持在一个特定温度。系统采用真空泵气路，并有配气系统。

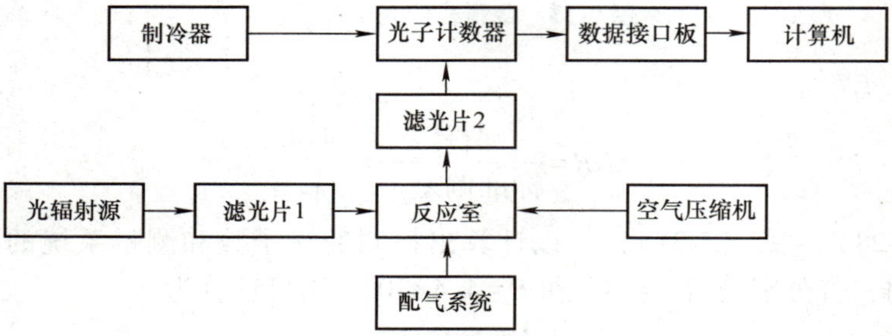

图7-14　系统基本构造框图

（3）光子计数器　大气中的SO_2浓度相对较低，产生的荧光光子数极少，是一种微弱光信号，因此用光子计数器进行探测。光子计数器采用集成型PMT，其内部集成有高压电源、脉冲放大、整形电路。它的光谱响应范围是240~600nm，并且在240nm波段以下的量子效率很低。在25℃附近的暗计数是10光子数/s，由于SO_2荧光光谱为240~420nm，包括在其光谱响应范围之内。

光电倍增管接收到SO_2分子产生的荧光光子，发出脉冲信号，经放大后送到门限甄别器，输出的信号脉冲经整形电路，输出TTL电平到计数器，得出与SO_2浓度相关的光子计数。

2. 光子计数器应用于弱光信号检测的特点

1）只适合于极弱光的测量，光子通量限制在大约10^9个/s（相当于1nW的光功率）以内，不能测量包含许多光子的短脉冲光。

2）光电倍增管检测电路应按照低噪声和宽动态响应范围等要求合理设计，并需装备有制冷作用的特种外罩。

3）不论是检测连续的、斩光的或者脉冲的弱光信号都可以使用，能获得良好的信噪比。

4）不需A/D转换，即可提供数字量输出。

目前，光子计数器可以探测到每秒 10~20 个/s 光子水平的极弱光信号，已在荧光、磷光测量、拉曼散射测量、夜视测量、杂散光测量和生物细胞分析等极弱光测量中得到了应用。国外还研制出一种不仅可以探测单光子事件的强度，还可以探测其位置的二维平面像探测器，使得光子成像技术成为现实，用它可以拍摄到人体的细胞，观察细胞的轮廓和细胞核。

思考题与习题

7-1　用相关原理检测微弱信号时，应具备什么条件才能实现?

7-2　自相关与互相关检测相比，哪一种抑制噪声更有效?

7-3　如何理解等效噪声带宽?

7-4　说明锁相放大器的组成、工作原理及信号变换的特点。

7-5　说明扫描式取样积分器的特点，使用此方式检测信号对信号的要求是什么?

7-6　以具体实例说明光子计数器的应用，简述其检测原理及工作过程。采用背景补偿型光子计数器主要解决信号探测中的什么问题?

第 8 章　外形尺寸检测

8.1　概述

人们对生产中零部件尺寸的检测并不陌生，如采用机械方法用卡尺、千分尺、高度计、千分表和块规等检测工具，以及采用光学方法的光学公差投影仪等检测仪器进行检测，但是这些方法随着工业生产的发展已不能满足实际要求。现代化工业生产的特点是：生产速度快、生产效率高（每分钟可达上千件）、加工精度高（零件公差达微米级）。现代化生产的发展就需要有自动化检测和在线检测技术。

应用光电变换技术进行尺寸测量的基本原理，是先将长度量通过光学元件变成光学量（光通量或光脉冲数），通过光电器件将光学量变成电量，这个反映被测量（或误差）的电量通过电子技术实现自动测量和控制。用光电技术的方法实现尺寸和误差的测量方法较多，本章将着重介绍两种方法。

1. 模拟量变换法

模拟量变换法的检测原理是通过光通量的变化或光通量的有无来反映零件尺寸及公差大小。所以，只要用光电器件准确地测量光通量变化值便能测量出零件尺寸或误差值。应用这种原理测量误差准确度的大小取决于光电器件测量最小光通量的能力，影响测量最小光通量的因素主要有光电器件的灵敏度和噪声（背景噪声、器件噪声和放大器噪声）。另外对光源的稳定性要求也很高，但由于这种方法简单，使用方便，在准确度要求不高的情况下也得到了应用。

2. 模/数转换法

模/数转换法的原理是将尺寸的模拟量经量化处理后，用离散量（脉冲数）来表示。采用模/数转换法不仅检测精度高，而且易与计算机结合实现数字化和智能化。

8.2　模拟变换检测法

光通量测量法

光通量测量法是一种常用的模拟变换检测法，其原理如图 8-1 所示，经光学系统发出的平行光束，投射到被测工件上，平行光束的总光通量恒定。其中一部分光通量被工件遮挡，而另一部分照射到光电器件上，工件遮挡光通量的多少取决于被测工件的尺寸大小，即照射到光电器件上的光通量取决于被测工件的尺寸，所以光电器件输出的电流是被测工件尺寸的函数。光电器件输出的电信号经放大，然后进行信号处理，最后通过控制机构按标准公差等级将工件区分开来。

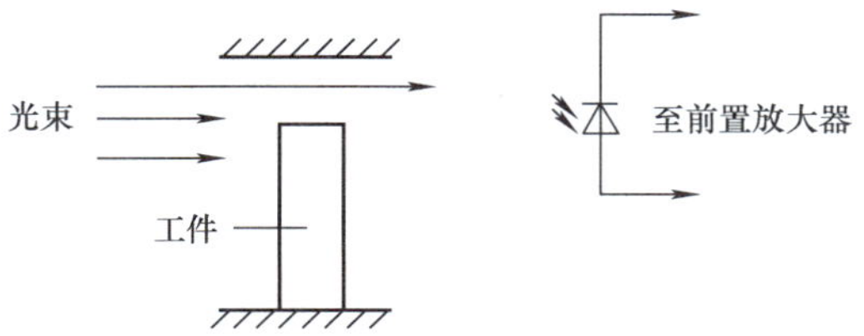

图 8-1　光通量测量法

下面举两个实际例子予以说明。图 8-2 所示为活塞环尺寸的检测装置，其作用原理是，从光源发出的光束经样板和被测圆环之间的空隙而射到光电器件上，空隙的大小由被测圆环的尺寸所决定。射到光电器件上的光通量的大小会随着被测圆环尺寸而改变，进而改变了光电流的大小，通过光电流大小便可确定圆环尺寸和误差大小。

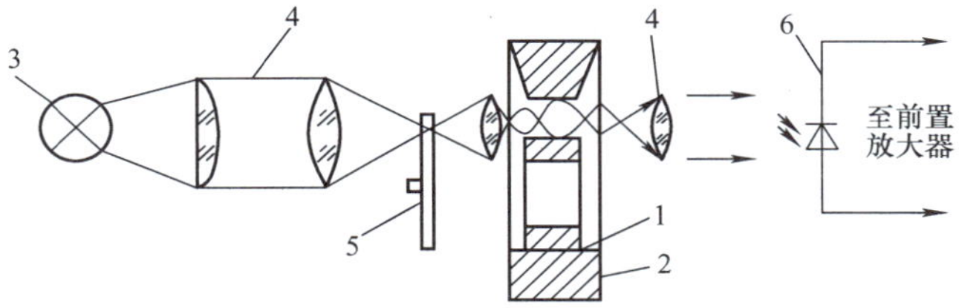

图 8-2　活塞环检测原理

1—被测圆环　2—样板　3—光源　4—光学透镜　5—齿形调制盘　6—光电器件

当样板和被测圆环一起转动时，便可沿着环的圆周来检测它们之间空隙的大小。一般要求空隙不应超过 20μm，被测圆环的宽度约 4~5mm，所以映射到光电器件上的光通量是很小的，而反映误差大小的光通量的变化值则更小。对光电器件输出的微小的光电流必须有比较大的放大倍数，为了使用交流放大器，用微电动机带动齿形调制盘对入射光进行调制。

此检测装置由于误差的变化反映到光通量的变化是很微弱的，故对光电器件和放大器的要求是比较严格的，不仅有高的灵敏度，而且要求有低的噪声，所以限制了测量精确度。在此基础上提出了多狭缝光电变换装置来提高测量灵敏度。

图 8-3 所示为多狭缝检测原理。两个相同的梳形格栅用金属薄板经过精细加工而成，它具有等间隔，一般切口宽 0.5mm。两个梳形格栅相重叠，其中一个固定，另一个和被测工件相接触，它随着被测工件的尺寸大小与固定的格栅成平行地移动。用平行光线在格栅面成垂直方向照射，当两个格栅的齿与齿完全吻合时（切口通光面积最大），通过格栅的光通量最大，当测量格栅向上或向下移动 0.5mm 时，齿与齿间互相遮盖，通不过光线。如果让动格栅（测量格栅）的初始位置是两个格栅的齿与齿半重合，即通光接口宽度为 0.25mm，而且规定格栅向上移动时通光面积增大，向下移动时通光面积减小，无论动格栅向上或向下移动，通过切口的光通量均发生变化，经过光电器件变换输出的光电流也随之变化，只不过是向上移动时光电流增大，向下移动时光电流减小，动格栅移动的极限值为±0.25mm，这也是测量尺寸极限值。

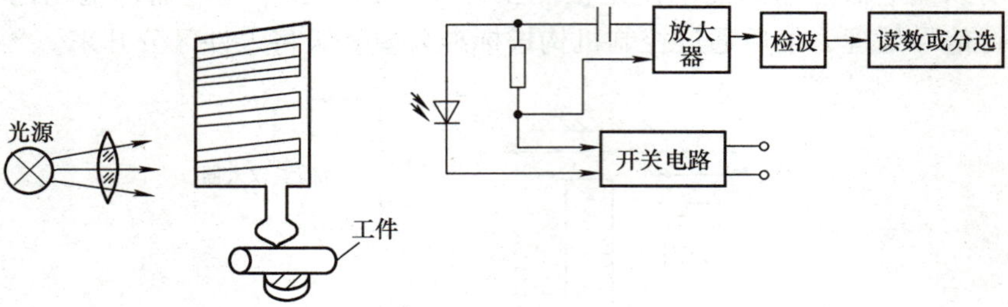

图 8-3　多狭缝检测原理

最后通过放大器将光电流进行放大，再进行电路处理，不仅能测量值的大小，而且能判断出误差是正差还是负差，经分选后分出成品和废品。

格栅的每个切口的宽度越小，分割的数目越多，则测量格栅的移动对光通量的变化影响越显著。假设格栅切口数目为 n，每个切口由于格栅移动使光通量变化为 $n\Delta\varphi$，切口分割数目越多，测量的灵敏度越高。

光学加工方法制成光栅比较容易，在透明的玻璃板上光刻成明暗相间的等宽条纹。两块相同的光栅同样能实现上述光电变换。

这个测量装置的另一个特点是采用了电源调制的方法，用无接触的电源开关，开关频率根据需要来选择。如开关频率为 1kHz，则加到前置放大器的交变信号也是 1kHz，调制信号的幅值随光电信号的变化而变化。经过放大的调制信号再进行检波后，可以读取被测公差的大小，也可以按标准公差等级进行分选。

光通量测量法的特点是在检测范围内（如动光栅移动±0.25mm 之内）能连续检测工件的尺寸，并能判断误差大小。但是，这种检测方法在原理上要求光源发出的光通量恒定，实际上是很困难的，特别是对微小误差的检测更困难。设光源辐射到光电器件上的辐射功率密度为 2mW/cm^2，光源变化为 0.1%，光电器件为光电二极管，灵敏度为 $0.5\mu\text{A}\cdot\text{cm}^2/\mu\text{W}$，那么，由于光源变化而引起光电器件输出电流变化为

$$0.5\mu\text{A}\cdot\text{cm}^2/\mu\text{W}\times 2\text{mW/cm}^2\times 0.1\% = 1\mu\text{A}$$

实际上，若光源的辐射功率密度大于 2mW/cm^2，则由于光源波动而引起光电流的变化将大于 $1\mu\text{A}$，这是一个较大的数值。

8.3　光电扫描检测法

光电扫描检测基于模/数转换法原理，按扫描的方法大体上可分为光学扫描法、机械扫描法和电扫描法三种。

8.3.1　光学扫描法

光学扫描法是指利用一束平行光对被测工件（或工件投影）进行扫描，然后用光电接收器测量这束平行光扫过工件（或投影）时的光电信号。光电接收器的输出是一脉冲方波，而脉冲的宽度与被测工件的尺寸成正比。只要准确测量脉冲宽度就能得到较准确的工

光学扫描法

件尺寸的大小。

下面介绍一种激光扫描直径测量仪，该检测系统的原理图如图 8-4 所示。激光光束入射到以固定角速度旋转的棱镜反射面上，反射光束经发射光学系统变成平行于光轴的扫描光束，再通过接收光学系统被光电传感器接收。由于棱镜的旋转使激光光束在发射与接收光学系统之间形成一个扫描区域，故在此区域中被测工件对扫描光束的遮挡起到了激光信号调制作用。当扫描光束对被测工件进行高速连续扫描时，这个发光强度调制信号携带了被测量径向尺寸信息。接收器采集到这种发光强度调制信号后，经光电转换系统变成电信号，由计算机实时数据处理，便可得到工件被测部位的直径测量结果。

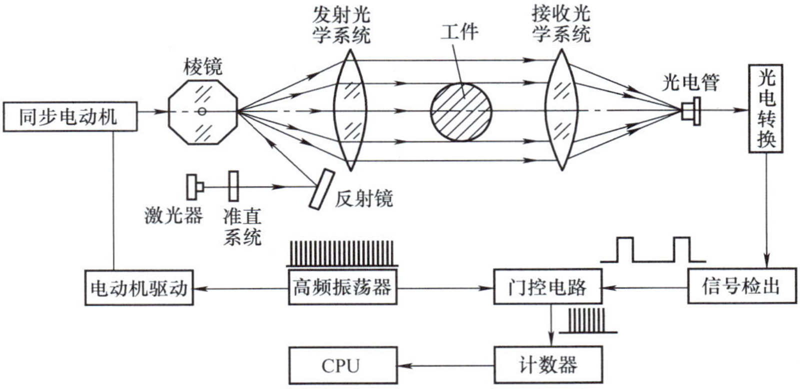

图 8-4　激光扫描检测系统原理图

激光光束是由半导体激光器发出并经准直、缩束光学系统进行整形，形成一束光斑直径较小的准直光束。光扫描是借助于一个由同步电动机带动的正多面体棱镜完成。其中时钟电路由高频（大于 30MHz）晶体振荡器组成，分两路应用：一路分频后作为电动机的驱动信号；另一路作为计数脉冲，对测量信号进行计数。由于采用同一个时钟源的控制方案，因此可以消除由于频率变化引起的测量误差，使系统具有较高的精度。

扫描激光光束在发射光学系统与接收光学系统之间被被测件（回转体工件的外径）遮挡，形成了有高低电平的原始脉冲信号，这个信号经过放大及二值化处理，便输出一个代表待测量的标准脉冲信号。代表被测工件的外径脉冲信号和高频振荡器脉冲信号经过电路复合后，就得到了代表工件尺寸的高频脉冲数，信号检出和计数过程如图 8-5 所示。这个数由可逆计数存储器计数后经计算机处理后可以得到被测件外径尺寸。

由图 8-4 中所示的光路部分可知，若同步电动机的转速为 n_j，其转动的角速度 ω_j，则由一般数学知识可知：

$$\omega_j = 2\pi n_j \tag{8-1}$$

而由光学入射光线和反射光线的关系可知，光束转动的角速度 ω_g 应为电动机转速 ω_j 的 2 倍，即

$$\omega_g = 2\omega_j \tag{8-2}$$

假设光束扫描过发射透镜的轨迹是以发射透镜的焦距 f 为半径的圆弧，且是均匀的，则在发射透镜上，光速移动的速度 v 不变，即

$$v = 4\pi n_j f \tag{8-3}$$

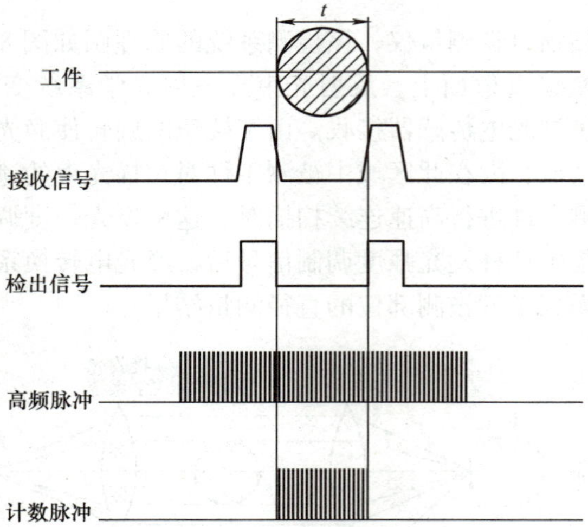

图 8-5　信号检出和计数过程

速度 v 近似等于在整个测量区间光束平移的速度。设被测件外径为 D，其对应的信号脉冲宽度为 t，则

$$t=\frac{D}{v} \tag{8-4}$$

将式（8-3）代入式（8-4）整理得

$$D=4\pi n_{j} f t \tag{8-5}$$

假如高频振荡器的脉冲周期为 T_0，频率为 f_0，则在 t 时间内所包含的高频脉冲个数 n 为

$$n=\frac{t}{T_0} \tag{8-6}$$

由式（8-5）和式（8-6）可得每个高频脉冲代表的数值为

$$\frac{D}{n}=\frac{4\pi n_{j} f}{f_0} \tag{8-7}$$

如果令 $N=f_0/n_j$ 为分频比，则式（8-7）变为

$$\frac{D}{n}=\frac{4\pi f}{N} \text{或} D=\frac{4\pi f}{N}n \tag{8-8}$$

从式（8-8）可以看出，n 和 $4\pi f/N$ 的积就是被测件外径的大小。从公式表面看，结果与旋转棱镜速度无关，但在推导中，首先假设了光束由焦点出发，速度均匀等速。而实际上扫描速度非均匀等速，由于采用多面体棱镜，扫描光束在转镜上的反射点、回转中心和发射透镜焦点三者不重合，产生离焦现象，光束不是从焦点射出，这样经过扫描发射光学系统射出的光线，不和主光轴平行，存在准直误差，所以激光扫描检测系统是一个动态光学系统。想要获得微米级的测量准确度，就必须采用具有良好动态特性的特殊光学系统，一般采用 $f\theta$ 透镜作为扫描发射光学系统，能够很好的解决这一问题。

由上面分析可知，$4\pi f/N$ 的大小决定了激光扫描检测系统的理论分辨精度，要使系统达到 1μm 的测量精度，就必须使 $4\pi f/N=1\mu m$，可以选取焦距 f 较小的光学系统或增大分频比 N。但是，光学系统焦距过小会影响系统的线性，增大分频比 N 就必须提高高频振荡器的振

荡频率 f_0 或降低同步电动机的转速 n_j。提高 f_0 需要有更高频率响应的数字电路，而 n_j 的大小受到同步电动机本身性能的限制，不能太小，否则测量速度太低，不适应测量快速运动被测物体的需要。因此，在实际应用时，根据不同的精度、速度的要求，要选择 f 和 N 的最佳值。这种高精度激光扫描检测系统测量范围一般在 ϕ 0.1mm~ ϕ 25mm 之间。

采用这种测量原理，其特点是电动机驱动频率与计数脉冲采用同一个石英振荡器，通过计算分析可知，当石英振荡器频率发生变化时，计数器得到的数值也会发生变化而相互抵消。

影响测量精度的因素有以下几个方面：

（1）量化误差　若计数器高频脉冲周期为 T_0（则 $q=4\pi n_j f T_0$ 是量化单位，也是测量的最小分辨率），则测量误差为 $\pm\frac{1}{2}q$，这是测量的原理误差。

计数频率直接影响量化误差，所以对采用的晶振频率有一定要求。MCS-51 系统单片机系统最高频率有限，一般为 35MHz 左右。为了提高测量精确度，采用 ARM 或 DSP 系统进行控制单元设计，可以达到更高的计数频率，从而提高测量速度。

（2）旋转棱镜 8 面体的几何形状误差　理想的 8 面体要求当两个扫描光束通过它时光束的位移量相等。实际上加工过程存在几何形状误差，这个误差直接给扫描光束的位移量带来误差，即给直径尺寸测量带来误差。

工件移动缓慢的情况下，将多面体旋转一周或数周时所连续测量的直径取平均值，可大大减小由于 8 面体几何形状的偏差所引起的误差。在这种情况下，测量准确度为 ±2μm。

（3）工件在移动过程中进行检测时带来的位移误差　上面已经提到，在高速扫描的情况下，工件移动速度较慢时，可以忽略此项误差。但当工件移动速度较快时，位移误差不能忽略。

设被检测对象为钢棒，在生产过程中自动检测钢棒直径变化，位移误差分析图如图 8-6 所示。图中显示工件（钢棒）在移动时，不同位置的直径变化曲线。横坐标为位置，纵坐标代表直径，工件的标准直径为 D_0，开始检测点为 A 点位置。由于工件以 $v_{工}$ 速度移动，扫描光束离开工件时为 B 点位置，使测量 A 点位置的直径带来误差。为分析方便，设 A 点位置的直径为 D_0，B 点位置的直径为 $D_0+\Delta D$，若钢条沿轴对称增大，则测量直径误差为 $\frac{1}{2}\Delta D$。

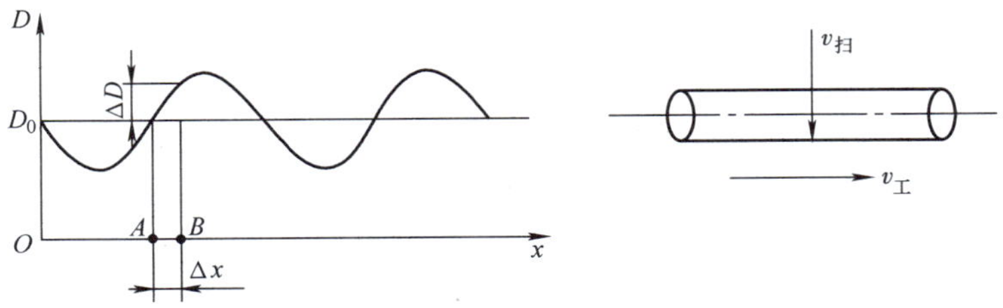

图 8-6　位移误差分析图

设 $D=f(x)$，直径是位置的函数，工件移动速度为 $v_{工}$，扫描速度为 $v_{扫}$，工件由 A 点移到 B 点时的位移为 Δx，在 Δx 很小情况下，直径曲线变化可视为线性变化，其变化斜率为 $f'(x_A)$。

扫描光束扫过工件直径的时间为

$$t=\frac{D_0}{v_{扫}} \tag{8-9}$$

在此时间内工件移动位置 Δx 为

$$\Delta x=v_{工}\,t \tag{8-10}$$

工件直径的增长量为

$$\Delta D=f'(x_A)\Delta x \tag{8-11}$$

将式（8-9）和式（8-10）代入式（8-11）得

$$\Delta D=D_0 f'(x_A)\frac{v_{工}}{v_{扫}} \tag{8-12}$$

从式（8-12）可以看出，位移误差的大小正比于工件移动速度 $v_{工}$ 与光束扫描速度 $v_{扫}$ 之比，当工件移动速度较慢，即 $v_{工}/v_{扫}\ll 1$ 时，可以忽略位移误差。所以，工件速度的上限值受扫描速度和测量准确度所限制。

（4）扫描面与工件轴线不垂直误差　工件在定位过程中，很难做到工件轴线与扫描面垂直，从而产生余弦误差，如图 8-7 所示。

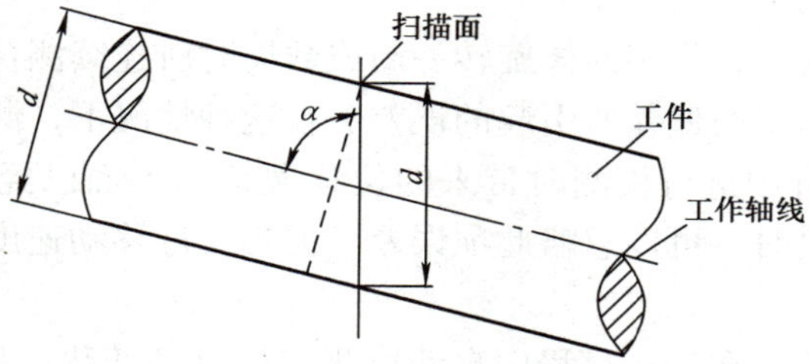

图 8-7　扫描面与工件轴线不垂直误差

当工件轴线与扫描面成 α 角时，工件直径测量结果为 d，则测量误差为

$$\Delta d=d-d\cos\alpha\approx d(1-\cos\alpha) \tag{8-13}$$

（5）随机误差　在检测过程中，工件由于受到振动使位置变化，带来了振动误差；光源波动使光束与工件相切点位置变化引入误差；电源波动引入误差。通过进行多次直径测量，取其平均值，可以使这些随机误差减小，甚至忽略。为此，有些装置采用正 12 面、正 16 面体扫描，提高扫描次数。

从上面误差分析看出，影响检测准确度的主要误差有量化误差和位移误差；在静态测量或工件移动速度不大时主要为量化误差；而随机误差可以通过多次测量的平均值来克服。

激光扫描直径测量仪目前已被钢管厂采用，用于测量红热钢管的直径，在测量时，钢管的速度为 150m/min，测量仪器的分辨力为 10μm，测量准确度为±20μm。

目前，此仪器也成功用于回转体工件直径和形位误差的检测，还可用于特殊情况下宽度、高度、厚度、轴间距等项目的检测。检测系统具有高速、高精度、非接触在线测量等特点，既可作为独立的激光几何尺寸测量仪使用，也可作为一种通用的激光测头与其他不同机构或系统结合形成具有多功能的测量系统，从而实现对零件的多部位、多尺寸或形位误差等参数的自动测量。

8.3.2 电扫描法

电扫描法检测工件几何尺寸的原理是，将工件的像成像到摄像器件的光敏面上，再转变成电子图像，然后用电子扫描法检取图像的几何尺寸。目前能够完成这种功能的摄像器件有：电真空摄像管、自扫描摄像器件（CCD、CMOS、APS、DPS 等）、热成像器件等。

1. 真空摄像管检测法

图 8-8 为摄像管检测装置的示意图。摄像管按结构原理分为视像管和光电发射式摄像管两类。

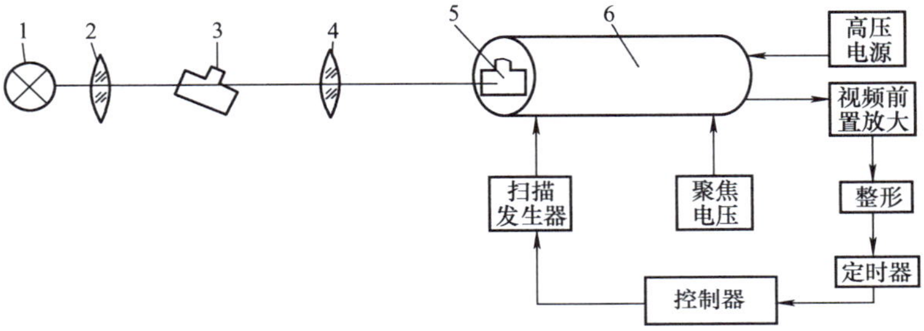

图 8-8 摄像管检测装置的示意图

在光源 1 照射下，透镜组 2 和 4 将工件 3 的形状或轮廓投影到摄像管 6 的光敏面 5（光阴极或光电靶）上，并转换成电子图像存储于靶上，采用电子束自上而下的逐行扫描方式，每行影像的视频信号经放大、整形后形成一方波脉冲输出，方波脉冲正比于影像的尺寸，其波形图如图 8-9 所示。

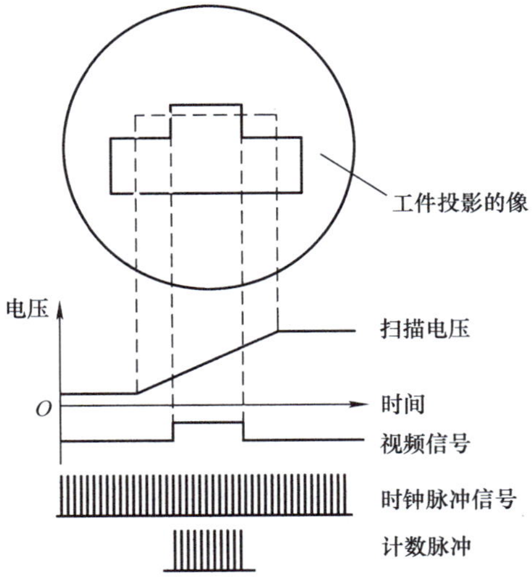

图 8-9 摄像管工作波形图

定时器作为计数器工作方式，计数脉冲为微处理器提供时钟脉冲，而控制脉冲由摄像管产生的方波脉冲来完成。设扫描电子束每扫一行的有效距离为 L，定时器所计一行的脉冲数为 N，则每一脉冲的当量即量化单位 $q=L/N$（mm/脉冲）。若电子在扫过影像的时间内，定时器所计脉冲数为 n，则影像尺寸 l（单位为 mm）为

$$l=qn=\frac{L}{N}n \tag{8-14}$$

控制器可以控制扫描电路，确定工件标准公差等级，判断工件“合格/不合格”，确定被测点的坐标等。

由于摄像管为面阵成像器件，所以这种检测方法可检测较为复杂的平面几何尺寸。

产生检测误差的主要原因有：量化误差；摄像管的分辨率、畸变和非线性；光学系统的像差等。

2. 光电二极管阵列检测法

由若干只硅光电二极管组成的线阵列器件称为 Reticon 器件。每只光电二极管为一像元，一般像元中心间距为 25μm，每毫米集成 40 个光电二极管，对于 512 和 1024 像元的线阵列器件总长分别为 12. 8mm 和 25. 6mm，工作原理图如图 8-10 所示。

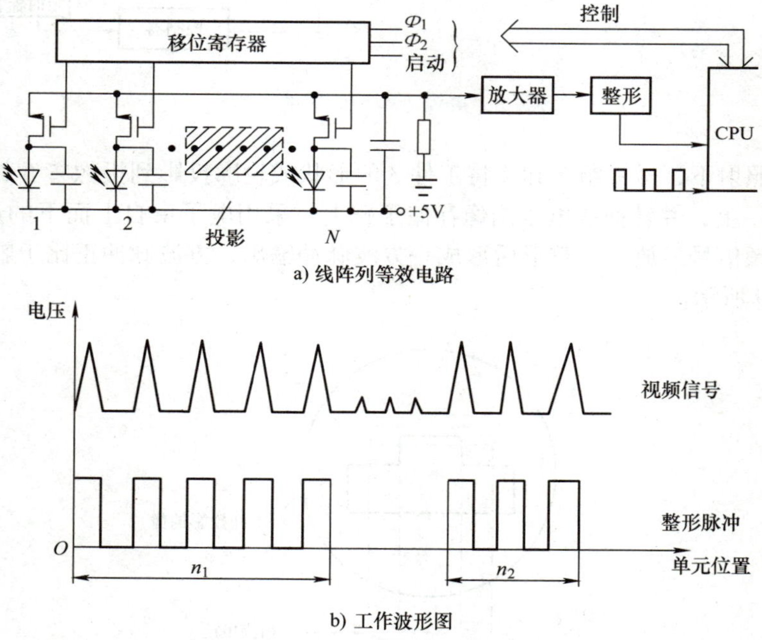

图 8-10　阵列检测法工作原理图

由图 8-10a 可以看出，每个像元由一只光电二极管与一只存储电容器并联而成，它们通过场效应晶体管与输出总线相连。场效应晶体管由移位寄存器的自扫描电路控制，顺次地使各单元通与断，从而周期地将每一单元像素的电容器重新充电至 5V。移位寄存器由二相标准时钟脉冲驱动，另外，还需一路周期触发脉冲序列，用来启动每次扫描。单元间的扫描速率由时钟频率决定，它的最高速率达 5MHz，一般选取每通道 10～100μs，二相时钟驱动脉冲和启动脉冲由计算机提供。

在二次扫描启动脉冲之间，每个电容器上的电荷被与之并联的光电二极管的反向亮电流（包括光电流和暗电流）逐渐释放。已释放的电荷总量等于信号累积时间与亮电流的乘积。当每个单元被再次取样时，刚被释放掉的电荷恰好从视频信号输出端得到补充，即输出一视频信号。每次扫描后将得到 N 个充电脉冲信号序列，其脉冲的幅值与相应的光电二极管所接收的曝光量成正比。信号的工作波形图如图 8-10b 所示。

工件阴影部分的单元释放电荷量很少，其输出信号幅值为暗电平，所以经鉴幅整形后输出为零状态。整形后的单元脉冲信号输入计算机进行运算，便可得到工件投影尺寸为

$$l=q(N-(n_1+n_2)) \tag{8-15}$$

式中，N 为光电二极管阵列单元数；n_1 和 n_2 为亮脉冲数；q 为脉冲当量，等于单元间隔，即 $q=25\mu m$/脉冲。

可见，它是以单元间隔为尺寸来对投影尺寸进行度量的，其检查误差主要为量化误差。

8.4　CCD 自扫描检测法

CCD 自扫描法

采用线阵或面阵 CCD 作为光电检测器件，可以实现一维尺寸量和二维图形参数的检测。随着半导体加工工艺与电子元器件制造技术的提高，单位面积上 CCD 像元数不断提高，现在线阵 CCD 器件像元数可达到 7000 以上，面阵 CCD 器件像元数已超过千万。同时随着 DSP（数字信号处理）技术和 FPGA（现场可编程门阵列）的发展，使 CCD 驱动信号达到模块化与集成化，其驱动频率也不断提高，从而拓展了 CCD 器件的应用领域。

1. 微小尺寸（10~500μm）的检测

（1）测量原理　用衍射的方法对细丝、狭缝、微小位移、微小孔等进行测量，其原理框图如图 8-11 所示。

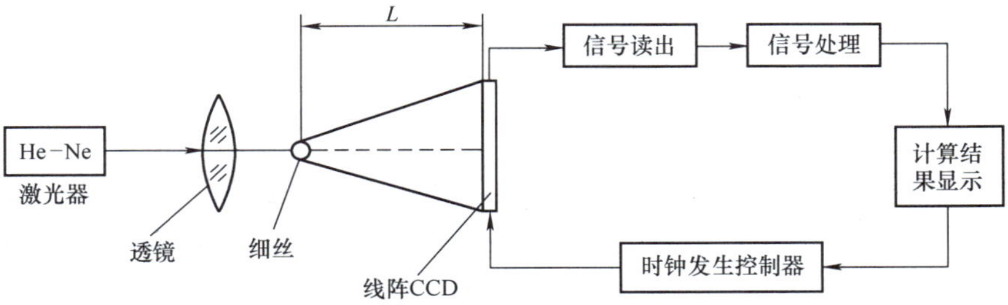

图 8-11　线阵 CCD 衍射的方法测量微小尺寸原理框图

当满足远场条件，即 $L\gg d^2/\lambda$ 时，被测细丝衍射图像投射到 CCD 光敏面上，其细丝衍射图像如图 8-12 所示。根据夫琅和费衍射公式可得到

$$d=\frac{K\lambda}{\sin\theta} \tag{8-16}$$

式中，d 为细丝直径；K 为暗纹周期，$K=\pm1, 2, 3, \cdots$；λ 为激光波长；θ 为被测细丝到第 K 级暗纹的连线与光线主轴的夹角。

当 θ 很小（即 L 足够大时）时，$\sin\theta\approx\tan\theta=X_K/L$，代入式（8-16）得

$$d=\frac{K\lambda L}{X_K}=\frac{\lambda L}{X_K/K}=\frac{\lambda L}{S} \qquad (8\text{-}17)$$

式中，S 为暗纹周期，$S=X_K/K$。

（2）误差分析　对式（8-17）微分，并取最大误差情况得到误差公式为

$$\Delta d=\frac{L}{S}\Delta\lambda+\frac{\lambda}{S}\Delta L+\frac{\lambda L}{S^2}\Delta S \qquad (8\text{-}18)$$

由于激光波长误差 $\Delta\lambda$ 很小（小于 $10^{-5}\lambda$），可忽略不计，则式（8-18）可简化为

$$\Delta d=\frac{\lambda}{S}\Delta L+\frac{\lambda L}{S^2}\Delta S \qquad (8\text{-}19)$$

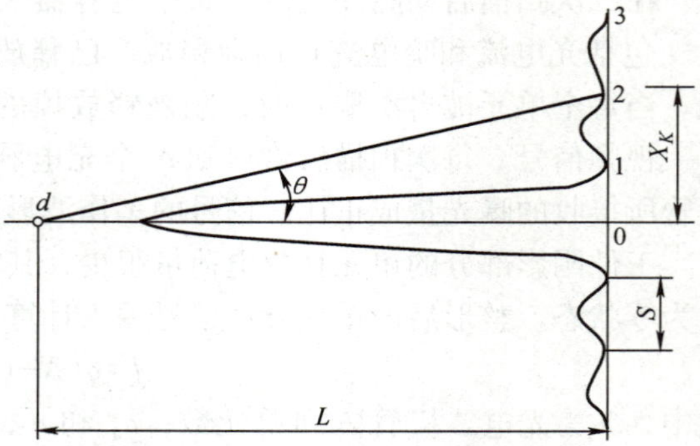

图 8-12　细丝衍射图像

例如，He-Ne 激光，$\lambda=632.8\text{nm}$，$L=1000\text{mm}\pm0.5\text{mm}$，$d=500\mu\text{m}$，则由式(8-17)得

$$S=\frac{\lambda L}{d}=\frac{632.8\times10^{-6}\times10^{3}}{5\times10^{2}\times10^{-3}}\text{mm}=1.265\text{mm}$$

当 CCD 像元选用（10±1）μm，则 $\Delta S\approx10\mu\text{m}$，测量误差由式（8-19）得

$$\Delta d=\frac{\lambda}{S}\Delta L+\frac{\lambda L}{S^2}\Delta S=\frac{\lambda}{S}\left(\Delta L+\frac{L}{S}\Delta S\right)=\frac{632.8\times10^{-6}}{1.265}\times\left(0.5+\frac{1000\times10\times10^{-3}}{1.265}\right)\mu\text{m}$$
$$=4.2\mu\text{m}$$

被测细丝越细，测量精度越高（d 越小，S 越大），甚至可达到 $\Delta d=10^{-2}\mu\text{m}$。

（3）S 的测量方法　S 测量原理框图如图 8-13 所示，图像传感器输出的视频信号经放大器 A 放大，再经峰值保持电路 PH 和采样保持电路 S/H 处理，变成矩形波，送到 A/D 转换器进行逐位 A/D 转换，最后输入计算机内进行数据处理，判断并确定两暗纹之间的像元数 n_s，如图 8-14 所示。则暗纹周期 $S=n_s p$（p 为图像传感器的像元中心距），代入式(8-17)可得 d。

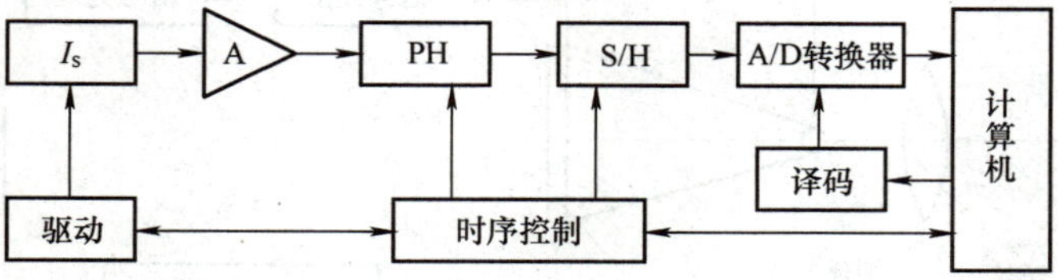

图 8-13　S 测量原理框图

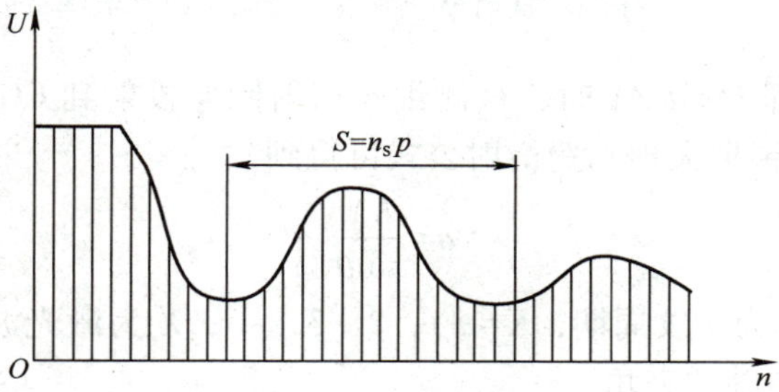

图 8-14　S 计算波形图

2. 小尺寸的检测

小尺寸是指待测物体可与光电器件尺寸相比拟的场合，其测量原理框图如图 8-15所示。被测对象经放大倍率为β的光学系统成像到线阵 CCD 光敏感面上，在 CCD 光敏区域形成电荷信号，经 CCD 驱动与检测输出一组视频信号，经信号处理后可以得到被测对象的尺寸结果。

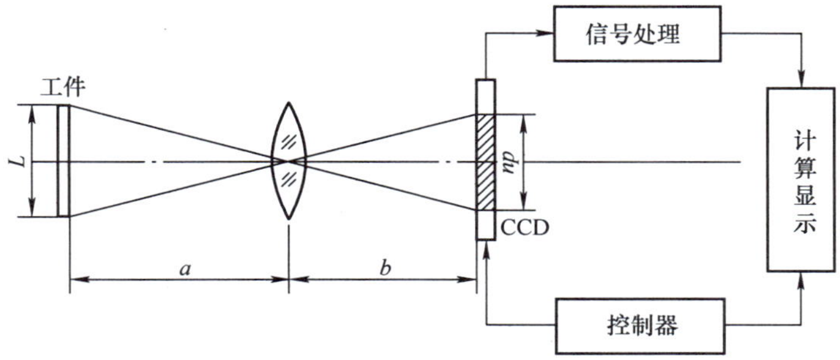

图 8-15 CCD 小尺寸对象测量原理框图

由应用光学相关内容，得到光学系统成像公式为

$$\frac{1}{a}-\frac{1}{b}=\frac{1}{f'} \tag{8-20}$$

$$\beta=\frac{b}{a}=\frac{np}{L} \tag{8-21}$$

式中，f' 为透镜焦距；a 为物距；b 为像距；β 为放大倍率；n 为像元数；p 为像元中心距。

可解得

$$L=\frac{np}{\beta}=\left(\frac{a}{f'}+1\right)np \tag{8-22}$$

3. 大尺寸（或高精度工件）的检测

对于大尺寸工件或测量精度要求高的工件，可采用“双 CCD”系统检测物体的两个边沿视场，如图 8-16 所示。这样，可用较低位数的传感器达到较高的测量精度。

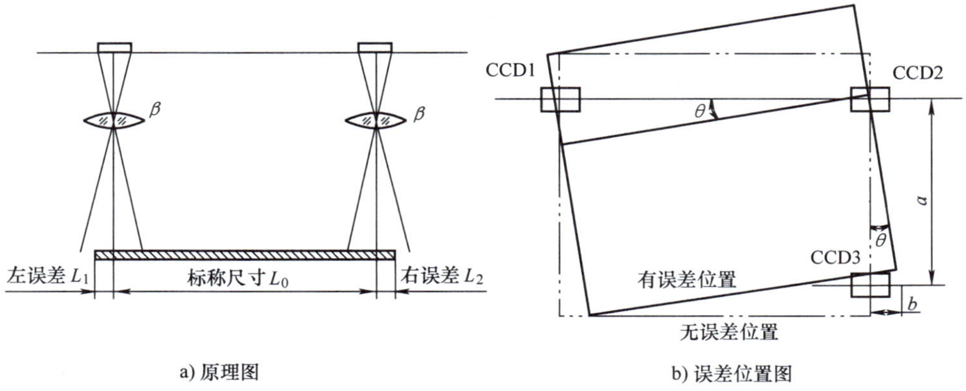

图 8-16 双 CCD 方法大尺寸测量原理图

$$L_1(\text{或}\ L_2)=\frac{np}{\beta} \tag{8-23}$$

单个像元代表的实际尺寸 $\frac{L_1}{np}=\frac{1}{\beta}$。当 L_1 很大时，成缩小的像（$\beta<1$），且 L_1 越大，每个像元代表的实际尺寸也越大，精度就差。分辨率 $R=p/\beta$（p 为像元中心距），则

$$L_1(\text{或}\ L_2)=nR$$

缩小视场（只测 L_1 或 L_2）可提高 β，增大分辨率 R，提高精度。考虑钢板水平偏转 θ，用 CCD3 测出 b，得

$$\theta=\arctan\frac{b}{a} \tag{8-24}$$

钢板宽度为

$$L=(L_0+L_1+L_2)\cos\theta \tag{8-25}$$

例 8-1　若 $L=1700\text{mm}$，$\theta=5°$，求不考虑角度误差 θ 时的测量误差。

解：

$$C=\frac{L}{\cos\theta}=\frac{1700}{\cos5°}\text{mm}=1706.49\text{mm}$$

则

$$\Delta L=C-L=6.49\text{mm}$$

可见不考虑角度误差是不能准确测量的。

若 $\Delta L=1\text{mm}$，则 $\cos\theta=\frac{L}{L+\Delta L}=\frac{1700}{1701}$，可得 $\theta=1.96°$。

4. 透明材料（石英玻璃管）厚度的测量

（1）测量原理　激光光束以一定的角度入射到石英玻璃管侧面上，这束光线被分为两部分：一部分直接被石英玻璃管外表面反射；另一部分经外表面折射后入射到内表面上，被内表面反射后再入射到外表面，并再次折射后形成一个平行于外表面反射光线的折射光线。这两束平行光线的空间位置与石英玻璃管的壁厚有关，其测量原理如图 8-17 所示。

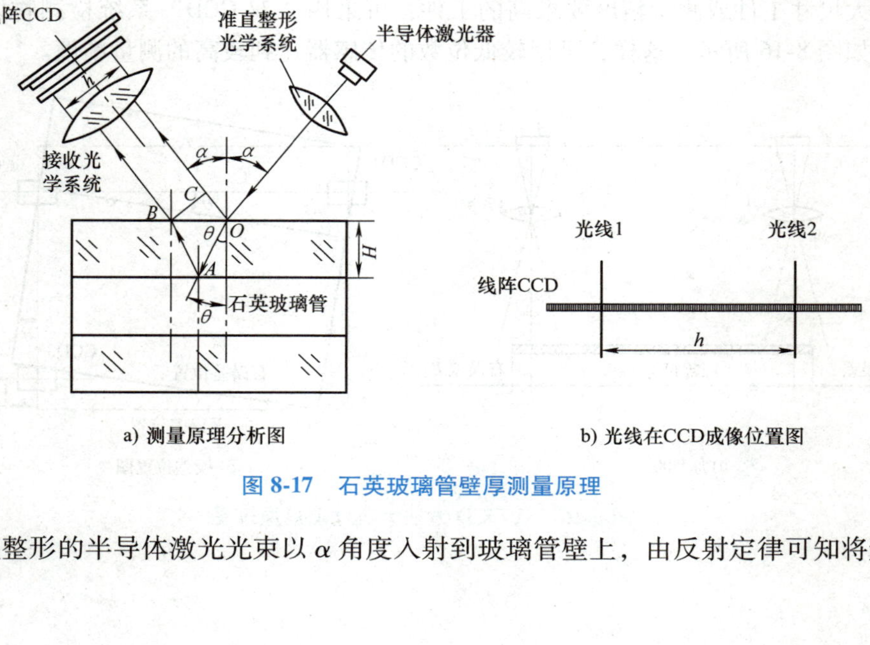

a) 测量原理分析图　　b) 光线在CCD成像位置图

图 8-17　石英玻璃管壁厚测量原理

当准直整形的半导体激光光束以 α 角度入射到玻璃管壁上，由反射定律可知将形成一束

与入射光线对称的反射光线 OC，同时有一部分光在管壁内折射，折射角为 θ，根据折射定律则有 $\sin\theta=\frac{1}{n}\sin\alpha$（$n$ 为玻璃折射率）。玻璃管壁内的光线入射到内表面 A 处时，同样遵循反射和折射定律，形成反射光线会再次入射到外表面，根据折射定律形成与 OC 平行的光线射出。设石英玻璃管的壁厚为 H，根据 $\triangle OAB$ 和 $\triangle OBC$ 边角几何关系，可以求出 BC 值为

$$BC=2K_\alpha H \tag{8-26}$$

式中，$K_\alpha=\tan\left[\arcsin\left(\frac{1}{n}\sin\alpha\right)\right]\cos\alpha$。

光线经放大系数为 β 的接收光学系统后，得到光束宽度 $h=2K_\alpha\beta H$。此光束被线阵 CCD 接收，输出两个携带有被测玻璃管壁厚信息的发光强度脉冲信号，经电子学系统采集和数据处理后，可以得到 h 的值，并求得玻璃管壁厚 H 为

$$H=\frac{h}{2K_\alpha\beta} \tag{8-27}$$

测量结果可通过计算机直接数字显示、存储和打印。

为了使测量精度能够达到 1μm，还需要对实现基本测量原理的各部分元件进行合理地选择，并对光束进行适当处理，以减少测量误差。

（2）设计实例与分析　设计一个石英玻璃管壁厚在线检测系统，其主要技术指标为：测量范围：1.5~15mm；测量精度：±0.01mm。

1）光源及光源准直系统。本系统采用半导体红光激光器为光源，波长为 650nm，激光器额定功率为 3mW。需要对其发出的高斯光束准直、扩束和整形，形成准直线状激光光束。可使光束的发散角小于 0.2mrad。测量光束的扩束准直整形原理图如图 8-18 所示。

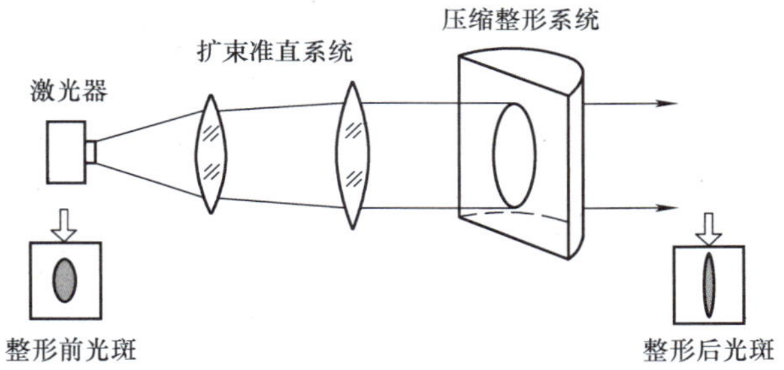

图 8-18　测量光束的扩束准直整形原理图

设半导体激光传播 250mm 到达被测石英玻璃管表面，再次传播约 250mm 后到达 CCD 光敏面。取最大发散角 0.2mrad，则可以计算到达被测面时的光束宽度 $h_0=0.4\text{mm}$。

2）接收光学系统和参数。接收光学系统由扩束透镜组和 CCD 接收器件组成，从被测件出射的两束光带着被测件的厚度信息进入准直扩束系统。扩束系统是两个镜片组成的无焦透镜组，扩束倍率为 4，扩束倍率主要受接收器件 CCD 的尺寸限制。为了提高测量精度，使反射出来的两束光有最大的宽度距离，取入射激光光束与石英玻璃管表面法线的夹角 $\alpha=49°$，此时 $K_\alpha=0.3927$，$BC=0.7854\text{mm}$。本系统测量范围为 1.5~15mm，从被测件出射的两光束最大距离为 1.19~11.91mm，经准直扩束透镜组后的距离为 4.76~47.64mm。所以本系统选用的 CCD 有效像元为 7500，像元尺寸为 7μm 的黑白线阵 CCD 器件，其有效接收范围为 52.5mm，满足测量范围要求。

（3）石英玻璃管壁厚测量的精度分析　石英玻璃管壁厚测量系统的误差包括下列因素：入射激光光束与石英玻璃管轴线的夹角误差；石英玻璃管中心轴与水平面平行误差；CCD

接收器件与光束的垂直度误差；CCD 感光像元选取所带来的误差。要全面分析石英玻璃管壁厚测量系统的整体精度，需对每个系统和部件、主要零件逐个分析，掌握大量资料才能进行。这里仅对仪器误差做初步分析与估算。

1）入射激光光束与石英玻璃管轴线的夹角误差。设入射激光光束的偏差角为 Δ_1，则 $K_{\Delta 1}=\tan\left\{\arcsin\left[\frac{1}{n}\sin(\alpha+\Delta_1)\right]\right\}\cos(\alpha+\Delta_1)$，由 $BC=2Kl$ 可知，当值变化时，系统的测量值也会发生变化，取偏差角 $\Delta_1=\pm 0.5°$，引起的误差 $\Delta'_{1\max}=-0.00664\text{mm}$。

2）由石英玻璃管水平度引起的误差。石英玻璃管轴线如果不在参考平面（水平面）内，设石英玻璃管轴线与水平面的夹角为 Δ_2，则会使从石英玻璃管表面出射的两束激光光束不能垂直入射到 CCD 接收表面上，使 CCD 接收到的两光束宽度大于实际光束宽度，从而带来误差。取石英玻璃管水平度误差角为 $\Delta_2=\pm 0.5°$，引起的误差为 $\Delta'_{2\max}=-0.00492\text{mm}$。

3）CCD 器件与光束的垂直度误差带来的误差。当 CCD 感光面与理想接收面有一定的偏差角时，即 CCD 器件接收表面没有和入射到 CCD 表面的激光束垂直，设存在的角度误差为 Δ_3，则会使 CCD 接收到的光束宽度值大于实际入射到 CCD 表面的两激光光束宽度值，从而会带来 Δ'_3 的测量误差，取 $\Delta_3=\pm 0.5°$，则 CCD 接收器件的角度误差所带来的测量误差为 $\Delta'_{3\max}=-0.00053\text{mm}$。

4）CCD 像元选取所带来的误差。由于选用的激光器最大扩散角为 0.2mrad，光束传播 500mm 到达 CCD 表面，则可计算出 CCD 表面光斑的宽度为 $(0.4\times10^{-3}\times500\times4)\text{mm}=0.8\text{mm}$，设计中选用的线阵 CCD 像元尺寸为 7μm，所以每个光斑可被 0.8/0.007 = 116 个像元同时接收，因此在像元选取时就会带来测量误差，如果选取两光斑能量极大值所对应的像元位置，所带来的最大误差值为 $\Delta'_4=\frac{2\times0.007}{4.766}\text{mm}=0.00294\text{mm}$。

由上面部分误差的计算，可以综合得到总误差。根据标准偏差合成法可得

$$\Delta_{总}=\sqrt{\sum_{i=1}^{4}(\Delta'_i)^2}=0.00889\text{mm}<0.01\text{mm}$$

可见达到精度指标设计要求。

8.5 光电三维形貌检测法

三维形貌测量在逆向工程、机器视觉、在线产品检测以及医疗诊断等领域的应用日益广泛。对目标物体进行三维形貌测量所采用的方法，主要有接触式测量和非接触式测量两大类。前者的主要代表是三坐标测量机，它以精密机械为基础，采用机械探针式测量头，可以测量任意形状的物体，测量精度可高达微米级，并且测量空间较大，通用性强。三维非接触式测量方法按照在测量过程中是否需要光源照明而分为主动式的三维测量技术和被动式的三维测量技术。主动式测量主要采用结构光照明技术，利用辅助光源提供被测目标的结构信息，通过几何三角关系来获取被测目标的深度信息。被动式测量为非结构光照明方式，可采用单摄像机移动法、双目立体视觉法或多目立体视觉法来实现，这三种方法的共同点都是通过摄像机摄取不同视角上被测目标的二维图像，利用图

像中的某些特征进行相关或匹配运算，获取目标表面点的深度信息，重建目标物体的三维形貌。

8.5.1　双目机器视觉三维形貌检测法

1. 双目视觉基本原理

双目立体视觉技术实际上是仿照人类利用双眼观察物体时能够产生视差，从而感知视野内物体距离的方法。人的两眼在水平方向上分开的距离使得人能够从两个略有差异的角度去感知视野内的三维景物，不同距离的景物在人左右两眼视网膜上形成的像点呈现位置会有所不同，同一景物在两视网膜上成像的这个位置差就叫作视差（disparity），视差的大小反映了物体远近，也就是深度信息。对于客观世界的任何物体，一旦获得了其二维图像信息和对应的深度信息，相当于获得了物体的“体信息”，就可以实现三维坐标的获取或物体的三维重构。

一般情况下双目视觉系统对三维物体表面任意点成像的示意图如图 8-19 所示。S 为三维物体表面任意一点，很明显，如果使用单摄像机，只能获得一条代表了 S 在空间的所有可能位置点的连线。当使用双摄像机拍摄同一目标时，则可以根据各自系统产生的对应位置唯一确定空间点 S 的三维位置。

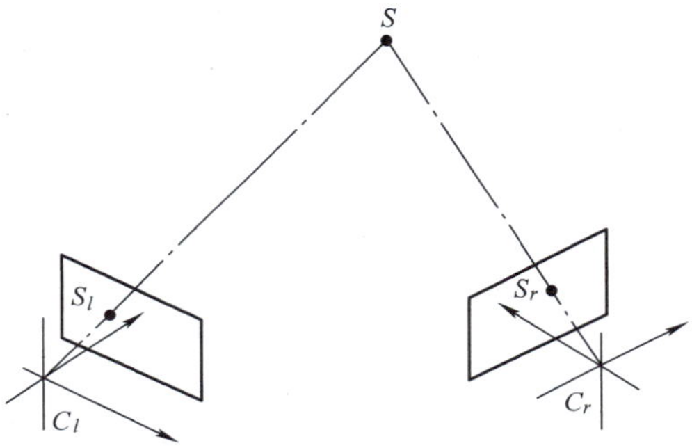

图 8-19　双目视觉系统对三维物体表面任意点成像的示意图

2. 平行双目立体视觉

图 8-20 所示为平行双目立体视觉系统观察空间同一点的三维模型图。图中所示的是理想的平行视点模型，即两个摄像机的光轴相互平行且垂直于基线、两个摄像机的成像平面位于同一个水平面内且与水平 x 轴相互重合。

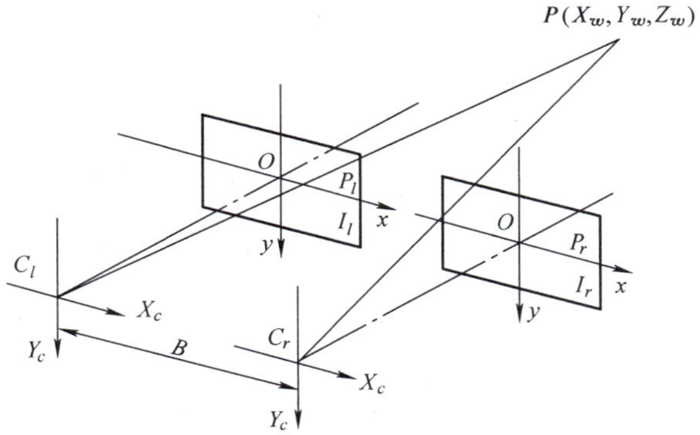

图 8-20　平行双目立体视觉系统观察空间同一点的三维模型图

由于该模型的两个摄像机坐标系都是从世界坐标系经过相同的旋转形成的，假设以右摄像机坐标系为参考坐标系，那么左摄像机坐标系就是相对于参考坐标系在 x 轴方向做了一个平移，这个平移的距离被称为“基线”（Base Line），用字母 B 来表示。因此，在这个模型下完成对物体深度信息的提取方法，就可以采用三角测量原理。图 8-21 为平行双目立体视觉三角测量原理图。以右摄像机的坐标系为参考坐标系。

图 8-21 中，C_l 与 C_r 分别为左右两个摄像机的透镜中心，基线距为 B，摄像机焦距为 f。点 P 到直线 C_lC_r 的距离为 Z，在左右两摄像机的成像点 P_l、P_r，它们在各自图像坐标系中的坐标为（x_l，y_l）、（x_r，y_r），且 $y_l=y_r$。需要说明的是，图中所示的成像平面，并不是真实的成像平面，而是为了方便计算所做的一个辅助平面，这个辅助平面是实际成像平面关于两透镜中心连线的镜像投影。为了更加清楚地描述三角关系，做了一些简单的辅助线，包括由两透镜中心向成像平面做的垂线，垂足分别为 L、R。规定 x 轴（即 P_lP_r 所在直线）向右为正方向。这里令 $LP_l=x_l$，$P_rR=x_r$，$P_rH=e$，考虑符号关系和三角形相似关系，可得

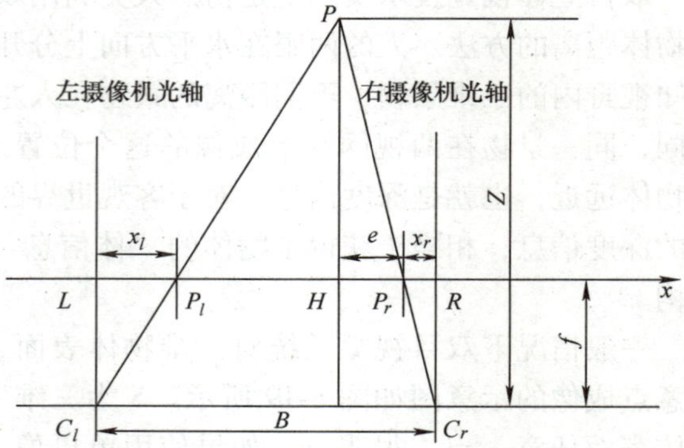

图 8-21　平行双目立体视觉三角测量原理

$$\frac{f}{Z}=\frac{x_l}{B-|e|-|x_r|} \tag{8-28}$$

$$\frac{f}{Z}=\frac{|x_r|}{|x_r+e|} \tag{8-29}$$

由式（8-28）和式（8-29）可得

$$e=\frac{Bx_r}{x_l-x_r}-x_r \tag{8-30}$$

注意，公式中的 e、x_l、x_r 均为有符号数。

将式（8-30）代入式（8-29）得

$$Z=\frac{Bf}{x_l-x_r} \tag{8-31}$$

式（8-31）就是获取空间点 P 的深度 Z 的公式。公式中，令 $x_l-x_r=D$（D 为视差），即为空间点在左摄像机上的投影点与其在右摄像机上投影点的位置的差异。于是式（8-31）可写作：

$$Z=\frac{Bf}{D} \tag{8-32}$$

由此可知，当摄像机的几何位置和基线固定时，深度 Z 就只与视差有关。

本文采用的双目视觉系统，以右摄像机为参考摄像机，空间点 P 在摄像机坐标系下的坐标，可以根据图 8-20 的三维模型图中的三角几何关系得到：

$$X_c=\frac{Bx_r}{x_l-x_r}=\frac{Bx_r}{D} \tag{8-33}$$

$$Y_c = \frac{By_r}{x_l - x_r} = \frac{By_r}{D} \tag{8-34}$$

其中，y_r 为空间点 P 在右摄像机上所成像点的 y 方向坐标。x_l、x_r、y_r 的单位均是毫米（mm）。实际应用时，常以像素为单位表示视差 D。对于 P 在摄像机坐标系下的坐标值（X_c，Y_c，Z），只是以摄像机针孔成像模型为基础计算出的理论值，没有考虑到任何可能存在的误差（如光学系统的成像畸变），为此可以通过摄像机标定消除畸变的影响，进而获取更准确的坐标值。

由式（8-33）和式（8-34）可以看出，对于右摄像机的成像平面内的任意一点，只要能在左摄像机的成像平面上找到与其相对应的一点，并获取这一对匹配点的视差 D，就能求出该空间点的三维坐标。对于任何双目视觉系统，如果能在寻找对应点时采取某些约束条件而避免搜索整幅图像，这样对缩短匹配时间、提高匹配准确程度都有重要的意义。

完整的空间物体三维信息提取过程需要首先对原始图像进行畸变校正（主要指由光学系统的制造误差引起的径向畸变），再对校正好的立体图像对应用某种算法进行立体匹配，最后消除误匹配区域并生成视差图，根据视差图，就能获得所需要的物体表面点的深度信息。空间物体深度信息提取流程图如图 8-22 所示。

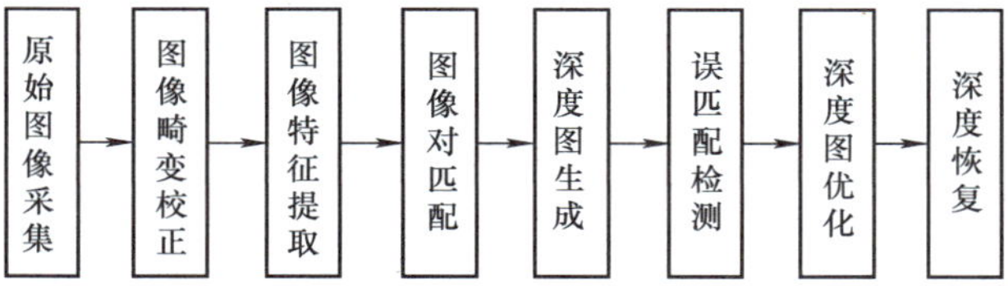

图 8-22　空间物体深度信息提取流程图

8.5.2　结构光三维形貌检测法

1. 三维形貌测量原理

向被测物体投射特定的结构光，如可控制的光点、光条或光面结构，结构光受被测物体高度调制发生形变，再通过图像传感器获得图像，通过系统几何关系，利用三角原理解调得到被测物体的三维轮廓。

光点式结构光测量时需要逐点扫描物体，图像采集和处理需要的时间随着被测物体的增大而急剧增加，难以完成实时测量。线结构光测量示意图如图 8-23 所示，利用辅助的机械装置旋转光条投影部分，从而完成整个被测物体的扫描，测量时只需要进行一维扫描就可以获得物体的深度图，图像采集和处理的时间相对减少。面结构光测量示意图如图 8-24 所示，将二维的结构光图案投射到物体表面上，这样不需要扫描的过程就可以完成三维轮廓测量，测量速度很快。常用的方法就是投影光栅条纹到物体表面，当投影的结构光图案比较复杂时，为了确定物体表面点与其像素点之间的关系，会采用图案编码的形式。

2. 相移法三维形貌测量

相移法三维形貌测量原理图如图 8-25 所示，主要由光栅投影仪、摄像头、计算机以及参考平面 4 个部分组成，光栅投影仪将光栅投射到被测物体上，摄像头将拍摄不同相位的变形光栅图像并导入计算机进行图像处理与分析。

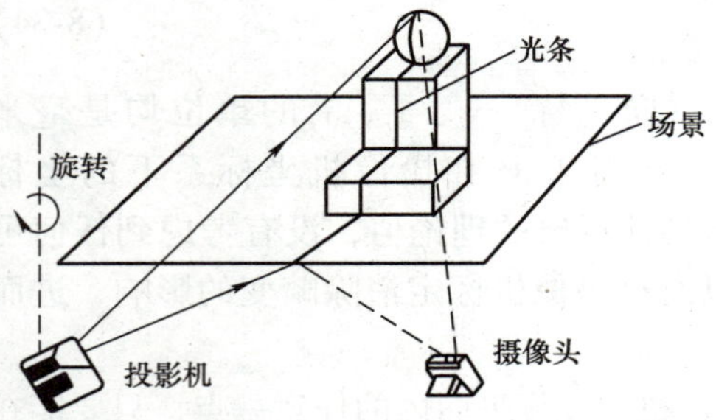

图 8-23　线结构光测量示意图

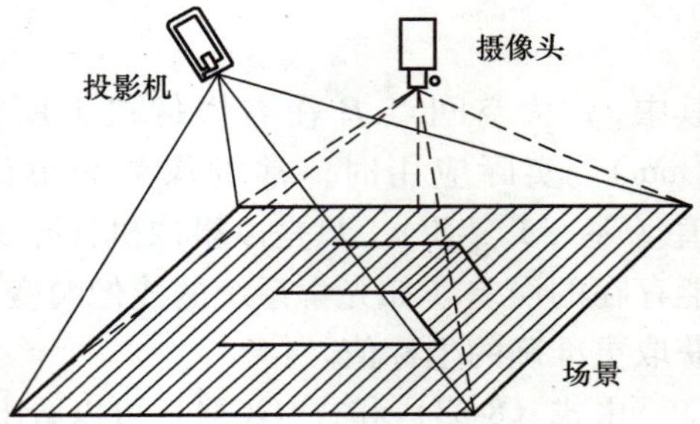

图 8-24　面结构光测量示意图

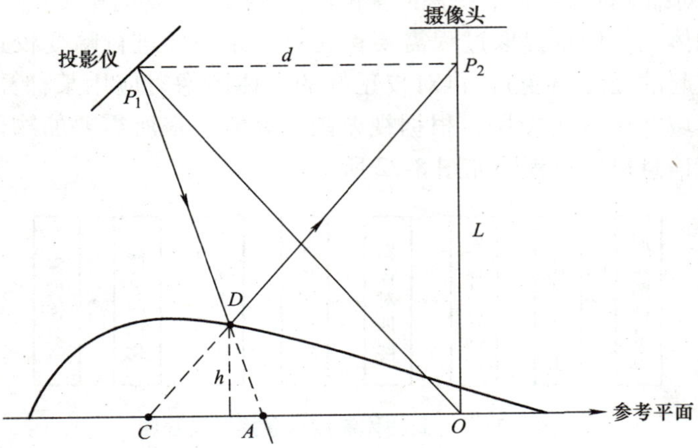

图 8-25　相移法三维形貌测量原理图

投影仪光心与摄像头的光心水平距离为 d，且两光心的水平线与参考平面平行，摄像头与参考平面的垂直距离为 L。当投影仪的出射光照射到参考平面的 A 点时，由于受到高度调制作用，使照射在 A 点的光转移至 C 点。

若设物体 D 点的高度为 h，则由三角原理可得

$$h=\frac{LT\Delta\varphi}{2\pi d+T\Delta\varphi} \tag{8-35}$$

式中，T 为投射光栅的空间周期；$\Delta\varphi$ 为由于高度调制引起的相位变化。

分析式（8-35）可知，通过测量 L、d 与 $\Delta\varphi$ 可得到三维形貌的高度参数 h，$\Delta\varphi$ 通过对变形光栅进行相位展开得到。

以四步相移法为例，由于正弦光栅投射到漫反射物体表面后，摄像头获取的变形栅像可以表示为

$$I(x,\ y)=R(x,\ y)[A(x,\ y)+B(x,\ y)\cos\varphi(x,\ y)] \tag{8-36}$$

式中，$R(x,y)$ 表示所测物体表面的不均匀分布反射率；$A(x,y)$ 为背景强度；$B(x,y)/A(x,y)$ 表示的是光栅条纹的对比度；$\varphi(x,y)$ 是相位值。

采用移相的方法可以比较准确地获取相位值，在相移法中，每次移动光栅周期的1/4，相移量为 $\pi/2$。则采集到的对应的四帧条纹图分别为

$$\left.\begin{aligned}I_1(x,y)&=R(x,y)[A(x,y)+B(x,y)\cos\varphi(x,y)]\\I_2(x,y)&=R(x,y)[A(x,y)-B(x,y)\sin\varphi(x,y)]\\I_3(x,y)&=R(x,y)[A(x,y)-B(x,y)\cos\varphi(x,y)]\\I_4(x,y)&=R(x,y)[A(x,y)+B(x,y)\sin\varphi(x,y)]\end{aligned}\right\}\tag{8-37}$$

由式（8-37），可以计算出相位 $\varphi(x,y)$ 为

$$\varphi(x,y)=\arctan\frac{I_4(x,y)-I_2(x,y)}{I_1(x,y)-I_3(x,y)}\tag{8-38}$$

相位展开的精确程度直接决定三维形貌测量的精度。由于要获取所测物体和参考平面的相位值，需要对正弦光栅相移量分别为 0、$\frac{\pi}{2}$、π、$\frac{3\pi}{2}$的 4 对图像进行采集。采集到的图像如图 8-26 所示。

光栅相移量分别为 0、$\frac{\pi}{2}$、π、$\frac{3\pi}{2}$，投影到被测物体上，当光栅投射到被测物体时，由于受到物体高度的调制而发生了扭曲变形。获取所需图像之后进行相移，相移后得到的变形光栅如图 8-27 所示。

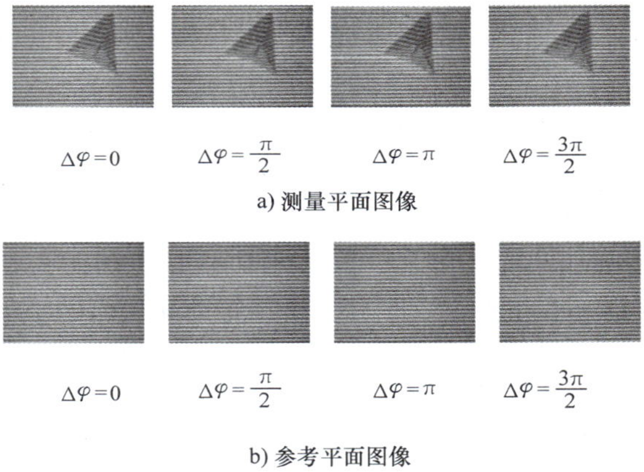

图 8-26　采集到的图像

进行相位展开将包裹在 $[-\pi,\ \pi]$ 之间的相位信息提取出来，再将背景去掉，使用 MATLAB 得到的相位差图像如图 8-28 所示。

要想准确获取物体的三维尺寸，还需确定投影图像在二维坐标系的相位与三维坐标系的位置之间的对应关系，即物像之间的比例因子。使用正方形标定板，根据图像相应像素点个数及几何特征来建立摄像机与参考平面之间的相对关系，通过标定板的尺寸与图像中对应边的像素点个数计算出真实物体与图像之间的比例关系。

图 8-27　相移后得到的变形光栅

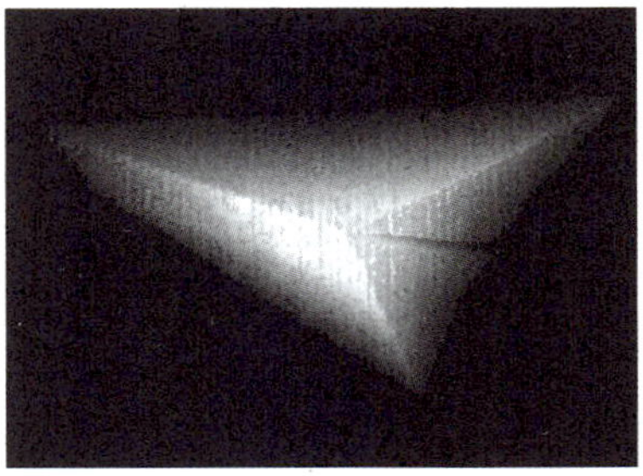
图 8-28　展开之后的相位差图像

8.5.3　白光干涉轮廓仪

现代的干涉计量一般都用激光作为光源，这主要是由于激光的相干长度长，可以很容易得到干涉条纹。在表面形貌测量中，由于激光所形成的干涉条纹，各级次有着近乎相同的对比度和条纹宽度，一般用相移干涉法（PSI）对获得的多幅干涉条纹进行处理，并通过相应的相移算法得到被测面的三维形貌。但是，由于光波振动的周期性，干涉发光强度中被相位调制的干涉项是被测相位的周期性函数，因此，这种方法仅能实现对应 2π 弧度相位范围内光程的测量，超过此范围，干涉仪的输出将呈周期性变化，导致测量结果不唯一。为了避免出现相位的不确定性，要求表面形貌的深度变化限定在一定范围内，因此其测量范围小。为了克服上述缺点，人们研究和发展了一些扩大测量范围的方法，其中就包括白光干涉轮廓仪。

1. 白光干涉仪光路结构

根据干涉光路的结构不同，白光干涉仪可分为双光路和共光路两种类型。用于微表面形貌测量的基本上都是双光路干涉显微镜结构。根据分光方式的不同，双光路干涉显微镜结构又可分为 Michelson（迈克尔逊）、Mirau（米洛）、Linnik（林尼克）三种类型，图 8-29 是这三种分光方式的示意图。

Michelson 干涉仪：来自光学系统前端光路的平行光经显微镜物镜和分光棱镜后分为两束，一束投射到参考平面，另一束投射到被测平面。这两束光被反射后再次经过分光棱镜，在物镜上发生干涉。

Mirau 干涉仪：来自光学系统前端光路的平行光经显微镜物镜后透过参考反射镜，然后在分光镜上表面分成两束。透射光经被测试件反射后，再次透过分光镜和参考镜回到物镜；反射光被参考反射镜上表面反射，再被分光镜上表面反射后回到物镜，两束光发生干涉。

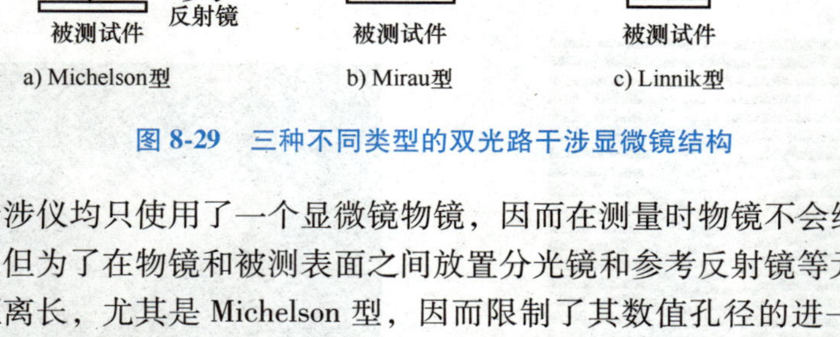

a) Michelson型　　b) Mirau型　　c) Linnik型

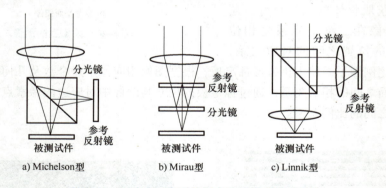

图 8-29　三种不同类型的双光路干涉显微镜结构

以上两种干涉仪均只使用了一个显微镜物镜，因而在测量时物镜不会给两束相干光引入附加的光程差，但为了在物镜和被测表面之间放置分光镜和参考反射镜等元件，就要求干涉仪的物镜工作距离长，尤其是 Michelson 型，因而限制了其数值孔径的进一步增加，造成这两种镜头的横向分辨率都较低。一般情况下，Michelson 干涉仪显微镜物镜的放大率一般只有 1.5×、2.5×和 5×，数值孔径小于 0.2，横向分辨率为 8μm。

Linnik 干涉仪：来自光学系统前端光路的平行光经分光棱镜后分为两束，反射光束经显微镜物镜聚焦在参考反射镜上，被参考反射镜反射回的光束再经分光棱镜反射进入干涉仪本体；透射光束经另一显微镜物镜聚焦在被测试件表面上，被测平面反射的光束透过分光棱镜回到干涉仪本体，两束光重新汇合并发生干涉。该光路采用了两个名义参数完全相同的显微镜物镜，由于在物镜和被测平面之间没有其他光学元件，因而可以使用工作距离较短的显微镜物镜，其数值孔径可高达 0.95，放大率一般高达 100×，甚至 200×，横向分辨率达 0.5μm。但由于两物镜本身像差难以做到完全一致，因而在测量时物镜会给两束相干光引入附加的光程差。

2. 白光干涉仪原理

白光干涉测量法用白光作为光源，白光光源是各波长单色光的叠加，为连续光谱。光源光谱中不同的波长之间互不相干，不同波长的条纹叠加成了白光条纹。图 8-30a 为用黑白 CCD 拍摄到的轴向扫描几个位置处（不同光程差）获得的球面被测物的白光干涉图。图 8-30b所示为在 3 个不同波长下，某一固定点在不同轴向位置处的发光强度分布曲线，即干涉发光强度与光程差的关系曲线。因为光源每一波长对应条纹的间距是不同的，仅有一个位置包含了所有波长对应条纹的最大值，即光程差为 0 的位置（等光程位置）。图 8-30c 为图 8-30b 中所有波长条纹的强度叠加结果。发光强度峰值称为零级条纹，在其两边相邻的条纹则依次为+1 级、−1 级条纹及+2 级、−2 级条纹。

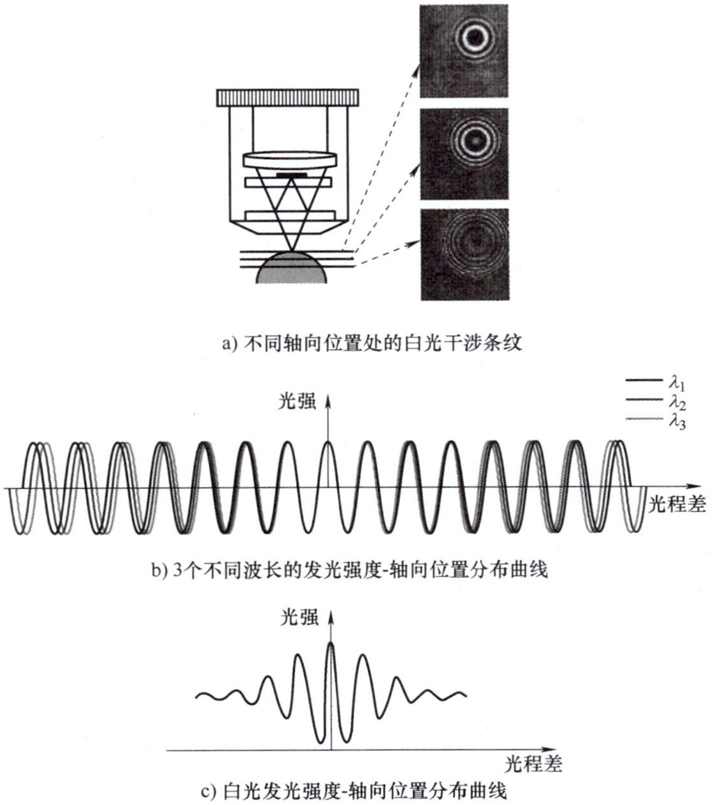

图 8-30　白光干涉条纹及光强变化曲线

从图 8-30c 可以看出，一方面，随着光程差及干涉条纹级数的增加，干涉条纹中亮纹的强度将逐渐降低，直至干涉条纹消失；另一方面，与单色光干涉不同，白光干涉条纹的对比度随光程差的增大而降低，只有等光程位置时，条纹对比度变化剧烈并且呈现非周期性变化。该特征很容易与其他级条纹相区别，利用这一特征可以实现等光程位置的测量。因此，定位等光程位置是进行白光扫描干涉测量的关键。

白光光源的带宽越宽，时间相干性越差，由它产生的两束光波之间的相干光程就越短，基本上要在等光程位置附近才能观察到干涉条纹，且条纹也只有为数不多的几条。采用白光干涉技术测量表面时，其干涉图样很难获得。但是条纹条数少，对比度下降快，对等光程位置的判断却非常有利，因此，其大量应用于干涉式光学轮廓仪中。

由于等光程位置附近发光强度呈现非周期性，它有效地消除了 2π 弧度相位外的不确定性，因此可实现较大深度范围的测量，从而克服了窄带光源干涉轮廓测量范围小的不足。对于非连续表面，尤其是阶梯状表面来说，基于窄带干涉的测量仪器根本无法分辨条纹的整数级次，而白光干涉测量仪则不受表面深度突变的影响，因此白光干涉已广泛应用于表面三维微观形貌测量中。

思考题与习题

8-1 光电扫描检测法与光通量变换检测法相比有何特点？

8-2 光投影法能否实现径向尺寸绝对测量？若不能实现，试说明为什么？若能实现，则说明测量精度与哪些因素有关？

8-3 激光扫描检测技术中，在什么条件下才可以用公式 $d=vt$ 描述测量工件的直径？原理上由哪些技术保证这种条件？

8-4 试设计用线阵 CCD 拼接技术检测零件尺寸的结构及工作原理。

8-5 微小尺寸测量法的测量范围有多大？设采用半导体激光器，其参数分别为：$\lambda=650\text{nm}$，$L=1000\text{mm}\pm5\text{mm}$，$d=500\mu\text{m}$，当 CCD 像元选用 $(7.5\pm1)\mu\text{m}$，测量误差是多少？

8-6 采用线阵 CCD 进行大尺寸测量时，为什么引入了第三个 CCD 测量系统？

8-7 在石英玻璃管壁厚测量时，如果透明材料折射率发生变化，则测量原理模型应如何进行修改？

8-8 说明相移法三维形貌测量原理，如果被测对象某方向斜度变化较快或结构光无法照射，是否可以采用这种测量方法？

第 9 章　位移量检测

位移量包括直线位移和角位移两个量，是几何量的基本参量。正因为它是各种计量和检测中的基本量，所以位移量检测技术得到人们的重视，并促进它迅速发展。目前，位移量检测的方法大多采用模/数转换法，按转换原理分有磁电式（如磁栅传感器）、电磁式（如感应同步传感器）和光电式（如光栅传感器、干涉、衍射、光三角）等。它们都是通过传感器将位移量转换成脉冲数字量，然后进行信号处理。其电路处理部分基本相同，所不同的是传感器的结构和原理不同。不同模/数转换法各有特点，但从稳定性、可靠性和准确度等方面来看，光电式优点较多。

本章主要讲述光电式模/数传感器及其应用于位移量检测的工作原理、方法和误差分析。

9.1　激光干涉位移检测

9.1.1　激光干涉原理

激光干涉位移检测

早在 19 世纪末，人们已经用光的波长作为基准来测量长度，如用镉光或氪光的光波来检定米尺，虽然能达到微米级的准确度，但量程较短。从 1960 年激光器出现以后，由于它有良好的单色性、空间相干性、方向性和亮度高等特点，很快就成为精密测量的理想光源。

要清楚光的干涉原理，首先介绍两光波相干的条件：

1）两列波振动方向相同，即两光波的振幅 E 矢量平行。

2）两光波频率相同。

3）两光波的位移相同或初相位差恒定。

两光波相干后，在初相位相同时，干涉场的合成发光强度 I 可由下式表示：

$$I=I_1+I_2+2\sqrt{I_1I_2}\cos\frac{2\pi\Delta}{\lambda} \tag{9-1}$$

式中，I_1 和 I_2 分别为两相干光的发光强度；λ 为光的波长；Δ 为两相干光的光程差。

从式（9-1）可以看出，反映干涉效应的一项为 $2\sqrt{I_1I_2}\cos\frac{2\pi\Delta}{\lambda}$，此项可表明，干涉场中的任意点的发光强度与两相干光的光程差 Δ 有关，随着 Δ 值的改变而改变，且可正可负。那么，干涉光在什么情况下加强，在什么情况下减弱？下面将分别讨论。

1）干涉光的发光强度最大值条件是 $\cos\dfrac{2\pi\Delta}{\lambda}=1$，此时相位值 $\dfrac{2\pi\Delta}{\lambda}=0$，$\pm2\pi$，$\pm4\pi$，$\pm6\pi$，…，对应的光程差 $\Delta=0$，$\pm\lambda$，$\pm2\lambda$，$\pm3\lambda$，…，即 $\Delta=\pm K\lambda$（$K=0$，1，2，3，…）。其干涉发光强度为

$$I_{\max}=I_1+I_2+2\sqrt{I_1}\sqrt{I_2}=(\sqrt{I_1}+\sqrt{I_2})^2$$

这就是观察到的亮条纹。干涉发光强度最大值条件是当光程差是波长整数倍时，光被加强，干涉最大。

2）干涉光的发光强度最小值条件是 $\cos\dfrac{2\pi\Delta}{\lambda}=-1$，此时相位值 $\dfrac{2\pi\Delta}{\lambda}=\pm\pi$，$\pm3\pi$，$\pm5\pi$，…，对应的光程差为 $\Delta=\pm\dfrac{\lambda}{2}$，$\pm\dfrac{3}{2}\pi$，$\pm\dfrac{5}{2}\pi$，…，即 $\Delta=\pm(2K+1)\dfrac{\lambda}{2}$（$K=0$，1，2，3，…）。其干涉发光强度为

$$I_{\min}=I_1+I_2-2\sqrt{I_1}\sqrt{I_2}=(\sqrt{I_1}-\sqrt{I_2})^2$$

这就是所观察到的暗条纹，即在发光强度最大时，改变光程差为波长的一半时光被减弱到最小。

从上面分析可知，两个相干光的光程差连续不断地改变时，其干涉光的发光强度也随着产生连续不断的强弱变化，这种强弱的发光强度变化就是所观察到的干涉条纹，干涉条纹的数目与光程差成正比，即

$$\Delta=n\lambda$$

式中，n 为干涉条纹数目。

干涉场中发光强度变化近似为正弦波，在两相干光的发光强度相等时（即 $I_1=I_2$），干涉发光强度与光程差的关系如图 9-1 所示。

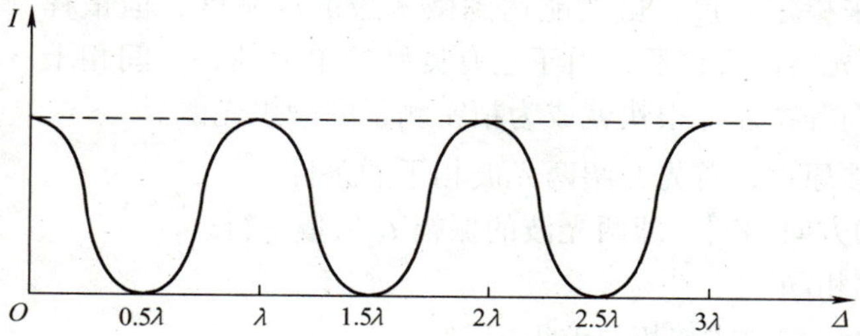

图 9-1　干涉发光强度与光程差的关系

此时，可将式（9-1）改写成

$$I=I_0+I_0K\cos\frac{2\pi\Delta}{\lambda} \tag{9-2}$$

式中，I_0 为平均发光强度；K 为干涉条纹对比系数（对比度）。

干涉条纹的检测，首先通过光电变换器变为电信号，然后经放大、整形后输入计数器。从光电变换的角度来说，希望亮、暗条纹的发光强度变化越大越好，即亮纹越亮，暗纹越暗，干涉条纹越清晰。衡量条纹清晰程度的参量叫作对比度（或称反衬度），对比度 K 可表示为

$$K=\frac{I_{max}-I_{min}}{I_{max}+I_{min}}=\frac{2\sqrt{I_1 I_2}}{I_1+I_2} \tag{9-3}$$

从式（9-3）可知，当 $I_1=I_2=I$ 时，$K=1$，对比度最好。此时 $I_{max}=4I$，$I_{min}=0$。

良好的条纹对比度，对光电变换和前置放大有利，可获得的有用电信号最强，直流零漂不敏感，有助于抗干扰等，下面分析一下影响对比度的因素。

（1）相干光的发光强度　前面已经讲到，当 $I_1=I_2$ 时，对比度 $K=1$，对比度最好，为全对比度。若 I_1 和 I_2 不等，而且差值越大，对比度越差，所以在干涉仪中尽量调整两束发光强度相等。

（2）光斑尺寸　在讨论两束相干光时，总认为是理想的点光源发出两束光进行相干，但实际的光源不是点光源，总有一定宽度（光斑尺寸）。这样的光源可以看成是由许多不相干的点光源组成，每一点光源都产生一组干涉条纹，因此可产生许多组干涉条纹，而每组干涉条纹又都错开一定位置，这些干涉条纹组进行非相干叠加，叠加结果使条纹模糊起来，对比度变坏。

（3）光源为非单色光　在讨论相干光时，指的是单色光，而实际一般光源发射的光波不是单一波长，而是几个波长或是一个连续的波段。因为一种光波产生一组干涉条纹，几种光波产生几组干涉条纹，所以干涉场中的实际情况是这些组干涉条纹叠加的结果，显然要比单一光波的干涉效果要差，不仅影响干涉条纹的对比度，而且限制了最大相干长度，相干长度的计算公式如下：

$$I_{max}=\frac{c}{n\Delta v} \tag{9-4}$$

式中，c 为光在真空中的速度；n 为介质折射率；Δv 为谱线宽度。

例如，He-Ne 激光器的谱线宽度为 10^3Hz，其在大气中相应的相干长度为

$$L_{max}\approx 300\text{km}$$

而采用 Kr^{86}（氪）光谱灯时，最大的相干长度也不超过 500mm。目前，用激光作光源，在大气中 200m 距离内能清楚看到稳定的干涉条纹，直接测量范围可达 60m 以上。采用激光作为干涉仪光源，解决了大量程精密测量的实际问题。

（4）偏振光的变化　偏振光的变化对对比度的影响比较复杂，这里只概括地说一下。光经过反射后，反射光的线偏振方向就要改变，由于偏振方向和大小不同，破坏了相干条纹，轻者降低了条纹的对比度，重者使条纹模糊看不清。

一般来说，金属分光膜对偏振影响小于介质膜，所以，分光镜的工作表面多镀以金属膜（如银膜），或是金属膜和介质膜交替的膜层。

上面从提高对比度的角度出发，分析了影响对比度的 4 个因素，这也是在设计和使用干涉仪中应注意的问题。从上面分析中得出，干涉仪光源采用激光是比较理想的，有两个主要特点：①扩大了测量长度的范围；②提高了测量速度。由于光谱等的单色光源弱，因而使计数频率低于 100Hz。而激光强度大，条纹对比度好，抗干扰性能强，可以使计数频率达 10MHz，并且提高测量的可靠性。

因此，激光干涉仪的研究和生产得到世界各国的重视。应用激光干涉原理，不仅研制出

激光干涉测量仪、激光干涉比长仪，而且研制出平面和球面干涉仪、振动测量仪以及其他测量仪器。由于干涉条纹容易实现数字化，所以在现代化工业生产中得到广泛的应用。

9.1.2　激光干涉仪原理

激光干涉仪可以分为单频和双频两种，下面分别简要介绍这两种激光干涉仪的原理。

1. 单频激光干涉仪

单频激光干涉仪的激光光源为单一频率的光（即单色光）。如用He-Ne气体激光器作为光源，其激光波长为632.8nm。单频激光干涉仪的光路结构又可分为单路和双路两种。这里的单路是指光路所通过的光束是单一的一束光，往返光束不重合，而双路是指光路所通过光束是往返两束光，即一束光往返光路重合。

图9-2所示为单频单路干涉仪的原理结构图。具有稳频的He-Ne激光器发出的一束激光射到半透半反射镜M_1后，激光被分成两束光：一束为参考光束；另一束为测量光束。两束光分别由全反射镜（角锥棱镜）M_2和M_3返回到M_1汇合产生干涉条纹，干涉条纹由光电接收器接收并给予计数，用数字显示出被测位移量。

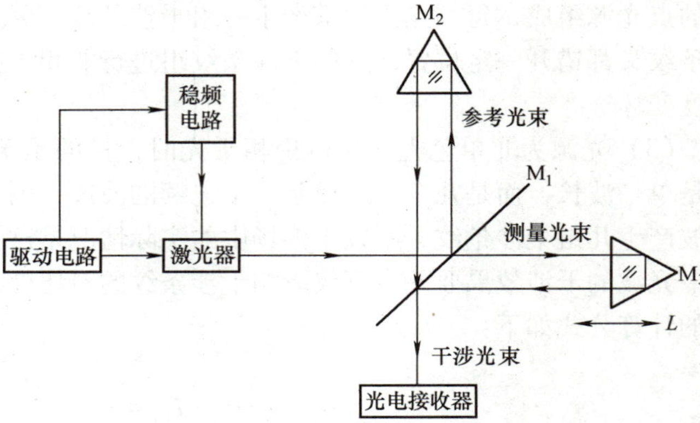

图9-2　单频单路干涉仪的原理结构图

全反射镜M_2是固定的，全反射镜M_3是可移动的，装在可动测量头上，全反射镜M_3的移动量就是被测长度。参考光束和测量光束所走过的光程是不同的，当光程差是波长的整数倍时，两束光相位相同，干涉极大，发光强度加强，在M_1上出现亮点，光电接收器就收到一个亮信号；如果光程差比波长的整数倍还多半个波长时，两束光相位相反，互相抵消，发光强度变暗，在M_1上出现暗点，光电接收器收到暗信号。这样，当可动全反射镜M_3沿着测量光束的轴线移动时，就出现亮暗交替的干涉条纹，其发光强度变化可以近似为正弦波。

被测长度是用激光波长作为一把尺子进行度量的，度量的多少是通过干涉条纹的变化次数反映出来的。因为测量光束是往返两次，所以光程差Δ是动镜M_3的位移量L的2倍，即$\Delta=2L$，而光程差$\Delta=n\lambda$，因此被测长度为

$$L=n\frac{\lambda}{2}=qn \tag{9-5}$$

式中，q为量化单位，$q=\lambda/2$。

干涉场的发光强度由下式表示：

$$I=I_0+I_m\cos\left(2\pi\frac{L}{\lambda/2}\right) \tag{9-6}$$

从式（9-5）和式（9-6）可以看出，当测量头移动$\lambda/2$时，光电接收器就接收一个光电信号（亮条纹）。所以，只要记录下干涉条纹变化次数n就可测出测量头移动的距离。

下面介绍图 9-3 所示的双路结构。双路的特点是两束相干光往返光路重合。所以参考光束的反射镜 M_2 可为平面反射镜，而测量光束多了一个平面反射镜 M_4。

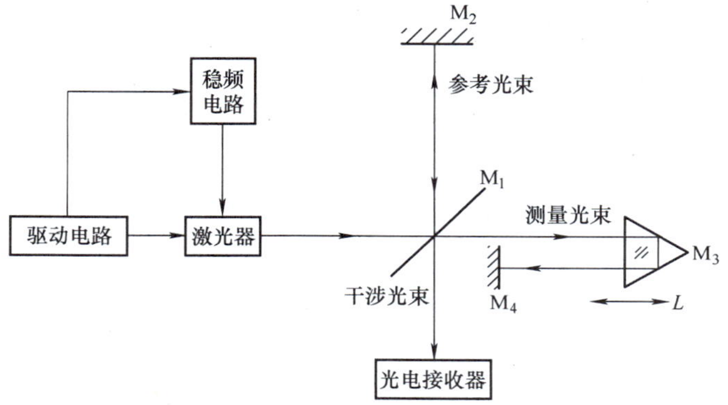

图 9-3　单频双路干涉仪原理结构图

有的结构将 M_4 和 M_3 一起固定在可动测量头上，则测量长度的表示式同单路结构，即 $L=n\lambda/2$。若 M_4 固定在测量头上，因为测量光路的光束往返 4 次，所以光程差 Δ 是测量头位移量的 4 倍，即 $\Delta=4L$，那么测量长度表示为

$$L=n\frac{\lambda}{4}=qn \tag{9-7}$$

显然，采用此结构的分辨率（量化单位 $q=\lambda/4$）比上述结构提高一倍。但是，测量头在相同速度的情况下，干涉条纹的变化频率也提高一倍，要求光电接收器和电子计数器的频率响应也提高一倍。

干涉条纹的频率和测量头移动的速度之间关系可用下式表示：

$$f=\frac{v}{q} \tag{9-8}$$

式中，f 为干涉条纹的变化频率；v 为测量头移动的速度；q 表示两干涉条纹间的测量头的位移量，可称为测量长度的量化单位（分辨率）。例如，采用单路结构时，$q=\lambda/2$，如果再采用 4 倍频技术法，$q=\lambda/8$。

对于 He-Ne 激光器，其波长 $\lambda=0.6328\mu m$，若测量头移动速度为 300mm/s，则计数频率 $f=400kHz$，而干涉条纹的频率近似等于 100kHz。因为采用 4 倍频后，计数脉冲的重复频率是干涉条纹频率的 4 倍。

式（9-8）表明，当 q 确定后，干涉条纹的频率与测量头的移动速度成正比，因为干涉条纹的频率上限受光电接收器和电子计数器的频率响应的限制，所以干涉仪的测量头的移动速度一般在每秒几十到几百毫米。

2. 双频激光干涉仪

将 He-Ne 激光器放在轴向直流磁场中，由于直流磁场的作用，引起激光器增益介质谱线发生塞曼（Zeemen）分裂，即原来的增益曲线被分裂成两条曲线，如图 9-4 所示。图 9-4a 所示为没被分裂的增益曲线，f_0 为中心频率，图 9-4b 所示为加磁场后被分裂的增益曲线 2 和 3。这种效应就是把原来的光谱线分成为两个相反方向的圆偏振光（即左、右圆偏振光），如图中曲线 2 和 3 分别为右旋和左旋增益曲线。f_0 是激光管的空腔谐振频率，右旋和左旋增益曲线中心频率分别是 f_{20} 和 f_{10}。由于频率牵引效应，使分裂的右旋和左旋光的振荡频率分别向各自增益曲线的中心牵引。这样就在两个振荡模之间产生一个微小的频差，激光原来是振荡在一个模，分裂后是振荡在两个靠得很近的模，一个是左旋，一个是右旋，频率差为 Δf。其频差 Δf 是所加直流磁场强度的函数，约为一点几兆赫，两个旋转圆偏振光的频率 f_1 和 f_2 对于原中心频率 f_0 是对称的，所以两圆偏振光的频率的平均值等于 f_0。

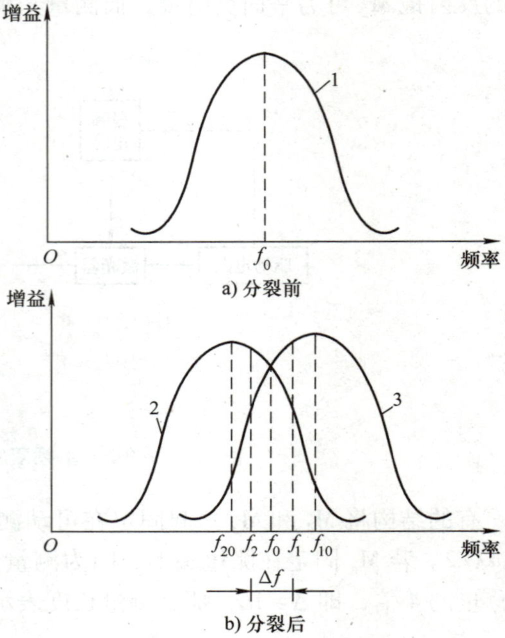

图 9-4　增益频率特性

利用这种激光器作为光源的干涉仪为双频激光干涉仪。图 9-5 为双频激光干涉仪的原理图。

He-Ne 激光器发出频率分别为 f_1 和 f_2 的左右圆偏振光，首先射到分光镜 M_1，其中一部分由 M_1 反射到接收器 V_1 作为参考光束，参考信号是频差为 f_1-f_2 的拍频波，其变化规律为 $\sin[2\pi(f_1-f_2)t]$。

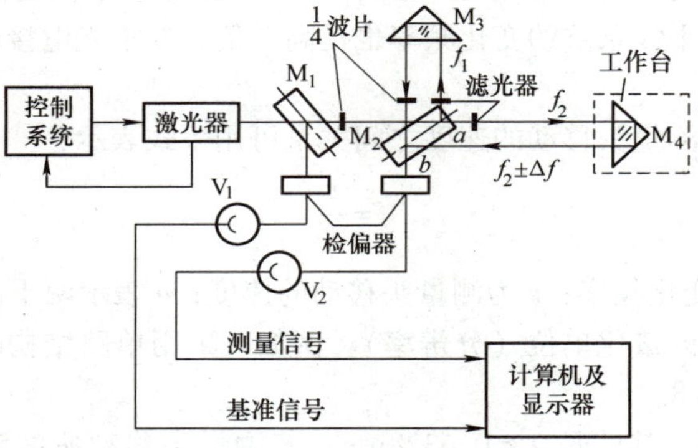

图 9-5　双频激光干涉仪的原理图

通过 M_1 的另一部分光透过 1/4 波片，此波片把两个相反方向的圆偏振光变成两个互成正交的线偏振光，为方便起见，一般称垂直于纸面的偏振光为“垂直”成分（频率 f_1），平行于纸面的偏振光为“平行”成分（频率 f_2），这两个偏振光的变化规律为 $\sin[2\pi(f_1-f_2)t]$ 和 $\sin\left[2\pi(f_1-f_2)t+\frac{2\pi}{\lambda/2}\right]$，两成分进入干涉仪本身，它们以布儒斯特角射向多层镀膜组成的偏振光分光器 M_2 上，此处平行成分全部透过 M_2，而射向全反射镜 M_4，垂直成分全部反射到全反射镜 M_3 上，全反射镜 M_3 固定，全反射镜 M_4 装在测量头上，为可移动臂。

首先研究垂直成分（f_1），它通过 45°的 1/4 波片，到达固定的全反射镜 M_3（三面直角棱镜），再由 M_3 返回，反射光束再通过 1/4 波片，并回到偏振光分光器 M_2。因两次通过1/4 波片使偏振面转过 90°，这样，使垂直成分 f_1 变为平行部分，所以 f_1 能通过 M_2，射向接收器 V_2。通过 M_2 的平行成分（f_2）以相似的方法经过可动全反射镜 M_4 后反射回来，因光束两次通过 1/4 波片，偏振面转过 90°，这样使平行成分变成垂直成分，所以，f_2 射向 M_2 后被全部反射到接收器 V_2，两光束在 M_2 汇合后，产生干涉条纹。因为两光束有频差，所以干涉条纹既与频差 f_1-f_2 有关，又与光程差有关，由光程差引起的相位变化 $\Delta\varphi=\frac{2\pi L}{\lambda/2}$，其中 L 为可动全反光镜 M_4 的移动量。因此，干涉条纹的变化规律可表示为 $\sin\left[2\pi(f_1-f_2)t+\frac{2\pi L}{\lambda/2}\right]$。接收器 V_2 产生的干涉条纹的电信号与接收器 V_1 产生的参考信号相比较，就能解决相移的大小和方向（即正向或反向位移）。当 M_4 的位移距离 L 等于半波长时，就产生相当相移等于 2π 的信号，即为一个干涉条纹。

采用双频激光干涉仪较单频激光干涉仪有很多优点，主要优点为：它是交流系统而不是直流系统，因而可以从根本上解决影响干涉仪可靠性的直流漂移问题；另外，双频激光干涉仪抗振性强，不怕空气湍流的干扰，而空气湍流的干扰使激光光束偏移或使其波前扭曲，正是造成激光干涉仪性能不稳的普遍原因；目前，采用双频激光干涉仪可以使测量速度达 300mm/s，最大量程可达 60m 以上。

9.2　光栅线位移检测

光栅线位移检测

9.2.1　莫尔条纹

当两块光栅以微小倾角重叠时，在与刻线大致垂直的方向上，将看到明暗相间的粗条纹，这就是莫尔条纹（Moire Fringe）。所谓“莫尔”，法文里是水波纹的意思，几百年前法国丝绸工人发现，把两层丝绸叠在一起，将产生水波状的花纹，如丝绸相对移动，花纹也跟着晃动。当时把这种有趣的花纹称为“莫尔”。这种现象在日常生活中是可以见到的，如重叠纹窗、帐子、棉纶袜等甚至塑料密纹唱片，都能看到这种莫尔现象。

对于计量光栅来说，通常光栅距（又称节距或光栅常数）是等距的曲线簇，而且是黑白线条等宽。图 9-6 是透射光栅结构，图 9-6a 为刻划光栅，在平面度很高的光学玻璃上用真空镀膜的方法，涂镀一定厚度的金属膜，并在金属膜上用钻石刀压削膜的方法，制成大量的、等距离的并有一定形状的线条，被刻线的线条为透光部分。图 9-6b 为刻蜡腐蚀、照相等方法制作的黑白光栅。

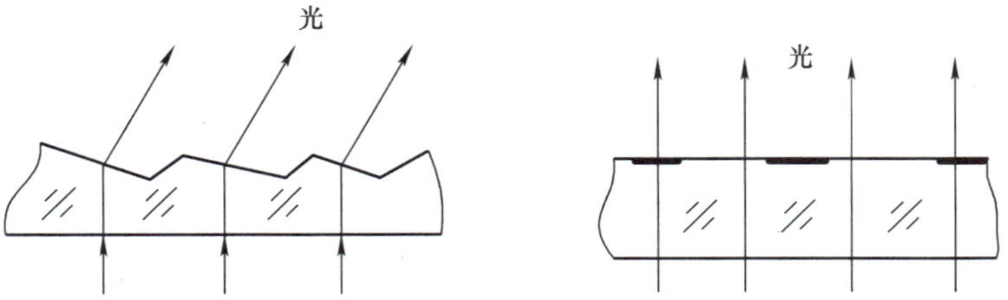

a) 刻划光栅　　　　b) 黑白光栅

图 9-6　透射光栅结构

形成莫尔条纹的光栅，有粗光栅和细光栅之分，栅距 d 远大于波长 λ 的叫作粗光栅，栅距 d 接近于波长 λ 的叫作细光栅。

图 9-7 表示由粗光栅形成莫尔条纹的原理图。应用粗光栅时，因衍射现象不明显，通常用遮光原理来解释条纹的形成。当两块光栅的交角 θ 很小时，叠合光栅（称光栅副）在透光部分与刻线交点的连线（见图中 a—a'线）上透光面积最大，形成条纹的亮带，而在不透光部分与刻线交点的连线（见图中 b—b'线）上，光线互相遮挡，形成条纹的暗带。

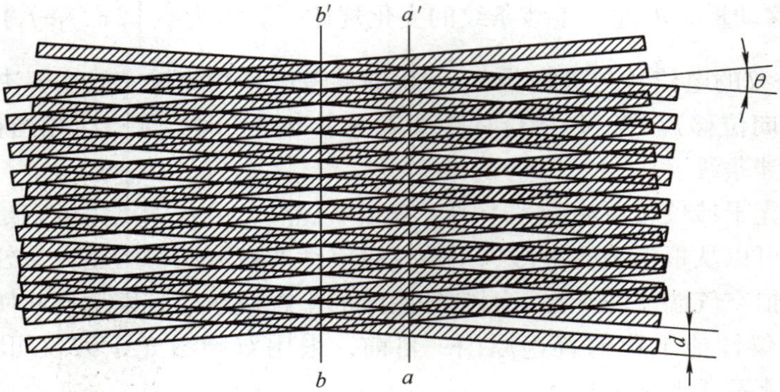

图 9-7　由粗光栅形成莫尔条纹的原理图

条纹宽度 W 与栅距 d 交角（倾角）的关系可由图 9-8 求出。

在 ΔABC 中

$$BC = AB\sin\frac{\theta}{2}$$

因为 $AB = W$，$BC = d/2$，所以

$$W = \frac{d}{2\sin\frac{\theta}{2}}$$

一般 θ 角很小，故上式可简化为

$$W = \frac{d}{\theta}$$

从图 9-8 可以看出，莫尔条纹的位置在两块光栅刻线夹角 θ 的补角（$180°-\theta$）的角平分线上，当两个光栅相对移动时，莫尔条纹就在光栅移动的垂直方向上移动，即在 θ 角的角平分线上移动。

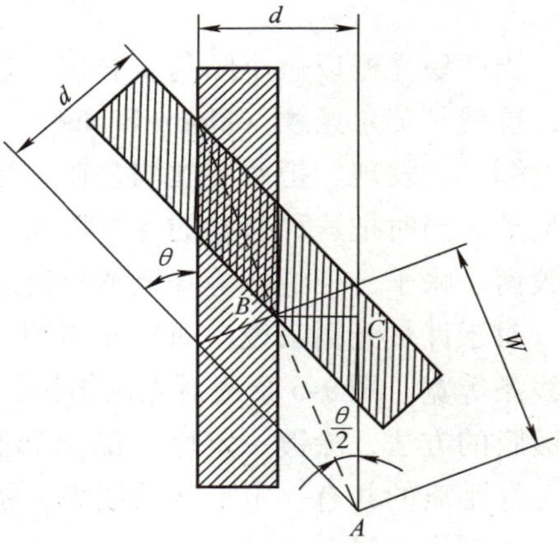

图 9-8　莫尔条纹的几何量

采用细光栅时，由于衍射作用，不能仅用几何光学来解释条纹的形成，还应从衍射原理来考虑。显然，用光栅产生的莫尔条纹进行位移测量有如下特点：

（1）位移的放大作用　两块等节距光栅以微小倾角重叠时出现莫尔条纹，条纹宽度与栅距之比，称为光栅副的放大倍数（率）α：

$$\alpha=\frac{W}{d}=\frac{d/\theta}{d}=\frac{1}{\theta} \tag{9-9}$$

显然，莫尔条纹宽度是光栅栅距的 $1/\theta$ 倍，例如，光栅交角 $\theta=8'$、$\alpha\approx450$，对于每毫米 50 条线的光栅，莫尔条纹宽度可达到 9mm。所以说，光栅副起到了高质量可调制前置放大的作用，它能将微小位移变化合理放大，获得信噪比很大的稳定输出。

由于条纹宽度比光栅栅距放大了几百倍，所以，有可能在一个条纹间隔内安放细分装置，以读取位移的分数值，即进行细分。

（2）误差的平均效应　光电器件接收的光信号，是进入指示光栅视场的刻线数 n 的平均结果，因此，当光栅的每一刻线误差为 δ_0 时，由于平均效应，使总的误差 δ 为

$$\delta=\pm\frac{1}{\sqrt{n}}\delta_0 \tag{9-10}$$

这就是说，测量准确度不取决于光栅上每条刻线的准确度，而仅与进入视场的平均值有关。例如，对于 50 线/mm 的光栅，$d=0.02$mm，用长为 10mm 的硅光电池接收，由于视场内同时有 500 条线参与工作，硅光电池总输出是 500 条线中每一条输出的总和，假定单条线的测量误差为±0.001mm，则平均值的误差仅为±0.04μm。根据这一原理，可利用光栅来制造光栅，使后一代的质量比前一代的质量高，这就是所谓光学优生学原理。

（3）输出信号与光栅位移相对应　光栅副中任一光栅沿横向（垂直于刻线方向）移动时，莫尔条纹就沿垂直方向移动，而且移过的条纹数与栅距数一一对应，即每移动一个栅距 d，莫尔条纹移过一个宽度 W。所以，只要数出移过的条纹数目就可以知道光栅移动距离。

当光栅移动的方向改变时，莫尔条纹移动的方向也随之改变，所以，通过判别莫尔条纹移动方向就能判别出光栅转动的方向。

（4）实现自动控制、自动测量　莫尔条纹的光信号较强，光电转换后，输出的电信号也比较强；另外，采用非接触式发射装置，能将被测位移量正确高速地传送给其他系统，能实时地进行信息处理，实现自动控制和测量。

近年来随着计算机的发展，在国防建设和工业生产的许多控制系统和信息处理系统中，广泛采用了与计算机相连接的数字控制和数字测量技术，从而促进了各种模/数传感器的应用和发展。光栅位移传感器就是模/数传感器的一种。对光栅产生的莫尔条纹计数不仅能测量长度，而且能测量角度、振动和应变分布等，还可以作为自动控制系统中的反馈信号来校正系统误差。

传感器中的计量光栅又分长光栅和圆光栅两种，长光栅用于长度计量和控制，圆光栅用于角度计量和控制，用光栅产生的莫尔条纹将位移量变为光学条纹信号，现已广泛应用在测长、测角和各类自动智能系统中。

9.2.2　光栅位移传感器（光栅尺）的光电读数头

光栅位移传感器光电读数头的结构如图 9-9 所示，其作用是用来提取光栅移动时产生的莫尔条纹信号，并转换为电信号。

标尺光栅 4 安装在可移动的工作台上，它的长度要稍大于被测长度。指示光栅 3 固定并放在读数头内，指示光栅 3 应有精调机构，以便调节光栅副间隙，获得较高的条纹对比度，同时通过调节倾斜角来改变条纹宽度。

光源 1 发出的光通过聚光镜 2 变成平行光，照射到光栅尺上，两块光栅产生莫尔条纹。

当工作台按图示方向左、右移动时，莫尔条纹将相应地上下移动。用透镜5把莫尔条纹的部分像通过狭缝射到光电器件8上。

狭缝的作用是使莫尔条纹的像不同时成像在光电器件8上，而是与狭缝7视场角相对应的像才能成像到光电器件上。当莫尔条纹移动时，莫尔条纹的像通过狭缝7才连续地成像到光电器件8上。因为莫尔条纹的发光强度分布是明暗交替地连续变化，所以，当条纹移动时，通过狭缝7入射到光电器件8上的光通量也在连续变化，光通量变化规律同莫尔条纹的发光强度分布相对应，遮光板6的作用就是阻挡其他杂散光入射到光电器件上。

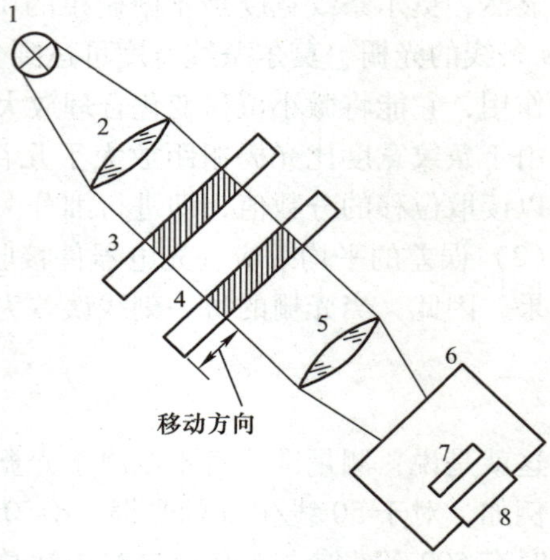

图 9-9　光栅位移传感器光电读数头的结构
1—光源　2—聚光镜　3—指示光栅　4—标尺光栅　5—透镜　6—遮光板　7—狭缝　8—光电器件

在入射光不十分强的情况下，光电器件的输出同输入呈线性关系。所以，只要知道莫尔条纹的发光强度变化规律，就能得到光电波形。为方便起见，两光栅的夹角 θ 取为零，亦即两光栅的刻线处于平行状态。这时，莫尔条纹的宽度变为无限大，光栅的相对位移引起透光量的明暗变化。

图9-10为光栅位移及遮光图。其中图9-10b～图9-10e分别表示光栅4（图9-9）沿箭头方向移过$\frac{1}{4}d$、$\frac{1}{2}d$、$\frac{3}{4}d$和d时，两光栅的相对位置，如果两光栅黑白线条相等，并假定入射光通量为2Φ，那么，对应于图9-10a～图9-10d这4个位置的透过光通量分别为Φ、$\Phi/2$、0、$\Phi/2$。移过一个栅距后图9-10e又重复了图9-10a的状态。

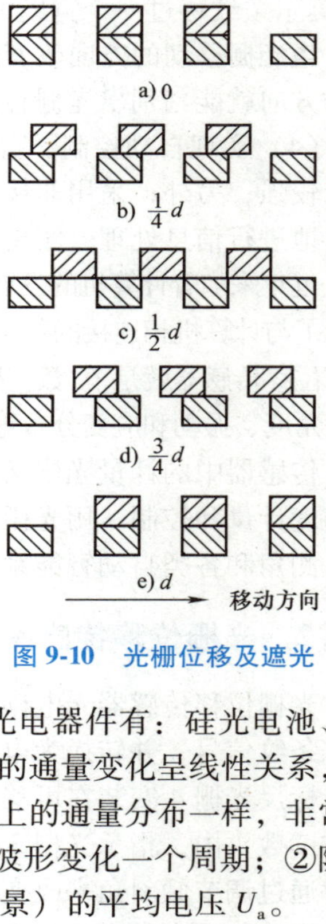

图 9-10　光栅位移及遮光

从遮光过程可知，当光栅移动时，通过光栅的光通量与位移呈线性关系，而受光过程也呈线性关系。所以，通过光栅的光通量与光栅位移关系呈三角形分布，如图9-11a所示。当两光栅夹角 θ 不为零时，狭缝所对应的光栅通量变化波形曲线也呈三角形分布。实际上，由于光栅重叠时存在间隙，加上光栅的衍射作用、光栅缺陷以及灯丝宽度的影响等，使输出信号达不到三角波最亮、最暗状态，而是接近于如图9-11b所示的正弦波形。

将明暗变化的光信号转换为电流或电压的变化信号，常用光电器件有：硅光电池、光电二极管和光电晶体管等。这些光电器件的输出特性与莫尔条纹的通量变化呈线性关系，如果光电接收狭缝比条纹窄很多，则输出电压的瞬时波形也和条纹上的通量分布一样，非常近似于正弦波。从图9-11c波形图看出：①光栅移过一个栅距时，波形变化一个周期；②除了有反射条纹光通量变化的正弦信号外，还有反映平均光通量（背景）的平均电压 U_a。

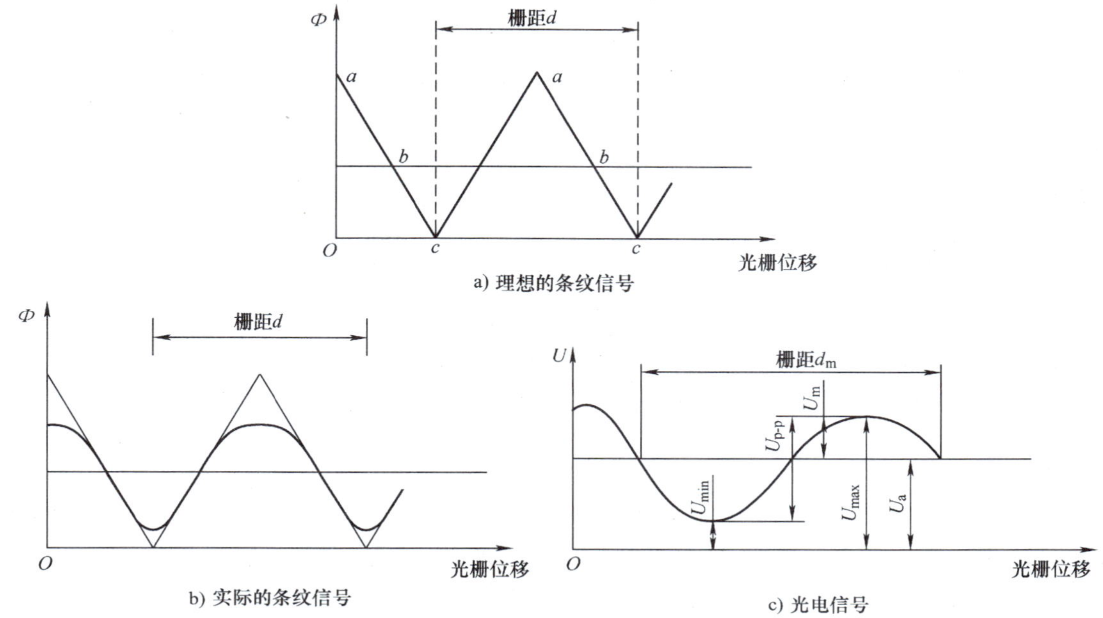

图 9-11　光栅输出信号波形

平均电压 U_a 又称为直流分量，U_a 值大小可在快速移动光栅时从电压表上直接测得。在测试中发现，几乎所有光栅，在全长上 U_a 都是变化的，称之为直流电平漂移，一般漂移值在2%～15%之间。产生直流漂移的主要原因是光源亮度的变化和光栅全长上的均匀性误差（即透光量变化）。与 U_a 一样，波形及其幅值 $U_{p\text{-}p}$ 在满光栅内也是变化的，原因大致与 U_a 的情况相同。图 9-12 用夸大手法画出了满光栅内 U_a 和 U_m 的变化情况。

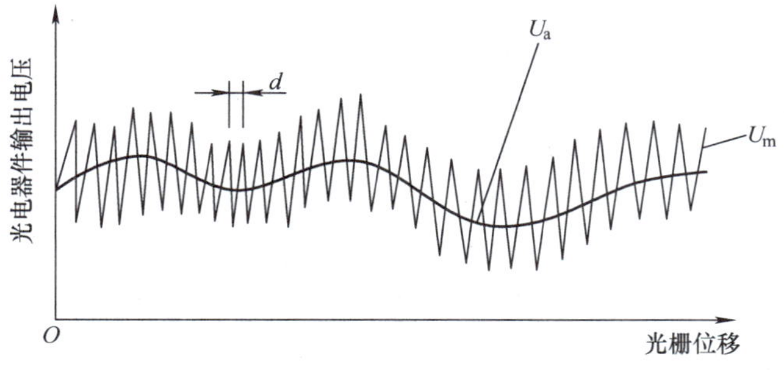

图 9-12　光电信号漂移变化

光电信号质量的衡量常用调制系数 m 表示：

$$m=\frac{U_m}{U_a}=\frac{U_{max}-U_{min}}{U_{max}+U_{min}} \tag{9-11}$$

显然，在最理想的情况下，$U_{min}\approx 0$，$m\approx 1$。影响调制系数的主要因素除了上面提到的以外，还有接收窗口宽度的影响。

在狭缝、透镜和光电器件所决定的有效通光范围内，如果包括一个或几个条纹宽度，则不管条纹移动与否，视场内的总光通量不变，光电器件没有交变信号输出。

如果光电器件只接收整个条纹宽度的一个窄带，则条纹通过时入射光通量发生周期性变化，光电器件将有交变电信号输出。这时虽然是窄带，但有一定宽度，在视场内由于平均后信号幅值下降，调制系数随着狭缝相对宽度的增大反而减小。反之，狭缝宽度减小时，调制系数增大。但是，当狭缝相对宽度进一步减小时，入射到光电器件的光通量将减小，使输出信号幅值显著下降。

为兼顾信号的调制系数与幅值，如仅需两相信号，通常取窗口宽度等于 $W/2$（W 为条纹宽度）。大多数情况下要求输出四相信号，此时 4 个窗口宽度均为 $W/4$，每个窗口的实际宽度取 2mm（与光电器件的光敏面积相适应），故条纹宽度为 8mm 左右为宜。

用于接收莫尔条纹信号的光电器件应该具有较高的灵敏度，频率响应时间应小于 10^{-7} ~ 10^{-6}s，光谱响应要和光源匹配，另外体积要小，温度稳定性要好，光电线性要好。

9.2.3　光源和发光强度调制

常用光源的种类有钨丝白炽灯、激光器和半导体发光器件。对光源的要求是：①适应光学系统成像的要求；②外形尺寸适应结构设计的要求；③光源效率高、寿命长、稳定性好；④更换光源时离散性小；⑤光源供电电路简单，对其他电路干扰小。

在光学计量仪器中，目前最常用的光源是发光二极管（LED），该光源具有使用寿命长、低热量、体积小和峰值波长能够和光电接收器件相匹配等优点。半导体激光器常用于光栅常数（栅距）很小、光源单色性要求很高的场合。

为了抵消因光源衰老所引起的光源强度的变化，同时也为了抵消光栅长度上由于光栅对比度的变化所引起的莫尔条纹背景的变化，近年来国外生产的光栅式计量仪器中大都对光源的强度进行控制。上述两种因素中，前者属于长期漂移，后者则属于短期的变化，而且后者本质上并不是光源本身造成的。为了适应以上的特点，光源的强度控制应能适应长期和短期两种变化，即应按照稳定度较高的稳压电源来考虑。

图 9-13 是光源强度控制电路的原理框图，它和稳压电源不同之处仅在于采样环节，稳压电源是通过电阻分压器对输出电压采样，而光源强度控制电路是通过光电器件对透过光组（包括透镜、光栅副和狭缝）的光通量信号采样。

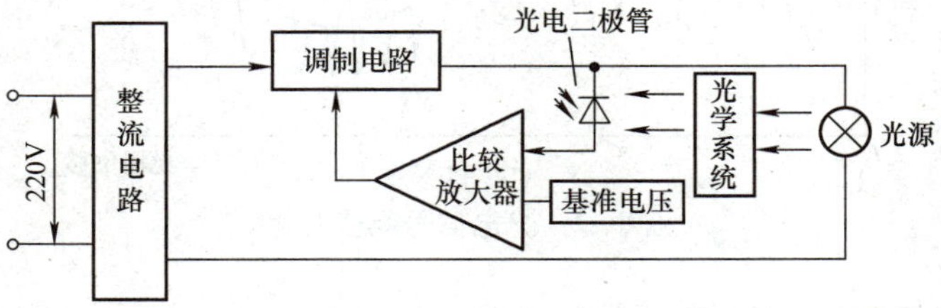

图 9-13　光源强度控制电路的原理框图

9.2.4　四相交流信号和前置放大器

位移量是一个代数量，因此，任何位移量检测系统除了测量位移的大小外，还必须知道位移方向。为此，至少要配置两只光电器件来接收两个相位不同的莫尔条纹信号。

由于位移量通常是从静止开始移动，光电信号的最低频率为零，前置放大器一般为直流放大器。为了减少共模干扰，消除直流分量和偶次谐波，可采用差分放大器将原来两路光电信号变为 4 路光电信号输入到差分放大器的输入端。而每路光电信号相位差 π/2。四相光电信号是由 4 个光电器件产生的，4 个光电信号的表达式分别为

$$
\begin{aligned}
u_1 &= U_{10} + \sum_{k=1}^{\infty} U_{1k}\sin k\theta \\
u_2 &= U_{20} + \sum_{k=1}^{\infty} U_{2k}\sin k\left(\theta + \frac{\pi}{2}\right) \\
u_3 &= U_{30} + \sum_{k=1}^{\infty} U_{3k}\sin k(\theta + \pi) \\
u_4 &= U_{40} + \sum_{k=1}^{\infty} U_{4k}\sin k\left(\theta + \frac{3}{2}\pi\right)
\end{aligned} \tag{9-12}
$$

式中，U_{10}、U_{20}、U_{30}和 U_{40}是直流分量，由于每个光电器件所处位置不同和每个光电器件参数的差异，U_{10}、U_{20}、U_{30}和 U_{40}之间存在着一定的差别，若是忽略这些差别，则$U_{10}=U_{20}=U_{30}=U_{40}$；$U_{1k}$、$U_{2k}$、$U_{3k}$、$U_{4k}$代表各路光电信号中基波和各次谐波的振幅。

若是只取基波，则式（9-12）可以写成相对值形式：

$$
\begin{aligned}
\Delta_1 &= (u_1 - u_{10})/u_{11} = \sin\theta \\
\Delta_2 &= (u_2 - u_{20})/u_{21} = \cos\theta \\
\Delta_3 &= (u_3 - u_{30})/u_{31} = -\sin\theta \\
\Delta_4 &= (u_4 - u_{40})/u_{41} = -\cos\theta
\end{aligned} \tag{9-13}
$$

式中，$\sin\theta$、$\cos\theta$、$-\sin\theta$ 和$-\cos\theta$ 信号被称为四相交流信号。

四相交流信号和光电器件空间位置的对应关系如图 9-14 所示。

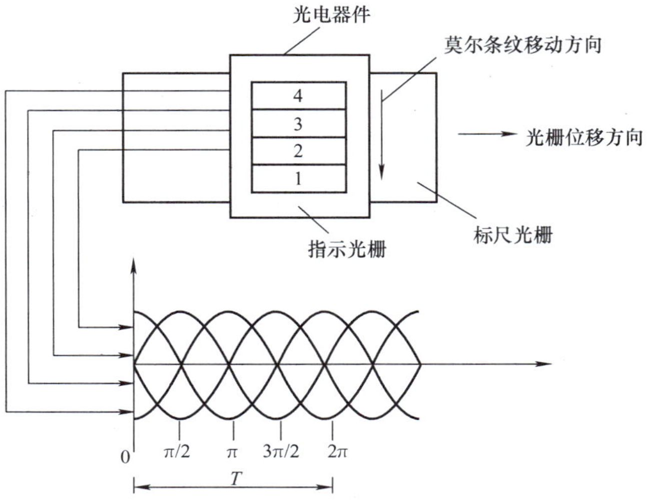

图 9-14　四相交流信号和光电器件空间位置的对应关系

图中标尺光栅右移时，莫尔条纹由上向下移动，光电器件接收条纹的领先次序是 4、3、

2、1。反之，若标尺光栅左移时，则光电器件接收莫尔条纹的领先次序是1、2、3、4。领先次序决定四相信号的相位关系，再由相位关系决定光栅的移动方向。

从判定位移和位移方向出发，前置放大器至少得输出 $\sin\theta$ 和 $\cos\theta$ 两路信号，也就是说前置放大器应该由两路放大器所组成。从细分（插补）出发，应有4路信号 $\sin\theta$、$\cos\theta$、$-\sin\theta$、$-\cos\theta$，所以要有4路放大器。图9-15为4路前置放大器原理图，其中图9-15a用4个差分放大器产生四相交流信号，图9-15b为用2个差分放大器，然后用两个倒相器产生四相交流信号。

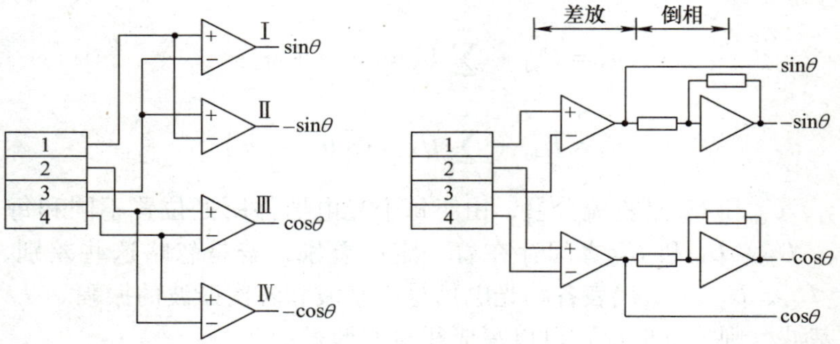

a) 4个差分放大器　　b) 2个差分放大器

图9-15　4路前置放大器原理图

下面分析采用差分放大器合成后如何抑制共模干扰和消除偶次谐波成分。

设第Ⅰ路合成信号为 Δu_k，将式（9-12）代入得

$$\Delta u_1 = u_1 - u_3 = U_{10} + \sum_{k=1}^{\infty} U_{1k}\sin k\theta - U_{30} - \sum_{k=1}^{\infty} U_{3k}\sin k(\theta + \pi)$$

若只考虑3次谐波情况，认为4路光电信号的直流分量和交流分量的各次谐波的幅值相等，并设 $U_{11}=U_{31}=A_1$，$U_{12}=U_{32}=A_2$，$U_{13}=U_{33}=A_3$，则

$$\begin{aligned}\Delta u_1 &= U_{10}+U_{11}\sin\theta+U_{12}\sin2\theta+U_{13}\sin3\theta-U_{30}-U_{31}\sin(\theta+\pi)-U_{32}\sin(2\theta+2\pi)\\&\quad -U_{33}\sin(3\theta+3\pi)=A_1\sin\theta+A_2\sin2\theta+A_3\sin3\theta+A_1\sin\theta-A_2\sin2\theta+A_3\sin3\theta\\&=2A_1\sin\theta+2A_3\sin3\theta\end{aligned}$$

式中的后项为3次谐波，在忽略此项时，只有基波成分，故此路为 $\sin\theta$ 信号。同理第Ⅱ路、Ⅲ路和Ⅳ路信号分别为 $-\sin\theta$、$\cos\theta$ 和 $-\cos\theta$。

为了保证合成后差分放大信号的质量，对前置差分放大器提出具体要求：

1）要求每个差分放大器有相等的幅频特性和相频特性。

2）放大器的上限频率要满足位移速度要求，一般为几百kHz。

3）莫尔条纹信号中存在共模电压，因此对前置放大器的共模抑制比有一定要求，一般约为100dB，细分越多对共模抑制比的要求也越高。

4）前置放大器有较大的动态输出范围，一般为-5～+5V。前置放大器的输入和输出阻抗应考虑前后匹配。

在光电读数头里安装有光源、透镜、光栅副、遮光板、光阑（狭缝）、光电器件和前置放大器。光电信号的质量不仅由前置放大器来决定，而且是光、机、电共同作用的综合结

果，比如在光栅副安装质量不好的情况下，无法在满光栅长度上保证调整的结果。另外，光学与机械系统的精调也要依靠前置放大器输出信号的波动情况来加权判断。因此，在实际工作中，当光、机、电各部分调整一定程度并达到各自指标后，还需要把它们联合起来进行调整，称为变换器的光、机、电联合调整。

9.2.5　光栅位移检测装置（光栅尺）

图 9-16 所示为光栅位移检测装置的原理框图。

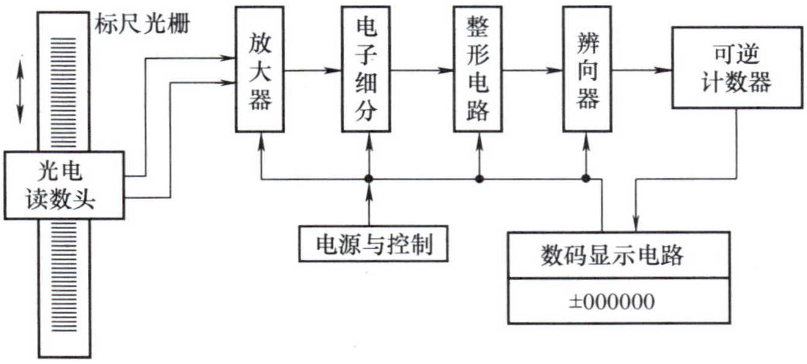

图 9-16　光栅位移检测装置的原理框图

在光电读数头内部安装指示光栅，当光电读数头与标尺光栅相对运动时，便产生位移信号至输出放大器。位移信号经放大、细分、整形后，得到相位差 $\pi/2$ 的两路脉冲信号，然后由方向判别器判别两路脉冲信号的先后顺序（即位移方向），再控制可逆计数器进行加或减计数。

最后测量结果以十进制数字显示出来，并且数字前面有“+、-”符号，用来表示位移增加或减少，当位移增长时，符号显示“+”，反之为“-”。

光栅测长和测角都属于莫尔条纹技术的应用，两者的电子细分方法是相同的，而且测量误差的分析方法也是相似的。误差的分析内容将在下面角位移检测中讲述。

9.3　角位移检测

角位移检测

9.3.1　概述

将角度量变换为数字代码的装置叫作轴角编码器。轴角编码器的种类很多，其中光电轴角编码器是目前较为普遍应用的一种装置。光电轴角编码器按输出代码特征分，有直读式编码器和增量式编码器两种。

直读式编码器也称为空间编码器或绝对式编码器。这种编码器的特点是轴角的代码是由一个多圈同心码道的码盘给出的，共有固定的零位，对于一定的轴角位置，只有一个确定的数字代码。图 9-17 为直读式光电轴角编码器的结构原理图。

由光源发出的光线，经过光学系统变为一束平行光射到码盘上面，码盘由光学玻璃制成，上面刻有许多同心码道，每位码道上都按一定规律排列着许多透明和不透明的部分（即亮区和暗区），通过亮区的光线经狭缝后形成一束很窄的光束照射在光电器件上，光

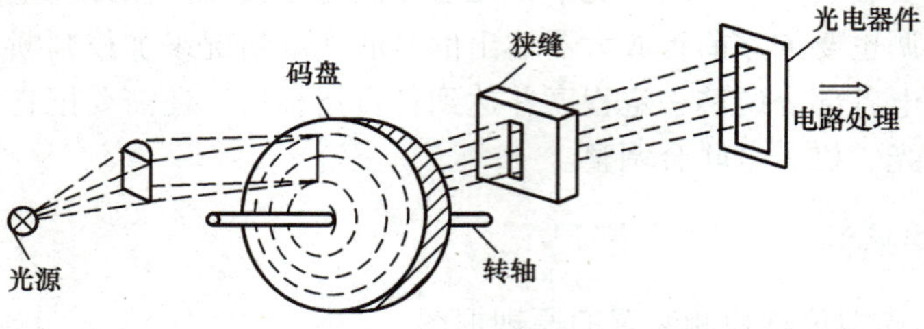

图 9-17　直读式光电轴角编码器的结构原理图

电器件通常采用硅光电二极管，它们的排列是与码道位置一一对应，一个码道对应一个光电器件。当转轴角度一定时，狭缝对应的码道位置也一定，对着亮区的光电器件有电信号输出，为“1”状态；对着暗区的光电器件无电信号输出，为“0”状态，所有光电器件输出电信号的组合将代表按一定规律编码的数字量，即为代表一定角度的代码。

光电器件输出的光电信号进行电路处理，其框图如图 9-18 所示。

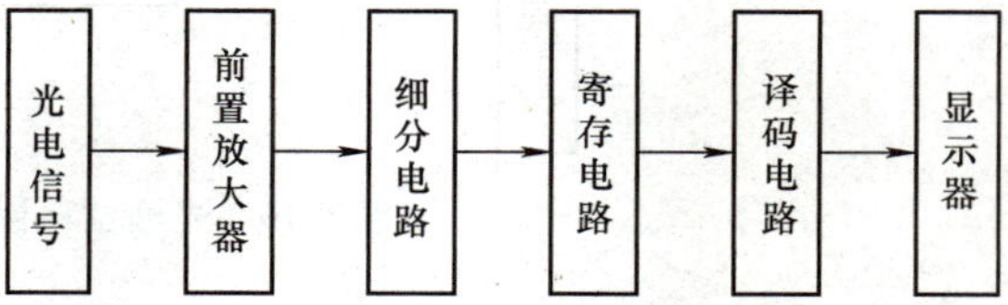

图 9-18　电路处理框图

增量式编码器的特点为输出信号是相对起始位置的变化量。增量式编码器的码盘存储的不是角位置信息，而是角度增量信息，即码盘上只有一圈等间隔的线条，每个线条表示一个角度增量，这样的码盘实际上是一个圆光栅，当轴旋转过一线条时，透过码盘的光向接收元件透射一次光脉冲。通过计数器记下工作过程中的脉冲数，就可算出总的旋转角度。

增量式编码器光学机械结构与直读式相同，但它的码盘图案简单，需用的读出元件少，便于提高准确度，若采用电学细分技术还可使分辨率提高。

增量式编码器的主要缺点是只能提供相对于起始位置的角度增量，需要角位置的绝对值时必须在机械结构或电路中附加一些确定零位的装置。此外，由于读数是各个光脉冲累计而来，工作过程任一瞬间产生的误差都要保留到以后取出的所有数据之中。随着新型集成电路的采用，这个缺点已被克服，增量式编码器获得了日益广泛的应用。

一般在中、低位数采用直读式编码器，高位数（19 位以上）采用增量式编码器。光电轴角编码器的应用有三种情况：

1）测量轴的旋转角度或指示旋转轴的角位置。如在经纬仪中作为水平轴和垂直轴角位置的测量。

2）在随动系统中作为角度发送设备或角度反馈元件。如雷达引导经纬仪中用编码器作为位置反馈元件。在数控机床、火炮指挥仪、雷达等方面都有不同程度的应用。

3）和其他各种机械传动设备配合起来用于测量直线位移，要求传动机构的精度与编码器的精度要适应。例如，判读仪中就采用钢带传动机构和编码器的组合来测量脱靶量。

9.3.2　增量式轴角编码器

增量式轴角编码器的核心部分是圆光栅盘和指示光栅组成的圆光栅副，如图 9-19 所示。

圆光栅盘由一块圆玻璃盘上等间隔的刻线而制成。圆光栅盘和指示光栅重叠便产生莫尔条纹，其中圆光栅盘固定在转轴上。因此，这种装置可以将转轴旋转的角度量变换为莫尔条纹信号，再通过狭缝和光电器件转换为光电信号。

分辨率较低的编码器不是通过莫尔条纹提取信号，而是在圆光栅盘上刻制 4 圈或 3 圈码道，在每个码道上通过狭缝安放一个光电器件，每个光电器件输出的光电信号近似为正弦信号，4 圈码道光栅及信号波形如图 9-20 所示。由于每圈刻线依次错开 1/4 周期，所以输出的四相光电信号在相位上依次错开 π/2，即 $a \sim d$ 共 4 个码道上的光电信号的初相位分别为 0°、90°、180°、270°。增量式编码器信号处理电路原理框图如图 9-21 所示。

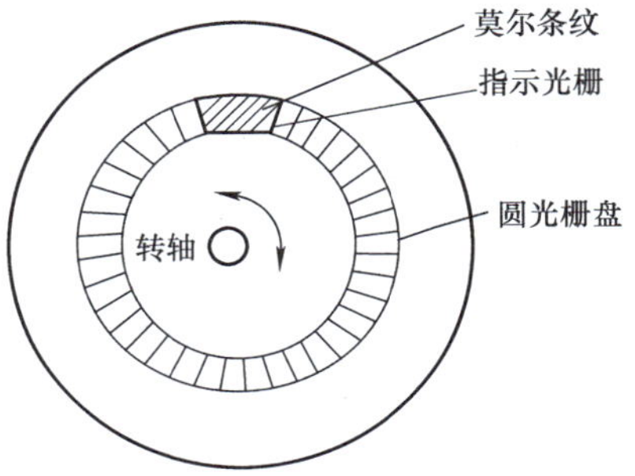

图 9-19　圆光栅副示意图

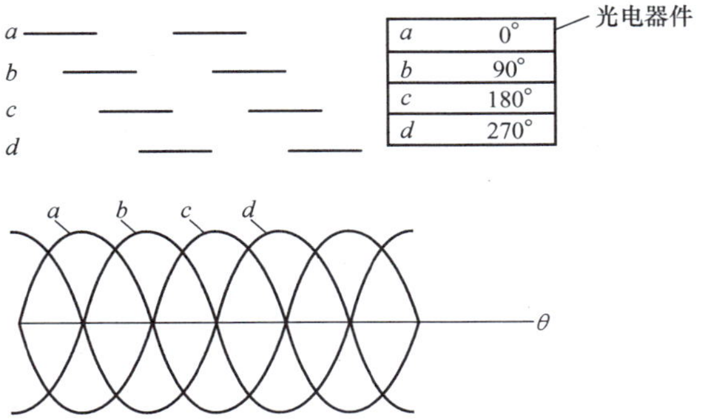

图 9-20　4 圈码道光栅及信号波形

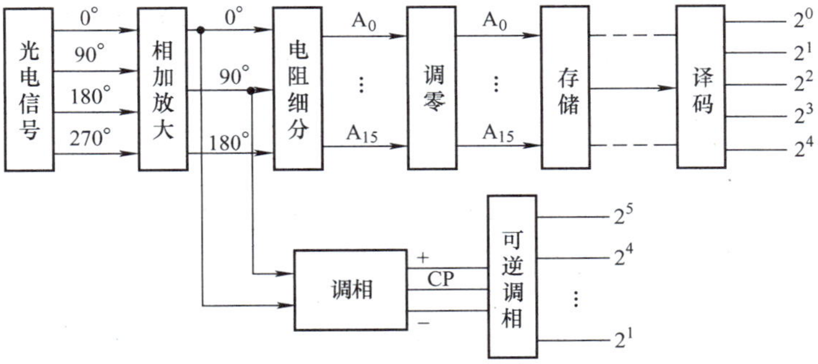

图 9-21　增量式编码器信号处理电路的原理框图

为了减小轴系晃动及圆光栅盘安装偏心的影响，在编码器中一般都采用对径读数，即数字量相加平均（如绝对式逻辑电路）或模拟量相加平均。模拟量相加平均结构原理如图 9-22 所示，在码盘径向相对位置处安放两个读数头，共 8 个光电器件，先把 0°、90°、180°、270° 的同相信号两两相加，然后把所得到的 4 路信号分别加到两个差分放大器的输入端，则在差分放大器的输出端得到 0°和 90°信号，再把 0°信号倒相得到 180°信号，于是便得到 0°、90° 和 180°的 3 路信号。

为简化问题，以 0°相位信号为例进行分析：在轴转角为 θ 时，两读数头输出的光电信号完全相同，其信号幅值为 $U_{\mathrm{m}}\sin\theta$，相加后得 $2U_{\mathrm{m}}\sin\theta$。若轴系晃动引起对径信号相对于 θ

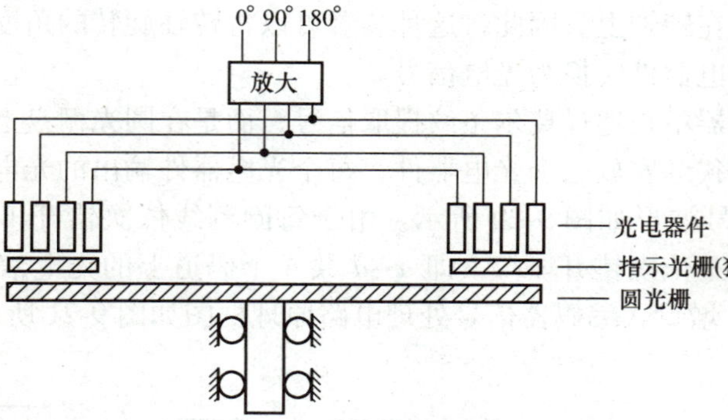

图 9-22　模拟量相加平均结构原理图

角相移为 θ_0，则两光电信号的幅值分别为 $U_m\sin(\theta+\theta_0)$ 和 $U_m\sin(\theta-\theta_0)$，其模拟量相加得 $U_m\sin(\theta+\theta_0)+U_m\sin(\theta-\theta_0)=2U_m\cos\theta_0\sin\theta$。显然，由于轴系晃动使合成信号的幅度由 $2U_m$ 降为 $2U_m\cos\theta_0$，而相位角仍为 θ_0。如果光电信号的模/数转换采用鉴零电路，信号幅值下降不会产生相位误差，当采用鉴幅电路时，信号幅值下降必然带来相位误差。例如，采用 BG307 作为鉴零器，由于其滞后电压 $U_0\leqslant 200\text{mV}$，放大器输出幅度 $U_m=5\text{V}$。在轴系晃动量为 3~4μm 时，仅产生 0.1′~0.2′误差，如果减小 U_0 值，这项误差将更小。但是，为了抑制干扰信号，往往采用鉴幅器，有 1V 左右的鉴幅电平。这样由于信号幅值的下降必然产生相位误差。

可见，采用对径模拟量相加平均方案，既可提高编码器的准确度，又可使系统较为简单。

9.3.3　读数和细分

1. 对径读数

在一般情况下，低位码盘用一边径向放置的狭缝读取信号，但在位数比较高的码盘上，用一边径向放置的狭缝不可能取得高准确度的读数。其主要原因是由于码盘的转动中心与刻线中心不能精确重合（偏心）及机械动轴的摆动等。

在码盘上所有码道线条都沿半径方向分布并会聚在刻线中心，这个中心的圆周角被各码道等分。如果码盘绕另一个圆心转动，那么从码盘上读出的数就和实际转角不一致，从图 9-23中可以看出这个关系。

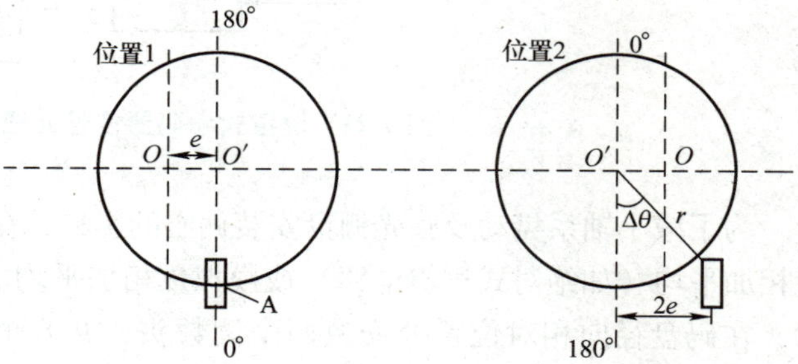

图 9-23　偏心误差

O—转动中心　O'—刻划中心　e—偏心量

若在位置 1 时读数狭缝 A 对准码盘 0°。如果码盘轴旋转 180°，这时读数狭缝 A 不是对准码盘的 180°，而是 180°±Δθ，Δθ 是偏心引起的读数误差，由下式计算：

$$\Delta\theta=\frac{2e}{r}\frac{100}{0.485} \tag{9-14}$$

式中，$\Delta\theta$ 的单位为（″）；e 的单位为 μm；r 为读数点半径（mm）。

例如，一个 18 位码盘，直径为 200mm，偏心量为 1μm，带来最大误差 $\Delta\theta=4.1''$，接近 18 位编码器的分辨率 4.94″，可见偏心对准确度的影响很大。

轴的摆动指的是轴在转动时不是绕着一个固定点而是绕着一个小圆、椭圆或多棱圆。这样，码盘的刻线中心在轴转动时也就画出一个相似的轨迹，它所造成的误差与偏心的性质相同。

为消除偏心、晃动所造成的误差采用了对径读数的方法，对径读数的基本原理是偏心、晃动在某一位置所造成的误差，和在其对径 180°方向读数所产生的误差数值大小相等，符号相反，即一个误差为 $+\Delta\theta$，另一个误差必为 $-\Delta\theta$。因此，将这两个误差的读数相加再除以 2，就可得到不带偏心、晃动误差的真实转角读数。

对径读数不需要将所有位数都在两边读出，只需对精码进行对径读数即可。

2. 细分码道

细分码道是光学空间细分的一种方法。在高位数码盘中，外圈码道（精码）的线条很细，光通过细线条时由于衍射等现象大大降低信号的对比度。为加宽线条宽度，一是加大码盘的直径，但码盘过大将使编码器尺寸较大；二是用两个相同线宽的码道来代替一个细码道，这两个码道就是细分码道，如图 9-24 所示。

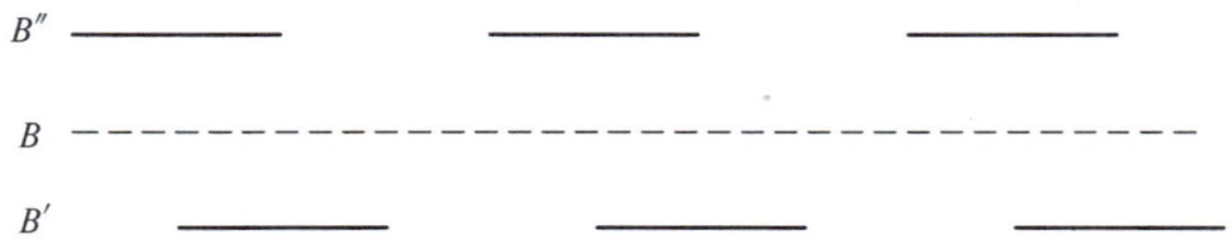

图 9-24　细分码道

在码盘上刻有 B' 和 B'' 两个码道。B' 和 B'' 码道周期相等，相位相差 1/4 周期，将这两个信号按模数 2 相加（用半加器实现）就得到一个相当于 B 码道的信号（在实际码盘上没有 B 码道，为说明问题画出）。B 码的周期较 B' 和 B'' 的周期小一半，相当于取出低一位的信号，使码盘提高了一位，采用这种方法来提高位数时，会使细分码道数成倍增加，码盘直径加大，所以在提高位数较多情况下很少采用。

9.3.4　绝对式轴角编码器

在制作码盘前首先要编码。在轴角编码器中，编码的概念是指把角度信息量变成便于传输和运算的数字信息量，这种与轴角对应的数字信息叫作代码。所以，码盘上应存储预先编好的角度信息代码。在编制代码时，采用不同的计数码盘的代码图案、逻辑电路和运算方法都不同。编制代码的原则是代码容易实现和稳定可靠、逻辑电路简单、便于数字运算。根据这个原则，直读式码盘的编码采用二进制代码。

码盘与轴固定在一起，随着轴的旋转，静止不动的狭缝读出与之相对的码盘位置上的代码，由于它直接由码盘上读出角位置，故称之为直读式，此外它的读数能给出绝对值，不受起始位置和中间某些错误读数的影响，亦称为绝对式。

码盘是编码的主要零件，它是在透明的玻璃圆盘上涂敷感光乳剂用光刻的方法制成。码盘上刻有若干同心圆环、码道，每个码道由不同数量的透明和不透明径向线条组成。

由于二进制数只需要两个数字符号 0、1 就可以组成不同的数，所以在码盘上用一个码道代表一位数，它的透明部分表示“1”，不透明部分表示“0”，透明部分覆盖在光电接收器件上时有信号输出，不透明部分覆盖在光电接收器件上时无信号输出，许多码道上的光电接收器件输出信号的不同组合就形成角度代码。图 9-25a 是用透明和不透明部分组成的二进制代码图案。

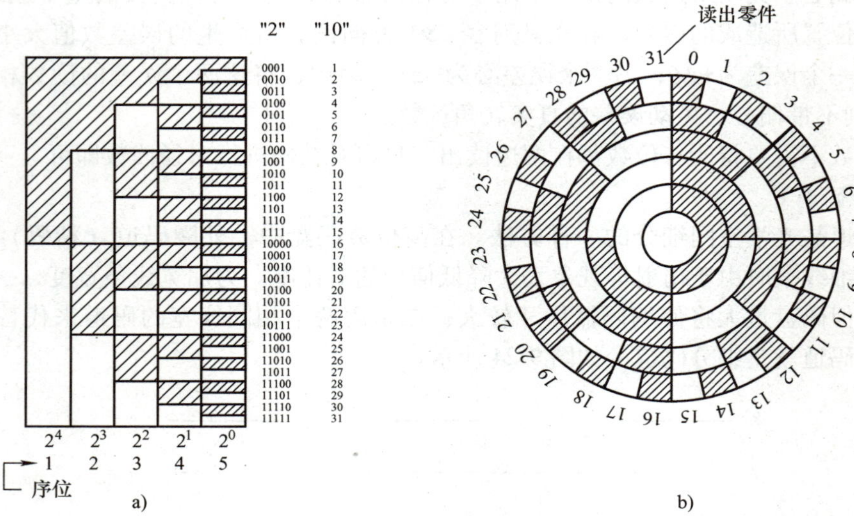

a)　　b)

图 9-25　5 位数码盘及展开图案

图 9-25a 为码盘的展开图案，和它对应的码盘如图 9-25b 所示，它是一个 5 位二进制的码盘，位序（指的是二进制数从高位到低位排列的序号）排列是 1、2、3、4、5，里圈码道为高位，外圈码道为低位。

由图 9-25b 可以看出，第一位将圆分成二等分，它的每个等分又被第二个码道分成二等分，第三个码道又将第二个码道的每一等分分成两个等分，依此类推。

日常的角度计量均采用度、分、秒系统，一个圆周角为 360°，1°为 60′，1′为 60″。这是一种十进制和十六进制混合的计数方法，用代码表示比较复杂。采用二进制代码，它将一个圆周角分为 2^n 等分，每个等分按二进制规律编成代码输出信息，每个等分代表的角度用 ξ_0 表示，称为该编码器角分辨率，也是它的特征指标之一。

$$\xi_0=\frac{360°}{2^n}=\frac{21600'}{2^n}=\frac{1296000''}{2^n} \tag{9-15}$$

式中，n 为编码器的位数。

例 9-1　5 位码盘的角分辨率为 $\frac{360°}{2^5}=11.25°$，低位（2^0）代码所代表的角度为 11.25°，高位（2^4）代码所代表的角度 180°。位数、位序与分辨率的关系见表 9-1。

表 9-1　位数、位序与分辨率的关系

位数位序	n 位编码器的总分辨率数目 $n=1,2,3,\cdots$	分辨率		
		每个分辨率所代表的角度或每个位序“1”代表角度		
		度(°)	分(′)	秒(″)
0	$2^0=1$	360	21600	1296000
1	$2^1=2$	180	10800	648000
2	$2^2=4$	90	5400	324000
3	$2^3=8$	45	2700	162000
4	$2^4=16$	22. 5	1350	81000
5	$2^5=32$	11. 25	675	40500
6	$2^6=64$	5. 625	337. 5	20250
7	$2^7=128$	2. 8125	168. 75	10125
8	$2^8=256$	1. 4063	84. 375	5062. 5
9	$2^9=512$	0. 7031	42. 1875	2531. 25
10	$2^{10}=1024$		21. 0938	1265. 625
11	$2^{11}=2048$		10. 5469	632. 8125
12	$2^{12}=4096$		5. 2735	316. 4063
13	$2^{13}=8192$		2. 6367	158. 2031
14	$2^{14}=16384$		1. 3184	79. 1016
15	$2^{15}=32768$		0. 6592	39. 5508
16	$2^{16}=65536$			19. 7754
17	$2^{17}=131072$			9. 8877
18	$2^{18}=262144$			4. 9438
19	$2^{19}=524288$			2. 4719
20	$2^{20}=1048576$			1. 2360
21	$2^{21}=2097152$			0. 6180

如式（9-15）所指出，随着编码器位数的增加，角分辨率提高，即每个最小单位所代表的角度值减小。有时为了将编码器读数换算成角度值，必须先将输出的二进制代码换算成十进制数，然后再乘上 ξ_0，但计算比较复杂。比较简单的办法可以认为代表角度的各个二进制代码均是小于 10000…的数，即都小于一个圆周角，不管多少位编码器，二进制代码的第一位均是 1/2 圆周角（180°）、第二位是 1/4 圆周角（90°）、第三位是 1/8 圆周角（45°）、…，因此只要将一个二进制角度代码有“1”的各位位序号列出，然后查找表 9-1，将有“1”的各位序所代表角度之和求出即可。

例 9-2　求二进制代码 01010101111001000 的角度值。

由表 9-1 查得各位序的角度值求和得：

$$(5400+1350+337.5+84.375+42.18751+21.0938+10.5469+1.3184)'=7247.02161'$$

二进制码进位时，至少有两位码的数字符号发生变化，如 0111 向 1000 进位时，后面三个数必须从“1”变为“0”，而前面一位数要由“0”变成“1”。使用二进制代码的直读式编码器也应该满足这个要求，在进位时必须使相应的各个码道同时变换数字。如果有一个码道不能同时变换就会造成错误读数，形成错码。为了克服这个缺点，在直读式编码器中的码盘上存储的信息采用循环码。

循环码也称周期码或格雷码，这种码由任何数变到相邻的数（加“1”或减“1”）时，代码中只有一位数字发生变化，即使产生误差也不会太大。表9-2列出一些简单的十进制、二进制及循环二进制代码的对照表。

表9-2　十进制、二进制和循环二进制代码的对照表

十进制	二进制	循环码	十进制	二进制	循环码
0	0000	0000	8	1000	1100
1	0001	0001	9	1001	1101
2	0010	0011	10	1010	1111
3	0011	0010	11	1011	1110
4	0100	0110	12	1100	1010
5	0101	0111	13	1101	1011
6	0110	0101	14	1110	1001
7	0111	0100	15	1111	1000

由表9-2可以看出，每位循环码由“0”增加为“1”时进位情况与二进制相同，在二进制码由“1”增加到“0”时（往往高邻位进位）循环码的同一位成反射状“减少”。例如，二进制码的2^1位在十进制数的1、2之间由0增加到1，这时循环码第二位的码也由0变为1；当2^2位在3、4之间由“1”增加到“0”时，循环码在这一点反射“减少”，反射的周期是高邻位（2^2位）的单位（4个最小单位或4个分辨率）。二进制码由2个单位（1个“0”，1个“1”）组成一个周期，循环码形成的周期相当于高邻位二进制码的周期，比同一位二进制的周期扩大一倍。

循环码的每一位数字符号不具有固定的数值含义，不能用位号表示，但可以用位序表示。这种码不能直接读出其数值，也不能直接进行四则运算，必须将它变成二进制代码。将循环码变成二进制码的过程称为译码，二进制码与循环码的相互变换原则如下：

1）二进制码变成循环码时只需要将二进制数与其本身向右移过一位的数按模数2规律相加，并舍去末位。

例如，将1000110变成循环码。

取1000110+0100011.0，则循环码为

$$\begin{array}{r} 1000110 \\ 1000110 \\ \hline 1100101 \end{array}$$

2）循环码变成二进制码的规律是：二进制码第一位（序）的数与循环码相同，第二位的数是循环码的第二位与二进制码第一位按模数2相加所得，以下各位依此类推。

设二进制码的各位数为　$X_1X_2X_3\cdots X_n$

循环码的各位数为　$A_1A_2A_3\cdots A_n$

则　$X_1=A_1$

$X_2=X_1+A_2$

$$X_3 = X_2 + A_3$$

$$\vdots$$

$$X_n = X_{n-1} + A_n$$

例如，将循环码 100110 变二进制码：

0100110 循环码

0111011 二进制码

按照上述方法只需要应用简单的半加器（异门）电路，就可以将循环码译成二进制码。图 9-26 给出了简单的译码电路。

图 9-27 为循环码码盘，与图 9-25 比较可以看出，在同一个位序的码道上除第一位外，循环码码道的线条数比二进制码少一半。

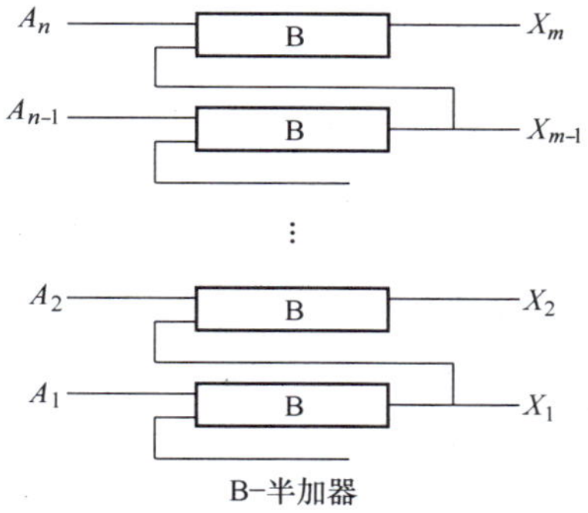

图 9-26　简单译码电路

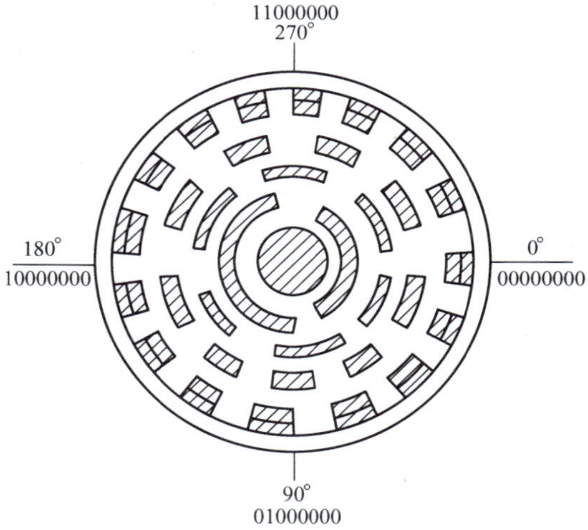

图 9-27　循环码码盘

9.3.5　狭缝及光电信号

码盘图案要变成对应的亮暗分明的电信号，除了要有一定数量的光电器件外，还要解决如何把码盘图案变成光电信号的方法，即检取信号的方法。从编码器中检取信号的方法有两种：一是用狭缝；二是用光学成像。这里主要介绍狭缝检取信号的有关问题。

从光源发出的光束经过光学系统投射到码盘上，被对准狭缝的码盘图案调制成随角度变化的光通量，光电接收器件又使这个变化的光通量转变成交变的电信号，光电信号幅值与码盘角位移之间的关系是分析光学编码器工作过程中各种现象的基础。光电信号幅值与码盘转角的关系与狭缝形式有关。

图 9-28 所示为码盘、狭缝和光电器件的对应关系。单狭缝是一个很窄的透光缝，当码盘的透光部分与狭缝对准时，光电器件接收到最多的光通量，输出信号最大，如图 9-28a 所示。当码盘的不透光部分与狭缝重叠时，光电器件输出信号最小，如图 9-28b 所示。当码盘从透光部分移动到不透光部分时，光通量逐渐由最大减至最小，光电信号也逐渐减至最小。码盘由一条线转到另一条线时，光电信号从最大到最小再由最小到最大波动一次。图 9-29

表示了这种变化关系，其虚线标出光电信号转换曲线。

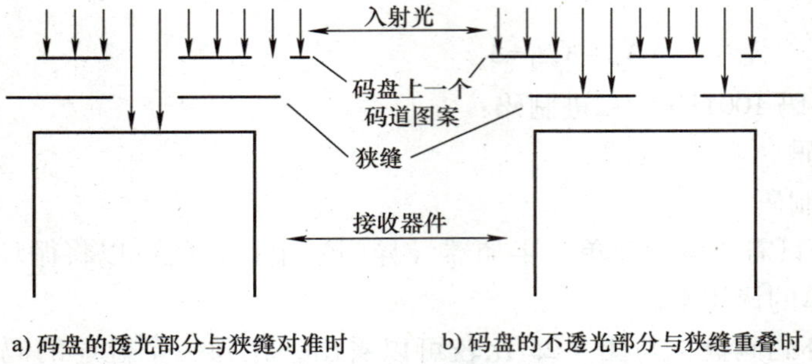

图 9-28　码盘、狭缝和光电器件的对应关系

编码器中每个码道光电信号波动的周期与光电信号转角的关系都不一样，每个码道光电信号的最大值称为该码道的亮电平，光电信号的最小值称为该码道的暗电平，它的亮电平与暗电平之比称为该码道的信号对比度。暗电平与亮电平之间的光电信号有个逐渐变化的区域，它所对应的角度称为过渡区（见图 9-29 中 φ），显然它等于狭缝宽度所对应的角度。狭缝越窄，过渡区越陡。但是，由于光电信号有一定的幅值要求，狭缝不可能取得很窄，故过渡区总占有一定大小。过渡区中光电信号是连续变化的，不符合数字化的要求。为了解决这个矛盾，编码器输出的光电信号经放大后还需鉴幅，使随转角变化的光电信号与鉴幅电平相比较。光电信号大于鉴幅电平鉴幅器有输出，否则无输出，这样就使连续变化的光电信号变成了不连续变化的以电信号表示的代码。代码数字发生变化的点称为转换点。“1”电平（亮电平）对应的角度范围称为亮区，“0”电平对应的角度称为暗区。由于各类光学、机械、电器方面的原因，如光源亮度变化、接收器件灵敏度变化、鉴幅电平变动等都会造成转换点移动，使亮区和暗区对应的角度发生变化，导致编码器准确度下降。代码转换实际上并不是在一个点发生，而是占有一个小区域，称为转换区。在转换区内代码处于不稳定状态。

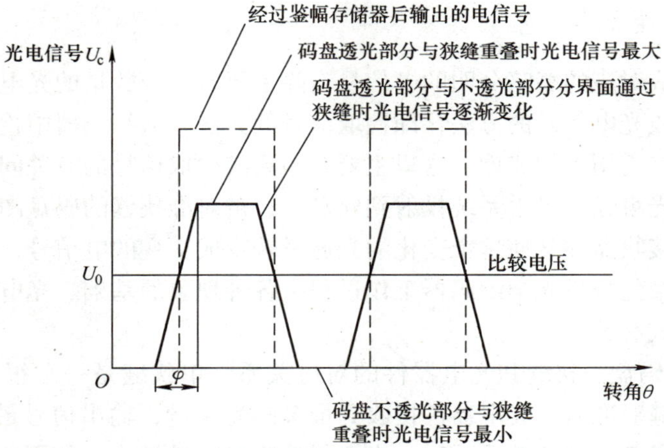

图 9-29　光电信号转换曲线

图 9-30 所示曲线反映了光电转换曲线变化情况，曲线 1 为在理想状态下的光电转换曲

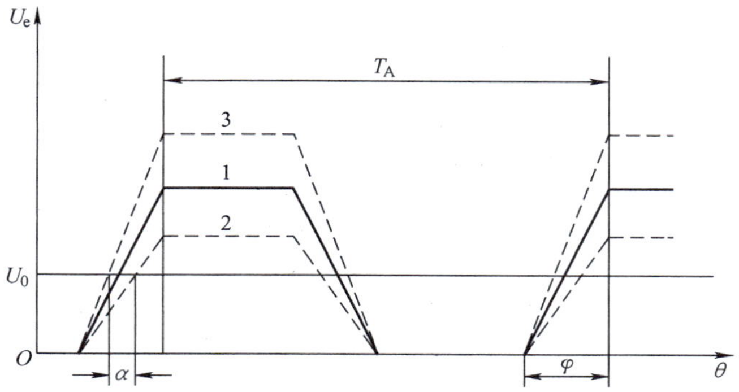

图 9-30　光电转换误差

线，由于某种原因使光电信号幅度发生变化（增大或减少），光电转换曲线也相应变化（见图中曲线 2 和 3）。图中 α 为转换区，若光电信号幅度变化±50%，则 $\alpha=\varphi$，此时为最大误差状态，显然，α 和 φ 值的大小与狭缝宽度有关，通常单狭缝的宽度不应超过编码器的一个分辨率，一般取单狭缝的宽度为 $A=\frac{1}{8}T_A$ 比较合适，T_A 为外圈最细码道的每对线的宽度。

随着编码器位数的增加，单狭缝的宽度也要相应减小，信号幅度成了主要矛盾。由于衍射作用，各码道之间的相互通光以及光电器件暗电流输出等使得转换曲线变成了图 9-31 的形状，对比度变坏，影响了码道的可靠性。为此，常采用多狭缝检取信号的方法。

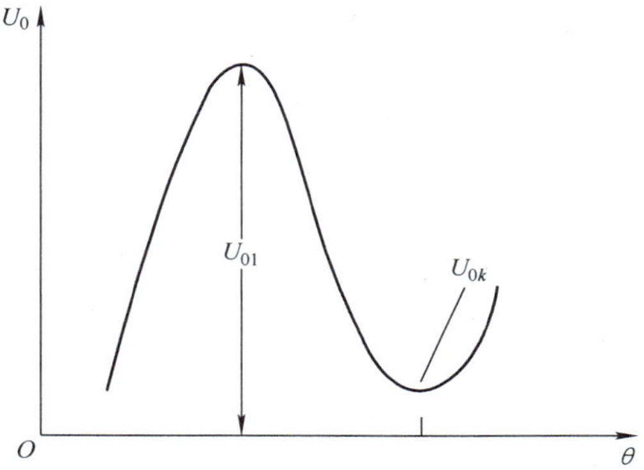

图 9-31　实际曲线

对高位数的编码器，外圈精码的信号是通过光栅（码道和狭缝）产生的莫尔条纹变换为光电信号的，利用莫尔条纹的电子细分技术可以提高编码器的分辨率。

9.3.6　编码器误差

光电轴角编码器是光、机、电相结合的一种数字式测角传感器，影响其测角误差的因素很多，应从光、机、电三方面来考虑。对于不同类型的编码器，由于原理和结构的不同，对编码器的误差也要具体分析。

在各零部件的准确度满足设计要求的情况下进行组装，整个编码器的误差不仅与零部件的加工准确度有关，而且与装调误差和工作条件有关。概括起来影响测角误差的因素主要有两个方面：原理性误差和转换点位置误差。

1. 原理性误差

光电轴角编码器的原理是把一个连续的圆周角度量，通过代码变换为 2^n 个不连续的角度量。这种模/数转换产生了原理性误差，因为在 $\xi=\frac{360°}{2^n}$ 这一分辨率区间内的任何点均读取同一个角度值，这就和每一点的实际值产生了误差，此误差即为量化误差。量化误差的最大值为$\pm\frac{\xi}{2}$，量化误差的中误差为$\pm\frac{\xi}{2\sqrt{3}}$。

2. 转换点位置误差

从图 9-29 所示的光电信号转换曲线可知，在模拟信号量转换为数字信号量时，由于各方面影响，转换点变为一个转换区间。于是实际的转换点位置与理论转换点位置产生偏差，即为转换点位置误差。

影响转换点位置误差的因素有很多，但分析起来与光电信号幅度变化、直流分量的大小、信号相位的改变以及波形形状的变化等有关。影响光电信号的幅度相位、直流分量和波形形状的因素有：

（1）码盘和狭缝刻划误差　对径误差、不封闭误差和不均匀性误差（乳剂的不均匀性、刻线宽度的变化及局部缺陷等），前两个误差直接影响信号的相位变化，后一个误差影响幅度、相位和波形。

（2）零件加工及装配误差　轴的晃动和窜动影响幅度和相位；码盘偏心和端面跳动影响幅度和相位；狭缝装配误差影响圈间光电信号相位；调零机构的调零及空度调整误差：调零误差取决于机械零件加工和装配的精度，空度调整是通过电阻器调整信号幅度来改变亮暗区比，它取决于电阻器的调整灵敏度，以及角度位置微调装置的灵敏度和重复性。

（3）光电器件的暗电流和灵敏度的变化直接影响信号的幅度和直流电平

（4）光源和光学系统误差　光源强度的变化直接影响信号的幅度变化。钨灯灯丝或半导体红外灯位置的变化、闪光灯灯光的跳动以及光学系统的变形都会改变照明方向，使信号幅度和相位发生变化。

（5）电子电路误差　转换电平的漂移和波动直接影响转换点误差；电路参数的改变（放大倍数、电阻链的阻值和放大器输入电阻等）影响信号幅度和相位的变化；外界干扰（这是一个随机量）可能产生读数误差。

对一个编码器很难用定量的方法来分析上述因素所带来的误差大小。实际上是用标准仪器对编码器进行检验，确定其测角误差的范围，即不确定度误差。

9.4 轴向位移测量

光三角法轴向位移检测

光三角位移测量系统的工作原理如图 9-32 所示。半导体激光器 1 射出的激光经辅助透镜 2 和发射光学系统 3 聚焦后，在被测工件 4 的表面（即目标面）上形成一个尺寸足够小的光点，目标面上的漫反射光经成像光学系统 5 后在 PSD 上形成一个对应的像点。当目标面变化时，PSD 上的像点也随之变化，根据 PSD 上的像点位置，可以得到位移尺寸 H。

1. 位移量与光学系统参数之间的关系

设在某种情况下，入射光和接收成像光学系统 5（简称光学系统 5）的光轴与基准面法线夹角分别为 θ 和 α，接收光学系统的垂轴放大率为 φ，如图 9-33 所示。接收成像光学系统 5 是按基准面和 PSD 像面的物像共轭关系进行设计的，若 PSD 与光轴垂直，则在实际测量

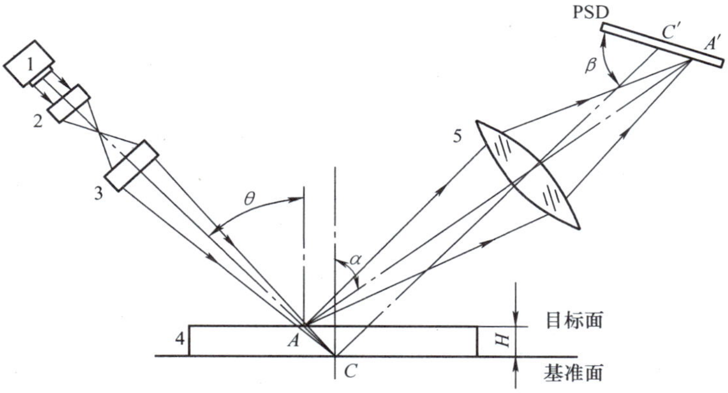

图 9-32　光三角位移测量系统的工作原理图

中这种关系就不存在，即目标面上的点不可能成像在 PSD 像面上，从而产生较大的测量误差。为使不同位置尺寸的目标面能在 PSD 上精确成像，必须使 PSD 与光轴成一定角度 β，根据光学成像原理和光学符号规则，即物点与像点的位置坐标以物方或像方主点为原点算起，从左到右为正，反之为负；物高或像高在光轴上方为正、下方为负。可得

$$\frac{1}{-l_0}+\frac{1}{l_0'}=\frac{1}{f'} \tag{9-16}$$

$$f'=-f \tag{9-17}$$

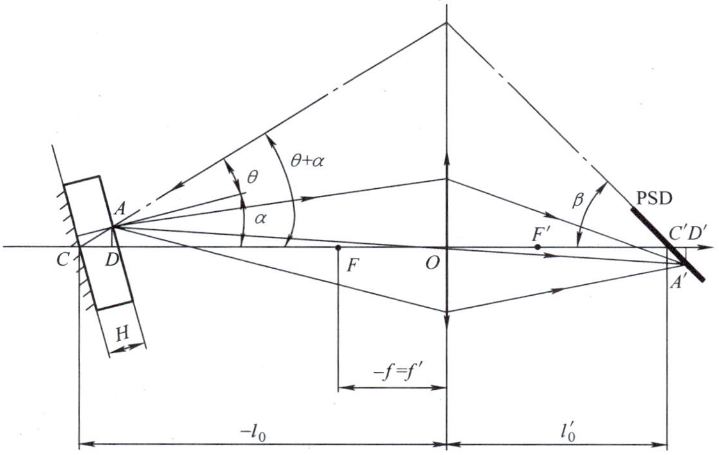

图 9-33　光三角成像光学系统成像原理图

由图 9-33 可知，$\dfrac{-\overline{A'D'}}{\overline{AD}}=\dfrac{\overline{OD'}}{-\overline{OD}}$，即

$$\frac{-\overline{C'A'}\sin\beta}{\dfrac{H}{\cos\theta}\sin(\alpha+\theta)}=\frac{l_0'+\overline{C'A'}\cos\beta}{-l_0+\dfrac{H}{\cos\theta}\cos(\alpha+\theta)} \tag{9-18}$$

令$\overline{C'A'}=S$，代入式（9-18）并整理，得

$$H=\frac{Sl_0\sin\beta\cos\theta}{l_0'\sin(\alpha+\theta)+S\sin(\alpha+\theta+\beta)} \tag{9-19}$$

式中，l_0、l_0'分别为接收成像光学系统5的物距和像距；A'为目标面在PSD敏感面上成像的像点位置。

由于设计时已根据θ、α、f'、l_0、l_0'、β确定了光学系统的相对关系，由式（9-19）并根据S可求出H。

2. PSD上像点位置S的确定

S的探测原理是利用PSD的横向光电效应来实现的。当一束光照射到PSD的敏感面上时，两个电极上就有不同的电信号输出，其差值是S坐标的函数，PSD的等效电路模型如图9-34所示。

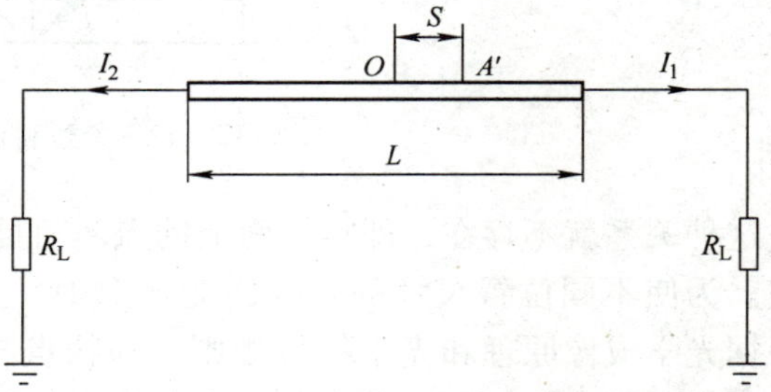

图9-34　PSD的等效电路模型

取两极中间位置为原点，则S可确定为

$$S=\frac{I_1-I_2}{I_1+I_2}\frac{(R+2R_L)L}{2R} \tag{9-20}$$

式中，L为PSD有效敏感面长度；R为PSD的总电阻；R_L为负载电阻；I_1、I_2为PSD两极输出的光电流。

若取$R_L=0$，则式（9-20）化为

$$S=\frac{I_1-I_2}{I_1+I_2}\frac{L}{2} \tag{9-21}$$

3. PSD与光轴的夹角关系

若光学系统的角放大率为γ，则由图9-35和角放大率公式可知：

$$\gamma=\frac{\tan\beta}{\tan(\alpha+\theta)}=\frac{-l_0-f'}{f'}=\frac{1}{\varphi}$$

即

$$\tan\beta=-\frac{l_0+f'}{f'}\tan(\alpha+\theta) \tag{9-22}$$

式（9-22）说明，PSD与光轴的夹角β与θ、α、l_0和焦距f'有关。在设计中还有几种特殊情况，如图9-35所示，现讨论如下：

1）$\theta=0°$、$\alpha\neq0°$时，即激光光束垂直入射，光学系统5斜反射接收的情况如图9-35a所示。此时式（9-19）和式（9-22）化为

$$H=\frac{Sl_0\sin\beta}{l_0'\sin\alpha+S\sin(\alpha+\beta)},\ \tan\beta=-\frac{l_0+f'}{f'}\tan\alpha$$

2）当$\alpha=0°$、$\theta\neq0°$时，即激光光束斜入射，光学系统5垂直反射接收的情况如图9-35b所示。此时式（9-19）和式（9-22）化为

$$H=\frac{Sl_0\sin\beta\cos\theta}{l_0'\sin\theta+S\sin(\theta+\beta)},\ \tan\beta=-\frac{l_0+f'}{f'}\tan\theta$$

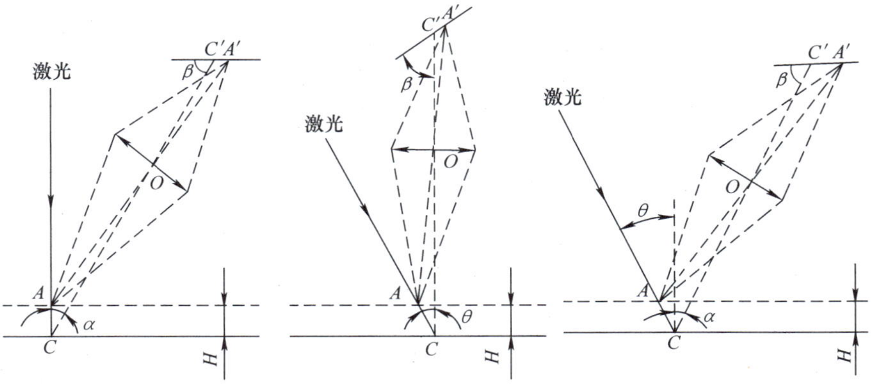

a) $\theta=0°$, $\alpha\neq0°$　　b) $\alpha=0°$, $\theta\neq0°$　　c) $\theta=\alpha=\theta_0$

图 9-35　光三角原理三种特殊测量情况

3）当 $\theta=\alpha=\theta_0$ 时，即激光光束入射与光学系统 5 接收为镜面反射的情况，即符合反射定律，如图 9-35c 所示。此时式（9-19）和式（9-22）化为

$$H=\frac{Sl_0\sin\beta\cos\theta_0}{l_0'\sin2\theta_0+S\sin(2\theta_0+\beta)},\ \tan\beta=-\frac{l_0+f'}{f'}\tan2\theta_0$$

9.5　激光测距

距离是几何测量中很重要的一个参量，所以激光测距应用较为广泛，如大地测量、地震、制导、跟踪、火炮控制等。激光测距主要有脉冲法、相位法和脉冲—相位法三种。脉冲法准确度低，而相位法准确度较高。除激光测距外，还有微波测距，它可以全天候测距，但准确度低。

9.5.1　脉冲法测距

脉冲法激光测距

1. 工作原理

图 9-36 为脉冲法测距的原理示意图。测距机发射矩形波激光脉冲（主波信号），入射至被测目标后返回的部分激光（回波信号）由测距机接收。测距机与目标的距离 L 为

$$L=c\,\frac{t}{2} \tag{9-23}$$

式中，c 为光速；t 为激光脉冲往返时间（主波与回波的时间间隔）。

由式（9-23）可知，只要测出时间 t 的大小，便可知道被测距离 L。

在激光器发射功率为一定的情况下，光电探测器接收的回波功率 P_L 的大小与测距机的光学系统的透过率有关，与目标表面的物理性质有关，与被测距离 L 大小有关。可以写出在不同目标状态下的测距方程。

漫反射大目标：

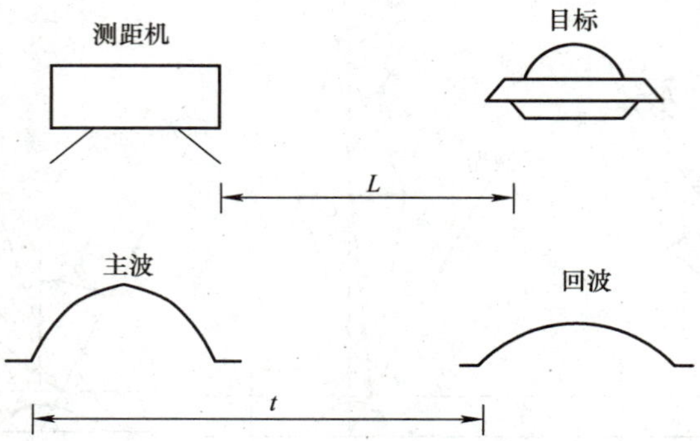

图 9-36　脉冲法测距的原理示意图

$$P_L = P_T \frac{A_R}{2\pi L^2} K_f K_R K_T \rho K_\alpha^2 \tag{9-24}$$

漫反射小目标：

$$P_L = P_T \frac{A_o A_R}{2\pi \Omega_T L^4} K_f K_R K_T \rho K_\alpha^2 \tag{9-25}$$

角反射棱镜合作目标：

$$P_L = P_T \frac{A_t A_R}{\Omega_t \Omega_T L^4} K_f K_R K_T \rho K_\alpha^2 \tag{9-26}$$

式中，P_T 为发射功率；A_R 为接收光学系统的有效面积；A_o 为目标的有效面积；A_t 为角反射棱镜的有效面积；Ω_T 为经发射光学系统激光发散角；Ω_t 为角反射棱镜的激光发散角；K_f 为干涉滤光片的峰值透过率；K_R 为接收系统透过率；K_T 为发射系统透过率；K_α 为单程大气透过率；ρ 为目标反射率。

显然，实现测距的基本条件是回波功率 P_L 必须大于或等于测距机的最小探测功率。测距机的组成框图及波形如图 9-37 所示。

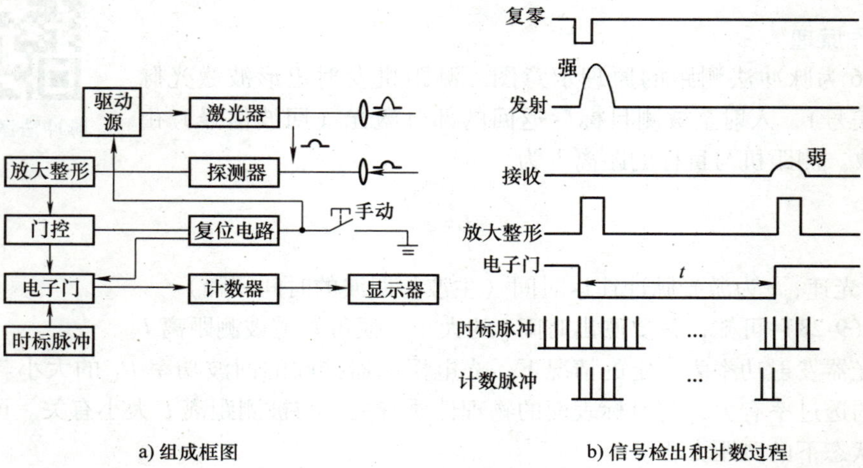

图 9-37　测距机的组成框图及波形

手动开关接通，复零电路产生复零脉冲使门控打开，电子门和计数器为初始状态，同时使激励电源工作，激光器发出激光脉冲辐射目标。激光的散射光作为主波信号入射到探测器，经探测器变换为脉冲信号，然后再放大整形，用脉冲前沿控制电子门打开。时标脉冲通过电子门由计数器计数，计数器所计脉冲与时间 t 成正比，即

$$t=\frac{N}{f_{cp}} \tag{9-27}$$

式中，N 为计数脉冲个数，f_{cp}为时标脉冲频率。

将式（9-27）代入式（9-23）得距离为

$$L=\frac{cN}{2f_{cp}} \tag{9-28}$$

令 $q_L=\frac{\Delta L}{\Delta N}=\frac{c}{2f_{cp}}$为计数器的量化单位，设 $q_L=10\text{m}/$脉冲，则所求时标脉冲频率为

$$f_{cp}=\frac{c}{2q_L}=\frac{3\times10^8}{2\times10}\text{Hz}=15\text{MHz}$$

由式（9-23）可以求出测距误差的表达式，即

$$\Delta L=\frac{t}{2}\Delta c+\frac{c}{2}\Delta t \tag{9-29}$$

误差的第一项是由于大气折射率的变化而引起的光速偏差，此项误差很小，可以忽略不计；第二项为测量时间误差而引起的测距误差。影响测量时间误差的主要因素有时标脉冲的周期（时标量化单位）引起的误差；激光脉冲前沿受目标或反射器影响而展宽；放大整形电路的时间响应不够使脉冲前沿变斜，主要取决于放大器的上限截止频率f_h。图 9-38表示了脉冲前沿的变斜产生的误差。当 $\Delta t=1\text{ns}$ 时，将产生 1m 的测距误差。一般测距准确度为1～5m。因此要减小测量时间误差 Δt，一方面要求放大整形电路有足够的时间响应，另一方面压窄激光脉冲宽度，使脉冲前沿变陡。压窄激光脉冲宽度的手段是采用激光调 Q 技术，如电动机转镜调 Q、电光调 Q 和锁模技术。使激光脉冲宽度变窄，不仅可提高测距精度，而且还能大大提高激光输出的峰值功率。例如，锁模激光的脉宽可达 10～13fs，峰值功率达 10～12W。

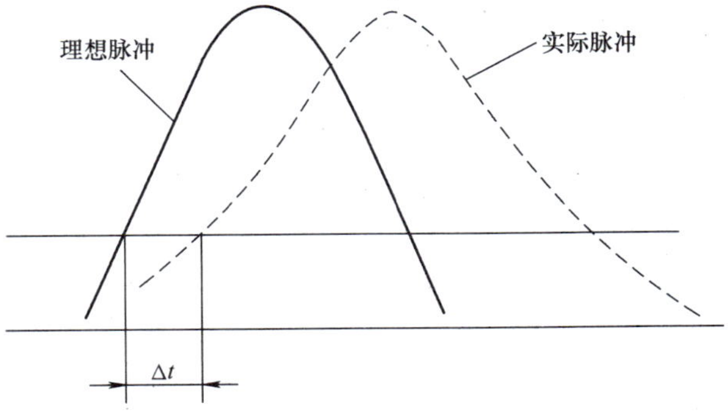

图 9-38　脉冲前沿的变斜产生的误差

2. 前置放大器

前置放大器设计的好坏直接影响测距的准确度和测距的量程。由于前置放大器的上限频率不高引起信号脉冲前沿变斜，产生测距误差。而前置放大器的固有噪声直接影响探测最小信号脉冲幅值，使测量距离受到限制。图 9-39 为典型的前置放大器原理电路图。

此电路为 YAG 激光测距机的前置放大电路。其中 V_1 和 V_2 构成并联电流反馈电路，V_3

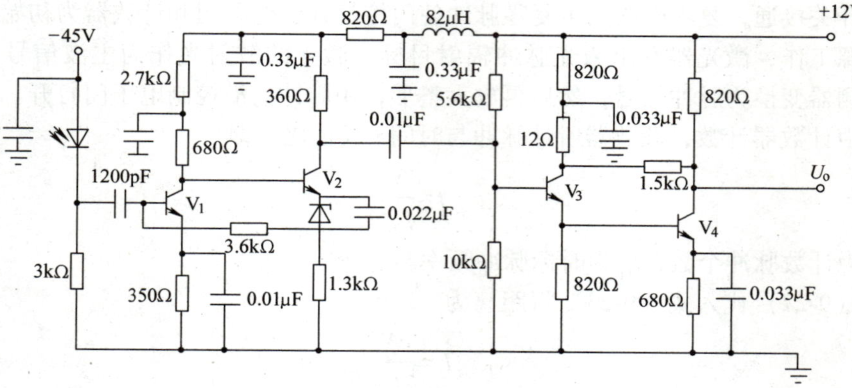

图 9-39　典型的前置放大器原理电路图

和 V_4 构成串联电压负反馈电路。前置放大器的频率响应范围为 0.5～12（或 14）MHz，电压放大倍数为 8000～10000，噪声系数小于 3dB。

该电路抑制噪声干扰的办法是：通过 1200pF 耦合电容将 0.5MHz 以下的干扰衰减掉；用 *RC* 去耦电路和电感线圈抑制级间干扰。减小前置放大器固有噪声的办法是：选用低噪声放大管；设计第一级（V_1 和 V_2）的放大倍数为 100 多倍，第二级（V_3 和 V_4）为几十倍，因为放大器的噪声系数主要取决于第一级。

9.5.2　相位法测距

相位法激光测距

1. 相位法测距的基本原理

经调制的辐射信号由被测目标返回接收机后，产生相位移为 φ，设调制光的角频率为 $\omega=2\pi f$，f 为调制频率，则辐射信号由发射到返回的时间 t 为

$$t=\frac{\varphi}{\omega}=\frac{\varphi}{2\pi f} \tag{9-30}$$

将式（9-30）代入式（9-23）得

$$L=\frac{c}{2}\frac{\varphi}{2\pi f} \tag{9-31}$$

所以，只要间接地测出调制光波经过时间 t 后所产生的相位移 φ，就可以得到被测距离 L。图 9-40 所示为距离与相位移的关系。A 点为发射点，B 点为反射点，A' 点为接收点，AA' 距离为光程。

对于调制频率为 f_1 的光，其波长 $\lambda_1=c/f_1$，相位移 φ 为

$$\varphi=N_1(2\pi)+\Delta\varphi_1=2\pi(N_1+\Delta N_1) \tag{9-32}$$

式中，N_1 为测相周期为 2π 时的整数倍数；$\Delta N_1=\dfrac{\Delta\varphi_1}{2\pi}$ 为非整数。

将式（9-32）代入式（9-31）得

$$L=N_1\frac{c}{2f_1}+\Delta N_1\frac{c}{2f_1} \tag{9-33}$$

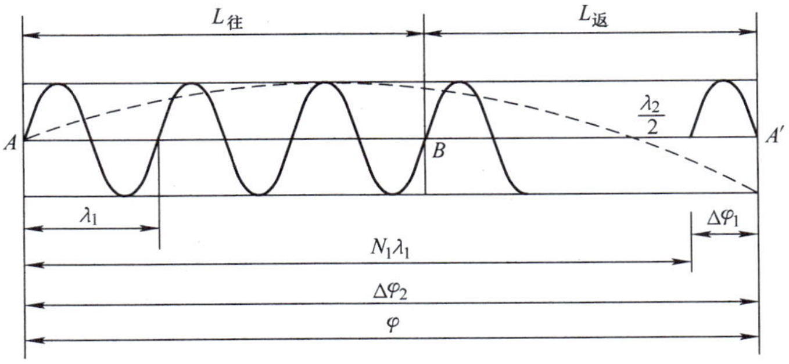

图 9-40　距离与相位移的关系

令 $q_{L1}=\frac{c}{2f_1}=\frac{\lambda_1}{2}$为长度单位（测尺单位），则

$$L=q_{L1}N_1+q_{L1}\Delta N_1 \tag{9-34}$$

目前，相位法测距不能测出 N_1 整数值，所以式（9-34）为不定解。如果将单位长度增大，如图中虚线光波长为 λ_2，$q_{L2}=\lambda_2/2$，由于 q_{L2}的 N 项为零，则距离为

$$L=q_{L2}\Delta N_2=q_{L2}\frac{\Delta\varphi_2}{2\pi} \tag{9-35}$$

因为 $\Delta\varphi_2<2\pi$，所以为单值解。

目前，采用测相周期为 2π 或 π 两种方法，当测相周期为 2π 时，$q_L=\frac{\lambda}{2}=\frac{C}{2f}$；当测相周期为 π 时，$q_L=\frac{\lambda}{4}=\frac{C}{4f}$。应该注意单位长度 q_L 不同于量化单位。

由上述分析得到启示：在测相系统中设置几种不同的 q_L 值（相当于设置几把尺子），同时测量某一距离，然后将各自所测的结果组合起来，便可得到单一的精确的距离。

例如，$L=276.34$m，选用两把准确度均为 1% 的尺子，一把 $q_{L1}=10$m，准确度为 1cm；另一把 $q_{L2}=1000$m，准确度为 1m，用 q_{L2}测得 276m，用 q_{L1}测得 0.34m，组合后为 276.34m。

2. 测尺频率的选择

（1）分散的直接测尺频率方式（中、短程测距）　测尺频率和测尺长度直接相对应，并设有几组测尺频率，表 9-3 给出了测尺频率、测尺长度与准确度的关系。

表 9-3　测尺频率、测尺长度与准确度的关系

测尺频率/Hz	15M	150k	15k	1.5k
测尺长度/m	10	10^3	10^4	10^5
准确度/m	10^{-2}	1	10	100

由表 9-3 可知：$f_{高}/f_{低}=10^4$，所以，放大器和调制器难以满足增益和相位的稳定性，只适于中、短程。

（2）集中间接测尺频率方式（长程测距和部分中程测距）　用f_1 和f_2 两个测尺频率的光

波分别测量同一段距离 L，得两光波的相位分别为

$$\varphi_1 = 2\pi f_1 t = 2\pi(N_1+\Delta N_1)$$
$$\varphi_2 = 2\pi f_2 t = 2\pi(N_2+\Delta N_2)$$

两相位移之差为

$$\Delta\varphi = \varphi_1 - \varphi_2 = 2\pi(N+\Delta N) \tag{9-36}$$

式中，$N=N_1-N_2$；$\Delta N=\Delta N_1-\Delta N_2$。

若用差频 f_1-f_2 作为光波的调制频率，其相位移为

$$\Delta\varphi' = 2\pi(f_1-f_2)t = 2\pi[(N_1-N_2)+(\Delta N_1-\Delta N_2)] = 2\pi(N+\Delta N) \tag{9-37}$$

可见式（9-36）与式（9-37）相等，即 $\Delta\varphi'=\Delta\varphi$。

式（9-37）说明：两个测尺频率分别测相的相位尾数之差 $\Delta\varphi$ 等于以这两个测尺频率的差频测相而得到的相位尾数 $\Delta\varphi'$，所以

$$L = q_{Ls}(N+\Delta N) \tag{9-38}$$

式中，q_{Ls} 为差频（相当）测尺长度。

采用差频测相后，能大大压缩测相系统频带宽度，使放大器和调制器的稳定性提高，而且石英晶体的类型也可以统一。

3. 差频测相

目前测相准确度为千分之一左右，为了提高测相准确度，精测尺的频率很高，一般为十几 MHz~几十 MHz，甚至几百 MHz。国内一般可达 30MHz 左右，国外研制的已达 500MHz，但是提高 f 会带来一系列问题，如寄生参量影响等，而且设置几套频率，使成本提高。

差频测相是将基准信号与被测信号进行差频，得到中频或低频信号后进行测相，使测相准确度提高。差频测相原理框图如图 9-41 所示。

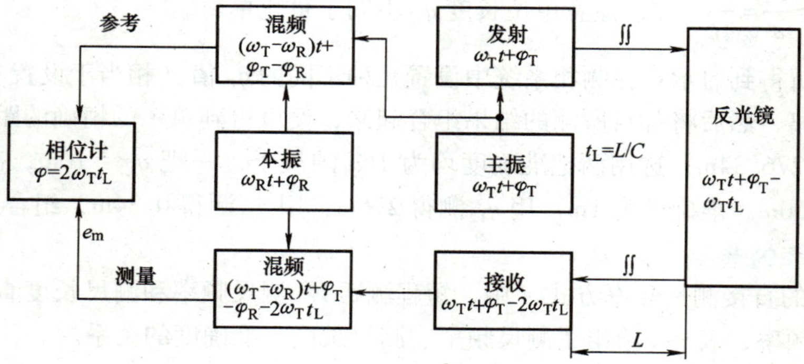

图 9-41　差频测相原理框图

图中，ω_T 为主振频率；φ_T 为主振初始相位；ω_R 为本振频率；φ_R 为本振初始相位；$\omega_T>\omega_R$。

混频后参考信号 e_r 相位为

$$\varphi_1 = (\omega_T-\omega_R)t+\varphi_T-\varphi_R \tag{9-39}$$

测量光束经往返光程后，相位为

$$\omega_T t - 2\omega_T t_L + \varphi_T$$

被测信号 e_m 相位为

$$\varphi_2=(\omega_T-\omega_R)t-2\omega_T t_L+\varphi_T-\varphi_R \tag{9-40}$$

由相位计测相

$$\varphi=\varphi_1-\varphi_2=[(\omega_T-\omega_R)t+\varphi_T-\varphi_R]-[(\omega_T-\omega_R)t-2\omega_T t_L+\varphi_T-\varphi_R]=2\omega_T t_L \tag{9-41}$$

由上述可知：①φ 为主振信号往返 L 光程后产生的相位移；②测相系统中的中频或低频$(\omega_T-\omega_R)\ll\omega_T$ 或 ω_R；如 DCX—30 型激光测距仪 $f_T=30$MHz，差频 $f_c=f_T-f_R=4$kHz，降低了很多，容易保证相位计的准确度。

4. 自动数字测相（电子相位计）

差频式的测相方法主要有两种：

1）平衡式移相—鉴相法测相，又分手动和自动两种，适用于长程测距仪。

2）自动数字测相。其特点是准确度高，响应速度快，便于实现数据的测量、记录和处理的自动化。

图 9-42 为数字测相原理框图。通道Ⅰ、Ⅱ为放大整形电路，将差频的正弦信号变为方波信号，图中 1、2 为与门电路。

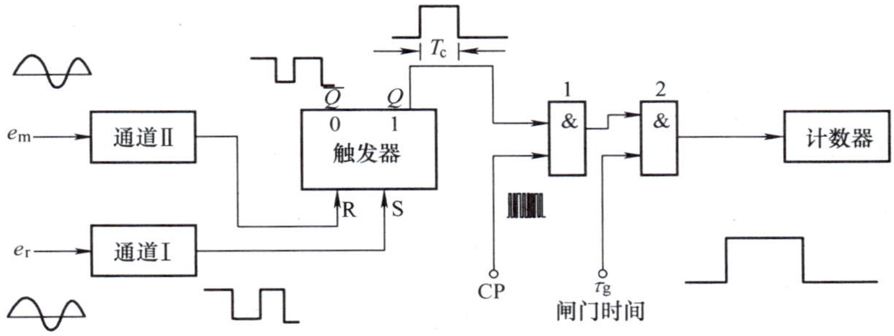

图 9-42　数字测相原理框图

参考信号 e_r 的下降沿（负跳变）使 RS 触发器“置位”，Q 端输出高电平，作为检相器的“开门”信号，时钟脉冲通过计数器计数。测得信号 e_m 经过相位移 φ 后产生下降沿，又使 RS 触发器“复位”，Q 端输出低电平，作为检相器的“关门”信号。检相触发器输出的检相脉冲宽度为

$$t_c=\frac{\varphi}{\omega_c}=\frac{\varphi}{2\pi f_c} \tag{9-42}$$

在置位时间 t_c 内计数器所计的单位检相的脉冲数为

$$m=f_{cp}t_c=f_{cp}\frac{\varphi}{2\pi f_c}=\frac{f_{cp}}{2\pi f_c}\varphi \tag{9-43}$$

式中，f_{cp}为时钟脉冲的频率；f_c 为参考信号、测得信号的频率。

为了提高测量的准确度，在检测电路中增加了一个闸门时间 τ_g，在 τ_g 时间内进行多次测量，取多次检相的平均值，可以消除或减少随机误差，一般检相次数可为几万～几十万次。

在 τ_g 时间内，检相次数 n 为

$$n=\tau_g f_c \tag{9-44}$$

所以，在 τ_g 时间内计数器所计脉冲数为

$$M=mn=\frac{f_{cp}\tau_g}{2\pi}\varphi$$

即

$$\varphi=2\pi\frac{M}{f_{cp}\tau_g} \tag{9-45}$$

对某一测距仪来说，f_{cp}、τ_g 为确定值，所以相位移 φ 大小与累计的脉冲数 M 成正比。

数字测相电路的工作波形如图 9-43 所示。

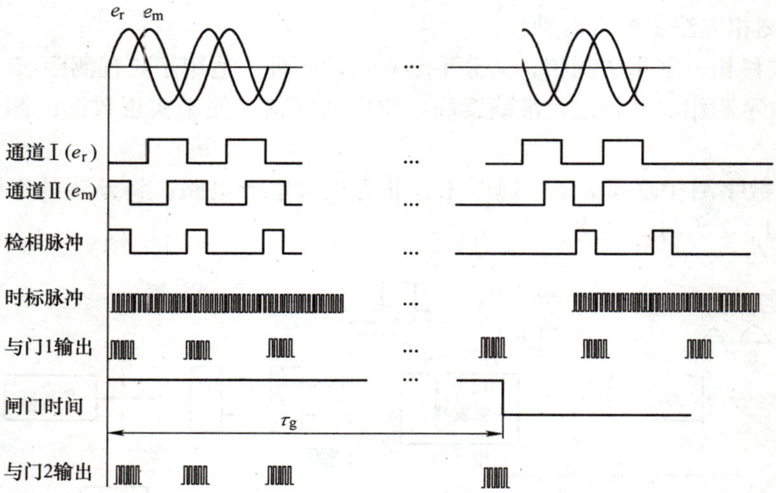

图 9-43　数字测相电路的工作波形

这种检相电路存在两个问题：

1）因闸门脉冲具有随机性，故可引入±1 两个检相脉冲组的误差。为此可采取的措施有：①提高检测次数 n；②使闸门脉冲与检测脉冲同步。

2）大小角检相的错误读数。因为检相双稳有一定的工作速度，信号在干扰噪声作用下产生抖动，尤其在 0°或 360°附近抖动时，将产生粗大误差。为此，可将大小角检相通过移相变为中等角进行检相。

9.5.3　典型仪器简介

图 9-44 为国内某型半导体红外测距仪原理图，仪器指标：

1）测程：单块棱镜为 600m；4 块棱镜为 1200m；12 块棱镜为 2000m。

2）准确度：± 1. 5cm。

3）光源：GaAs 半导体发光管，$\lambda=0.93\mu m$。

4）计数显示分辨力：5mm。

5）读数：5 位。

6）测尺频率：$f_1=15MHz$，$q_{L1}=10m$；$f_2=150kHz$，$q_{L2}=1km$。

该测距仪采用两把尺子（$f_1=15MHz$，$f_2=150kHz$），在开关作用下它们交替地对 GaAs 调制。基准（参考）信号混频和测量信号混频后，得到差频 $f_c=4kHz$，然后对 e_r、e_m 检相和运算，最后显示被测距离。

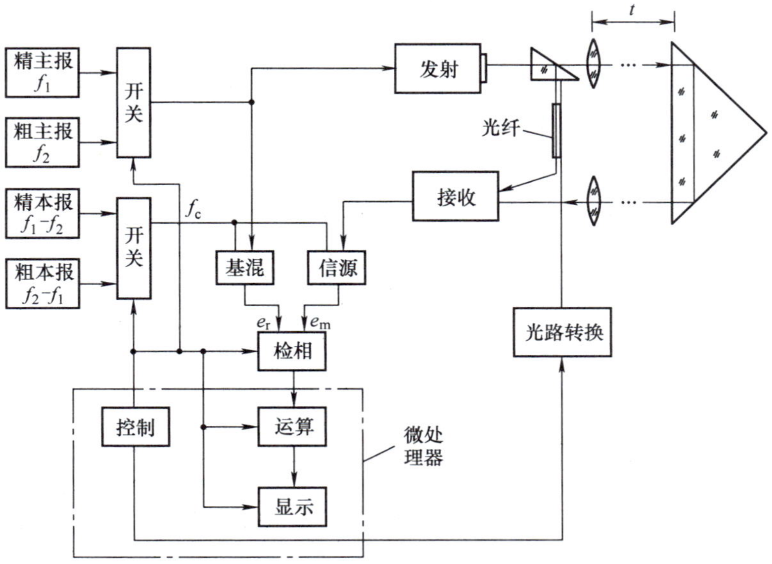

图 9-44　半导体红外测距仪原理图

控制系统的作用是控制各单元电路工作、转换开关以及控制内、外光路转换。

采用内、外光路的作用是消除电子电路移相而引入的误差。

当外光路（测尺光路）工作时，相位移为

$$\varphi_e=\varphi_2 L+\varphi_a'$$

当内光路（光程）工作时，相位移为

$$\varphi_i=\varphi_\theta+\varphi_a''$$

其中，φ_θ 为内光路相位移，为固定值；φ_a'为外光路电子电路附加相位移，且 $\varphi_a'=\varphi_a''$；φ_a''为内光路时电子电路附加相位移。

两次测相值相减得

$$\varphi=\varphi_e-\varphi_i=\varphi_2 L-\varphi_\theta$$

通过修正 φ_θ，便可得到由被测光程产生的相位移。调制发射电路如图 9-45 所示。

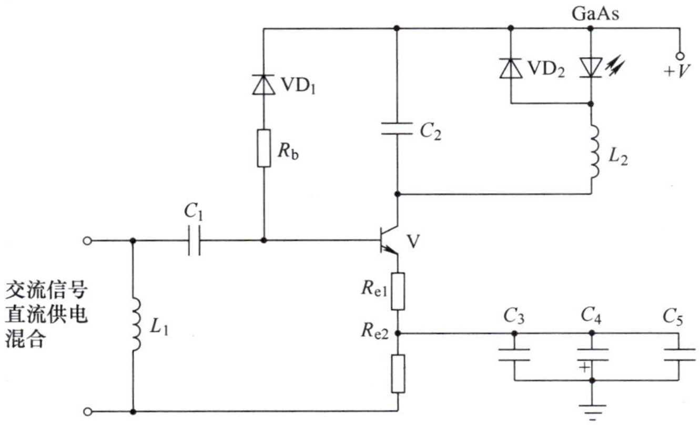

图 9-45　调制发射电路

交流调制信号和直流供电由同一电缆输入，C_1 为隔直电容，只许交流通过，而 L_1 起扼流作用，直流通过，$C_3 \sim C_5$ 为滤波电容。R_b 和 $R_e(R_e = R_{e1} + R_{e2})$ 确定工作点，可以调节 GaAs 偏置电流。VD_2 为保护二极管，C_2 和 L_2 构成谐振回路。接收放大电路如图 9-46 所示。有两个谐振回路，其谐振频率为 15MHz 和 150kHz，由 L_1 和 L_2 的磁心调频。交流信号输出和直流供电用同一电缆。V_2、V_3 构成串联电流负反馈。

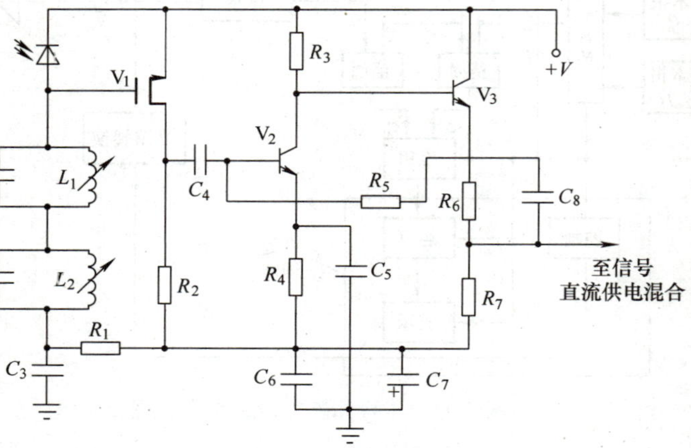

图 9-46　接收放大电路

思考题与习题

9-1　干涉位移检测法的条件是什么？有何特点？是否能将干涉信号进行细分？

9-2　光电信号处理电路中是如何实现辨向的？

9-3　什么是光栅、莫尔条纹？简述光栅位移传感器的组成和位移测量的原理。

9-4　用光栅莫尔条纹信号检取位移量有何优点？为什么一般采用差动放大器？

9-5　比较增量式轴角编码器和绝对式轴角编码器的相同点与不同点。

9-6　图 9-33 为光三角成像光学系统成像原理图，试根据 PSD 上的像点位置推导位移尺寸 H 的公式。

9-7　激光测距中为什么采用激光调 Q 技术？常见的激光调 Q 技术有哪几种？

9-8　用脉冲法测量的最大距离与哪些因素有关？

9-9　在保证波形不失真的情况下，一般要求接收系统的频带为 $0 \sim f_h$，其中上限 $f_h = 1/\tau$。但激光测距的放大器通常选用频带为 0.5～14MHz，这是为什么？

9-10　用相位法测距时，选用准确度皆为千分之一的两把尺子，一把尺子的测尺长度为 10m，另一把尺子的测尺长度为 1km，若测距为 462.15m，两把尺子测得的有效数字各为多少？

第 10 章　光电外观检测

光电外观检测是指用光电技术方法对产品或零部件的外观质量进行检测。外观质量通常包括几何缺陷（疵病）程度、表面粗糙度、颜色以及锈斑、污点等表面质量。本章主要介绍用光反射法、光透射法和光衍射法进行外观检测的基本原理，并侧重光电变换器的分析介绍及光电信号的检取方法。通过典型实例建立起光电外观检测系统的概念，为今后从事光电外观检测技术工作的人员提供参考。

10.1　外观检测的方式和原理

光电外观检测

传统的外观检测是用人的视觉来完成的。外观的疵病或颜色的深浅差异，通过光信息入射到人眼，然后经过大脑进行判断得出结论。但是，在生产过程中用人的视觉来检测产品或零部件的外观质量，一是容易损伤检查人员的眼睛，二是不能实现自动化，效率也低。为了保护人的眼睛和提高生产效率，必须研制外观检测装置来代替人的视觉系统。尽管目前外观检测装置不能达到人视觉系统的图像识别能力、判断能力及适应能力，但随着科学技术的发展，必将能用外观检测装置代替人的视觉系统。

目前，能够用于某些外观检测的方法有：光电法、电学法、机电法及超声波法等。众所周知，光电法具有检测疵病范围广、使用灵活、准确度高等特点。所以，光电外观检测技术得到广泛应用。

在应用光电法检测产品外观疵病时，按照明系统、光电接收系统和待测产品之间的位置配置分有反射式、透射式、扫描式和光电式等。

10.1.1　反射式与透射式外观检测

反射式外观检测的示意图如图 10-1a 所示，照明系统和光电接收系统位于被检产品（圆柱体）的同一侧。图 10-1b 为透射式外观检测示意图，照明系统和光电接收系统分别位于被检产品（玻璃瓶）两侧。

照明光学系统产生特定形式的光束投射到被检产品表面上，由被检产品表面反射（或透射）的光经接收光学系统聚集到光电器件上，光电器件输出的电信号大小与入射的辐射通量成正比。当被检产品表面无疵病时，反射（或透射）的辐射通量不变，光电器件输出的电信号为一恒定值。当被检产品表面有疵病时，反射（或透射）的辐射通量将发生变化，

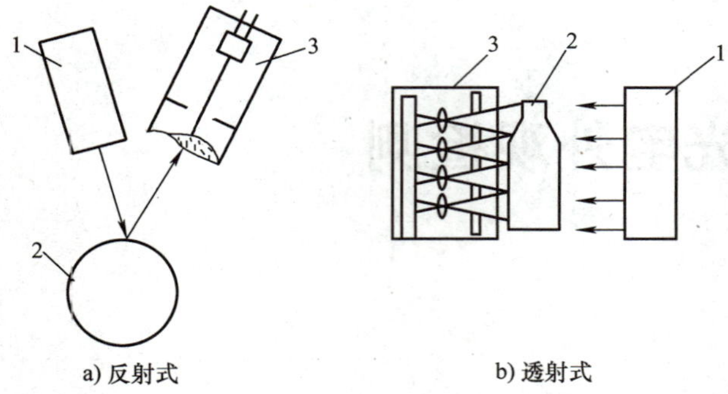

图 10-1　反射式和透射式的示意图

1—照明系统　2—被检产品　3—光电接收器

随之光电器件输出的电信号将发生相应的变化，根据疵病信号的大小，通过电路处理来区别良品、废品。

采用反射式检测时，要求被检产品的表面具有一定的反光能力，因而多适用于检查金属制品。透射式检测则要求被检产品具有一定透光性能，它不但能检查产品的表面，而且能检查产品的内部缺陷。

10.1.2　正反射式与非正反射式（漫反射式）检测

利用反射式检测产品表面疵病时，依据照明系统光轴、光电接收系统光轴与被检产品表面法线之间几何位置安排可分为正反射与非正反射两种方式。

图 10-2 所示为正反射式检测原理及信号波形。图 10-2a 中，照明系统的入射角等于接收系统的反射角，即 $r=r'$。图 10-2b 中为 $r=r'=0$ 情况。当被检产品表面正常时，入射接收系统的辐射通量最大，光电器件的输出为高电平。当被检查产品表面有疵病时，疵病部分使光发生了漫反射，而进入接收系统的辐射通量减少，光电器件输出电平变低。图 10-2c 为疵病信号波形图。疵病越大，疵病信号的幅值也越大。

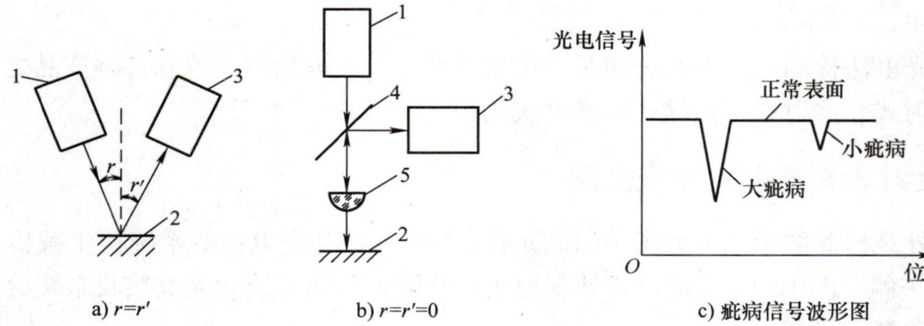

图 10-2　正反射式检测原理及信号波形

1—照明系统　2—被检表面　3—光电接收系统　4—分光镜　5—透镜

图 10-3 给出了两种非正反射式检测原理及信号波形。其中图 10-3a 的照明系统光轴入射角 $r=0$。接收系统的反射角为 r'。图 10-3b 的 $r>r'$。

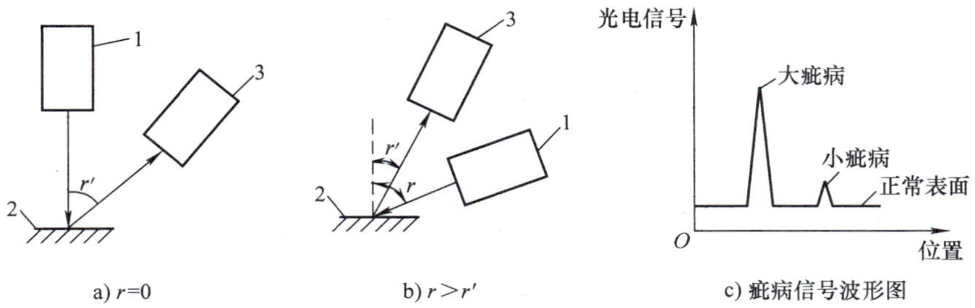

图 10-3 非正反射式检测原理及信号波形

1—照明系统 2—被检表面 3—光电接收系统

被检产品表面正常部分反射到光电器件上的辐射通量最少，器件输出电平最低，而疵病部分由于光的漫反射作用，使反射到光电器件上的辐射通量增加，器件输出的电平变高，如图 10-3c 所示。通常非正反射式适于检测凸凹一类疵病或表面涂有透明保护膜的产品。

10.1.3 扫描方式

扫描方式是相对非扫描方式而言的，它适于大面积检测，这种方式不但要求被测产品运动，而且要有光学系统的扫描运动，通常扫描方向与被检产品移动方向相垂直。按光学扫描方式分有以下三种。

1. 飞像扫描方式

图 10-4 为飞像扫描方式的原理图。照明系统在被检产品表面的宽度方向上均匀照明，当多面体棱镜转动时，其反射面便将被检产品表面的像点依次送入接收系统的视场之中，故称为飞像扫描方式。飞像扫描方式的检测灵敏度与接收系统中的视场光栅大小有关，视场光栅大则检测灵敏度低，视场光栅小则检测灵敏度就高。多面体棱镜一般以 1800r/min 或 3600r/min 的速度旋转，反射面一般为 8~20 个面。

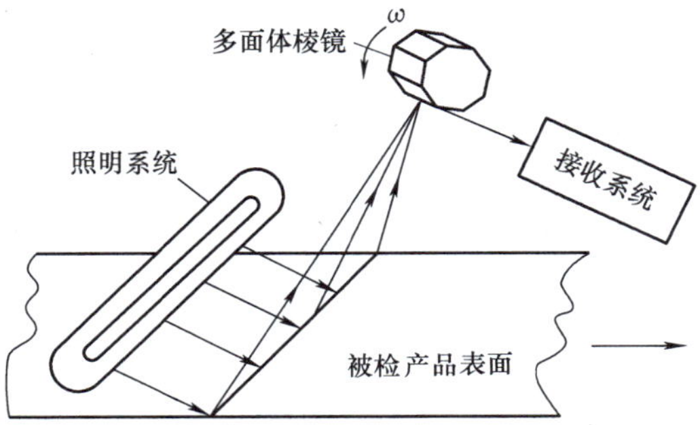

图 10-4 飞像扫描方式的原理图

2. 飞点扫描方式

图 10-5 为飞点扫描方式的原理图，照明系统将特定形式的光点投射到多面体棱镜上。当多面体棱镜转动时，这个光点便沿被检产品表面的宽度方向扫成一条线，故称为飞点扫描方式。接收系统是把光电器件以矩阵形式排列起来，每个器件只接收被检产品表面宽度向上

的一部分反射光。因此，每一个光电器件只监视对应的单元面积。飞点扫描方式的检选灵敏度与光点的大小有关，光点大则灵敏度低，小则高。

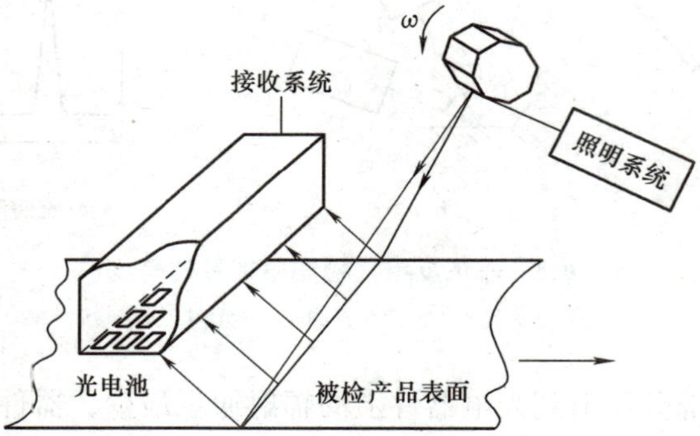

图 10-5　飞点扫描方式的原理图

3. 飞点扫描集光式

飞点扫描集光式是飞点扫描方式的一种，如图 10-6 所示。它是由旋转多面体棱镜和曲面镜组合而成，多面体棱镜旋转时，光束经圆锥面镜在被检产品表面上扫描，然后经圆锥面镜反射到光电器件上。这种方法只用一个光电器件即可，而且保证光束垂直扫描被检产品表面，进而提高了成像质量。如果被检产品材料是透明的，需在材料下面安置一块平面反射镜。

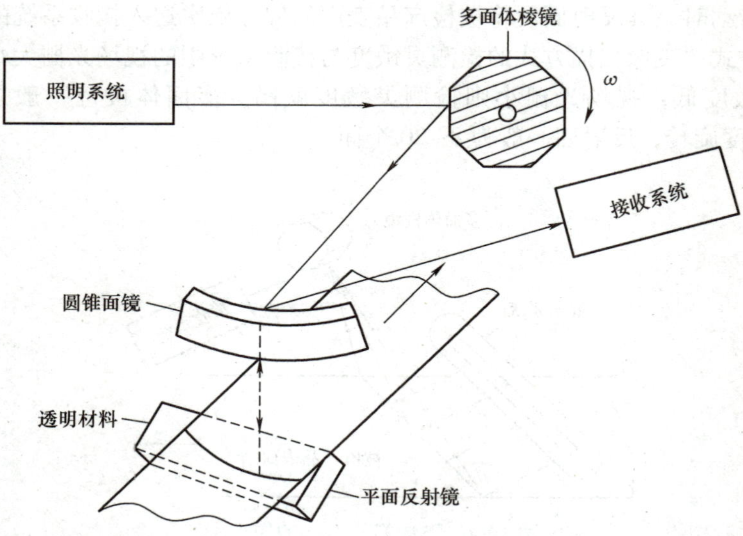

图 10-6　飞点扫描集光式的原理图

10.1.4　视觉图像方式

图像方式相对于传统的扫描或采点方式而言，它更适用于二维表面整体测量对象，特别是随着面阵 CCD 和 CMOS 成像器件的飞速发展及普遍推广，已在多种检测部门及工业生产现场得到实际应用，解决了传统方式存在的检测方法复杂、检测效率低、漏检率高等难题。

1. 普通型

视觉图像系统就是用机器代替人眼来做测量和判断。视觉图像系统是指通过机器视觉技术（即图像摄取装置，分 CMOS 和 CCD 两种）将被摄取目标转换成图像信号，传送给专用的图像处理系统，根据像素分布和亮度、颜色等信息，转变成数字化信号，其组成如图 10-7 所示。视觉图像系统对这些信号进行各种运算来抽取目标的特征，进而根据判别的结果来控制现场的设备动作，用于视测目标表面尺寸较大缺陷，如凸凹陷、划擦伤、裂纹、脱落、锈蚀等信息的测量。

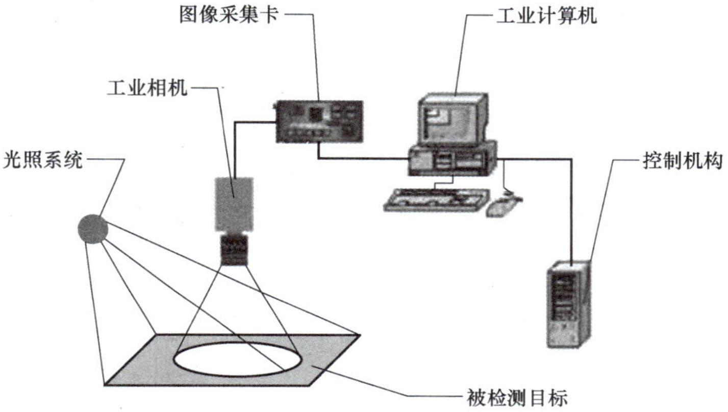

图 10-7 视觉图像系统组成示意图

视觉图像系统的特点是提高生产的柔性和自动化程度。在不适合于人工作业的危险工作环境或人工视觉难以满足要求的场合，常用机器视觉图像系统来替代人工视觉；同时在大批量工业生产过程中，用人工视觉检查产品质量效率低且精度不高，用机器视觉图像检测方法可以大大提高生产效率和自动化程度。而且机器视觉图像易于实现信息集成，是实现计算机集成制造的基础技术，可以在最快的生产线上对产品进行测量、引导、检测和识别，并能保质保量地完成生产任务。

2. 显微型

显微型成像检测适用于对不透明物体的表面微观形态进行观察，也可对透明物体进行透视显微观察。采用先进的无限远光学系统与模块化功能设计理念，可以方便升级系统，实现偏光观察、微分干涉相衬观察等功能，适用于金相组织及表面形态的显微观察，主要进行被测目标生产或加工过程中，形成的微纳米级的粗糙度、波纹度、纹理及表面峰、谷、沟等不规则的微观几何形状。

显微型成像检测由机械载物台、照明系统、显微光学系统、摄影摄像系统以及计算机数据处理系统等组成，如图 10-8 所示。

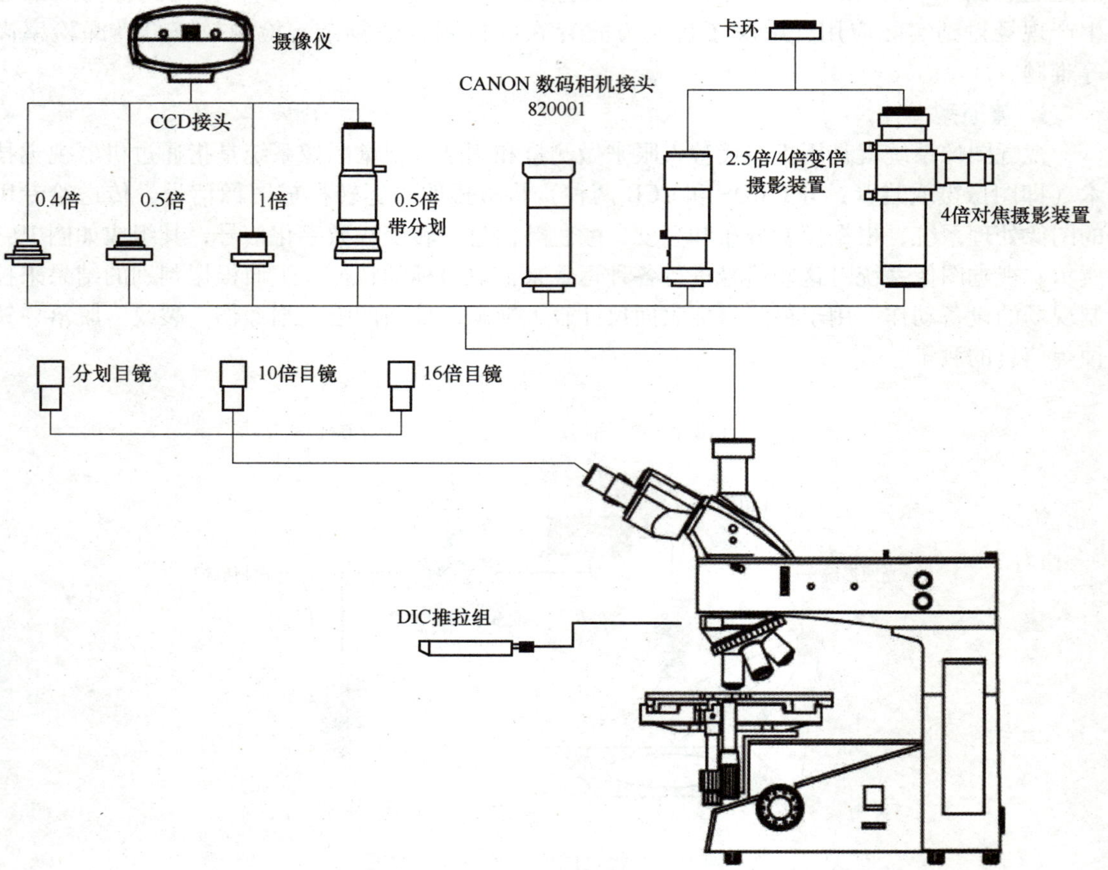

图 10-8　显微型成像检测原理组成示意图

10.2　光电变换器

照明系统、光电接收系统和扫描系统按一定方式组合构成光电变换器。显然，对外观疵病的检测质量与光电变换器的性能有直接关系，要使检测装置具有高的灵敏度、精度和稳定度，必须研究疵病信号，分析有关因素的影响。

10.2.1　疵病信号

下面以正反射式为例，分析疵病信号的关系。假设照明系统照射被检产品表面上的光斑为 A_1，疵病在光斑 A_1 中的面积为 A_2，并设正品的反射率为 r_1，疵病的反射率为 r_2，则接收系统接收正品表面反射的光通量 Φ 为

$$\Phi = Er_1A_1 \tag{10-1}$$

式中，E 为被检产品表面上的照度。

当光斑中出现疵病时，入射接收系统光通量的变量即疵病信号为

$$\Phi_S = E(r_1 - r_2)A_2 \tag{10-2}$$

则信号的相对变化量为

$$\frac{\Phi_S}{\Phi}=\frac{(r_1-r_2)A_2}{r_1A_1} \tag{10-3}$$

假定接收到次品，疵病的光通量信号全部入射到光电器件上，则光电器件输出的疵病信号与以下条件有关：

1）与光电器件的灵敏度和偏置条件有关。

2）与疵病类型、疵病面积、照明系统射到被检产品表面的入射角和光电器件的接收角有关。

3）与疵病和光斑的相对位置有关。所谓光斑是指光源经光学系统后照射到被检产品表面的几何面积，从光学系统上来要求，这个光斑面积要成像到光电器件的光敏面上，有的是一比一成像到光敏面上，有的经过光学放大或缩小后成像到光敏面上。比较理想的情况是，光斑成像到光敏面上的面积要和器件的光敏面积相当，一般要略小于光敏面积。光斑的成像面积大于或小于器件的光敏面积都是不正确的。

图 10-9 所示为缺陷与光斑相对位置情况。在图 10-9a 中，缺陷进入光斑后，缺陷在光斑中的面积为 yb，整个光斑面积为 ab，则疵病信号的相对变化量近似为 $yb/(ab)$。在图 10-9b 中，整个缺陷都进入光斑内，其疵病信号的相对变化量为 $xy/(ab)$。显然，在图 10-9b 的位置情况下，光电器件输出的疵病信号最大。另外，当光斑面积 ab 变小时，光电器件输出疵病信号的相对变化量变大。

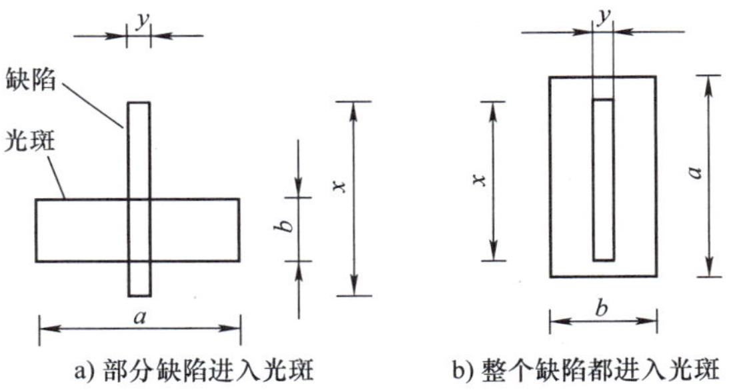

图 10-9　缺陷与光斑相对位置情况

4）与狭缝（光阑）到光电器件的光敏面的距离 L 有关。为了避免背景杂光的影响，在光电器件前面加入狭缝（光阑），当调节狭缝与光电器件的距离适当时，光电器件有最佳输出。

通常狭缝尺寸小于光电器件的光敏面的尺寸，通过狭缝的光可视为点光源。狭缝与光敏面距离变化时的特性曲线如图 10-10 所示。曲线 1 是光电器件的光敏面的实际受光照射面积 A 与距离 L 的关系特性。当 $L=0$ 时，实际受光照射面积等于狭缝面积，当 L 增加时，光敏面的实际受光面积也增加，当 L 增加到一定值后，整个光敏面都受光照射，所以曲线趋于恒定。曲线 2 是光电器件的光敏面上的照度 E 与距离 L 的关系特性。因为照度与距离二次方成反比，所以曲线 2 近似按 L 的二次方成反比变化。总结上述两个特性曲线得出光电器件特性曲线 3，从曲线 3 可以看出，适当选择距离 L，能使光电器件有最大输出。

下面结合正反射式检测为例来分析光电器件的输出信号。假设光电器件的有效光敏面积视场所占被检产品表面上的面积为 A_1，表面无疵病时的反射率为 r_1，这时光电器件输出的电流为最大，称为亮电流 I_{Lt}，I_{Lt}可表示为

$$I_{Lt}=Er_1S_IA_1 \tag{10-4}$$

式中，E 为被检产品表面照度；S_I 为光电器件的灵敏度。

当被检产品面积 A_1 中出现疵病时，光电器件输出的电流减小。若在 A_1 中的疵病面积为

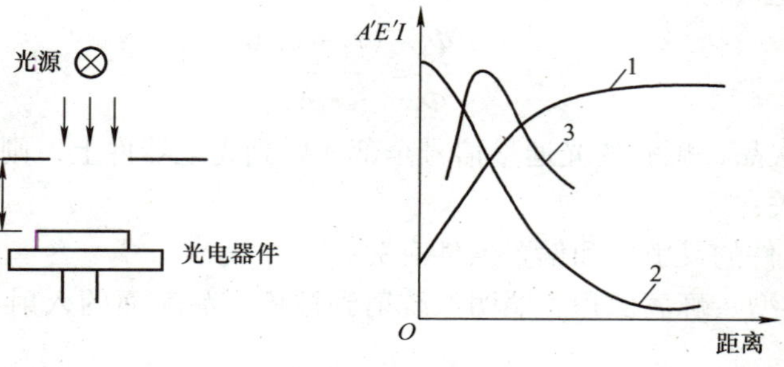

a) 狭缝与光敏面位置　　b) 距离变化时的特性曲线

图 10-10　狭缝与光敏面距离变化时的特性曲线

1—光电器件的光敏面的实际受光照射面积特性　2—光电器件的光敏面上的照度特性
3—光电器件的输出电流特性

A_2，疵病表面处的反射率为 r_2，则光电器件输出的疵病信号（电流减小值）为

$$I_S = E(r_1 - r_2) S_I A_2 \tag{10-5}$$

疵病信号的相对变化量为

$$K = \frac{I_S}{I_{Lt}} = \frac{(r_1 - r_2) A_2}{r_1 A_1} \tag{10-6}$$

由式（10-4）及式（10-5）可见，疵病信号的数学表示式与上述分析的结果是一致的。若想提高相对变化值 K，可通过改变照明系统入射角和接收系统反射角，使正品反射率 r_1 达到最大值，疵病反射率 r_2 达到最小值；另外提高 A_2/A_1 的比值，当 $A_1 \to A_2$ 时，$A_2/A_1 \approx 1$。疵病信号的相对变化值的大小，从某种意义上讲它决定了光电器件输出的信噪比 SNR 的大小。

选定光电器件后，其转换电路和前置放大器应按低噪声源设计。由式（10-2）可知，外观检测就是根据被检表面有缺陷时反射通量的变化来判断产品的疵病，其反射通量变化量越大，越容易判断，误检率就越小。如果反射通量差是因光源供电电压的波动而引起的，那么将增大误检率。

光源供电电压与光通量的关系为

$$\Phi = KU^m \tag{10-7}$$

式中，m 为光源的特性系数，对于钨丝灯，$m = 3.61$；K 为比例常数。

当光源供电电压波动引起光通量的变化为

$$\mathrm{d}\Phi = KmU^{m-1}\mathrm{d}u \tag{10-8}$$

$$\frac{\mathrm{d}\Phi}{\Phi} = \frac{m\mathrm{d}u}{U} \tag{10-9}$$

当式（10-9）与式（10-3）值相等时，将产生误差，为了减小因光源供电电压波动而产生的误检，要求 $\mathrm{d}\Phi/\Phi \ll \Phi_S/\Phi$，取

$$\frac{\mathrm{d}\Phi}{\Phi} = \frac{1}{10}\frac{\Phi_S}{\Phi}$$

即
$$\frac{m\mathrm{d}u}{U}=\frac{1}{10}\frac{(r_1-r_2)A_2}{r_1A_1}$$

$$\frac{\mathrm{d}u}{U}=\frac{(r_1-r_2)A_2}{10mr_1A_1}\approx\frac{A_2}{10mA_1}\qquad(r_1\gg r_2)\tag{10-10}$$

10.2.2　光源选择

在外观检测中一般使用电光源。电光源的种类很多，有钨丝灯光源、气体放电光源及场致发光光源。一般常用钨丝灯，因为它具有连续的光谱，而且价格低、寿命长。如需要单色性好的光源，可采用各种激光器光源。对光源的要求有以下两点：

1）要求光源与光电器件的光谱相匹配。在理想的情况下，希望光电器件的峰值波长与光源的辐射峰值波长相吻合。一般钨丝灯光源具有从可见光到中红外的连续光谱，其光谱峰值在近红外处，即在 0.76～3μm 的范围内有较大的光能，因此适用于硅光电器件、PDS 光敏电阻等。

2）要有一定的发光强度且稳定可靠。通常光源的供电采用交流和直流两种，交流供电简单方便、造价低，对稳定性要求不高的外观检测可以采用脉冲光源，也可以采用交流电源供电，以产生交变光源。直流电源供电的光源，其电路复杂，但光源稳定可靠，对光源强度稳定性要求很高的外观检测电路，最好用直流稳压供电。

10.3　信号处理及检测装置

10.3.1　通量式疵病信号的处理方法

由 10.2 节可知，入射到光电接收系统的疵病信号为辐射通量函数，只要能鉴别出辐射通量的变化大小就能检出疵病的情况。例如，疵病的种类不同，入射通量经光电器件后输出的信号波形也不相同，图 10-11 所示为三种典型疵病及波形。图 10-11 表明：疵病的大小、状态不同，光电信号的幅值和波形形状也不相同。信号处理的任务就是要根据信号的大小和波形准确地鉴别出疵病。

目前，外观疵病检测多采用疵病信号的幅度鉴别方法，信号处理波形如图 10-12 所示。鉴别电路设有两个鉴别电平，可以鉴别出大小各种疵病，如鉴别电平①鉴别大、小疵病，鉴别电平②只鉴别大疵病。

信号处理装置的电路框图如图 10-13 所示。可知其工作过程为：疵病信号经光电器件变换后，再经多级放大加至鉴别器，鉴别器通常为电压比较器或施密特鉴幅器，通过鉴别电平来判别疵病的存在及大小，然后通过功率放大器驱动控制器，控制器具有分选好品、次品和废品的功能。

前置放大器是对微弱信号放大，应按低噪声方法设计，将它置于光电检测头内可提高抗干扰能力。一般检测装置工作在生产车间内，车间的各种干扰信号比较大，因此，装置要采取滤波和屏蔽等措施。

直接通量式外观疵病检测法容易受光谱波动、供电电压的变化、光电器件灵敏度的改变、放大器的放大倍数的变化、环境温度的变化以及外界干扰等因素的影响，将产生检测误差，造成误检。为了减小上述影响，有时采用差动式检测方法。图 10-14 所示为两个应用实例，其原理是使被测量与标准量进行比较，或被检物自身比较，然后检取它们的差值。

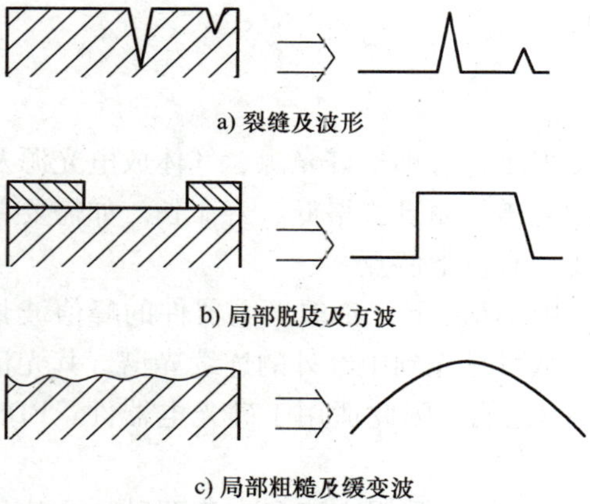

图 10-11 三种典型疵病及波形

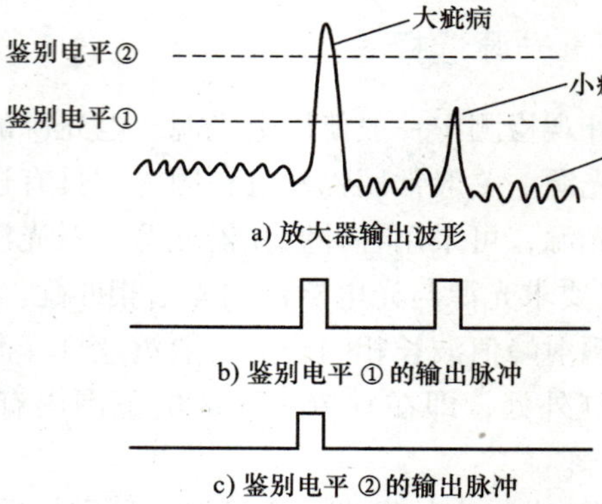

图 10-12 信号处理波形

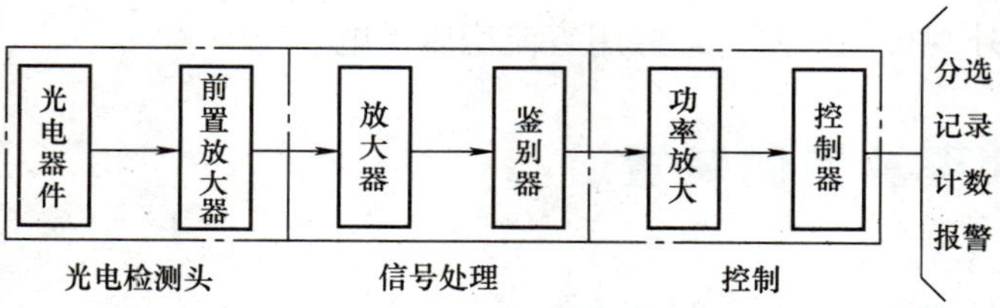

图 10-13 信号处理装置的电路框图

图 10-14a 是被检物体与标准样品进行比较，用以检测物体颜色深浅程度或检测物体表面粗糙度。图 10-14b 是通过被检线材 A、B 两点的相互比较来判断线材有无异状物（如斑点）或检测均匀性等，当被检物体不断运动时，便实现了连续检测。

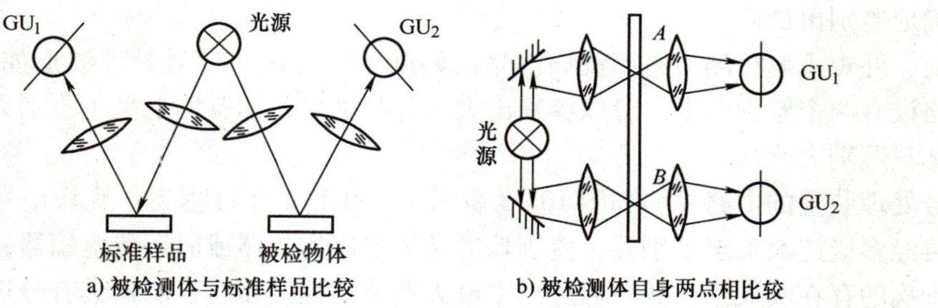

图 10-14 差动式检测原理

图 10-14 中 GU_1 和 GU_2 为两只性能完全相同的光电接收器件。GU_1 和 GU_2 接入差动式放大电路中，便能检取出两个比较点的差值，依据差值大小来判别疵病。差动式放大电路通常是桥式电路或差分放大器。

如果被检产品表面存在振动的情况，将严重影响反射通量的变化，致使系统产生误动作，为此在某些检测装置中采用如图 10-15 所示的振动补偿系统。在补偿器件前装有散光滤光片，可以消除杂散反射光的反射成分，达到良好的检测效果。在垂直表面方向上安装检测器件，表面疵病的杂散反射光射入检测器件上，检测器件和补偿器的输出信号分别经前置放大器后进入差动电路，取其差值来判别疵病。由于两个器件的差动作用，基本补偿了振动的影响。

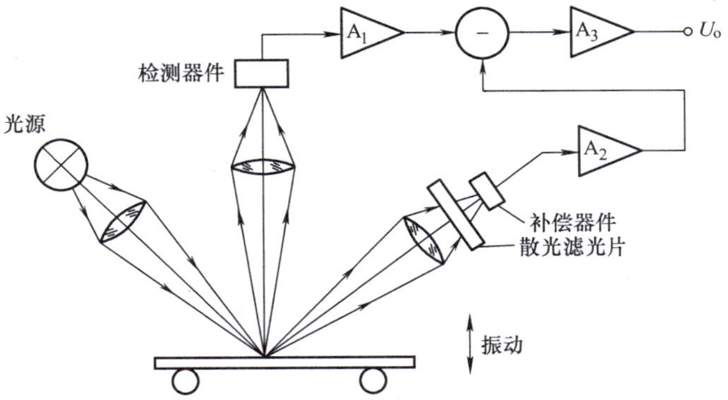

图 10-15　振动补偿系统

10.3.2　检测装置

外观检测装置框图如图 10-16 所示。对于某一具体检测装置，由于检测对象疵病性质、准确度要求以及产品生产条件等的差异，其装置的结构和信号处理方法也各有特点、互不相同。下面列举几种典型装置，仅供参考。

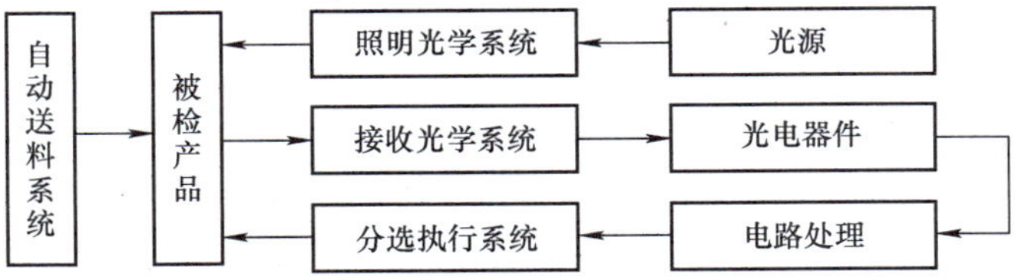

图 10-16　外观检测装置框图

1. 圆柱工件检测装置

对于较长的圆柱件采用图 10-17 所示的飞点扫描方式的光学扫描检测装置。将圆柱表面分成若干段，每一段对应一个检测器件，反射光信号由光导纤维传送，对于较短的工件可不用扫描方法，由照明系统产生的平行线光源直接照射被检产品表面。

扫描光束可由旋转多面体棱镜产生，也可用平面镜摆动产生。为了不使工件表面漏检，要求扫描光束行与行之间有部分重叠。

此装置的特点是：可检测大尺寸工件；检测速度快，根据工件尺寸，其效率达 2000~4000 件/h；采用线阵器件检测可以判别疵病的位置和大小。

图 10-18 所示装置采用非光学扫描方法，其扫描机构由被检工件本身的位移运动来实

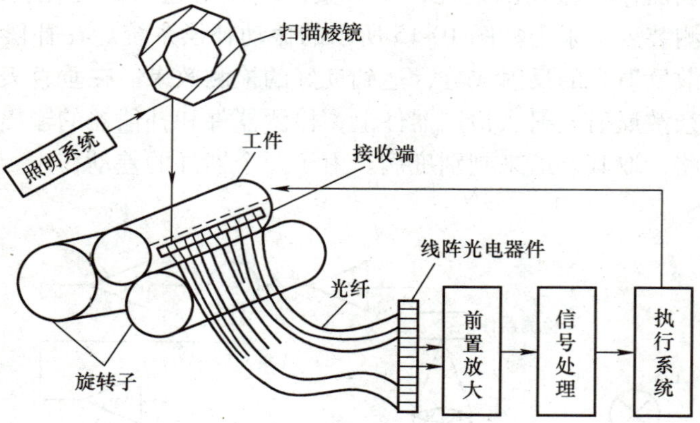

图 10-17　光学扫描检测装置

现。由传动部件驱动锥形滚柱旋转，再加上两个压滚的辅助作用，使圆柱工件产生旋转和轴向位移的合运动，达到照射光斑与被检产品表面相对运动即扫描的目的。

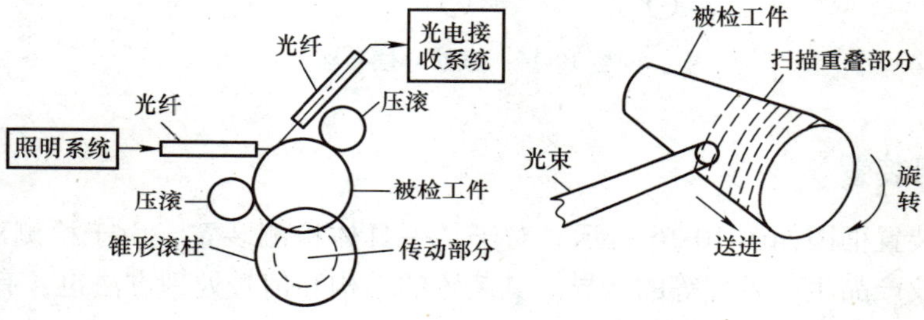

a) 装置示意图　　b) 工件位移扫描示意图

图 10-18　非光学扫描检测装置

此装置的光学系统、信号接收和处理电路比较简单，适用于外径为 20~60mm 的工件。与上面装置比较，其检测速度低。例如，外径为 20mm、长为 200mm 的圆柱工件，工件旋转速度为 600r/min，送进速度为 50mm/s，检查一个工件需 6s（600 件/h）。

目前，外圆表面疵病检测装置达到的指标是：①检测能力要求可检测直径为 0.05mm 以上的圆形缺陷，宽为 0.05mm 以上的线形缺陷；②光点扫描速度最大值为 3m/s；③光点直径为 1.5mm。

2. 漏光检测装置

活塞环是内燃机中重要的零件之一。在汽车、拖拉机及航天技术要求中，漏光检测是很重要的一项，因为漏光范围的大小直接影响发动机的功率，活塞环技术条件的国标规定：①开口 30°左右范围内不允许漏光；②溢出漏光弧长（所对的中心角）不允许超过 25°；③基础积累漏光弧长不允许超过 45°（有的规定漏光处不允许超过三处）。

图 10-19 为活塞环检测装置原理示意图。

漏光检测用的标准环规由电动机驱动涡轮副减速来带动，转速为 30r/min。被检活塞环安置于环规的内孔中，并随之同步旋转，由 He-Ne 激光器发出的光束首先用调制盘调制为

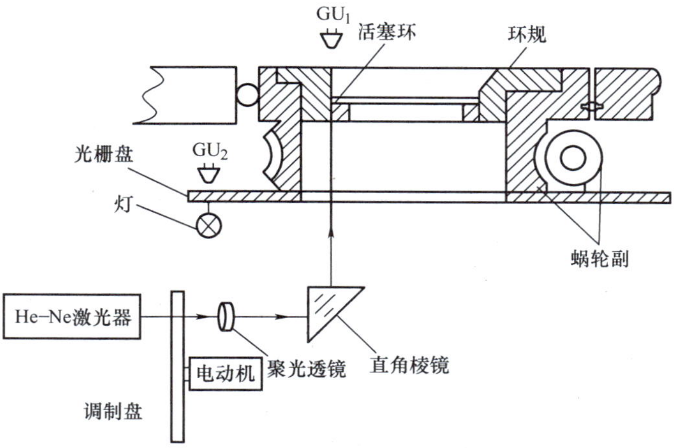

图 10-19　活塞环检测装置原理示意图

1kHz 的光脉冲，然后经聚光透镜聚焦，由直角棱镜改变方向，射向活塞环与环规结合的圆周上，在活塞环的另一边和激光束对应处放置光电器件（如光电晶体管），由它接收漏光并转换为光电检测信号。

检取的漏光信号经前置放大和信号处理①后变为脉冲信号，其脉冲宽度与漏光处的弧长相对应，然后将漏光脉冲信号加入数字逻辑电路进行控制。图 10-20 为检测信号的放大、电路处理和逻辑控制框图。

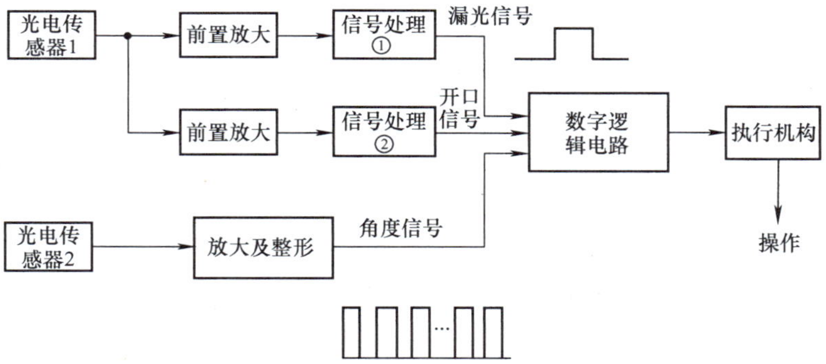

图 10-20　检测信号的放大、电路处理和逻辑控制框图

当活塞环旋到开口处时，光电器件获得开关信号并转换为光电信号输出。因为开口信号幅值远大于漏光信号，所以经信号处理②后将得到固定的开口脉冲信号。活塞环每旋转一周将产生一次开口脉冲信号。因此，通常利用开口作为检测的起始位置。

与活塞环同轴旋转的有一圆光栅盘，刻有 360 根刻线，即角分辨率为 1°，光栅盘每旋转一周，光栅信号变换、放大和整形后产生 360 个脉冲信号输入数字逻辑电路，作为角度信号。目前已有微型光电轴角编码器产品，将编码器安装在蜗轮轴上，可以进行角度测量。

开口信号、漏光信号和角度信号输入数字逻辑电路，然后进行运算、控制，最后判断：开口 30°左右是否漏光；一处漏光是否超过 25°；累积漏光弧长是否超过 45°；漏光处数是否超过三处。如果有一项超过指标，数字逻辑电路将给出控制信号指令，由执行机构显示和作为废品剔除。

数字逻辑电路可由计数器、译码器和与非门等电路构成，也可采用单片机实现，后者具有电路结构简单、功能齐全、控制灵活等特点。

在漏光检测装置设计时应特别注意的两点是：①活塞环漏光缝隙一般为0~40μm，所以激光束通过后产生衍射现象，光电器件接收的光信息为衍射光；②光电器件接收衍射光十分微弱，一个5μm左右的漏光缝隙，光电信号仅为微伏级。所以，放大器的放大倍数很高，最高达40万倍。这种放大器为低噪声高增益的放大器，前置放大器需按低噪声原则设计。

3. 异色物检测装置

如钢板或纸张表面有无各种颜色的污痕、粮食中的杂质或黑斑颗粒、溶液中的微粒混浊物等，这些疵病从外观上与正品表面的颜色不同，由于不同的颜色，在不同的波长光的照射下，其反射率（或透射率）不同。所以，利用这种反射率（或透射率）之差可获得疵病信号。

图10-21为色选机原理示意图，它是根据物体颜色进行分类筛选颗粒状物体，而不受物体的大小和轻重限制。色选机的应用很广泛，例如，在工业上用它选矿，农业上用它选种或对粮食、食品、水果分选等。

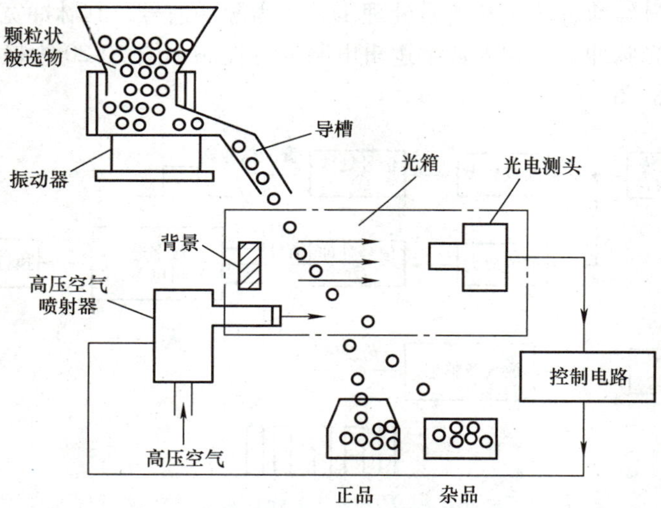

图10-21 色选机原理示意图

将颗粒状被选物放入漏斗中，电磁振动器控制被选物经过导槽流入光箱的流量。光箱内部结构原理图如图10-22所示，用恒定白色光源从四周均匀照明，背景的反射光经透镜照射在光电池上。若经过背景前的分选物与背景的反射程度相同，则光电池的受光量保持不变，输出为直流信号。背景是一组涂有深浅不同灰漆的铝板，适当地选择背景使其与分选物中的“优品”亮度相同。当不同颜色的杂质或异色品经过背景时，照射在光电池上的光通量发生变化，光电池将产生脉冲信号输出。当“优品”较暗时，除了要求选用深灰色的背景外，还要适当地加大光栅或增加光通量，以保证有较高的分选能力。

前置放大器将带色品的光电信号放大后输入控制电路，当信号幅度超过一定鉴幅电平

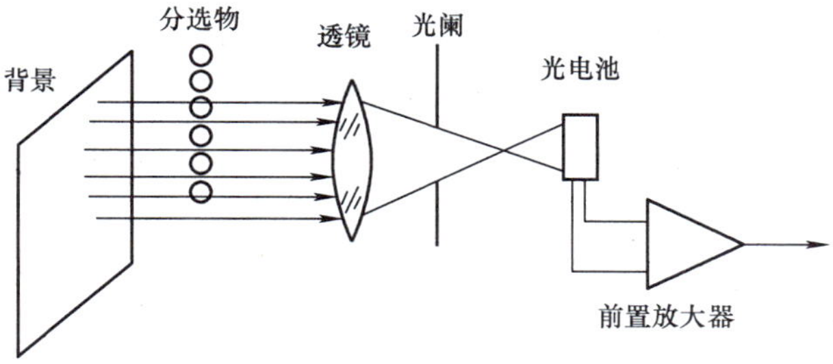

图 10-22 光箱内部结构原理图

时，鉴别器给出信号驱动功率放大器，起动高压空气喷射器，将杂品吹到杂品容器内，正品落入正品容器内，达到分选的目的。

10. 3. 3 共焦显微检测装置

1. 共焦显微镜技术基本原理

显微镜是 20 世纪 80 年代出现并发展起来的高精度成像仪器，是研究亚微米结构必备的科研仪共焦器。随着计算机、图像处理软件以及激光器的发展，共焦显微镜也随之发生了很大的发展，现已广泛应用于生物学、微系统和材料测量领域。共焦显微镜是集共焦原理、扫描技术和计算机图形处理技术于一体的新型显微镜，其主要优点为：既有高的横向分辨率，又有高的轴向分辨率，同时能有效抑制杂散光，具有高的对比度。

典型的共焦显微镜装置是在被测对象焦平面的共轭面上放置两个小孔，其中一个放在光源前面，另一个放在光电探测器前面，如图 10-23 所示。由图 10-23 可知，当被测样品处于准焦平面时，探测端收集到的发光强度最大；当被测样品处于离焦位置时，探测端光斑弥散，发光强度迅速减小。因此，只有焦平面上的点所发出的光才能透过出射针孔，而焦平面以外的点所发出的光线在出射针孔平面是离焦的，绝大部分无法通过中心的针孔。因此，焦平面上的观察目标点呈现亮色，而非观察点则作为背景呈现黑色，反差增加，图像清晰。在成像过程中，两针孔共焦，共焦点为被探测点，被探测点所在的平面为共焦平面。

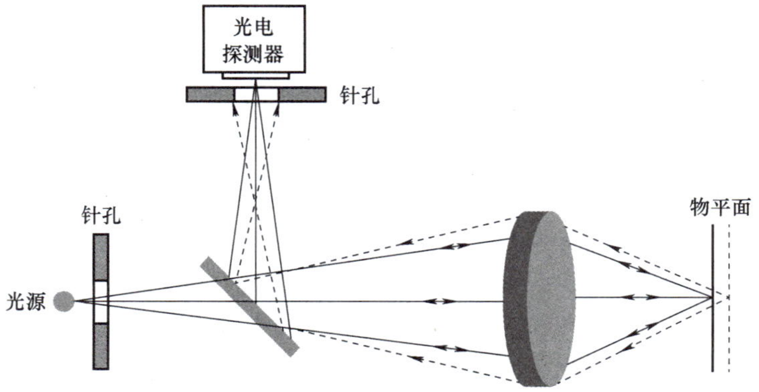

图 10-23 共焦显微镜光路示意图

共焦显微镜中探测器处的针孔大小起着关键性的作用，它直接影响了系统的分辨率和信噪比。如果针孔过大，则起不到共焦点探测作用，既降低了系统的分辨率，又会引入更多的杂散光；如果针孔过小，则会降低探测效率，同时降低显微图像的亮度。研究表明，当针孔直径等于艾里斑的直径时满足共焦要求，且探测效率也没有明显降低。由于针孔直径一般为微米量级，如果激光束的会聚焦点与针孔位置存在偏差，则会产生信号失真。因此，共焦显微镜一般均采用自动对焦系统，这无形中会增加测量时间。

由于激光共焦扫描显微镜是点成像，因此要想获得物体的二维图像，需要借助于 x 和 y 方向的二维扫描。不同的显微镜采用不同的扫描方式：

1）物体扫描。即物体本身按照一定的规律移动，而光束保持不变。其优点是光路稳定；缺点是需要大幅度的扫描工作台，因此扫描速度受到很大限制。

2）利用反射式振镜构成光束扫描系统。即通过控制扫描振镜将聚焦光点有规律地反射到物体某一层面，完成二维扫描。其优点是精度较高，常用于高精度测量；扫描速度比物体扫描有所提高，但仍然不快。

3）使用声光偏转元件进行扫描，通过改变声波输出频率进而改变光波的传输方向来实现扫描。其突出优点是扫描速度非常快，由美国研制的利用声光偏转器产生实时视频图像的扫描系统，扫描一幅二维图像仅需（1/30）s，几乎做到了实时输出。

4）Nipkow 盘扫描，其扫描过程是通过旋转 Nipkow 盘而保持其他元件不动完成的，可以一次成像，速度非常快。但是由于成像光束是轴外光，所以必须对透镜的轴外像差进行校正，并且光能利用率很低。

2. 宽视场共焦显微镜

多年来，人们提出了许多提高数据获取速度的方法，大多数采用改变共焦孔径的方法。如果共焦轮廓仪要求很高的轴向分辨率，就必须用到高数值孔径的物镜。但是高数值孔径物镜的缺点就是视场小。

如果用微透镜阵列来取代物镜，如图 10-24 所示，则能够实现大（宽）视场的检测。当每一个独立的微观透镜保持较大的 NA（数值孔径）时，视场由阵列的大小决定。单个透镜的焦距可以用于调节来适应被测对象的形状，减少扫描范围和加快速度。用微透镜代替物镜的系统与典型的共焦显微镜有一点不同，因为光被微透镜焦平面上的每一个物点反射，然后通过透镜聚焦在一个针孔上，所以该针孔相当于一个空间滤波器。微透镜的光瞳将在相机上成像，而不像典型的共焦装置的像点。对于这个系统，当物镜 NA 等于 0.3 时，轴向分辨率能达到 50nm。

3. 光谱共焦显微镜

光谱共焦显微镜是为了满足共焦系统通过垂直扫描来确定相对物体高度的位置这一需求发展起来的。其相对于纵向扫描的优点在于光谱共焦显微镜采用了一个有轴向色差的物镜，不同波长的光波通过这种物镜具有不同的焦点位置；只有满足焦点位置与物体位置重合的波长才能反射回系统。因此，这种系统是利用波长位移编码原理完成深度测量的装置。这里用光谱仪代替 CCD 相机来探测波长值。通过测量功率谱来对焦点位置进行及时测量，取代了所有的扫描机制，从而加快了测量速度。图 10-25 为光谱共焦显微镜光路示意图。

4. 差动共焦显微镜

差动共焦显微技术是在 1974 年由 Dekkers 和 De Lang 最先提出的。图 10-26 为差动共焦显微镜光路示意图。

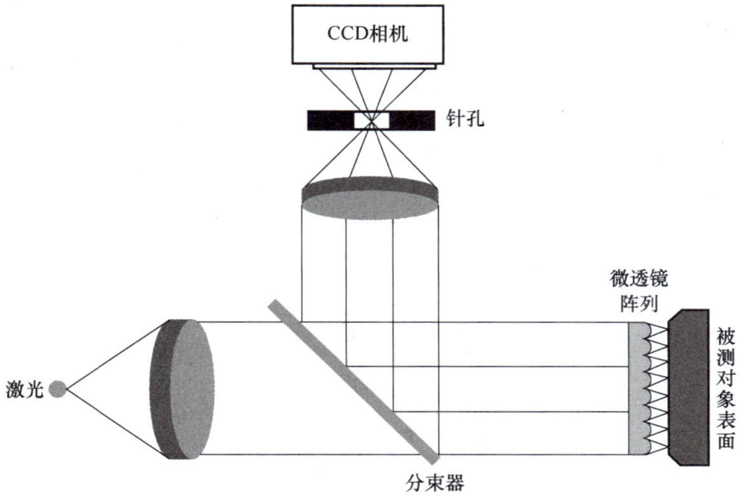

图 10-24　宽视场共焦显微镜光路示意图

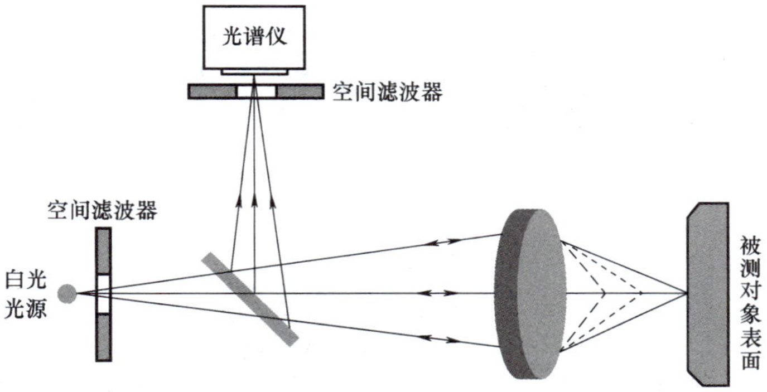

图 10-25　光谱共焦显微镜光路示意图

差动共焦显微技术是在基本的共焦显微技术基础上，在共焦光路的信息接收端处，将被测信号分为两路，用两个光电转换器以差动方式进行连接，得到聚焦信号。采用差动方式测量共焦信号，可以消除发光强度漂移和探测器的电子漂移引起的噪声，很大程度上提高了测量信噪比，从而提高了测量精度。它与扫描探针式共焦测量系统相比，具有误差小、测量范围大、抗干扰的优点，其测量精度高，可达到纳米量级。此技术兼具高分辨率、大量程、非接触测量的特点。

我国在大型光电检测仪器开发方面起步较早，新中国成立后，中国科学院长春光学精密机械研究所创始人，中国光学、仪器仪表和计量科教事业的奠基人之一，被称为“中国现代光学之父”的王大珩先生，在 20 世纪 50 年代克服技术、条件、经费等严重不足的困难，先后研制出称为著名“八大件”的电子显微镜、高温金相显微镜、多倍投影仪、大型光谱仪、万能工具显微镜、晶体谱仪、高精度经纬仪、光电测距仪等先进科学仪器设备，如图 10-27 所示。在当时每一件仪器对新中国的科技发展都具有开创意义，奠定了我国光学和仪器事业发展的基础，为我国光学研究、光学仪器制造做出了突出贡献。

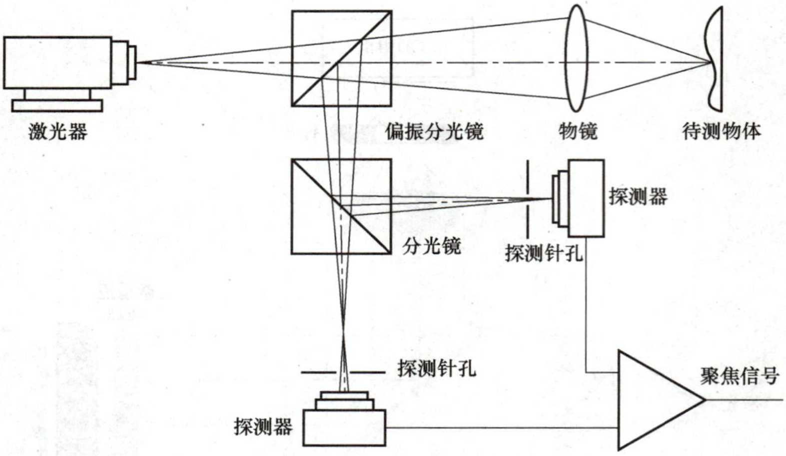

图 10-26　差动共焦显微镜光路示意图

a) 电子显微镜

b) 高精度经纬仪

c) 多倍投影仪

d) 万能工具显微镜

e) 光电测距仪

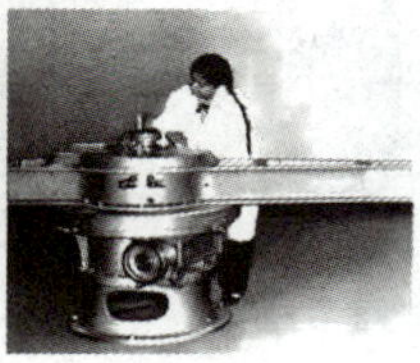
f) 晶体谱仪

g) 大型光谱仪

h) 高温金相显微镜

图 10-27　第一批自制光学仪器“八大件”

10.4　内表面疵病检测

内表面疵病检测

在各种领域中使用着各种金属与非金属管类产品，而且很多管类产品对内表面质量要求都比较高，所以在加工和使用过程中需要精确检测，以便及时了解管道内表面的质量、缺陷等。但这些管类产品一般都具有长径比很大的特点，如火炮身管，内径在25~300mm之间，长度可达到10m，而其内膛表面形状又比较复杂，所以给检测带来了一定的难度。尤其是对于一些非透明的、口径小、长度较长甚至长度范围内带有弧度弯曲的管道，到目前为止，几乎没有一种通用可行的检测方法。下面介绍一种适于内径在ϕ59mm~ϕ70mm的管道内表面质量、疵病进行检测的管道机器人系统，系统可实现半自动测量，测量方便、直观、高效。

10.4.1　管道内表面疵病检测系统组成

管道内表面疵病检测系统主要由光学测量装置、驱动装置、清扫头、辅助支撑装置、监视器和计算机组成，如图 10-28 所示。

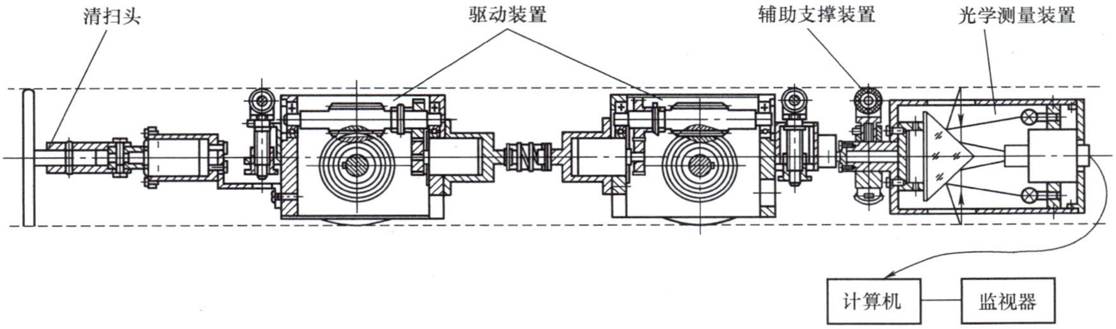

图 10-28　管道内表面疵病检测系统组成

1. 驱动装置

驱动装置结构示意图如图 10-29 所示，包括两套驱动机构，每套驱动机构主要由电动机、齿轮、蜗轮、蜗杆、爬行轮和支撑轮等组成，其作用是驱动检测系统在管道内沿轴线爬行，完成测量过程。

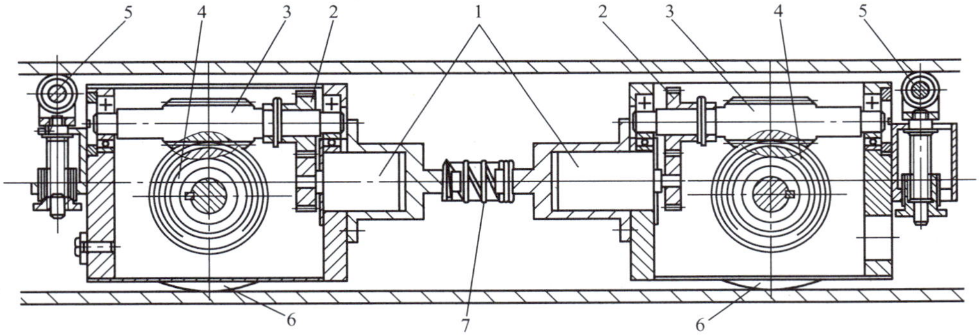

图 10-29　驱动装置结构示意图

1—电动机　2—齿轮　3—蜗杆　4—蜗轮　5—支撑轮　6—爬行轮　7—弹簧

其中蜗轮蜗杆传动副能实现大速比传动，保证管道机器人在管道内的爬行速度。爬行轮外缘做成弧状，曲率半径与被测管道半径相近，以便轮缘与管道内壁良好接触，增大滚动摩擦力。支撑轮主要是用来保证驱动装置的平衡和增大爬行轮同管道内表面间的摩擦力，提高驱动装置的驱动力。由于两套驱动机构中间用弹簧连接，因而管道机器人也能够在有较大弯曲半径的管道内爬行。本系统可以检测弯管内表面质量。

2. 光学测量装置

光学测量装置主要由光源、直角反射棱镜、CCD 摄像头等组成，如图 10-30 所示。两个微型电珠作为光源，发出的光经直角反射棱镜反射后照亮管道内表面。由管道内表面反射的、带有表面疵病（裂纹、划痕、砂眼等）信息的光再经直角反射棱镜反射进入摄像物镜，并放大成像在面阵 CCD 上，CCD 把管道内壁裂纹、砂眼、焊缝、疵病等图像信息检测并摄录下来，由 CCD 发射装置传送给接收装置并通过监视器随时显示及观察。还可以经计算机进行图像处理与识别，给出管道内表面的粗糙度等级。

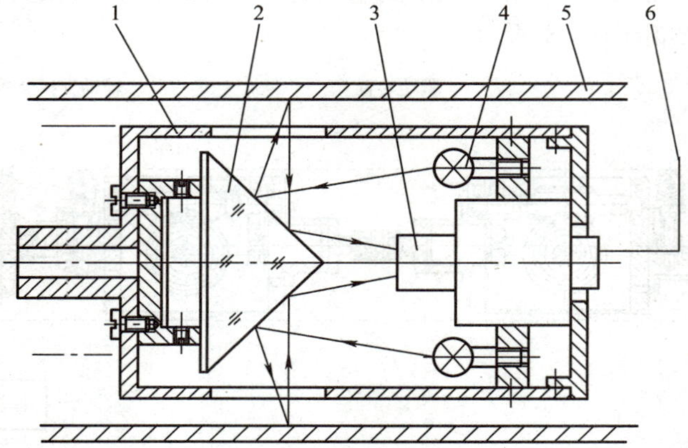

图 10-30 光学测量装置示意图

1—固定座 2—直角反射棱镜 3—CCD 摄像头 4—光源 5—被测管道 6—天线

3. 辅助支撑装置

辅助支撑装置主要由辅助支撑轮、支撑架、弹簧和固定座等组成，如图 10-31 所示。辅助支撑装置与光学测量装置连接在一体，保证 CCD 摄像头组件的平衡并使其轴线与管道轴线基本一致。三个支撑架呈 120°均匀分布，在弹簧的作用下使得支撑架径向伸出长度可以调节，从而可以在不同内径的管道内起支撑作用。每个支撑轮外形设计成鼓形，轴截面母线曲率半径与被测管道内径曲率半径接近，以保证辅助支撑轮面与被测管道内表面良好接触。

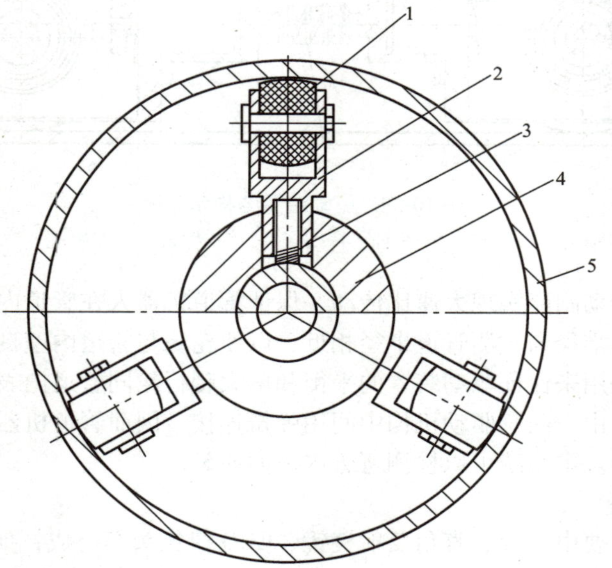

图 10-31 辅助支撑装置示意图

1—辅助支撑轮 2—支撑架 3—弹簧 4—固定座 5—被测管道

10.4.2　检测系统工作原理与特点

管道内表面疵面检测系统对管道内表面的检测主要是利用管道内表面的漫反射光信息经过反射镜在 CCD 像敏面上成像，图像信息既可以通过无线传输，也可以通过有线传输传送到图像监视器上，可通过监视器随时对管道内表面质量情况进行观察。如果需要精确获得有关参数，如检测管道内表面粗糙度等级，可以使 CCD 相机与计算机连接，通过图像数字化处理，并同计算机内预先存储的标准粗糙度图像相比较，进而计算出管道内表面粗糙度的等级。

系统的驱动装置结构使得该管道机器人能够在直管和曲率半径较大的弯管中爬行。由于辅助支撑轮的径向长度可以调节，因而即使在不同内径的管道内爬行，也能保证系统同管道内壁有足够大的摩擦力；有清扫头的作用，使得对管道内表面的检测结果不会受管道内杂质的影响；监视器可以放在距离检测地点较远的位置对图像进行接收和监测，从而在对有毒或有危险的管道进行在线检测时，可以保证检验人员的安全。

10.5　表面粗糙度检测

零件表面的粗糙度优劣对零件的耐磨性、防腐性、抗冲击性、装配性及使用寿命等都有很大的影响。表面粗糙度由表面加工痕迹的粗糙程度所决定。零件表面粗加工痕迹如图 10-32 所示，决定表面粗糙度的两个重要参量为不光滑峰谷的幅值 R_a 和 S_m，测出这两个值的大小，就能知道零件的表面粗糙度等级。表面粗糙度检测方法有机电法和光电法两大类。

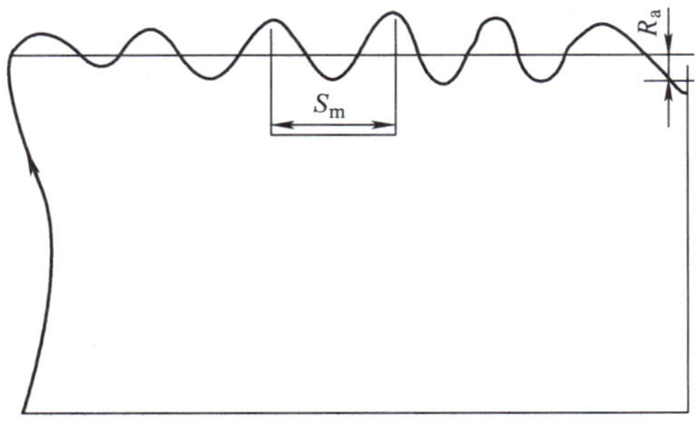

图 10-32　零件表面粗加工痕迹

1. 机电法

目前普遍采用的电动探（触）针式轮廓仪，它包括传感器、驱动器和控制器三部分，如图 10-33 所示。探针用金刚石制成，针尖半径大小直接影响仪器分辨率，精密仪器的针尖半径一般为 1~2μm，普通的为 5~10μm。传感器有电感式和压电式两种，探针在驱动器的带动下在零件表面上产生起伏的位移，传感器就输出与零件表面轮廓相似的信号波形，信号经处理后，可得到测量结果。

2. 光电法

（1）光通量法　光通量法如图 10-34 所示，激光入射零件表面后，由于表面粗糙不平，除了有正反射光束外，还有散射光束，根据表面粗糙度不同，其反射光束和散射光束的光通量大小也不同，用光电器件 GU_1 和 GU_2 分别测出反射光和散射光的大小，就能检测零件表面粗糙度的情况。

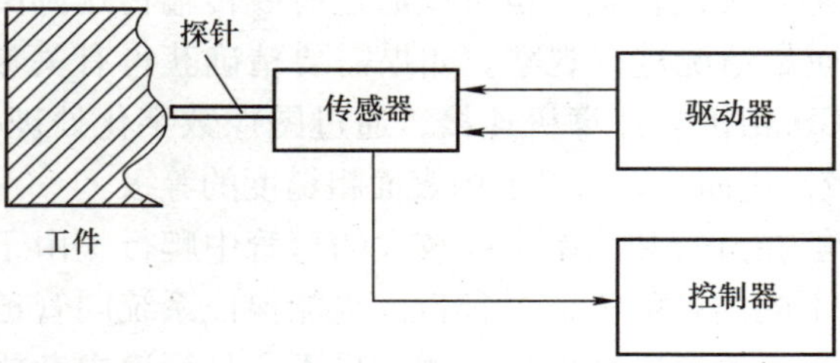

图 10-33　电动探针式轮廓仪

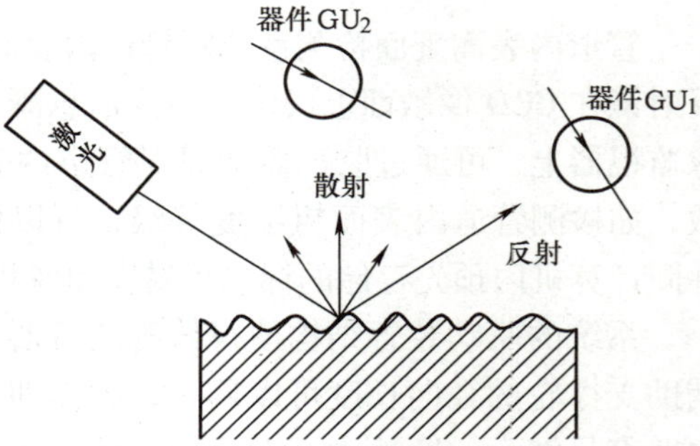

图 10-34　光通量法

（2）多光束干涉法　激光入射到起伏不平的表面后产生多光束反射，由于它们有一定的光程差，将类似于衍射光栅产生干涉条纹，干涉条纹的情况与表面粗糙度有关，所以只要检测干涉条纹的幅度和间距等参量，即可确定表面粗糙度。

（3）激光外差法　利用衍射和散射的外差可得到与粗糙度和间距有关的信号，表面粗糙信号经处理和运算后，可得到精确的幅度和间距值。

综上所述，机电法是一种接触式检测方法，对被检表面具有一定的损伤，检测分辨率和精度也不高。光电法是非接触式检测，所以无损于被检表面。

思考题与习题

10-1　外观检测中光电变换器由哪几部分组成？各部分的作用是什么？

10-2　用光通量法检测外观，疵病信号的大小由哪些因素决定？其检测准确度又受哪些因素影响？一般采取哪些措施？

10-3　在外观检测中光源一般有哪几种？对光源的要求是什么？

10-4　用所学的光电检测器件知识，分析在圆柱工件检测装置中光电器件可以选用什么器件，并说明原理。

10-5　表面粗糙度检测一般有哪些方法？说明光电法检测的优缺点。

10-6　说明用激光外差法检测粗糙度的基本原理和特点。

10-7　管道内表面疵病检测系统主要由哪几部分组成？说明各部分的作用。

第 11 章　光纤传感测量

光导纤维简称光纤。20 世纪 60 年代中期产生的光纤技术发展至今，在技术市场上已有强大的竞争力和吸引力。光纤技术主要在光纤通信和光纤传感器两大方面应用，由于具有独特的优点而得到迅速发展，已成为当代新技术革命的标志之一。

本章主要介绍光纤传光的基本原理及光纤传感器的应用实例。

11.1　光导纤维的基本知识

光导纤维

11.1.1　光纤传光原理

光纤传光基于光的全反射原理。光从光密介质到光疏介质，在入射角大于某一临界角时，将产生全反射。光导纤维是由高折射率 n_1 的芯玻璃和低折射率 n_2 的包层玻璃组成，如图 11-1 所示。

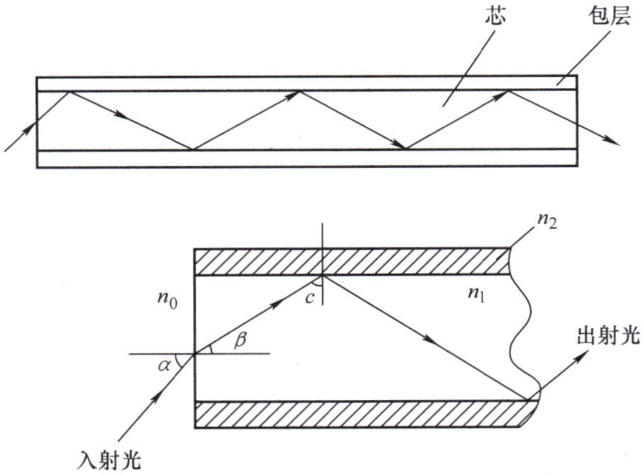

图 11-1　光纤传光原理

当光入射到内芯后，为保证传光效率，入射光必须满足全反射条件，即 $\angle c$ 大于临界角，$\angle c \geqslant \pi/2-\beta$。按全反射条件得

$$n_1 \sin\left(\frac{\pi}{2}-\beta\right) \geqslant n_2 \sin 90^\circ$$

又因

$$n_1\sin\beta=n_0\sin\alpha$$

所以

$$n_0\sin\alpha\leqslant n_1(1-\cos^2\beta)^{1/2}=n_1\left[1-\left(\frac{n_2}{n_1}\right)^2\right]^{1/2}=\sqrt{n_1^2-n_2^2} \tag{11-1}$$

式中，n_0 为空气折射率；$\sin\alpha$ 表征光纤的数值孔径参量；α 角越大接收光能越多，从接收光能角度希望 α 角大，但太大的数值孔径将产生多次模。

11.1.2　光纤的分类

光纤按结构分，大体上有芯皮型光纤和自聚焦型光纤两种。芯皮型光纤又分为阶跃折射率（Step-index）光纤和梯度折射率（Graded-index）光纤，如图11-2所示。阶跃折射率光纤是指径向折射率分布从折射率高的纤芯直接变到折射率低的包层，即芯和包层的界面分明。梯度折射率光纤，其断面径向的折射率分布是从中心的高折射率逐渐变到包层的低折射率，光纤外面的包层既作为光学绝缘介质，又起到内芯的保护层的作用。

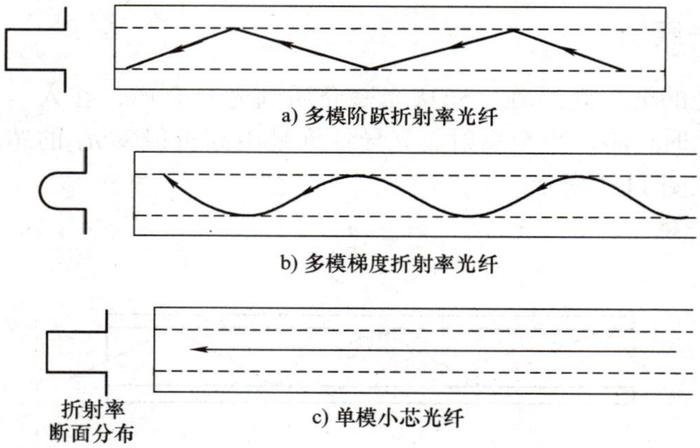

图11-2　芯皮型光纤结构

光纤按其传输模式分有单模和多模之分。单模光纤细，芯径一般小于10μm，其断面结构芯细、包层厚。多模光纤芯径大于50μm，断面结构芯粗，包层薄，在光传输时有多种空间电磁场模式存在。相比之下，单模光纤波形失真小，损耗小，所以近年来更加受到重视。三类主要光纤的几何形状如图11-3所示。

在传输光信息时，多采用光缆。光缆是将若干根光纤单丝聚集一束，然后再包覆一层尼龙或聚乙烯塑料，最外层为包层。

自聚焦型光纤由许多微型透镜组成，能迫使入射光线逐渐地向光纤的中心轴靠拢，进行聚焦，因此光线不会从光纤中泄露出去。这种光纤中央折射率最高，四周折射率按梯度均匀减小。

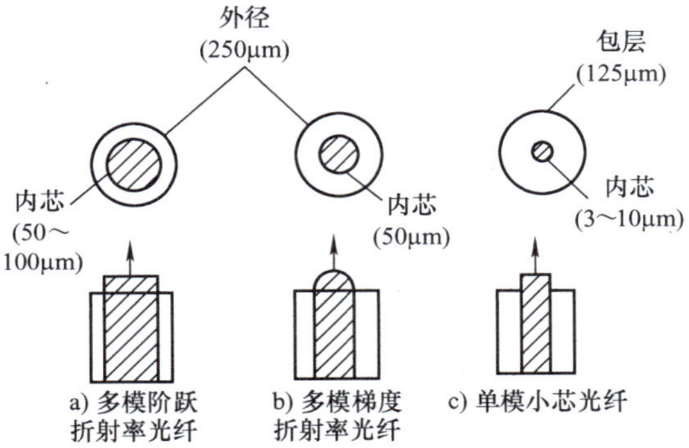

图 11-3　三类主要光纤的几何形状

11.1.3　光纤的基本特性

1. 光纤的损耗

光纤的损耗对于光纤通信和光纤传感的研究都是十分重要的特征参量。由于存在损耗，在光纤中信号的能量将不断衰减，为了实现长距离光通信和光传输，就需要在一定距离建立中继站，把衰减了的信号反复增强。损耗决定了光信号在光纤中被中继放大之前可传输的最大距离。光纤的损耗机理如图 11-4 所示，光在光纤传输时其衰减主要由吸收损耗和散射损耗造成。吸收损耗有玻璃材料的本征吸收和杂质吸收，杂质吸收主要由玻璃中的 OH^- 负离子吸收，如石英玻璃的紫外与红外吸收分别为波长 0.2μm 以下和波长 7μm 以上。

- 光纤损耗
  - 吸收损耗
    - 杂质离子的吸收
      - 过渡族金属离子
      - OH^-离子
    - 本征吸收
      - 紫外吸收
      - 红外吸收
  - 散射损耗
    - 制作缺陷
      - 折射率分布不均匀
      - 芯-图层界面不理想
      - 气泡、条纹、结石
    - 本征散射及其他
      - 瑞利散射
      - 布里渊散射
      - 拉曼散射

图 11-4　光纤的损耗机理

散射损耗主要有本征散射和结构不完善引起的散射。例如，芯与包层界面不完善以及内部的条纹和气泡等缺陷造成的散射。

实验表明，芯材料掺杂少量 P_2O_5 可以减少瑞利散射引起的损耗，若掺杂 GeO_2 可以减少红外吸收。图 11-5 所示为高硅氧（GeO_2-P_2O_5-SiO_2）光纤的损耗曲线，总的传输损耗是由低 OH^- 含量的光纤测出的光谱损耗曲线。目前，光纤的最低极限衰减约为 0.2dB/km，一般达到 0.4dB/km。

2. 带宽

脉冲光在光纤传输时，受到由光纤的折射率分布、光纤材料的色散特性、光纤中的模式分布以及光源的光谱分布等因素决定的“延迟畸变”，使脉冲波形在通过光纤后发生展宽，这一效应称作“光纤的色散”。导致脉冲展宽的三个主要原因是模式色散（Modal Dispersion）、颜色（或材料）色散（Chromatic Dispersion）和波导（或结构）色散（Waveguide Dispersion）。色散是指折射率及其他物理参数随光的波长变化而变化的现象，光纤的传输带宽又受这些参数的限制，为方便起见，采用色散一词来描述这些参数的变化。

（1）模式色散　不同脉冲模式的激光在光纤传输时，它们将以不同的时间传输到光纤的另一端，其结果是使激光脉冲加宽，这种现象为模式色散。

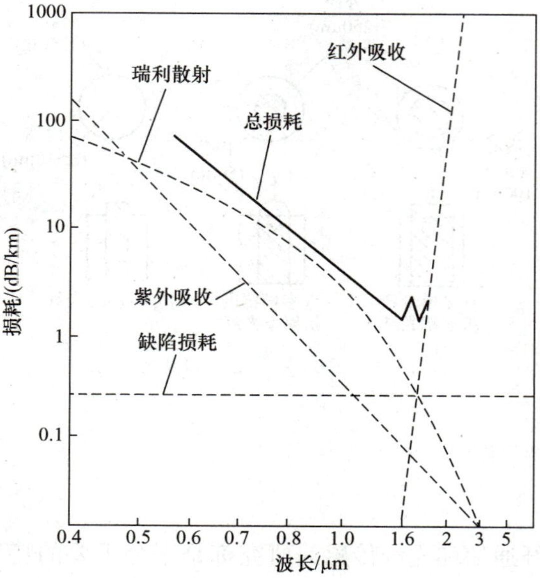

图 11-5　高硅氧（GeO_2-P_2O_5-SiO_2）光纤的损耗曲线

光纤的基带频率响应以 3dB（按光功率）以下频率来确定带宽（BW，单位为 GHz · km），近似的经验关系式为

$$BW \approx 180/\delta \tag{11-2}$$

式中，δ 为光纤单位长度的脉冲响应宽度。

当光纤断面选择最佳值时，光纤单位长度的室温最小脉冲响应宽度 $\delta_{min} \approx 14$ ps/km。若采用单模光纤时，可以消除模式色散。

（2）颜色色散　光纤玻璃材料的折射率随入射光的波长的改变而导致颜色或材料的色散，实际光源具有非零的光谱宽度，即含有多频色光。室温颜色脉冲的展宽（脉冲响应宽度）δ_c 出现在每个模式之内，与模式色散组合而给出总的色散 δ_l 为

$$\delta_l = \sqrt{\delta_{min}^2 + \delta_c^2}$$

（3）波导色散　与光纤结构的波导效应相联系的色散称为波导色散，一般只在单模光纤中存在波导色散问题。对于 1.3μm 激光，可得出单模光纤单位长度的脉冲响应 σ_c（单位为 ps/km）为

$$\sigma_c = 1.5\text{ps/km} \tag{11-3}$$

由于不存在模式色散，所以，单模光纤的带宽近似按式（11-2）计算。

带宽与光纤长度 l 的关系一般可近似为

$$BW \propto l^E \tag{11-4}$$

式中，E 为光纤带宽的相关因子。

假若所有的光纤在其跨度内具有相同的特性，包括模式耦合长度 l_c，则

$$E = \begin{cases} 0.5 & (l \gg l_c) \\ 1 & (l \ll l_c) \end{cases}$$

模式耦合长度 l_c 是指在光纤模式内能量的传输距离。

激光脉冲在时间轴上的展宽对应于频率轴上为高频分量的衰减。但对于光传输，高频成分的衰减在原理上并不伴随能量的损失，而是由于色散引起的相位不同造成的。

实验结果证实，目前研制的光纤的特性已接近理论极限值，单模光纤在波长 1.3～1.6μm 范围内已达到损耗和带宽的最高性能。

综上所述，作为传输介质的光纤的优点是：

1）现代光纤具有极低的传输损耗，低的为 0.2dB/km。这与 2km 左右中继站的同轴电缆相比，光纤中继站的间距可能为 100km 或更长。

2）具有较大的频带宽度，对于多模光纤可达 1GHz/km，单模光纤可高达 100GHz/km。

3）抗电磁干扰和避免了接地回路问题，防止光纤间窜扰，并可增大电磁的安全性。

4）可利用丰富的硅、磷、锗、硼等物质来制造，而同轴电缆所用的是铜等贵重矿物。

5）光纤是高强度抗断裂材料，具有体积小、重量轻及韧性好等优点。

在缺点方面，虽经多年使用，但应变的效果还不很清楚；核辐射可使传输损耗增加，这将使有关的防御系统受到损害；小尺寸的光纤在加工和相互联结方面也增加了机械加工的难度。

11.2　光纤传感器原理及应用

光纤传感器

11.2.1　分类与特点

光导纤维广泛应用于实用通信，在该领域已确立了稳固的地位。近年来在光学变换系统中利用光纤来检测物理参数也已引起了人们极大的研究兴趣。鉴于光纤有很多超过常规电学和气体力学的潜在优点，它在工业和军用仪器、仪表系统、通信和网络技术中的应用很引人注目。

光纤传感器主要有传感型和传光型两大类，现已证实，被光纤传感器敏感的物理量有 70 多种，与传统的传感器相比，光纤传感器具有灵敏度高、重量轻和体积小、用途多、对介质影响小、抗电磁干扰和耐腐蚀且本质安全、易于组网等特点，其近年来在航天航空、国防、能源电力、医疗和环保、石油化工、食品加工、土木工程等领域的应用得到了迅速发展。表 11-1 为光纤传感器对参数测定的原理及主要方式。

表 11-1　光纤传感器对参数测定的原理及主要方式

被测物理量	测量方式及光学原理		被测物理量	测量方式及光学原理	
电流 电压 电参量	偏振	法拉第效应	位移 速度 运动几何参数	相位	干涉现象
		Pockels 效应			Sagnac 效应
	相位	磁致伸缩		发光强度	反/透/折射损耗
		电致伸缩		频率	多普勒效应
温度	相位	干涉现象	振动 压力 力学参数	相位	干涉现象
	偏振	双折射变化		频率	多普勒效应
	发光强度	红外辐射		发光强度	微弯、散射损失
		荧光辐射	辐射	发光强度	吸收损耗

光纤传感器与常规电传感器相比，优点是：

1）固有抗电磁干扰。

2）危险（易爆蒸气）环境中固有的安全性。

3）在高压和医疗应用及从不同的电位各点上采集数据时给出高的电气绝缘。

4）无电源工作，因而遥感点无须电子线路或电源。

5）可以用于电子系统不能工作的各种高温场合。

6）由于光纤具有低损耗的特点，因此可使用很长的分布式传感器。

7）在已经出现的基本光学数据传输的地方，光学纤维兼容传感器可产生许多附加的光学/电气接口。

11.2.2　光纤传感器

光纤传感器利用了光纤本身传输特性的适当变化，即被检测物理量可改变光纤传输的基本参数，在传感原理上可分为相位调制、波长调制、发光强度调制及偏振态调制的不同形式，由此构成不同的传感器。

（1）相位调制传感器　其基本原理是利用被测对象对敏感元件的作用，使敏感元件的折射率或传播常数发生变化，从而导致光的相位变化，使两束单色光所产生的干涉条纹发生变化，通过检测干涉条纹的变化量来确定光的相位变化量，从而得到被测对象的信息。通常有利用光弹效应的声、压力或振动传感器，利用磁致伸缩效应的电流、磁场传感器，利用电致伸缩的电场、电压传感器以及利用光纤萨格纳克（Sagnac）效应的旋转角速度传感器（光纤陀螺）等。这类传感器的灵敏度很高，但由于须用特殊光纤及高精度检测系统，因此成本较高。

（2）波长（或频率）调制光纤传感器　它是一种利用单色光射到被测物体上反射回来的光的频率发生变化来进行监测的传感器。有利用运动物体反射光和散射光的多普勒效应的光纤速度、流速、振动、压力、加速度传感器，利用物质受强光照射时的拉曼散射构成的测量气体浓度或监测大气污染的气体传感器，以及利用光致发光的温度传感器等。

（3）发光强度调制型光纤传感器　它是一种利用被测对象的变化引起敏感元件的折射率、吸收或反射等参数的变化，而导致发光强度变化来实现敏感测量的传感器。有利用光纤的微弯损耗、各物质的吸收特性、振动膜或液晶的反射光发光强度变化实现测量的传感器，利用物质因各种粒子射线或化学、机械的激励而发光的现象制成的传感器，以及利用物质的荧光辐射或光路的通断等构成的压力、振动、温度、位移、气体等各种强度调制型光纤传感器。其优点是结构简单、容易实现，成本低；缺点是受光源强度波动和连接器损耗变化等影响较大。

（4）偏振态调制光纤传感器　它是一种利用光偏振态变化来传递被测对象信息的传感器。有利用光在磁场中媒质内传播的法拉第效应做成的电流、磁场传感器，利用光在电场中的压电晶体内传播的泡克尔斯（Pockels）效应做成的电场、电压传感器，利用物质的光弹效应构成的压力、振动或声传感器，以及利用光纤的双折射性构成的温度、压力、振动等传感器。这类传感器可以避免光源强度变化的影响，因此灵敏度高。

下面具体介绍几种典型的光纤传感器。

1. 光纤 Fabry-Perot 传感器

（1）Fabry-Perot 腔　光纤 Fabry-Perot（F-P）传感器是用光纤构成的 F-P 干涉仪，FPI 腔是传感器的核心。光纤 F-P 传感器主要由两个端面平行并镀膜，严格同轴密封在筒形结构中的光纤组成。入射光在两个端面分别反射并发生干涉，反射光发光强度与反射率和光学相位有关。相位 φ 为

$$\varphi=\frac{4\pi}{\lambda}n_0L \tag{11-5}$$

式中，λ、n_0 分别为入射光波长和腔内物质折射率。

当外界作用使得腔体长度 L 发生变化时，可通过相位的变化引起的反射光发光强度变化感知外界作用的大小。

（2）光纤 F-P 传感器　图 11-6 为光纤白光相关仪传感器。光纤 FPI 腔作为敏感单元获取被测参量信息，并最终经过信号解调和处理后得到测量结果。光纤 F-P 传感器需要相干光光源。本征型光纤 F-P 传感器的 FPI 腔由光纤本身构成，这种长度仅为几十微米的微腔结构，有很大的加工难度。同时，外界因素作用下腔体折射率和长度同时变化，如何区分两个参数的相互影响也是测量中的难题。白光相关仪（White-light Cross-Correlator）提供了一种精确测量 FPI 空腔长度的方法，并可用于绝对测量。它由两个 FPI 组成（见图 11-6），其中一个为参考 FPI，另一个为测量 FPI。宽带光源发出的光被投入到 2×2（2 个输入端，2 个输出端）耦合器中并被导向 FPI 仪。经 FPI 仪调制的光信号被反射回光纤传感器的读取器上，由线性 CCD 阵列检测。CCD 阵列的每个像素都与 FPI 腔长度相关联，FPI 空腔长度的变化被转化成一系列相关于像素的位移。只要白光相关仪稳定，即可提供 FPI 测量仪空腔长度的精确而又可靠的测量结果。

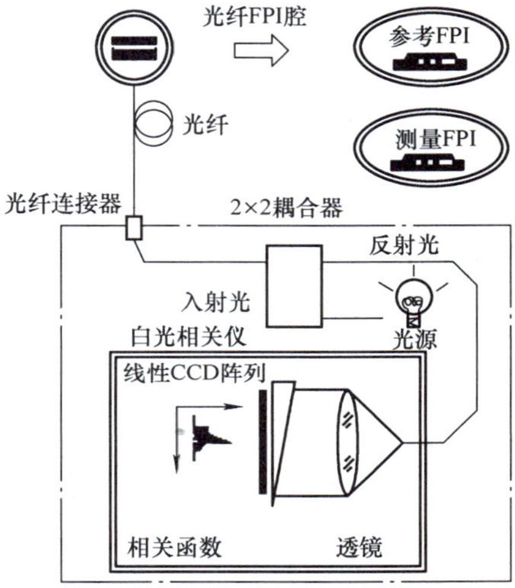

图 11-6　光纤白光相关仪传感器

2. 光纤 Sagnac 传感器

光纤 Sagnac（萨格纳克）传感器基于 Sagnac 干涉原理，激光器光束分两束分别从两端进入光纤环，并从同一端进入探测器。光纤环中两路方向相反光束的非互易光程差与垂直于光纤环平面、惯性空间的角速度 ω 关系为：$\Delta L=\frac{4A}{c}\omega$（$A$ 为光纤环面积；c 为光速）。相干光的相位差为

$$\Delta\varphi=\frac{2\pi}{\lambda}N\Delta L=\frac{2\pi}{\lambda}\frac{4AN}{c}\omega=\frac{4\pi LR}{\lambda c}\omega \tag{11-6}$$

式中，λ 为真空中的波长；R 为光纤环半径；N 为光纤环数；L 为光纤总长度，$L=2\pi RN$。只要测得相移 $\Delta\varphi$，即可求出转动角速度 ω。

图 11-7 为基于光纤 Sagnac 效应设计的光纤陀螺仪的原理示意图。在一个光纤线圈中引导两个反向传播光束，当旋转光纤线圈时，按顺时和逆时针方向传播的两光束产生时间差或

相位差，其时间差或相位差正比于线圈旋转的角速度。

光纤线圈一般采用单模光纤。为了使该传感器不受外部应变温度等影响，要保证在光纤线圈不动时，两束光必须以严格的匹配速度传播。

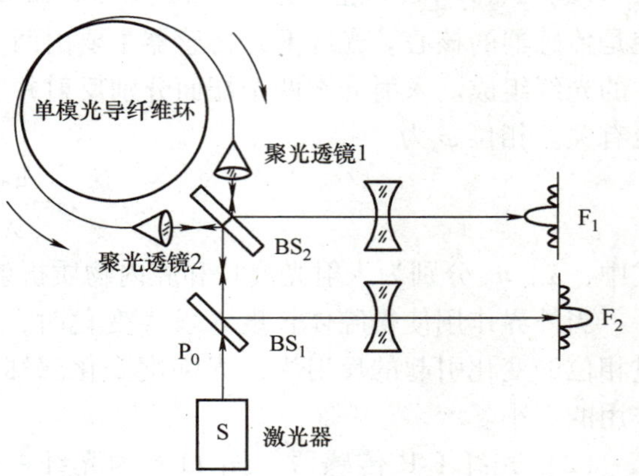

图 11-7　光纤陀螺仪的原理示意图

3. 光纤光栅传感器

光栅传感器通过 Bragg（布拉格）中心波长的变化达到传感的目的，是一种波长调制型传感器。按光栅周期划分，光纤 Bragg 光栅（Fiber Bragg Grating，FBG）的周期小于 1μm，其特点是传输方向相反的两个芯模之间发生耦合，属于反射型传感器，如图 11-8 所示。

当某一宽带光源的光入射到光纤光栅中时，折射率分布的周期性结构导致某一特定波长光的反射，反射光的波长由 Bragg 公式确定：

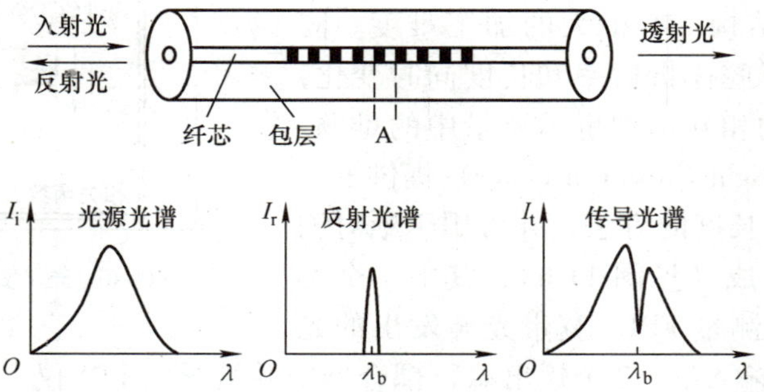

图 11-8　光纤 Bragg 光栅

$$\lambda = 2n_{eff}\Lambda \tag{11-7}$$

式中，λ、n_{eff}和 Λ 分别为光纤光栅的反射波长、有效折射率和周期。

当环境温度和光纤光栅受到应变作用时，光纤光栅的反射波长发生改变，改变量由下式给出：

$$\frac{\Delta\lambda}{\lambda} = (1-p_e)\varepsilon + (\alpha+\xi)\Delta T \tag{11-8}$$

式中，p_e 为有效弹光系数，$p_e = n_{eff}^2[p_{12}-\mu(p_{11}+p_{12})/2]$，$p_{11}$和 p_{12}为弹光系数；μ 为纤芯材料的泊松比；α 为弹性体的热膨胀系数；ξ 为光纤的热光系数；ΔT 为温度改变量；ε 为光纤的轴向应变。

如果光纤光栅不受应变作用，则式（11-8）变为

$$\frac{\Delta\lambda}{\lambda} = (\alpha+\xi)\Delta T \tag{11-9}$$

此时，光纤光栅可用作温度传感器。

如果温度和应变同时作用，由式（11-8）可得

$$\varepsilon=\frac{1}{1-p_{e}}\left[\frac{\Delta\lambda}{\lambda}-(\alpha+\xi)\Delta T\right] \tag{11-10}$$

式（11-10）表明：如果已知光纤光栅谐振波长的漂移量及其温度的改变量，就可以计算出光纤光栅的应变，此时，光纤光栅可用作应变传感器。

事实上，如果应力施加到光纤，或者温度发生改变（热光效应与热膨胀），有效折射率和光栅周期间距都会发生变化，因此 FBG 可以探测物理量的变化。FBG 的重要特点之一是可以利用波分复用技术将多个光纤光栅集成到单根光纤中组成传感器网络系统，而中心波长偏移的测量是 FBG 中的关键技术。

4. 光纤微弯传感器

光纤微弯传感器是发光强度调制型传感器的一种。光波在光纤中传输时受到光纤微弯影响，入射光的角度不满足条件 $\theta \geqslant \arccos\left(\frac{n_2}{n_1}\right)$（$n_1$，$n_2$ 分别为纤芯和包层折射率）时，引发辐射模损耗，造成输出光功率衰减，一部分芯模能量会转化为包层模能量。微弯传感器利用这种光幅度的微弯损耗来探测外界物理量的变化。研究表明，光纤微弯传感器（见图 11-9）的灵敏度与弯曲幅度、数目和周期有关，而弯曲周期影响最大，当接近临界周期 $\Lambda_c=\frac{2\pi r n_1}{\mathrm{NA}}$（$r$、$n_1$ 分别为光纤芯半径和折射率；NA 为光纤数值孔径）时，输出光发光强度会急剧变化。由此可以看出，对于给定的光纤，知道其参数后，就能计算出它的最佳微弯周期，使得它的微弯损耗达到最大，以使传感器具有最佳的灵敏度。

5. 发光强度耦合位移传感器

反射式光纤传感器的基本工作原理如图 11-10 所示，其利用镜面反射的原理，把机械位移转换成反射体的移动。传感头由发射光纤和接收光纤组成。光源发出的光经发射光纤至反射面，再经反射面反射形成反射锥体，当接收光纤处于反射锥体内时，便能接收到反射光发光强度，最后经由光电转换元件将接收到的光信号转换成电信号。由于接收到的发光强度随着反射体移动的位移变化而变化，通过测量光电转换电路的输出电压就可以实现位移测量。

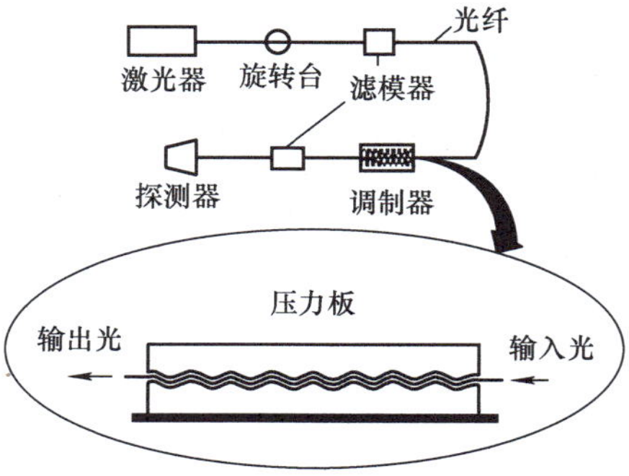

图 11-9　光纤微弯传感器原理示意图

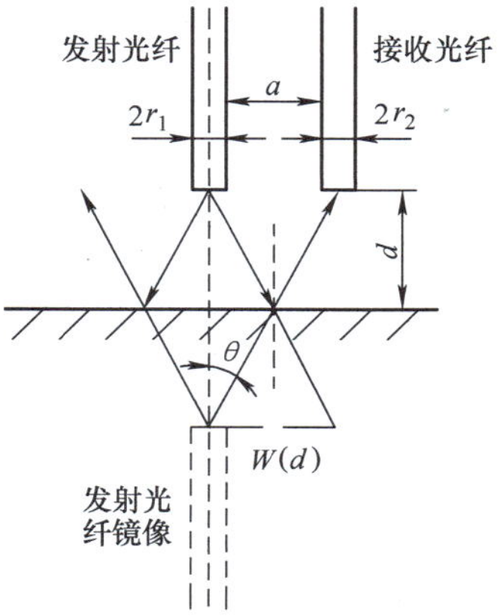

图 11-10　反射式光纤传感器的基本工作原理

设发射光纤直径为 $2r_1$，接收光纤直径为 $2r_2$，两光纤间距为 a，两光纤端面在距离被测表面的距离为 d 的同一平面内，发散角 $\theta=\arcsin(\mathrm{NA})$，NA 为发射光纤的的数值孔径，$W(d)$ 为光锥端面的半径，$W(d)=2d+\tan\theta+r_1$。

因此可以推出 d 范围为：

当 $d<\frac{a}{2T}$（设 $T=\tan[\arcsin(\mathrm{NA})]$）时，接收光纤端面在入射光锥之外，没有光耦合进入接收光纤。

当 $\frac{a}{2T}\leqslant d<\frac{a+2r_2}{2T}$ 时，接收光纤端面有部分包含在入射光锥内（见图 11-11），入射光纤发出的光部分耦合到接收光纤中。

当 $d\geqslant\frac{a+2r_2}{2T}$ 时，接收光纤的端面全部包括在入射光锥内。

光纤出射光发光强度并不是均匀分布，一般接近于高斯分布。利用几何光学进行分析，接收光纤剖面图如图 11-12 所示。接收光纤端面与光斑重合部分的发光强度不是均匀分布，而是沿径向变化。发射光纤的输出光发光强度分布可表示为

$$I(r,d)=\frac{2P_{\mathrm{e}}K_0}{\pi W^2(d)}\exp\left[-\frac{2r^2}{W^2(d)}\right] \tag{11-11}$$

式中，r 为径向半径；d 为轴向坐标（为发射、接收光纤到被测面的距离）；P_{e} 为光源耦合到发射光纤中的光功率；K_0 为发射光纤的损耗。

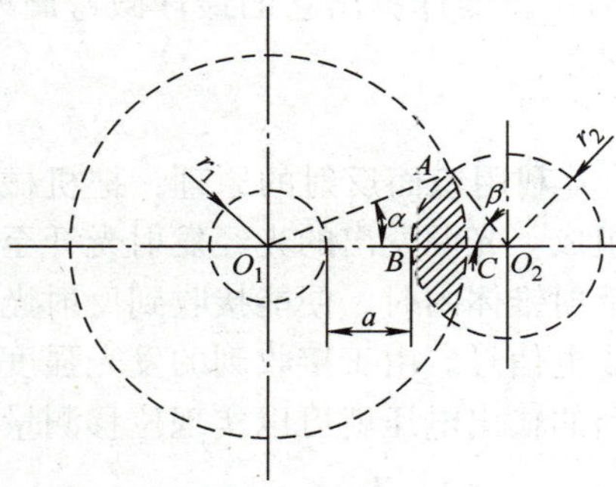

图 11-11　接收光纤与入射光锥的关系

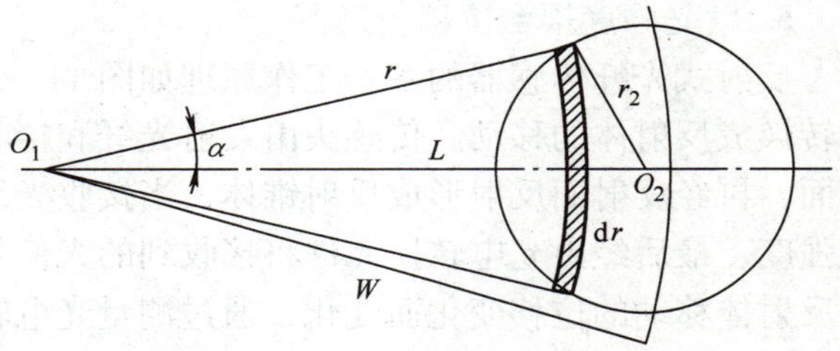

图 11-12　接收光纤剖面图

在径向坐标 r 处，光纤端面与光斑重合部分即图中阴影部分面积为

$$\mathrm{d}S=2a(r)r\mathrm{d}r \tag{11-12}$$

式中，$a(r)=\arccos\left(\frac{r^2+L^2-r_2^2}{2rL}\right)$，其中 L 为发射与接收光纤的中心距，$L=r_1+a+r_2$，r_1、r_2 分别为发射光纤接收光纤的半径，a 为两光纤间距。

可得到接收光功率的数学模型为

$$P(d)=\begin{cases}0 & (W<L-r_2)\\ \xi\eta K\int_{L-r_2}^{w}I(r,\ d)2a(r)r\mathrm{d}r & (L-r_2\leqslant W<L+r_2)\\ \xi\eta K\int_{L-r_2}^{L+r_2}I(r,\ d)2a(r)r\mathrm{d}r & (W\geqslant L+r_2)\end{cases} \tag{11-13}$$

式中，ξ 为被测反射面的反射系数；η 为光纤微弯损耗系数；K 为接收光纤光功率损耗系数，在理想情况下 $\xi=\eta=K=1$。

6. 荧光光纤传感器

荧光材料的温度特性是测温的基础，微量稀土磷化合物可被掺杂于光纤中，并组成探头受激发出荧光。荧光的强度或寿命随温度变化而变化，探测其变化可达到测温的目的。热辐射效应发光强度调制型光纤温度传感器属于被动式发光强度调制传感器，用于高温测量时高温光纤黑体腔探头的谱功率密度出射率（单位为 $W \cdot m^{-3}$）可以用 Plank（普朗克）公式表示为

$$M(\lambda, T)=\varepsilon_{\lambda} C_1 \lambda^{-5}\left[\exp\left(\frac{C_2}{\lambda T}\right)-1\right]^{-1} \tag{11-14}$$

式中，ε_{λ} 为黑体腔的谱发射；$C_1(W \cdot m^2)$ 为第一辐射常数，$C_1=2\pi hc^2$；$C_2(m \cdot K)$ 为第二辐射常数，$C_2=\dfrac{hc}{k}$；λ 为光谱辐射波长；h、c、k 分别为普朗克常数、光速和玻耳兹曼常数；T 为黑体辐射温度。荧光经光纤直接耦合后射入光电二极管光敏面。考虑到光电二极管光谱响应和黑体腔特征参数，光电二极管光敏面探测到的黑体总辐射能量为

$$p=\eta_1\eta_2 S\exp(-\alpha l')\int_{\lambda_1}^{\lambda_2} M(T)\,d\lambda \tag{11-15}$$

式中，η_1、η_2 分别表示高温光纤与低温光纤、低温光纤与光电二极管光敏面之间的功率耦合效率；S、l'、α 分别表示高温光纤截面积、长度和损耗系数。

探测能量的变化就可确定温度，由于光纤给出的输出光发光强度是非线性的指数信号，故需要采用折线逼近的方法线性化，精度取决于折线段的选择。

7. 光纤电流传感器

光纤及光学材料的磁光、电光和光弹效应可被用于电参量的测量，典型的是熔石英光纤法拉第（Faraday）效应。即当线偏振光沿磁场方向通过置于磁场中的磁光介质时，其偏振面发生旋转，这种现象称为磁致旋光效应（或法拉第效应），其原理如图 11-13 所示。

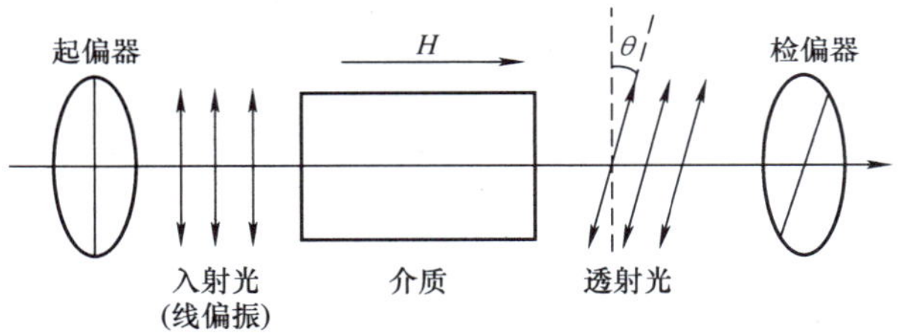

图 11-13　法拉第效应原理图

电流磁场使得光纤中的偏振光发生旋转，其旋转角表示为

$$\theta = V\int_L H\,dl = VI \tag{11-16}$$

式中，H 为磁场强度；l 为磁场作用下的光纤长度；V 为 Verket 常数。

当光纤为 N 圈时，其结果为

$$\theta = NV\int_L H\,dl = NVI \tag{11-17}$$

I是通过光纤环的载体电流，由式（11-17）可知，积分结果只与电流有关。光纤电流传感器原理如图11-14所示，通过对探测到的偏振光发光强度解算可测出电流。

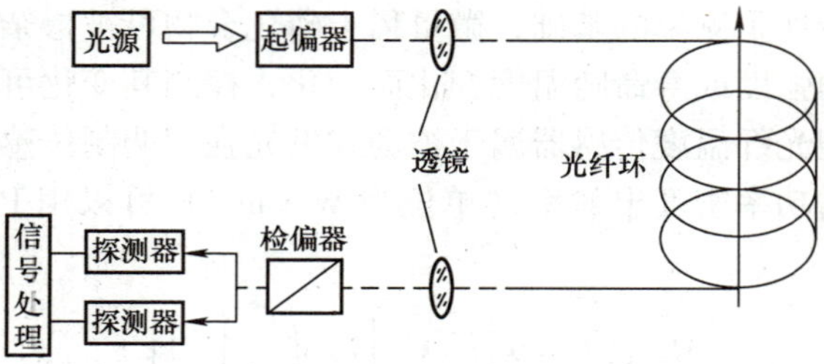

图11-14 光纤电流传感器原理

需要注意的是，式（11-17）成立的条件：①线偏振光的偏振态能够保持不受磁场以外的外界条件影响，即保持线偏振而不蜕变为椭圆偏振光；②线偏振光行进的路线为闭合环路。

11.3 光纤传感器应用技术分析

1. 电参数测量

基于Faraday、Pockels、Kerr等磁光、电光效应及压电、磁致伸缩效应，光纤传感器用于电流、电压、电功率等电磁参数的测量。与传统的传感器相比，它具有运行安全可靠、尺寸小、自身功耗低、频带宽、抗干扰、无线圈铁心、易于组网和遥测等突出特点。以光纤和电光、磁光晶体为基础构成的全光纤电压、电流及组合互感器（OCT、OVT）技术趋于成熟，目前可以测量几安至上千安的电流，几十伏至几百千伏的电压，并具有很高的测量准确度。它与光纤温度传感器组合可被应用于智能电站、输变电装置，放置在大型发电、动力机组的绕组内可进行运行参数自动监测，是新一代电力及驱动系统电参数综合测量技术的发展方向。在光纤电磁参量测量中，影响传感器测量性能的主要因素包括光学部件的双折射、热光效应和温度稳定性。光学补偿双光路、双晶体的精密加工是改善性能的技术关键。

2. 力学参数测量

光纤传感器对力学参数的测量已被应用于桥梁、大坝等结构工程及石油钻井中的应力、压力监测，以及飞行器智能结构和动力机组等大型运动机构的振动监测。微弯损耗、F-P干涉、FG微形变测量等不同形式的传感器可测量几十帕到上兆帕的压力，可传感亚微米幅度，高达几十千赫范围的微振动。FBG传感器具有较高的测量性能，并能将多达上百个传感器组网分布测量。目前对Bragg波长的探测分辨力已达到pm量级，石英光纤的应变灵敏度系数为$0.78\lambda_B$，测量范围为1%，并符合很好的线性关系。但光纤自身细脆，受异向作用和环境温度的影响较大，因此FBG中间层的应力传递关系成为提高传感器性能的关键。为了提高FBG的实用性能，必须采取有效的应变测量增敏和环境温度去敏措施，其中封装材料和结构形式是提高FBG应变灵敏度，降低环境温度影响的重要因素。相比较而言，由于精确波长探测的复杂性，FBG应变传感器的成本较高，并存在着范围小等局限，因此在某些场合中，光纤微弯、F-P 测量具有更高的实用性。

3. 运动几何参数测量

基于 Sagnac 效应的光纤陀螺仪（FOG）是一类重要的角运动测量传感器，自 20 世纪 70 年代第一台样机出现以来，光纤陀螺仪全固态结构的可靠性等特点已充分展现，被广泛应用于飞行器等运动载体的导航、制导、稳定、定向及跟踪。光纤陀螺仪主要包括开环和闭环两类，后者以 Y 波导替代开环的偏振、耦合、解调等器件，精度较高，技术也相应更复杂。目前国外先进光纤陀螺仪的性能已经达到惯性导航级，Honeywell 公司的 FOG 零位漂移指标达到了 0.00015°/h，完全能够满足现代航天器等高精度应用场合的需要。影响光纤陀螺仪性能的主要因素包括光路的非互易性和温度、磁、振动等环境物理场的作用，涉及材料、制造及测试标定技术的水平。

尺寸小、精度高使光纤传感器成为精密微小结构制造中的重要测量手段。发光强度耦合型的光纤位移传感器能够在几十微米的范围内分辨到 0.1μm 大小的几何尺寸，将光纤技术、图像技术及坐标测量技术相结合，可构成微小化的测量机构，对几十微米到几毫米的内腔几何尺寸、表面特性进行精确测定，准确度优于 0.05μm。有研究报道，利用发光强度调制型光纤对位移测量，可以达到分辨力 0.8Å，动态范围达 110dB。改善光路特性的影响和信号处理技术、提高测量稳定性和探索新的测量方法，是目前研发高精度光纤传感器微位移探测技术面临的问题。

4. 温度测量

光纤荧光、光纤干涉和波长特性是光纤温度传感的基础。FBG 的温度波长灵敏度达到 10pm/℃左右，测量准确度较高，但高温环境可对写入光纤中的光栅造成损坏，因此对上限温度应有限制。荧光传感器可适用于较高的温度场合，一般能探测到 300℃的高温范围，准确度可达到 1%。采用高温探头材料，光纤荧光传感器可使用在 1000℃的高温环境，是高温测量的重要方式。按照测量的温度范围、性能需要，光纤荧光、FBG 及 F-P 传感器都被应用于动力装置、石油井下作业、核反应堆工程的温度测量，将光纤光栅传感器置于发电/动力机组的线圈内，可连续、可靠地感知其运行温升情况，对故障进行自动监控。相比较而言，由于需要消除热环境下的应变影响，并对波长变化精确探测，光纤光栅传感器测温的系统较复杂、成本也较高，适用于分布式组网测量。

思考题与习题

11-1　光导纤维简称光纤，它是用（　　）作为主要原料的一种透明度很高的介质材料，广泛用于光纤通信和光纤传感器。

A. 光刻玻璃　　B. 石英玻璃　　C. 光刻硅　　D. 钛铝合金

11-2　光纤的数值孔径表示光纤接收入射光的能力，它与（　　）有关。

A. 纤芯的直径　　B. 包层的直径　　C. 相对折射率差　　D. 光的工作波长

11-3　光纤通信指的是（　　）。

A. 以电波为载波、以光纤为传输媒介的通信方式

B. 以光波为载波、以光纤为传输媒介的通信方式

C. 以光波为载波、以电缆为传输媒介的通信方式

D. 以激光为载波、以导线为传输媒介的通信方式

11-4　光纤通信中常用的三个低损耗窗口的中心波长为（　　）。

A. 0.85μm　　B. 1.31μm　　C. 1.55μm　　D. 2.06μm

11-5　光纤传光基于光的______原理。光从折射率高的______入射到折射率低的______，在入射角大于某一临界角时满足该条件，有较高的传光效率。

11-6　光纤按其径向折射率分布一般分两类，若径向折射率分布从折射率高的纤芯直接变到折射率低的包层称为______光纤，若径向折射率分布从折射率高的纤芯逐渐变到折射率低的包层称为______光纤。

11-7　光纤按其传输模式可以分类两类，______光纤的芯径细，包层较厚，波形失真小，损耗小，一般采用激光器作为光源体，在光通信中传输距离较长时使用。______光纤芯径较粗，包层较薄，损耗大，一般采用发光二极管作为光源，用于短距离通信。

11-8　光纤的芯玻璃折射率为 $n_1=1.46$，包层玻璃折射率为 $n_2=1.45$，如果光纤外部介质的折射率为 $n_0=1$，那么光在光纤内产生全反射时入射光的最大入射角为多少？

11-9　说明光纤传光的基本原理。光纤一般如何分类？

11-10　说明光纤传感器的原理、分类与优点。

11-11　说明光纤陀螺的基本原理，列举其在实际中的应用。

11-12　说明光纤 F-P 传感器原理，列举其在实际中应用的实例。

11-13　采用光纤传感器进行远距离热辐射高温工作的原理是什么？有什么优点？

11-14　试设计光纤液面传感器及检测电路。

11-15　试设计采用光纤微弯传感器进行压力测量的方案，说明测量原理。

第 12 章　光电检测技术的综合应用

应用各种光电单元检测技术，配合各类机械机构与伺服系统，可以组合成各种复杂或综合参数的测量系统以用于各类工件形位误差、部件或系统动静态参数、大型目标形貌等的测量。本书编著者多年从事国防、民用科研工作，形成了具有自主知识产权的成果，研制的仪器或设备得到具体应用，解决了生产、实验及质量检测的难题，部分仪器填补了专用设备的空白，本章结合已有的科研成果举几个应用实例。

12.1　光电多功能二维自动检测系统

本节主要对光电多功能二维自动检测系统进行论述，在讲述测量系统组成和工作原理的基础上进一步介绍同轴度误差和环距的测量方法，通过这两个参数测量方法的论述，可以由点到面地说明采用光电检测技术测量轴类零件的一般方法。

12.1.1　测量系统的总体结构

二维光电综合测量机主要由激光扫描检测系统、闭环伺服控制系统、光栅位移检测系统以及测量工作台精密机械系统 4 大部分组成，其总体结构框图如图 12-1 所示。

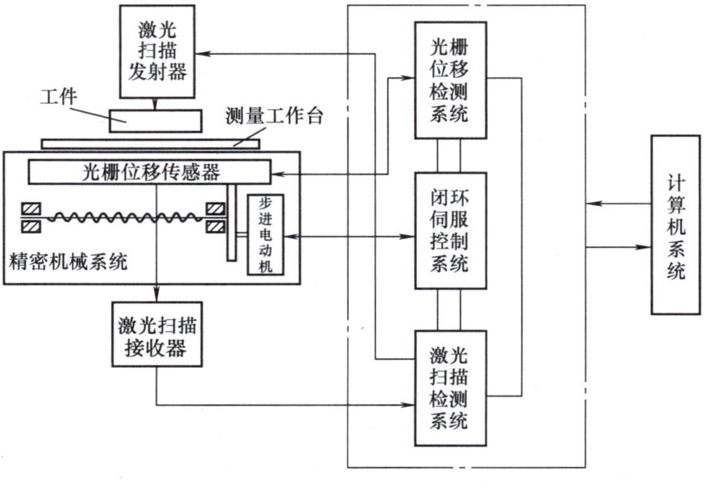

图 12-1　二维光电综合测量机总体结构框图

测量系统工作时，在计算机系统的控制下，闭环伺服控制系统执行部件步进电动机带动滚珠丝杠转动，这样就带动了与其配合的测量工作台作直线运动。工作台与光栅位移测量系统的读数头相连，其移动的轴向距离可由光栅位移检测系统读出，放置在工作台上的被测工件的径向尺寸可由激光扫描检测系统测出，由此组成了二维光电测量系统。本系统配合相应的附件可完成回转类工件多部位的尺寸与形位误差的自动测量。

12.1.2　同轴度误差测量系统

同轴度误差是机械制造和仪器仪表工业中常见的检测项目，其测量方法是利用千分表等通用量具进行接触式测量，测量精度受测量力和人为因素的影响，测量速度也较慢。本节提出了利用分度回转和轴向进给执行机构，通过激光扫描检测系统间接测量刀口尺与被测工件轴线之间的间隙变化来测量被测轴线对基准轴线的同轴度误差的激光扫描测量方法，其测量原理框图如图 12-2 所示。本系统实现了同轴度误差的非接触自动测量。

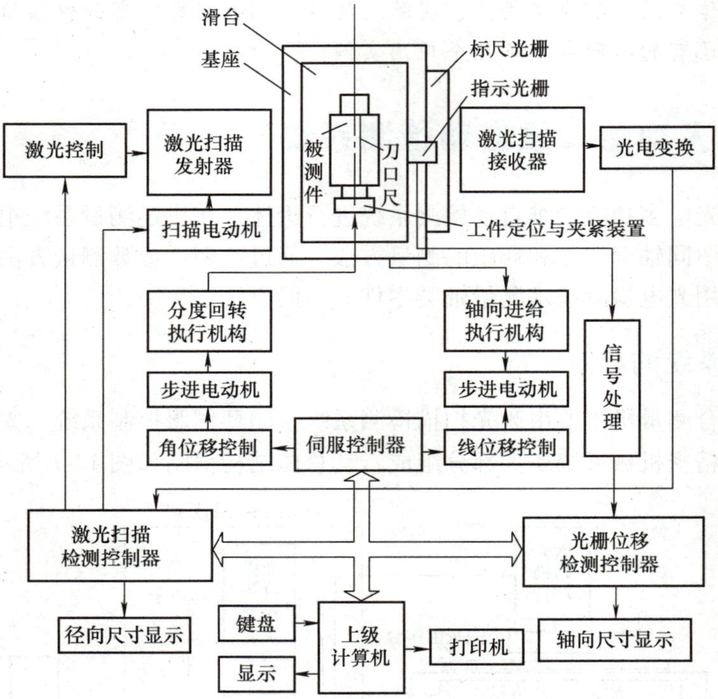

图 12-2　同轴度测量原理框图

1. 同轴度误差的测量方法

测量前在被测件某一固定位置上，通过轴向进给执行机构，在被测件两端用激光扫描检测系统测量并调整上下两刀口尺与被测件之间的间隙并使之相等，如图 12-3 所示。为提高测量的准确性，一般取若干个轴截面，并在每个轴截面上又取若干个垂直基准轴线的正截面。在某一轴截面方向上，由激光扫描检测系统测出正截面上相对 180°各对应点与刀口尺之间的间隙，其差值绝对值即为该正截面上的同轴度误差。由轴向进给执行机构可测出不同正截面上的同轴度误差值，其最大值作为该轴截面上的同轴度误差，再由分度回转执行机构测出若干个轴截面上的同轴度误差，其最大值作为该被测件的同轴度误差。

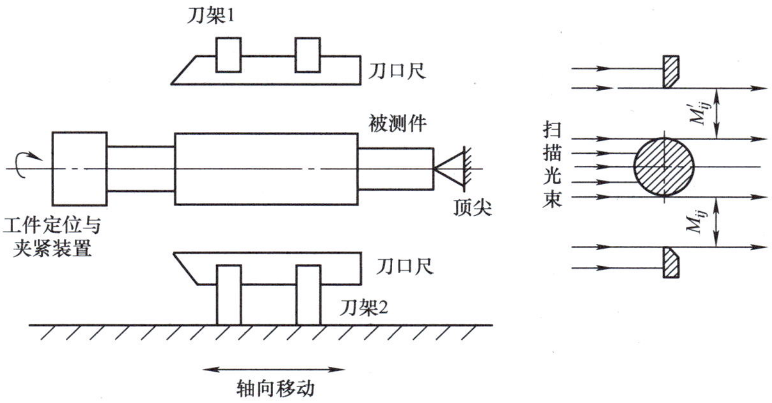

图 12-3　刀口法测量同轴度误差示意图

若轴截面数取 n，正截面取 p 个，则每次测量转动的角度值 $\Delta\alpha=180°/n$，每次测量轴向移动量 $\Delta L=L/p$，其中 L 为测量长度。设第 i 个轴截面上第 j 个正截面相对为 180°的对应点，各对应点与刀口尺之间的间隙值分别为 M_{ij} 和 M'_{ij}，则第 i 个轴截面上各正截面的同轴度误差为

$$f_{ij}=\left|M_{ij}-M'_{ij}\right| \tag{12-1}$$

式中，$i=1, 2, 3, \cdots, n$；$j=1, 2, 3, \cdots, p$。

第 i 个轴截面同轴度误差为

$$f_i=M_{ij\max} \tag{12-2}$$

式中，$M_{ij\max}$ 为 f_{ij} 中的最大值。

被测件同轴度误差为

$$f=M_{i\max} \tag{12-3}$$

式中，$M_{i\max}$ 为 f_i 中的最大值。

测量同轴度误差的系统软件框图如图 12-4 所示。

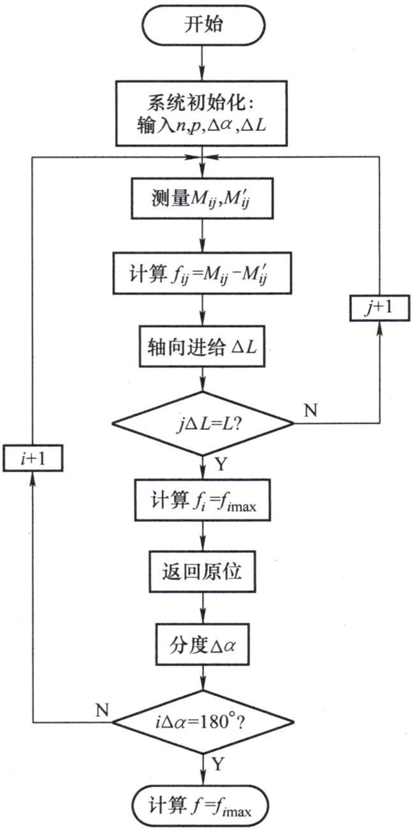

图 12-4　测量同轴度误差的系统软件框图

2. 实验结果与分析

利用上述的光电检测系统，对某零件的同轴度误差进行了测量，取 $n=4$、$p=4$，零件长度 $L=200\text{mm}$，$\Delta\alpha=45°$，$\Delta L=50\text{mm}$。该被测件的同轴度误差检定值为 0.004mm，则光电检测系统的测量误差为 0.001mm。影响系统测量精度的主要因素有两个：一个是由扫描速度误差和光学准直误差引起的间隙测量误差；另一个是工件定位与夹紧装置的回转精度。

12.1.3　环距测量方法的研究

对环槽状零件环距的测量用一般方法是比较复杂的，而且测量精度也很难满足要求，采用下述的测量系统可实现轴向和径向二维尺寸测量，且环距测量精度高、速度快，在实际应用中取得了较好的效果。

被测环槽状零件结构图如图12-5所示。由于在测量过程中，测量的起始点与测量的长度不同，会造成测量环槽前一个截面与后一个截面直径大小不同，测量过程中会出现两种情况，如图12-6所示。

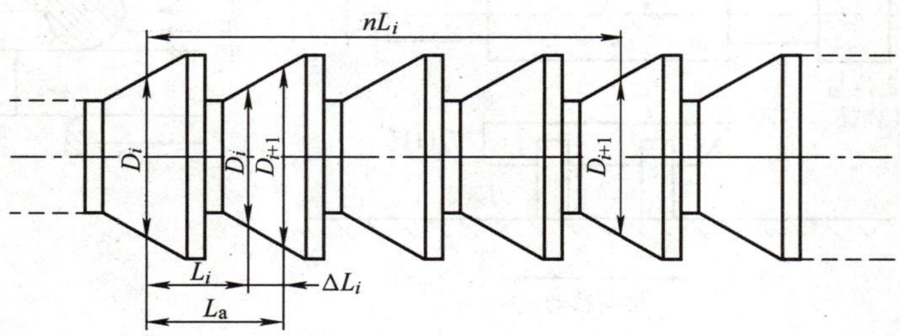

图12-5　被测环槽状零件结构图

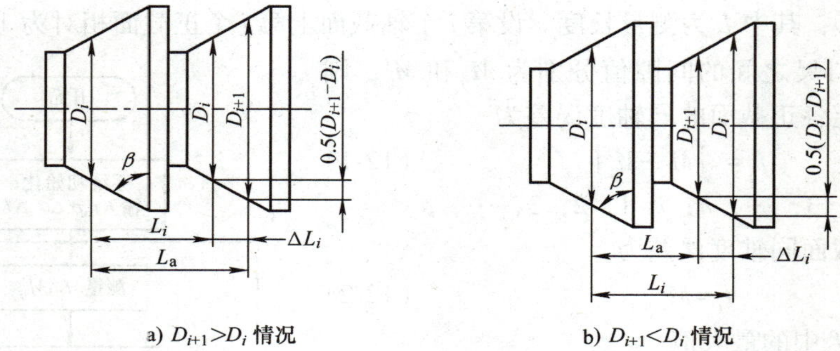

图12-6　环距测量示意图

（1）单环测量　若在第 i 环槽内任选一位置测得其直径为 D_i，然后通过位移系统在距 D_i 位置进给 L_i-L_0（L_0 为标准环距）处测得其直径为 D_{i+1}，则环槽状零件相邻两环实际有效作用环距（实际环距测量值）L_a 有三种情况：

1）若 $D_{i+1}=D_i$，则有 $L_a=L_i$。

2）若 $D_{i+1}>D_i$，如图12-6a所示，说明 $L_a>L_i$，而 L_a 与 L_i 之间相差值 ΔL_i 为

$$\Delta L_i=\frac{1}{2}(D_{i+1}-D_i)\tan\beta$$

则

$$L_a=L_i-\Delta L_i=L_i-\frac{1}{2}(D_{i+1}-D_i)\tan\beta$$

式中，β 为轴向截面斜角。

3）若 $D_{i+1}<D_i$，如图12-6b所示，此时说明 $L_a<L_i$，而 L_a 与 L_i 之间的相差值 ΔL_i 为

$$\Delta L_i=\frac{1}{2}(D_i-D_{i+1})\tan\beta$$

则

$$L_a=L_i-\Delta L_i=L_i-\frac{1}{2}(D_i-D_{i+1})\tan\beta$$

综合以上误差分析可得

$$L_a=L_i+\Delta L_i=L_i+\frac{1}{2}(D_i-D_{i+1})\tan\beta \qquad (12\text{-}4)$$

式（12-4）即为环槽状零件环距测量的理论公式。环距测量值 L_a 与标准环距 L_0 的误差 δ 为

$$\delta=L_a-L_0=(L_i-L_0)+\frac{1}{2}(D_i-D_{i+1})\tan\beta \qquad (12\text{-}5)$$

（2）隔环测量　根据零件加工检验的技术要求，有时需隔 n 个环测量，隔环测量时可将前述单环测量公式依此类推，便可得到既适合单环也适合隔环测量的统一公式：

$$\Delta L_i=\frac{1}{2}(D_i-D_{i+n})\tan\beta \qquad (12\text{-}6)$$

$$L_a=L_i+\Delta L_i=L_i+\frac{1}{2}(D_i-D_{i+n})\tan\beta \qquad (12\text{-}7)$$

$$\delta=L_a-L_0=(L_i-L_0)+\frac{1}{2}(D_i-D_{i+n})\tan\beta \qquad (12\text{-}8)$$

当 $n=1$ 时，即为单环测量时的情况。

综上所述，由环距测量的方程可知，只要测出轴向截面斜角 β、直径 D_i、D_{i+n} 和位移进给量 L_i，就可测量环距 L_a 和误差值 δ。在测量过程中，送进量 L_i 有可能大于 nL_0 或小于 nL_0，但是在上述公式中是代数和相加，所以实际送进量 L_i 不影响由上述公式计算出的测量结果，通过闭环控制 L_i 可得到很精确的结果。

（3）轴向截面斜角 β 的测量　如图 12-7 所示的带有斜角 β 的轴向截面，其 β 角的大小是由下式决定的：

$$\tan\beta=\frac{2L}{(D_2-D_1)} \qquad (12\text{-}9)$$

即

$$\beta=\mathrm{ctan}\left(\frac{2L}{(D_2-D_1)}\right) \qquad (12\text{-}10)$$

因此，只要测出 D_1、D_2、L 这三个参数值，β 即可确定。

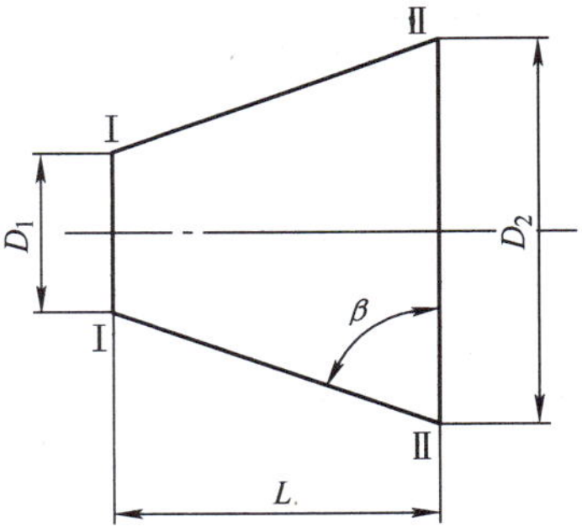

图 12-7　斜角 β 的测量

根据本系统的特点，由激光扫描检测系统首先测出第Ⅰ—Ⅰ横截面的直径 D_1，再测出第Ⅱ-Ⅱ横截面的直径 D_2，同时记录下此时光栅位移检测系统测得的 L 值，通过软件系统处理后，可直接给出 β 值，这也就是环距测量所需要的 β。

（4）环距测量实时算法　环槽状零件测量部位的直径 D_1 和 D_2 由激光扫描检测系统完成，轴向位移送进量 L 由光栅位移检测系统完成，经数据处理便可得到环距测量值。

根据环距测量方程，整个系统由激光扫描检测系统（JSY）、光栅位移检测系统（SC）和闭环伺服控制系统（BQD）来完成，其测量算法如下：

1）首先由 JSY 和 SC 测量 D_1、D_2 和 L，计算出轴向截面斜角 β 值。

2）由 JSY 执行测量，并完成 $\Delta L=\frac{1}{2}(D_i-D_{i+n})C$，其中 $C=\tan\beta$。

3）在 SC 控制下，由 BQD 执行送进 L_i 距离，而 SC 同时测出 L_i，并送往 JSY，由 JSY 完成 $L_a=L_i+\Delta L_i$ 的计算。

4）通过 JSY 与 SC 之间的通信，完成误差 $\delta=L_a-nL_0$ 的运算。

5）由 JSY 完成合格与否的判别，只有当 $\delta=0$ 或 $T_1\leqslant\delta\leqslant T_2$ 时才是合格的，否则不合格，其中 T_1、T_2 分别为环距的上、下偏差，环距测量的程序流程框图如图 12-8 所示。

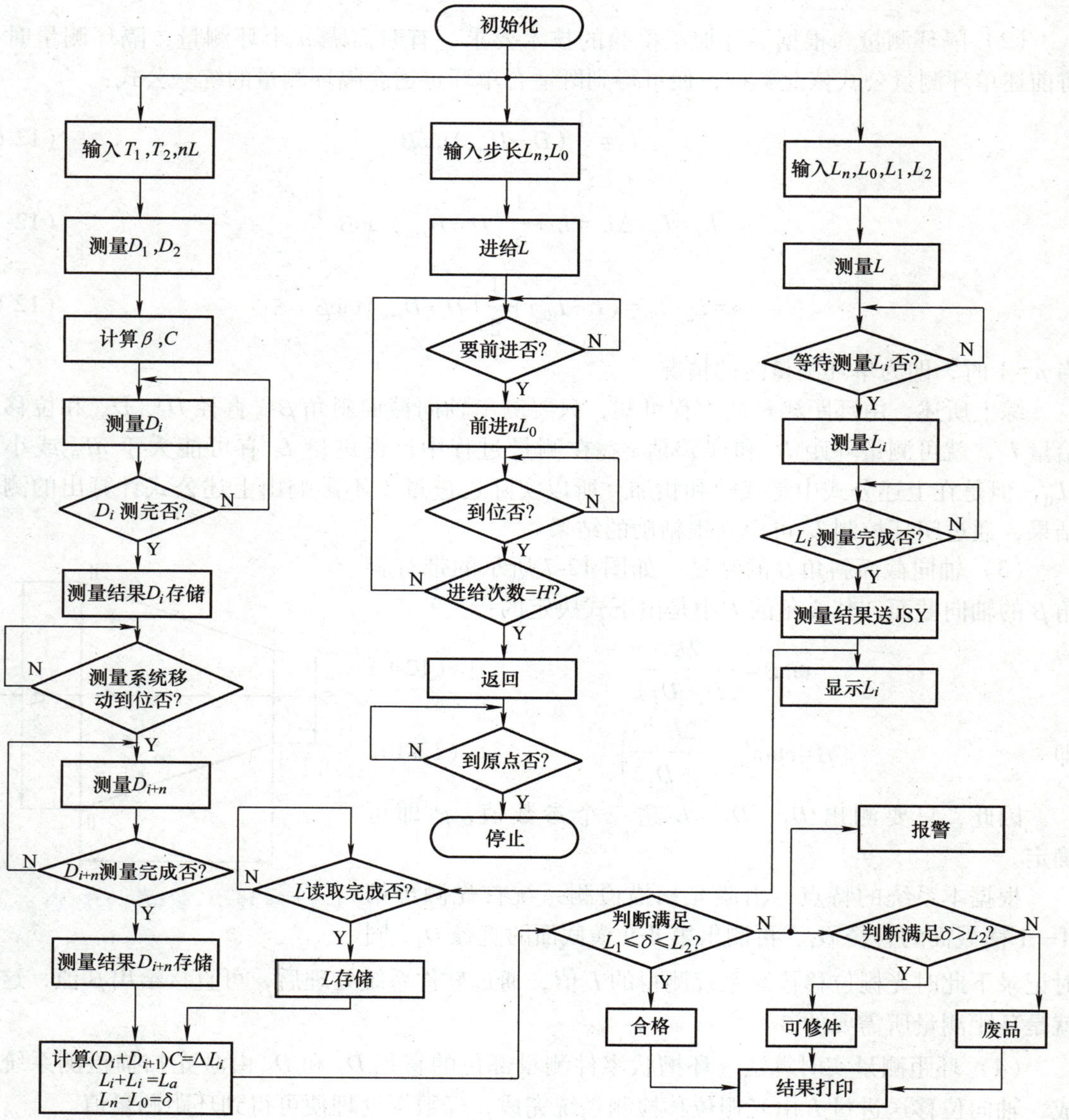

图 12-8　环距测量的程序流程框图

分析表明，采用上述方法测量环距是切实可行的，通过对激光扫描检测系统径向尺寸测量和光栅位移检测系统的轴向尺寸测量进行系统误差修正，便可得到更高的仪器测量精度，通过实验已得到验证。

本节介绍的光电多功能二维自动检测系统具有一定的通用性，如果配有带动工件回转的伺服系统及相应的机械结构，经过系统软件功能扩展可用于回转体类零件更多尺寸与形位误差的自动测量。

12.2　曲臂光电综合测量系统

本节介绍以完成曲臂零件的各轴颈部位直径尺寸、径向圆跳动和两臂轴线的平行度等多种参数的检测为目的而设计的高精度、高速度、非接触检测装置。曲臂零件及被测量参数示意图如图 12-9 所示，由于曲臂形状较复杂、重量与几何尺寸较大、测量参数多，因此给检测带来较大的难度。原采用接触与间接测量的方法对各参数进行测量，但其结果的准确性、科学性受到怀疑，生产曲臂零件的质量就无法保证，为此，针对曲臂零件的检测要求，需研制专用测量仪器——曲臂光电综合测量机。

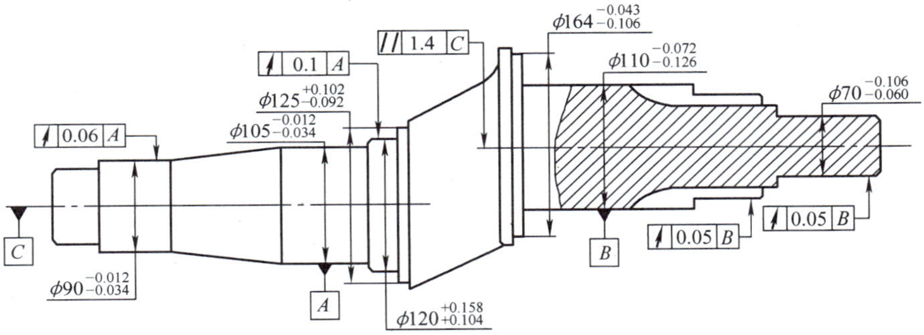

图 12-9　曲臂零件及被测量参数示意图

目前，对曲臂零件的直径尺寸、圆跳动的检测仍采用传统的方法，即用普通量检具如卡尺、千分尺、千分表和百分表来进行检验。对花键内径定心圆柱面的径向圆跳动误差用传统方法根本无法检测，主要靠加工设备来保证其精度。而对曲臂两臂轴线的平行度误差，在传统检测时只能通过测量曲臂某臂端面相对于另一臂轴线的垂直度来间接地反映两臂轴线的平行度，测量方法不科学。

12.2.1　系统的组成与总体布局

1. 系统的组成

本系统主要由以下几大部分组成：

（1）主体精密机械系统　主体精密机械系统的主要功能是实现测量系统的精确直线位移运动和被测工件的回转运动。通过检测平台集成的各种模块式光电检测系统来完成多种参数的检测，伺服控制系统主要由基准、直线运动位移机构、移动工作台、主轴箱、回转运动执行电动机、回转支架、尾座以及传动和导向机构等组成。

1）轴向移动由配有安装、定位、夹紧和测量基准的检测工作台实现。

2）角位移由回转运动执行电动机通过主轴箱带动工件旋转。

3）狭缝基准由安放于工作台上的刀口来实现。

4）在主体精密机械系统上，设计有各种模块式光电检测单元的接口。

（2）模块式激光检测系统 模块式激光检测系统由光电检测单元组成，主要功能是利用各种光电检测技术对工件测量部位进行采样，获得工件表面的空间位置信息，经特征识别后，再由光电变换、信号处理、计算机处理显示出最后结果。其主要包括以下几个系统：

1）反射式激光扫描尺寸检测系统。此系统包括反射式激光扫描发射系统、反射式激光扫描接收系统、光电变换系统、信号数据处理与显示系统和测量软件系统等，可对曲臂几个重要轴颈部位的较大直径尺寸实现快速、非接触、自动检测。

2）激光光三角位移检测系统。此系统包括激光发射系统和激光接收成像系统、PSD光电传感与光电变换电子学系统、微机实时处理与显示系统和测量软件系统，以及用于瞄准和测量的伺服控制系统。利用此系统可对各圆柱面径向圆跳动误差实现非接触测量，尤其可实现花键部位内径定心圆柱面的径向圆跳动误差的自动检测。

（3）光栅位移与转角测量系统。光栅位移检测系统是采用莫尔条纹的测量方案，分辨率高、测量精度高、便于数字化、便于倍频细分，对于生产现场经常出现的电磁干扰具有较强的抗干扰性。该系统通过光电信号变换、整形、计数、微机处理就可以实现直线位移的高精度测量。光栅主尺安装在主机的侧面，读数头安装在主机系统工作台上，实现对反射式激光扫描检测系统轴向运动位置的测量。

转角测量系统采用的是绝对式光电轴角编码器。本系统采用高精度圆光栅莫尔条纹技术，通过光电变换，将输入的角位移量信息转换成相应的数字代码，并由数显装置进行处理实现旋转角度测量。光电轴角编码器安装在测量头架的回转主轴上，用于被测曲臂工件回转角度的测量。

（4）伺服控制系统 伺服控制系统采用步进电动机作为直线位移、力矩电动机作为回转角度的驱动元件，利用微机作为控制单元以实现工件精确定位。步进电动机具有以下几个特点：

1）运行转速与控制脉冲的频率有严格的成正比对应关系，且在负载能力范围内不受电压波动、电流波动及环境温度变化的影响。

2）位移量取决于输入脉冲数，步距误差不会长期积累，在步进电动机不丢步的情况下，每转一周积累误差等于零。

3）具有灵活的控制性能，在脉冲数字信号控制下，能方便地实现起动、加速、减速、停止、反转、定位等运行方式。

考虑到测量时要对工件多部位进行大量数据采样，从采样值的准确性、采样速度及步进电动机转速等因素出发，在直线运动执行机构的传动部分设计了蜗轮蜗杆系统对直线运动进行减速，在回转运动执行机构主轴箱内设计了齿轮组传动机构对主轴转速进行控制，从而实现了直线与回转运动的慢速、平稳运动。

（5）基于虚拟仪器的计算机实时数据处理与控制系统 曲臂光电综合测量机的实体部分由激光扫描检测系统、激光位移检测系统、光栅位移检测系统、光电编码器等光电测量系统和直线与回转伺服控制系统等部分组成。其测量过程复杂，测试部位多，测量数据量大，必须采用计算机系统进行控制与处理。为此选用现代电子仪器与计算机技术深层次结合的新型仪器模式——虚拟仪器（Virtual Instrument，VI），通过在计算机上增加步进电动机控制卡对伺服系统进行控制、增加数据采集卡（DAQ）对光栅位移信号和光电编码器信号进行数据读取、添加串行口扩展卡对激光扫描检测和激光位移检测数据进行读取，以实现测量过程的闭环控制、测量数据的传输，测量结果显示，存储及打印等功能。

（6）虚拟仪器软件系统　为实现本测量机的性能，并从工程化、实用化、使用方便、测量功能可进行扩展等方面考虑，采用基于 G（Graph Programming）语言方式的图形开发、调试和运行程序的集成开发环境——虚拟仪器平台 LabVIEW（Laboratory Virtual Instrument Engineering Workbench）。LabVIEW 是一套专为数据采集与仪器控制、数据分析和数据表达而设计的图形化编程软件。用此软件设计了包括步进电动机控制卡驱动、DAQ 驱动、串行口扩展、控制界面、多部位直径参数测量、圆跳动误差测量、两臂轴线平行度测量及伺服控制等内容的一系列子 VI，完成指定的测量任务。

2. 总体布局

在总体设计时主要考虑了以下几点：

1）圆柱体类零件在机械加工中所占比重较大，为了保证科研投入的最大效益以及满足工程应用需要，本测量机除了能对曲臂进行多参数综合测量外，对其他圆柱体零件也能检测。即本测量机具有一定的通用性。

2）跟踪我国工业生产技术发展趋势，本测量机各参数的测量过程采用闭环控制，最大限度地发挥光电检测技术的先进性，使得测量方法更合理、测量手段更先进、测量结果更可信。

3）本测量机的精密机械主机系统的一些机械部件采用了曲臂加工时的辅助部件，使检测过程模拟“曲臂”的切削加工过程，实现各参数的检测。本小节主要探讨在加工过程中，实现在线检测的可能性。

曲臂光电综合测量机总体布局图如图 12-10 所示。

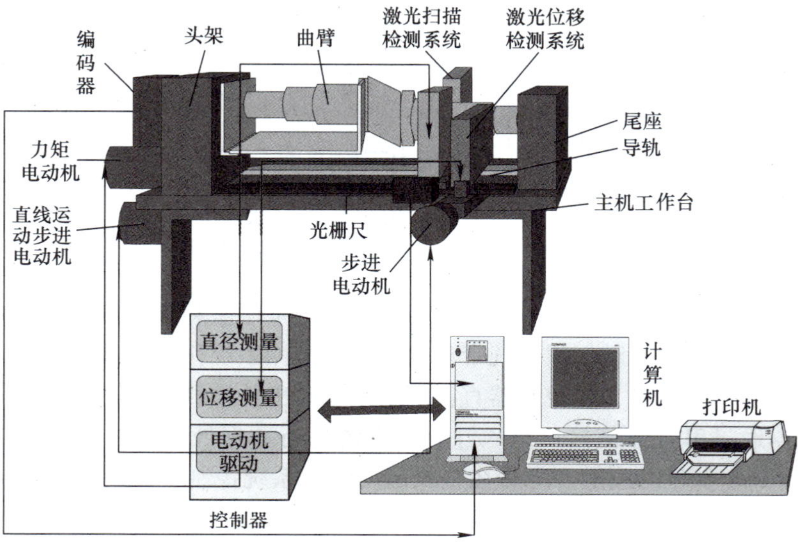

图 12-10　曲臂光电综合测量机总体布局图

测量机的工作过程为：由电动机、蜗轮蜗杆系统、滚珠丝杠驱动工作台进行直线运动，光栅位移检测系统检测工作台的位移量，由连接在主轴箱上的电动机驱动工件转动，其角位移量则通过连接在主轴箱上的光电旋转编码器测量并反馈给计算机系统，计算机根据预置位置量控制工作台到达指定位置，然后控制各种检测仪开始检测，所得数据存入计算机存储单元中。计算机根据测得数据以及当前测量模式决定采用何种算法进行数据处理得到测量结果。这种测量形式结构紧凑、精度高、集成性好，同时由于采用了软件处理数据，增加了灵活性，只要改动内置软件及少量外部装置，就可完成许多检测功能，测量机整体采用了模块化的设计结构，是一种先进的光电测量仪器。

12.2.2　被测参数测量原理

本测量机除涉及激光扫描检测和激光位移检测两种检测系统外，还涉及光栅位移检测系统、旋转角度测量系统、伺服控制系统和测量辅助机构等，由这些系统有机结合完成了曲臂被测参数的测量。现就大直径尺寸、轴颈径向圆跳动误差、花键内径定心圆柱面径向圆跳动误差、两臂轴线平行度误差几个主要参数的测量原理及方法进行讨论。

1. 直径测量原理

直径测量采用反射式激光扫描检测系统和伺服控制系统相结合来实现，其测量原理图如图 12-11 所示。

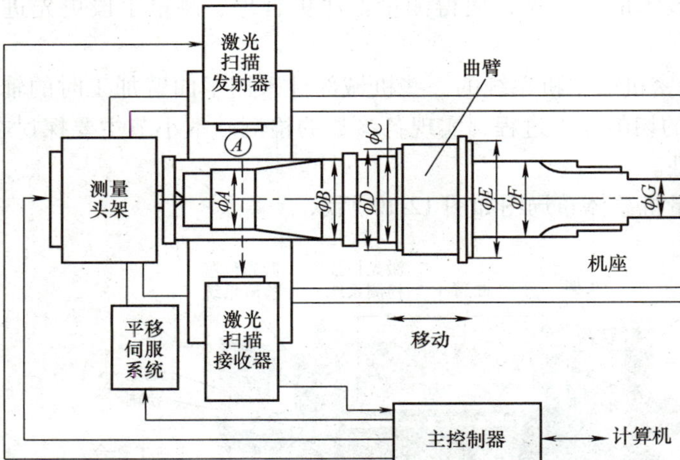

图 12-11　曲臂各轴颈部位直径测量原理图

在直径测量时，首先将曲臂工件通过测量头架、测量尾座和定位辅助机构固定安装在测量机工作台上，并由直线运动伺服系统带动激光扫描检测系统移到工件被测量部位。这时计算机系统发出直径测量命令，主控制器直径测量单元对工件被测部位进行数据采集，之后将测量的原始数据通过串行通信接口送入计算机系统进行数据处理，并将测量结果显示与存储，从而完成了 ϕA 部位的测量。之后在直线运动伺服系统控制下，使激光扫描检测系统平移，分别达到 ϕB、ϕC、ϕD、ϕE、ϕF 和 ϕG 部位，并分别对各部位进行扫描测量即可得出直径值。测得的每个部位的直径数据可由计算机分别显示和存储。

2. 径向圆跳动误差测量原理

跳动误差属于位置公差，是关联实际要素基准轴线回转一周或连续回转时所允许的最大的跳动量，其内容包括圆跳动和全跳动。由图 12-9 可看出，有三个部位的轴颈圆柱面对其轴线的径向圆跳动误差和一个花键内径定心圆柱面对其轴线的径向圆跳动误差需要测量。跳动公差具有综合控制的功能，即同时确定了被测要素的形状和位置两方面的精度，可见圆跳动对工件的质量有很大的关系，要求的精度也比较高。径向圆跳动是指被测实际要素绕基准轴线作无轴向移动回转一周时，由位置固定的指示器在给定方向上测得的最大与最小读数之差。可见测跳动的关键是确立基准的位置，基准建立的基本原则应符合最小条件原则，而所谓最小条件原则是指被测实际要素对其理想要素的最大变动量为最小。但在实际中，为了方便起见，允许在测量时用近似的方法来体现基准，常用的有以下几种方法：

（1）模拟法　采用形状精度足够高的精密表面来体现基准，如用精密心轴装入基准孔内，以其轴线模拟基准轴线。

（2）直接法　当基准实际要素具有足够高的精度时，直接以基准实际要素为基准。

（3）分析法　它是用数学方法来模拟基准要素的方法。此方法以前由于计算烦琐而很难推广，现在由于采用计算机来对数据进行处理，使得采用此方法很容易应用到实践中去。

以上三种方法中，从曲臂的形状和实际生产情况考虑，前两种方法在实际中都不可行，因为曲臂形状比较复杂、体积大、重量大，只有采用分析法模拟出基准轴线，才能获得高精度的测量结果。分析法主要利用最小二乘圆法来求出基准的空间位置，下面简要讲述一下最小二乘圆法的原理。如图 12-12 所示，$O'(a, b)$ 为最小二乘圆圆心，它是以实际轮廓上各点到圆周距离的二次方和为最小的圆的圆心作为理想圆心，且最小二乘圆的圆心是唯一的。其数学表达式为

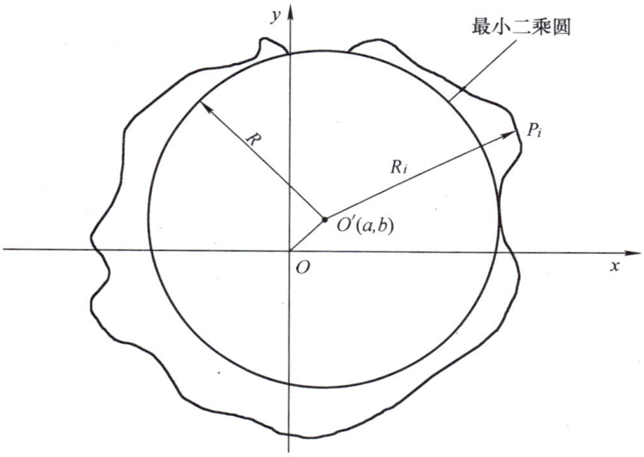

图 12-12　最小二乘圆示意图

$$\sum_{i=1}^{N}(R_i - R)^2 = \min \tag{12-11}$$

式中，R 为最小二乘圆半径；R_i 为被测轮廓上各点到最小二乘圆圆心的距离。

由测量数据可先求出最小二乘圆圆心坐标 $O'(a, b)$。

$$\begin{aligned} a &= \frac{2\sum_{i=1}^{N} x_i}{N} - R \\ b &= \frac{2\sum_{i=1}^{N} y_i}{N} - R \\ R &= \frac{2\sum_{i=1}^{N} R_i}{N} \end{aligned} \tag{12-12}$$

式中，x_i、y_i 为实际曲线上各等分点的测量值坐标；R_i 为 P_i 点（见图 12-12）到 O'间的径向距离；R 为最小二乘圆的半径值；N 为被测圆的等分数。

要测 d_1 段轴线对 d_2 段轴线的圆跳动，如图 12-13 所示，可在对 d_2 段轴段外圆轮廓进行采样时，同时再安排一台检测单元对 d_1 段外圆轮廓进行采样，这样可同时求出最小二乘圆圆心坐标（a，b）及 d_1 段外圆轮廓点 R_{1i}的各点的值。由 a、b 根据下式可求出偏心 e 和初相位 φ：

$$e=\sqrt{a^2+b^2}$$
$$\varphi=\arctan\frac{b}{a} \tag{12-13}$$

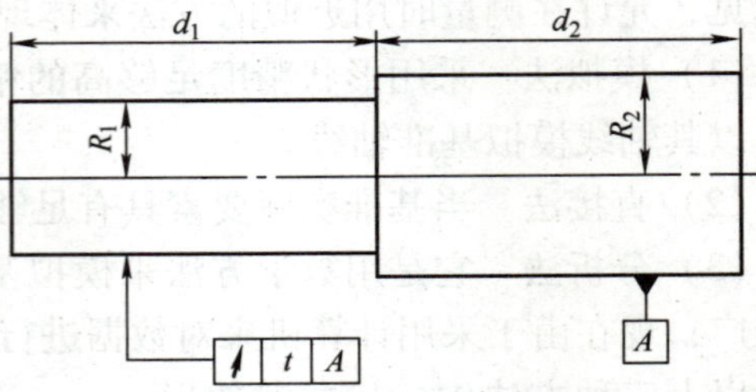

图 12-13 测量圆跳动示意图

则 d_1 段外圆相对 d_2 段轴线基准的各点跳动量为

$$R_{12i}=R_{1i}-e\cos(\theta_i-\varphi) \tag{12-14}$$

式中，R_{12i}为不同采样点处对最小二乘中心圆的半径。

从计算所得的各点中必可得出一个 $R_{12\max}$ 和 $R_{12\min}$，因此，此段外圆对 d_2 段基准轴线的跳动量就可计算出为

$$t_{12}=R_{12\max}-R_{12\min} \tag{12-15}$$

则 t_{12}就是所求圆跳动量。

在此主要采用激光位移检测系统进行工件的外圆轮廓的非接触测量，其测量原理示意图如图 12-14 所示。

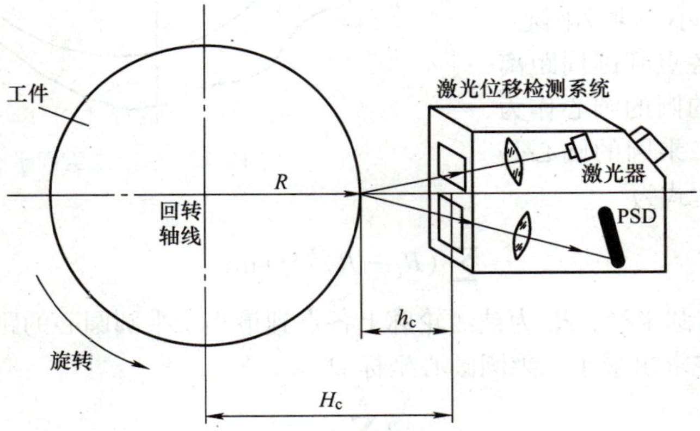

图 12-14 圆跳动测量原理示意图

激光位移测量法具有精度高、测量范围大等优点。其工作原理为：首先通过标准样件调整激光位移检测系统，使其测量头前端面与工件的垂向轴线平行，并根据测量半径的大小调整测量系统与回转中心的距离 H_c，之后将工件的测量段放置在测量区内，由激光位移检测系统测量出 h_c（包含工作距离值与测量读数）。被测量工件对应截面的半径 R 为

$$R=H_c-h_c \tag{12-16}$$

由以上测量原理可看出，上述测量是对拟合出的基准在某个被测截面内测量。为了能比

较客观地评价被测件的径向圆跳动，除有特殊规定外，通常对同一被测件需要在若干个测量截面内测量，每个测量截面内的径向圆跳动往往并不相同，取其中最大值为该被测件的径向圆跳动即可，具体测量流程框图如图 12-15 所示。

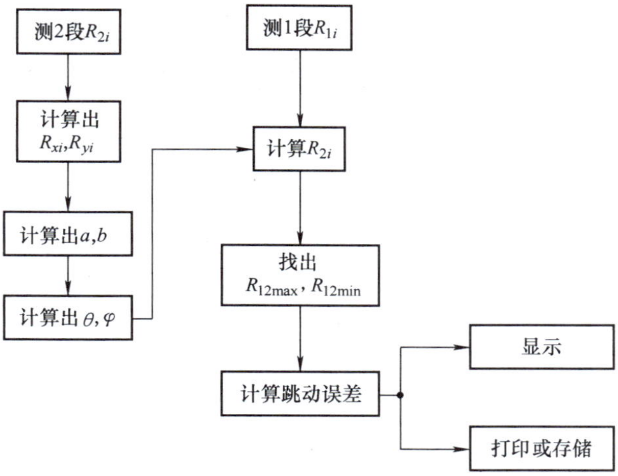

图 12-15　径向圆跳动误差测量流程框图

3. 花键内径定心圆柱面径向跳动误差测量原理

花键定心圆柱面径向跳动误差测量原理与径向圆跳动误差测量原理相同，激光位移检测系统发射的一束光斜入射到花键底面上，被键槽底面漫反射的光束经位移检测系统的接收光学系统后被光电接收器（PSD）接收，其测量原理示意图如图 12-16 所示。

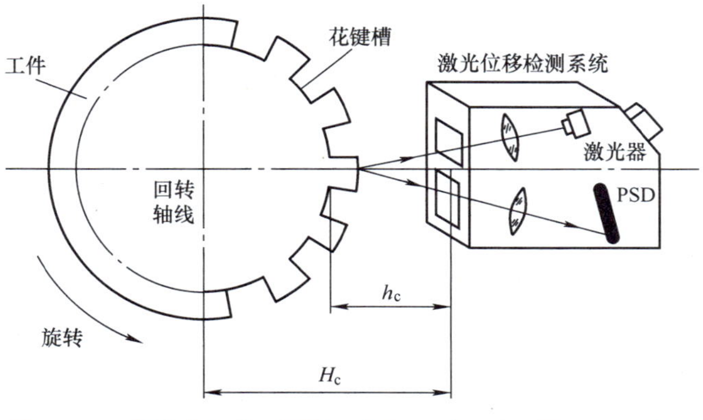

图 12-16　花键内径定心圆柱面径向跳动误差测量原理示意图

测量时为了增加检测的准确性，对每个花键底面进行了高速多次采样，由回转伺服系统通过执行机构控制工件运动，完成对 14 个花键的采样。光电角位移编码器同时测量各个花键的角度并反馈给计算机，用微机控制工件转过的角度，所有花键测量完成以后，根据各点跳动量测量值就可以采用前面的最小二乘圆法求出花键底面对轴线的跳动误差。

4. 平行度误差测量原理

平行度误差是指被测实际要素相对于其基准平行的理想要素的变动量。根据平面与直线两类几何要素间的关系，平行度有 4 种基本形式，即平面对基准平面、直线对基准平面、平面对基准直线和直线对基准直线的平行度。本测量系统要测的是图 12-11所示曲臂两段轴颈轴线的平行度，设这两段轴颈为 ϕC、ϕD。由于 ϕC 段、ϕD 段不在同一轴线上，使这两段轴线呈现出复杂的空间关系，应按在任意轴线方向上的平行度误差来测量。即在 0°~180°范围内，将工件旋转不同的角度，然后测量两段轴线的平行度，取各测量位置所对应测得值中的最大值作为该零件的平行度误差，但这样做会影响测量的速度，且增加了操作的烦琐性，故经过分析和计算后，用下列简化测法可达到满意的精度指标，即在垂直面上测出两轴线的平行度 f_V，然后旋转 90°测得水平面内两轴线平行度误差值 f_H，然后按下式合成总误差为

$$f_{总}=\sqrt{f_H^2+f_V^2} \tag{12-17}$$

测量平行度误差的关键是确定两条轴线的位置，为此，应用反射式激光扫描检测系统，由扫描发射光学系统发出扫描光束对工件母线和基准刀口形成的狭缝进行扫描，通过狭缝的扫描光束被狭缝调制，携带狭缝信息的扫描光束经接收光学系统被光电变换器接收，再由光电变换系统与微机实时数据处理、运算，就能得到被测参数 h_c 的测量结果，其检测原理图如图 12-17 所示。

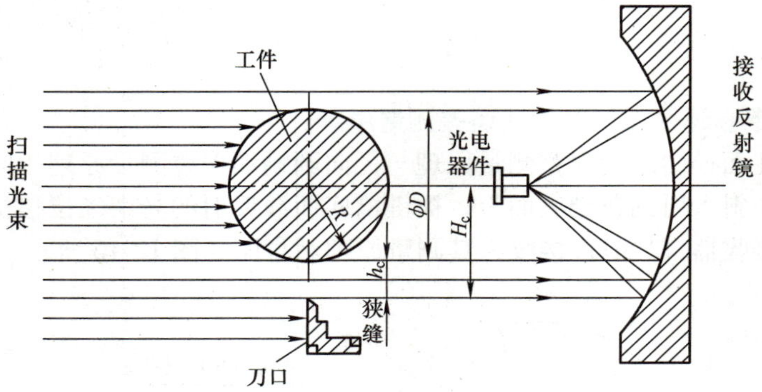

图 12-17　狭缝激光扫描平行度误差检测原理图

这是一种先进的测量方法，测量精度高，测量范围大，实施起来简单易行。其具体工作原理为：首先将工件的测量段调整到平行度误差检测系统的测量区域内，然后发射器发出的平行扫描激光光束照射在工件上，一部分激光光束被工件遮挡形成工件直径尺寸检测信号区域，可测出工件的直径 ϕD，另一部分激光光束通过工件下方和基准刀口之间的狭缝被光电接收器件接收，并且透过的光束情况与狭缝 h_c 有唯一的函数关系。对透过的光束进行光电变换，将光学信号转化为电信号，然后由此电信号的幅值特性就可得出狭缝值，狭缝值、直径与基准面到工件轴线距离 H_c 的函数关系如下：

$$H_c=\frac{\phi D}{2}+h_c \tag{12-18}$$

由以上的测量结果可以看出，上述的测量是对拟合出的基准在某个测量截面内的测量。为了能比较客观地评价被测件轴线空间坐标，应进行同一截面旋转 90°方向再次测量。图 12-18所示为平行度测量示意图。对一段轴上的两个截面进行采样扫描，计算出两个圆心坐标，用这两个圆心的连线即可模拟出基准轴线。

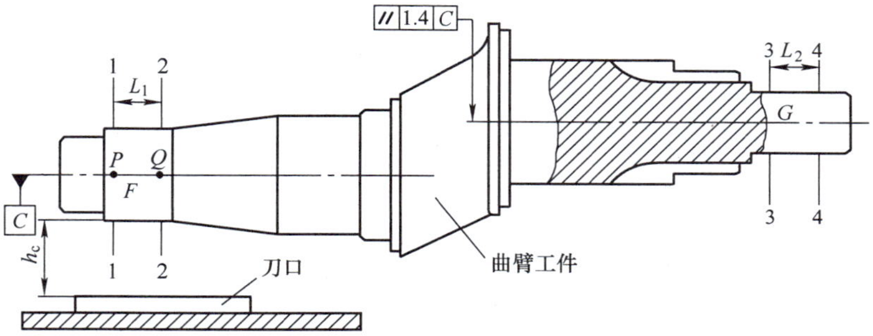

图 12-18　平行度测量示意图

利用前述方法在 1-1、2-2 两截面进行采样扫描，可得出在 1-1、2-2 两截面处的两个轴心坐标 $P(a_{F1}, b_{F1})$、$Q(a_{F2}, b_{F2})$，再由这两点坐标即可求出 F 段轴线在水平和垂直方向上的偏差为

$$\tan\alpha_{FH}=\frac{a_{F2}-a_{F1}}{L_1}$$

$$\tan\alpha_{FV}=\frac{b_{F2}-b_{F1}}{L_1} \tag{12-19}$$

式中的 L_1 可由光栅位移检测系统测量出来。

由于 α_{FH}、α_{FV}很小，则 α_{FH}、α_{FV}近似有下列关系式成立：

$$\alpha_{FH}=\frac{b_{F2}-b_{F1}}{L_1}$$

$$\alpha_{FV}=\frac{b_{F2}-b_{F1}}{L_1} \tag{12-20}$$

式中，α_{FH}为水平面内的角偏差；α_{FV}为垂直面内的角偏差。

同理，可求 G 段轴心的角偏差 α_{GH}、α_{GV}。由图 12-18 可看出 G 段轴线与测量回转轴心不重合，不能采用上述的外圆采样扫描法进行测量，但可以间接地确定 G 段的角偏差。在图 12-18 中，当工件转到垂直面时，利用狭缝扫描测得工件上的两个值 H_{GV3}、H_{GV4}，再利用前述的测量直径法测得两个截面处的半径值 R_{GH3}、R_{GH4}，则可得 G 段两个轴心垂直面上坐标 b_{GV3}、b_{GV4}，从而可得到垂直面内的角偏差为

$$\alpha_{GV}=\frac{b_{GV4}-b_{GV3}}{L_2} \tag{12-21}$$

当工件旋转 90°时，重复上述操作又可测得 G 段轴线 3-3、4-4 截面处的坐标值 b_{GH3}、b_{GH4}，则轴线在水平面内的角偏差为

$$\alpha_{GH}=\frac{b_{GH4}-b_{GH3}}{L_2} \tag{12-22}$$

这样，将两轴线在水平面各垂直面内的角偏差分别相减，可得两轴线的角偏差为

$$\alpha_H=\alpha_{GH}-\alpha_{FH}$$

$$\alpha_V=\alpha_{GV}-\alpha_{FV} \tag{12-23}$$

式中，α_H 为两轴线在水平面内角偏差；α_V 为两轴线在垂直面内角偏差。

水平面和垂直面内的平行度值为

$$f_H=\alpha_H L\ ,\ f_V=\alpha_V L \tag{12-24}$$

总的平行度误差为

$$f_{总}=\sqrt{f_H^2+f_V^2} \tag{12-25}$$

上述过程比起测量直径和跳动要复杂得多，使用的检测单元也较多。借助于计算机软件编程，可实现测量过程的自动化，同时也增加了准确度，平行度测量原理的流程框图如图 12-19所示。

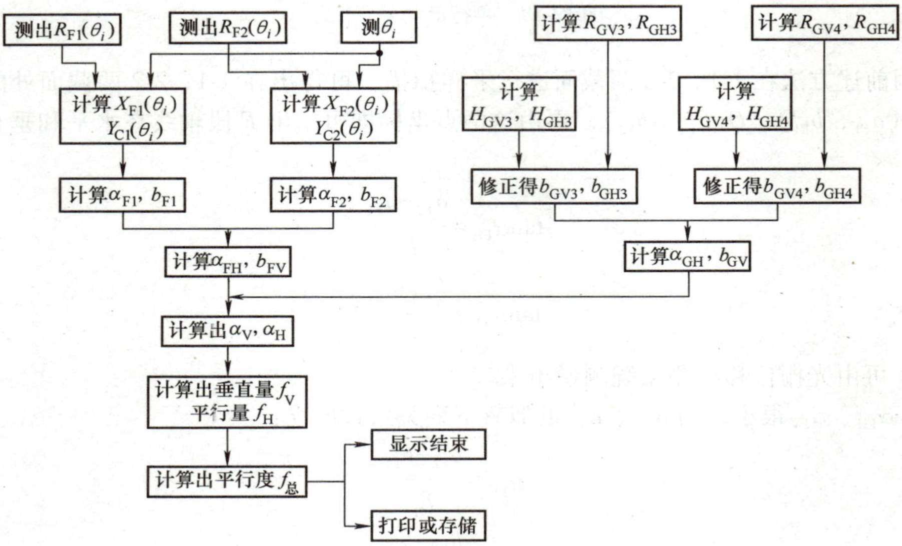

图 12-19　平行度测量原理的流程框图

曲臂光电综合测量机的实物图如图 12-20 所示。用于多个部位径向尺寸测量的反射式激光扫描检测系统，其应用抛物面反射镜作为发射与接收光学系统，实现了较大范围（ϕ24mm ~ ϕ170mm）、高精度（重复性精度：±0.005mm）和快速（100 次/s）测量。

采用半导体激光光三角原理与光电传感技术设计的激光位移检测系统，其工作距离为 56mm、测量范围为±2mm、重复性精度达±0.005mm，利用该系统实现了径向圆跳动误差的非接触检测。基于扫描狭缝检测原理设计的激光扫描狭缝检测系统，其测量范围为 5 ~ 20mm、分辨率为 0.001mm、重复性精度达±0.005mm，应用于曲臂

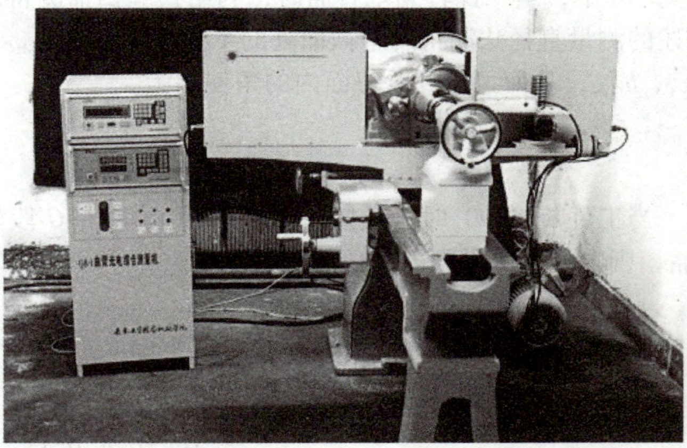

图 12-20　曲臂光电综合测量机的实物图

两臂轴线平行度误差检测。

12.3　激光扫描圆度误差测量系统

圆度误差是高精度回转体零件的一项重要精度指标，目前国内大多采用电容、电感法对工件进行圆度测量。本节介绍一种采用激光狭缝扫描原理和光电传感技术，进行大型回转体类零件圆度误差激光扫描非接触测量的方法，具有测量范围大、精度高、功能多的特点。

12.3.1　圆度误差测量原理

本系统利用光学窗口与工件边缘形成的狭缝，对扫描光束的通过和遮断而产生的发光强度调制作用来实现测量。激光扫描狭缝原理图如图 12-21 所示。当激光对狭缝进行高速连续扫描时，就形成一个发光强度调制信号，该信号携带被测量尺寸的有关特征信息。

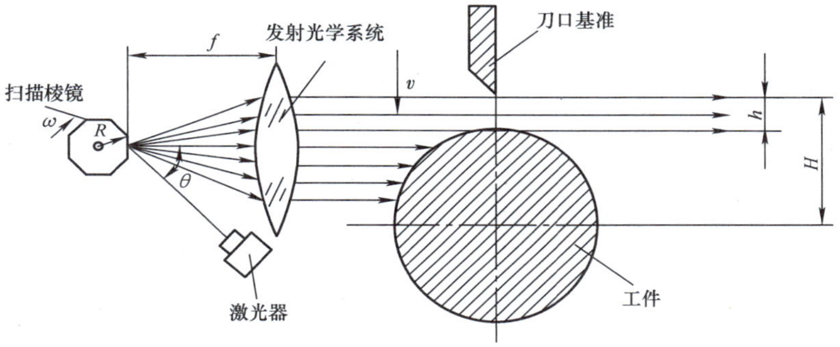

图 12-21　激光扫描狭缝原理图

设 H 为光学窗口常数，h 为被测量特征参数（狭缝宽度），若将工件圆周均匀分成 m 个分度，则对应的第 i 个半径为

$$R_i = H - h_i \qquad (i=1,\ 2,\ 3,\ \cdots,\ m) \tag{12-26}$$

当测出 m 个半径以后，可找出最大的半径 R_{max} 和最小的半径 R_{min}。这样，根据圆度定义，即可由下式给出圆度误差值为

$$\Delta R = R_{max} - R_{min} \tag{12-27}$$

由式（12-26）和式（12-27）可知，只要测出被测量特征参数 h_i 就可测得工件的圆度。设对狭缝扫描的速度为 $v(t)$，扫描时间为 t_i，则

$$h_i = \int_0^{t_i} v(t)\,\mathrm{d}t \tag{12-28}$$

$$v(t) = \left[f - \frac{\cos\theta(1-\cos\varphi(t))}{\cos(\theta-\varphi(t))}R\right]\frac{2\omega}{\cos^2[\theta-2\varphi(t)]} \tag{12-29}$$

式中，f 为扫描光学系统焦距；R 为扫描棱镜内切圆半径；θ 为激光束入射角；$\varphi(t)$ 为扫描棱镜的角位移；ω 为扫描棱镜旋转的角速度。

根据上述测量原理，研制的测量系统总体结构图如图 12-22 所示。本系统主要由激光扫描发射系统、接收系统、主控制器、伺服控制器和上位机等组成，为了实现对工件不同截面上圆度误差的测量，伺服机构采用了回转分度执行机构和轴向进给执行机构的组合形式。

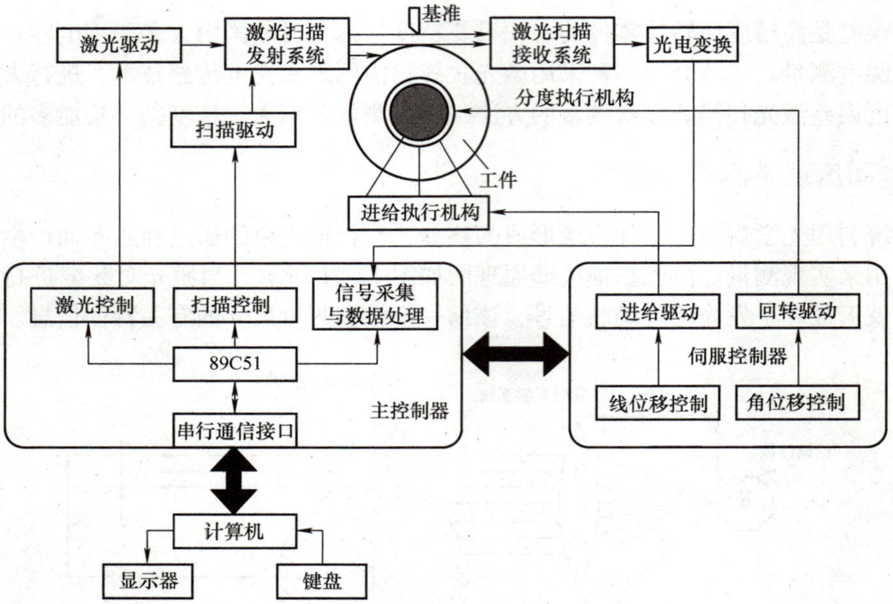

图 12-22　测量系统总体结构图

12.3.2　工件安装偏心误差的检测

工件安装后，回转执行机构轴线与工件轴线不一定重合，存在微小偏心量，并混入测量值中，从而产生圆度测量误差。

圆柱体正截面的轮廓形状实际上是一个封闭的较复杂的曲线，其轮廓可用如下傅里叶级数描述：

$$R(\theta)=\frac{a_0}{2}+(a_1\cos\theta+b_1\sin\theta)+\sum_{n=2}^{k}(a_n\cos n\theta+b_n\sin n\theta)+\sum_{n=k+1}^{\infty}(a_n\cos n\theta+b_n\sin n\theta) \tag{12-30}$$

式中，a_0 为傅里叶级数常量；a_n、b_n 为傅里叶系数，$n=1$，2，3，…，∞。

式（12-30）的实际物理意义在于：可以把轮廓形状看成是由一个平均圆半径为 $a_0/2$ 的圆和若干个不同周期变化的形状误差波形的叠加。级数第一项 $a_0/2$ 为常数项，是一个相对于坐标原点半径为 $R_0=a_0/2$ 的平均圆；当 $n=1$ 时，级数第二项为一次谐波，反映了安装偏心的影响；当 $n=2$ 时，级数第三项为2次谐波，反映了工件存在椭圆度误差，依此类推，3次谐波反映三边的棱圆度误差，多次谐波反映各种边数的棱圆度误差；对于 n 很大的谐波，则反映的是粗糙度，若圆度误差的谐波数到 k 为止，并忽略粗糙度的影响，则式（12-30）可写成如下形式：

$$R(\theta)=\frac{a_0}{2}+(a_1\cos\theta+b_1\sin\theta)+\sum_{n=2}^{k}(a_n\cos n\theta+b_n\sin n\theta) \tag{12-31}$$

式（12-31）中第二项为偏心项，第三项为圆度误差。因此，在测出一周均匀分布的半径 R 后，通过计算机实时数据处理，剔除偏心的影响，可得圆度的测量值。根据前面分析，设计了基于 LabVIEW 数据采集与处理系统，此系统通过串行通信接口将测量的原始数据输入计算机内，进行圆度误差数据处理，并给出测量结果，其框图程序如图 12-23 所示。

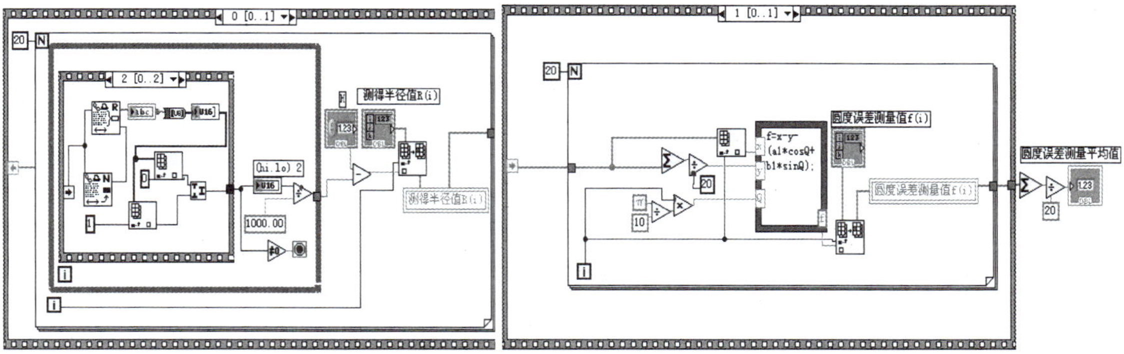

图 12-23　基于 LabVIEW 的数据采集与处理软件框图程序

12.3.3　实验结果与分析

利用上述系统，对一个标准件（圆度误差检定值 $\Delta R_0=0.0120$mm）进行了实际测量，其结果标准差 $\sigma=0.00021$mm、重复性精度 $\pm2\sigma=\pm0.00042$mm，系统的测量误差优于 1μm。由于该系统的测量方法是一种非接触式测量，不存在测量力的问题，工件安装偏心和表面粗糙度对圆度测量的影响可通过计算机自动消除，所以影响系统测量精度的主要因素是主轴回转精度和狭缝扫描的尺寸测量精度。

12.4　飞轮齿圈总成圆跳动非接触检测系统

齿圈总成是汽车发动机传动部分的一个关键部件，其加工质量和装配质量对汽车的动力特性和操纵性能有直接影响，为了保证发动机的性能和传动精度，必须对它的三个部位圆跳动误差（即齿圈端面、外圈径向和磨合面（端面）跳动）进行高速、高精度百分之百检测。目前国内对该类圆跳动的检测通常用三坐标测量机或千分表等进行接触式测量。本节提出一种采用三个半导体激光测头同时自动非接触测量飞轮齿圈总成三个部位圆跳动误差的方法和测量系统。

12.4.1　测量系统原理

根据齿圈总成部件的检测要求和形状特点，研制出如图 12-24 所示的测量系统。系统将三个半导体激光测头集成于以精密轴系为核心的主体精密机械系统上，由微机多级控制系统控制，通过伺服系统实现工件的回转运动，从而实现齿圈总成三个圆跳动误差的高速非接触动态测量。系统在测量过程中首先对被测件进行定位夹紧，然后起动无级调速力矩电动机，由传动系统带动精密回转轴系做慢速均匀回转，三个测头的会聚光斑分别对准被测部位后进行高速采样，并完成采样平均、误差修正和粗大误差自动剔除等处理，把信号传送给主控制器，单片机系统将测得的大量原始数据进行实时处理后，将三个部位的测量结果进行数字显示或打印输出。为保证系统的测量精度，采用了大型非标准平面密珠螺旋分布式滚动精密轴系和能实现高精度定位与夹紧的锥形精密弹性夹头，如图 12-25 所示，保证了被测件的轴向定位精度优于 2μm，回转精度优于 3μm。

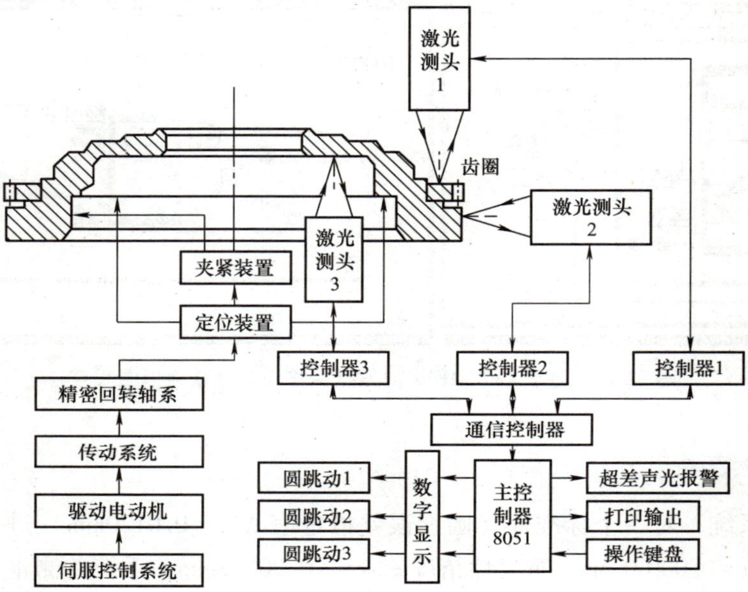

图 12-24　测量系统结构图

12.4.2　实验结果与分析

三个部位跳动公差的设计要求为齿圈端面跳动小于等于 0.7mm、外圈径向跳动小于等于 0.2mm、磨合面端面跳动小于等于 0.05mm，而要求测量系统的测量误差小于或等于相应公差值的 1/5，即测量误差应分别小于或等于 0.14mm、0.04mm 和 0.01mm。实验中，各部位由坐标测量机的测量结果与本系统的测量值相比较，测量结果为 $\Delta f_{1\max}=0.05\text{mm}$、$\Delta f_{2\max}=0.03\text{mm}$、$\Delta f_{3\max}=0.006\text{mm}$。由此说明，该测量系统可满足测量精度要求。系统的测量误差主要是由三个测头的测量误差、精密机械系统回转轴线的中心定

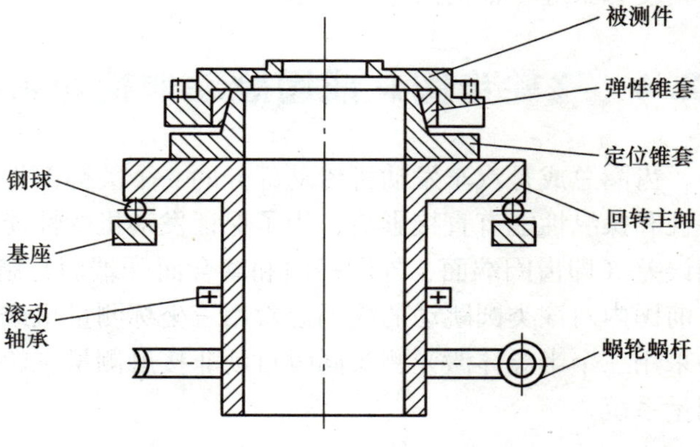

图 12-25　精密回转轴系

位精度和方向精度以及测头与被测件的测量线产生平移或与测量面不垂直产生的测量误差等因素引起的。

由于采用了激光光电检测方法，具有非接触的特点，没有测量力和测头磨损影响测量精度的问题，测量时上下被测件不必移开测头，使用方便，易于保证测量精度要求。

12.5　座圈尺寸光电非接触测量系统

基于激光位移检测原理、精密机械、现代光电传感技术和计算机技术，提出了一种用于大型回转体类零件——座圈的外径、内径与圆度误差非接触在线测量的方法和测量系统，可以实现外径大于 ϕ800mm 工件尺寸的测量。

12.5.1　总体结构与工作原理

本系统由激光位移检测系统、测量系统支架、平移机构及工业控制计算机等部分组成，其总体结构框图如图 12-26 所示。

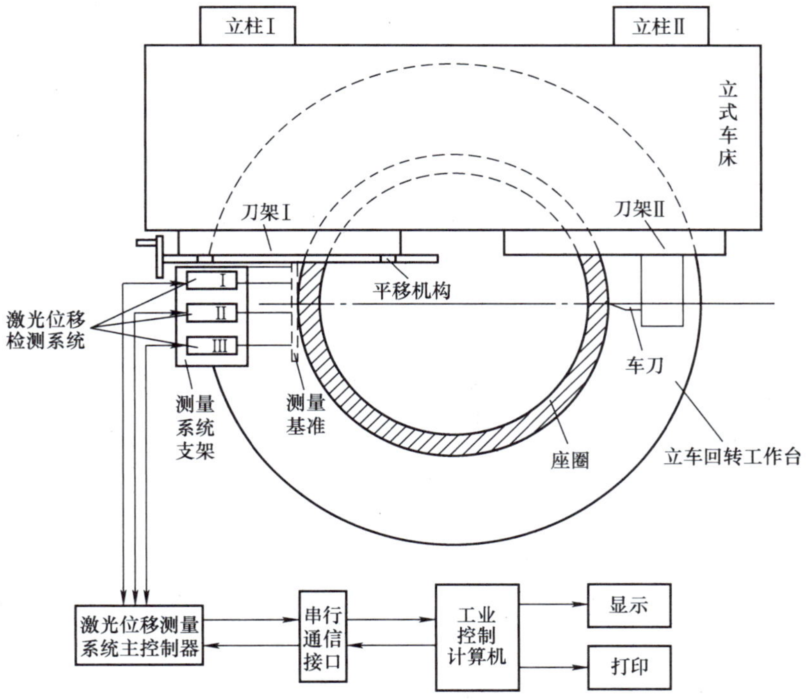

图 12-26　座圈尺寸光电非接触测量系统总体结构框图

在大型立式车床刀架上安装平移机构，通过滚珠丝杠传动系统的线性滑块导轨副与测量支架相连，在支架上固定三个相对位置一定、参数相同的激光位移检测系统，并根据检测系统工作距离安装可移动基准平面。测量时首先将基准平面置于位移检测系统零点附近，通过平移机构移动测量支架及基准平面，当基准平面与被加工工件相切时停止，此时由三个检测系统进行零点测量，之后移开测量基准平面，对被测量件进行测量，这时可得到座圈某一截面圆周上三个点对于零点的位移值，将此测量结果通过系统主控制器送入计算机进行数据处理，根据数学模型得出座圈径向尺寸。

12.5.2 直径测量原理

根据数学知识可知，不在同一直线上的三点可确定一个圆，考虑到测量时的一般情况，即测量系统光轴方向不与座圈轴线垂直，其直径测量原理如图 12-27 所示。图中的 H_1、H_2 为三个激光位移检测系统的间距，测量系统的测量点分别为 A、B、C 三点，基准点到测量点的测量值分别为 S_1、S_2、S_3。

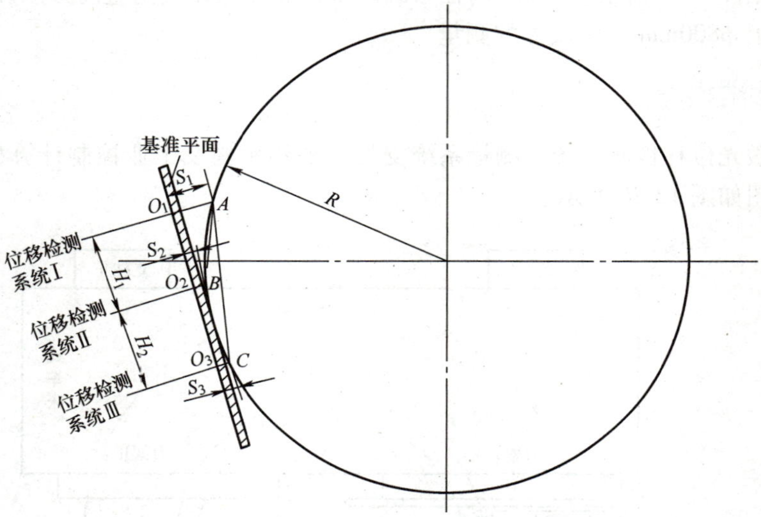

图 12-27 直径测量原理

分别从 B 点、C 点做垂线，根据勾股定理可以求出弦长 AB、BC、AC 的值：

$$
\begin{aligned}
AB&=\sqrt{(S_1-S_2)^2+H_1^2}\\
BC&=\sqrt{(S_3-S_2)^2+H_2^2}\\
AC&=\sqrt{(S_1-S_3)^2+(H_1+H_2)^2}
\end{aligned}
\tag{12-32}
$$

如果令 $AB=a$、$BC=b$、$AC=c$，则由三角形三边长与外接圆直径 D 的关系可以得出：

$$D=2R=\frac{2abc}{\sqrt{4a^2b^2-(a^2+b^2-c^2)^2}} \tag{12-33}$$

由式（12-33）可以得到被测座圈直径。如使座圈旋转一定角度，测量出半径值 R_i，通过多点测量可以得到被测座圈的圆度误差 δ 为

$$\delta=R_{\max}-R_{\min} \tag{12-34}$$

在线检测时，根据测量结果得到主控制器反馈控制信号，通过立式车床伺服系统执行机构控制车刀的进退。当 $e_i \leqslant \delta \leqslant e_s$（$e_i$ 为偏差值，e_s 为上、下偏差）时，表示零件已加工到要

求的尺寸，这时主控制器发出停止指令，通过伺服系统控制执行机构停止加工并退出刀具，从而实现了加工过程的在线动态非接触测量与闭环控制。

12.5.3　数据处理系统设计

本系统采用的三个激光位移检测系统，其主要技术指标：工作距离为 80mm、测量范围为±15mm、分辨率为 0.001mm、测量精度为±0.003mm。在测量过程中将测得的数据经串行通信接口送入计算机，计算机数据处理系统根据数学模型对测得的数据进行处理得到直径的测量结果。数据处理系统采用 National Instruments 公司的图形化编程语言工具 LabVIEW，LabVIEW 编程的主要特点就是将虚拟仪器分解为若干个基本的功能模块，通过交互式手段，采用图形化框图设计的方法，完成虚拟仪器的逻辑和测量分析功能设计。其程序流程图如图 12-28 所示，其中包括了串行通信参数设置、数据存储、数据处理及结果显示等部分。

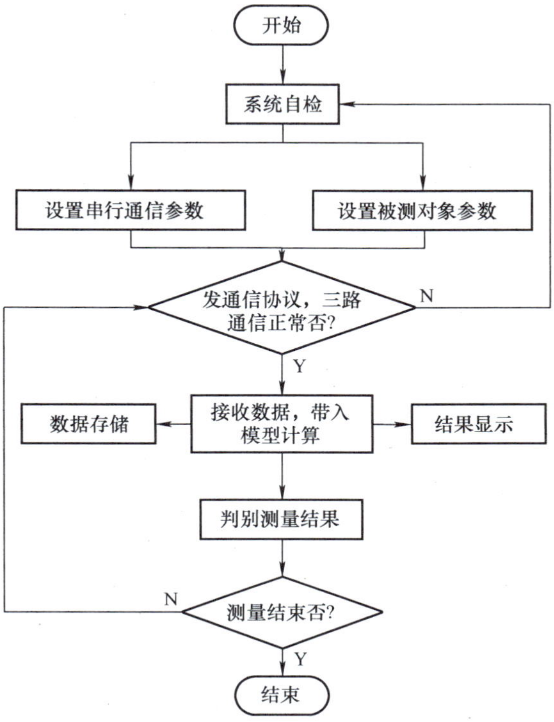

图 12-28　数据处理程序流程图

12.5.4　测量结果与分析

实验证明，本系统测量误差优于±0.02mm，重复性精度优于±0.01mm。系统的主要误差来源有三个：一是测量误差。根据本测量系统直径测量公式，可得

$$\Delta D=\frac{2}{A}\left\{\left[bc-\frac{2a^2bc(b^2+c^2-a^2)}{A^2}\right]\Delta a+\left[ac-\frac{2b^2ac(a^2+c^2-b^2)}{A^2}\right]\Delta b+\left[ab-\frac{2c^2ab(b^2+a^2-c^2)}{A^2}\right]\Delta c\right\} \tag{12-35}$$

式中，$A=\sqrt{4a^2b^2-(a^2+b^2-c^2)^2}$，$\Delta a=\dfrac{(S_1-S_2)(\Delta S_1-\Delta S_2)}{\sqrt{(S_1-S_2)^2+H_1^2}}$

$$\Delta b=\frac{(S_3-S_2)(\Delta S_3-\Delta S_2)}{\sqrt{(S_3-S_2)^2+H_2^2}},\ \Delta c=\frac{(S_1-S_3)(\Delta S_1-\Delta S_3)}{\sqrt{(S_1-S_3)^2+(H_1+H_2)^2}}$$

若测量中测得 $S_1=2.5$mm、$S_2=0.25$mm、$S_3=2.48$mm、$H_1=H_2=60$mm，设激光位移检测系统测量误差 $\Delta S_1=\Delta S_2=0.003$mm、$\Delta S_3=0.0029$mm。由式（12-32）可得：$a=60.042$mm、$b=60.041$mm、$c=120.001$mm，将此值代入式（12-35）可得 $\Delta D=0.0058$mm。二是相邻测量系统光轴不平行引起的误差。以测量系统Ⅰ和Ⅱ为例（见图 12-27），设光轴夹角 $\theta=0.5°$，根据测

量系统工作距离及两测量系统间距 H_1 可以计算出图中 $a'=60.872\text{mm}$、$\Delta D_a=0.0037\text{mm}$。三是基准平面与测量系统光轴不垂直引起的误差。此种误差为零位基准误差，可以通过调节基准挡板进行消除。则测量最大系统误差 $\Delta D_{max}=(0.0037\times2+0.0058)\text{mm}=0.0132\text{mm}$。在测量中由于被测件表面的加工情况影响测量系统的漫反射光，也会引起误差，此项为偶然误差，测量时应对被测表面进行清洁，消除工件表面残留金属屑对测量结果的影响。

12.6　管道直线度光电检测系统

12.6.1　直线度光电检测系统的结构与工作原理

管道直线度光电检测系统的结构图如图 12-29 所示。光电靶的中心是四象限硅光电池，光电靶的定心机构同管道内壁为滑动配合。

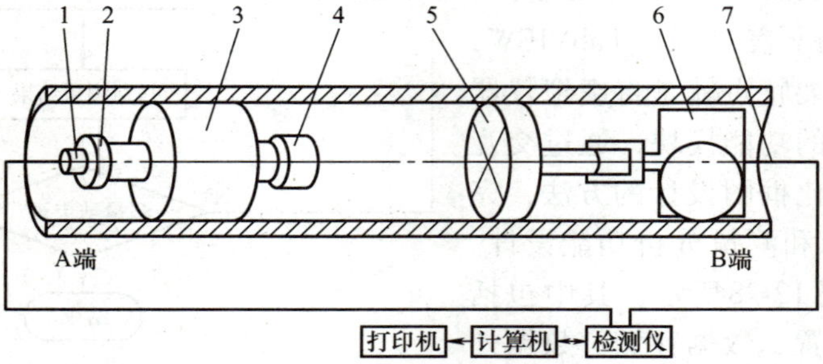

图 12-29　管道直线度光电检测系统的结构图

1—激光器　2—调整机构　3—定位机构　4—光学准直系统　5—光电靶　6—炮膛爬行器　7—电缆线

测量直线度时，先把由激光器 1 和光学准直系统 4 构成的激光准直系统置于管道的一端（A 端），以四象限光电器件为核心的光电靶 5 作为光电测头，以电动机为动力的炮膛爬行器 6 前端有一突出的轴，可以与光电测头方便地连接，连接好的光电测头置于管道的另一端（B 端），光电测头的信号经电缆线 7 输出。检测前，光电测头由爬行器带动进入管道 B 端，静止在端口，调节 A 端激光器的角度调节机构，使激光束经光学准直后正射在光电靶的中心，从而确定光束基准，并以此激光束作为被检测管道的理想轴线。检测时，由主控机发出信号控制爬行器沿管道内壁向前行进，管道的直线度误差使光电测头与激光光束之间产生相对移动，光电测头可以提取直线度信息。当管道轴线无直线度误差时，光束中心与光电靶中心重合，光电靶各个象限受光面积相同，输出信号相同；当有直线度误差时，光电靶中心会偏离光束中心，四象限输出信号不同（与各个象限受光面积有关）。所产生的携带直线度误差信息的信号经电缆线输出，进而由主控机处理并给出结果。

12.6.2　检测系统的组成

1. 激光准直系统

激光准直系统主要是为直线度测量提供一条空间基准线，满足直线度检测范围大、精度高的要求。虽然 He-Ne 激光器的发散角很小，但如果直接用 He-Ne 激光器发出的光束作基准线，在长的测量范围内，光束的粗细是有变化的，不利于精确准直。作为基准线的激光束，必须与管道理想轴线重合，以达到准直的目的。而若采用普通准直仪目测对准的方法，不易调整，很难找准光斑的中心，显然不能满足精度要求。为此设计了由如下结构组成的激光准直系统，如图 12-30 所示。

激光准直系统的工作原理如下：激光器 6 经光学准直系统 4 后发出准直光束，经调节位置后照射在光电靶上，其光斑中心应与光电靶的中心重合。由于要求光斑是一直径为 10mm 的圆形光斑，确定其中心位置需要由光电靶来配合，根据象限分割原理，将激光束的能量相对于系统的测量基准分解到直角坐标系统中的不同象限上，根据在各象限上能量分布的比例计算出激光束光斑的亮度中心位置，实现象限分割选用光电探测器分割的方法。

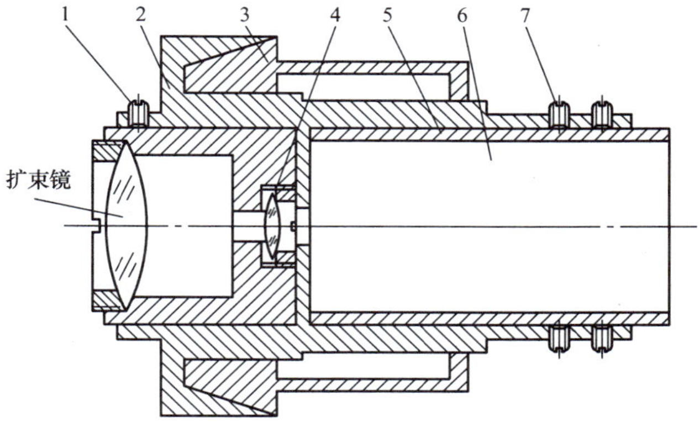

图 12-30　激光准直系统及定位机构

1、7—定位螺钉　2—外定位环　3—内定位环　4—光学准直系统　5—激光器壳体　6—激光器

2. 光电靶

（1）光电探测器的选择　光电靶实际上就是一种光电探测器。目前常见的光电探测器主要有光电子发射探测器、光电导探测器、光伏探测器、热电探测器、光电成像探测器等。在众多光电探测器中，应结合系统实现的实际情况与各光电器件本身性能的差异选取。本系统采用 2CR81—4 型四象限硅光电池作为光电靶，如图 12-31 所示。

（2）光电靶定位机构　光电靶定位机构如图 12-32 所示，光电池 2 固定在光电池座 3 上，光电池座 3 通过定位轴承 4 与光电靶座 1 固定，重锤 5 与光电池座 3 相连，重锤 5 靠重力作用，使光电靶保持铅垂，光电靶在测量中，光电池“十”字线的坐标方向不变，且十字中心位于炮管内该截面中心线上，光电靶定位完成。

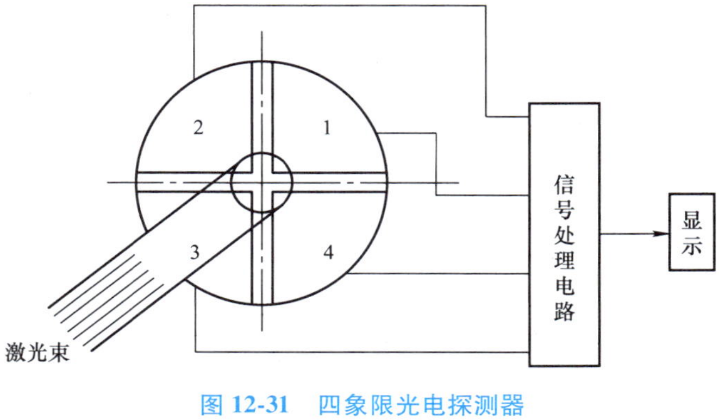

图 12-31　四象限光电探测器

（3）光学系统设计　准直光学系统放大率为 $\Gamma=-20$，物镜的相对孔径为 $D/f'=1/6.67$，焦距为 $f'=200\text{mm}$，选用双胶合物镜，目镜的视场为 32°28′，没有特殊要求，选用菲涅尔目镜或对称目镜。

（4）四象限硅光电池的信号提取　由四象限硅光电池的输出确定激光束光斑的位置，根据四象限硅光电池坐标轴线和测量基准线间安装角度的不同以及信号处理方式的不同，可将它的应用方法分为和差式、直差式、和差比幅式等。和差式应用中，四象限硅光电池的十字线与描述激光光斑位移的坐标轴重合，如图 12-33 所示。

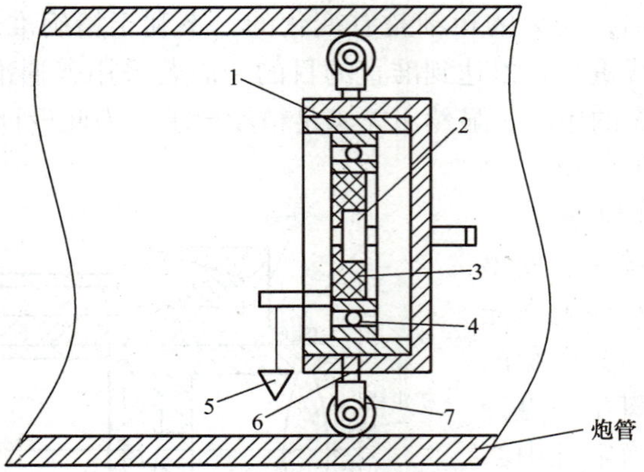

图 12-32　光电靶定位机构

1—光电靶座　2—光电池　3—光电池座　4—定位轴承　5—重锤　6—弹簧　7—滑轮

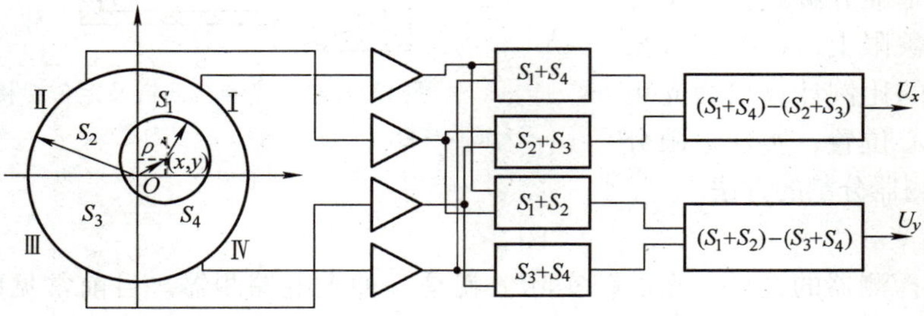

图 12-33　四象限硅光电池的和差连接

设圆形光斑在探测器四象限Ⅰ、Ⅱ、Ⅲ、Ⅳ上所占面积分别为 S_1、S_2、S_3、S_4，光斑半径为 r，当光斑中心偏离探测器中心 $\rho<r$ 时，由积分法依次求出光斑在各象限内的面积和电压为

$$U_x=K[(S_1+S_4)-(S_2+S_3)]=Kf(x) \tag{12-36}$$

$$U_y=K[(S_1+S_2)-(S_3+S_4)]=Kf(y) \tag{12-37}$$

式中，K 为与光束的直径和功率有关的变换系数；$f(x)$、$f(y)$ 为偏差函数。

$$\begin{cases} f(x)=2rx\sqrt{1-\dfrac{x^2}{r^2}}+r^2\arcsin\dfrac{x}{r} \\ f(y)=2ry\sqrt{1-\dfrac{y^2}{r^2}}+r^2\arcsin\dfrac{y}{r} \end{cases}$$

在偏离较小的情况下，U_x 与 x 轴偏离、U_y 与 y 轴偏离均呈线性关系。和差式电路的特点是测量灵敏度较高，非线性影响较小，对光斑的不均匀性适应性较强，适用于高精度的定位测量。

在和差比幅式应用中，探测器的坐标线和基准线间亦呈水平安装，在数据处理上有别于和差式。将式（12-36）、式（12-37）进行归一化处理，分别除以四象限输出之和得

$$\frac{U_x}{U_{总}}=\frac{Kf(x)}{K\pi r^2}=\frac{2}{\pi}\frac{x}{r}\sqrt{1-\frac{x^2}{r^2}}+\frac{2}{\pi}\arcsin\frac{x}{r} \tag{12-38}$$

$$\frac{U_y}{U_{总}}=\frac{Kf(y)}{K\pi r^2}=\frac{2}{\pi}\ \frac{y}{r}\sqrt{1-\frac{y^2}{r^2}}+\frac{2}{\pi}\arcsin\ \frac{y}{r} \tag{12-39}$$

当 $x \ll r$ 时，有

$$\frac{U_x}{U_{总}}\approx\frac{4}{\pi}\ \frac{x}{r} \tag{12-40}$$

$$\frac{U_y}{U_{总}}\approx\frac{2}{\pi}\ \frac{y}{r} \tag{12-41}$$

可见当偏离较小时，可得到很好的线性度。由式（12-38）、式（12-39）还可得出，运算结果与激光输出的功率漂移无关，有效地抑制了激光器功率漂移。

本系统的要求是在测量范围内取得良好的线性并且偏差函数有较大的斜率以保证其灵敏度。故本系统采用和差比幅式方法提取直线度误差信息，其偏差函数的线性较好，综合考虑其他因素，其近似线性区至少能达到 0.3R 以上，其非线性部分可通过计算机进行补偿。其中比幅式处理实际上是在数学上进行归一化处理，它能够有效地消除功率波动对测量结果的影响，提高了测量精度。

思考题与习题

12-1　在光电多功能二维自动检测系统上能否实现回转体工件锥度测量？如能，试说明测量原理。

12-2　在曲臂光电测量机上进行圆跳动测量如何实现测量头光束入射点延长线经过工件轴线？如果达不到此项要求，对测量结果会产生什么影响？

12-3　回转体工件圆度误差可采用激光扫描检测系统和激光位移检测系统两种方案实现，试分析选用不同的测量原理进行测量的优缺点。

12-4　采用激光位移检测系统进行形状或位置误差测量过程中，是否一定需要测量工件的尺寸或位移绝对值？从形位误差定义出发，说明端跳动误差测量原理。

12-5　管道直线度光电检测系统中，采用的是四象限光电器件进行光信号探测，说明采用此器件的前提条件是什么？如果激光光束较小，能采用此器件吗？如果不能，试说明需要用什么器件进行探测，并说明工作原理。

12-6　设计一种大型回转体工件内径测量结构图，并说明测量原理。

12-7　根据所学的光电综合检测知识，设计一个可以实现管道内径检测的系统，以实现范围在 ϕ50mm 左右的内径尺寸光电非接触测量。

12-8　采用激光位移检测技术及二维平移机构如何实现工件形貌测量？要求画出测量系统结构图。

参考文献

[1] 雷玉堂. 光电检测技术［M］. 北京：中国计量出版社，2009.

[2] 王庆有. 光电技术［M］. 北京：机械工业出版社，2008.

[3] 曾庆永. 微弱信号检测［M］. 杭州：浙江大学出版社，2004.

[4] 王庆有. CCD 应用技术［M］. 北京：中国计量出版社，2000.

[5] 徐熙平，姜会林，等. 光电尺寸检测技术及应用［M］. 长春：吉林科学技术出版社，2004.

[6] 徐熙平，等. 反射式激光扫描检测系统研究［J］. 兵工学报，2002，23(3)：341-343.

[7] 徐熙平，等. 石英管壁厚激光扫描在线检测系统研究［J］. 兵工学报，2004，25(2)：229-231.

[8] 徐熙平，王黎明，韩强，等. 座圈尺寸光电非接触测量系统研究［J］. 兵工学报，2006，27(6)：1119-1121.

[9] 马宏，王金波. 误差理论与仪器精度［M］. 北京：兵器工业出版社，2007.

[10] 徐熙平，等. 基于虚拟仪器的激光圆度误差非接触测量方法［J］. 电子测量与仪器学报，2004，18(18)：1049-1053.

[11] 董萍，徐熙平，等. 基于 CCD 的石英管壁厚在线检测系统研究［J］. 光学与光电技术，2009，17（1）：66-69.

[12] 宫经宽，刘樾. 光纤传感器及其应用技术［J］. 航空精密制造技术，2010，46（5），49-53.

[13] 钱政. 仪器科学与科技文明［M］. 北京：清华大学出版社，2022.

[14] 郝群，胡摇，王姗姗，等. 现代光电测试技术［M］. 北京：北京理工大学出版社，2020.